注册建筑师考试丛书

一级注册建筑师考试历年真题与解析

· 4 ·

建筑材料与构造

（第十四版）

《注册建筑师考试教材》编委会　编

曹纬浚　主编

中国建筑工业出版社

图书在版编目(CIP)数据

一级注册建筑师考试历年真题与解析. 4,建筑材料与构造/《注册建筑师考试教材》编委会编；曹纬浚主编. — 14版. — 北京：中国建筑工业出版社,2021.11
（注册建筑师考试丛书）
ISBN 978-7-112-26815-3

Ⅰ. ①一… Ⅱ. ①注… ②曹… Ⅲ. ①建筑材料－资格考试－题解②建筑构造－资格考试－题解 Ⅳ. ①TU－44

中国版本图书馆 CIP 数据核字(2021)第 233433 号

责任编辑：张　建　焦　扬
责任校对：张　颖
封面图片：刘延川　孟义强

注册建筑师考试丛书
一级注册建筑师考试历年真题与解析
·4·
建筑材料与构造
（第十四版）

《注册建筑师考试教材》编委会　编
曹纬浚　主编
*
中国建筑工业出版社出版、发行（北京海淀三里河路9号）
各地新华书店、建筑书店经销
北京红光制版公司制版
北京圣夫亚美印刷有限公司印刷
*

开本：787毫米×1092毫米　1/16　印张：27½　字数：663千字
2021年11月第十四版　　2021年11月第一次印刷
定价：**85.00元**
ISBN 978-7-112-26815-3
(38486)

版权所有　翻印必究
如有印装质量问题，可寄本社图书出版中心退换
（邮政编码　100037）

《注册建筑师考试教材》
编委会

主任委员 赵春山

副主任委员 于春普 曹纬浚

主　　编 曹纬浚

主编助理 曹京 陈璐

编　　委（以姓氏笔画为序）

于春普　王又佳　王昕禾　尹　桔
叶　飞　冯　东　冯　玲　刘　博
许　萍　李　英　李魁元　何　力
汪琪美　张思浩　陈　岚　陈　璐
陈向东　赵春山　荣玥芳　侯云芬
姜忆南　贾昭凯　晁　军　钱民刚
郭保宁　黄　莉　曹　京　曹纬浚
穆静波　魏　鹏

序

赵春山

(住房和城乡建设部执业资格注册中心原主任)

我国正在实行注册建筑师执业资格制度,从接受系统建筑教育到成为执业建筑师之前,首先要得到社会的认可,这种社会的认可在当前表现为取得注册建筑师执业注册证书,而建筑师在未来怎样行使执业权力,怎样在社会上进行再塑造和被再评价从而建立良好的社会资源,则是另一个角度对建筑师的要求。因此在如何培养一名合格的注册建筑师的问题上有许多需要思考的地方。

一、正确理解注册建筑师的准入标准

我们实行注册建筑师制度始终坚持教育标准、职业实践标准、考试标准并举,三者之间相辅相成、缺一不可。所谓教育标准就是大学专业建筑教育。建筑教育是培养专业建筑师必备的前提。一个建筑师首先必须经过大学的建筑学专业教育,这是基础。职业实践标准是指经过学校专门教育后又经过一段有特定要求的职业实践训练积累。只有这两个前提条件具备后才可报名参加考试。考试实际就是对大学建筑教育的结果和职业实践经验积累结果的综合测试。注册建筑师的产生都要经过建筑教育、实践、综合考试三个过程,而不能用其中任何一个去代替另外两个过程,专业教育是建筑师的基础,实践则是在步入社会以后通过经验积累提高自身能力的必经之路。从本质上说,注册建筑师考试只是一个评价手段,真正要成为一名合格的注册建筑师还必须在教育培养和实践训练上下功夫。

二、关注建筑专业教育对职业建筑师的影响

应当看到,我国的建筑教育与现在的人才培养、市场需求尚有脱节的地方,比如在人才知识结构与能力方面的实践性和技术性还有欠缺。目前在建筑教育领域实行了专业教育评估制度,一个很重要的目的是想以评估作为指挥棒,指挥或者引导现在的教育向市场靠拢,围绕着市场需求培养人才。专业教育评估在国际上已成为了一种通行的做法,是一种通过社会或市场评价教育并引导教育围绕市场需求培养合格人才的良好机制。

当然,大学教育本身与社会的具体应用需要之间有所区别,大学教育更侧重于专业理论基础的培养,所以我们就从衡量注册建筑师的第二个标准——实践标准上来解决这个问题。注册建筑师考试前要强调专业教育和三年以上的职业实践。现在专门为报考注册建筑师提供一个职业实践手册,包括设计实践、施工配合、项目管理、学术交流四个方面共十项具体实践内容,并要求申请考试人员在一名注册建筑师指导下完成。

理论和实践是相辅相成的关系,大学的建筑教育是基础理论与专业理论教育,但必须要给学生一定的时间使其把理论知识应用到实践中去,把所学和实践结合起来,提高自身的业务能力和专业水平。

大学专业教育是作为专门人才的必备条件，在国外也是如此。发达国家对一个建筑师的要求是：没有经过专门的建筑学教育是不能称之为建筑师的，而且不能进入该领域从事与其相关的职业。企业招聘人才也首先要看他们是否具备扎实的基本知识和专业本领，所以大学的本科建筑教育是必备条件。

三、注意发挥在职教育对注册建筑师培养的补充作用

在职教育在我国有两个含义：一种是后补充学历教育，即本不具备专业学历，但工作后经过在职教育通过社会自学考试，取得从事现职业岗位要求的相应学历；还有一种是继续教育，即原来学的本专业和其他专业学历，随着科技发展和自身业务领域的拓宽，原有的知识结构已不适应了，于是通过在职教育去补充相关知识。由于我国建筑教育在过去一时期底子薄，培养数量与社会需求差距很大。改革开放以后为了满足快速发展的建筑市场需求，一批没有经过规范的建筑教育的人员进入了建筑师队伍。而要解决好这一历史问题，提高建筑师队伍整体职业素质，在职教育有着重要的补充作用。

继续教育是在职教育的一种行之有效的教育形式，它特指具有专业学历背景的在职人员从业后，因社会的发展使得原有知识需要更新，要通过参加新知识、新技术的学习以调整原有知识结构，拓宽知识范围。它在性质上与在职培训相同，但又不能完全画等号。继续教育是有计划性、目标性、提高性的，从整体人才队伍和个人知识总体结构上作调整和补充。当前，社会在职教育在制度上和措施上还不够完善，质量很难保证。有一些人把在职读学历作为"镀金"，把继续教育当作"过关"。虽然最后证明拿到了，但实际的本领和水平并没有相应提高。为此需要我们做两方面的工作：一是要让我们的建筑师充分认识到在职教育是我们执业发展的第一需求；二是我们的教育培训机构要完善制度、改进措施、提高质量，使参加培训的人员有所收获。

四、为建筑师创造一个良好的职业环境

要向社会提供高水平、高质量的设计产品，关键还是要靠注册建筑师的自身素质，但也不可忽视社会环境的影响。大众审美的提高可以让建筑师感受到社会的关注，增强自省意识，努力创造出一个经受得住大众评价的作品。但目前实际上建筑师的很多设计思想受开发商与业主方面很大的影响，有时建筑水平并不完全取决于建筑师，而是取决于开发商与业主的喜好。有的业主审美水平不高，很多想法往往只是自己的意愿，这就很难做出跟社会文化、科技、时代融合的建筑产品。要改善这种状态，首先要努力创造尊重知识、尊重人才的社会环境。建筑师要维护自己的职业权力，大众要尊重建筑师的创作成果，业主不要把个人喜好强加于建筑师。同时建筑师自己也要提高自身的素质和修养，增强社会责任感，建立良好的社会信誉。要让创造出的作品得到大众的尊重，首先自己要尊重自己的劳动成果。

五、认清差距，提高自身能力，迎接挑战

目前中国的建筑师与国际水平还存在着一定差距，而面对信息化时代，如何缩小差距以适应时代变革和技术进步，成为建筑教育需要探讨解决的问题，并及时调整、制定新的对策。

我们现在的建筑教育不同程度地存在重艺术、轻技术的倾向。在注册建筑师资格考试中明显感觉到建筑师们在相关的技术知识包括结构、设备、材料方面的把握上有所欠缺，这与教育有一定的关系。学校往往比较注重表现能力方面的培养，而技术方面的教育则相

对不足。尽管这些年有的学校进行了一些课程调整，加强了技术方面的教育，但从整体来看，现在的建筑师在知识结构上还是存在欠缺。

建筑是时代发展的历史见证，它凝固了一个时期科技、文化发展的印记，建筑师如果不能与时代发展相适应，努力学习和掌握当代社会发展的科学技术与人文知识，提高建筑的科技、文化内涵，就很难创造出高水平的作品。

当前，我们的建筑教育可以利用互联网加强与国外信息的交流，了解和掌握国外在建筑方面的新思路、新理念、新技术。这里想强调的是，我们的建筑教育还是应该注重与社会发展相适应。当今，社会进步速度很快，建筑所蕴含的深厚文化底蕴也在不断地丰富、发展。现代建筑创作不能单一强调传统文化，要充分运用现代科技发展成果，使经济、安全、健康、适用和美观得到全面体现。在人才培养上也要与时俱进。加强建筑师科技能力的培养，让他们学会适应和运用新技术、新材料去进行建筑创作。

一个好的建筑要实现它的内在和外表的统一，必须要做到：建筑的表现、材料的选用、结构的布置以及设备的安装融为一体。但这些在很多建筑中还做不到，这说明我们一些建筑师在对新结构、新设备、新材料的掌握和运用上能力不够，还需要加大学习的力度。只有充分掌握新的结构技术、设备技术和新材料的性能，建筑师才能够更好地发挥创造水平，把技术与艺术很好地融合起来。

中国加入WTO以后面临国外建筑师的大量进入，这对中国建筑设计市场将会有很大的冲击，我们不能期望通过政府设立各种约束限制国外建筑师的进入而自保，关键是要使国内建筑师自身具备与国外建筑师竞争的能力，迎接挑战，参与竞争，通过实践提高我们的设计水平，为社会提供更好的建筑作品。

前 言

一、本套书编写的依据、目的及组织构架

原建设部和人事部自 1995 年起开始实施注册建筑师执业资格考试制度。

本套书以考试大纲为依据，结合考试参考书目和现行规范、标准进行编写，并结合历年真实考题的知识点作出修改补充。由于多年不断对内容的精益求精，本套书是目前市面上同类书中，出版较早、流传较广、内容严谨、口碑销量俱佳的一套注册建筑师考试用书。

本套书的编写目的是指导复习，因此在保证内容综合全面、考点覆盖面广的基础上，力求重点突出、详略得当；并着重对工程经验的总结、规范的解读和原理、概念的辨析。

为了帮助考生准备注册考试，本书的编写教师自 1995 年起就先后参加了全国一、二级注册建筑师考试辅导班的教学工作。他们都是在本专业领域具有较深造诣的教授、一级注册建筑师、一级注册结构工程师和具有丰富考试培训经验的名师、专家。

本套《注册建筑师考试丛书》自 2001 年出版至今，除 2002、2015、2016 三年停考之外，每年均对教材内容作出修订完善。现全套书包含：《一级注册建筑师考试教材》（简称《一级教材》，共 6 个分册）、《一级注册建筑师考试历年真题与解析》（简称《一级真题与解析》，知识题科目，共 5 个分册）；《二级注册建筑师考试教材》（共 3 个分册）、《二级注册建筑师考试历年真题与解析》（知识题科目，共 2 个分册）。

二、本书（本版）修订说明

（1）两章内容均有一定的修订，删减了部分过时题目，并对其他题目的解析进行了规范与完善。

（2）根据《外墙外保温工程技术标准》JGJ 144—2019、《蒸压加气混凝土制品应用技术标准》JGJ/T 17—2020 等标准规范的更新，对相应内容做了调整。

（3）增加了 2021 年、2019 年和 2018 年三年的考试真题，提供参考答案，并对考题进行了详细解析，方便考生了解最新考试真题，并进行模拟自测。

三、本套书配套使用说明

考生在学习《一级教材》时，除应阅读相应的标准、规范外，还应多做试题，以便巩固知识，加深理解和记忆。《一级真题与解析》是《一级教材》的配套试题集，收录了 2003 年以来知识题的多年真实试题并附详细的解答提示和参考答案，其 5 个分册分别对应《一级教材》的前 5 个分册。《一级真题与解析》的每个分册均包含两个部分，即按照《一级教材》章节设置的分散试题和近几年的整套试题。考生可以在考前做几次自测练习。

《一级教材》的第 6 分册收录了一级注册建筑师资格考试的"建筑方案设计""建筑技

术设计"和"场地设计"3个作图考试科目的多年真实试题,并提供了参考答卷,部分试题还附有评分标准;对作图科目考试的复习大有好处。

四、《一级教材》作者及协助编写人员

《第1分册　设计前期 场地与建筑设计（知识）》——第一、二章王昕禾第三、七章晁军、尹桔；第四章何力；第五章王又佳；第六章荣玥芳。

《第2分册　建筑结构》——第八章钱民刚；第九、十章黄莉、王昕禾；第十一章黄莉、冯东；第十二~十四章冯东；第十五、十六章黄莉、叶飞。

《第3分册　建筑物理与建筑设备》——第十七章汪琪美；第十八章刘博；第十九章李英；第二十章许萍；第二十一章贾昭凯、贾岩；第二十二章冯玲。

《第4分册　建筑材料与构造》——第二十三章侯云芬；第二十四章陈岚。

《第5分册　建筑经济 施工与设计业务管理》——第二十五章陈向东；第二十六章穆静波；第二十七章李魁元。

《第6分册　建筑方案 技术与场地设计（作图）》——第二十八、三十章张思浩；第二十九章建筑剖面及构造部分姜忆南，建筑结构部分冯东，建筑设备、电气部分贾昭凯、冯玲。

除上述编写者之外，多年来曾参与或协助本套书编写、修订的人员有：王其明、姜中光、翁如璧、耿长孚、任朝钧、曾俊、林焕枢、张文革、李德富、吕鉴、朋改非、杨金铎、周慧珍、刘宝生、张英、陶维华、郝昱、赵欣然、霍新民、何玉章、颜志敏、曹一兰、周庄、陈庆年、周迎旭、阮广青、张炳珍、杨守俊、王志刚、何承奎、孙国樑、张翠兰、毛元钰、曹欣、楼香林、李广秋、李平、邓华、翟平、曹铎、栾彩虹、徐华萍、樊星。

在此预祝各位考生取得好成绩，考试顺利过关！

《注册建筑师考试教材》编委会
2021年9月

目 录

序 …………………………………………………………………… 赵春山
前言
二十三 建筑材料 …………………………………………………… 1
 （一）材料科学知识与建筑材料的基本性质 …………………… 1
 （二）气硬性无机胶凝材料 ……………………………………… 4
 （三）水泥 ………………………………………………………… 8
 （四）混凝土 ……………………………………………………… 14
 （五）建筑砂浆 …………………………………………………… 20
 （六）墙体材料与屋面材料 ……………………………………… 22
 （七）建筑钢材 …………………………………………………… 27
 （八）木材 ………………………………………………………… 32
 （九）建筑塑料 …………………………………………………… 37
 （十）防水材料 …………………………………………………… 43
 （十一）绝热材料与吸声材料 …………………………………… 49
 （十二）装饰材料 ………………………………………………… 56
二十四 建筑构造 …………………………………………………… 84
 （一）建筑物的分类、等级和建筑模数 ………………………… 84
 （二）建筑物的地基、基础和地下室构造 ……………………… 90
 （三）墙体的构造 ………………………………………………… 102
 （四）楼板、楼地面、路面、阳台和雨篷构造 ………………… 134
 （五）楼梯、电梯、台阶和坡道构造 …………………………… 148
 （六）屋顶的构造 ………………………………………………… 157
 （七）门窗选型与构造 …………………………………………… 176
 （八）建筑工业化的有关问题 …………………………………… 191
 （九）建筑装饰装修构造 ………………………………………… 192
 （十）高层建筑和幕墙构造 ……………………………………… 215
 （十一）变形缝构造 ……………………………………………… 228
 （十二）老年人照料设施建筑和无障碍设计的构造措施 ……… 239
2021 年试题、解析及答案 ……………………………………… 244
2019 年试题、解析及答案 ……………………………………… 265
2018 年试题、解析及答案 ……………………………………… 298
2017 年试题、解析、答案及考点 ……………………………… 324
2014 年试题、解析、答案及考点 ……………………………… 358
2013 年试题、解析、答案及考点 ……………………………… 382
2012 年试题、解析、答案及考点 ……………………………… 405

二十三 建 筑 材 料

（一）材料科学知识与建筑材料的基本性质

23-1-1（2011）按构造特征划分的材料结构类型中不包括以下哪项？
　　A 层状结构　　B 致密结构　　C 纤维结构　　D 堆聚结构
　　解析：按构造特征划分，材料的结构类型有层状结构、纤维结构和堆聚结构。致密结构是按材料孔隙特点划分的。
　　答案：B

23-1-2（2011）软化系数表示材料的（　　）。
　　A 抗渗性　　B 吸湿性　　C 耐水性　　D 抗冻性
　　解析：软化系数是材料耐水性指标。抗渗等级或渗透系数表示材料的抗渗性，吸湿性用含水率表示，抗冻等级表示抗冻性。
　　答案：C

23-1-3（2011）对材料进行冲击实验可以检测材料的（　　）。
　　A 塑性　　B 韧性　　C 脆性　　D 强度
　　解析：对材料进行冲击实验可以检测材料的韧性。
　　答案：B

23-1-4（2011）以下哪种材料只能测定其表观密度？
　　A 石灰岩　　B 木材　　C 水泥　　D 普通混凝土
　　解析：普通混凝土是一种人造的堆聚结构的块状材料，只能测定其表观密度，测密度没有意义。
　　答案：D

23-1-5（2010）通常把导热系数（λ）值最大不超过多少的材料划分为绝热材料？
　　A 0.20W/（m·K）　　　　　　　　B 0.21W/（m·K）
　　C 0.23W/（m·K）　　　　　　　　D 0.25W/（m·K）
　　解析：导热系数小于0.23W/（m·K）的材料为绝热材料。
　　答案：C

23-1-6（2010）石棉水泥制品属于（　　）。
　　A 层状结构　　B 纤维结构　　C 散粒结构　　D 堆聚结构
　　解析：石棉水泥制品是由水泥将大量细小呈堆聚状态的石棉纤维粘结而成，属于堆聚结构。
　　答案：D

23-1-7（2008）建筑材料分类中，下列哪种材料属于复合材料？

A 不锈钢　　　B 合成橡胶　　　C 铝塑板　　　D 水玻璃

解析：不锈钢属于金属材料，合成橡胶为有机材料；铝塑板属于有机—无机复合材料；水玻璃为非金属材料。故选C。

答案：C

23-1-8 (2007) 下列常用建筑材料中，何者不属于脆性材料？

A 混凝土　　　B 石材　　　C 砖　　　D 木材

解析：材料受外力作用，当外力达到一定数值时，材料发生突然破坏，且破坏时无明显的塑性变形，这种性质称为脆性，具有这种性质的材料称脆性材料。材料在冲击或振动荷载作用下，能吸收较大的能量，同时产生较大的变形而不破坏的性质称为韧性。混凝土、石材和砖都是无机脆性材料，而木材为有机植物性材料，是韧性材料，所以木材不属于脆性材料。

答案：D

23-1-9 (2006) 我国传统意义上的三大建材是下列哪一组？

A 钢材、水泥、砖瓦　　　B 钢材、水泥、玻璃
C 钢材、水泥、木材　　　D 钢材、水泥、塑料

解析：钢材、水泥和木材是我国传统意义上的三大建材。故选C。

答案：C

23-1-10 (2005) 建筑材料的结构有宏观结构、细观结构和微观结构。在宏观结构中，塑料属于以下哪种结构？

A 致密结构　　　B 多孔结构　　　C 微孔结构　　　D 纤维结构

解析：建筑材料的宏观结构按照其密实程度（或者说孔隙特征）可以分为致密结构、多孔结构和微孔结构；按照建筑材料的构造特征，可以分为堆聚结构、纤维结构、层状结构、散粒结构等。塑料属于致密结构。

答案：A

23-1-11 (2005) 涂料属于以下哪一类材料？

A 非金属材料　　B 无机材料　　C 高分子材料　　D 复合材料

解析：涂料是由主要成膜物质、次要成膜物质和辅助成膜物质组成。其中主要成膜物质为油料和树脂，次要成膜物质包括着色颜料和体质颜料（如填料，滑石粉、碳酸钙粉等），辅助成膜物质是指溶剂和助剂等，所以涂料为有机高分子材料和无机矿物材料的复合体，属于复合材料。

答案：D

23-1-12 (2005) 以下哪种材料属于韧性材料？

A 玻璃　　　B 石材　　　C 铸铁　　　D 木材

解析：材料受外力作用，当外力达到一定数值时，材料发生突然破坏，且破坏时无明显的塑性变形，这种性质称为脆性，具有这种性质的材料称脆性材料，脆性材料抗压强度比抗拉强度大很多，如玻璃、石材、混凝土、铸铁等。材料在冲击或振动荷载作用下，能吸收较大的能量，同时产生较大的变形而不破坏的性质称为韧性，如建筑钢材、木材、有机高分子材料等。所以木材是韧性材料，选D。

答案：D

23-1-13 (2005) 以下哪种建筑材料的密度最大？
A 花岗岩　　B 水泥　　C 砂　　D 黏土
解析：建筑材料的密度是指材料在绝对密实状态下单位体积的质量。花岗岩的密度为 $2.8g/cm^3$，水泥的密度为 $3.1g/cm^3$，砂的密度为 $2.6g/cm^3$，黏土的密度为 $2.6g/cm^3$，所以这四种建筑材料中水泥的密度最大。
答案：B

23-1-14 (2005) 建筑材料在自然状态下，单位体积的质量，是指哪种基本物理性质？
A 精确密度　　B 表观密度　　C 堆积密度　　D 密度
解析：建筑材料在自然状态下单位体积的质量是指材料的表观密度。
答案：B

23-1-15 (2004) 建筑材料耐腐蚀能力是以下列何种数值的大小作为评定标准的？
A 重量变化率　　B 体积变化率　　C 密度变化率　　D 强度变化率
解析：建筑材料的耐腐蚀能力是根据腐蚀前后重量（质量）变化率来评定的。
答案：A

23-1-16 (2003) 某栋普通楼房建筑造价 1000 万元，据此估计材料费约为下列哪一项价格？
A 250 万元　　　　　　　　B 350 万元
C 450 万元　　　　　　　　D 500 万～600 万元
解析：在建筑工程中，材料费用通常要占建筑总造价的 50% 以上。所以造价 1000 万元，材料费约为 500 万～600 万元。
答案：D

23-1-17 某一种材料的孔隙率增大时，以下性质中哪些一定下降？
A 密度、表观密度　　　　　B 表观密度、抗渗性
C 表观密度、强度　　　　　D 强度、抗冻性
解析：材料密度指材料在绝对密实状态下单位体积的质量，其大小与材料的孔隙率无关，即密度不变。表观密度是指材料在自然状态下，单位体积的质量。当孔隙率增大时，材料单位体积的质量减少，因而其表观密度下降。一般孔隙率越大的材料其强度越低，即强度下降。当孔隙率增大时，材料的吸水率不一定增大，而抗渗性及抗冻性也不一定下降，因为这些性质还与材料的孔隙特征（孔隙的大小、是开口孔还是封闭孔）有密切关系。所以一定下降的为表观密度和强度，选 C。
答案：C

23-1-18 在下列与水有关的材料性质中，哪一种说法是错误的？
A 润湿边角 $\theta \leqslant 90°$ 的材料称为亲水性材料
B 石蜡、沥青均为憎水性材料
C 材料吸水后，将使强度和保温性降低
D 软化系数越小，表明材料的耐水性越好

解析：(1) 在材料、水和空气的交点处，沿水滴表面的切线与水和材料接触面所成的夹角称为润湿边角(θ)。当$\theta \leqslant 90°$时，水分子之间的内聚力小于水分子与材料分子间的相互吸引力，此种材料为亲水性材料。(2) 一般材料随着含水量的增加，会减弱其内部结合力，强度会降低。材料吸水后，其导热系数将明显提高，这是因为水的导热系数[$0.58W/(m \cdot K)$]比空气的导热系数[$0.023W/(m \cdot K)$]约大25倍，使材料的保温性降低。(3) 软化系数为材料在吸水饱和状态下的抗压强度与材料在干燥状态下的抗压强度之比，该值越小，说明材料吸水饱和后强度降低越多，耐水性越差，通常软化系数大于0.85的材料，可以认为是耐水的。(4) 通常有机材料是憎水性材料，但木材例外。

答案：D

23-1-19 在建筑中主要作为保温隔热用的材料统称为绝热材料，其绝热性能主要用导热系数表示，下列哪类情况会导致材料的导热系数减小？

A 表观密度小的材料，孔隙率增高
B 在孔隙率相同条件下，孔隙尺寸变大
C 孔隙由互相封闭改为连通
D 材料受潮后

解析：材料的导热系数随孔隙率增大而减小。而材料中孔隙率不变，大孔增多或连通孔多时，导热系数会增大，吸湿后也会使导热系数增大。

答案：A

（二）气硬性无机胶凝材料

23-2-1 (2011) 菱苦土的主要成分是（　　）。

A 氧化钙　　B 氧化镁　　C 氧化铝　　D 氧化硅

解析：菱苦土的主要成分是氧化镁。

答案：B

23-2-2 (2011) 以下关于水玻璃的描述中不正确的是（　　）。

A 具有良好的耐碱性能　　　　　　B 无色透明有一定稠度
C 随水玻璃模数提高而粘结能力增强　D 凝结过速可导致强度降低

解析：水玻璃耐酸性好（除氢氟酸外），但不耐碱。所以选项A不正确。

答案：A

23-2-3 (2010) 以下有关水玻璃的用途哪项不正确？

A 涂刷或浸渍水泥混凝土　　B 调配水泥防水砂浆
C 用于土壤加固　　　　　　D 配制水玻璃防酸砂浆

解析：水玻璃不能用于调配水泥防水砂浆，因为会导致过快凝结。所以选项B不正确。

答案：B

23-2-4 (2009) 消石灰的主要成分是以下哪种物质？

  A 碳酸钙 B 氧化钙 C 碳化钙 D 氢氧化钙
  解析：消石灰的主要成分是氢氧化钙。
  答案：D

23-2-5 (2008) 氧化钙（CaO）是以下哪种材料的主要成分？
  A 石灰石 B 生石灰 C 电石 D 消石灰
  解析：氧化钙（CaO）是生石灰或建筑石灰的主要成分。
  答案：B

23-2-6 (2007) 建筑石膏贮存3个月后，其强度一般(　　)。
  A 略有提高 B 显著提高 C 将降低 D 不变
  解析：建筑石膏具有水化活性，在贮存期间也会和空气中的水分发生水化反应，所以其强度将有所下降。
  答案：C

23-2-7 (2007) 生石灰的主要化学成分是(　　)。
  A 氢氧化钙 $Ca(OH)_2$ B 氧化钙 CaO
  C 碳化钙 CaC_2 D 碳酸钙 $CaCO_3$
  解析：含有碳酸钙的石灰石经过高温煅烧成生石灰，其主要成分为氧化钙（CaO）。
  答案：B

23-2-8 (2007) 水玻璃涂刷在建筑材料表面，可使其密实度和强度提高，但不能用以涂刷下述哪种材料？
  A 黏土砖 B 硅酸盐制品 C 水泥混凝土 D 石膏制品
  解析：水玻璃具有良好的粘结能力，硬化时析出的硅酸凝胶有堵塞毛细孔防止水分渗透的作用，涂刷在建筑材料（如混凝土、黏土砖等）表面，可使其密实度和强度提高，但不能涂刷在石膏制品表面，因为水玻璃会与石膏反应生成硫酸钠，在制品孔隙中结晶，体积显著膨胀而导致破坏。
  答案：D

23-2-9 (2006) 胶凝材料按照凝结条件分为气硬性胶凝材料和水硬性胶凝材料，下列哪种材料不属于气硬性胶凝材料？
  A 石灰 B 石膏 C 水泥砂浆 D 水玻璃
  解析：气硬性胶凝材料只能在空气中硬化，也只能在空气中继续保持或发展其强度，如石膏、石灰、水玻璃和菱苦土等。水泥为水硬性胶凝材料。
  答案：C

23-2-10 (2006) 以下对建筑石灰的叙述中，哪项错误？
  A 石灰分为气硬性石灰和水硬性石灰
  B 石灰分为钙质石灰和镁质石灰
  C 生石灰淋以适量水所得的粉末称为消石灰粉
  D 石灰产品所说三七灰、二八灰指粉末与块灰的比例，生石灰粉末越多质量越佳
  解析：由碳酸钙含量较高，黏土杂质含量小于8%的石灰石煅烧而成的为气

硬性石灰，用黏土含量大于8%的石灰石煅烧而成具有显著水硬性的石灰为水硬性石灰。氧化镁含量小于5%的石灰为钙质石灰，氧化镁含量大于5%的为镁质石灰。将生石灰用适量水消化而得的粉末为消石灰粉。三七灰和二八灰是指生石灰和黏土的比例。

答案：D

23-2-11 （2006）建筑石膏由于其自身特点在建筑工程中被广泛应用，下列哪一项不是建筑石膏制品的特性？

A 重量轻　　　B 抗火性好　　　C 耐水性好　　　D 机械加工方便

解析：石膏浆体硬化后，多余的自由水将蒸发，内部将留下大量的孔隙，因而表观密度小，并使石膏制品具有导热系数小，吸声性强，吸湿性大，机械加工方便等特点。石膏制品在遇到火灾时，二水石膏将脱出结晶水，吸热蒸发，并在制品表面形成蒸汽幕和脱水物隔热膜，有效地减少火焰对内部结构的危害，具有较好的防火性能。建筑石膏硬化体吸湿性强，吸收的水分会削弱晶体粒子的粘结力，使强度显著降低。吸水饱和的石膏制品受冻后，会因孔隙中的水结冰而开裂崩溃，所以石膏制品的耐水性和抗冻性差。

答案：C

23-2-12 （2005）以下建筑石膏的哪种性质是不存在的？

A 导热系数小　　　　　　　B 防火性能好
C 吸湿性大　　　　　　　　D 凝固时体积收缩

解析：石膏在凝结硬化时，体积略有膨胀（膨胀率为0.05%～0.15%），使石膏硬化表面光滑饱满，可制作出纹理细致的浮雕花饰。其他见23-2-11题提示。

答案：D

23-2-13 （2005）建筑石膏属于以下何种胶凝材料？

A 有机胶凝材料　　　　　　B 水硬性胶凝材料
C 气硬性胶凝材料　　　　　D 混合型胶凝材料

解析：建筑石膏硬化体吸湿性强，吸收的水分会削弱晶体粒子的粘结力，使强度显著降低，即石膏只能在空气中硬化，并只能在空气中继续保持和发展强度，所以建筑石膏属于气硬性胶凝材料。

答案：C

23-2-14 （2005）用于拌制石灰土的消石灰粉（生石灰熟化而成的消石灰粉），其主要成分是以下哪种？

A 碳酸钙　　　B 氧化钙　　　C 氢氧化钙　　　D 碳化钙

解析：生石灰加水熟化生成消石灰，其主要化学成分为氢氧化钙。

答案：C

23-2-15 （2005）调制石膏砂浆用的熟石膏是用生石膏在多高温度下煅烧而成？

A 150～170℃　　B 190～200℃　　C 400～500℃　　D 750～800℃

解析：将生石膏在150～170℃温度下煅烧即可得到建筑石膏。

答案：A

23-2-16 (2004) 安装在钢龙骨上的纸面石膏板可作为下列何种燃烧性能装修材料使用?
   A 不燃　　　　B 难燃　　　　C 可燃　　　　D 易燃
   解析：石膏制品在遇到火灾时,二水石膏将脱出结晶水,吸热蒸发,并在制品表面形成蒸汽幕和脱水物隔热膜,有效地减少火焰对内部结构的危害,具有较好的防火性能,所以安装在龙骨上的纸面石膏板可作为不燃装修材料使用。
   答案：A

23-2-17 石膏和石膏制品不适用于下列哪项装修?
   A 作吊顶材料　　　　　　　　B 非承重隔墙板
   C 冷库的内墙贴面　　　　　　D 影剧院穿孔贴面板
   解析：冷库内湿度大,石膏制品的软化系数仅为0.2~0.3,且石膏吸湿性强,吸水后再经冻融,会使结构破坏,另外也使保温绝热性能显著降低。
   答案：C

23-2-18 在下列几种无机胶凝材料中,哪几种属气硬性无机胶凝材料?
   A 石灰、水泥、建筑石膏　　　B 水玻璃、水泥、菱苦土
   C 石灰、建筑石膏、菱苦土　　D 沥青、石灰、建筑石膏
   解析：气硬性无机胶凝材料只能在空气中硬化,也只能在空气中保持或继续发展其强度。常用的气硬性无机胶凝材料有石膏、石灰、水玻璃、菱苦土（镁质胶凝材料）等。这类材料适用于地上或干燥环境。
   答案：C

23-2-19 有关建筑石膏的性质,下列哪一项的叙述是不正确的?
   A 加水后凝结硬化快,且凝结时像石灰一样,出现明显的体积收缩
   B 加水硬化后有很强的吸湿性,耐水性与抗冻性均较差
   C 制品具有较好的抗火性能,但不宜长期用于靠近65℃以上高温的部位
   D 适用于室内装饰、绝热、保温、吸声等
   解析：建筑石膏加水凝固时体积不收缩,且略有膨胀（约1%）,所以选项A错误。建筑石膏实际加水量（60%~80%）比理论需水量（18.6%）多,因此制品孔隙率大（可达50%~60%）,表观密度小,导热系数小,吸声性强,吸湿性强,水分使制品强度下降。可加入适量的水泥、密胺树脂等提高制品的耐水性。

   建筑石膏（$CaSO_4 \cdot \frac{1}{2}H_2O$）加水硬化后主要成分为$CaSO_4 \cdot 2H_2O$,遇火时,制品中二水石膏中的结晶水蒸发,吸收热量,并在表面形成水蒸气帘幕和脱水物隔热层,因此制品抗火性好。但制品长期靠近高温部位,二水石膏会脱水分解而使制品失去强度。
   答案：A

23-2-20 石膏制品抗火性能好的原因是（　　）。
   A 制品内部孔隙率大　　　　　B 含有大量结晶水

C 吸水性强 D 硬化快

解析：石膏制品抗火性好的原因有二，其一是在火灾高温下分解释放出结晶水，形成水蒸气帷幕，阻止火焰的传播；其二是孔隙率大，导热系数小，从而对燃烧的热量传递有一定阻碍，使火灾现场相邻结构的温度升高慢一些。二者相比，前者更重要。

答案：B

23-2-21 石膏属于下列建筑材料的哪一类？
A 天然石材　　B 烧土制品　　C 胶凝材料　　D 有机材料

解析：石膏属于无机气硬性胶凝材料。

答案：C

（三）水　泥

23-3-1 （2011）筛析法用于检验水泥的（　　）。
A 安全性　　B 密度　　C 细度　　D 强度

解析：筛析法主要用于检验水泥的细度。

答案：C

23-3-2 （2011）以下哪种工程不宜采用高铝水泥？
A 冬期施工的工程　　B 长期承受荷载的结构工程
C 道路工程　　D 耐热混凝土工程

解析：高铝水泥由于晶体转化会使其长期强度有降低的趋势，因此高铝水泥不能用于长期承受荷载的结构工程。

答案：B

23-3-3 （2011）水化热对以下哪种混凝土最为有害？
A 高强混凝土　　B 大体积混凝土
C 防水混凝土　　D 喷射混凝土

解析：水泥水化放出的热量会聚积在大体积混凝土中，造成内部温度升高，而外部混凝土温度则随气温下降，造成内外温差达50～60℃，导致内胀外缩，在混凝土表面产生很大的拉应力，严重的会产生裂缝。所以水化热对大体积混凝土最为有害。

答案：B

23-3-4 （2010）以下哪种水泥不得用于浇筑大体积混凝土？
A 矿渣硅酸盐水泥　　B 粉煤灰硅酸盐水泥
C 硅酸盐水泥　　D 火山灰质硅酸盐水泥

解析：浇筑大体积混凝土要求水泥的水化热小。硅酸盐水泥水化热大，不能用于浇筑大体积混凝土。

答案：C

23-3-5 （2010）水泥贮存时应防止受潮使水泥性能下降，国家规定在正常贮存条件下从出厂日起普通水泥的存放期不得超过（　　）。

    A　2个月　　　　B　3个月　　　　C　4个月　　　　D　5个月
    解析：规定普通水泥的存放期不得超过3个月。
    答案：B

23-3-6　（2009）用比表面积法可以检验水泥的哪项指标？
    A　体积安定性　B　水化热　　　C　凝结时间　　　D　细度
    解析：用比表面积法可以检验水泥的细度。
    答案：D

23-3-7　（2009）以下哪种物质是烧制白色水泥的原料？
    A　铝矾土　　　　　　　　　　　B　火山灰
    C　高炉矿渣　　　　　　　　　　D　纯净的高岭土
    解析：纯净的高岭土是烧制白色水泥的原料之一。
    答案：D

23-3-8　（2009）水泥储存期不宜过长以免受潮变质或降低强度等级，快硬水泥储存期从出厂日期起算是多少时间？
    A　三个月　　　　B　二个月　　　　C　一个半月　　　D　一个月
    解析：水泥储存期不宜过长以免受潮变质或降低强度等级，快硬水泥储存期从出厂日期起算是一个月。
    答案：D

23-3-9　（2008）提高硅酸盐水泥中哪种熟料的比例，可制得高强度水泥？
    A　硅酸三钙　　　B　硅酸二钙　　　C　铝酸三钙　　　D　铁铝酸四钙
    解析：四种熟料矿物中，硅酸三钙早期和后期强度均较高，所以提高硅酸盐水泥中硅酸三钙的比例，可制得高强度水泥。
    答案：A

23-3-10　（2008）以下哪种因素会使水泥凝结速度减缓？
    A　石膏掺量不足　　　　　　　　B　水泥的细度愈细
    C　水灰比愈小　　　　　　　　　D　水泥的颗粒过粗
    解析：水泥的颗粒过粗，会使水泥水化反应速度减缓，从而凝结速度减缓。
    答案：D

23-3-11　（2008）在$-1℃$的温度下，水泥的水化反应呈现以下哪种变化？
    A　变快　　　　　B　不变　　　　　C　变慢　　　　　D　基本停止
    解析：在$-1℃$的温度下，水泥的水化反应基本停止。
    答案：D

23-3-12　（2007）以下哪种材料是水硬性胶凝材料？
    A　水玻璃　　　　B　水泥　　　　　C　石膏　　　　　D　菱苦土
    解析：水硬性胶凝材料不仅能在空气中硬化，而且能更好地在水中硬化，保持并发展其强度，水泥为水硬性胶凝材料。其他三个选项为气硬性胶凝材料。
    答案：B

23-3-13　（2007）耐酸混凝土的胶凝材料是？

A 硅酸盐水泥   B 铝酸盐水泥   C 水玻璃   D 聚合物乳液

解析：水玻璃硬化后具有良好的耐酸性能（氢氟酸除外），可以用于配制耐酸混凝土。

答案：C

23-3-14 (2007) 以下哪种材料不是生产硅酸盐水泥的原料？

A 石灰石   B 菱镁矿   C 黏土   D 铁矿石

解析：生产硅酸盐水泥的原料包括石灰石、黏土和铁矿石，菱镁矿不是生产硅酸盐水泥的原料。

答案：B

23-3-15 (2006) 当水泥的颗粒越细时，对其影响的描述中，以下哪项不正确？

A 水泥早期强度越高   B 水泥越不易受潮
C 水泥凝结硬化的速度越快   D 水泥的成本越高

解析：水泥颗粒越细，越容易受潮，水化速度快，早期强度高，但硬化收缩较大，成本较高。

答案：B

23-3-16 (2006) 在建筑工程施工中，要求水泥的凝结时间既不能过早，也不能太迟，普通水泥的初凝和终凝时间宜控制在多长时间？

A 初凝不早于 45min，终凝不迟于 8h
B 初凝不早于 60min，终凝不迟于 10h
C 初凝不早于 45min，终凝不迟于 10h
D 初凝不早于 60min，终凝不迟于 8h

解析：标准规定普通水泥初凝时间不早于 45min，终凝时间不迟于 10h。

答案：C

23-3-17 (2006) 硅酸盐水泥与普通水泥都是常用水泥，在硅酸盐水泥中不含以下哪种成分？

A 硅酸盐水泥熟料
B 6%～10%混合材料
C 0～5%石灰石或粒化高炉矿渣
D 适量石膏磨细制成的水硬性胶凝材料

解析：硅酸盐水泥是由硅酸钙水泥熟料、0～5%石灰石或粒化高炉矿渣和适量石膏磨细制成的水硬性胶凝材料。所以不含 6%～10%混合材料。

答案：B

23-3-18 (2005) 在严寒地区处于水位升降范围内的混凝土应优先选以下哪种水泥？

A 矿渣水泥   B 火山灰水泥   C 硅酸盐水泥   D 粉煤灰水泥

解析：在严寒地区处于水位升降范围内的混凝土应该选择抗冻性良好的水泥。硅酸盐水泥具有良好的抗冻性。

答案：C

23-3-19 (2005) 在生产硅酸盐水泥时，需掺入混合材料，以下哪种混合材料不是活性混合材料？

A 粒化高炉矿渣 B 火山灰质混合材料
C 粉煤灰 D 石灰石

解析：硅酸盐水泥中的混合材料按其性能分为活性混合材料和非活性混合材料，常用的活性混合材料有粒化高炉矿渣、火山灰质混合材料和粉煤灰。石灰石不是活性混合材料。

答案：D

23-3-20 (2005) 在一般气候环境下的混凝土，应优先选用以下哪种水泥？

A 矿渣水泥 B 火山灰水泥 C 粉煤灰水泥 D 普通水泥

解析：在一般气候环境下，应优先选用普通水泥。

答案：D

23-3-21 (2005) 水泥凝结时间的影响因素很多，以下哪种说法不对？

A 熟料中铝酸三钙含量高，石膏掺量不足使水泥快凝
B 水泥的细度越细，水化作用越快，凝结越快
C 水灰比越小，凝结时温度越高，凝结越慢
D 混合材料掺量大，水泥过粗等都使水泥凝结缓慢

解析：影响水泥凝结时间的因素有水泥熟料矿物组成、细度、拌合水量、养护温湿度、养护时间及石膏掺量。当熟料中铝酸三钙含量高、石膏掺量不足、细度越细、水化温度越高以及拌合水量越少时，水泥凝结越快。当水泥颗粒越粗、混合材料掺量大时水泥凝结缓慢。所以当水灰比越小，凝结时温度越高时凝结越快。

答案：C

23-3-22 (2005) 硅酸盐水泥熟料矿物组成中，以下哪种熟料矿物不是主要成分？

A 硅酸二钙 B 硅酸三钙
C 铁铝酸四钙和铝酸三钙 D 游离氧化钙

解析：硅酸盐水泥熟料主要有四种熟料矿物，即硅酸二钙、硅酸三钙、铝酸三钙和铁铝酸四钙。游离氧化钙不是熟料矿物的主要成分。

答案：D

23-3-23 (2005) 配制抗X、γ辐射的普通混凝土，需选用以下哪种水泥？

A 石膏矿渣水泥 B 高铝水泥
C 硅酸盐水泥 D 硫铝酸盐水泥

解析：配制抗X、γ辐射的普通混凝土时应该选择具有较高耐热性的水泥。以上四种水泥中高铝水泥的耐热性最高。

答案：B

23-3-24 (2004) 白水泥是由白色硅酸盐水泥熟料加入适量下列何种材料磨细制成的？

A 生石灰 B 石粉 C 熟石灰 D 石膏

解析：白色硅酸盐水泥是由白色硅酸盐水泥熟料和适量石膏磨细制成的水硬性胶凝材料。

答案：D

23-3-25 (2004) 有抗渗要求的混凝土中，优先选用何种水泥？

A 矿渣水泥　　B 火山灰水泥　　C 粉煤灰水泥　　D 硅酸盐水泥

解析：火山灰水泥保水性好，抗渗性好，但是硬化后干缩显著。所以有抗渗要求的混凝土应选用火山灰水泥。

答案：B

23-3-26 (2004) 为了提高混凝土的抗碳化性能，应该优先选用下列何种水泥？

A 粉煤灰水泥　B 火山灰水泥　　C 矿渣水泥　　D 硅酸盐水泥

解析：由于水泥中熟料含量较少，且二次水化过程中还要消耗氢氧化钙，所以掺混合材料的硅酸盐水泥水化后氢氧化钙含量很低，配制混凝土的抗碳化性能差，所以为了提高混凝土的抗碳化性能，应优选选用硅酸盐水泥。

答案：D

23-3-27 下列各项中，哪项不是影响硅酸盐水泥凝结硬化的因素？

A 熟料矿物成分含量、水泥细度、用水量　　B 环境温湿度、硬化时间
C 水泥的用量与体积　　　　　　　　　　　D 石膏掺量

解析：水泥的凝结硬化过程，也就是水泥强度发展的过程，即水化产物不断增多的过程。例如熟料中如果C_3A、C_3S含量多，则水泥的凝结快、早期强度高；水泥中掺入适量石膏，目的是延缓水泥凝结，以免影响施工。但石膏掺量过多，会在后期引起水泥石的膨胀而开裂破坏。水化程度随龄期增长而提高，受环境温、湿度的影响。水泥的用量和体积不是影响水泥凝结硬化的因素。

答案：C

23-3-28 在下列四种水泥中，何种水泥不宜用于大体积混凝土工程？

A 硅酸盐水泥（P·Ⅰ，P·Ⅱ）　　　B 火山灰水泥（P·P）
C 粉煤灰水泥（P·F）　　　　　　　D 矿渣水泥（P·S）

解析：大体积混凝土构筑物，因水化热积聚在内部，从而使内外温差产生较大应力，易于导致混凝土产生裂缝，因此水化热对大体积混凝土是有害因素。在大体积混凝土工程中，不宜采用硅酸盐水泥。掺混合材水泥的水化热较低。

答案：A

23-3-29 高层建筑基础工程的混凝土宜优先选用下列哪一种水泥？

A 硅酸盐水泥　　　　　　　　B 普通硅酸盐水泥
C 矿渣硅酸盐水泥　　　　　　D 火山灰质硅酸盐水泥

解析：前两种水泥的水化热大，且抵抗地下水侵蚀的能力也较差，因此不宜使用。矿渣水泥和火山灰水泥的水化热较小，适用于大体积混凝土工程；而且都具有良好的耐水性与耐侵蚀性，适于地下工程。但矿渣水泥泌水性大，抗渗性较差，而火山灰水泥有良好的抗渗性，更加适宜用于地下工程。

答案：D

23-3-30 有耐热要求的大体积混凝土工程，应选用下列哪种水泥？

A P·Ⅰ、P·Ⅱ或P·O　　　　　B P·P
C P·S　　　　　　　　　　　　D P·F

解析：宜用于大体积混凝土工程的水泥有P·P、P·S与P·F。其中，应选P·S（矿渣水泥），这种水泥水化热低，且具有一定的耐热性。

答案：C

23-3-31 蒸汽养护的混凝土构件，不宜选用下列哪一种水泥？

  A 普通水泥 B 火山灰水泥 C 矿渣水泥 D 粉煤灰水泥

解析：蒸汽养护是混凝土放在温度低于100℃的常压蒸汽中养护。在高温下，可加快普通水泥的水化，但在水泥颗粒的外表过早形成水化产物凝胶体膜层，阻碍水分深入内部，因此经一定时间后，强度增长速度反而下降。所以用普通水泥时，最适宜的蒸汽养护温度为80℃左右。而掺加混合材料多的其他三种水泥，蒸汽养护会加速水泥中的活性混合材料（如活性SiO_2等）与水泥熟料水化析出的氢氧化钙的化学反应，而氢氧化钙的减少，又促使水泥颗粒进一步水化，故强度（特别是早期强度）增长较快。这三种水泥蒸汽养护的温度可在90℃左右，即蒸汽养护适应性更好。

答案：A

23-3-32 与硅酸盐水泥相比较，铝酸盐水泥（CA）的下列性质中哪一项不正确？

  A 水化热大，且放热速度特别快，初期强度增长快，长期强度有降低的趋势

  B 最适宜的硬化温度为30℃以上

  C 抗硫酸盐侵蚀性强

  D 硬化后有较高的耐热性

解析：铝酸盐水泥的主要矿物成分为铝酸一钙（$CaO·Al_2O_3$），是一种快硬、高强、耐腐蚀（但抗碱性极差）、耐热的水泥。铝酸盐水泥最适宜的硬化温度为15℃左右，一般不超过25℃。否则会使强度降低，在湿热条件下尤甚。因此铝酸盐水泥不能进行蒸汽养护，且不宜在高温季节施工。铝酸盐水泥不能与硅酸盐水泥或石灰相混使用，否则会产生闪凝和使混凝土开裂，甚至破坏。施工时也不得与尚未硬化的硅酸盐水泥接触使用。

答案：B

23-3-33 配制具有良好密实性和抗渗性能的混凝土，不应选用下列哪种水泥？

  A 硅酸盐膨胀水泥或硅酸盐自应力水泥 B 明矾石膨胀水泥

  C 铝酸盐自应力水泥 D 矿渣水泥

解析：膨胀水泥与自应力水泥不同于矿渣水泥等一般常用水泥，前者在硬化过程中不但不收缩，而且还有不同程度的膨胀（自应力值大于2MPa的称为自应力水泥），因此可用来配制防水砂浆、防水混凝土或用于制造自应力钢筋（钢丝网）混凝土压力管等。膨胀水泥及自应力水泥有硅酸盐型（以硅酸盐水泥为主配制的）与铝酸盐型（以铝酸盐水泥为主配制的）两种。

答案：D

23-3-34 水泥的初凝时间不宜过早是为了（ ）。

  A 保证水泥施工时有足够的施工时间 B 不致拖延施工工期

  C 降低水泥水化放热速度 D 防止水泥厂制品开裂

解析：水泥的初凝时间是指从水泥加水到开始失去可塑性的时间，也是施工

可以进行的时间,所以规定初凝时间不宜过早。

答案:A

23-3-35 水泥的生产过程中,纯熟料磨细时掺适量石膏,是为了调节水泥的什么性质?

A 延缓水泥的凝结时间　　　　B 加快水泥的凝结速度
C 增加水泥的强度　　　　　　D 调节水泥的微膨胀

解析:水泥熟料磨细时掺加石膏,是为了缓凝,即延缓水泥凝结时间。

答案:A

23-3-36 以下四种水泥与普通硅酸盐水泥相比,其特性何者是不正确的?

A 火山灰质硅酸盐水泥耐热性较好
B 粉煤灰硅酸盐水泥干缩性较小
C 铝酸盐水泥快硬性较好
D 矿渣硅酸盐水泥耐硫酸盐侵蚀性较好

解析:矿渣硅酸盐水泥的耐热性较好,火山灰质硅酸盐水泥的耐热性属一般。

答案:A

(四) 混 凝 土

23-4-1 (2011) 用以下哪种粗骨料拌制的混凝土强度最高?

A 块石　　　B 碎石　　　C 卵石　　　D 豆石

解析:碎石是由天然岩石破碎而成,相比块石、卵石和豆石,由于碎石表面粗糙,作为粗骨料拌制的混凝土强度最高。

答案:B

23-4-2 (2011) 建筑工程中常采用的陶粒其最小粒径是(　　)。

A 4mm　　　B 5mm　　　C 6mm　　　D 7mm

解析:陶粒属于轻粗骨料,粗骨料的最小粒径为5mm。

答案:B

23-4-3 (2011) 配制高强、超高强混凝土需采用以下哪种混凝土掺合料?

A 粉煤灰　　　B 煤矸石　　　C 火山渣　　　D 硅灰

解析:配制高强、超高强混凝土需采用高活性的掺合料,即硅灰。

答案:D

23-4-4 (2011) 减水剂的作用是调节混凝土拌合物的(　　)。

A 流动性　　　B 耐久性　　　C 早期强度　　　D 凝结时间

解析:减水剂可以保证混凝土强度不变而提高流动性,即减水剂的作用是调节混凝土拌合物的流动性。

答案:A

23-4-5 (2011) 当配制C30及以上的混凝土时,砂中的最大允许含泥量为(　　)。

A 8%　　　B 5%　　　C 3%　　　D 1%

解析:当配制C30及以上的混凝土时,可以选用Ⅱ类砂,其中最大允许的含泥量不应大于3.0%。
答案：C

23-4-6 (2011) 下列建材在常温下最容易受硫酸腐蚀的是(　　)。
A 混凝土　　　B 花岗岩　　　C 沥青卷材　　　D 铸石制品
解析：混凝土中含有一定量水泥水化生成的 Ca(OH)$_2$，即混凝土为碱性，所以易受硫酸腐蚀。
答案：A

23-4-7 (2011) 以下哪种混凝土属于气硬性耐火混凝土？
A 硅酸盐水泥耐火混凝土　　　B 水玻璃铝质耐火混凝土
C 高铝水泥耐火混凝土　　　　D 镁质水泥耐火混凝土
解析：水玻璃和镁质水泥属于气硬性胶凝材料，其中水玻璃的耐火性能好。
答案：B

23-4-8 (2011) 生产以下哪种轻骨料混凝土时可以有效地利用工业废料？
A 浮石混凝土　　　　　　　B 页岩陶粒混凝土
C 粉煤灰陶粒混凝土　　　　D 膨胀珍珠岩混凝土
解析：粉煤灰是工业废料。浮石、页岩和珍珠岩为天然矿物材料。所以粉煤灰陶粒混凝土能有效利用工业废料。
答案：C

23-4-9 (2010) 混凝土抗压强度是以哪个尺寸（mm）的立方体试件的抗压强度值为标准的？
A 100×100×100　　　　B 150×150×150
C 200×200×200　　　　D 250×250×250
解析：标准规定混凝土立方体抗压强度试件标准尺寸为 150mm×150mm×150mm。
答案：B

23-4-10 (2010) 以下哪种材料常用于配制抗辐射混凝土和制造锌钡白？
A 石英石　　B 白云石　　C 重晶石　　D 方解石
解析：抗辐射混凝土为重混凝土，所用骨料为重质骨料。重晶石表观密度大于其他三种普通石材，且可以用来制造锌钡白。
答案：C

23-4-11 (2010) 配制高强、超高强混凝土，需采用以下哪种混凝土掺合料？
A 粉煤灰　　B 硅灰　　C 煤矸石　　D 火山渣
解析：硅灰的活性很大，配制高强、超高强混凝土需高活性掺合料。
答案：B

23-4-12 (2010) 通常用维勃稠度仪测试以下哪种混凝土拌合物？
A 液态的　　B 流动性的　　C 低流动性的　　D 干硬性的
解析：维勃稠度仪测试坍落度小于10mm的干硬性混凝土拌合物。
答案：D

23-4-13 (2010) 以下哪种混凝土特别适用于铺设无缝地面和修补机场跑道面层？

A 纤维混凝土 B 特细混凝土
C 聚合物水泥混凝土 D 高强混凝土

解析：聚合物水泥混凝土抗渗性好，耐磨性好，抗冲击性好。可用于铺设无缝地面和修补机场跑道面层。

答案：C

23-4-14 (2009) 无损检验中的回弹法可以检验混凝土的哪种性质？
A 和易性　　B 流动性　　C 保水性　　D 强度

解析：无损检验中的回弹法可以检验混凝土的强度。

答案：D

23-4-15 (2009) 以下哪种掺合料能降低混凝土的水化热，是大体积混凝土的主要掺合料？
A 粉煤灰　　B 硅灰　　C 火山灰　　D 沸石粉

解析：粉煤灰能降低混凝土的水化热，是大体积混凝土的主要掺合料。

答案：A

23-4-16 (2008) 在混凝土中掺入优质粉煤灰，可提高混凝土的什么性能？
A 抗冻性　　B 抗渗性　　C 抗侵蚀性　　D 抗碳化性

解析：在混凝土中掺入优质粉煤灰，可以显著提高混凝土的抗侵蚀性。

答案：C

23-4-17 (2008) 配制混凝土的细骨料一般采用天然砂，以下哪种砂与水泥粘结较好，用它拌制的混凝土强度较高？
A 河砂　　B 海砂　　C 湖砂　　D 山砂

解析：山砂表面粗糙，与水泥粘结较好，用它拌制的混凝土强度较高。

答案：D

23-4-18 (2008) 以下哪种混凝土是以粗骨料、水泥和水配制而成的？
A 多孔混凝土　B 加气混凝土　C 泡沫混凝土　D 无砂混凝土

解析：无砂混凝土是以粗骨料、水泥和水配制而成的，又称大孔混凝土。

答案：D

23-4-19 (2007) 以下哪种方法会降低混凝土的抗渗性？
A 加大水灰比　　　　　　B 提高水泥的细度
C 掺入减水剂　　　　　　D 掺入优质的粉煤灰

解析：提高混凝土抗渗性的主要措施是提高混凝土密实度或改善混凝土的孔隙结构。掺入减水剂降低水灰比，掺入优质粉煤灰等均可以提高混凝土密实度；提高水泥细度可以加速水化也可以提高混凝土密实度。所以加大水灰比会降低混凝土的抗渗性。

答案：A

23-4-20 (2007) 泡沫混凝土的泡沫剂是以下哪种物质？
A 铝粉　　B 松香胶　　C 双氧水　　D 漂白粉

解析：泡沫混凝土是由水泥浆与泡沫剂拌合硬化而成的，泡沫剂常用松香类泡沫剂等。

答案：B

23-4-21 (2006) 在混凝土中合理使用外加剂具有良好的技术经济效果，在冬期施工或抢修工程中常用下列哪种外加剂？

A 减水剂　　　B 早强剂　　　C 速凝剂　　　D 防水剂

解析：在冬期施工或抢修工程施工时要求混凝土具有较高的早期强度，早强剂是指能提高混凝土早期强度的外加剂。

答案：B

23-4-22 (2006) 常用坍落度作为混凝土拌合物稠度指标，下列几种结构种类哪种需要混凝土的坍落度数值最大？

A 基础　　　B 梁板　　　C 筒仓　　　D 挡土墙

解析：施工中选择混凝土拌合物的坍落度，一般依据构件截面的大小，钢筋疏密和捣实方法。当构件截面尺寸较小或钢筋较密或人工捣实时，坍落度可选择大些。基础或地面等的垫层、无配筋的大体积结构（如挡土墙、基础等）或配筋稀疏的结构坍落度可选 10～30mm，板、梁或大型及中型截面的柱子等可选 30～50mm，配筋特密的结构（如薄壁、斗仓、筒仓、细柱等）坍落度选 50～70mm。

答案：C

23-4-23 (2006) 以轻骨料作为粗骨料，表观密度不大于 1950kg/m³ 的混凝土，称为轻骨料混凝土。与普通混凝土相比，下列哪条不是轻骨料混凝土的特点？

A 弹性模量大　　　　　　　B 构件刚度较差
C 变形性大　　　　　　　　D 对建筑物的抗震有利

解析：与普通混凝土相比，轻骨料混凝土的变形大，弹性模量较小，制成构件的刚度较差，但因为极限应变大，有利于改善建筑物的抗震性能。

答案：A

23-4-24 (2005) 在测量卵石的密度时，以排液置换法测量其体积，这时所求得的密度是以下哪种密度？

A 精确密度　　B 近似密度　　C 表观密度　　D 堆积密度

解析：采用排液置换法测量体积得到的密度为卵石的表观密度。

答案：C

23-4-25 (2005) 混凝土在搅拌过程中加入松香皂（引气剂），对混凝土的性能影响很大，以下哪种影响是不存在的？

A 改善混凝土拌合物的和易性　　B 降低混凝土的强度
C 提高混凝土的抗冻性　　　　　D 降低混凝土的抗渗性

解析：引气剂可改善混凝土拌合物的和易性，提高混凝土的抗渗性、抗冻性，但是引气剂使混凝土含气量增大，故使混凝土的强度下降。

答案：D

23-4-26 (2005) 加气混凝土的气泡是加入以下哪种材料形成的？

A 明矾石　　　B 铝粉　　　C 氯化钠　　　D 硫酸钙

解析：加气混凝土是由钙质材料、硅质材料和发气剂（或加气剂）铝粉制成的。
答案：B

23-4-27 (2004) 碎石的颗粒形状对混凝土的质量影响甚为重要，下列何者的颗粒形状最好？
　　A 片状　　　　B 针状　　　　C 小立方体状　　D 棱锥状
解析：碎石的颗粒形状最好为小立方体状，严格控制针片状等形状的颗粒。
答案：C

23-4-28 (2004) 下列提高混凝土密实度和强度的措施中，何者是不正确的？
　　A 采用高强度等级水泥　　　　B 提高水灰比
　　C 强制搅拌　　　　　　　　　D 加压振捣
解析：提高混凝土强度和密实度的措施有：降低混凝土的水灰比，选用高强度水泥，采用高温养护和强力振捣，掺入外加剂等。
答案：B

23-4-29 (2004) 混凝土浇筑养护时间，对采用硅酸盐水泥、普通水泥或矿渣水泥拌制的混凝土不得少于几天？
　　A 5天　　　　B 6天　　　　C 7天　　　　D 8天
解析：混凝土在凝结后，表面加以覆盖和浇水，一般硅酸盐水泥、普通水泥或矿渣水泥拌制的混凝土，需浇水养护至少7天。
答案：C

23-4-30 在原材料一定的情况下，影响混凝土抗压强度决定性的因素是（　　）。
　　A 水泥强度　　B 水泥用量　　C 水灰比　　D 骨料种类
解析：影响混凝土强度的因素有水泥强度、水灰比、养护条件、骨料种类及龄期等，其中水灰比与水泥强度是决定混凝土强度的主要因素。原材料一定，即水泥强度等级及骨料种类、性质已确定，则影响混凝土强度的决定性因素是水灰比。
答案：C

23-4-31 下列有关外加剂的叙述中，哪一条不正确？
　　A 氯盐、三乙醇胺及硫酸钠均属早强剂
　　B 采用泵送混凝土施工时，首选的外加剂通常是减水剂
　　C 大体积混凝土施工时，常采用缓凝剂
　　D 加气混凝土常用木钙作为发气剂（即加气剂）
解析：木钙属减水剂，不属发气剂，加气混凝土常用铝粉作为发气剂。也可采用双氧水（过氧化氢）、碳酸钙和漂白粉等作为发气剂。
答案：D

23-4-32 下列有关几种混凝土的叙述，哪一条不正确？
　　A 与普通混凝土相比，钢纤维混凝土一般可提高抗拉强度2倍左右，抗弯强度可提高1.5～2.5倍，韧性可提高100倍以上。目前已逐渐应用在飞机跑道、断面较薄的轻型结构及压力管道等处
　　B 聚合物浸渍混凝土具有高强度（抗压强度可达200MPa以上）、高耐久性的特点

C 喷射混凝土以采用矿渣水泥为宜

D 同耐火砖相比，耐火混凝土具有工艺简单、使用方便、成本低廉等优点，且具有可塑性与整体性，其使用寿命与耐火砖相近或较长

解析：喷射混凝土以采用普通水泥为宜，矿渣水泥等凝结慢、早期强度低的水泥不宜使用。

答案：C

23-4-33 海水不得用于拌制钢筋混凝土和预应力混凝土，主要是因为海水中含有大量盐，（　　）。

A 会使混凝土腐蚀　　　　　B 会促使钢筋被腐蚀
C 会导致水泥混凝土凝结缓慢　D 会导致水泥快速凝结

解析：海水中含有的大量盐，用其拌制混凝土，其中氯离子会促使钢筋锈蚀。

答案：B

23-4-34 混凝土的耐久性不包括（　　）。

A 抗冻性　　B 抗渗性　　C 抗碳化性　　D 抗老化性

解析：混凝土的耐久性包括抗渗性、抗冻性、抗侵蚀性、抗碳化性、碱骨料反应等。

答案：D

23-4-35 影响混凝土强度的因素除水泥品种与强度、骨料质量、施工方法、养护龄期条件外，还有一个因素是下列哪一个？

A 和易性　　B 水灰比　　C 含气量　　D 外加剂

解析：和易性、水灰比、含气量与外加剂均能影响混凝土的强度，但其中影响最大、最直接的是水灰比。

答案：B

23-4-36 在关于混凝土的叙述中，下列哪一条是错误的？

A 气温越高，硬化速度越快　　B 抗剪强度比抗压强度小
C 与钢筋的膨胀系数大致相同　　D 水灰比越大，强度越大

解析：混凝土强度随水灰比增大而降低，呈曲线关系。

答案：D

23-4-37 钢纤维混凝土能有效改善混凝土脆性性质，主要适用于下列哪一种工程？

A 防射线工程　　　　　　　B 石油化工工程
C 飞机跑道、高速公路　　　D 特殊承重结构工程

解析：钢纤维混凝土能有效改善混凝土脆性，能提高混凝土的抗拉强度与抗弯强度。通常飞机跑道、高速公路路面材料的抗拉强度与抗弯强度应较高。

答案：C

23-4-38 钢筋混凝土构件的混凝土，为提高其早期强度，有时掺入外加早强剂，但下列四个选项中（　　）不能作早强剂。

A 氯化钠　　B 硫酸钠　　C 三乙醇胺　　D 复合早强剂

解析：钢筋混凝土构件中要掺用早强剂等外加剂，很重要的一点是此时外加剂不能含氯离子，因为氯离子易引起钢筋锈蚀与混凝土的开裂破坏。

答案：A

23-4-39 陶粒是一种人造轻骨料，根据材料的不同，有不同类型，以下哪种陶粒不存在？

A 粉煤灰陶粒　　　　　　　B 膨胀珍珠岩陶粒
C 页岩陶粒　　　　　　　　D 黏土陶粒

解析：陶粒作为人造轻骨料，具有表面密实、内部多孔的结构特征，可由粉煤灰、黏土或页岩等烧制而成。但膨胀珍珠岩则不然，它在高温下膨胀而得的颗粒内外均为多孔，无密实表面。

答案：B

23-4-40 三乙醇胺是混凝土的外加剂，它是属于以下何种性能的外加剂？

A 加气剂　　B 防水剂　　C 速凝剂　　D 早强剂

解析：三乙醇胺通常用作一种早强剂。

答案：D

23-4-41 加气混凝土常用（　　）作为发气剂。

A 镁粉　　B 锌粉　　C 铝粉　　D 铅粉

解析：加气混凝土是以铝粉作为发气剂的。

答案：C

23-4-42 水泥砂浆和混凝土在常温下仍耐以下腐蚀介质中的哪一种？

A 硫酸　　B 磷酸　　C 盐酸　　D 醋酸

解析：一般酸能引起水泥砂浆或混凝土的腐蚀，但少数种类的酸如草酸、鞣酸、酒石酸、氢氟酸与磷酸能与 $Ca(OH)_2$ 反应，生成不溶且无膨胀的钙盐，对砂浆与混凝土没有腐蚀作用。

答案：B

23-4-43 影响混凝土强度的因素，以下哪个不正确？

A 水泥强度和水灰比　　　　B 骨料的粒径
C 养护温度与湿度　　　　　D 混凝土的龄期

解析：显著影响混凝土强度的因素包括水泥强度和水灰比、养护温度与湿度和龄期，骨料粒径对混凝土强度无显著影响。

答案：B

（五）建 筑 砂 浆

23-5-1 （2009）普通室内抹面砂浆工程中，建筑物砖墙的底层抹灰多用以下哪种砂浆？

A 混合砂浆　　　　　　　　B 纯石灰砂浆
C 高强度等级水泥砂浆　　　D 纸筋石灰灰浆

解析：普通室内抹面砂浆工程中，建筑物砖墙的底层抹灰多用纯石灰砂浆。

答案：B

23-5-2 （2009）在抹面砂浆中，用水玻璃与氟硅酸钠拌制成的砂浆是什么砂浆？

A 防射线砂浆 B 防水砂浆
C 耐酸砂浆 D 自流平砂浆

解析：在抹面砂浆中，用水玻璃与氟硅酸钠拌制成的砂浆是耐酸砂浆。
答案：C

23-5-3 (2008) 在砂浆中加入石灰膏可改善砂浆的以下哪种性质？
A 保水性 B 流动性 C 粘结性 D 和易性
解析：在砂浆中加入石灰膏可改善砂浆的保水性。
答案：A

23-5-4 (2007) 聚合物水泥类防水砂浆用于以下哪个部位是不正确的？
A 厕浴间 B 外墙面 C 屋面 D 地下室
解析：聚合物水泥类防水砂浆适用于地下和厕浴间等工程做防水层，也可用于外墙面做防水层，不能用于屋面。
答案：C

23-5-5 (2007) 一般抹灰工程中基层为石灰砂浆，其面层不得采用以下哪种灰浆？
A 麻刀石灰 B 纸筋灰 C 石膏灰 D 水泥砂浆
解析：面层抹灰砂浆强度应该与基层抹灰砂浆的强度接近，所以一般抹灰工程中基层为石灰砂浆时，面层不得采用水泥砂浆。
答案：D

23-5-6 (2005) 在实验室测定砂浆的沉入量，其沉入量是表示砂浆的什么性质？
A 保水性 B 流动性 C 粘结性 D 变形
解析：砂浆的流动性，又称稠度，指砂浆在自重或外力作用下流动的性能，指标为沉入量。
答案：B

23-5-7 (2005) 用于砖砌体的砂浆，采用以下哪种规格的砂为宜？
A 粗砂 B 中砂 C 细砂 D 特细砂
解析：用于砖砌体的砂浆，采用中砂为宜。
答案：B

23-5-8 (2004) 在影响抹灰层与基体粘结牢固的因素中，下列何者叙述不正确？
A 抹灰前基体表面浇水，会降低砂浆粘结力
B 基体表面光滑，抹灰前未作毛化处理
C 砂浆质量不好，使用不当
D 一次抹灰过厚，干缩率较大
解析：砂浆的抗压强度越高，则其与基体的粘结力越强。此外，砂浆的粘结力与基层表面状态、清洁程度、润湿状况及养护条件有关，抹灰前基体表面浇水润湿、基体表面毛化粗糙、基体表面干净都可以提高粘结力。
答案：A

23-5-9 抹面砂浆通常分两层或三层进行施工，各层抹灰要求不同，所以每层所选用的砂浆也不一样。以下哪一种选用不当？
A 砖墙底层抹灰，多用石灰砂浆

B 混凝土墙底层抹灰，多用混合砂浆

C 面层抹灰，多用纸筋灰灰浆

D 易碰撞或潮湿的地方，应采用混合砂浆

解析：用于易碰撞或潮湿的地方，选用砂浆的依据是较高强度与良好的耐水性，混合砂浆的使用效果不如水泥砂浆。

答案：D

23-5-10 耐酸沥青砂浆使用的砂是（　　）砂。

A 石英岩　　　B 石灰岩　　　C 白云岩　　　D 石棉岩

解析：石英岩的主要成分为 SiO_2，故石英岩有较好的耐酸能力。

答案：A

23-5-11 水泥砂浆的主要胶结料是（　　）。

A 普通硅酸盐水泥　　　　B 聚醋酸乙烯

C 石灰胶料　　　　　　　D 108胶

解析：水泥砂浆的主要胶结料是普通硅酸盐水泥。

答案：A

23-5-12 抹灰采用的砂浆品种各不相同，在板条或金属网顶棚抹灰中，应选用（　　）砂浆。

A 水泥　　　　　　　　　B 水泥混合

C 麻刀（纸筋）石灰　　　D 防水水泥

解析：板条墙及顶棚的底层多用麻刀石灰砂浆。

答案：C

23-5-13 石灰砂浆适于砌筑下列哪种工程或部位？

A 片石基础、地下管沟　　B 砖石砌体的仓库

C 砖砌水塔或烟囱　　　　D 普通平房

解析：石灰砂浆耐水性差，故不能用于常接触水或潮湿部位，如基础、水塔或烟囱。另外由于其强度低，不宜用于重要工程或建筑，如仓库。

答案：D

（六）墙体材料与屋面材料

23-6-1 (2011) 可用于地面及外墙防潮层以下的砌块是（　　）。

A 蒸压灰砂砖(强度等级 MU15 及以上)

B 蒸压加气混凝土砌块

C 烧结多孔砖

D 页岩空心砖

解析：MU15级以上的灰砂砖可用于基础及其他建筑部位。烧结多孔砖和页岩空心砖强度很低。蒸压加气混凝土砌块不得用于建筑物基础和处于浸水、高湿和有化学侵蚀的环境中。

答案：A

23-6-2 (2011) 锅炉房烟道应采用以下哪种砖作内衬材料？
　　A 页岩砖　　　B 混凝土实心砖　C 灰砂砖　　　D 高铝砖
　　解析：锅炉房烟道应选择耐火性好的砖做内衬材料。高铝砖具有良好的耐火性。灰砂砖、页岩砖和混凝土实心砖的长期受热温度不能高于200℃。
　　答案：D

23-6-3 (2011) 可用作建筑外墙板的是(　　)。
　　A 石膏空心条板　　　　　　B 蒸压加气混凝土条板
　　C GRC板　　　　　　　　　D 埃特板
　　解析：埃特板是植物纤维增强硅酸盐平板（即纤维水泥板），石膏空心条板和蒸压加气混凝土条板也不适用于建筑物浸水、高湿部位。所以用作建筑外墙板的是GRC板。
　　答案：C

23-6-4 (2010) 多层建筑地下室与地上层共用楼梯间时，首层楼梯间内应选用下列何种墙体隔断？
　　A 100mm厚加气混凝土砌块
　　B 100mm厚陶粒混凝土空心砌块
　　C 12mm+75mm+12mm厚耐火纸面石膏板
　　D 100mm厚GRC板
　　解析：多层建筑地下室与地上层共用楼梯间时，首层楼梯间内应选用耐火极限不低于2.00h的墙体隔断。100mm厚加气混凝土砌块墙的耐火极限为6.00h。
　　答案：A

23-6-5 (2010) A5.0用来表示蒸压加气混凝土的(　　)。
　　A 体积密度级别　B 保温级别　　C 隔声级别　　D 强度级别
　　解析：蒸压加气混凝土按抗压强度分为A1.0、A2.0、A2.5、A3.5、A5.0、A7.0、A10七个强度等级，按表观密度分为03、04、05、06、07、08六个级别。
　　答案：D

23-6-6 (2009) 蒸压加气混凝土砌块不得用于建筑物的哪个部位？
　　A 屋面保温　　B 基础　　　　C 框架填充外墙　D 内隔墙
　　解析：蒸压加气混凝土砌块不得用于建筑物的基础部位。
　　答案：B

23-6-7 (2009) 以下哪种砖是经蒸压养护而制成的？
　　A 黏土砖　　　B 页岩砖　　　C 煤矸石砖　　D 灰砂砖
　　解析：灰砂砖是经蒸压养护而制成的。
　　答案：D

23-6-8 (2008) 古建筑上琉璃瓦中的筒瓦，它的"样"共有多少种？
　　A 12　　　　　B 8　　　　　C 6　　　　　D 4
　　解析：琉璃瓦的"样"可分为二样、三样、四样、五样、六样、七样、八样、九样，共计8种。一般常用的3种是五样、六样、七样。

答案：B

23-6-9 (2008) 下列哪种砌块在生产过程中不需要蒸汽养护？
A 加气混凝土砌块　　　　　B 石膏砌块
C 粉煤灰小型空心砌块　　　D 普通混凝土空心砌块

解析：由于石膏在常温下凝结硬化很快，所以石膏砌块在生产过程中不需要蒸汽养护。

答案：B

23-6-10 (2008) 人民防空地下室的掩蔽室与简易洗消间的密闭隔墙应采用以下哪种墙体？
A 180mm 厚整体现浇钢筋混凝土墙
B 210mm 厚整体现浇钢筋混凝土墙
C 360mm 厚黏土砖墙
D 240mm 厚灰砂砖墙

解析：根据《人民防空地下室设计规范》GB 50038—2005 第 3.2.13 条规定，在染毒区和清洁区之间应设置整体浇筑的钢筋混凝土密闭隔墙，厚度不应小于200mm，所以人民防空地下室的掩蔽室与简易洗消间的密闭隔墙应采用210mm 厚整体现浇钢筋混凝土墙。

答案：B

23-6-11 (2008) 在生产制作过程中，以下哪种砖需要直接耗煤？
A 粉煤灰砖　　B 煤渣砖　　C 灰砂砖　　D 煤矸石砖

解析：在生产制作过程中，煤矸石砖需要直接耗煤。

答案：D

23-6-12 (2007) 在我国古建筑形式上，"样"是类型名称，共有"二样"到"九样"八种，"样"是以下哪种瓦的型号？
A 布瓦　　　B 小青瓦　　　C 琉璃瓦　　　D 黏土瓦

解析：根据"清式营造则例"，我国古建筑形式上，"样"是琉璃瓦的型号。

答案：C

23-6-13 (2007) 以下哪种砖是经过焙烧制成的？
A 煤渣砖　　B 实心灰砂砖　　C 碳化灰砂砖　　D 耐火砖

解析：耐火砖是砖坯在高温下烧结而成的。

答案：D

23-6-14 (2007) 以下哪种砖是经坯料制备压制成型，蒸汽养护而成？
A 页岩砖　　B 粉煤灰砖　　C 煤矸石砖　　D 陶土砖

解析：粉煤灰砖是经蒸汽养护而成。页岩砖、煤矸石砖和陶土砖通过焙烧制成的。

答案：B

23-6-15 (2007) 小青瓦是用以下哪种材料制坯窑烧而成？
A 陶土　　　B 水泥　　　C 黏土　　　D 菱苦土

解析：小青瓦是以黏土制坯焙烧而成。

答案：C

23-6-16 (2007) 安装在多孔砖砌体上的外门窗，严禁使用以下哪种固定方式？
A 预埋木砖　　B 预埋铁件　　C 射钉固定　　D 预埋混凝土块
解析：安装在多孔砖砌体上的外门窗严禁使用射钉方式固定。
答案：C

23-6-17 (2006) 普通混凝土小型空心砌块中主砌块的基本规格是下列哪组数值？
A 390×190×190（mm）　　　　　B 390×240×190（mm）
C 190×190×190（mm）　　　　　D 190×240×190（mm）
解析：普通混凝土小型空心砌块主规格尺寸为390×190×190（mm）。
答案：A

23-6-18 (2006)《烧结普通砖》GB/T 5101—2017 将砖分为若干等级，当建筑物外墙面为清水墙时，下列哪种等级可作为清水墙的选用标准？
A 优等品　　　　　　　　　　　B 一等品
C 强度等级 MU7.5　　　　　　　D 合格品
解析：根据《烧结普通砖》GB/T 5101—2017 规定，抗风化性能合格的砖，根据尺寸偏差、外观质量、泛霜及石灰爆裂分为优等品、一等品和合格品三个产品等级。优等品可用于清水墙和装饰墙建筑，一等品和合格品可用于混水建筑。
答案：A

23-6-19 (2006) 烧结多孔砖的强度等级主要依据其抗压强度平均值判定，强度等级为 MU15 的多孔砖，其抗压强度平均值为下列何值？
A $15t/m^2$　　B $15kg/cm^2$　　C $15kN/cm^2$　　D $15MN/m^2$
解析：强度等级为 MU15 的多孔砖，其抗压强度平均值为 15MPa，$15MPa=15N/mm^2=15MN/m^2$。
答案：D

23-6-20 (2006) 加气混凝土砌块长度规格为 **600mm**，常用的高度规格尺寸有三种，下列哪种不是其常用高度尺寸？
A 200mm　　B 250mm　　C 300mm　　D 400mm
解析：加气混凝土砌块长度规格为 600mm，常用的高度规格尺寸有 200mm、250mm 和 300mm 三种。
答案：D

23-6-21 (2005) 建筑琉璃制品主要是以下列哪种原料制成？
A 黏土　　B 优质瓷土　　C 高岭土　　D 难熔黏土
解析：建筑琉璃制品主要用难熔黏土为原料制成的。
答案：D

23-6-22 (2003) 砌体材料中的黏土空心砖与普通黏土砖相比所具备的特点，下列哪条是错误的？
A 少耗黏土、节省耕地
B 缩短焙烧时间、节约燃料

C 减轻自重、改善隔热吸声性能
D 不能用来砌筑5层、6层建筑物的承重墙

解析：烧结空心砖与烧结普通砖相比，具有一系列优点，使用这种砖可少耗黏土节省耗地，减轻墙体自重，提高施工工效，并且还能改善墙体的保温隔热性和吸声性能。但烧结空心砖孔洞率较大，一般可达30%以上，虽然自重轻，但强度低，主要用于非承重部位。

答案：B

23-6-23 （2003）综合利用工业生产过程中排出的废渣弃料作为主要原料生产的砌体材料，下列哪一类不能以此原料生产？

A 煤矸石半内燃砖、蒸压灰砂砖   B 花格砖、空心黏土砖
C 粉煤灰砖、碳化灰砂砖   D 炉渣砖、煤渣砖

解析：花格砖、空心黏土砖的原料不是工业废料。

答案：B

23-6-24 下列有关瓦的叙述，哪一项不正确？

A 每15张标准黏土平瓦可铺 $1m^2$ 屋面
B 琉璃瓦常用三样、四样、五样3种型号
C 小青瓦又名土瓦和合瓦，习惯以每块重量作为规格和品质的标准
D 我国古建筑中，琉璃瓦屋面的各种琉璃瓦件尺寸以清营造尺为单位，1清营造尺等于32cm

解析：根据《清式营造则例》规定，琉璃瓦的"样"共分二样、三样、四样、五样、六样、七样、八样、九样8种，最常用者为五样、六样、七样3种型号。

答案：B

23-6-25 烧结普通砖的致命缺点是（   ）。

A 隔声、绝热差   B 烧制耗能大，取土占农田
C 自重大，强度低   D 砌筑不够快

解析：烧结普通砖的主要缺点是能耗高与对环境有不利影响，即烧砖生产能耗大，取土侵占耕地且易导致荒漠化。

答案：B

23-6-26 蒸压加气混凝土砌块，在下列范围中，何者可以采用？

A 在抗震设防烈度8度及以上地区
B 在建筑物基础及地下建筑物中
C 经常处于室内相对湿度80%以上的建筑物
D 表面温度高于80℃的建筑物

解析：加气混凝土砌块作为轻质材料，在结构抗震中使用效果良好。一般不得用于建筑物基础和高湿、浸水或有化学侵蚀的环境中，也不能用于表面温度高于80℃的建筑部位。

答案：A

23-6-27 烧结普通砖的表观密度是（   ）kg/m^3。

A 1400 B 1600 C 1900 D 2100

解析：烧结普通砖的表观密度为1600～1800kg/m³。

答案：B

（七）建 筑 钢 材

23-7-1 (2011) 钢筋混凝土用热轧光圆钢管的最小公称直径为(　　)。

A 6mm B 8mm C 10mm D 12mm

解析：钢筋混凝土用热轧光圆钢筋的公称直径范围为6～22mm，所以其最小公称直径为6mm。

答案：A

23-7-2 (2011) 伸长率是表明钢材哪种性能的重要技术指标？

A 弹性 B 塑性 C 脆性 D 韧性

解析：伸长率表明钢材的塑性。

答案：B

23-7-3 (2011) 以下哪种钢材常用于建筑工程中的网片或箍筋？

A 预应力钢丝 B 冷拔低碳钢丝
C 热处理钢筋 D 热轧钢筋

解析：将直径为6.6～8mmQ235热轧盘条在常温下进行一次或多次冷拔即得冷拔低碳钢丝，其中Z级用于焊接或绑扎骨架、网片或箍筋。

答案：B

23-7-4 (2011) 通常用于制作建筑压型钢板的材料是(　　)。

A 热轧厚钢板 B 热轧薄钢板
C 冷轧厚钢板 D 冷轧薄钢板

解析：冷轧薄钢板经冷压或冷轧成波形、双曲形、V形等形状，称为压型钢板；所以用于制作建筑压型钢板的材料是冷轧薄钢板。

答案：D

23-7-5 (2011) 压型钢板的板型分高波板和低波板，其中低波板的最大波高为(　　)。

A 30mm B 40mm C 50mm D 60mm

解析：压型钢板的板型，分为低波板、中波板和高波板。其中波高小于30mm的为低波板，波高30～70mm的是中波板，波高大于70mm的为高波板，30mm为低波板与中波板的临界值。

答案：A

23-7-6 (2010) 低合金高强度结构钢是在碳素钢的基础上加入一定量的合金成分而成，其中合金成分占总量的最大百分比值为(　　)。

A 1% B 5% C 10% D 15%

解析：合金钢根据合金元素含量分为低合金钢（合金元素含量小于5%）、中合金钢(5%～10%)和高合金钢（大于10%）。5%为低合金钢与中合金钢的

临界值

答案：B

23-7-7 (2010) 以下哪种试验能揭示钢材内部是否存在组织不均匀、内应力和夹杂物等缺陷？

  A 拉力试验 B 冲击试验 C 疲劳试验 D 冷弯试验

解析：冷弯指钢材在常温下承受弯曲变形的能力，它表征了在恶劣条件下钢材的塑性，可以揭示钢材内部是否存在组织不均匀、内应力和夹杂物等缺陷。

答案：D

23-7-8 (2010) 延伸率表示钢材的以下哪种性能？

  A 弹性极限 B 屈服极限 C 塑性 D 疲劳强度

解析：延伸率表示钢材的塑性变形能力。

答案：C

23-7-9 (2010) 镇静钢、半镇静钢是按照以下哪种方式分类的？

  A 表观   B 用途
  C 品质   D 冶炼时脱氧程度

解析：按照冶炼时的脱氧程度将钢材分为沸腾钢、镇静钢、半镇静钢。

答案：D

23-7-10 (2010) 根据国家标准，建筑常用薄钢板的厚度最大值为（ ）。

  A 2.5mm B 3.0mm C 4.0mm D 5.0mm

解析：建筑常用薄钢板厚度的最大值为4.0mm。

答案：C

23-7-11 (2010) 在一定范围内施加以下哪种化学成分能提高钢的耐磨性和耐蚀性？

  A 磷   B 氮   C 硫   D 锰

解析：磷可提高钢材的耐磨性和耐蚀性。

答案：A

23-7-12 (2009) 石材幕墙的石板与幕墙龙骨系统连接的钢卡固件，应采用以下哪种材料？

  A 热轧钢 B 碳素结构钢 C 不锈钢 D 冷轧钢

解析：石材幕墙的石板与幕墙龙骨系统连接的钢卡固件，考虑防锈的要求应该采用不锈钢。

答案：C

23-7-13 (2009) 在钢的成分中，以下哪种元素能提高钢的韧性？

  A 磷   B 钛   C 氧   D 氮

解析：在钢的成分中，钛作为合金元素能提高钢的韧性。

答案：B

23-7-14 (2009) 建筑钢材Q235级钢筋的受拉强度设计值 $210N/mm^2$ 是根据以下哪种强度确定的？

  A 弹性极限强度   B 屈服强度

C 抗拉强度　　　　　　　　D 破坏强度

解析：建筑钢材 Q235 级钢筋的受拉强度设计值 210N/mm² 是根据屈服强度确定的。

答案：B

23-7-15 (2009) 钢材经冷加工后，以下哪一种性能不会改变？

A 屈服极限　　B 强度极限　　C 疲劳强度　　D 延伸率

解析：钢材经过冷加工，强度极限不会改变。

答案：B

23-7-16 (2008) 建筑钢材中含有以下哪种成分是有害无利的？

A 碳　　　　B 锰　　　　C 硫　　　　D 磷

解析：建筑钢材中硫是有害无利的。

答案：C

23-7-17 (2008) 常用建筑不锈钢板中，以下哪种合金成分含量最高？

A 锌　　　　B 镍　　　　C 铬　　　　D 锡

解析：常用建筑不锈钢板中的合金成分，以铬的含量为最高。

答案：C

23-7-18 (2008) 彩色钢板岩棉夹芯板的燃烧性能属下列何者？

A 不燃烧体　　B 难燃烧体　　C 可燃烧体　　D 易燃烧体

解析：彩色钢板岩棉夹芯板的燃烧性能属不燃烧体。

答案：A

23-7-19 (2007) 在常温下将钢材进行冷拉，钢材的哪种性质得到提高？

A 屈服点　　B 塑性　　C 韧性　　D 弹性模量

解析：将钢材于常温下进行冷拉、冷轧或冷拔，使其产生塑性变形，从而提高屈服点。冷加工可提高钢材的屈服点，抗拉强度不变，塑性、韧性和弹性模量降低。

答案：A

23-7-20 (2007) 在碳素钢中，以下哪种物质为有害物质？

A 铁　　　　B 硅　　　　C 锰　　　　D 氧

解析：钢材中的有害物质包括硫、磷、氧。

答案：D

23-7-21 (2006) 建筑钢材表面锈蚀的主要原因是由于电解质作用引起的，下列钢筋混凝土中钢筋不易生锈的原因何者不正确？

A 处于水泥的碱性介质中　　　　B 混凝土一定的密实度
C 混凝土一定厚度的保护层　　　D 混凝土施工中掺加的氯盐

解析：钢筋混凝土中钢筋不易生锈是因为钢筋处于水泥的碱性介质中，另外混凝土具有一定厚度的保护层或一定的密实度，还有限制氯盐外加剂的掺加。

答案：D

23-7-22 (2006) 对于承受交变荷载的结构（如工业厂房的吊车梁），在选择钢材时，必须考虑钢材的哪一种力学性能？

A 屈服极限　　　B 强度极限　　　C 冲击韧性　　　D 疲劳极限

解析：钢材在交变应力作用下，在远低于抗拉强度时突然发生断裂的现象称为疲劳破坏。在规定的周期基数内不发生脆断所承受的最大应力值为疲劳极限。所以对于承受交变荷载的结构（如工业厂房的吊车梁），在选择钢材时，必须考虑钢材的疲劳极限。

答案：D

23-7-23 (2006) 钢是含碳量小于 2% 的铁碳合金，其中碳元素对钢的性能起主要作用，提高钢的含碳量会对下列哪种性能有提高？

A 屈服强度　　　　　　　　B 冲击韧性
C 耐腐蚀性　　　　　　　　D 焊接性能

解析：随着含碳量的增加，钢材的强度和硬度提高，塑性和韧性降低。当含碳量大于 0.3% 时，钢材的可焊性显著降低；当含碳量大于 1% 时，脆性增大，硬度增加，强度下降。此外，含碳量增加，钢的冷脆性和时效敏感性增大，耐锈蚀性降低。

答案：A

23-7-24 (2006) 彩板门窗是钢门窗的一种材料，适用于各种住宅、工业及公共建筑，下列哪条不是彩板门窗的基本特点？

A 强度高　　　　　　　　B 型材断面小
C 焊接性能好　　　　　　D 防腐性能好

解析：彩色钢板是在薄钢板表面敷以有机涂层而成。当涂层脱落后，内部的钢材容易生锈，所以防腐性能较差。

答案：D

23-7-25 (2005) 无保护层的钢屋架，其耐火极限是多少？

A 0.25h　　　B 0.5h　　　C 1.0h　　　D 1.25h

解析：在高温下，钢材机械性能下降。裸露的未作处理的钢屋架，其耐火极限为 15min 左右。

答案：A

23-7-26 (2005) 钢材的含锰量对钢材性质的影响，以下哪条是不正确的？

A 提高热轧钢的屈服极限　　　B 提高热轧钢的强度极限
C 降低冷脆性　　　　　　　　D 焊接性能变好

解析：锰可以提高钢材的强度、耐腐蚀和耐磨性，消除热脆性。

答案：C

23-7-27 (2004) 在下列四种钢材的热处理方法中，何者可以将钢材的硬度大大提高？

A 淬火　　　B 回火　　　C 退火　　　D 正火

解析：淬火可提高钢材的硬度。

答案：A

23-7-28 (2004) 在建筑工程中大量应用的建筑钢材，其力学性能主要取决于何种化学成分的含量？

A 锰　　　B 磷　　　C 硫　　　D 碳

解析：含碳量小于2%的铁碳合金为钢材，所以建筑钢材的力学性能主要取决于碳含量。

答案：D

23-7-29 (2004) 钢铁表面造成锈蚀的下列诸多因素中，何者是主要的？
  A 杂质存在　　　　　　　　B 电化学作用
  C 外部介质作用　　　　　　D 经冷加工存在内应力

解析：当钢铁表面与环境介质发生各种形式的化学作用时，就有可能遭到腐蚀，当环境潮湿或与含有电解质的溶液接触时，也可能因形成微电池效应而遭到电化学腐蚀。所以钢铁的锈蚀分为化学锈蚀和电化学锈蚀。

答案：B

23-7-30 下列关于钢材性质的叙述，哪一项不正确？
  A 使钢材产生热脆性的有害元素是硫；使钢材产生冷脆性的有害元素是磷
  B 钢结构设计时，碳素结构钢以屈服强度作为设计计算的依据
  C 碳素结构钢分为四个牌号：Q195、Q215、Q235、Q275，牌号越大，含碳量越多，钢的强度与硬度越高，但塑性和韧性越低
  D 检测碳素结构钢时，必须作拉伸、冲击、冷弯及硬度试验

解析：检测碳素结构钢，不必作硬度试验。

答案：D

23-7-31 下列关于冷加工与热处理的叙述，哪一条是错误的？
  A 钢材经冷拉、冷拔、冷轧等冷加工后，屈服强度提高、塑性增大，钢材变硬、变脆
  B 钢筋经冷拉后，再放置一段时间（"自然时效"处理），钢筋的屈服点明显提高，抗拉强度也有提高，塑性和韧性降低较大，弹性模量基本不变
  C 在正火、淬火、回火、退火四种热处理方法中，淬火可使钢材表面硬度大大提高
  D 冷拔低碳钢丝是用碳素结构钢热轧盘条经冷拔工艺拔制成的，强度较高，可自行加工成材，成本较低，适宜用于中小型预应力构件

解析：钢材经冷加工（常温下）后，屈服点提高，塑性和韧性降低，弹性模量降低。

答案：A

23-7-32 有关低合金结构钢及合金元素的内容，下列哪一项是错误的？
  A 锰是我国低合金结构钢的主加合金元素，可提高钢的强度并消除脆性
  B 低合金高强度结构钢中加入的合金元素总量小于15%
  C 低合金高强度结构钢具有较高的强度，较好的塑性、韧性和可焊性，在大跨度、承受动荷载和冲击荷载的结构物中更为适用
  D 硅是我国钢筋钢的主加合金元素

解析：低合金结构钢中合金元素总量应小于5%。

答案：B

23-7-33 钢结构防止锈蚀的方法通常是表面刷漆。请在下列常用油漆涂料中选择一种

正确的做法。

A 刷调和漆　　　　　　　　　B 刷沥青漆
C 用红丹作底漆，灰铅油作面漆　D 用沥青漆打底，机油抹面

解析：常用底漆有红丹、环氧富锌漆、铁红环氧底漆等；面漆有灰铅油、醇酸磁漆、酚醛磁漆等。薄壁钢材可采用热浸镀锌或镀锌后加涂塑料涂层。

答案：C

23-7-34 建筑钢材是在严格的技术控制下生产的材料。下面哪一条不属于它的优点？

A 品质均匀，强度高
B 防火性能好
C 有一定的塑性和韧性，具有承受冲击和振动荷载的能力
D 可以焊接或铆接，便于装配

解析：建筑钢材在火灾高温下易变形，导致结构失效，故防火性差。

答案：B

23-7-35 下列四种钢筋哪一种的强度较高，可自行加工成材，成本较低，发展较快，适宜用于生产中、小型预应力构件？

A 热轧钢筋　　B 冷拔低碳钢丝　　C 碳素钢丝　　D 钢绞线

解析：冷拔低碳钢丝可在工地自行加工成材，成本较低。可分为甲级与乙级，甲级为预应力钢丝，乙级为非预应力钢丝。

答案：B

23-7-36 钢材经冷拉、冷拔、冷轧等冷加工后，性能会发生显著改变。以下表现何者不正确？

A 强度提高　　B 塑性增大　　C 变硬　　D 变脆

解析：钢材冷加工可提高强度，但使塑性降低。

答案：B

23-7-37 钢与生铁的区别在于钢是含碳量小于下列何者数值的铁碳合金？

A 4.0%　　B 3.5%　　C 2.5%　　D 2.0%

解析：钢与生铁的区别在于钢的含碳量在2%以下。

答案：D

23-7-38 要提高建筑钢材的强度并消除脆性，改善其性能，一般应适量加入哪一种化学元素成分？

A 碳　　B 钠　　C 锰　　D 钾

解析：通常合金元素可改善钢材性能，提高强度，消除脆性。锰属合金元素。

答案：C

（八）木　材

23-8-1 (2011) 制作木门窗的木材，其具有的特性中以下哪项不正确？

A 容易干燥　　　　　　　　　B 干燥后不变形

　　　　　C 材质较重　　　　　　　D 有一定花纹和材色

解析：制作木门窗的木材，要求容易干燥且干燥后不变形，并有一定花纹和材色。木材质量都较轻。

答案：C

23-8-2 (2010) 木材的持久强度小于其极限强度，一般为极限强度的(　　)。

　　A 10%～20%　　B 30%～40%　　C 50%～60%　　D 70%～80%

解析：木材的持久强度一般为极限强度的50%～60%。

答案：C

23-8-3 (2010) 以下常用木材中抗弯强度值最小的是(　　)。

　　A 杉木　　　　B 洋槐　　　　C 落叶松　　　D 水曲柳

解析：一般阔叶树比针叶树的抗弯强度高，而针叶树中，杉木的抗弯强度低于松木的。杉木的抗弯强度最小。

答案：A

23-8-4 (2009) 建筑工程上，以下哪种树种的木材抗弯强度最高？

　　A 杉木　　　　B 红松　　　　C 马尾松　　　D 水曲柳

解析：一般阔叶树比针叶树的抗弯强度高，水曲柳为阔叶树，所以水曲柳的抗弯强度最高。

答案：D

23-8-5 (2009) 硫酸铵和磷酸铵的混合物用于木材的(　　)。

　　A 防腐处理　　B 防虫处理　　C 防火处理　　D 防水处理

解析：进行防火处理可以提高木材的耐火性，浸渍法可采用磷—氮系列、硼化物系列防火剂及硫酸铵和磷酸铵的混合物。

答案：C

23-8-6 (2009) 环境温度可能长期超过50℃时，房屋建筑不应该采用(　　)。

　　A 石结构　　　B 砖结构　　　C 混凝土结构　D 木结构

解析：木结构不宜用于温度长期超过50℃的环境中。

答案：D

23-8-7 (2008) 土建工程中的架空木地板，主要是利用木材的哪种力学性质？

　　A 抗压强度　　B 抗弯强度　　C 抗剪强度　　D 抗拉强度

解析：土建工程中的架空木地板，主要是利用木材的抗弯强度。

答案：B

23-8-8 (2008) 椴木具有易干燥、不变形、质轻、木纹细腻的特点，白椴的主要产地是以下哪个地方？

　　A 陕西　　　　B 湖北　　　　C 福建　　　　D 西藏

解析：白椴的主要产地是湖北。

答案：B

23-8-9 (2008) 根据防火要求，木结构建筑物不应超过多少层？

　　A 2　　　　　B 3　　　　　C 4　　　　　D 5

解析：木结构建筑物不应超过3层。

23-8-10 (2008) 进行防火处理可以提高木材的耐火性，以下哪种材料是木材的防火浸渍涂料？

A 氟化钠　　　　　　　　　　B 硼铬合剂
C 沥青浆膏　　　　　　　　　D 硫酸铵和磷酸铵的混合物

解析：进行防火处理可以提高木材的耐火性，浸渍法可采用磷—氮系列、硼化物系列防火剂及硫酸铵和磷酸铵的混合物。

答案：D

23-8-11 (2008) 地上汽车库存车数量为多少时，其屋顶承重构件可采用木材？

A 310 辆　　　B 225 辆　　　C 100 辆　　　D 48 辆

解析：根据《汽车库、修车库、停车场设计防火规范》GB 50067—2014 规定，停车数量小于 50 辆的汽车库防火分类为 4 类，4 类汽车库的防火等级不应低于 3 级，而耐火等级为 3 级的屋面承重构件可以选用燃烧体（0.5h），所以地上汽车库存车数量为 48 辆时，其屋顶承重构件可采用木材。

答案：D

23-8-12 (2007) 楠木树的主要产地是以下哪个省区？

A 黑龙江　　　B 四川　　　C 新疆　　　D 河北

解析：楠木树的分布区位于亚热带常绿阔叶林区西部，这里气候温暖潮湿。我国主要分布在四川、贵州、湖南等地区。

答案：B

23-8-13 (2007) 在木材的力学性质中，以下哪种强度最高？

A 顺纹抗压强度　　　　　　　B 顺纹抗拉强度
C 顺纹抗弯强度　　　　　　　D 顺纹剪切强度

解析：木材的强度有顺纹强度和横纹强度之分。木材的顺纹强度比其横纹强度要大得多，在工程上均充分利用木材的顺纹强度。理论上，木材强度以顺纹抗拉强度为最大，其次是抗弯强度和顺纹抗压强度。

答案：B

23-8-14 (2007) 建筑木材按树种分类，下列何种不属于阔叶树，而属于针叶树？

A 樟木　　　B 榉木　　　C 柚木　　　D 柏木

解析：针叶树又称软木树，有松、杉、柏等。

答案：D

23-8-15 (2007) 我国古建筑中使用的木材，根据使用部位不同可分为几大类，斗栱部位属于下列哪一类？

A 构架用材　　B 屋顶用材　　C 天花用材　　D 装饰用材

解析：斗栱属于古建筑构架部分，所以属于构架用材。

答案：A

23-8-16 (2006) 木材的种类很多，按树种分为针叶树和阔叶树两大类，针叶树树干通直高大，与阔叶树相比，下列哪点不是针叶树的特点？

A 表观密度小　　　　　　　　B 纹理直

C 易加工 D 木材膨胀变形较大

解析：针叶树树干通直高大，纹理平顺，材质均匀，表观密度和胀缩变形小，耐腐蚀性较强，易加工，质地较软。

答案：D

23-8-17 (2006) 下列普通材质、规格的各类地板，哪个成本最高？

A 实木地板　　B 实木复合地板　　C 强化木地板　　D 竹地板

解析：比较四种地板，其中实木地板的成本最高。

答案：A

23-8-18 (2005) 北京的古建筑中，以下哪座大殿内的木结构构件，如柱、梁、檩、椽和檐头全部用楠木制成的？

A 故宫的太和殿 　　　　　B 长陵的祾恩殿
C 劳动人民文化宫内的太庙　D 天坛的祈年殿

解析：北京的古建筑中，长陵的祾恩殿内的木结构构件，如柱、梁、檩、椽和檐头全部用楠木制成的。

答案：B

23-8-19 (2005) 民用建筑工程室内预埋木砖，严禁采用以下哪种防腐处理剂？

A 氟化钠　　B 硼铬合剂　　C 铜铬合剂　　D 沥青浆膏

解析：因为沥青浆膏有恶臭味，所以民用建筑工程室内预埋木砖，严禁采用沥青浆膏防腐处理剂。

答案：D

23-8-20 (2004) 我国古代建筑各种木构件的用料尺寸，均用"斗口"及下列何种"直径模数"计算？

A 金柱直径　　B 中柱直径　　C 童柱直径　　D 檐柱直径

解析：我国古代建筑各种木构件的用料尺寸，均用"斗口"及"檐柱直径"计算。

答案：D

23-8-21 (2004) 含水率对木材的强度影响，下列何者最小？

A 弯曲　　B 顺纹抗压　　C 顺纹抗拉　　D 顺纹剪切

解析：木材随吸附水增大，强度下降，且对顺纹抗压及抗弯影响大，对顺纹抗拉无影响。

答案：C

23-8-22 (2004) 民用建筑工程室内装修中所使用的木地板及其他木质材料，严禁使用下列何种防腐、防潮处理剂？

A 沥青类　　　　　　B 环氧树脂类
C 聚氨酯类　　　　　D 氯磺化聚乙烯类

解析：沥青类防腐、防潮材料中常含有酚类等物质，会对室内环境造成污染。

答案：A

23-8-23 (2004) 在木材防白蚁的水溶性制剂中，下列何者防白蚁效果最好？

A 铜铬合剂　　B 硼铬合剂　　C 硼酚合剂　　D 氟化钠

解析：在木材防白蚁的水溶性制剂中，铜铬合剂的防白蚁效果最好。
答案：A

23-8-24 （2004）软木制品是一种优良的保温、隔热、吸声材料，它是由下列何种树的外皮加工成的？
A 楸树　　　　B 栓树　　　　C 梓树　　　　D 栲树
解析：软木俗称栓皮，也称栓木，原料为栓皮栎或黄菠萝树皮。栓树树皮细胞结构呈蜂窝状，每立方厘米有4000万细胞，类似于一个个紧密排列的密闭小气囊。由于它的特殊结构，使它具有柔韧性好、保温、隔热、吸声等独特功能。
答案：B

23-8-25 下列四种树中，哪一种属于阔叶树？
A 松树　　　　B 杉树　　　　C 柏树　　　　D 水曲柳树
解析：按树叶外观形状木材可分为针叶树木和阔叶树木两大类。针叶树树干通直高大，易得大材，纹理平顺，材质均匀，木材较软，易于加工（故又称软木材），表观密度和胀缩变形小，耐腐性较强（也有例外，如马尾松干燥时有翘裂倾向，不耐腐，易受白蚁侵害）。多用作承重构件。阔叶树材又称硬木材，难加工，干湿胀缩较大，不宜作承重构件，但有的具有美丽的纹理，适于做内部装修、家具及胶合板等。
答案：D

23-8-26 木材的各种强度中，哪种强度值最大？
A 顺纹抗拉　　B 顺纹抗压　　C 抗弯　　　　D 顺纹抗剪切
解析：木材在构造上有明显的方向性，因此强度都有顺纹和横纹的区别，见题23-8-26解表。

题23-8-26解表

抗 压		抗 拉		抗 弯	抗 剪	
顺 纹	横 纹	顺 纹	横 纹		顺 纹	横 纹
1	$\frac{1}{10} \sim \frac{1}{3}$	$2 \sim 3$	$\frac{1}{20} \sim \frac{1}{3}$	$1\frac{1}{2} \sim 2$	$\frac{1}{7} \sim \frac{1}{3}$	$\frac{1}{2} \sim 1$

答案：A

23-8-27 木材长期受热会引起缓慢炭化、色变暗褐、强度渐低，所以在温度长期超过（　）℃时，不应采用木结构。
A 30　　　　　B 40　　　　　C 50　　　　　D 60
解析：木材的长期使用温度不宜超过50℃。
答案：C

23-8-28 接触砖石、混凝土的木格栅和预埋木砖，应该经过必要的处理，下列哪项处理是最重要的？
A 平整　　　　B 去污　　　　C 干燥　　　　D 防腐
解析：木材腐朽是由腐朽菌在一定的水分、空气与温度条件下引起的。接触砖石、混凝土的木材，是有可能遭受这三种条件并引发腐朽的。

答案：D

23-8-29 就建筑工程所用木材而言，对木材物理力学性能影响最大的因素是下列中的哪一个？
A 重量　　　　B 变形　　　　C 含水率　　　D 可燃性
解析：在使用过程中，最显著影响木材物理力学性能的因素是含水率。
答案：C

23-8-30 由于木材纤维状结构及年轮的影响，木材的力学强度与木材纹理方向有很大关系。以下四种情况中，哪种受力是最不利的？
A 顺纹抗拉　　B 顺纹抗压　　C 横纹抗拉　　D 横纹抗压
解析：木材的横纹抗拉强度最低。
答案：C

23-8-31 由于木材构造的不均匀性，不同方向的干缩值不同。在以下几个方向中，哪个方向的干缩最小？
A 顺纹方向　　B 径向　　　　C 弦向　　　　D 斜向
解析：木材干缩最大的方向是弦向，顺纹方向干缩最小。
答案：A

（九）建　筑　塑　料

23-9-1 (2011) 建筑上常用于生产管材、卫生洁具及配件的是以下哪种塑料？
A 聚氨酯　　　B 聚乙烯　　　C 环氧树脂　　D 聚丙烯
解析：聚丙烯塑料耐腐蚀性能优良，耐疲劳和耐应力开裂性好，力学性能好，主要用于生产管材、卫生洁具及配件、模板等。聚氨酯用于生产优质涂料、防水涂料、弹性嵌缝材料，聚乙烯用于给水排水管、绝缘材料等，环氧树脂生产玻璃钢、胶粘剂等。
答案：D

23-9-2 (2011) 建筑工程中塑料门窗使用的主要塑料品种是(　　)。
A 聚氯乙烯　　B 聚乙烯　　　C 聚丙烯　　　D 聚苯乙烯
解析：建筑工程中塑料门窗使用的主要塑料品种为聚氯乙烯。
答案：A

23-9-3 (2010) 以下哪组字母代表聚苯乙烯？
A PS　　　　　B PE　　　　　C PVC　　　　D PF
解析：PS 表示聚苯乙烯，PE 表示聚乙烯，PVC 表示聚氯乙烯，PF 表示酚醛树脂。
答案：A

23-9-4 (2009) 塑料燃烧是一种简易有效的鉴别法，离火后即灭的是以下哪种塑料？
A 聚氯乙烯　　B 聚苯乙烯　　C 聚乙烯　　　D 聚丙烯
解析：因聚氯乙烯具有难燃性与自熄性，故该塑料点燃后离开火源即灭。
答案：A

23-9-5 (2009) 玻璃幕墙的耐候密封应采用以下哪种胶?
  A 脲醛树脂胶   B 硅酮建筑密封胶
  C 聚硫粘结密封胶   D 醋酸乙烯乳化型胶
解析:玻璃幕墙的耐候密封应采用硅酮建筑密封胶。
答案:B

23-9-6 (2009) 北京奥运比赛场馆中,以下哪个场馆的外围护结构采用了乙烯—四氟乙烯共聚物材料?
  A 国家体育馆   B 国家游泳中心
  C 国家网球中心   D 国家曲棍球场
解析:北京奥运比赛场馆中,国家游泳中心(又称"水立方")的外围护结构采用了乙烯—四氟乙烯共聚物材料。
答案:B

23-9-7 (2009) 以聚氯乙烯塑料为主要原料,可制作( )。
  A 有机玻璃   B 塑钢门窗   C 冷却塔   D 塑料灯光格片
解析:以聚氯乙烯塑料为主要原料,可制作塑钢门窗、塑料地板、管材等。
答案:B

23-9-8 (2009) 硬质聚氯乙烯塑料来源丰富,以下哪种物质不是硬聚氯乙烯的原料?
  A 石灰石   B 焦炭   C 食盐   D 石英砂
解析:硬聚氯乙烯塑料来源丰富,主要是石灰石、焦炭、食盐等;石英砂不是硬聚氯乙烯塑料的原料。
答案:D

23-9-9 (2008) 塑料受热后软化或熔融成型,不再受热软化,称热固性塑料。以下哪种塑料属于热固性塑料?
  A 酚醛塑料   B 聚苯乙烯塑料   C 聚氯乙烯塑料   D 聚乙烯塑料
解析:酚醛塑料属于热固性塑料,其他三种都属于热塑性塑料。
答案:A

23-9-10 (2008) 用直接燃烧方法鉴别塑料品种时,点燃该塑料后离开火源即灭的是以下哪种塑料?
  A 聚氯乙烯   B 聚苯乙烯   C 聚丙烯   D 聚乙烯
解析:因聚氯乙烯具有难燃性与自熄性,故该塑料点燃后离开火源即灭。
答案:A

23-9-11 (2008) 塑料燃烧后散发有刺激性酸味的是以下哪种塑料?
  A 聚氯乙烯   B 聚苯乙烯   C 聚丙烯   D 聚乙烯
解析:塑料燃烧后散发有刺激性酸味的是聚氯乙烯;聚苯乙烯有特殊气味;聚丙烯有石油味;聚乙烯有石蜡燃烧气味。
答案:A

23-9-12 (2007) 利用塑料的燃烧性质来鉴别塑料品种,以下哪种为难燃塑料?
  A 聚苯乙烯(PS)   B 聚乙烯(PE)
  C 聚氯乙烯(PVC)   D 聚丙烯(PP)

解析：判断塑料的燃烧性质可以用直接燃烧法：如果塑料遇火燃烧，离火后继续燃烧为易燃，如 PS、PE、PP、PMMA 等；如果遇火燃烧，但离火即灭为难燃材料，如 PVC。

答案：C

23-9-13 (2007) 以下哪种塑料为热塑性塑料？

A 酚醛塑料 B 硅有机塑料
C 聚苯乙烯塑料 D 脲醛塑料

解析：热塑性塑料受热时软化，冷却时凝固成型，不起化学反应，再次受热还会软化，常用热塑性塑料有聚乙烯、聚苯乙烯、聚丙烯、聚氯乙烯等。热固性塑料在加工过程中的前阶段受热可以软化，但后阶段则发生固化反应成型，固化后再加热也不能使其软化，常用热固性塑料有脲醛塑料、酚醛塑料、硅有机塑料、聚酯、不饱和聚酯、聚氨酯、环氧树脂等。

答案：C

23-9-14 (2007) 北京 2008 年奥运会国家游泳中心"水立方"的外表是以下哪种材料？

A 聚苯乙烯 B 聚氯乙烯 C 聚四氟乙烯 D 聚丙烯

解析：北京 2008 年奥运会国家游泳中心"水立方"的外表是聚四氟乙烯。

答案：C

23-9-15 (2007) 生产有机玻璃的主要原料是以下哪种材料？

A 甲基丙烯酸甲酯 B 聚丙烯树脂
C 聚氯乙烯树脂 D 高压聚乙烯

解析：有机玻璃是甲基丙烯酸甲酯的俗称，是透光率最高的一种塑料，可达 92%，透光范围大，紫外线透过率约 73%。同时，它还具有价格低、质量轻、易于机械加工等优点，是经常使用的玻璃替代材料。

答案：A

23-9-16 (2007) 建筑内装修时，聚氯乙烯塑料的燃烧性能属于哪个级别？

A A（不燃） B B1（难燃） C B2（可燃） D B3（易燃）

解析：聚氯乙烯塑料遇火燃烧，但离火即灭，所以为难燃材料。

答案：B

23-9-17 (2006) 塑料按照树脂物质化学性质不同分为热塑性塑料和热固性塑料，以下哪项是热固性塑料？

A 环氧树脂塑料 B 聚苯乙烯塑料
C 聚乙烯塑料 D 聚甲基丙烯酸甲酯（有机玻璃）

解析：热塑性塑料受热时软化，冷却时凝固成型，不起化学反应，再次受热还会软化，常用热塑性塑料有聚乙烯、聚苯乙烯、聚丙烯、聚氯乙烯、聚甲基丙烯酸甲酯等。热固性塑料在加工过程中的前阶段受热可以软化，但后阶段则发生固化反应成型，固化后再加热也不能使其软化，常用热固性塑料有脲醛塑料、酚醛塑料、硅有机塑料、聚酯、不饱和聚酯、聚氨酯、环氧树脂等。

答案：A

23-9-18 （2006）环氧玻璃钢是一种使用广泛的玻璃钢。它不具有下列哪种特点？
A 耐腐蚀性好　　B 耐温性较好　　C 机械强度高　　D 粘结力强
解析：玻璃钢，一般学名叫"玻璃纤维增强塑料"。环氧树脂玻璃钢具有耐腐性好，机械强度高和耐温性较好等特点，但是其成本较高，没有粘结力。
答案：D

23-9-19 （2006）环氧树脂耐磨地面是建筑工程中常用的地面耐磨涂料，下列哪一条不是环氧树脂耐磨地面的特性？
A 耐酸碱腐蚀　　B 防产生静电　　C 耐汽油侵蚀　　D 地面易清洁
解析：环氧树脂耐磨地面的特性有：耐酸碱腐蚀，耐汽油侵蚀，不起尘易清洁，防水防滑，强度高，耐冲击，耐磨，但是易产生静电。
答案：B

23-9-20 （2006）能直接将两种材料牢固粘连在一起的物质统称为胶粘剂，目前在建筑工程中采用的胶粘剂主要为下列哪种？
A 骨胶　　　　B 鱼胶　　　　C 皮胶　　　　D 合成树脂
解析：目前在建筑工程中采用的胶粘剂主要为合成树脂。
答案：D

23-9-21 （2005）主要用于生产玻璃钢的原料是以下哪一种？
A 聚丙烯　　　B 聚氨酯　　　C 环氧树脂　　　D 聚苯乙烯
解析：主要用于生产玻璃钢的原料树脂有：环氧树脂、不饱和聚酯树脂、酚醛树脂等。
答案：C

23-9-22 （2005）制作有机类的人造大理石，其所用的胶粘剂一般为以下哪种树脂？
A 环氧树脂　　　　　　　　　B 酚醛树脂
C 环氧呋喃树脂　　　　　　　D 不饱和聚酯树脂
解析：制作有机类的人造大理石，其所用的胶粘剂一般为不饱和聚酯树脂。
答案：D

23-9-23 （2005）以下哪种塑料具有防X射线功能？
A 聚苯乙烯塑料　　　　　　　B 聚丙烯塑料
C 硬质聚氯乙烯塑料　　　　　D 低压聚乙烯塑料
解析：硬质聚氯乙烯塑料具有防X射线功能。
答案：C

23-9-24 （2005）对民用建筑工程室内用聚氨酯胶粘剂，应测定以下哪种有害物的含量？
A 游离甲醛　　　　　　　　　B 游离甲苯二异氰酸酯
C 总挥发性有机物含量　　　　D 氨
解析：《民用建筑工程室内环境污染控制规范》规定：聚氨酯胶粘剂应测定游离甲苯二异氰酸酯的含量。

答案：B

23-9-25 （2004）塑料地面的下列特性，何者是不正确的？
A 耐水、耐腐蚀　　　　　　　B 吸声、有弹性
C 耐热、抗静电　　　　　　　D 不起尘、易清洗

解析：塑料地面具有以下特点：耐磨性好、耐腐蚀、耐水、耐化学腐蚀性好、有弹性、吸声、不起尘、易清洁，有良好的耐热性，但是易摩擦起静电。

答案：C

23-9-26 （2004）聚丙烯塑料是由丙烯单体聚合而成，下列聚丙烯塑料的特点何者是不正确的？
A 低温脆性不显著，抗大气性好　　B 刚性、延性和抗水性好
C 质轻　　　　　　　　　　　　D 耐热性较高

解析：聚丙烯塑料是由丙烯单体聚合而成，它的特点是质轻（密度0.90g/cm^3），温脆性大。耐热性好（100～200℃），刚性、延性和抗水性好，耐腐蚀性优良，但是收缩率大，低温脆性大。

答案：A

23-9-27 （2004）聚氨酯艺术浮雕装饰材料与石膏制品比较的下列优点中，何者不正确？
A 自重轻　　B 韧性好　　C 防火好　　D 不怕水

解析：聚氨酯艺术浮雕装饰材料具有自重轻、不怕水、韧性好、不霉变、安装方便等优点。

答案：C

23-9-28 （2004）玻璃钢，一般学名叫"玻璃纤维增强塑料"。在玻璃钢的下列性能中何者不正确？
A 耐高温　　B 耐腐蚀　　C 不透微波　　D 电绝缘性好

解析：玻璃钢，一般学名叫"玻璃纤维增强塑料"，具有比强度高、耐腐蚀、耐高温、电绝缘性好、不反射雷达、透微波、加工方便等特点。

答案：C

23-9-29 （2004）环氧树脂胶粘剂的下列特性，何者不正确？
A 耐热、电绝缘　　　　　　　B 耐化学腐蚀
C 能粘结金属和非金属　　　　D 能粘结塑料

解析：环氧树脂胶粘剂能粘结混凝土、砖石、玻璃、塑料、木材、橡胶、金属等，耐热、耐水，但能导电。

答案：A

23-9-30 （2003）塑料与传统建筑材料相比，主要优点有密度小、强度高、装饰性好、耐化学腐蚀、抗振、消声、隔热、耐水等，但最主要的缺点是（　　）
A 耐老化性差、可燃、刚性小　　B 制作复杂、价格较高
C 容易沾污、不经久耐用　　　　D 有的塑料有毒性

解析：塑料具有密度小、强度高、耐油浸、耐腐蚀、耐磨、隔声、绝缘、绝

热等优点。但塑料受温度、时间影响较大，受气候影响会引起老化，能燃烧。

答案：A

23-9-31 （2003）以热固性树脂为基料组成的各种胶粘剂，较突出的环氧树脂（万能胶）的下列特性中，哪条有误？

A 抗压、抗拉强度大　　　　　　B 耐水、耐化学性好
C 能粘金属、玻璃、塑料、木材等　D 价格比较便宜

解析：环氧树脂胶粘结力强，固化后力学性能好、具有良好的力学性能，价格却不便宜。

答案：D

23-9-32 下列有关塑料性质的叙述，哪一项不正确？

A 塑料缺点主要是耐热性差、老化、刚度较差
B 聚氯乙烯塑料、聚乙烯塑料、聚甲基丙烯酸甲酯塑料（即有机玻璃）、聚氨酯塑料、ABS塑料等均属热塑性塑料
C 聚氯乙烯（PVC）塑料是应用最多的一种塑料，具有难燃性（离火自熄），但耐热差，硬质聚氯乙烯塑料使用温度应低于80℃
D 塑料中最主要的组成材料是合成树脂

解析：热塑性树脂具有可反复受热软化（或熔化）和冷却硬化的性质。以这种树脂为基材，添加填充料或助剂所得的塑料称为热塑性塑料。而热固性树脂的熔融过程则是不可逆的。聚酯、聚氨酯、不饱和聚酯、环氧、酚醛等树脂均为热固性树脂。

答案：B

23-9-33 建筑工程用的一种俗称"万能胶"的胶粘剂，能粘结金属、塑料、玻璃、木材等，是用下列哪一类树脂作为基料的？

A 酚醛树脂　　B 呋喃树脂　　C 环氧树脂　　D 甲醇胺

解析：万能胶是环氧树脂胶粘剂的俗称。

答案：C

23-9-34 在下列四种胶粘剂中，何者不属于结构胶？

A 聚氨酯　　B 酚醛树脂　　C 有机硅　　D 环氧树脂

解析：环氧树脂类、聚氨酯类、有机硅类胶粘剂属于结构胶粘剂，酚醛树脂类胶粘剂属于非结构胶粘剂。

答案：B

23-9-35 关于塑料的特性，以下哪个不正确？

A 密度小，材质轻　　　　　B 耐热性高，耐火性强
C 耐腐蚀性好　　　　　　　D 电绝缘性好

解析：塑料不耐高温、不耐火。

答案：B

23-9-36 民用建筑工程室内装修时，不应采用以下哪种胶粘剂？

A 酚醛树脂胶粘剂　　　　　B 聚酯树脂胶粘剂

C 合成橡胶胶粘剂　　　　　　　D 聚乙烯醇缩甲醛胶粘剂

解析：选用民用建筑工程室内装修用胶粘剂时，主要考虑是否有甲醛等有害气体释放。

答案：D

(十) 防 水 材 料

23-10-1 (2011) 以下哪种胶粘剂特别适用于防水工程？
A 聚乙烯醇缩甲醛胶粘剂　　　B 聚醋酸乙烯胶粘剂
C 环氧树脂胶粘剂　　　　　　D 聚氨酯胶粘剂

解析：聚氨酯胶粘剂粘结力较强，耐溶剂，耐油，耐水，特别适用于防水工程。

答案：D

23-10-2 (2011) 以下哪种橡胶的耐寒性最好？
A 氯丁橡胶　　B 丁基橡胶　　C 乙丙橡胶　　D 丁腈橡胶

解析：丁基橡胶具有突出的耐老化性能，耐低温-50℃，是耐寒性最好的橡胶。

答案：B

23-10-3 (2010) 关于橡胶硫化的目的，以下哪项描述是错误的？
A 提高强度　　　　　　　　　B 提高耐火性
C 提高弹性　　　　　　　　　D 增加可塑性

解析：橡胶的硫化能使橡胶分子链起交联反应，使线形分子形成立体网状结构。通过硫化处理后，可以提高橡胶的弹性、强度、可塑性等性能。

答案：B

23-10-4 (2010) 以下哪种合成橡胶密度最小？
A 氯丁橡胶　　B 丁基橡胶　　C 乙丙橡胶　　D 丁腈橡胶

解析：三元乙丙橡胶的密度为0.86，是目前工业化生产的合成橡胶中最轻的一种。

答案：C

23-10-5 (2010) 乙丙橡胶共聚反应时引入不饱和键以生成三元乙丙橡胶的目的是（　　）。
A 获得结构完全饱和的橡胶　　B 获得耐油性更好的橡胶
C 获得可塑性更好的橡胶　　　D 获得易于氧化解聚的橡胶

解析：在乙丙橡胶共聚反应时引入不饱和键以生成结构完全饱和的三元乙丙橡胶。

答案：A

23-10-6 (2010) 以下哪种成分对石油沥青的温度敏感性和黏性有重要影响？
A 沥青碳　　B 沥青质　　C 油分　　D 树脂

解析：油分影响石油沥青的流动性，树脂对石油沥青的黏性和塑性有影响，影响石油沥青黏性和温度敏感性的是沥青质。
答案：B

23-10-7 （2010）多用于道路路面工程的改性沥青是（　　）。
A 氯丁橡胶沥青　　　　　　　B 丁基橡胶沥青
C 聚乙烯树脂沥青　　　　　　D 再生橡胶沥青
解析：再生橡胶沥青是多用于道路路面工程的改性沥青。
答案：D

23-10-8 （2010）以下哪种建筑密封材料不宜用于垂直墙缝？
A 丙烯酸密封膏　　　　　　　B 聚氨酯密封膏
C 亚麻子油油膏　　　　　　　D 氯丁橡胶密封膏
解析：聚氨酯密封膏不宜用于垂直墙缝。
答案：B

23-10-9 （2009）三元乙丙橡胶防水卷材是以下哪类防水卷材？
A 橡塑共混类防水卷材　　　　B 高聚物改性沥青防水卷材
C 合成高分子防水卷材　　　　D 树脂类防水卷材
解析：三元乙丙橡胶防水卷材是合成高分子防水卷材。
答案：C

23-10-10 （2009）沥青"老化"的性能指标，是表示沥青的哪种性能？
A 塑性　　　　　　　　　　　B 稠度
C 温度稳定性　　　　　　　　D 大气稳定性
解析：沥青"老化"的性能指标，是表示沥青的大气稳定性。
答案：D

23-10-11 （2009）高聚物改性沥青防水卷材以 $10m^2$ 卷材的标称重量（kg）作为卷材的哪种指标？
A 柔度　　　　B 标号　　　　C 耐热度　　　　D 不透水性
解析：高聚物改性沥青防水卷材以 $10m^2$ 卷材的标称重量（kg）作为卷材的标号。
答案：B

23-10-12 （2009）延度用于表示石油沥青的哪项指标？
A 大气稳定性　　B 温度敏感性　　C 塑性　　　　D 黏度
解析：延度用于表示石油沥青的塑性。
答案：C

23-10-13 （2009）油毡瓦是以哪种材料为胎基，经浸涂石油沥青后而制成的？
A 麻织品　　B 玻璃纤维毡　　C 油纸　　　　D 聚乙烯膜
解析：油毡瓦是以玻璃纤维毡为胎基，经浸涂石油沥青后而制成的。
答案：B

23-10-14 （2009）以下哪种防水卷材耐热度最高？
A APP改性沥青防水卷材　　　B 沥青玻璃布油毡防水卷材
C 煤沥青油毡防水卷材　　　　D SBS改性沥青防水卷材

解析：APP（无规聚丙烯）防水卷材耐热性好，适用于炎热或紫外线辐射强烈的地区。

答案：A

23-10-15 (2009) 高聚物改性沥青防水卷材中，以下哪种胎体拉力最大？

A 聚酯毡胎体 B 玻纤胎体
C 聚乙烯膜胎体 D 无纺布复合胎体

解析：高聚物改性沥青防水卷材中，聚酯毡胎体拉力最大。

答案：A

23-10-16 (2009) 以下哪项民用建筑工程不应选用沥青类防腐、防潮处理剂对木材进行处理？

A 屋面工程 B 外墙外装修工程
C 室内装修工程 D 广场工程

解析：室内装修工程不应选用沥青类防腐、防潮处理剂对木材进行处理。

答案：C

23-10-17 (2008) 沥青的塑性用以下哪种指标表示？

A 软化点 B 延度 C 黏滞度 D 针入度

解析：沥青的塑性用延度表示。

答案：B

23-10-18 (2008) 以下哪种防水卷材的耐热度比较高？

A SBS B APP
C PEE D 沥青类防水卷材

解析：APP（无规聚丙烯）耐热性好，适用于炎热或紫外线辐射强烈地区。

答案：B

23-10-19 (2008) 下列建筑防水材料中，哪种是以胎基（纸）每平方米克重作为标号的？

A 石油沥青防水卷材 B APP改性沥青防水卷材
C SBS改性沥青防水卷材 D 合成高分子防水卷材

解析：石油沥青防水卷材是以胎基（纸）每平方米克重作为标号的。

答案：A

23-10-20 (2008) 用于高层建筑的玻璃幕墙密封膏是以下哪种密封材料？

A 聚氯乙烯胶泥 B 塑料油膏
C 桐油沥青防水油膏 D 高模量硅酮密封膏

解析：用于高层建筑的玻璃幕墙密封膏的是高模量硅酮密封膏。

答案：D

23-10-21 (2008) 屋面工程中，以下哪种材料的屋面不适用等级为Ⅰ级的防水屋面？

A 高聚物改性沥青防水涂料 B 细石混凝土
C 金属板材 D 油毡瓦

解析：屋面工程中，细石混凝土屋面不适用等级为Ⅰ级的防水屋面。

答案：B

23-10-22 (2007) 在施工环境气温为-9℃时的情况下，以下哪种防水材料能够施工？

A 高聚物改性沥青防水卷材　　　　B 合成高分子防水卷材
C 溶剂型高聚物改性沥青防水卷材　　D 刚性防水层

解析：合成高分子防水卷材可以在施工环境气温为—9℃时的情况下施工。

答案：B

23-10-23（2007）沥青玛琋脂的标号表示其什么性质？
　　A 柔软度　　　B 耐热度　　　C 粘结力　　　D 塑性

解析：沥青胶（沥青玛琋脂）为沥青与矿质填充料的均匀混合物。填充料可为粉状的，如滑石粉、石灰石粉；也可为纤维状的，如石棉屑、木纤维等。沥青胶的标号主要按耐热度划分。

答案：B

23-10-24（2007）聚氯乙烯胶泥防水密封材料是用以下哪种材料为基料配制而成的？
　　A 乳液树脂　　B 合成橡胶　　C 煤焦油　　D 石油沥青

解析：聚氯乙烯胶泥是以煤焦油和聚氯乙烯树脂粉为基料，配以增塑剂、稳定剂及填充料在140℃下塑化而成的热施工防水材料。

答案：C

23-10-25（2007）在做屋面卷材防水保护层时，以下哪种材料的保护层与防水层之间可以不设置隔离层？
　　A 银粉保护层　　　　　　　B 水泥砂浆保护层
　　C 细石混凝土保护层　　　　D 彩色水泥砖保护层

解析：隔离层是消除材料之间粘结力、机械咬合力等相互作用的构造层次。块体材料、水泥砂浆或细石混凝土保护层与卷材、涂膜防水层之间，应设置隔离层。

答案：A

23-10-26（2007）隐框和半隐框玻璃幕墙，其玻璃与铝型材的粘结必须采用以下哪种胶？
　　A 硅酮玻璃密封胶　　　　　B 硅酮耐候密封胶
　　C 硅酮玻璃胶　　　　　　　D 中性硅酮结构密封胶

解析：玻璃幕墙的密封材料可采用三元乙丙橡胶、硅橡胶等建筑密封材料和硅酮结构密封胶。

答案：D

23-10-27（2006）SBS改性沥青防水卷材按物理力学性能分为Ⅰ型和Ⅱ型，按胎基分聚酯毡胎和玻纤毡胎，下列哪类产品性能最优？
　　A 聚酯毡胎Ⅰ型　　　　　　B 聚酯毡胎Ⅱ型
　　C 玻纤毡胎Ⅰ型　　　　　　D 玻纤毡胎Ⅱ型

解析：根据《弹性体改性沥青防水卷材》GB 18242—2008，聚酯毡胎的拉力和撕裂强度优于玻纤毡胎，Ⅱ型的拉力、撕裂强度和低温柔度优于Ⅰ型。

答案：B

23-10-28（2005）玻璃幕墙采用中空玻璃应采用双道密封，当幕墙为隐框幕墙时，中空玻璃的密封胶，应采用以下哪种密封胶？

A 酚醛树脂胶 B 环氧树脂胶
C 结构硅酮密封胶 D 聚氨酯胶

解析：玻璃幕墙的密封材料可采用三元乙丙橡胶、硅橡胶等建筑密封材料和硅酮结构密封胶。

答案：C

23-10-29 （2005）制作防水材料的石油沥青，其哪种成分是有害的？
A 油分 B 树脂 C 地沥青质 D 蜡

解析：蜡会降低石油沥青的黏性和塑性，增大温度敏感性，是石油沥青中的有害成分。

答案：D

23-10-30 （2005）SBS改性沥青防水卷材，被改性的沥青是以下哪种沥青？
A 煤沥青 B 焦油沥青 C 石油沥青 D 煤焦油

解析：在石油沥青中加入某些矿物填充料、树脂或橡胶等改性材料得到改性石油沥青，进而生产改性石油沥青产品。所以在SBS改性沥青卷材中被改性的沥青为石油沥青。

答案：C

23-10-31 （2005）SBS改性沥青防水卷材是按以下哪种条件作为卷材的标号？
A $10m^2$卷材的标称重量 B 按厚度
C $1m^2$重量 D 按针入度指标

解析：SBS改性沥青防水卷材用$10m^2$卷材标称重量作为标号。

答案：A

23-10-32 （2004）石油沥青油纸和煤沥青油毡的标号是根据下列何因素制定的？
A 吸水率 B 拉力 C 柔度 D 原纸质量

解析：常用油毡指用低软化点沥青浸渍原纸，然后以高软化点沥青涂盖两面，再涂刷或撒布隔离材料（粉状或片状）而制成的纸胎防水卷材，分为石油沥青油毡与煤沥青油毡两类。油纸和油毡按原纸每平方米质量克数划分标号。

答案：D

23-10-33 （2004）常用于建筑屋面的SBS改性沥青防水卷材的主要特点是？
A 施工方便 B 低温柔度 C 耐热度 D 弹性

解析：SBS改性沥青后，可以改善其低温脆性。所以常用于屋面的SBS改性沥青防水卷材的主要特点是低温柔性好。

答案：B

23-10-34 有关黏稠石油沥青三大指标的内容中，下列哪一项是错误的？
A 石油沥青的黏滞性（黏性）可用针入度（1/10mm）表示，针入度属相对黏度（即条件黏度），它反映沥青抵抗剪切变形的能力
B 延度（伸长度，cm）表示沥青的塑性
C 软化点（%）表示沥青的温度敏感性
D 软化点高，表示沥青的耐热性好、温度敏感性小（温度稳定性好）

解析：软化点的单位是℃。
答案：C

23-10-35 下列防水材料标号（牌号）的确定，哪一项是错误的？

A 黏稠石油沥青按针入度指标划分牌号，每个牌号还应保证相应的延度和软化点等
B 沥青胶（沥青玛琋脂）的标号主要以耐热度划分，柔韧性、粘结力等也要满足要求
C 沥青油毡的牌号主要以油毡每平方米重量划分
D APP及SBS改性沥青防水卷材以$10m^2$卷材的标称重量（kg）作为卷材的标号

解析：沥青油毡应以原纸$1m^2$的重量克数划分标号。其他指标也应符合要求。
答案：C

23-10-36 冷底子油是有机溶剂与沥青融合制得的沥青防水材料，它能便于与基面牢固结合，但对基面下列哪个要求最确切？

A 平整、光滑　　B 洁净、干燥　　C 坡度合理　　D 去垢除污

解析：冷底子油是做防水层之前的基层处理剂。对于洁净、干燥的基层表面，冷底子油可形成粘结牢固、完整的界面膜层，供继续施工防水层。
答案：B

23-10-37 沥青胶泥（也称沥青玛琋脂）的配合中不包括以下哪种材料？

A 沥青　　　　B 砂子　　　　C 石英粉　　　D 矿物纤维

解析：沥青胶泥通常是沥青与填充料如滑石粉、石灰石粉或木纤维的混合物。
答案：B

23-10-38 沥青嵌缝油膏，是以石油沥青为基料，加入改性材料——废聚氯乙烯塑料，试问改变了沥青的哪种性质？

A 防水性　　　B 温度稳定性　　C 抗老化性　　D 粘结性

解析：加入橡胶可全面提高沥青的性能，但加入树脂或废聚氯乙烯塑料，则主要改善温度稳定性。
答案：B

23-10-39 沥青是一种有机胶凝材料，它不具有以下哪个性能？

A 粘结性　　　B 塑性　　　　C 憎水性　　　D 导电性

解析：目前的有机类建筑材料都不具备导电性。
答案：D

23-10-40 石油沥青在常温条件下不耐下列哪种材料的腐蚀？

A 对于浓度小于50%的硫酸　　　B 对于浓度小于10%的硝酸
C 对于浓度小于20%的盐酸　　　D 对于浓度小于30%的苯

解析：沥青具有较好的抗腐蚀性，能抵抗一般酸、碱、盐类液体或气体的侵蚀。但沥青不耐有机溶剂的作用，沥青的三大成分（油分、树脂和地沥青

质）分别能溶于部分种类的有机溶剂中，如油分可溶于苯。
答案：D

23-10-41 聚氨酯涂膜防水涂料，施工时一般为涂布两道，两道涂布的方向是（　　）。
A 互相垂直　　B 互相斜交　　C 方向一致　　D 方向相反
解析：两条涂布的方向应互相垂直，增加涂膜的附着力与致密性。
答案：A

23-10-42 适用于地下防水工程，或作为防腐材料的沥青材料是（　　）。
A 石油沥青　　　　　　　　B 煤沥青
C 天然沥青　　　　　　　　D 建筑石油沥青
解析：煤沥青的防腐效果在各种沥青中最为突出。
答案：B

（十一）绝热材料与吸声材料

23-11-1（2011）以下哪种绝热材料不适用于冷库保温工程？
A 发泡聚氨酯　　B 矿棉　　C 泡沫玻璃　　D 软木板
解析：用于冷库保温工程的绝热材料有泡沫玻璃、软木板和发泡聚氨酯等，矿棉不适用于冷库保温工程。
答案：B

23-11-2（2011）以下轻混凝土中保温性能最好的是（　　）。
A 加气混凝土　　　　　　　　B 浮石混凝土
C 页岩陶粒混凝土　　　　　　D 膨胀珍珠岩混凝土
解析：膨胀珍珠岩混凝土的保温性能最好，其导热系数为 $0.025\sim0.048$ W/(m·K)。
答案：D

23-11-3（2011）关于膨胀蛭石的描述，以下哪项不正确？
A 吸湿性较大　　B 耐久性较好　　C 导热系数小　　D 耐火防腐好
解析：膨胀蛭石不蛀，不腐，吸水性大，最高使用温度可达 1000℃，但其耐久性差。
答案：B

23-11-4（2011）在高温下（≥1200℃）可用作吸声材料的是（　　）。
A 岩棉　　B 玻璃棉　　C 聚苯乙烯泡沫　　D 陶瓷纤维
解析：岩棉的最高使用温度为 600℃，含碱玻璃棉最高使用温度为 300℃，聚苯乙烯泡沫的最高使用温度为 60℃。所以在高温下（≥1200℃），可用作吸声材料的是陶瓷纤维。
答案：D

23-11-5（2011）以下哪种吸声构造体对吸收低频声波最有利？
A 多孔性吸声材料　　　　　　B 帘幕吸声体
C 薄板振动吸声结构　　　　　D 穿孔板组合吸声结构

解析：薄板振动吸声结构具有低频吸声特性，多孔性吸声材料对吸收高、中频声波有利，帘幕吸声体对中、高频声音有一定的吸声效果，穿孔板组合吸声结构具有适合中频的吸声特性。

答案：C

23-11-6 （2010）对材料导热系数影响最大的因素是（　　）。
A 湿度和温度　　　　　　　　B 湿度和表观密度
C 表观密度和分子结构　　　　D 温度和热流方向

解析：材料的孔隙大，含空气多，即表观密度小，其导热系数也小；当材料含水或含冰时，其导热系数会急剧增大。

答案：B

23-11-7 （2010）以下哪项不是绝热材料？
A 软木　　　　B 挤塑聚苯板　　　C 泡沫玻璃　　　D 高炉炉渣

解析：绝热材料是指导热系数小于 0.23W/(m·K) 的材料，均为多孔材料、软木、挤塑聚苯板、泡沫玻璃都为绝热材料。

答案：D

23-11-8 （2010）以下哪种材料不宜用作石膏板制品的填料？
A 锯末　　　　B 陶粒　　　　C 普通砂　　　D 煤渣

解析：选择石膏板制品的填料时，应选用轻质材料。

答案：C

23-11-9 （2010）膨胀蛭石的最高使用温度是（　　）。
A 600～700℃　B 800～900℃　C 1000～1100℃　D 1200～1300℃

解析：膨胀蛭石是天然蛭石在 850～1000℃ 煅烧而成，其最高使用温度为 1000～1100℃。

答案：C

23-11-10 （2010）考虑到外墙外保温 EPS 板薄抹面系统受负压作用较大等因素，规范推荐使用锚栓进行保温板辅助固定，此类建筑的最小高度为（　　）。
A 15m　　　　B 16m　　　　C 18m　　　　D 20m

解析：考虑到外墙外保温 EPS 板薄抹面系统受负压作用较大等因素，规范推荐使用锚栓进行保温板辅助固定，此类建筑的最小高度为20m。

答案：D

23-11-11 （2010）从施工方面和综合经济核算方面考虑，保温用 EPS 板厚度一般不宜小于（　　）。
A 20mm　　　B 25mm　　　C 30mm　　　D 40mm

解析：从施工方面和综合经济核算方面考虑，保温用 EPS 板厚度不宜小于40mm。

答案：D

23-11-12 （2010）在正常使用和正常维护的条件下，外墙外保温工程的使用年限不应少于（　　）。
A 10年　　　　B 15年　　　　C 20年　　　　D 25年

解析：在正常使用和维护的条件下，外墙外保温工程的使用年限不应少于25年。

答案：D

23-11-13 (2009) 玻璃棉的燃烧性能是以下哪个等级？

　　A 不燃　　　　B 难燃　　　　C 可燃　　　　D 易燃

解析：玻璃棉的燃烧性能是难燃。

答案：B

23-11-14 (2009) 耐热度比较高的常用玻璃棉是以下哪种？

　　A 普通玻璃棉　　　　　　　B 普通超细玻璃棉
　　C 无碱超细玻璃棉　　　　　D 高硅氧棉

解析：普通玻璃棉耐热度为300℃，普通超细玻璃棉耐热度为400℃，无碱超细玻璃棉耐热度为600℃，高硅氧棉耐热度为1000℃。耐热度比较高的常用玻璃棉是高硅氧棉。

答案：D

23-11-15 (2009) 岩棉是以哪种岩石为主要原料经高温熔融后加工制成的人造无机纤维？

　　A 石灰岩　　　B 石英石　　　C 玄武岩　　　D 片麻岩

解析：岩棉是以玄武岩为主要原料经高温熔融后加工制成的人造无机纤维。

答案：C

23-11-16 (2009) 在同样厚度的情况下，以下哪种墙体的隔声效果最好？

　　A 钢筋混凝土墙　　　　　　B 加气混凝土墙
　　C 黏土空心砖墙　　　　　　D 陶粒混凝土墙

解析：在同样厚度的情况下，表观密度大的墙体即钢筋混凝土墙的隔声效果好。

答案：A

23-11-17 (2008) 以下哪种不是生产膨胀珍珠岩的原料？

　　A 砂岩　　　　B 珍珠岩　　　C 松脂岩　　　D 黑曜岩

解析：生产膨胀珍珠岩的原料可以是珍珠岩、松脂岩或黑曜岩。

答案：A

23-11-18 (2008) 以下哪种产品是以精选的玄武岩为主要原料加工制成的人造无机纤维？

　　A 石棉　　　　B 岩棉　　　　C 玻璃棉　　　D 矿渣棉

解析：岩棉是以精选的玄武岩为主要原料加工制成的人造无机纤维。

答案：B

23-11-19 (2008) 倒置式屋面的保温层不应采用以下哪种材料？

　　A 挤塑聚苯板　　　　　　　B 硬泡聚氨酯
　　C 泡沫玻璃块　　　　　　　D 加气混凝土块

解析：用于倒置式屋面的保温层的保温材料要求吸水性小，所以不应采用加气混凝土块。

答案：D

23-11-20 (2008) 室内装修工程中，以下哪种壁纸有吸声的特点？
A 聚氯乙烯壁纸　　　　　　　B 织物复合壁纸
C 金属壁纸　　　　　　　　　D 复合纸质壁纸

解析：室内装修工程中，织物复合壁纸有吸声的特点。

答案：B

23-11-21 (2007) 以下哪种膨胀珍珠岩制品耐高温性最强？
A 水玻璃膨胀珍珠岩制品　　　B 磷酸盐膨胀珍珠岩制品
C 沥青膨胀珍珠岩制品　　　　D 水泥膨胀珍珠岩制品

解析：水玻璃膨胀珍珠岩制品具有表观密度小（200～300kg/m³），导热系数小，常温导热系数为0.058～0.065W/(m·K)，以及无毒、无味、不燃烧、抗菌、耐腐蚀等特点，耐热温度为600℃多用于建筑围护结构作为保温隔热及吸声材料。磷酸盐膨胀珍珠岩制品是以膨胀珍珠岩为骨料，以磷酸铝和少量的硫酸铝、纸浆废液作胶结材料，经过配料、搅拌、成型和焙烧而制成的。它具有较高的耐火度，表观密度小（200～500kg/m³）、强度高（0.6～1.0MPa）、绝缘性较好等特点，耐热温度为1000℃适用于温度要求较高的保温隔热环境。沥青膨胀珍珠岩制品是由膨胀珍珠岩与热沥青拌和而制成的。它具有质轻(表观密度为200～450kg/m³)，保温隔热，导热系数为0.07～0.08W/(m·K)，以及吸声、不老化、憎水、耐腐蚀等特性，并可锯切，施工方便，耐热温度为70℃，适用于低温、潮湿的环境，如用于冷库工程、冷冻设备、管道及屋面等处。水泥膨胀珍珠岩制品具有表观密度小（300～400kg/m³），导热系数低，常温导热系数为0.058～0.087W/(m·K)，承载力高，施工方便，经济耐用等优点，耐热温度为600℃。广泛用于较低温度热管道、热设备及其他工业管道和工业建筑的保温隔热材料以及工业与民用建筑围护结构的保温、隔热、吸声材料。

答案：B

23-11-22 (2006) 在建筑工程中主要作为保温隔热用的材料统称为绝热材料，其绝热性能用导热系数表示，下列哪类情况会导致材料的导热系数减小？
A 表观密度小的材料，孔隙率增高
B 在孔隙率相同条件下，孔隙尺寸变大
C 孔隙由互相封闭改为连通
D 材料受潮后

解析：影响材料导热系数的因素很多，表观密度小的材料，孔隙率大，导热系数会减小；孔隙率相同时，孔隙尺寸增大，导热系数也增大；连通孔隙比封闭孔隙的导热系数大；材料受潮后，导热系数增大。

答案：A

23-11-23 (2006) 下列哪类绝热材料的导热系数最小？
A 模压聚苯乙烯泡沫塑料　　　B 挤压聚苯乙烯泡沫塑料

C 硬质聚氨酯泡沫塑料　　　　　　D 聚乙烯泡沫塑料

解析：硬质聚氨酯泡沫塑料的导热系数为 0.016W/(m·K)，模压聚苯乙烯泡沫塑料的导热系数为 0.033～0.036W/(m·K)，挤压聚苯乙烯泡沫塑料的导热系数为 0.028W/(m·K)，聚乙烯泡沫塑料导热系数≤0.037W/(m·K)。

答案：C

23-11-24 (2006) 吸声材料在不同频率时其吸声系数不同，下列哪种材料吸收系数不是随频率的提高而增大？

A 矿棉板　　　B 玻璃棉　　　C 泡沫塑料　　　D 穿孔五夹板

解析：疏松多孔吸声材料（如矿棉板、玻璃棉和泡沫塑料）的吸收系数一般从低频到高频逐渐增大，即其吸声系数随频率提高而增大，而穿孔五夹板则对中频的吸声系数最大。

答案：D

23-11-25 (2005) 现浇水泥珍珠岩保温隔热层，其用料体积配合比（水泥：珍珠岩），一般采用以下哪种比值？

A 1:6　　　B 1:8　　　C 1:12　　　D 1:18

解析：水泥膨胀珍珠岩保温层的配合比为 1:12。

答案：C

23-11-26 (2005) 用于倒置式屋面的保温层，采用以下哪种材料？

A 沥青膨胀珍珠岩　　　　　　B 加气混凝土保温块
C 挤塑聚苯板　　　　　　　　D 水泥配制蛭石块

解析：倒置式屋面保温层可以选用挤塑保温板、硬泡聚氨酯板、泡沫玻璃保温板等吸水性小的保温材料。

答案：C

23-11-27 (2004) 多孔性吸声材料（加气混凝土、泡沫玻璃等）主要对以下哪项吸声效果最好？

A 高频　　　B 中频　　　C 中低频　　　D 低频

解析：多孔性吸声材料对高频的声音吸收效果最好。

答案：A

23-11-28 (2004) 我国生产的下列保温材料中，何者导热系数最小，保温性能最好？

A 聚苯乙烯泡沫塑料　　　　　B 玻璃棉
C 岩棉　　　　　　　　　　　D 矿渣棉

解析：聚苯乙烯泡沫塑料的导热系数≤0.035W/(m·K)，玻璃棉的导热系数>0.035W/(m·K)，矿渣棉和岩棉的导热系数为 0.044～0.052W/(m·K)。

答案：A

23-11-29 (2004) 膨胀蛭石的下列特性，何者不正确？

A 耐高温　　　B 不吸水　　　C 不蛀　　　D 不腐

解析：膨胀蛭石是由天然蛭石经高温煅烧后体积膨胀 20～30 倍而成，耐高温，不蛀，不腐，但是吸水性较大。

答案：B

23-11-30 下列有关膨胀珍珠岩（又称珠光砂）的叙述，哪一项不正确？

A 膨胀珍珠岩是由珍珠岩、松脂岩或黑曜岩经破碎，快速通过煅烧带膨胀而成

B 一级珍珠岩矿石烧熔后的膨胀倍数约大于20倍，二级为10～20倍，三级则小于10倍

C 膨胀珍珠岩导热系数约0.047～0.070W/(m·K)，使用温度为-200～200℃。吸湿性小

D 膨胀珍珠岩可作填充材料，也可与水泥、水玻璃、沥青、黏土等制成绝热制品，还可作吸声材料

解析： 膨胀珍珠岩使用温度最高可达800℃。

答案：C

23-11-31 下列有关矿物棉（岩棉和矿渣棉）及石棉的叙述，哪一项不正确？

A 矿物棉的导热系数约为0.044W/(m·K)。最高使用温度为600℃左右

B 矿物棉质轻、导热系数低、不燃、防蛀、价廉、耐腐蚀、化学稳定性好、吸声性好，缺点是吸水性大、弹性小

C 岩棉所用原料为辉绿岩

D 石棉属变质岩，具有耐火、耐热、耐酸碱、绝热、防腐、隔声、绝缘等特性。平常所说的石棉属温石棉，其导热系数约为0.069W/(m·K)，最高工作温度可达600～800℃，耐碱性强

解析： 岩棉所用原料为玄武岩。

答案：C

23-11-32 下列有关膨胀蛭石等绝热材料的叙述，哪一条是错误的？

A 膨胀蛭石是由天然蛭石破碎、煅烧而成，膨胀倍数为20～30倍。导热系数为0.046～0.070W/(m·K)，最高使用温度为1000～1100℃，吸水性大

B 现浇水泥蛭石隔热保温层以水泥与膨胀蛭石为原料，按1:5(体积比)较为经济合理。夏季施工时应选用粉煤灰水泥

C 硅藻土为硅藻水生植物的残骸。其导热系数约为0.060W/(m·K)，最高使用温度约为900℃

D 加气混凝土的导热系数约为0.093～0.164W/(m·K)

解析： 水泥与膨胀蛭石（或膨胀珍珠岩），按体积比1:12较为经济合理。

答案：B

23-11-33 下列有关材料吸声性能的叙述，哪一条是错误的？

A 凡六个频率（125、250、500、1000、2000、4000Hz）的平均吸声系数大于0.2的材料，称为吸声材料。当门窗开启时，吸声系数相当于1。悬挂的空间吸声体（多用玻璃棉制作）的吸声系数可大于1。50mm厚的普通超细玻璃棉在500～4000Hz频率下的平均吸声系数不小于0.75

B 多孔性（封闭的互不连通的气孔）吸声材料对高频和中频的声音吸声效果较好

C 薄板振动吸声结构具有低频吸声特性；穿孔板组合共振吸声结构具有适合中频的吸声特性

D 隔墙的质量越大，越不易振动，则隔声（空气声）效果越好

解析：绝热材料要求具有封闭的互不连通的气孔，这类气孔越多，则绝热效果越好。但多孔材料可作为吸声材料，则要求气孔开放、互相连通，这类气孔越多，则吸声效果越好。

答案：B

23-11-34 为了保温及隔热，经常用于管道保温的材料不包括以下哪项？
A 石棉　　　　B 岩棉　　　　C 矿棉　　　　D 玻璃棉

解析：石棉虽然是一种保温材料，但因易致癌而较少使用。

答案：A

23-11-35 评定建筑材料保温隔热性能好坏的主要指标，下列哪个正确？
A 体积、比热　　　　　　B 形状、表观密度
C 含水率、空隙率　　　　D 导热系数、热阻

解析：导热系数是常用的保温隔热性能参数，热阻是由导热系数导出的一个参数，也能表达材料保温隔热性能。

答案：D

23-11-36 影响多孔性吸声材料的吸声效果，与以下哪个因素是无关的？
A 材料的表观密度　　　　B 材料的厚度
C 材料的形状　　　　　　D 孔隙的特征

解析：影响多孔材料的吸声系数或吸声效果的因素是材料厚度、孔隙率与孔结构特征。当材质一定时，孔隙率与表观密度相关联。

答案：C

23-11-37 穿孔板组合共振吸声结构具有适合(　　)频率的吸声特性。
A 高频　　　　B 中高频　　　　C 中频　　　　D 低频

解析：穿孔板组合共振吸声结构具有适合中频的吸声特性。

答案：C

23-11-38 下列哪种材料是绝热材料？
A 松木　　　　B 玻璃棉板　　　　C 烧结普通砖　　　　D 石膏板

解析：玻璃棉板是一种轻质板材，有绝热作用。

答案：B

23-11-39 关于材料的导热系数，以下哪个错误？
A 表观密度小，导热系数小　　　　B 含水率高，导热系数大
C 孔隙不连通，导热系数大　　　　D 固体比空气导热系数大

解析：材料内部孔隙不连通，减少了空气对流传热量，使材料导热系数降低。

答案：C

23-11-40 广泛应用于冷库工程、冷冻设备的膨胀珍珠岩制品，选用下列哪一种？
 A 磷酸盐珍珠岩制品　　　　　　B 沥青珍珠岩制品
 C 水泥珍珠岩制品　　　　　　　D 水玻璃珍珠岩制品
解析：膨胀珍珠岩颗粒疏松多孔，极易吸水，在冷冻条件下易发生材料冻胀破坏。故沥青珍珠岩制品以其较好的防水性而适宜在冷冻环境下应用。
答案：B

23-11-41 膨胀珍珠岩在建筑工程上的用途不包括以下哪项？
 A 用作保温材料　　　　　　　　B 用作隔热材料
 C 用作吸声材料　　　　　　　　D 用作防水材料
解析：膨胀珍珠岩疏松多孔，极易吸水，不宜用作防水材料。
答案：D

23-11-42 用于保温隔热的膨胀珍珠岩的安全使用温度是(　　)℃。
 A 800　　　　B 900　　　　C 1000　　　　D 1100
解析：膨胀珍珠岩的使用温度范围是－200～800℃。
答案：A

23-11-43 关于矿渣棉的性质，以下何者是不正确的？
 A 质轻　　　　　　　　　　　　B 不燃
 C 防水防潮好　　　　　　　　　D 导热系数小
解析：矿渣棉作为纤维材料，容易吸水受潮。
答案：C

23-11-44 提高底层演播厅隔墙的隔声效果，应选用下列哪种材料？
 A 重的材料　　　　　　　　　　B 多孔材料
 C 松散的纤维材料　　　　　　　D 吸声性能差的材料
解析：隔声效果取决于墙体单位面积的质量，随单位面积质量增大而提高。
答案：A

（十二）装　饰　材　料

23-12-1 (2011) 用一级普通平板玻璃经风冷淬火法加工处理而成的是以下哪种玻璃？
 A 钢化玻璃　　B 泡沫玻璃　　C 冰花玻璃　　D 防辐射玻璃
解析：用一级普通平板玻璃经风冷淬火加工处理得到的是钢化玻璃。
答案：A

23-12-2 (2011) 中空玻璃允许的最大空气间层厚度为(　　)。
 A 9mm　　　　B 12mm　　　　C 15mm　　　　D 20mm
解析：此题仍按规范作答，请读者注意。原《中空玻璃》GB/T 11944—2002规定中空玻璃允许的最大空气间层厚度为20mm，但新规范《中空玻璃》GB/T 11944—2013标准中没有最大空气层厚度规定。一般的空气层厚度为12mm。
答案：D

23-12-3 (2011) 以下哪种管材不应作为外排水雨水管使用？
　　A 镀锌钢管　　B 硬PVC管　　C 彩板管　　D 铸铁管
　　解析：铸铁管抗腐蚀能力很差，不能作为外排水雨水管使用。
　　答案：D

23-12-4 (2011) 下列门窗用铝合金的表面处理方式中，标准最高的做法是（　　）。
　　A 阳极氧化着色　　　　　　B 氟碳漆喷涂
　　C 粉末喷涂　　　　　　　　D 电泳涂漆
　　解析：各种门窗用铝合金的表面处理方式中，氟碳漆喷涂颜色丰富，耐候性强，价格较贵，为标准最高的做法。
　　答案：B

23-12-5 (2011) 关于环氧树脂漆的描述，以下哪项不正确？
　　A 机械性能好　　　　　　　B 电绝缘性能好
　　C 耐候性好　　　　　　　　D 附着力强
　　解析：环氧树脂漆粘结力优良，机械性能好，耐化学药品性（尤其是耐碱性）良好，电绝缘性能好，但其耐候性较差。
　　答案：C

23-12-6 (2011) 以下哪种漆既耐化学腐蚀又有良好的防燃烧性能？
　　A 聚氨酯漆　　　　　　　　B 环氧树脂漆
　　C 油脂漆　　　　　　　　　D 过氯乙烯漆
　　解析：过氯乙烯漆具有优良的溶剂特性、良好的电绝缘性、热塑性和成膜性，化学性能极为稳定，耐腐蚀、耐水，不易燃烧。
　　答案：D

23-12-7 (2011) 以下哪个不是我国的天然漆？
　　A 大漆　　　　　　　　　　B 生漆
　　C 树脂漆　　　　　　　　　D 调和漆
　　解析：我国的天然漆又名国漆、大漆，是由天然树脂制成，所以也是树脂漆，有生漆、熟漆之分而调和漆是由干性油料、颜料、溶剂、催干剂调和而成。
　　答案：D

23-12-8 (2011) 在金属液面上成型的玻璃种类是（　　）。
　　A 镀膜玻璃　　　　　　　　B 压花玻璃
　　C 浮法玻璃　　　　　　　　D 热弯玻璃
　　解析：浮法玻璃是玻璃熔体在金属锡液表面成型而成。
　　答案：C

23-12-9 (2011) 镀膜玻璃中透射率最高的是（　　）。
　　A Low-E玻璃　　　　　　　B 镜面玻璃
　　C 蓝色遮阳玻璃　　　　　　D 灰色遮阳玻璃
　　解析：镀膜玻璃中透射率最高的是Low-E玻璃（即低辐射镀膜玻璃）。
　　答案：A

23-12-10 (2011) 以下哪种建筑陶瓷不适用于室外？

  A 陶瓷锦砖 B 陶瓷面砖 C 釉面瓷砖 D 劈离砖

  解析：釉面瓷砖，即釉面砖又称内墙贴面砖，不适用于室外。

  答案：C

23-12-11 (2011) 以下哪种化纤地毯可以用于建筑物室外入口台阶处？

  A 丙纶纤维地毯   B 腈纶纤维地毯

  C 涤纶纤维地毯   D 尼龙纤维地毯

  解析：尼龙纤维的耐磨性最好，可用于建筑物室外入口台阶处。

  答案：D

23-12-12 (2011) 以下哪种壁布具有不怕水的特点且可以对其进行多次喷涂？

  A 壁毡   B 石英纤维壁布

  C 无纺贴墙布   D 织物复合壁布

  解析：石英纤维是由高纯二氧化硅和天然石英晶体制成的纤维，石英纤维壁布具有不怕水的特点，且可以对其进行多次喷涂。

  答案：B

23-12-13 (2011) 对防火门做耐火试验时，其中一条标准是门的背火面温升最大值为( )。

  A 150℃ B 180℃ C 210℃ D 240℃

  解析：对防火门做耐火试验时，门的背火面温升最大值为180℃。

  答案：B

23-12-14 (2011) 根据国家规范要求，在保证安全和不污染环境的情况下，绿色建筑中可再循环材料使用重量占所用建筑材料总重量的最小百分比应达到( )。

  A 5% B 10% C 15% D 20%

  解析：根据国家规范要求，在保证安全和不污染环境的情况下，绿色建筑中可再循环材料使用重量占所用建筑材料总重量的最小百分比应达到10%。

  答案：B

23-12-15 (2010) 用一级普通平板玻璃经风冷淬火法加工处理而成的是以下哪种玻璃？

  A 钢化玻璃 B 冰花玻璃 C 泡沫玻璃 D 防辐射玻璃

  解析：用一级普通平板玻璃经风冷淬火加工，可使玻璃得到强化韧化，得到的是钢化玻璃。

  答案：A

23-12-16 (2010) 建筑幕墙用的铝塑复合板中，铝板的厚度不应小于( )。

  A 0.3mm B 0.4mm C 0.5mm D 0.6mm

  解析：《建筑幕墙用铝塑复合板》GB/T 17748—2008 的规定：建筑幕墙用铝塑复合板的，铝板的厚度不应小于0.5mm。

  答案：C

23-12-17 (2010) 普通平板玻璃成品常采用以下哪种方式计算产量？

  A 重量 B 体积 C 平方米 D 标准箱

解析：普通平板玻璃成品的产量以标准箱计。厚度为 2mm 的平板玻璃，$10m^2$ 为一标准箱。

答案：D

23-12-18 (2010) 玻璃空心砖的透光率最高可达(　　)。

A 60％　　　　B 70％　　　　C 80％　　　　D 90％

解析：玻璃空心砖具有较高的透明度，透光率最高可达90％。

答案：D

23-12-19 (2010) 一般透水性路面砖厚度不得小于(　　)。

A 30mm　　　B 40mm　　　C 50mm　　　D 60mm

解析：为了满足力学性质的要求，一般透水性路面砖厚度不得小于60mm。

答案：D

23-12-20 (2010) 下列常用建材在常温下对硫酸的耐腐蚀能力最差的是(　　)。

A 沥青　　　　B 花岗石　　　C 混凝土　　　D 铸石制品

解析：混凝土中含有一定量水泥水化形成的 $Ca(OH)_2$，其耐硫酸腐蚀能力很差。

答案：C

23-12-21 (2010) 大理石不能用于建筑外装饰的主要原因是易受到室外哪项因素的破坏？

A 风　　　　　B 雨　　　　　C 沙尘　　　　D 阳光

解析：大理石硬度较大，但其为碱性石材，在室外装饰使用容易受空气中 CO_2、SO_2 及水汽等酸性介质作用而风化，使表面失去光泽，降低装饰效果。

答案：B

23-12-22 (2010) 散发碱性粉尘较多的工业厂房不得采用以下哪种窗？

A 木窗　　　　B 钢窗　　　　C 塑料窗　　　D 铝合金窗

解析：钢窗的抗碱性腐蚀性较其他三种窗户差。

答案：B

23-12-23 (2010) 以下哪个材料名称是指铜和锌的合金？

A 红铜　　　　B 紫铜　　　　C 青铜　　　　D 黄铜

解析：铜和锌的合金为黄铜，铜和锡的合金为青铜，红铜和紫铜为纯铜。

答案：D

23-12-24 (2010) 位于海边的度假村设计时应优先选用以下哪种外门窗？

A 粉末喷涂铝合金门窗　　　　　B 塑料门窗
C 普通钢门窗　　　　　　　　　D 玻璃钢门窗

解析：位于海边的度假村选用外门窗时，要考虑有较好的抗氯盐腐蚀能力。

答案：D

23-12-25 (2010) 80系列平开铝合金窗名称中的80指的是(　　)。

A 框料的横断面尺寸　　　　　　B 系列产品定型于20世纪80年代
C 框料的壁厚　　　　　　　　　D 窗的抗风压强度值

解析：80系列平开铝合金窗名称中的80指的是框料的横断面尺寸。

答案：A

23-12-26 （2010）铝合金窗用型材表面采用粉末喷涂处理时，涂层厚度应不小于（　　）。

A　20μm　　　　B　30μm　　　　C　40μm　　　　D　50μm

解析：铝合金窗用型材表面采用粉末喷涂处理时，涂层厚度应不小于40μm。

答案：C

23-12-27 （2010）在油质树脂漆中加入无机颜料即可制成以下哪种漆？

A　调和漆　　　B　光漆　　　　C　磁漆　　　　D　喷漆

解析：在油质树脂漆中加入无机颜料可制成磁漆。调和漆是由干性油料加颜料制成。

答案：C

23-12-28 （2010）乳胶漆属于以下哪类油漆涂料？

A　烯树脂漆类　　　　　　　　　B　丙烯酸漆类
C　聚酯漆类　　　　　　　　　　D　醇酸树脂漆类

解析：乳胶漆属于丙烯酸漆类油漆涂料。

答案：B

23-12-29 （2010）窗用绝热薄膜对阳光的反射率最高可达（　　）。

A　60%　　　　B　70%　　　　C　80%　　　　D　90%

解析：窗用绝热薄膜对阳光的反射率最高可达80%。

答案：C

23-12-30 （2010）玻璃自爆是以下哪种建筑玻璃偶尔特有的现象？

A　中空玻璃　　B　夹层玻璃　　C　镀膜玻璃　　D　钢化玻璃

解析：玻璃自爆是由于钢化玻璃内部硫化镍膨胀导致的。

答案：D

23-12-31 （2010）按人体冲击安全规定要求，6.38mm厚夹层玻璃的最大许用面积是（　　）。

A　2m²　　　　B　3m²　　　　C　5m²　　　　D　7m²

解析：按人体冲击安全规定要求，6.38厚夹层玻璃的最大许用面积为3m²。

答案：B

23-12-32 （2010）冰冻期在一个月以上的地区，应用于室外的陶瓷墙砖吸水率应不大于（　　）。

A　14%　　　　B　10%　　　　C　6%　　　　D　2%

解析：冰冻期在一个月以上的地区，应用于室外的陶瓷墙砖吸水率不应大于6%。

答案：C

23-12-33 （2010）地毯一般分为6个使用等级，其划分依据是（　　）。

A　纤维品种　　B　绒头密度　　C　毯面结构　　D　耐磨性

解析：按照表面的耐磨性，地毯一般分为轻度家用级、中度家用级等6个使用等级。
答案：D

23-12-34 (2010) 以下几种人工合成纤维中，阻燃和防霉防蛀性能俱佳的是（ ）。
A 丙纶　　　B 腈纶　　　C 涤纶　　　D 尼龙
解析：在各种人工合成纤维中，尼龙纤维的阻燃和防霉防蛀性最好。
答案：D

23-12-35 (2010) 根据规范要求，600座电影院的内墙面可选用以下哪种装修材料？
A 多彩涂料　　　　　　B 印刷木纹人造板
C 复合壁纸　　　　　　D 无纺贴墙布
解析：根据规范要求，600座电影院的内墙面可选用多彩涂料。
答案：A

23-12-36 (2010) 以下哪类多层建筑可以使用经阻燃处理的化纤织物窗帘？
A 1000座的礼堂　　　　B 6000m² 的商场
C 三星级酒店客房　　　D 幼儿园
解析：考虑到防火要求及各类建筑物的规模和使用功能，三星级酒店客房可以使用经阻燃处理的化纤织物窗帘。
答案：C

23-12-37 (2010) 以下哪项能源不是《可再生能源法》中列举的可再生能源？
A 地热能　　　B 核能　　　C 水能　　　D 生物质能
解析：核能不是《可再生能源法》中列举的可再生能源。
答案：B

23-12-38 (2010) 以下哪种材料不属于可降解建筑材料？
A 聚氯乙烯　　　B 玻璃　　　C 石膏制品　　　D 铝合金型材
解析：可降解建筑材料除包括各种可降解塑料制品，还包括可回收再利用的建筑材料。
答案：B

23-12-39 (2010) 采用环境测试舱法，能测定室内装修材料中哪种污染物的释放量？
A 氡　　　B 游离甲醛　　　C 苯　　　D 氨
解析：采用环境测试舱法，能测定室内装修材料中游离甲醛的释放量。
答案：B

23-12-40 (2010) 住宅工程验收时，室内环境污染物TVOC的浓度总量不应大于（ ）。
A 0.8mg/m³　　B 0.7mg/m³　　C 0.6mg/m³　　D 0.5mg/m³
解析：住宅工程验收时，室内环境污染物TVOC的浓度总量不应大于0.5mg/m³。
答案：D

23-12-41 (2009) 古建筑工程中常用的汉白玉石材是以下哪种岩类？
A 花岗岩　　　B 大理岩　　　C 砂岩　　　D 石灰岩
解析：古建筑工程中，常用的汉白玉石材是大理岩。

答案：B

23-12-42 （2009）下列常用建材在常温下对硫酸的耐腐蚀能力最差的是（　　）。
A 混凝土　　　B 花岗岩　　　C 沥青　　　D 铸石制品
解析：碱性材料在常温下对硫酸的耐腐蚀能力差，通常混凝土呈碱性。
答案：A

23-12-43 （2009）石材的二氧化硅含量越高越耐酸，以下哪种石材的二氧化硅含量最高？
A 安山岩　　　B 玄武岩　　　C 花岗岩　　　D 石英岩
解析：安山岩中 SiO_2 含量为 $52\%\sim63\%$，玄武岩中 SiO_2 含量为 $44\%\sim55\%$，花岗岩中 SiO_2 含量为 70% 以上，石英岩中 SiO_2 含量为 85% 以上。石材的二氧化硅含量越高越耐酸，石英岩的二氧化硅含量最高。
答案：D

23-12-44 （2009）石材幕墙中的单块石材面板面积不宜大于（　　）。
A $1.0m^2$　　　B $1.5m^2$　　　C $2.0m^2$　　　D $2.5m^2$
解析：石材幕墙中的单块石材面板面积不宜大于 $1.5m^2$。
答案：B

23-12-45 （2009）建筑内部装修材料中，纸面石膏板板材的燃烧性能是以下哪种级别？
A B_1　　　B B_2　　　C B_3　　　D A
解析：建筑内部装修材料中，纸面石膏板板材的燃烧性能是 B_1 级。
答案：A

23-12-46 （2009）古建中的油漆彩画用的是以下哪种漆？
A 浅色酯胶磁漆　　　　　　　　B 虫胶清漆
C 钙酯清漆　　　　　　　　　　D 熟漆
解析：古建中的油漆彩画用的是熟漆（或大漆、国漆）。
答案：D

23-12-47 （2009）广泛用于银行、珠宝店、文物库的门窗玻璃是以下哪种玻璃？
A 彩釉钢化玻璃　　　　　　　　B 幻影玻璃
C 铁甲箔膜玻璃　　　　　　　　D 镭射玻璃（激光玻璃）
解析：广泛用于银行、珠宝店、文物库的门窗玻璃是铁甲箔膜玻璃，又称钛化玻璃，具有比一般玻璃高的硬度和强度。其他三种玻璃均为装饰性玻璃。即是由铁甲箔膜和普通平板玻璃复合而成的一种玻璃。
答案：C

23-12-48 （2009）建筑琉璃制品是用以下哪种原料烧制而成的？
A 长石　　　B 难熔黏土　　　C 石英砂　　　D 高岭土
解析：建筑琉璃制品是用难熔黏土烧制而成的。
答案：B

23-12-49 （2009）具有镜面效应及单向透视性的是以下哪种镀膜玻璃？
A 热反射膜镀膜玻璃　　　　　　B 低辐射膜镀膜玻璃
C 导电膜镀膜玻璃　　　　　　　D 镜面膜镀膜玻璃

解析：具有镜面效应及单向透视性的是热反射膜镀膜玻璃。

答案：A

23-12-50 （2009）烧制建筑陶瓷应选用以下哪种原料？

A 瓷土粉　　　B 长石粉　　　C 黏土　　　D 石英粉

解析：烧制建筑陶瓷应选用黏土。

答案：C

23-12-51 （2009）在两片钢化玻璃之间夹一层聚乙烯醇缩丁醛塑料胶片，经热压粘合而成的玻璃是以下哪种玻璃？

A 防火玻璃　　B 安全玻璃　　C 防辐射玻璃　　D 热反射玻璃

解析：在两片钢化玻璃之间夹一层聚乙烯醇缩丁醛塑料胶片，经热压粘合而成的玻璃是夹层玻璃，是安全玻璃的一种。

答案：B

23-12-52 （2009）常用的建筑油漆中，以下哪种具有良好的耐化学腐蚀性？

A 油性调和漆　B 虫胶漆　　　C 醇酸清漆　　D 过氯乙烯漆

解析：常用的建筑油漆中，过氯乙烯漆具有良好的耐化学腐蚀性。

答案：D

23-12-53 （2009）化纤地毯中，以下哪种面层材料的地毯不怕日晒，不易老化？

A 丙纶纤维　　B 腈纶纤维　　C 涤纶纤维　　D 尼龙纤维

解析：化纤地毯中，腈纶纤维面层材料的地毯不怕日晒，不易老化。

答案：B

23-12-54 （2009）以下几种人工合成纤维中，阻燃性和防霉防蛀性能俱佳的是（　　）。

A 丙纶　　　　B 腈纶　　　　C 涤纶　　　　D 尼龙

解析：阻燃性和防霉防蛀性能俱佳的人工合成纤维是尼龙。

答案：D

23-12-55 （2009）用一级普通平板玻璃经风冷淬火法加工处理而成的是以下哪种玻璃？

A 泡沫玻璃　　B 冰花玻璃　　C 钢化玻璃　　D 防辐射玻璃

解析：用一级普通平板玻璃经风冷淬火法加工，可使玻璃得到强化韧化，处理得到钢化玻璃。

答案：C

23-12-56 （2009）一类高层办公楼，当设有火灾自动报警装置和自动灭火系统时，其顶棚装修材料的燃烧性能等级应采用哪级？

A B_3　　　　B B_2　　　　C B_1　　　　D A

解析：一类高层办公楼，当设有火灾自动报警装置和自动灭火系统时，其顶棚装修材料的燃烧性能等级应采用A级。

答案：D

23-12-57 （2009）以下哪项可作为A级装修材料使用？

A 胶合板表面涂覆一级饰面型防火涂料

B 安装在钢龙骨的纸面石膏板

C 混凝土墙上粘贴墙纸
D 水泥砂浆墙上粘贴墙布

解析：安装在钢龙骨的纸面石膏板，可作为 A 级装修材料使用，胶合板表面涂覆一级饰面防火涂料时可作为 B_1 级装修材料使用，混凝土墙上粘贴墙纸和水泥砂浆上粘贴墙布可作为 B_2 级装修材料使用。

答案：B

23-12-58 (2009) 民用建筑室内装修工程中，以下哪种类型的材料应测定苯的含量？

A 水性涂料　　　　　　　　B 水性胶粘剂
C 水性阻燃剂　　　　　　　D 溶剂型胶粘剂

解析：民用建筑室内装修工程中，溶剂型胶粘剂应测定苯的含量。

答案：D

23-12-59 (2009) 采用环境测试舱法，能测定室内装修材料中哪种污染物的释放量？

A 氡　　　　B 苯　　　　C 游离甲醛　　　　D 氨

解析：采用环境测试舱法，能测定室内装修材料中游离甲醛的释放量。

答案：C

23-12-60 (2009) 以下哪种装修材料含有害气体甲醛？

A 大理石　　　B 卫生陶瓷　　　C 石膏板　　　D 胶合板

解析：胶合板装修材料含有害气体甲醛。

答案：D

23-12-61 (2009) 室内地面装修选用花岗岩，一般情况下，以下哪种颜色的放射性最小并较安全？

A 白灰色　　　B 浅黑杂色　　　C 黄褐色　　　D 橙红色

解析：室内地面装修选用花岗岩，一般情况下，白灰色的放射性最小并较安全。

答案：A

23-12-62 (2008) 调和漆是以成膜干性油加入体质颜料、熔剂、催干剂加工而成。以下哪种漆属于调和漆？

A 天然树脂漆　　　B 油脂漆　　　C 硝基漆　　　D 醇酸树脂漆

解析：调和漆是由干性油料、颜料、溶剂、催干剂等调和而成的一种油脂类油漆涂料，天然树脂漆、硝基漆和醇酸树脂漆都是以树脂为主要成膜物质的树脂漆。

答案：B

23-12-63 (2008) 地面垫层下的填土应选用以下哪种土？

A 过湿土　　　B 腐殖土　　　C 砂土　　　D 淤泥

解析：地面垫层下的填土应选用砂土。

答案：C

23-12-64 (2008) 在我国，屋面主要材料采用钛金属板的是以下哪栋建筑？

A 国家游泳中心　　　　　　B 国家体育场
C 国家图书馆　　　　　　　D 国家大剧院

解析：国家大剧院屋面主要材料采用钛金属板。
答案：D

23-12-65 (2008) 高层住宅顶棚装修时，应选用以下哪种材料，以满足防火要求？
A 纸面石膏板　　　　　　B 木制人造板
C 塑料贴面装饰板　　　　D 铝塑板
解析：高层住宅顶棚装修时，应选用纸面石膏灰，以满足防火要求。
答案：A

23-12-66 (2008) 以下哪种材料燃烧性能属于 B_2 等级？
A 纸面石膏板　　B 酚醛塑料　　C 矿棉板　　D 聚氨酯装饰板
解析：燃烧性能属于 B_2 等级的材料是聚氨酯装饰板，纸面石膏板、酚醛塑料和矿棉板的燃烧性能属于 B_1 级。
答案：D

23-12-67 (2008) 建筑上用的釉面砖，是用以下哪种原料烧制而成的？
A 瓷土　　　B 长石粉　　　C 石英粉　　　D 陶土
解析：建筑上用的釉面砖，是用陶土烧制而成的。
答案：D

23-12-68 (2008) 古建筑中宫殿、庙宇正殿多用的铺地砖，是以淋浆焙烧而成，质地细，强度好，敲之铿然有声响，这种砖叫（　　）。
A 澄浆砖　　　B 金砖　　　C 大砂滚砖　　　D 金墩砖
解析：古建筑中宫殿、庙宇正殿多用的铺地砖，是以淋浆焙烧而成，质地细，强度好，敲之铿然有声响，这种砖叫金砖。
答案：B

23-12-69 (2008) 室内隔断所用玻璃，必须采用以下哪种玻璃？
A 浮法玻璃　　　　　　　B 夹层玻璃
C 镀膜玻璃　　　　　　　D LOW-E 玻璃
解析：室内隔断所用玻璃应考虑安全性，所以应采用安全玻璃，如夹层玻璃。
答案：B

23-12-70 (2008) 下列用于装修工程的墙地砖中，哪种是瓷质砖？
A 彩色釉面砖　　B 普通釉面砖　　C 通体砖　　D 红地砖
解析：用于装修工程中作为墙地砖的通体砖是瓷质砖；彩面釉面砖和普通釉面砖是陶质砖；红地砖是火石质砖。
答案：C

23-12-71 (2008) 以下哪种材料不是生产玻璃的原料？
A 石英砂　　　B 纯碱　　　C 长石　　　D 陶土
解析：陶土不是生产玻璃的原料。玻璃是以石英砂、纯碱、长石和石灰石为原料，在 1500~1600℃ 烧熔急冷而成。
答案：D

23-12-72 (2008) 地毯宜在以下哪种房间里铺设？

A 排练厅 B 老年人公共活动房间
C 迪斯科舞厅 D 大众餐厅
解析：地毯宜在老年人公共活动房间里铺设。
答案：B

23-12-73 (2008) 在合成纤维地毯中，以下哪种地毯耐磨性较好？
A 丙纶地毯 B 腈纶地毯 C 涤纶地毯 D 尼龙地毯
解析：在合成纤维地毯中，尼龙地毯耐磨性较好。
答案：D

23-12-74 (2008) 下列何种100厚的非承重隔墙可用于耐火极限3小时的防火墙？
A 聚苯乙烯夹芯双面抹灰板（泰柏板）
B 轻钢龙骨双面双层纸面石膏板
C 加气混凝土砌块墙
D 轻钢龙骨双面水泥硅酸钙板（埃特板）
解析：100厚聚苯乙烯夹芯双面抹灰板耐火极限为1.3小时，轻钢龙骨双面双层纸面石膏板的耐火极限为1.1小时，100厚加气混凝土砌块墙的耐火极限为6小时，100厚轻钢龙骨双面水泥硅酸钙板的耐火极限为1.5小时，所以100厚的加气混凝土砌块非承重隔墙可用于耐火极限3小时的防火墙。
答案：C

23-12-75 (2008) 建筑物内厨房的顶棚装修，应选择以下哪种材料？
A 纸面石膏板 B 矿棉装饰吸声板
C 铝合金板 D 岩棉装饰板
解析：建筑物内厨房的顶棚装修，既要考虑防火，也要考虑防水，所以应选择铝合金板。
答案：C

23-12-76 (2008) 二级耐火等级的单层厂房中，哪种生产类别的屋面板可采用聚苯乙烯夹芯板？
A 甲类 B 乙类 C 丙类 D 丁类
解析：二级耐火等级的单层厂房中，丁类的屋面板可采用聚苯乙烯夹芯板。
答案：D

23-12-77 (2008) 在常用照明灯具中，以下哪种灯的光通量受环境温度的影响最大？
A 普通白炽灯 B 卤钨灯 C 荧光灯 D 荧光高压汞灯
解析：在常用照明灯具中，荧光灯的光通量受环境温度的影响最大。
答案：C

23-12-78 (2008) 民用建筑中空调机房的消音顶棚应采用哪种燃烧等级的装修材料？
A A级 B B_1级 C B_2级 D B_3级
解析：民用建筑中空调机房的消声顶棚应采用A级燃烧等级的装修材料。
答案：A

23-12-79 (2008) 以下哪种窗已停止生产和使用？
A 塑料窗 B 铝合金窗 C 塑钢窗 D 实腹钢窗

解析：实腹钢窗已停止生产和使用。
答案：D

23-12-80 (2008)建筑工程顶棚装修时不应采用以下哪种板材？
A 纸面石膏板　　　　　　B 矿棉装饰吸声板
C 水泥石棉板　　　　　　D 珍珠岩装饰吸声板
解析：建筑工程顶棚装修时不应采用水泥石棉板或含石棉的板材。
答案：C

23-12-81 (2008)民用建筑工程中，室内使用以下哪种材料时必须测定有害物质释放量？
A 石膏板　　B 人造木板　　C 卫生陶瓷　　D 商品混凝土
解析：民用建筑工程中，室内使用人造木板时必须测定有害物质释放量。
答案：B

23-12-82 (2007)以玻璃板和玻璃肋制作的幕墙称为什么幕墙？
A 明框幕墙　　B 半隐框幕墙　　C 隐框幕墙　　D 全玻璃幕墙
解析：玻璃幕墙分为框支撑玻璃幕墙、全玻璃幕墙和点支撑玻璃幕墙。框支撑玻璃幕墙又分为明框式、隐框式、半隐框式等。以玻璃板和玻璃肋制作的幕墙为全玻璃幕墙。
答案：D

23-12-83 (2007)环氧树脂涂层归属在下列哪类材料中？
A 外墙涂料　　B 内墙涂料　　C 地面材料　　D 防水涂料
解析：环氧树脂涂层不仅具有优异的耐水、耐油污、耐化学品腐蚀等化学特征，而且具有附着力好、机械强度高、耐磨功用好、固化后漆膜缩短率低等优点，主要用于地面。
答案：C

23-12-84 (2007)材料的燃烧性能可用多种方法测定，其中试验简单，复演性好，可用于许多材料燃烧性能测定的是（　　）
A 水平燃烧法　　B 垂直燃烧法　　C 隧道燃烧法　　D 氧指数法
解析：水平燃烧法是指以一端被夹持的规定尺寸和形状的棒状试样处于水平位置且自由端暴露在规定气体火焰上的方式测定试样线性燃烧速率的试验方法。垂直燃烧法是指以上端被夹持的规定尺寸和形状的棒状试样处于垂直位置且自由端暴露在规定气体火焰上的方式，测定试样有焰燃烧和无焰燃烧的时间及燃烧状态的试验方法。隧道燃烧法是指在小型隧道炉中测试材料燃烧性能的方法。氧指数法是指在氮气和氧气的混合气体中，以维持某个燃烧时间或达到燃烧规定位置所需要的最低氧气含量的体积百分数。氧指数越大，越不易燃烧，阻燃性好。氧指数法适用于塑料、橡胶、纤维、泡沫塑料以及固体材料的燃烧性能测试，准确性高，试验简单，复演性好。
答案：D

23-12-85 (2007)建筑装饰中广泛使用的黄铜材料是纯铜与下列哪种金属的合金？
A 锌　　　　B 铝　　　　C 锡　　　　D 铅

解析：纯铜与金属锌的合金为黄铜。
答案：A

23-12-86 (2007) 将漆树液汁用细布或丝棉过滤除去杂质加工而成的是以下哪种漆？
A 清漆　　　　B 虫胶漆　　　　C 酯胶漆　　　　D 大漆
解析：将漆树上提取的汁液用细布或丝棉过滤除去杂质后再经加工处理得到大漆，又叫国漆，或天然漆。
答案：D

23-12-87 (2007) 用钢化玻璃（基片）和全息光栅材料经过特种工艺加工合成的装饰玻璃是以下哪种玻璃？
A 幻影玻璃　　B 珍珠玻璃　　C 镭射玻璃　　D 宝石玻璃
解析：镭射玻璃是20世纪90年代新开发研制的一种装饰玻璃。其采用特种工艺处理，使一般的普通玻璃构成全息光栅或几何光栅。它在光源的照射下，会产生物理衍射的七彩光，同一感光点和面随光源入射角的变化，可让人感受到光谱分光的颜色变化，从而使被装饰物显得华贵、高雅，给人以美妙、神奇的感觉。幻影成像玻璃是高透过高反射玻璃，就是在玻璃表面通过真空磁控溅射镀膜工艺镀制纳米级的氧化物介质膜层，使玻璃保持较高的透过率（50%~70%）的同时也具有高的反射率（镜面外观）。该玻璃表面硬度高，还具有一定的自洁、防水雾、光催化活性等特性。主要用于幻影成像系统，显示器件如电子数码相框、液晶电脑显示屏等，需要"镜面"外观且具有高穿透性的电子产品。
答案：C

23-12-88 (2007) 当采光顶的高度（距楼面、地面）为6m时，采光顶的透光材料应选用以下哪一种？
A 钢化玻璃　　B 夹层玻璃　　C 半钢化玻璃　　D 镀膜玻璃
解析：《建筑玻璃采光顶》JG/T 231—2007规定，当屋面玻璃最高点离地面大于3m时，必须使用夹层玻璃。
答案：B

23-12-89 (2007) 以下哪种合成纤维地毯阻燃性比较好？
A 丙纶地毯　　B 腈纶地毯　　C 涤纶地毯　　D 尼龙地毯
解析：在合成纤维中尼龙纤维的阻燃性最好。
答案：D

23-12-90 (2007) 根据防火要求，塑料壁纸可以用于以下哪种房间的墙面上？
A 旅馆客房　　　　　　　　B 餐馆的营业厅
C 办公楼的办公室　　　　　D 普通住宅的起居室
解析：旅馆客房、餐馆营业厅、办公楼的办公室等建筑房间墙面装修材料燃烧等级要求为B_1级，普通住宅起居室墙面装修材料的燃烧等级要求为B_2级。塑料壁纸的燃烧性能为B_2级。
答案：D

23-12-91 (2007) 室内环境具有较高安静要求的房间，其地面应优选以下哪种材料？

　　　　　A 木地板　　　　B 地毯　　　　　C 大理石　　　　D 釉面地砖
　　　　解析：地毯表面柔软，有隔热、保温、隔声、防滑和减轻碰撞等作用。
　　　　答案：B

23-12-92 (2007) 以下哪种材料在常温下耐盐酸的腐蚀能力最好？
　　　　　A 水泥砂浆　　　B 混凝土　　　　C 碳钢　　　　　D 花岗岩
　　　　解析：花岗岩是酸性岩石，具有良好的耐酸性能。水泥砂浆、混凝土和碳钢都容易被盐酸腐蚀。
　　　　答案：D

23-12-93 (2007) 对于民用建筑中的配电室的吊顶，选用以下哪种材料能满足防火要求？
　　　　　A 轻钢龙骨石膏板　　　　　　　B 轻钢龙骨纸面石膏板
　　　　　C 轻钢龙骨纤维石膏板　　　　　D 轻钢龙骨矿棉吸声板
　　　　解析：用于民用建筑中配电室的吊顶材料应该选用燃烧等级为 A 级的装修材料。轻钢龙骨石膏板燃烧等级为 A 级，其他三种的燃烧等级为 B_1 级。
　　　　答案：A

23-12-94 (2007) 民用建筑地下室的走道，其墙面装修从防火考虑应采用以下哪种材料？
　　　　　A 瓷砖　　　　B 纤维石膏板　　C 多彩涂料　　　D 珍珠岩板
　　　　解析：民用建筑地下室的走道墙面装修材料应该选择燃烧等级为 A 级的装修材料。瓷砖为 A 级，纤维石膏板、多彩涂料和珍珠岩板为 B_1 级。
　　　　答案：A

23-12-95 (2007) 人防地下室的防烟楼梯间，其前室的门应采用以下哪种门？
　　　　　A 甲级防火门　B 乙级防火门　　C 丙级防火门　　D 普通门
　　　　解析：甲级防火门主要用于防火墙上和其他相关部位，乙级防火门主要用于疏散走道、前室、楼梯间等处，丙级防火门主要用于竖向井道的检查口。
　　　　答案：B

23-12-96 (2007) 在设计使用放射性物质的实验室中，其墙面装修材料应选用以下哪种？
　　　　　A 水泥　　　　B 木板　　　　　C 石膏板　　　　D 不锈钢板
　　　　解析：用于使用放射性物质实验室墙面的材料应该能够屏蔽放射性的物质，也就是一些比较重的材料。四种备选材料中，不锈钢最重。
　　　　答案：D

23-12-97 (2007) 居民生活使用的燃气管道在室内时，应采用以下哪种管材？
　　　　　A 黑铁管　　　　　　　　　　　B 镀锌钢管
　　　　　C 生铁管　　　　　　　　　　　D 硬质聚氯乙烯管
　　　　解析：居民生活使用的燃气管道在室内时，应采用镀锌钢管。
　　　　答案：B

23-12-98 (2006) 岩石主要是以地质形成条件来进行分类的，建筑中常用的花岗岩属于下列哪类岩石？

A 深成岩　　　B 喷出岩　　　C 火成岩　　　D 沉积岩

解析：岩石以地质形成条件分为岩浆岩（也称火成岩，如花岗岩、正长岩、辉绿岩、玄武岩），沉积岩（也称水成岩，如砂岩、页岩、石灰岩、石膏）和变质岩（如大理岩、片麻岩、石英岩）。

答案：C

23-12-99 (2006) 下列哪种石材用于建筑干挂饰面材料时抗分化能力最差？
A 花岗岩　　　　　　　　　B 汉白玉
C 玻化砖（人造石）　　　　D 大理石

解析：大理石的主要成分为方解石和白云石，为碱性岩石，易被酸腐蚀，即抗分化能力差，所以不用于室外（除汉白玉、艾叶青外）。

答案：D

23-12-100 (2006) 双层通风幕墙由内外两层幕墙组成，下列哪项不是双层通风幕墙的优点？
A 节约能源　　　　　　　　B 隔声效果好
C 改善室内空气质量　　　　D 防火性能提高

解析：双层通风幕墙的基本特征是双层幕墙和空气流动、交换。双层通风幕墙对提高幕墙的保温、隔热、隔声功能起到很大的作用。它改变了传统幕墙的结构形式，采用不打胶工艺，避免硅酮胶的二次污染；外层幕墙无需镀膜玻璃，当直射日光照射到玻璃表面上时，玻璃不会因镜面反射而产生反射眩光，没有光污染；双层幕墙独特的内外双层构造及其中有一层幕墙采用中空玻璃，使其隔声性能比传统幕墙提高20%~40%，隔声量达50dB，隔声性能达到国际Ⅰ级，大大改善了办公或居住的环境；其防尘通风的功能使其在恶劣天气（特别是沙尘暴发生的地区）也不影响开窗换气，提高了室内空气质量，它同时提供了高层和超高层建筑幕墙自然通风的可能，从而最大限度地满足了使用者在生理和心理上的需求。

答案：D

23-12-101 (2006) 防火规范将建筑材料的燃烧性能分为三大类，下列哪类不属于其中？
A 不燃材料　　B 难燃材料　　C 燃烧材料　　D 阻燃材料

解析：防火规范将建筑材料的燃烧性能分为三大类，即不燃材料、难燃材料和燃烧材料。

答案：D

23-12-102 (2006) 对各类建筑陶瓷主要用途的叙述中，以下哪项错误？
A 釉面砖用于室内、室外墙面
B 陶瓷锦砖用于地面及室内外墙面
C 陶瓷铺地砖用于室内外地面、台阶、踏步
D 陶瓷面砖用于外墙面，也用作铺地材料

解析：釉面砖又称内墙贴面砖，属于精陶器，因为其吸水率较高，只用于室内墙面装饰。

答案：A

23-12-103 (2006) 建筑外窗有抗风压、气密、水密、保温、隔声及采光六大性能分级指标，在下列四项性能中，哪项数值越小，其性能越好？

A 抗风压　　　B 气密　　　C 水密　　　D 采光

解析：抗风压、水密、采光性能指标数值越大，性能越好。气密性能指标反映了在一定条件下，空气的渗透性能，数值越小，其性能越好。

答案：B

23-12-104 (2006) 不锈钢产品表面的粗糙度对防腐性能有很大影响，下列哪种表面粗糙度最小？

A 发纹　　　　　　　　　　B 网纹
C 电解抛光　　　　　　　　D 光亮退火表面形成的镜面

解析：不锈钢产品光亮退火表面形成的镜面的粗糙度最小。

答案：D

23-12-105 (2006) 不锈钢是一种合金钢，不锈钢内主要含有下列哪种金属成分？

A 镍　　　B 铬　　　C 钼　　　D 锰

解析：含铬12％以上的具有耐腐蚀性能的合金称为不锈钢。

答案：B

23-12-106 (2006) 铝合金门窗型材受力杆件的最小壁厚是下列何值？

A 2.0mm　　　B 1.4mm　　　C 1.0mm　　　D 0.6mm

解析：《铝合金门窗工程技术规范》JGJ 214—2010 第3.1.2条规定：门用主型材主要受力部位基材截面最小实测壁厚不应小于2.0mm，窗用主型材主要受力部位基材截面最小实测壁厚不应小于1.4mm。门窗综合考虑答案应为B。

答案：B

23-12-107 (2006) 某建筑物外墙面有微裂纹需要粉刷，出于装饰和保护建筑物的目的，应选用下列哪种外墙涂料？

A 砂壁状外墙涂料　　　　　B 复层外墙涂料
C 弹性外墙涂料　　　　　　D 拉毛外墙涂料

解析：弹性外墙涂料的涂膜具有很高的弹性，可适应基层的变形而不破坏，从而起到遮蔽基层裂缝，并进一步起到防水和装饰作用。

答案：C

23-12-108 (2006) 建筑涂料按稀释剂可分为水溶型、乳液型、溶剂型三种，下列哪条不是溶剂型涂料的特性？

A 涂膜薄而坚硬　　　　　　B 价格较高
C 挥发性物质对人体有害　　D 耐水性较差

解析：溶剂型涂料由合成树脂、有机溶剂、颜料、填料制成。溶剂挥发有害、易燃，漆膜坚韧、耐水、耐候。

答案：D

23-12-109 (2006) 木器油漆对木材表面具有装饰和保护作用，古建油漆常用下列哪种？

A 生漆　　　B 清漆　　　C 调和漆　　　D 磁漆

解析：木器油漆对木材表面具有装饰和保护作用，古建油漆常用生漆。
答案：A

23-12-110 (2006) 与夹层钢化玻璃相比，单一钢化玻璃不适用于下列哪个建筑部位？
  A 玻璃隔断   B 公共建筑物大门
  C 玻璃幕墙   D 高大的采光天棚
解析：《建筑玻璃应用技术规程》JGJ 123—2015 第 7.2.7 条规定，当室内饰面玻璃最高点离地面高度在 3m 或 3m 以上时，应使用夹层玻璃。高大的采光天棚不能使用单一钢化玻璃。
答案：D

23-12-111 (2006) 下列哪类玻璃产品具有防火玻璃的构造特征？
  A 钢化玻璃   B 夹层玻璃   C 热反射玻璃   D 低辐射玻璃
解析：夹层玻璃具有防火功能，也称防火玻璃。
答案：B

23-12-112 (2006) 镀膜玻璃按其特征可分为四种，茶色透明玻璃属于下列哪一种？
  A 热反射膜镀膜玻璃   B 导电膜镀膜玻璃
  C 镜面膜镀膜玻璃   D 低辐射膜镀膜玻璃
解析：热反射膜镀膜玻璃（又名阳光控制玻璃或遮阳玻璃），具有单向透视、隔热功能。低辐射膜镀膜玻璃（又名吸热或茶色玻璃）具有隔热功能。导电膜镀膜玻璃（又名防霜玻璃），适用于严寒地区的门窗、车辆挡风玻璃。镜面膜镀膜玻璃（又名镜面玻璃），适用于作镜面、墙面装饰。
答案：D

23-12-113 (2006) 下列哪种玻璃不是安全玻璃？
  A 钢化玻璃   B 半钢化玻璃   C 夹丝玻璃   D 夹层玻璃
解析：安全玻璃有钢化玻璃、夹丝玻璃和夹层玻璃。
答案：B

23-12-114 (2006) 下列哪一种陶瓷地砖密度最大？
  A 抛光砖   B 釉面砖   C 劈离砖   D 玻化砖
解析：陶瓷地砖的密度越大，其吸水率越小。玻化砖基本达到全瓷化，吸水率小于 0.3%，近乎为零。
答案：D

23-12-115 (2006) 一般墙面软包用布进行阻燃处理时应使用下列哪一种整理剂？
  A 一次性整理剂   B 非永久性整理剂
  C 半永久性整理剂   D 永久性整理剂
解析：纺织品所用阻燃剂按耐久程度分为非永久性整理剂、半永久性整理剂和永久性整理剂。整理剂可根据不同目的，单独或混合使用，使织物获得需要的阻燃性能。如永久性阻燃整理的产品一般能耐水洗 50 次以上，而且能耐皂洗涤，它主要用于消防服、劳保服、睡衣、床单等。半永久性阻燃整理产品能耐 1~15 次中性皂洗涤，但不耐高温皂水洗涤，一般用于沙发套、电热毯、门帘、床垫等。非永久性阻燃整理产品有一定阻燃性能，但不耐水洗，一般用于墙面软包。所以墙面软包布应使用非永久性整理剂。

答案：B

23-12-116 （2006）根据《室内装饰装修材料人造板及其制品中甲醛释放限量》GB 18580—2001 的要求，强化木地板甲醛释放量应为（　　）。

A ≤0.5mg/L　　B ≤1.5mg/L　　C ≤3mg/L　　D ≤6mg/L

解析：据旧版规范《室内装饰装修材料人造板及其制品中甲醛释放限量》GB 18580—2001 第5条规定，饰面人造板（包括浸渍纸层压木质地板、实木复合地板、竹地板、浸渍胶膜纸饰面人造板等）甲醛限量≤1.5mg/L（干燥器法），若用气候箱法（环境测试舱法），则≤0.12mg/m³，其中浸渍纸层压木质地板即为强化木地板。但2017年新规范已改变了测试方法和要求，规定甲醛释放量不超过0.124mg/m³（采用气候箱法）。本题按旧规范作答。

答案：B

23-12-117 （2006）花岗石的放射性比活度由低到高的排序是 A 类、B 类、C 类和其他类，下列的叙述中哪条不正确？

A A类不对人体健康造成危害，使用场合不受限制
B B类不可用于Ⅰ类民用建筑内饰面，可用于其他类建筑内外饰面
C C类不可用于建筑外饰面
D 比活度超标的其他类只能用于碑石、桥墩

解析：根据花岗石所具有的放射性大小，有A、B、C和其他类使用范围的相关规定。

A类花岗石，比活度同时满足 IRa（放射性内照射指数）≤1.0 和 Ir（放射性外照指数）=1.3，使用范围不受限制，也即可以使用在任何场合。

B类花岗石，放射性高于A类，但其比活度同时满足 IRa（放射性内照射指数）=1.3 和 Ir（放射性外照指数）=1.9，不可将其用在Ⅰ类民用建筑物的内饰面装修，但可以用于Ⅰ类民用建筑的外饰面装修，和其他一切建筑物的内、外饰面装修。

C类花岗石，放射性高于A、B类的规定，但符合 IRa（放射性内照射指数）=2.8，只能用于建筑物的外饰面和室外其他用途。

Ir（放射性外照指数）>2.8 的其他类花岗石，只可用于碑石、海岸、桥墩、道路等人类平时很少涉及的地方。

答案：C

23-12-118 （2006）具有下列哪一项条件的材料不能作为抗 α、β 辐射材料？

A 优良的抗撞击强度和耐磨性　　B 材料表面光滑无孔具有不透水性
C 材料为离子型　　D 材料表面的耐热性

解析：抗辐射表面防护材料应具有下列要求，耐磨性好，抗撞击强度高，耐化学腐蚀性好，表面光滑，不透水性强，耐热性优良，非离子型，易于清洗等。

答案：C

23-12-119 (2006) 壁纸的可洗性按使用要求分可洗、可刷洗、特别可洗三个等级，根据 GB 8945—88，特别可洗壁纸可以洗多少次而外观上无损伤和变化？
A 25次　　　　B 50次　　　　C 100次　　　　D 200次
解析：壁纸的可洗性按使用要求分为可洗、可刷洗和特别可洗三个等级，分别为 30 次、40 次和 100 次无外观损伤和变化。
答案：C

23-12-120 (2005) 建筑工程室内装修材料，以下哪种材料燃烧性能等级为 A 级？
A 矿棉吸声板　　B 岩棉装饰板　　C 石膏板　　D 多彩涂料
解析：石膏板的燃烧等级为 A 级，矿棉吸声板、多彩涂料和岩棉装饰板的燃烧等级为 B1 级。
答案：C

23-12-121 (2005) 建筑常用的天然石材，以下哪种石材耐用年限较长？
A 花岗岩　　B 石灰岩　　C 砂岩　　D 大理石
解析：花岗岩是由长石、云母、石英组成。耐酸、耐磨、耐久性好，耐火性差。
答案：A

23-12-122 (2005) 水泥漆的主要组成是以下哪种物质？
A 干性植物油　　B 氯化橡胶　　C 有机硅树脂　　D 丙烯酸树脂
解析：水泥漆又称氯化橡胶墙面涂料，是以氯化橡胶、增塑剂、各色颜料、助剂配制而成。具有耐候、耐碱、耐久性优异以及耐化学气体、耐水、耐磨性好等特点。
答案：B

23-12-123 (2005) 适用于地下管道、贮槽的环氧树脂。是以下哪种漆？
A 环氧磁漆　　　　　　B 环氧沥青漆
C 环氧无光磁漆　　　　D 环氧富锌漆
解析：环氧磁漆适用于化工设备、储槽等金属、混凝土表面，做防腐之用。环氧沥青漆适用于地下管道、贮槽及需抗水、抗腐的金属、混凝土表面。环氧无光磁漆适用于各种金属表面。环氧富锌漆适用于黑色金属表面。
答案：B

23-12-124 (2005) 我国古建筑中所采用的大漆（国漆）属于以下哪种油漆？
A 油脂漆　　B 酚醛树脂漆　　C 天然树脂漆　　D 醇酸树脂漆
解析：我国古建筑中所采用的大漆是将漆树上提取的汁液用细布或丝棉过滤除去杂质后再经加工处理得到，是天然树脂漆。
答案：C

23-12-125 (2005) 以下哪种玻璃可用于防火门上？
A 压花玻璃　　B 钢化玻璃　　C 中空玻璃　　D 夹丝玻璃
解析：夹丝玻璃（又称防碎玻璃、钢丝玻璃），是安全玻璃的一种，当玻璃液通过两个压延辊的间隙成型时，送入经预热处理的金属丝或金属网，使之压于玻璃中而成。这种玻璃破碎后碎片不散，具有防火、防盗功能。

答案：D

23-12-126 (2005) 壁纸、壁布有多种材质、价格的产品可供选择，下列几种壁纸的价格哪种相对最高？

A 织物复合壁纸　　　　　　　B 玻璃纤维壁布
C 仿金银壁纸　　　　　　　　D 锦缎壁布

解析：锦缎壁布是一种高级壁纸，要求在三种颜色以上的锦纹底上再织出绚丽多彩、古雅精致的花纹，锦缎壁布柔软易变形，价格高，适用于室内高级墙面装饰。

答案：D

23-12-127 (2005) 中间空气层厚度为10mm的中空玻璃，其导热系数是以下哪种？

A 0.100W/(m·K)　　　　　　B 0.320W/(m·K)
C 0.420W/(m·K)　　　　　　D 0.756W/(m·K)

解析：中间空气层厚度为10mm的中空玻璃的导热系数为0.100W/(m·K)，而普通玻璃的导热系数为0.756W/(m·K)。

答案：A

23-12-128 (2005) 地毯产品按材质不同价格相差很大，下列地毯哪一种成本最低？

A 羊毛地毯　　　　　　　　　B 混纺纤维地毯
C 丙纶纤维地毯　　　　　　　D 尼龙纤维地毯

解析：四种地毯的中价格最贵的是羊毛地毯，最低的是丙纶地毯。

答案：C

23-12-129 (2005) 民用建筑工程室内用人造木板，必须测定游离甲醛释放量，用环境测试舱法测定，游离甲醛释放量（mg/m³）应该是以下哪一种？

A ≤0.12　　B ≤1.5　　C ≤5　　D ≤9

解析：参见题23-12-116解析，新版规范已取消环境测试舱法，本题按旧规范作答。

答案：A

23-12-130 (2005) 选用抗辐射表面防护材料，当选用墙面为釉面瓷砖时，以下哪种规格最佳？

A 50×50×6（mm）　　　　　B 50×150×6（mm）
C 100×150×6（mm）　　　　D 150×150×6（mm）

解析：釉面瓷砖作为抗辐射表面防护材料的选用要求是：在不影响施工条件下，尽量选用规格大的，以减少缝隙，规格小于150mm×150mm者不宜采用（缝多）。以方形为佳，六角形或其他多边形尽量少用（缝多）。应采用白色或浅色产品，以易于检查放射性元素沾污情况，进行清除。

答案：D

23-12-131 (2005) 民用建筑工程室内装修所采用的溶剂，严禁使用以下哪种？

A 苯　　　B 丙酮　　　C 丁醇　　　D 酒精

解析：根据《民用建筑工程室内环境污染控制规范》GB 50325—2020第5.3.3条规定，民用建筑工程室内装修所采用的稀释剂和溶剂，严禁使用苯、工业苯、石油苯、重质苯及混苯。

答案：A

23-12-132 (2005) 民用建筑工程室内装修时，不应采用以下哪种内墙涂料？

A 聚乙烯醇水玻璃内墙涂料　　　B 合成树脂乳液内墙涂料
C 水溶性内墙涂料　　　　　　　D 仿瓷涂料

解析：根据《民用建筑工程室内环境污染控制规范》GB 50325—2020 第4.3.6条规定，民用建筑工程室内装修时，不应采用聚乙烯醇水玻璃内墙涂料、聚乙烯醇缩甲醛内墙涂料，以及树脂以硝化纤维素为主，溶剂以二甲苯为主的水包油型多彩内墙涂料。

答案：A

23-12-133 (2005) 建筑工程常用的墙板材料中，在同样厚度条件下，以下哪种板材耐火极限值最大？

A 矿棉吸音板　　B 水泥刨花板　　C 纸面石膏板　　D 纤维石膏板

解析：在同样厚度条件下，纤维石膏板的耐火极限值最大。

答案：D

23-12-134 (2004) 在花岗岩的下列性能中，何者是不正确的？

A 抗压强度高　　B 吸水率低　　C 耐磨性好　　D 抗火性强

解析：花岗岩是由长石、云母、石英组成。耐酸（不耐氢氟酸和氟硅酸）、耐磨、耐久性好，抗压强度高，耐火性差。

答案：D

23-12-135 (2004) 天然大理石板材不宜用于外装修，是由于空气中主要含有下列哪种物质时，大理石面层将变成石膏，致使表面逐渐变暗而终至破损？

A 二氧化碳　　B 二氧化氮　　C 一氧化碳　　D 二氧化硫

解析：天然大理石板材不宜用于外装修，是由于空气中含有的二氧化硫会腐蚀大理石面层使其变成石膏，致使表面逐渐变暗而终至破损。

答案：D

23-12-136 (2004) 耐火极限的定义是：建筑构件按时间—温度标准曲线进行耐火试验，从受到火的作用时起，到下列情况为止，这段时间称为耐火极限。在下列情况中何者不正确？

A 失去支持能力　　　　　　　　B 完整性被破坏
C 完全破坏　　　　　　　　　　D 失去隔火作用

解析：耐火极限是指在标准耐火试验条件下，建筑构件从受到火的作用起，直至失掉稳定性、完整性或隔热性为止的时间，不包括构件完全破坏的情况。

答案：C

23-12-137 (2004) 确定墙的耐火极限时，下列情况何者不正确？

A 不考虑墙上有无孔洞
B 墙的总厚度不包括抹灰粉刷层在内
C 计算保护层时，包括抹灰粉刷层在内

D 中间尺寸的构件，其耐火极限可按插入法计算

解析：确定墙的耐火极限时，墙的总厚度包括抹灰粉刷层在内。

答案：B

23-12-138 （2004）在建筑工程中，用于给水管道、饮水容器、游泳池及浴池等专用内壁油漆是下列油漆中的哪一种？

A 磁漆　　　　B 环氧漆　　　　C 清漆　　　　D 防锈漆

解析：磁漆用于室内外木材和金属表面。清漆主要用于木材。防锈漆主要用于防腐。环氧漆是专用于给水管道、饮水容器、游泳池及浴池等的内壁。

答案：B

23-12-139 （2004）在下列油性防锈漆中，何者不能用在锌板、铝板上？

A 红丹油性防锈漆　　　　B 铁红油性防锈漆
C 黑铁油性防锈漆　　　　D 锌灰油性防锈漆

解析：红丹与锌、铝易发生化学反应。铁红漆耐候性不好，应配以面漆。铁黑可兼作面漆。锌灰可作面漆，也可以单独使用。

答案：A

23-12-140 （2004）建筑工程常用的下列油漆中，何者适用于金属、木材表面的涂饰以作防腐用？

A 酚醛树脂漆　　　　B 醇酸树脂漆
C 硝基漆　　　　　　D 过氯乙烯磁漆

解析：酚醛树脂漆干燥较快，附着力好，漆膜较硬，耐水耐化学性能好，并具有一定的绝缘能力，但易泛黄。醇酸树脂漆的涂层可以自然干燥，具有良好的耐候性和保色性，不易老化，附着力、光泽、柔韧性、绝缘性较好，但耐碱性差。硝基漆是木基材表面涂饰用漆的主要品种，不宜用作防腐。过氯乙烯磁漆干燥较快，光泽柔和，耐久性较好，适用于金属、木材表面的涂饰，作防腐用。

答案：D

23-12-141 （2004）大漆又名国漆或生漆，为我国著名的特产，是天然树脂油漆之一。它的下列性能何者不正确？

A 漆膜坚硬、富有光泽　　　　B 耐阳光直射
C 耐化学腐蚀　　　　　　　　D 耐水、耐热

解析：大漆漆膜坚韧、耐久、耐酸、耐化学腐蚀、耐水和耐热性好，光泽度高，缺点是漆膜色深、脆，不耐阳光直射，施工时有使人皮肤过敏的毒性等。

答案：B

23-12-142 （2004）按照建筑装饰工程材料要求，外墙涂料应使用下列何种性能的颜料？

A 耐酸　　　B 耐碱　　　C 耐盐　　　D 中性

解析：外墙涂料使用耐碱的颜料。

答案：B

23-12-143 （2004）在下列外墙涂料中，哪一种具有良好的耐腐蚀性、耐水性及抗大

气性？

A 聚乙烯缩丁醇涂料　　　　　B 苯乙烯焦油涂料
C 过氯乙烯涂料　　　　　　　D 丙烯酸乳液涂料

解析：过氯乙烯涂料具有良好的耐腐蚀性、耐水性和抗大气性，涂膜干燥后，柔韧富有弹性，不透水。

答案：C

23-12-144 (2004) 在下列我国生产的镀膜玻璃中，何者具有镜片效应及单向透视性能？

A 低辐射膜镀膜玻璃　　　　　B 导电膜镀膜玻璃
C 镜面膜镀膜玻璃　　　　　　D 热反射膜镀膜玻璃

解析：热反射膜镀膜玻璃具有镜片效应及单向透视性能。

答案：D

23-12-145 (2004) 在复合防火玻璃的下列性能中，何者是不正确的？

A 在火灾发生初期，仍是透明的　　B 可加工成茶色的
C 可以压花和磨砂　　　　　　　　D 可以用玻璃刀任意切割

解析：复合防火玻璃是用透明耐火胶粘合而成的夹层玻璃。火灾初期仍透明，随温度升高夹层物质发泡形成多孔不透明的隔热层；可加工成茶色，可压花、磨砂，但不能用玻璃刀任意切割。

答案：D

23-12-146 (2004) 在一般条件下，室内外墙面装饰如采用镭射玻璃，需注意该玻璃与视线成下列何种角度效果最差？

A 仰视角 45°以内　　　　　　B 与视线保持水平
C 俯视角 45°以内　　　　　　D 俯视角 45°～90°

解析：镭射玻璃需与视线保持水平或低于视线，效果最好。所以仰视角 45°以内效果最差。

答案：A

23-12-147 (2004) 丙纶纤维地毯的下述特点中，何者是不正确的？

A 绒毛不易脱落，使用寿命较长　　B 纤维密度小，耐磨性好
C 抗拉强度较高　　　　　　　　　D 抗静电性较好

解析：丙纶纤维地毯手感较硬，回弹性、抗静电性较差，阳光照射下老化较快，但耐磨、耐酸碱及耐湿性较羊毛地毯好。

答案：D

23-12-148 (2004) 我国化纤地毯面层纺织工艺有两种方法，机织法与簇绒法相比的下列优点中，何者不正确？

A 密度大，耐磨性好　　　　　B 工序较少，编织速度快
C 纤维用量大，成本较高　　　D 毯面的平整性好

解析：机织地毯密度大，耐磨性好，毯面平整，但纤维用量大，成本高。

答案：B

23-12-149 (2004) 在化纤地毯面层中，下列何种纤维面层的耐磨性、弹性、耐老化性、抗静电性、不怕日晒最好？

A 丙纶纤维　　　B 腈纶纤维　　　C 涤纶纤维　　　D 尼龙纤维

解析：丙纶纤维地毯手感较硬，回弹性、抗静电性较差，阳光照射下老化较快，但耐磨、耐酸碱及耐湿性较羊毛地毯好。腈纶纤维地毯的抗静电性、染色性优于丙纶。尼龙地毯手感极似羊毛，耐磨富有弹性，不怕日晒，不易老化，耐磨、耐菌、耐虫性能均优于其他纤维地毯，抗静电性极好，易于清洗。

答案：D

23-12-150　(2004) 工业建筑上采用的铸石制品是以天然岩石或工业废渣为原料，加入一定的附加剂等经加工制成的，它的下列性能何者不正确？

A 高度耐磨　　　B 耐酸耐碱　　　C 导电导磁　　　D 成型方便

解析：铸石制品以天然岩石或工业废渣为原料，加入一定的附加剂等经加工制成的，不能导电和导磁。

答案：C

23-12-151　(2004) 下列天然岩石中，何者耐碱而不耐酸？

A 花岗岩　　　B 石灰岩　　　C 石英岩　　　D 文石

解析：石灰岩为碱性岩石，耐碱不耐酸。

答案：B

23-12-152　(2004) 安装门窗玻璃，下列何者不正确？

A 玻璃腻子应朝室外

B 单面镀膜玻璃的镀膜层应朝向室内

C 中空玻璃的单面镀膜玻璃应在内层

D 磨砂玻璃的磨砂面应朝向室内

解析：中空玻璃的单面镀膜玻璃应在最外层。

答案：C

23-12-153　(2004) 根据安全的要求，当全玻幕墙高度超过下列何数值时应吊挂在主体结构上？

A 超过4m　　　B 超过5m　　　C 超过6m　　　D 超过7m

解析：根据安全的要求，当全玻幕墙高度超过4m时应吊挂在主体结构上。

答案：A

23-12-154　(2004) 玻璃幕墙的设计应能满足维护和清洗的要求，玻璃幕墙高度超过下列何数值时，应设置清洗机？

A 30m　　　B 40m　　　C 50m　　　D 60m

解析：根据玻璃幕墙的建筑设计规定，玻璃幕墙应便于维护和清洗，高度超过40m的幕墙宜设置清洗机。

答案：B

23-12-155　(2003) 同为室内墙面装饰材料的织物壁纸和塑料壁纸，以下哪条特点并非其共同具有的？

A 美观高雅　　　　　　　　　B 吸声性好

C 透气性好　　　　　　　　　D 耐日晒、耐老化解析：塑料壁纸透气性不好。
答案：C

23-12-156 下列有关建筑玻璃的叙述，哪一项有错误？

A 玻璃是以石英砂、纯碱、长石和石灰石等为原料，于1550～1600℃下烧至熔融，再经急冷而成。为无定型硅酸盐物质。其化学成分主要为 SiO_2，还有 Na_2O、CaO 等

B 玻璃的化学稳定性较好，耐酸性强（氢氟酸除外），但碱液和金属碳酸盐能溶蚀玻璃，不耐急冷急热

C 普通平板玻璃的产品计量方法以平方米计算

D 铅玻璃可防止X、γ射线的辐射

解析：普通平板玻璃的计量方法是用标准箱、实际箱和重量箱计算。标准箱是指2mm厚平板玻璃 $10m^2$ 为一标准箱，实际箱是用于运输计件的单位，2mm厚的平板玻璃每一标准箱的重量（约50kg）为一重量箱。

答案：C

23-12-157 下列几种有关玻璃施工的叙述，哪一条是错误的？

A 钢化玻璃耐冲击，耐急冷急热，破碎时碎片小且无锐角，不易伤人，能切割加工

B 压花玻璃透光不透视，光线通过时产生漫射。使用时花纹面应朝室内，否则易脏，且沾上水后能透视

C 磨砂玻璃（即毛玻璃）透光不透视，光线不刺眼，安装时，毛面应向室内

D 镭射玻璃（即光栅玻璃、激光玻璃）是一种激光技术与艺术相结合的新型高档装饰材料。在一般条件下，室内外墙面如采用镭射玻璃，须使该玻璃与视线保持水平或低于视线，效果最佳。墙面、柱面、门面等室外装饰，以一层为好，二层以上不宜采用

解析：钢化玻璃不能做切割、磨削加工。

答案：A

23-12-158 下列有关安全玻璃的叙述，哪一项不正确？

A 安全玻璃包括夹丝玻璃、夹层玻璃、钢化玻璃、中空玻璃等

B 夹丝玻璃在建筑物发生火灾受热炸裂后，仍能保持原形，起到隔绝火势的作用。故又称为"防火玻璃"

C 夹层玻璃的衬片多用聚乙烯醇缩丁醛等塑料胶片

D 建筑物屋面上的斜天窗，以夹丝玻璃为宜

解析：中空玻璃不属安全玻璃，中空玻璃具有良好的绝热、隔声等性能。

答案：A

23-12-159 在下列有关油漆的叙述中哪一项内容不正确？

A 大漆又名国漆、生漆，为天然树脂涂料之一

B 古建筑油漆彩画常用的油漆为大漆

C 木内门窗的油漆，如需显露木纹时，应选调和漆

D 调和漆由干性油、颜料、溶剂、催干剂等加工而成

解析： 清漆涂饰木质面可显示木质底色及花纹。

答案： C

23-12-160 下列有关油漆涂料的叙述，哪一条是错误的？

A 酚醛树脂漆具有良好的耐水、耐热、耐化学及绝缘性能，且酚醛树脂成本较其他树脂低，故这种漆在油漆工业中占有很大比重。适用于室内金属表面及木材、砖墙表面等处

B 过氯乙烯漆具有良好的耐化学腐蚀性、耐候性、防燃烧性及耐寒性等。缺点是附着力较差。适用于有上述需要的各种管道及物面的涂覆

C 沥青漆具有耐水、耐潮、防腐蚀等性能，耐候性好

D 醇酸树脂漆具有光泽持久不退及优良的耐磨、绝缘、耐油、耐气候、耐矿物油等性能。缺点是干结成膜较快，耐水性差。适用于比较高级建筑的金属、木装饰等面层的涂饰

解析： 沥青漆耐候性差。

答案： C

23-12-161 下列四种外墙涂料中，哪一种不属于溶剂型的涂料？

A 苯乙烯焦油涂料　　　　B 丙烯酸乳液涂料
C 过氯乙烯涂料　　　　　D 聚乙烯醇缩丁醛涂料

解析： 有机涂料按组成不同，可分为水溶型、溶剂型和水性乳液型（俗称乳胶漆）三类。聚乙烯醇系的涂料为水溶性涂料，一般常用于室内装饰。溶剂型涂料以有机溶剂作为稀释剂，可用于室内外及地面等装饰。常用的有过氯乙烯涂料、苯乙烯焦油涂料、氯化橡胶涂料、聚乙烯醇缩丁醛涂料、丙烯酸涂料、聚氨酯涂料、环氧树脂涂料等。水性乳液型涂料由树脂以微小液滴分散在水中形成非均相的乳状液再加入颜料等配成，可用于室内外及顶棚等建筑部位。常用的有丙烯酸乳液、聚醋酸乙烯乳液、苯丙乳液、乙丙乳液等涂料。

答案： B

23-12-162 在以下四种玻璃中，哪种玻璃加工以后，不能进行切裁等再加工？

A 夹丝玻璃　　B 钢化玻璃　　C 磨砂玻璃　　D 磨光玻璃

解析： 玻璃的裁切是利用普通玻璃的脆性高。钢化玻璃韧性高，脆性低，不能进行切裁等再加工。

答案： B

23-12-163 下列玻璃中，哪种是防火玻璃，可起到隔绝火势的作用？

A 吸热玻璃　　B 夹丝玻璃　　C 热反射玻璃　　D 钢化玻璃

解析： 防火玻璃能隔绝火势是由于它在火灾中不炸裂、破碎，夹丝玻璃具有这种性能。

答案： B

23-12-164 适用于温、热带气候区的幕墙玻璃是（　　）镀膜玻璃。

A 镜面膜　　B 低辐射膜　　C 热反射膜　　D 导电膜

解析： 热反射膜镀膜玻璃有单向透射特性，遮阳效果好，适用于温、热带气

候区的幕墙玻璃。

答案：C

23-12-165 下列玻璃品种中，哪一种属于装饰玻璃？
A 中空玻璃　　B 夹层玻璃　　C 钢化玻璃　　D 磨光玻璃
解析：磨光玻璃具有装饰效果。
答案：D

23-12-166 能够防护X及γ射线的玻璃是(　　)。
A 铅玻璃　　B 钾玻璃　　C 铝镁玻璃　　D 石英玻璃
解析：含重金属元素者防护射线效果较好。
答案：A

23-12-167 钢化玻璃的特性，下列哪种是错误的？
A 抗弯强度高　　　　　　　B 抗冲击性能高
C 能切割、磨削　　　　　　D 透光性能较好
解析：钢化玻璃高强高韧，抗冲击性高；外观同普通玻璃，透光性好；但韧性高则不容易被切割。
答案：C

23-12-168 在建筑玻璃中，以下哪种不属于用于防火和安全使用的安全玻璃？
A 镀膜玻璃　　B 夹层玻璃　　C 夹丝玻璃　　D 钢化玻璃
解析：镀膜玻璃仍是脆性玻璃，易破碎，故安全性不好。
答案：A

23-12-169 在建筑玻璃中，下述哪种玻璃不适用于有保温、隔热要求的场合？
A 镀膜玻璃　　B 中空玻璃　　C 钢化玻璃　　D 泡沫玻璃
解析：钢化玻璃的保温、隔热效果与普通玻璃相同。
答案：C

23-12-170 大理石主要矿物成分是(　　)。
A 石英　　B 方解石　　C 长石　　D 石灰石
解析：大理石的主要矿物成分是方解石和白云石。
答案：B

23-12-171 花岗石是一种高级的建筑结构及装饰材料，下列关于花岗石的叙述中哪个是错误的？
A 吸水率低　　B 耐磨性能好　　C 能抗火　　D 能耐酸
解析：花岗石的一个主要缺点是耐火性差。
答案：C

23-12-172 大理石较耐以下何种腐蚀介质？
A 硫酸　　B 盐酸　　C 醋酸　　D 碱
解析：大理石的主要化学成分是$CaCO_3$，呈弱碱性，故耐碱但不耐酸腐蚀。
答案：D

23-12-173 不适用于室外工程的陶瓷制品，是下列哪种？
A 陶瓷面砖　　B 陶瓷铺地砖　　C 釉面瓷砖　　D 彩釉地砖

解析：釉面砖属精陶类，孔隙率较大，强度与耐久性较低，只能用于室内。
答案：C

23-12-174 在下列四种有色金属板材中，何者常用于医院建筑中的X、γ射线操作室的屏蔽？

A 铝　　　　　B 铜　　　　　C 锌　　　　　D 铅

解析：含重金属元素者防辐射效果较好。
答案：D

23-12-175 指出下列油漆涂料中，哪一种为价格较经济并适用于耐酸、耐碱、耐水、耐磨、耐大气、耐溶剂、保色、保光涂层的油漆？

A 沥青漆　　　B 酚醛漆　　　C 醇酸漆　　　D 乙烯漆

解析：较常用的树脂类油漆涂料有两种，为酚醛漆与醇酸漆。酚醛漆价格低、耐水、耐热、耐化学腐蚀；醇酸漆耐水性较差。沥青漆、乙烯漆较少使用。
答案：B

23-12-176 室内空气中有酸碱成分的室内墙面，应使用哪种油漆？

A 调和漆　　　B 清漆　　　C 过氯乙烯漆　　　D 乳胶漆

解析：过氯乙烯漆作为溶剂型涂料，具有较好的气密性与耐腐蚀性。能阻止空气中酸碱介质的渗透、侵蚀。
答案：C

23-12-177 清漆蜡克适用于下列哪种材料表面？

A 金属表面　　　　　　　　B 混凝土表面
C 木装修表面　　　　　　　D 室外装修表面

解析：清漆蜡克适用于木器表面。
答案：C

23-12-178 天然漆是我国特产的一种传统涂料，系采漆树液汁炼制而成，下列它的其他名称中，哪个是不对的？

A 国漆　　　　B 大漆　　　　C 生漆　　　　D 黑漆

解析：天然漆又名国漆、大漆，有生漆、熟漆之分。
答案：D

23-12-179 木内门窗的油漆，如需显露木纹时，要选择哪种油漆？

A 调和漆　　　B 磁漆　　　　C 大漆　　　　D 清漆

解析：清漆可显露木纹。
答案：D

23-12-180 建筑物屋面上的斜天窗，应该选用下列哪种玻璃？

A 平板玻璃　　B 钢化玻璃　　C 夹丝玻璃　　D 反射玻璃

解析：建筑物屋面上的斜天窗选用玻璃，首要一条是玻璃的安全性，不易破碎或者破碎后不掉碎片。
答案：C

二十四 建 筑 构 造①

(一) 建筑物的分类、等级和建筑模数

24-1-1 (2011) 下列某18层建筑管道竖井的构造做法中哪一条正确?
A 独立设置，用耐火极限不小于3.00h的材料做隔墙
B 每层楼板处必须用与楼板相同的耐火性能材料作分隔
C 检修门应采用甲级防火门
D 检修门下设高度≥100mm的门槛

解析：《防火规范》第6.2.9条规定：管道井等竖向井道，应分别独立设置；井壁的耐火极限不应低于1.00h；应在每层楼板处采用不低于楼板耐火极限的不燃材料或防火封堵材料封堵，井壁上的检修门应采用丙级防火门。只有检修门下设高度≥100mm的门槛是对的（是习惯做法，不是规范规定），这样做可以防止灰尘等杂物和积水进入管道井。

答案：D

24-1-2 (2011) 下列地下人防工程防火墙的构造要求中哪一条不正确?
A 不宜直接砌筑在基础上
B 可砌筑在耐火极限≥3.00h的承重构件上
C 墙上不宜开设门窗洞口
D 墙上开门窗时应采用可自行关闭的甲级防火门窗

解析：《人民防空工程设计防火规范》GB 50098—2009第4.2.1条规定：防火墙应直接设置在基础上（A项错误）或耐火极限不低于3h的承重构件上。第4.2.2条规定：防火墙上不宜开设门、窗、洞口，当需要开设时，应设置能自行关闭的甲级防火门、窗。

另《防火规范》第6.1.1规定：防火墙应直接设置在建筑的基础或框架、梁等承重结构上，框架、梁等承重结构的耐火极限不应低于防火墙的耐火极限。第6.1.5条规定：防火墙上不应开设门、窗、洞口，确需开设时，应设置不可开启或火灾时能自动关闭的甲级防火门、窗。

答案：A

24-1-3 (2010) 以下哪种墙体构造不可用于剧院舞台与观众厅之间的隔墙?

---

① 本章及后面几套试题的解析中有的规范、规程及参考资料多次引述，为避免烦琐，我们将多次引述的规范、规程及参考资料采用了简称。在本章后附有这些规范、规程及参考资料的简称、全称对照表，以便查阅。

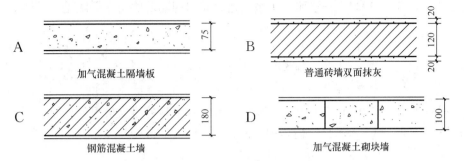

解析:《防火规范》第 6.2.1 条规定:剧场等建筑的舞台与观众厅之间的隔墙应采用耐火极限不低于 3.00h 的防火隔墙。查找该规范条文说明附录附表 1,可知各选项隔墙的耐火极限分别为:A 项 2.50h,B 项 4.50h,C 项 3.50h,D 项 6.00h。只有 A 项不满足 3.00h 的要求,因此应选 A。

答案:A

24-1-4（2009）图为抗震 6 度地区多层承重砖墙的一般构造示意图,其房屋的总高和层数的限值为以下哪一项?

A 24m,8 层 　　　　B 21m,7 层
C 18m,6 层 　　　　D 15m,5 层

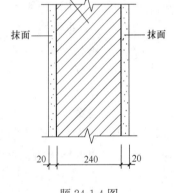

题 24-1-4 图

解析:《抗震规范》第 7.1.2 条中规定:6 度区设计基本地震加速度为 0.05g 时为 21m,7 层。

答案:B

24-1-5（2009）以下哪类墙体不可用作多层住宅底层商店之间的非承重隔墙?

A 120mm 厚黏土砖墙
B 60mm 厚石膏珍珠岩空心条板墙
C 150mm 厚加气混凝土预制墙板
D 75mm 厚加气混凝土砌块墙

(注:本题为改编题)

解析:多层住宅底层商店之间的隔墙应按住宅分户墙考虑,《防火规范》第 5.1.2 条表 5.1.2 规定,一、二级耐火等级时,其耐火极限不应低于 2.00h,120mm 厚黏土砖墙(不包括双面抹灰)的耐火极限为 3.00h;150mm 厚加气混凝土预制墙板的耐火极限为 3.00h;75mm 厚加气混凝土砌块墙耐火极限为 2.50h,均能满足要求。只有 60mm 厚石膏珍珠岩空心条板墙耐火极限为 1.20～1.50h,不满足要求。

答案:B

24-1-6（2006）用 3cm 厚型钢结构防火涂料作保护层的钢柱,其耐火极限为(　　)h。

A 0.75　　　B 1.00　　　C 1.50　　　D 2.00

解析:《防火规范》条文说明附录附表 1 规定,用 3cm 厚涂型钢结构防火涂料作保护层的钢柱,其耐火极限为 2.00h。

答案:D

24-1-7 (2004) 一级耐火等级民用建筑房间隔墙的耐火极限是(　　)h。

  A 1   B 0.75   C 0.5   D 0.25

解析：《防火规范》第5.1.2条表5.1.2规定：一级耐火等级民用建筑房间隔墙的耐火极限是0.75h。

答案：B

24-1-8 (2004) 下列建筑吊顶中，哪一种吊顶的耐火极限最低？

  A 木吊顶榈栅，钢丝网抹灰（厚1.5cm）

  B 木吊顶榈栅，钉矿棉吸声板（厚2cm）

  C 钢吊顶榈栅，钢丝网抹灰（厚1.5cm）

  D 钢吊顶榈栅，钉双层石膏板（厚1cm）

解析：查《防火规范》条文说明附录附表1知，A项为0.25h，B项为0.15h，C项为0.25h，D项为0.30h，故B项最低。

答案：B

24-1-9 (2004) 耐火等级为二级的建筑，其吊顶的燃烧性能和耐火极限不应低于下列何值？

  A 非燃烧体0.25h   B 非燃烧体0.35h

  C 难燃烧体0.25h   D 难燃烧体0.15h

解析：《防火规范》第5.1.2条表5.1.2规定，耐火等级为二级的建筑，其吊顶（包括吊顶搁栅）的燃烧性能和耐火极限应采用难燃烧体，耐火极限是0.25h。

答案：C

24-1-10 (2003) 某高层民用建筑采用加气混凝土砌块墙（双面抹灰粉刷）作为非承重的防火墙，试问下列哪组的厚度均能满足防火墙的耐火极限要求？

  Ⅰ.75mm；Ⅱ.100mm；Ⅲ.150mm；Ⅳ.200mm；

  A Ⅰ、Ⅱ、Ⅲ、Ⅳ   B Ⅱ、Ⅲ、Ⅳ

  C Ⅲ、Ⅳ   D Ⅳ

解析：查阅《防火规范》条文说明附录附表1可知，不同厚度非承重加气混凝土砌块墙（未抹灰粉刷）的耐火极限分别为：75mm的2.5h，100mm的6h，200mm的8.00h。该表未列出150mm的耐火极限，推理得出应不小于6h。《防火规范》第5.1.2条表5.1.2规定防火墙的耐火极限不应低于3.00h，所以Ⅱ、Ⅲ、Ⅳ满足要求，应选B。

答案：B

24-1-11 下述关于建筑构造的研究内容，哪一条是正确的？

  A 建筑构造是研究建筑物构成和结构计算的学科

  B 建筑构造是研究建筑物构成、组合原理和构造方法的学科

  C 建筑构造是研究建筑物构成和有关材料选用的学科

  D 建筑构造是研究建筑物构成和施工可能性的学科

解析：根据理解而得。

答案：B

24-1-12 下述有关防火墙构造做法的有关要求何者正确？

A 防火墙应直接设置在基础上或耐火极限不低于防火墙的钢筋混凝土框架梁上

B 防火墙上不得开设门窗洞口

C 防火墙应高出不燃烧体屋面不小于40cm

D 建筑物外墙如为难燃烧体时，防火墙应突出难燃体墙的外表面40cm

解析：《防火规范》第6.1.1条规定：防火墙应直接设置在建筑的基础或框架、梁等承重结构上，框架、梁等承重结构的耐火极限不应低于防火墙的耐火极限。防火墙应从楼地面基层隔断至梁、楼板或屋面板的底面基层。当高层厂房（仓库）屋顶承重结构和屋面板的耐火极限低于1.00h，其他建筑屋顶承重结构和屋面板的耐火极限低于0.50h时，防火墙应高出屋面0.5m以上。第6.1.5条规定：防火墙上不应开设门、窗、洞口，确需开设时，应设置不可开启或火灾时能自动关闭的甲级防火门、窗。第6.1.3条规定：建筑外墙为难燃性或可燃性墙体时，防火墙应凸出墙的外表面0.4m以上，且防火墙两侧的外墙均应为宽度不小于2.0m的不燃性墙体，其耐火极限不应低于外墙的耐火极限。

答案：A

24-1-13 当设计条件相同时，下列隔墙中，哪一种耐火极限最低？

A 12cm厚烧结普通砖墙双面抹灰

B 10cm厚加气混凝土砌块墙

C 石膏珍珠岩双层空心条板墙厚度6.0cm+5.0cm（空）+6.0cm

D 钢龙骨两面钉双层石膏板，板内掺纸纤维，构造：2×12mm+75mm（空）+2×12mm

解析：《防火规范》条文说明附录附表1中指出：A项的耐火极限是4.50h，B项的耐火极限是6.00h，C项的耐火极限是3.75h，D项的耐火极限是1.10h。

答案：D

24-1-14 当设计条件相同时，下列隔墙中，哪一种适用于高层建筑且耐火极限最高？

A 120mm厚烧结普通砖墙双面抹灰

B 100mm厚加气混凝土砌块墙

C 石膏珍珠岩双层空心条板墙厚度为60mm+50mm（空）+60mm

D 轻钢龙骨两面钉双层石膏板，板内掺纸纤维，构造：2×12mm+75mm（空）+2×12mm

解析：《防火规范》条文说明附录附表1指出：四种隔墙的耐火极限分别是A项4.50h，B项6.00h，C项3.75h，D项1.10h。《防火规范》第5.1.3条指出：一类、二类高层建筑的耐火等级分别不应低于一级和二级。第5.1.2条和表5.1.2指出：房间隔墙的燃烧性能和耐火极限不应低于"一级：不燃性、0.75h"和"二级：不燃性、0.50h"。所以四种隔墙均适用于高层民用建筑，但B项耐火极限最高。

答案：B

24-1-15 消防控制室宜设在高层建筑的首层或地下一层，与其他房间之间隔墙的耐火极限应不低于( )h。

A 4.00　　　B 3.00　　　C 2.00　　　D 1.50

解析：《防火规范》第8.1.7条第2款规定：附设在建筑内的消防控制室，宜设置在建筑内首层或地下一层，并宜布置在靠外墙部位。第6.2.7条规定：附设在建筑内的消防控制室、灭火设备室、消防水泵房和通风空气调节机房、变配电室等，应采用耐火极限不低于2.00h的防火隔墙和1.50h的楼板与其他部位分隔。

答案：C

24-1-16 消防电梯井与相邻电梯井之间的墙耐火极限不应低于( )h。

A 1.5　　　B 2.0　　　C 3.0　　　D 3.5

解析：《防火规范》第7.3.6条规定：消防电梯井、机房与相邻电梯井、机房之间应设置耐火极限不低于2.00h的防火隔墙，隔墙上的门应采用甲级防火门。

答案：B

24-1-17 锅炉房、变压器室、厨房若布置在底层，如图所示的外檐构造起何作用？

A 隔噪声　　　B 防火
C 隔味　　　　D 防爆

解析：《防火规范》第6.2.5条规定：除本规范另有规定外，建筑外墙上、下层开口之间应设置高度不小于1.2m的实体墙或挑出宽度不小于1.0m、长度不小于开口宽度的防火挑檐。由此得知图中外檐构造属于防火挑檐，可以起到阻止火势经由外墙开口蔓延的作用。

答案：B

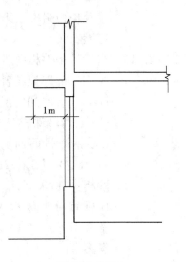

题24-1-17图

24-1-18 下列关于高层建筑楼板的构造，哪一种不符合《建筑设计防火规范》的防火要求？

A 一类高层建筑采用厚度为80mm，钢筋保护层为20mm的现浇楼板
B 一类高层建筑采用厚度为90mm，钢筋保护层为30mm的现浇楼板
C 二类高层建筑采用钢筋保护层为30mm的预应力钢筋混凝土空心板
D 二类高层建筑采用钢筋保护层为20mm的非预应力钢筋混凝土空心板

解析：《防火规范》第5.1.3条和第5.1.2条指出：一类和二类高层民用建筑的耐火等级分别不应低于一级和二级，其楼板的燃烧性能和耐火极限分别不应低于"不燃性、1.50h"和"不燃性、1.00h"。查阅该规范条文说明附录附表1可知四个选项均为不燃性，而耐火极限分别为：A项1.50h，B项≥1.85h，C项0.85h，D项1.25h；所以只有C项不满足要求。

答案：C

24-1-19 有关木基层上平瓦屋面构造的以下表述中,哪一条是错误的?

A 木基层上平瓦屋面,应在木基层上铺一层卷材,并用顺水条将卷材压钉在木基层上,再在顺水条上铺钉挂瓦条挂平瓦

B 屋面防火墙应截断木基层,且高出屋面300mm

C 砖烟囱穿过木基层时,烟囱与木基层应脱开,烟囱内壁与木基层距离不小于370mm

D 平瓦瓦头应挑出封檐板50～70mm

解析:2014版《防火规范》第6.1.1条指出:防火墙应从楼地面基层隔断至屋面板的底面基层。当除高层厂房(仓库)以外的其他建筑屋面板的耐火极限低于0.50h时,防火墙应高出屋面0.50m以上。

答案:B

24-1-20 特别重要的建筑的设计使用年限为( )。

A 150年以上　　B 100年　　C 50～100年　　D 50年

解析:《民建统一标准》第3.2.1条规定,特别重要的建筑的设计使用年限为100年。

答案:B

24-1-21 下列有关舞台防火的提法哪一项是错误的?

A 在剧院设计中,应考虑安全疏散

B 在舞台设计时应考虑必要的防火设施

C 防火幕仅放于舞台与后台相交的地方

D 防火幕、防火门、水幕及防火出烟口等都是舞台防火设施

解析:《剧场建筑设计规范》JGJ 57—2016第8.1.1条规定:大型、特大型剧场舞台台口应设防火幕。第8.1.2条规定:中型剧场的特等、甲等剧场及高层民用建筑中超过800个座位的剧场舞台台口宜设防火幕。第8.1.4条规定:舞台区通向舞台区外各处的洞口均应设甲级防火门或设置防火分隔水幕,运景洞口应采用特级防火卷帘或防火幕。该规范第2章"术语"中解释:台口是指舞台面向观众厅的开口。综上,防火幕应设置在舞台的各处开口和洞口处。

答案:C

24-1-22 下列墙体中哪一种不能作为高层公共建筑走道的非承重隔墙?

A 两面抹灰的120mm厚烧结普通砖墙

B 90mm厚石膏粉煤灰空心条板

C 100mm厚水泥钢丝网聚苯乙烯夹芯墙板

D 木龙骨木质纤维板墙

解析:《防火规范》第5.1.3条规定:高层公共建筑的耐火等级不应低于二级。第5.1.2条规定:二级耐火等级建筑物疏散走道两侧的隔墙应为不燃烧体,其耐火极限不应低于1h。D选项木龙骨木质纤维板墙为燃烧体,不能满足要求。

答案:D

24-1-23 下列几种类型的简支钢筋混凝土楼板，当具有同样厚度的保护层时，其耐火极限哪种最差？

A 非预应力圆孔板　　　　B 预应力圆孔板
C 现浇钢筋混凝土板　　　D 四边简支的现浇钢筋混凝土板

解析：查找《防火规范》条文说明附录附表1可知：当具有同样厚度的保护层时，B项预应力圆孔板的耐火极限最低。如保护层厚度为10mm时，4个选项楼板的耐火极限分别为：A项0.90h、B项0.40h、C项和D项1.40h。

答案：B

（二）建筑物的地基、基础和地下室构造

24-2-1 （2011）关于地下工程防水混凝土的下列表述中哪一条是错误的？

A 抗渗等级不得小于P6
B 结构厚度不应小于250mm
C 裂缝宽度不得大于0.2mm且不得贯通
D 迎水面钢筋保护层厚度不应小于30mm

解析：《地下防水规范》第4.1.7条规定：钢筋保护层的厚度应根据结构的耐久性和工程环境选用，迎水面钢筋保护层的厚度不应小于50mm。

答案：D

24-2-2 （2011）地下工程通向室外地面的开口应有防倒灌措施，以下有关高度的规定中哪一条有误？

A 人员出入口应高出地面≥500mm
B 地下室窗下缘应高出窗井底板≥150mm
C 窗井墙应高出室外地坪≥500mm
D 汽车出入口设明沟排水时，其高度为150mm

解析：《地下防水规范》第5.7.5条规定：窗井内的底板，应低于窗下缘300mm。

答案：B

24-2-3 （2011）地下室防水混凝土底板的坑、池构造图中，坑、池的内壁和底板的做法应为（　　）。

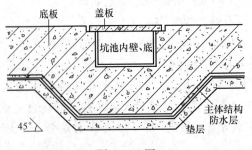

题 24-2-3 图

A 一次压光　　B 防水涂膜　　C 薄刮腻子　　D 抹灰砂浆

解析：《地下防水规范》第5.8.1条规定：坑、池、储水库宜采用防水混凝土整体浇筑，坑、池的内壁和底板应设防水层。受震动作用时应设柔性防水层。

答案：B

24-2-4 (2011) 防水混凝土施工缝构造图中，L尺寸应该为( )。

A $L \geq 85mm$　　B $L \geq 100mm$
C $L \geq 110mm$　　D $L \geq 125mm$

解析：《地下防水规范》第4.1.25条规定：施工缝防水构造采用中埋式橡胶止水带时，L应$\geq 200mm$（注：2001版规范规定为125mm）。

答案：D

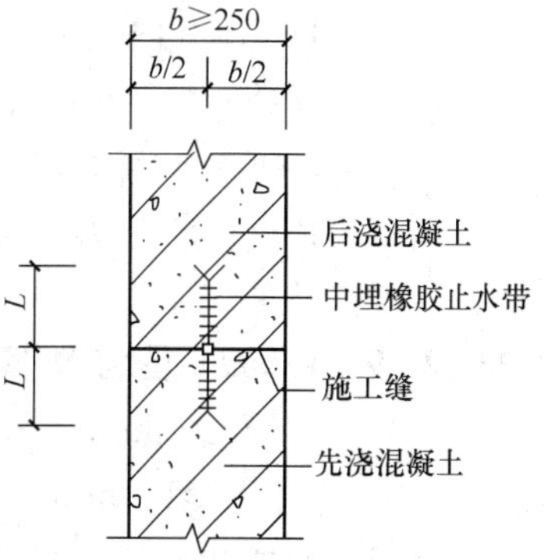

题24-2-4图

24-2-5 (2010) 某地下工程作为人员经常活动的场所，其防水等级至少应为( )。

A 一级　　B 二级　　C 三级　　D 四级

解析：《地下防水规范》第3.2.2条表3.2.2中规定：人员经常活动的场所，其防水等级至少应为二级。

答案：B

24-2-6 (2010) 地下工程通向地面的各种孔口应防地面水倒灌，下列措施中哪项是错误的？

A 人员出入口应高出地面不小于500mm
B 窗井墙高出地面不得小于500mm
C 窗井内的底板应比窗下缘低300mm
D 车道出入口有排水沟时可不设反坡

解析：《地下防水规范》第5.7.1条规定：地下工程通向地面的各种孔口应采取防地面水倒灌的措施；人员出入口高出地面的高度宜为500mm，汽车出入口设置明沟排水时，其高度宜为150mm，并应采取防雨措施。第5.7.5条规定：窗井内的底板，应低于窗下缘300mm；窗井墙高出地面不得小于500mm。因此A、B、C项均正确，D项错误。

答案：D

24-2-7 (2009) "某地下室为一般战备工程，要供人员临时活动，且工程不得出现地下水线流和漏泥砂……"则其防水等级应为( )。

A 一级　　B 二级　　C 三级　　D 四级

解析：根据《地下防水规范》第3.2.1条表3.2.1和第3.2.2条表3.2.2，防水等级应为三级。

答案：C

24-2-8 (2009) 有关地下室窗井构造的要点下列哪条有误( )。

A 窗井底部在最高地下水位以上时，窗井底板和墙应作防水处理并与主体结构断开
B 窗井底部在最高地下水位以下时，应与主体结构连成整体，防水层也连成整体
C 窗井内底板应比窗下缘低200mm，窗井墙高出地面不得小于300mm
D 窗井内底部要用排水沟（管）或集水井（坑）排水

解析：《地下防水规范》第5.7.5条规定：窗井墙高出地面不得小于500mm，窗井内底板应比窗下缘至少低300mm。A项见该规范第5.7.2条，B项、D项见第5.7.3条。

答案：C

24-2-9 （2009）图为地下建筑防水混凝土施工缝防水构造，L 的合理尺寸为（ ）。

A $L \geq 75mm$ B $L \geq 100mm$
C $L \geq 150mm$ D $L \geq 250mm$

解析：《地下防水规范》第4.1.25条图4.1.25-2规定：外贴止水带$L \geq 150mm$，如题24-2-9解图所示。

答案：C

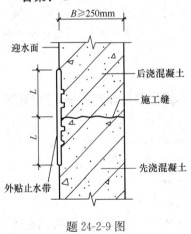

题 24-2-9 图

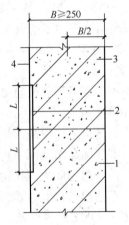

题 24-2-9 解图　施工缝防水构造（二）

外贴止水带 $L \geq 150$；外涂防水涂料 $L=200$；
外抹防水砂浆 $L=200$；
1—先浇混凝土；2—外贴止水带；
3—后浇混凝土；4—结构迎水面

24-2-10 （2009）有关地下室防水混凝土构造抗渗性的规定，下列哪条有误？

A 防水混凝土抗渗等级不小于P6
B 防水混凝土结构厚度不小于250mm
C 裂缝宽度不大于0.2mm并不得贯通
D 迎水面钢筋保护层厚度不应小于25mm

（注：此题2008年、2007年均考过）

解析：《地下防水规范》第 4.1.1 条规定：防水混凝土可通过调整配合比，或掺加外加剂、掺合料等措施配制而成，其抗渗等级不得小于 P6（A 项）。第 4.1.7 条规定，防水混凝土结构，应符合下列规定：1 结构厚度不应小于 250mm（B 项）；2 裂缝宽度不得大于 0.2mm，并不得贯通（C 项）；3 钢筋保护层厚度应根据结构的耐久性和工程环境选用，迎水面钢筋保护层厚度不应小于 50mm（D 项错误）。

答案：D

24-2-11 (2008) 某地下工程为一般战备工程，其任意 100m² 防水面积上漏水点不超过 7 处，则其防水等级为（　　）。

A 一级　　　B 二级　　　C 三级　　　D 四级

解析：根据《地下防水规范》第 3.2.1 条表 3.2.1 和第 3.2.2 条表 3.2.2，上述情况的防水等级应为三级。

答案：C

24-2-12 (2008) 以下防水混凝土施工缝防水构造图示中，哪条有误？

A $b \geqslant 250$mm　　　　　B 采用橡胶止水带 $L \geqslant 80$mm
C 采用钢板止水带 $L \geqslant 150$mm　　D 采用钢边橡胶止水带 $L \geqslant 120$mm

解析：《地下防水规范》第 4.1.25 条图 4.1.25-1 规定：防水混凝土施工缝采用中埋式橡胶止水带时应 $L \geqslant 200$mm，如解图所示。

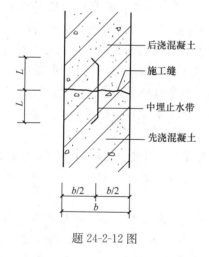

题 24-2-12 图

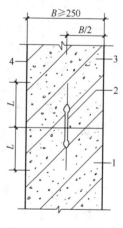

题 24-2-12 解图　施工缝防水构造（一）
钢板止水带 $L \geqslant 150$；橡胶止水带 $L \geqslant 200$；
钢边橡胶止水带 $L \geqslant 120$；
1—先浇混凝土；2—中埋止水带；
3—后浇混凝土；4—结构迎水面

答案：B

24-2-13 (2007) 某地下室是人员经常活动的场所且为重要的战备工程，其地下工程防水等级应为（　　）。

A 一级　　　　　　　　　　　B 二级

C 三级   D 四级

解析：《地下防水规范》第3.2.2条表3.2.2规定：人员经常活动的场所和重要的战备工程，其地下工程防水等级为二级。

答案：B

24-2-14 (2007) 建筑物地下室主体的防水设防，下列哪一项是正确的？

  A 防水混凝土为主，渗入型涂抹防水层为辅
  B 防水混凝土为主，柔性防水层为辅
  C 柔性防水层为主，防水混凝土为辅
  D 防水混凝土与柔性外防水层并重，应相互结合

（注：此题2004年考过）

解析：《地下防水规范》第3.1.4条规定：建筑物地下室迎水面主体结构应采用防水混凝土，并应根据防水等级的要求采取其他防水措施。

答案：B

24-2-15 (2006) 关于地下工程涂料防水层设计，下列哪条表述是错误的？

  A 有机防水涂料宜用于结构主体迎水面
  B 无机防水涂料宜用于结构主体背水面
  C 粘结性、抗渗性较高的有机防水涂料也可用于结构主体的背水面
  D 采用无机防水涂料时，应在阴阳角及底板增加一层玻璃纤维网格布

解析：《地下防水规范》第4.4.2条规定：无机防水涂料宜用于结构主体的背水面（B项），有机防水涂料宜用于地下工程主体结构的迎水面（A项），用于背水面的有机防水涂料应具有较高的抗渗性，且与基层有较好的粘结性（C项）。第4.4.4条规定：采用有机防水涂料时，基层阴阳角应做成圆弧形，阴角直径宜大于50mm，阳角直径宜大于10mm，在底板转角部位应增加胎体增强材料，并应增涂防水涂料（D项错误）。

答案：D

24-2-16 (2006) 地下室的直通室外人员出入口地面应高出室外地面不小于多少？

  A 50mm   B 150mm
  C 300mm   D 500mm

解析：《地下防水规范》第5.7.1条规定：地下工程通向地面的各种孔口应采取防地面水倒灌的措施；人员出入口高出地面的高度宜为500mm，汽车出入口设置明沟排水时，其高度宜为150mm，并应采取防雨措施。

答案：D

24-2-17 (2005) 埋深12m的重要地下工程，主体为钢筋防水混凝土结构，在主体结构的迎水面设置涂料防水层，在下列涂料防水层中应优先采用哪一种？

  A 丙烯酸酯涂料防水层   B 渗透结晶型涂料防水层
  C 水泥聚合物涂料防水层   D 聚氨酯涂料防水层

解析：《地下防水规范》第4.4.3条第3款规定：埋置深度较深的重要、有振动或有较大变形的工程，宜选用高弹性防水涂料。聚氨酯防水涂料固化的

体积收缩小，可形成较厚的防水涂膜，具有弹性高、延伸率大、耐低温、高温性能好、耐油、耐化学药品等优点。

答案：D

24-2-18 (2005) 地下建筑防水设计的下列论述中，哪一条有误？

A 地下建筑防水材料分刚性防水材料及柔性防水材料
B 地下建筑防水设计应遵循"刚柔相济"的原则
C 防水混凝土、防水砂浆均属刚性防水材料
D 防水涂料、防水卷材均属柔性防水材料

解析：《地下防水规范》条文说明第4.4.1条指出：地下工程应用的防水涂料既有有机类涂料，也有无机类涂料……水泥基渗透结晶型防水涂料是一种以水泥、石英砂等为基材，掺入各种活性化学物质配制的一种新型刚性防水涂料。据此可知防水涂料既有柔性的也有刚性的，所以D项错误。

答案：D

24-2-19 (2004) 地下室防水混凝土的抗渗等级是根据下列哪一条确定的？

A 混凝土的强度等级 B 最大水头
C 最大水头与混凝土壁厚的比值 D 地下室埋置深度

解析：《地下防水规范》第4.1.4条表4.1.4规定：地下室防水混凝土的抗渗等级是根据地下室的埋置深度确定的。

答案：D

24-2-20 (2003) 关于建筑物基础的埋置深度，下列表述哪项不正确？

A 建筑物的基础一般应尽量放在地下水位以上
B 建筑物的基础一般应放在最大冻结深度以下
C 高层建筑的基础埋深是地上建筑总高度的1/20
D 建筑物的基础埋深一般不宜小于0.5m

解析：《建筑地基基础设计规范》GB 50007—2011第5.1.2条规定：除岩石地基外，基础埋深不宜小于0.5m（D项）。第5.1.5条规定：基础宜埋置在地下水位以上（A项），当必须埋在地下水位以下时，应采取地基土在施工时不受扰动的措施。第5.1.8条规定：季节性冻土地区基础埋置深度宜大于场地冻结深度（B项）。第5.1.3条规定：高层建筑基础的埋置深度应满足地基承载力、变形和稳定性要求。位于岩石地基上的高层建筑，其基础埋深应满足抗滑稳定性要求（C项错误）。

答案：C

24-2-21 (2003) 下列对各种刚性基础的表述中，哪一项表述是不正确的？

A 灰土基础在地下水位线以下或潮湿地基上不宜采用
B 用作砖基础的砖，其强度等级必须在MU5以上，砂浆一般不低于M2.5
C 毛石基础整体性欠佳，有震动的房屋很少采用
D 混凝土基础的优点是强度高，整体性好，不怕水，它适用于潮湿地基或有水的基槽中

解析：《建筑地基基础设计规范》GB 50007—2011第8.1.1条表8.1.1规

定：用作砖基础的砖，其强度等级不低于MU10，砂浆不低于M5。

答案：B

24-2-22 (2003) 砖基础要设大放脚，如果工程荷载和地基条件相同，试问下列哪种基础构造既安全又经济？

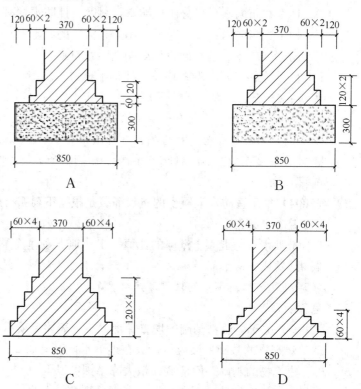

解析：选项D和A是错误的：D大放脚刚性角为1：1，超出了砖基础台阶宽高比的允许值1：1.5；A大放脚采用了二一间隔收做法，但第一步台阶宽高比应采用1：2。正确做法B和C比较，由于B采用了灰土垫层，节省了砖材料，更经济。

答案：B

24-2-23 (2003) 地下工程的防水等级分为几级？有少量湿渍的情况下，不会使物质变质失效的贮物场所应确定为几级？下列哪项是正确的？

A 分为5级，确定为三级　　B 分为3级，确定为三级
C 分为2级，确定为二级　　D 分为4级，确定为二级

解析：《地下防水规范》第3.2.1条规定：地下工程的防水等级应分为四级。第3.2.2条规定：地下工程不同防水等级的适用范围，应根据工程的重要性和使用中对防水的要求按表3.2.2选定。表3.2.2规定二级适用于：人员经常活动的场所；在有少量湿渍的情况下不会使物质变质、失效的贮物场所及基本不影响设备正常运转和工程安全运营的部位；重要的战备工程。

答案：D

24-2-24 (2003) 任何防水等级的地下室，防水工程主体均应选用下列哪一种防水措施？

A 防水卷材 B 防水砂浆
C 防水混凝土 D 防水涂料

（注：本题2012年也考过）

解析：《地下防水规范》第3.1.4条规定：地下工程迎水面主体结构应采用防水混凝土，并应根据防水等级的要求采取其他防水措施。

答案：C

24-2-25 (2003) 地下防水混凝土自防水结构迎水面钢筋保护层厚度最小值是多少？

A 25mm B 30mm
C 35mm D 50mm

（注：本题2005、2007、2011、2012年也考过）

解析：《地下防水规范》第4.1.7条规定：防水混凝土结构应符合下列规定：1 结构厚度不应小于250mm；2 裂缝宽度不得大于0.2mm，并不得贯通；3 钢筋保护层厚度应根据结构的耐久性和工程环境选用，迎水面钢筋保护层厚度不应小于50mm。

答案：D

24-2-26 (2003) 下列哪一种防水涂料宜用于地下工程结构主体的背水面？

A 非焦油聚氨酯防水涂料
B 水泥基渗透结晶型防水涂料
C 硅橡胶防水涂料
D 丁苯胶乳沥青防水涂料

解析：《地下防水规范》第4.4.1条规定：涂料防水层应包括无机防水涂料和有机防水涂料。无机防水涂料可选用掺外加剂、掺合料的水泥基防水涂料、水泥基渗透结晶型涂料。有机防水涂料可选用反应型、水乳型、聚合物水泥防水涂料。第4.4.2条规定：无机防水涂料宜用于结构主体的背水面，有机防水涂料宜用于地下工程结构主体的迎水面，用于背水面的有机涂料应具有较高的抗渗性，且与基层有较强的粘结性。B是无机涂料，而A、C、D都是有机涂料。

答案：B

24-2-27 (2003) 地下工程通向地面的各种孔口应防地面水倒灌，下列措施中哪一条不正确？

A 人员出入口应高出地面不小于500mm
B 窗井墙高出地面不得小于500mm
C 窗井内的底板应比窗下缘低300mm
D 车道出入口有排水沟时可不设反坡

（注：本题2006、2010、2011年也考过）

解析：《地下防水规范》第5.7.1条规定：地下工程通向地面的各种孔口应设置防地面水倒灌措施；人员出入口应高出地面不小于500mm，汽车出入口设明沟排水时其高度宜为150mm，并应有防雨措施。第5.7.5条规定：窗井内的底板，应比窗下缘低300mm；窗井墙高出地面不得小于500mm；窗井外地面应做散水，散水与墙面间应采用密封材料嵌填。

答案：D

24-2-28 地下工程的防水，宜优先考虑采用下列中的哪种防水方法？
A 防水混凝土自防水结构　　B 水泥砂浆防水层
C 卷材防水层　　　　　　　D 金属防水层

解析：《地下防水规范》第3.1.4条规定：地下工程迎水面主体结构应采用防水混凝土，并应根据防水等级的要求采取其他防水措施。

答案：A

24-2-29 图示为地下室窗井的防水示意图，图中何处有误？
A 未设附加防水层
B 窗井内底板与窗下缘尺寸不够
C 窗井墙高出地面尺寸不够
D 窗井底板做法不对

解析：《地下防水规范》第5.7.5条规定：窗井内的底板应比窗下缘低300mm。

答案：B

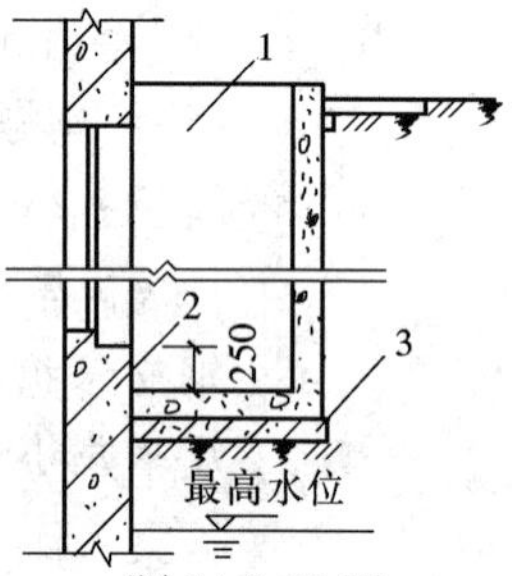

题24-2-29图
1—窗井；2—主体结构；
3—垫层

24-2-30 地下工程的防水等级共分（　　）级。
A 2　　　　　　　　　　　B 3
C 4　　　　　　　　　　　D 5

解析：《地下防水规范》第3.2.1条规定：地下工程防水等级应分为4级。

答案：C

24-2-31 无筋扩展砖基础的台阶宽高比最大允许值为（　　）。
A 1∶0.5　　　　　　　　　B 1∶1.0
C 1∶1.5　　　　　　　　　D 1∶2.0

解析：查找《建筑地基基础设计规范》GB 50007—2011中第8.1.1条表8.1.1"无筋扩展基础台阶宽高比的允许值"规定：砖基础的台阶宽高比为1∶1.5。

答案：C

24-2-32 深、浅基础的区分以埋深（　　）m为界。
A 2　　　　　　　　　　　B 3
C 4　　　　　　　　　　　D 5

解析：《建筑地基基础术语标准》GB/T 50941—2014第2.0.13条规定：浅基础是埋置深度不超过5m，或不超过基底最小宽度，在其承载力中不计入基础侧壁岩土摩阻力的基础。第2.0.14条规定：深基础是埋置深度超过5m，或超过基底最小宽度，在其承载力中计入基础侧壁岩土摩阻力的基础。

答案：D

24-2-33 地下室窗井的一部分在最高地下水位以下,在下列各项防水措施中,哪一项是错误的?

A 窗井墙高出地面不少于 500mm

B 窗井的底板和墙与主体断开

C 窗井内的底板比窗下缘低 300mm

D 窗井外地面作散水

解析:《地下防水规范》第 5.7.3 条规定:(地下室)窗井或窗井的一部分在最高地下水位以下时,窗井应与主体结构连成整体,其防水层也应连成整体,并应在窗井内设置集水井(B 项错误)。第 5.7.5 条规定:窗井内的底板,应低于窗下缘 300mm(C 项);窗井墙高出地面不得小于 500mm(A 项);窗井外地面应做散水(D 项),散水与墙面间应采用密封材料嵌填。

答案:B

24-2-34 地下工程钢筋混凝土构件自防水墙体的水平施工缝设置位置,下列哪一项是错误的?

A 墙体水平缝应留在高出底板表面不小于 200mm 的墙体上

B 墙体水平缝距洞口边沿不应小于 300mm

C 墙体水平缝不应留在底板与墙体交接处

D 墙体水平缝可留在顶板与墙体交接处

解析:《地下防水规范》第 4.1.24 条规定,防水混凝土应连续浇筑,宜少留施工缝;当留设施工缝时,应符合下列规定:1 墙体水平施工缝不应留在剪力最大处或底板与侧墙的交接处(C 项),应留在高出底板表面不小于 300mm 的墙体上(A 项错误)……墙体有预留孔洞时,施工缝距孔洞边缘不应小于 300mm(B 项)。

答案:A

24-2-35 下列有关建筑基础埋置深度的选择原则,哪一条是不恰当的?

A 地基为均匀而压缩性小的良好土层,在承载能力满足建筑总荷载时,基础按最小埋置深度考虑,但不小于 900mm

B 基础埋深与有无地下室有关

C 基础埋深要考虑地基土冻胀和融陷的影响

D 基础埋深应考虑相邻建筑物的基础埋深

解析:《建筑地基基础设计规范》GB 50007—2011 第 5.1.2 条规定:在满足地基稳定和变形要求的前提下,当上层地基的承载力大于下层土时,宜利用上层土作持力层。除岩石地基外,基础埋深不宜小于 0.5m。因此 A 项错误。

答案:A

24-2-36 地下工程防水设计,有关选用防水混凝土抗渗等级的规定,下列各条中哪一条是恰当的？

A 抗渗等级的确定，应根据防水混凝土的设计壁厚与地下水最大水头的比值按规定选用

B 地下防水工程的抗渗等级应不低于0.5MPa（P5）

C 地下防水工程的抗渗等级应不低于0.6MPa（P6）

D 确定施工用的防水混凝土配合比时，其抗渗等级应比设计要求提高0.4MPa

解析：《地下防水规范》第4.1.1条指出，防水混凝土的设计抗渗等级不得低于P6（0.6MPa）。A项见第4.1.4条，D项见第4.1.2条。

答案：C

24-2-37 关于地下室防水工程设防措施的表述，下列各条中哪一条是错误的？

A 周围土有可能形成地表滞水渗透时，采用全防水做法

B 设计地下水位高于地下室底板，且距室外地坪不足2m时，采用全防水做法

C 设计地下水位低于地下室底板0.35m，周围土无形成地表滞水渗透可能，采用全防潮做法

D 设计地下水位高于地下室底板，距室外地坪大于2m且无地表滞水渗透可能时，采用上部防潮下部防水做法。防水层收头高度定在与设计地下水位相平

解析：相关技术资料表明，设计地下水位低于地下室底板0.50m且周围土无形成地表水渗透可能、滞水可能时，可以采用全防潮做法。

答案：C

24-2-38 关于防水混凝土结构及墙体钢筋保护层的最小厚度的规定，下列各条中哪一条是错误的？

A 钢筋混凝土立墙在变形缝处的最小厚度为150mm

B 钢筋混凝土立墙在一般位置的最小厚度为250mm

C 钢筋混凝土底板最小厚度为250mm

D 钢筋混凝土结构迎水面钢筋保护层最小尺寸为50mm

解析：据《地下防水规范》第5.1.3条，正确数值为300mm。B、C、D项见4.1.7条。

答案：A

24-2-39 当设计地下水位位于地下室底板标高以下，可以用防潮层代替防水层，但不可能隔绝下列哪一种水源？

A 毛细管作用形成的地下土质潮湿

B 由地表水（雨水、绿化浇灌水等）下渗的无压水

C 由于邻近排水管井渗漏形成的无压水

D 由地下不透水基坑积累的滞留水

解析：地下室防潮做法不能隔绝基坑积累的滞留有压水。

答案：D

24-2-40 如图所示砖墙和抹灰层下述的作用中哪些是正确的?

Ⅰ．附加防水层；Ⅱ．附加保温层；
Ⅲ．施工回填土过程中，保护防水层；
Ⅳ．建筑长期使用中，压紧和保护防水层

A Ⅰ、Ⅲ　　　　B Ⅱ、Ⅳ
C Ⅰ、Ⅱ　　　　D Ⅲ、Ⅳ

解析：其作用是保护防水层。

答案：D

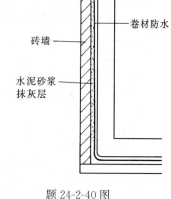

题 24-2-40 图

24-2-41 常用的人工加固地基的方法不包括以下哪一项?

A 压实法　　　B 换土法
C 桩基　　　　D 筏形基础

解析：筏形基础不是地基而是基础。

答案：D

24-2-42 下列有关无筋扩展基础埋深的叙述，哪一项是正确的?

A 由室外的设计地面到基础垫层顶面的距离称为基础埋深
B 由室外的设计地面到基础垫层底面的距离称为基础埋深
C 由室内的设计地面到基础垫层底面的距离称为基础埋深
D 由室内的设计地面到基础底面的距离称为基础埋深

解析：基础垫层属于基础的一部分，故应算至垫层底面。

答案：B

24-2-43 以下有关无筋扩展基础的叙述，哪一条是不正确的?

A 凡受刚性角限制的基础称为刚性基础
B 毛石基础常砌成踏步式，每步伸出宽度不宜大于 150mm
C 钢筋混凝土基础不属于刚性基础
D 钢筋混凝土基础在施工上可以现浇、预制或采用预应力

解析：从有关教科书中查得，一般均取 200mm。

答案：B

24-2-44 设计地下抗水压结构的重量时，下列叙述中哪个正确?

A 可小于静水压力所造成的压力的 20%
B 应等同静水压力所造成的压力
C 应比静水压力所造成的压力大 10%
D 应比静水压力所造成的压力大 50%

解析：《建筑设计资料集 8》第 7 页一般规定第 11 条指出，应比静水压力大 10%，防止浮起。

答案：C

24-2-45 图示地下工程防水设计采用卷材附加防水构造，其中哪个设计不够合理?

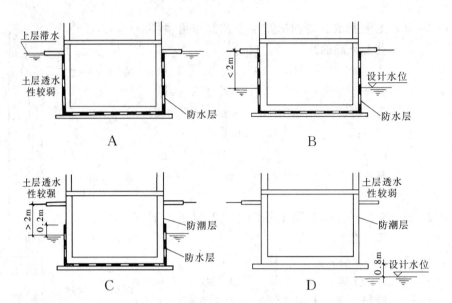

解析：查找《建筑设计资料集8》第8页表1"设防高度的确定"及相关图示，规定C图形式防水应设至水位以上1.0m。

答案：C

（三）墙体的构造

24-3-1 (2011) 小型砌块隔墙高于多少时，应在其中部加设圈梁或钢筋混凝土配筋带？

A 6m　　　　　　　　　　　B 5m
C 4m　　　　　　　　　　　D 3m

解析：《抗震规范》中第13.3.4条、《非结构构件抗震设计规范》JGJ 339—2015第9.2.3条和《小型空心砌块规程》JGJ/T 14—2011第5.10.4条、第5.10.5条均指出：墙高超过4m时，宜在墙体半高处设置与柱连接且沿墙体全长贯通的钢筋混凝土水平系梁（又称为配筋带），截面高度应不小于60mm。

答案：C

24-3-2 (2011) 以下关于抗震设防地区多层砖房构造柱设置的做法中哪一条不符合规定要求？

A 构造柱最小截面尺寸为240mm×180mm
B 必须先浇筑构造柱，后砌墙
C 构造柱内一般用4φ12竖向钢筋
D 构造柱可不单独设置基础

解析：《抗震规范》第7.3.2条指出：构造柱与墙体连接处应砌成马牙槎，并留水平拉筋。施工时应该是先砌砖墙、后浇筑混凝土。

答案：B

24-3-3 (2011) 室外砖砌围墙的如下构造要点中哪一条有误?

A 地坪下 60mm 处设防潮层
B 围墙及墙垛要用配筋混凝土做压顶
C 约每 3m 贴地坪留一个 120mm 见方的排水孔
D 围墙一般不设伸缩缝

解析：围墙亦应按墙体的要求设置伸缩缝。
答案：D

24-3-4 (2011) 加气混凝土砌块一般可用于房屋的(　　)。

A 承重墙
B 勒脚及其以下部分
C 厕浴间及开水房隔墙
D 女儿墙

解析：加气混凝土砌块一般不用于承重墙，也不用于勒脚及其以下部分的墙体，更不能在厕浴间及开水房等潮湿房间使用。女儿墙可以采用加气混凝土砌块砌筑。
答案：D

24-3-5 (2011) 以下关于女儿墙构造的要点中哪一条正确?

A 砌块女儿墙厚度 180mm
B 顶部应做≥60mm 厚的钢筋混凝土压顶
C 地震设防区的上人屋面女儿墙高度不应超过 0.5m
D 女儿墙与框架梁柱相接处用高强砂浆砌筑防裂

解析：《民建设计技术措施》第二部分第 4.4.1 条"多层砌体结构建筑墙体的抗震要求"指出：

8 砌筑女儿墙厚度宜不小于 200mm（A 项错误）；设防烈度为 6 度、7 度、8 度地区无锚固的女儿墙高度不应超过 0.5m，超过时应加设构造柱及厚度不小于 60mm 的钢筋混凝土压顶圈梁（B 项正确）。

上人女儿墙的高度应按《民建统一标准》第 6.7.3 条所规定的"上人屋面的栏杆高度不应小于 1.2m"（C 项错误）。女儿墙的下部应该是屋面板，一般不直接与框架梁、柱接触（D 项错误）。
答案：B

24-3-6 (2011) 图示为高档宾馆客房与走廊间的隔墙，其中哪种隔声效果最差?

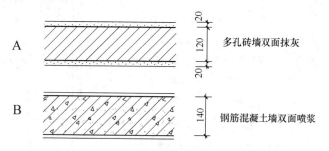

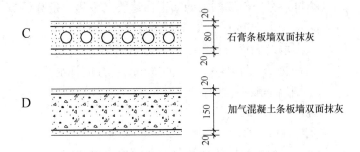

解析：分析判断和查相关资料得知：A项的隔声量是43~47dB；B项的隔声量是50dB；C项的隔声量是38dB；D项的隔声量是46dB。另：C项墙体最薄，面密度最小，这也是隔声最差的一个原因。

答案：C

24-3-7 (2011) 有关轻质条板隔墙的以下构造要求中哪一条有误？

A 60mm厚条板不得单独用作隔墙

B 用作分户墙的单层条板隔墙至少120mm厚

C 120mm厚条板隔墙接板安装高度不能大于2.6m

D 条板隔墙安装长度超过6m时应加强防裂措施

解析：《轻质条板隔墙规程》第4.2.6条规定：120mm厚条板隔墙接板安装高度不应大于4.5m。

答案：C

24-3-8 (2011) 以下哪一种隔墙的根部可以不用C15混凝土做100mm高的条带？

A 页岩砖隔墙　　　　　　B 石膏板隔墙

C 水泥炉渣空心砖隔墙　　D 加气混凝土隔墙

解析：轻质墙体或空心墙体的根部有可能吸水或被污染时，应做100mm高、强度等级为C15混凝土的条带，重质墙体、实心墙体可以不做。

答案：A

24-3-9 (2011) 彩钢夹芯板房屋墙体构造图中，b 与 H 的数值哪一项不对？

A $b=40mm$，$H=90mm$

B $b=60mm$，$H=120mm$

C $b=75mm$，$H=150mm$

D $b=100mm$，$H=180mm$

解析：根据《压型钢板、夹芯板屋面及墙体建筑构造》01J925-1标准图得知：建筑围护结构常用的夹芯板厚度为50~100mm，H值的最小尺寸为≥120mm。因而A项是

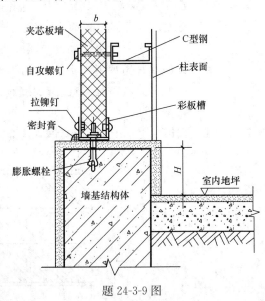

题 24-3-9 图

不正确的。(注：该标准图集已废止，暂无替代图集或规范，此处仍按原图集作答)

答案：A

24-3-10 (2010) 图示构造的散水名称是( )。

A 灰土散水 B 混凝土散水
C 种植散水 D 细石混凝土散水

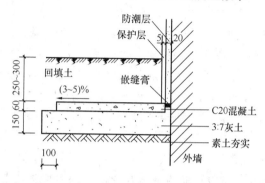

题 24-3-10 图

解析：该图应为种植散水，参见国家建筑标准设计图集《室外工程》12J 003 第 A2 页详图 6A、6B，如解图所示。

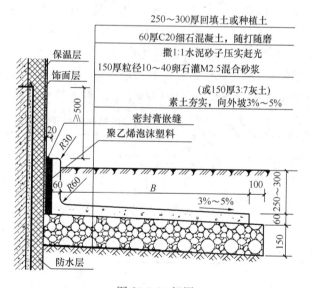

图 24-3-10 解图

答案：C

24-3-11 (2010) 抗震设防烈度为 6、7、8 度地区无锚固女儿墙的高度不应超过( )。

A 0.5m B 0.6m C 0.8m D 0.9m

解析：《抗震规范》中第 7.1.6 条规定：抗震设防烈度为 6、7、8 度地区无锚固女儿墙（非出入口处）的高度不应超过 0.5m。

答案：A

24-3-12 （2010）关于加气混凝土砌块墙的使用条件，下列哪项是错误的？

A 一般用于非承重墙体

B 不宜在厕、浴等易受水浸及干湿交替的部位使用

C 不可用于女儿墙

D 用于外墙应采用配套砂浆砌筑、配套砂浆抹面或加钢丝网抹面

（注：本题2007、2011年也考过）

解析：《蒸压加气混凝土标准》第3.1.3条规定，蒸压加气混凝土制品墙体的抹灰与砌块的砌筑宜采用蒸压加气混凝土用砂浆。第4.1.1条规定，下列情况下不得采用蒸压加气混凝土制品：1 建筑物防潮层以下的外墙；2 长期处于浸水或化学侵蚀的外墙；3 表面温度经常处于80℃以上的部位。

加气混凝土砌块可用于女儿墙，参见图集《蒸压加气混凝土砌块建筑构造》13J 104。

答案：C

24-3-13 （2010）抗震设防烈度为8度地区的多层砌体建筑，以下关于墙身的抗震构造措施哪项是错误的？

A 承重窗间墙最小宽度为1.2m

B 承重外墙尽端至门窗洞边的最小距离为1.2m

C 非承重外墙尽端至门窗洞边的最小距离为1.0m

D 内墙阳角至门窗洞边的最小距离为1.0m

（注：本题2004、2010年也考过）

解析：《抗震规范》第7.1.6条规定：多层砌体房屋中砌体墙段的局部尺寸限值，宜符合表7.1.6（题24-3-13解表）的要求。

房屋的局部尺寸限值（m）　　　　题24-3-13解表

部 位	6度	7度	8度	9度
承重窗间墙最小宽度	1.0	1.0	1.2	1.5
承重外墙尽端至门窗洞边的最小距离	1.0	1.0	1.2	1.5
非承重外墙尽端至门窗洞边的最小距离	1.0	1.0	1.0	1.0
内墙阳角至门窗洞边的最小距离	1.0	1.0	1.5	2.0
无锚固女儿墙（非出入口处）的最大高度	0.5	0.5	0.5	0.0

答案：D

24-3-14 （2010）EPS板薄抹灰外墙外保温系统中薄抹灰的厚度应为（　　）。

A 1～2mm　　　　　　　　　　B 3～6mm

C 6～10mm　　　　　　　　　 D 10～15mm

解析：已废止的《外墙外保温工程技术规程》JGJ 144—2004第5.0.3条规定：对于具有薄抹面层的系统，保护层厚度应不小于3mm并且不宜大于6mm。对于具有厚抹面层的系统，厚抹面层厚度应为25～30mm。现行《外墙外保温标准》没有关于薄抹灰厚度的规定。

答案：B

24-3-15 (2010) 在抗震设防地区，轻质条板隔墙长度超过多少限值时应设构造柱？

A 6m　　　　B 7m　　　　C 8m　　　　D 9m

解析：《轻质条板隔墙规程》第4.3.2条规定：当抗震设防地区的条板隔墙安装长度超过6m时，应设置构造柱，并应采取加固措施。

答案：A

24-3-16 (2010) 选用下列哪一种隔墙能满足学校语音教室和一般教室之间的隔声标准要求？

A 240mm厚砖墙双面抹灰

B 100mm厚混凝土空心砌块双面抹灰

C 200mm厚加气混凝土墙双面抹灰

D 2×12mm+75mm（空）+12mm轻钢龙骨石膏板墙

解析：《隔声规范》第5.2.1条规定：学校语言教室隔墙的空气声隔声标准是≥50dB，A项"240mm厚砖墙双面抹灰"的空气声隔声量为55dB（见《建筑设计资料集2》第144页），可满足要求。此外，查阅标准图集《轻钢龙骨石膏板隔墙、吊顶》(07CJ 03-1)第13页可知D项"2×12mm+75mm（空）+12mm轻钢龙骨石膏板墙"的隔声量为41dB。

答案：A

24-3-17 (2010) 安装轻钢龙骨纸面石膏板隔墙时，下列叙述哪项是错误的？

A 石膏板宜竖向铺设，长边接缝应安装在竖龙骨上

B 龙骨两侧的石膏板接缝应错开，不得在同一根龙骨上接缝

C 石膏板应采用自攻螺钉固定

D 石膏板与周围墙或柱应挨紧不留缝隙

解析：《住宅装修施工规范》第9.3.5条规定，纸面石膏板的安装应符合以下规定：

1 石膏板宜竖向铺设，长边接缝应安装在竖龙骨上。

2 龙骨两侧的石膏板及龙骨一侧的双层板的接缝应错开，不得在同一根龙骨上接缝。

3 轻钢龙骨应用自攻螺钉固定，木龙骨应用木螺钉固定……

5 石膏板的接缝应按设计要求进行板缝处理。石膏板与周围墙或柱应留有3mm的槽口（D项错误），以便进行防开裂处理。

答案：D

24-3-18 (2009) 以下四种常用墙身防潮构造做法，哪种不适合地震区？

A 防水砂浆防潮层

B 油毡防潮层

C 细石混凝土防潮层

D 墙脚本身用条石、混凝土等

解析：其原因是卷材防潮层隔离开了上下墙体形成断层，不利于抗震。

答案：B

24-3-19 (2009) 混凝土小型空心砌块承重墙的正确构造是( )。
A 必要时可采用与黏土砖混合砌筑
B 室内地面以下的砌块孔洞内应用C15混凝土灌实
C 五层住宅楼底层墙体应采用不低于MU3.5小砌块和不低于M2.5砌筑砂浆
D 应对孔错缝搭砌，搭接长度至少60mm

解析：《小型空心砌块规程》第8.4.6条规定：小砌块墙内不得混砌黏土砖或其他墙体材料（A项错误）。第5.8.1条及表5.8.1注1规定：砌块房屋所用的材料，除应满足承载力计算要求外，对地面以下或防潮层以下的砌体、潮湿房间的墙……1砌块孔洞应采用强度等级不低于Cb20的混凝土灌实（B项错误）。

第3.1.1条规定：1普通混凝土小型空心砌块强度等级可采用MU20、MU15、MU10、MU7.5和MU5（C项错误）；3砌筑砂浆的强度等级可采用Mb20、Mb15、Mb10、Mb7.5和Mb5（C项错误）。

第8.4.7条规定：小砌块砌筑形式应每皮顺砌。当墙、柱（独立柱、壁柱）内设置芯柱时，小砌块必须对孔、错缝、搭砌，上下两皮小砌块搭砌长度应为195mm（D项错误）；当墙体设构造柱或使用多排孔小砌块及插填聚苯板或其他绝热保温材料的小砌块砌筑墙体时，应错缝搭砌，搭砌长度不应小于90mm（D项错误）。否则，应在此部位的水平灰缝中设$\phi 4$点焊钢筋网片。

答案：无

24-3-20 (2009) 有关砖混结构房屋墙体的构造柱做法，下列哪条有误？
A 构造柱最小截面为240mm×180mm
B 施工时先砌墙后浇筑构造柱
C 构造柱必须单独设置基础
D 构造柱上沿墙高每500mm设2ϕ6拉结钢筋，钢筋每边伸入墙内不宜小于1m

（注：此题2004年考过）

解析：《抗震规范》第7.3.2条规定，多层砖砌体房屋的构造柱应符合下列构造要求：

1 构造柱最小截面可采用180mm×240mm（墙厚190mm时为180mm×190mm）……

2 构造柱与墙连接处应砌成马牙槎，沿墙高每隔500mm设2ϕ6水平钢筋和ϕ4分布短筋平面内点焊组成的拉结网片或ϕ4点焊钢筋网片，每边伸入墙内不宜小于1m……

4 构造柱可不单独设置基础（C项错误），但应伸入室外地面下500mm，或与埋深小于500mm的基础圈梁相连。

答案：C

24-3-21 (2009) 有关砌块女儿墙的构造要点，下列哪条有误？
A 上人屋面女儿墙的构造柱间距宜小于或等于4.5m
B 女儿墙厚度不宜小于200mm
C 抗震6、7、8度区，无锚固女儿墙高度不应超过0.5m
D 女儿墙顶部应做60mm厚钢筋混凝土压顶板

（注：此题 2004 年考过）

解析：《砌体规范》第 6.5.2 条规定，女儿墙应设置构造柱，构造柱间距不宜大于 4.00m，构造柱应伸至女儿墙顶并与现浇钢筋混凝土压顶整浇在一起。

答案：A

24-3-22 (2009) 图1、图2为隔墙构造图，某中学的语音教室与录音室之间隔墙的选用，正确的是(　　)。

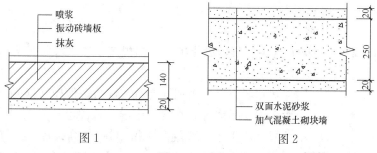

题 24-3-22 图

A 图1、图2均可选　　　　B 图1、图2均不可选
C 选图1　　　　　　　　D 选图2

解析：《隔声规范》第 5.2.1 条中规定，语音教室隔墙的空气声隔声标准为 ≥50dB。图1的隔声量是50dB，图2的隔声量是47～48dB；故只有图1达到标准。

答案：C

24-3-23 (2009) 图示为 80～90mm 厚石膏复合板填矿棉轻质隔墙，此构造隔声性能不能用于下列哪种墙体？

A 普通住宅内起居室隔墙
B 普通住宅内卧室、书房间隔墙
C 学校阅览室与普通教室间隔墙
D 旅馆内客房与走廊间隔墙

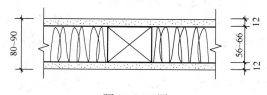

题 24-3-23 图

解析：《隔声规范》第 4.2.6 条表 4.2.6 规定，普通住宅内起居室隔墙的隔声标准是≥30dB。普通住宅内卧室、书房间隔墙的隔声标准是≥35dB。第 5.2.1 条规定：学校阅览室与普通教室间隔墙的隔声标准是＞50dB。第 7.2.1 条表 7.2.1 规定：旅馆内客房与走廊间隔墙的隔声标准是二级＞40dB，一级和特级＞45dB。该构造图的隔声量只有37～41dB，因而不能用于学校阅览室与普通教室间隔墙。

答案：C

24-3-24 (2009) 有关混凝土散水设置伸缩缝的规定，下列哪条正确？
A 伸缩缝延米间距不大于18m
B 缝宽不大于10mm
C 散水与建筑物连接处应设缝处理
D 缝隙用防水砂浆填实

解析：《地面规范》第6.0.20条第2款规定：散水的坡度宜为3%～5%。当散水采用混凝土时，宜按20～30m间距设置伸缝（A项错误）。散水与外墙交接处宜设缝（C项正确），缝宽为20～30mm（B项错误），缝内应填柔性密封材料（D项错误）。

答案：C

24-3-25 (2009) 有关加气混凝土砌块墙的规定，以下哪条有误？
A 不可用于承重墙
B 屋顶女儿墙也可采用加气混凝土砌块，但应在顶部做压顶
C 一般不用于厕浴等有水浸、干湿交替部位
D 隔墙根部应采用C15混凝土做100mm高条带

解析：依据《蒸压加气混凝土标准》第2.1.3条蒸压加气混凝土砌块，蒸压加气混凝土制成的砌块，可用作承重、自承重或保温隔热材料。第5.2.2条承重墙体房屋宜采用横墙或纵横墙承重结构，纵横墙宜对齐贯通，层高不宜大于3.6m，横墙间距应符合现行国家标准《砌体结构设计规范》GB 50003的规定。第4.1.1条下列情况下不得采用蒸压加气混凝土制品：1 建筑物防潮层以下的外墙；2 长期处于浸水或化学侵蚀的外墙；3 表面温度经常处于80℃以上的部位。

加气混凝土砌块可用于砌筑女儿墙，参见图集《蒸压加气混凝土砌块建筑构造》13J 104。

《全国民用建筑工程设计技术措施—建筑产品选用技术（建筑·装修）(2009年)》第3.7条第10款指出：蒸压加气混凝土板隔墙的根部，应用C15混凝土做100mm高条带。综上，只有A项是错误的。

答案：A

24-3-26 (2008) 下列哪种墙基必须设墙身防潮层？
A 混凝土实心砌块墙体
B 天然石块砌体
C 黏土多孔砖墙体
D 钢筋混凝土剪力墙体

解析：《民建设计技术措施》第二部分第4.2.1条第3款指出：当墙基为混凝土、钢筋混凝土或石砌体时，可不做墙体防潮层。

答案：C

24-3-27 (2008) 外墙外保温构造系统中不需要做热工处理的部位是(   )。
A 门窗框外侧洞口
B 女儿墙
C 阳台外挑底板、附墙构件
D 雨水管、铁爬梯

解析：《外墙外保温标准》条文说明第5.1.2条规定：外保温系统还应包覆门窗框外侧洞口、女儿墙、封闭阳台以及出挑构件等热桥部位。

答案：D

24-3-28 (2008)图示外墙外保温构造的技术要求中,下列哪条正确?

A 建筑物高于20m,宜用锚栓辅助固定
B EPS板宽宜1500mm,板高宜900mm
C 背面涂胶粘剂的面积应控制为EPS板面积的1/4
D 作为保护层的薄抹面层厚度宜为10mm

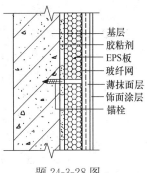

题24-3-28图

解析:依据现行《外墙外保温标准》第6.1.4条:受负风压作用较大的部位宜增加锚栓辅助固定(A项错误)。第6.1.5条:保温板宽度不宜大于1200mm,高度不宜大于600mm(B项错误)。第6.1.3条:保温板应采用点框粘法或条粘法固定在基层墙体上,EPS板与基层墙体的有效粘贴面积不得小于保温板面积的40%(C项错误),并宜使用锚栓辅助固定。第5.1.7条:当薄抹灰外保温系统采用燃烧性能等级为B_1、B_2级的保温材料时,首层防护层厚度不应小于15mm(D项错误),其他层防护层厚度不应小于5mm且不宜大于6mm,并应在外保温系统中每层设置水平防火隔离带。

若依据已废止的《外墙外保温工程技术规程》JGJ 144—2004第6.1.2条:建筑物高度在20m以上时,在受负风压作用较大的部位宜使用锚栓辅助固定,则A正确。

答案:A

24-3-29 (2008)以下哪类住宅的分户墙达不到隔声、减噪最低标准的要求?

A 140mm厚钢筋混凝土墙,双面喷浆
B 240mm厚多孔黏土砖墙,双面抹灰
C 140mm厚混凝土空心砌块墙
D 150mm厚加气混凝土条板墙,双面抹灰

解析:据《隔声规范》第4.2.1条表4.2.1可知,住宅的分户墙隔声、减噪最低标准是>45dB,A项是46~50dB,B项是48~53dB,D项是40~45dB,C值偏小。

答案:C

24-3-30 (2007)某科研工程墙身两侧的室内有高差(见图),其墙身防潮构造以下哪项最好?

A b、c B a、b、c
C a、b D a、c

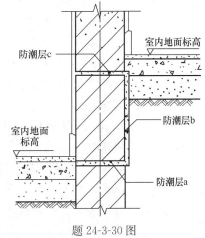

题24-3-30图

解析:墙身两侧的室内有高差时,墙身防潮层构造应采用B项做法;《民建通则》第6.9.3条也规定:室内相邻地面有高差时,应在高差处墙身侧面加设防潮层。

答案：B

24-3-31 （2007）下列哪种状况可优先采用加气混凝土砌块筑墙？
A 常浸水或经常干湿循环交替的场所
B 易受局部冻融的部位
C 受化学环境侵蚀的地方
D 墙体表面常达 48~78℃ 的高温环境

解析：《蒸压加气混凝土标准》第4.1.1条规定，下列情况下不得采用蒸压加气混凝土制品：1 建筑物防潮层以下的外墙；2 长期处于浸水或化学侵蚀的外墙；3 表面温度经常处于80℃以上的部位。A、B、C 三项均为加气混凝土砌块的禁用范围，而 D 项因为加气混凝土砌块的使用温度最高可达 80℃，可以优先选用。

答案：D

24-3-32 （2007）蒸压加气混凝土砌块砌筑时应上下错缝，搭接长度不宜小于砌块长度的多少？
A 1/5　　　B 1/4　　　C 1/3　　　D 1/2

解析：依据《蒸压加气混凝土标准》第8.3.3条，蒸压加气混凝土砌块墙体砌筑应符合下列规定：4 蒸压加气混凝土砌块上下皮应错缝砌筑，搭接长度不得小于块长的1/3，当砌块长度小于300mm时，其搭接长度不得小于块长的1/2。

答案：C

24-3-33 （2007）题图为外墙外保温（节能65%）首层转角处构造平面图，其金属护角的主要作用是（　　）。
A 提高抗冲击能力
B 防止面层开裂
C 增加保温性能
D 保持墙角挺直

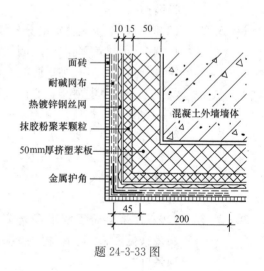

题 24-3-33 图

解析：分析可知，上述做法可以提高外墙转角的抗冲击能力，其作用相当于室内墙面转角处的水泥包角。

答案：A

24-3-34 （2007）图示住宅分户墙构造，哪种不满足一般标准空气声隔声标准要求？

解析：《隔声规范》第4.2.1条表4.2.1中规定：住宅分户墙空气声隔声标准是≥45dB。相关技术资料中规定，A 项为 43~47dB，B 项为 45dB，C 项增强石膏空心条板墙只有41dB，D 项为 51dB。故 B、C 项不满足要求。

答案：B、C

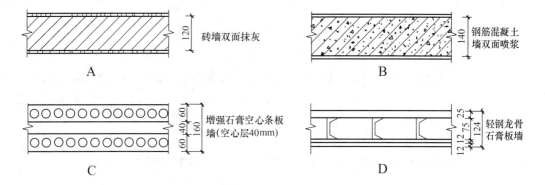

24-3-35 (2007) 某洗衣房内，下列哪种轻质隔墙立于楼、地面时其底部可不筑条基？

A 加气混凝土块隔墙　　　　　　　B 水泥玻纤空心条板隔墙
C 轻钢龙骨石膏板隔墙　　　　　　D 增强石膏空心条板隔墙

解析：因为水泥玻纤空心条板隔墙，耐潮湿性能好，吸水性差，故用于洗衣房内较为合适。立于楼、地面时其底部可以不砌筑条基。应注意，石膏制品隔墙应加做 100mm 高 C20 的细石现浇混凝土条基，加气混凝土砌块规范规定不得用于潮湿环境中，轻钢龙骨石膏板隔墙底部应加做条基。

答案：B

24-3-36 (2007) 轻质隔墙的构造要点中，下列哪一条不妥？

A 应采用轻质材料，其面密度应≤70kg/m²
B 应保证其自身的稳定性
C 应与周边构件有良好的联结
D 应保证其不承重

（注：此题 2004 年考过）

解析：《轻质条板隔墙规程》第 2.0.1 条规定：轻质条板的面密度应≤190kg/m²。

答案：A

24-3-37 (2007) 某国宾馆的隔声减噪设计等级为特级，则其客房与客房之间的隔墙采用以下哪种构造不妥？

A 240 厚多孔砖墙双面抹灰
B 轻钢龙骨石膏板墙（12+12+25 中距 75 空隙内填 40 厚岩棉）
C 200 厚加气混凝土砌块墙双面抹灰
D 双层空心条板均厚 75，空气层 75 且无拉结

解析：《隔声规范》第 7.2.1 条表 7.2.1 中规定：宾馆客房之间隔墙的空气声隔声标准特级为≥50dB。上述 4 种构造的隔声实际具有数值分别为：A 项 48～53dB，B 项约为 51dB，C 项是 45dB，D 项约为 51dB（均从相关产品目录查得）。

答案：C

24-3-38 (2007) 对于轻质隔墙泰柏板的下列描述中哪条有误？

A 厚度薄，自重轻，强度高

B 保温、隔热性能好
C 除用作内隔墙，也用于外墙、轻型屋面
D 能用于低层公共建筑门厅部位的墙体

解析：泰柏板轻质隔墙由于自重轻，强度高，保温、隔热性能好，一般多用于非承重部位（包括轻型框架的外墙、内隔墙及轻型屋面），但不能用于直接承重的墙体（如低层公共建筑门厅部位的墙体）。

答案：D

24-3-39 (2007) 以下哪种隔墙不能用作一般教室之间的隔墙？

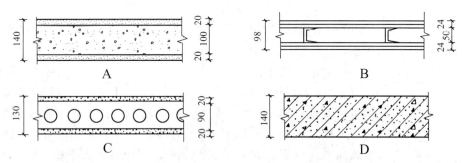

A 加气混凝土砌块双面抹灰　　　B 轻钢龙骨纸面石膏板双面双层
C 轻骨料混凝土空心条板双面抹灰　D 钢筋混凝土墙双面喷浆

解析：《隔声规范》第5.2.1条表5.2.1中规定：普通教室之间的隔墙的空气声隔声标准是≥45dB。相关技术资料中规定：A项是40～45dB，B项是49dB，C项是42dB，D项是46～50dB。故A、C项不满足要求。

答案：A、C

24-3-40 (2007) 关于小型砌块墙的设计要点，下列哪条有误？

A 墙长大于5m或大型门窗洞口两边应同梁或楼板拉结或加构造柱
B 墙高大于4m应在墙高的中部加设圈梁或钢筋混凝土带
C 窗间墙宽度不宜小于600mm
D 墙与柱子交接处，柱子凿毛并用高标号砂浆砌筑固结

解析：《抗震规范》第13.3.5条第7款指出：砌体隔墙与柱子交接处宜脱开或柔性连接，若采取柱子凿毛并用高强度等级砂浆砌筑固结的做法不但会损伤结构，施工也相当麻烦。

答案：D

24-3-41 (2006) 关于墙身防潮层设置部位的表述，下列哪一条是错误的？

A 一般设在室内地坪下0.06m处
B 应设在室内地面的混凝土垫层厚度范围内
C 当内墙两侧的室内地坪有高差时，应在该墙身高差段任一侧做垂直防潮层并连接上下水平防潮层
D 当墙身为混凝土、钢筋混凝土或石砌体时，可不做墙身防潮层

解析：分析可知，A、B、D均是正确的。C项，当内墙两侧的室内地坪有高差时，应在该墙身高差的有回填土一侧做垂直防潮层并连接上下水平防潮

层。《民建统一标准》第 6.10.3 条中也讲到：室内相邻地面有高差时，应在高差处墙身贴邻土壤一侧加设防潮层。

答案：C

24-3-42 (2006) 小型砌块填充墙，墙身长度大于多少时应加构造柱或其他拉结措施？

A 12m　　　　B 8m　　　　C 5m　　　　D 3m

解析：《抗震规范》第 13.3.4 条指出：墙长超过 8m 或层高 2 倍时，宜设置钢筋混凝土构造柱。

答案：B

24-3-43 (2006) 关于砌块女儿墙的构造设计，下列哪条是错误的？

A 女儿墙的厚度不宜小于 200mm

B 抗震设防烈度为 6、7、8 度地区女儿墙的高度超过 0.5m 时，应加设钢筋混凝土构造柱和圈梁

C 女儿墙的顶部应设厚度不小于 60mm 的现浇钢筋混凝土压顶

D 女儿墙不可用加气混凝土砌块砌筑

解析：《民建设计技术措施》第二部分第 4.4.1 条"多层砌体结构建筑墙体的抗震要求"第 8 款指出：砌筑女儿墙厚度宜不小于 200mm（A 项）。

《小型空心砌块规程》第 7.1.10 条和表 7.1.10 规定：多层小砌块砌体房屋中无锚固女儿墙（非出入口处）的最大高度为 0.5m（B 项）。第 7.3.12 条规定：（有抗震设防要求时）小砌块砌体女儿墙高度超过 0.5m 时，应在墙中增设锚固于顶层圈梁构造柱或芯柱做法，构造柱间距不大于 3m，芯柱间距不大于 1.6m；女儿墙顶应设置压顶圈梁，其截面高度不应小于 60mm（C 项），纵向钢筋不应少于 2φ10。

《蒸压加气混凝土标准》中没有女儿墙不可使用加气混凝土砌块砌筑的规定，加气混凝土砌块可用于砌筑女儿墙，参见图集《蒸压加气混凝土砌块建筑构造》13J 104，所以 D 项错误。

答案：D

24-3-44 (2006) 我国自实行采暖居住建筑节能标准以来，最有效的外墙构造为下列何者？

A 利用墙体内空气间层保温　　　　B 将保温材料填砌在夹芯墙中

C 将保温材料粘贴在墙体内侧　　　　D 将保温材料粘贴在墙体外侧

（注：本题 2013 年考过）

解析：最有效的外墙构造是将保温材料粘贴在墙体外侧（墙体外保温），因而是当前推广的做法。

答案：D

24-3-45 (2006) 外墙墙身隔热构造设计，下列哪一条措施是错误的？

A 外表面采用浅色饰面

B 设置通风间层

C 当采用复合墙体时，复合墙体内侧采用密度、蓄热系数较大的重质材料

D 设置带铝箔的封闭空气间且单面贴铝箔时，铝箔宜贴在靠室内一侧

解析：《民用建筑热工设计规范》GB 50176—2016 第 6.1.3 条规定，外墙隔热可采用下列措施。1 宜采用浅色外饰面（A 项）；2 可采用通风墙、干挂通风幕墙等（B 项）；3 设置封闭空气间层时，可在空气间层平行墙面的两个表面涂刷热反射涂料、贴热反射膜或铝箔。当采用单面热反射隔热措施时，热反射隔热层应设置在空气温度较高一侧（即靠室外一侧，所以 D 项错误）；4 采用复合墙体构造时，墙体外侧宜采用轻质材料，内侧宜采用重质材料（C 项）；5 可采用墙面垂直绿化及淋水被动蒸发墙面等；6 宜提高围护结构的热惰性指标 D 值；7 西向墙体可采用高蓄热材料与低热传导材料组合的复合墙体构造。

答案：D

24-3-46 (2006) 下列哪种隔墙构造不能满足学校中语言教室与一般教室之间隔墙的要求？

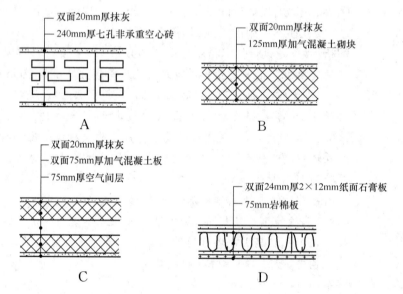

(注：本题 2007 年考过)

解析：《隔声规范》第 5.2.1 条表 5.2.1 规定：学校中语言教室与一般教室之间隔墙的隔声指标为≥50dB，相关技术资料中规定：A 项为 48～53dB，B 项为 40～45dB，C 项为 60dB，D 项为 50～55dB。故 B 项不满足要求。

答案：B

24-3-47 (2005) 下列何种墙体不能作为承重墙？
A 灰砂砖墙   B 粉煤灰砖墙
C 黏土空心砖墙   D 粉煤灰中型砌块墙

解析：烧结黏土空心砖孔洞率较大，自重轻，但强度低，只能用于填充墙或隔墙等非承重墙。由于考虑节能、节地等因素，黏土空心砖的生产量也日益减少。

答案：C

24-3-48 (2005) 在抗震设防区多层砌体（多孔砖、小砌块）承重房屋的层高，不应超过下列何值？

A 3.3m   B 3.6m
C 3.9m   D 4.2m

解析：《抗震规范》第 7.1.3 条规定：多层砌体（多孔砖、小砌块）承重房屋的层高为 3.60m（注：底部框架—抗震墙房屋的层高不得超过 4.50m）。

答案：B

24-3-49 (2005) 当混凝土空心砌块墙采用下列同等厚度的保温材料作外保温时，哪种材料墙体的平均传热系数最大？

A 聚苯颗粒保温砂浆   B 憎水珍珠岩板
C 水泥聚苯板   D 发泡聚苯板

解析：查阅《民用建筑热工设计规范》GB 50176—2016 附录 B.1 表 B.1 "常用建筑材料热物理性能计算参数"可知各材料的导热系数 λ 分别为：A 项 0.070～0.090W/(m·K)；B 项 0.058～0.070W/(m·K)；D 项 0.033～0.039W/(m·K)。查阅其他有关资料可知 C 项水泥聚苯板为 0.09W/(m·K)，在 4 种材料中导热系数最大，所以目前已淘汰不用。

答案：C

24-3-50 (2005) 下列哪一种隔墙荷载最小？

A 双面抹灰板条隔墙
B 轻钢龙骨纸面石膏板隔墙
C 100mm 厚加气混凝土砌块隔墙
D 90mm 厚增强石膏条板隔墙

解析：《建筑结构荷载规范》GB 50009—2012 附录 A 中规定：A 项为 0.90kN/m^2，B 项为 0.27～0.54kN/m^2，C 项为 0.55kN/m^2，D 项为 0.45kN/m^2。故 B 项荷载最小。

答案：B

24-3-51 (2005) 下列哪一种轻质隔墙较适用于卫生间、浴室？

A 轻钢龙骨纤维石膏板隔墙   B 轻钢龙骨水泥加压板隔墙
C 加气混凝土砌块隔墙   D 增强石膏条板隔墙

解析：石膏板和加气混凝土砌块均不宜用作潮湿房间如卫生间、浴室等的隔墙，轻钢龙骨水泥加压板隔墙吸水性较小，可以用于卫生间、浴室。

答案：B

24-3-52 (2005) 多层砌体房屋在抗震设防烈度为 8 度的地区，下述房屋中砌体墙段的局部尺寸限值，何者不正确？

A 承重窗间墙最小距离为 1.2m
B 承重外墙尽端至门窗洞边的最小距离为 1.5m
C 非承重外墙尽端至门窗洞边的最小距离为 1.0m
D 内墙阳角至门窗洞边的最小距离为 1.5m

解析：《抗震规范》第 7.1.6 条规定：多层砌体房屋在抗震设防烈度为 8 度（设计基本地震加速度为 0.20g）的地区承重外墙尽端至门窗洞边的最小距离

为 1.20m。

答案：B

24-3-53 (2005) 在轻钢龙骨石膏板隔墙中，要提高其限制高度，下列措施中，哪一种效果最差？

A 增大龙骨规格　　　　　　B 缩小龙骨间距
C 在空腹中填充轻质材料　　D 增加石膏板厚度

解析：依据《住宅装修施工规范》的规定分析：增大龙骨规格，缩小龙骨间距和增加石膏板厚度均对提高隔墙高度有明显作用。但在龙骨间填充轻质材料只能提高墙体隔声效果，不能提高隔墙高度。

答案：C

24-3-54 (2004) 砖砌外墙的防潮层位置，下列何者正确？

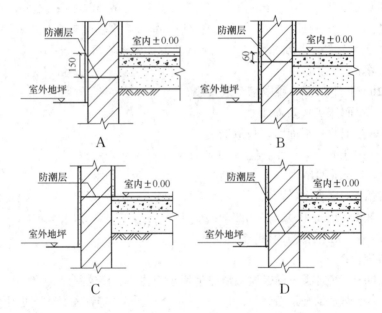

解析：根据防潮层的作用分析，B 图的防潮作用最好。防潮层一般应做在室内地坪与室外地坪之间，标高在 -0.060m 处为最佳。《民建统一标准》第 6.10.3 条指出：砌筑墙体应在室外地面以上、位于室内地面垫层处设置连续的水平防潮层。

答案：B

24-3-55 (2004) 下列围护结构中，何者保温性能最好？

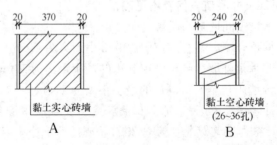

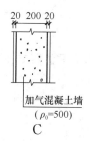
C

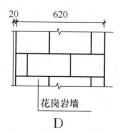
D

解析：因为加气混凝土表观密度小、导热系数小、传热系数低，因而保温性能最好（上述材料按保温性能优劣的排序为：加气混凝土、黏土空心砖、黏土实心砖、花岗石）。

计算：

热阻 R ＝结构材料的厚度 d（单位：m）/结构材料的导热系数 λ（单位：W/m·K）

传热系数 K ＝结构材料的导热系数 λ/结构材料的厚度 d

查阅《民用建筑热工设计规范》GB 50176—2016 附录 B 热工设计计算参数第 B.1 条表 B.1 "常用建筑材料热物理性能计算参数"可知各选项材料的导热系数 λ 值。

A 项，砖的导热系数 λ＝0.81 或 0.71，结构厚度 d＝0.37（未算抹面），传热系数 K＝0.81/0.37＝2.18[W/(m²·K)]，或 0.71/0.37＝1.92[W/(m²·K)]。

B 项，空心砖的导热系数 λ＝0.58，结构厚度 d＝0.24（未算抹面），K＝0.58/0.24＝2.41[W/(m²·K)]

C 项，干密度 ρ_0＝500 的加气混凝土的导热系数 λ＝0.14，结构厚度 d＝0.20（未算抹面）K＝0.14/0.20＝0.7[W/(m²·K)]

D 项，花岗岩石材的导热系数 λ＝3.49，结构厚度 d＝0.62（未算抹面），K＝3.49/0.62＝5.62[W/(m²·K)]

结论：D 项花岗岩墙体的传热系数最大，因而保温性能最差，C 项加气混凝土墙最好。

答案：C

24-3-56（2004）一板式住宅楼，进深 12m，长 50m，下述可选层数中，何者最有利于节能？

A 四层

B 五层

C 六层

D 六层跃局部七层（七层占六层的 50％面积）

解析：建筑物"体形系数"越小，越有利于节能。《严寒和寒冷地区居住建筑节能设计标准》JGJ 26—2018 第 2.1.1 条指出，体形系数是指建筑物与室外大气接触的外表面积与其所包围的体积的比值。外表面积中，不包括地面和不供暖楼梯间等公共空间内墙及户门的面积。基底面积不变时建筑物的高度越大，其体形系数越小；外表面凹凸越小，其体形系数越小。经计算 C

项体形系数最小，最有利于节能。

答案：C

24-3-57 (2004) 住宅分户轻质隔墙的隔声标准的隔声量最低限值是( )dB。
A 30　　　　　B 35　　　　　C 45　　　　　D 50

解析：《隔声规范》第4.2.1条表4.2.1中规定：住宅分户墙的空气声隔声标准最低限值为≥45dB。

答案：C

24-3-58 (2004) 用增强石膏空心条板或水泥玻纤空心条板（GRC板）作为轻质隔墙，墙体高度一般限制为( )。
A ≤3.0m　　　B ≤3.5m　　　C ≤4.0m　　　D ≤4.5m

解析：《轻质条板隔墙规程》第3.2.3条规定，条板的主要规格尺寸应符合下列规定：条板的长度标志尺寸（L）应为楼层高减去梁高或楼板厚度及安装预留空间，并宜为2200~3500mm。由此可知轻质条板隔墙的高度一般应不超过板的长度即3.5m，否则需要接板安装。

答案：B

24-3-59 (2004) 在下列轻质隔墙中哪一种施工周期最长？
A 钢丝网架水泥聚苯乙烯夹芯板隔墙
B 增强石膏空心条板隔墙
C 玻璃纤维增强水泥轻质多孔条板隔墙
D 工业废渣混凝土空心条板隔墙

解析：因为钢丝网架水泥聚苯乙烯夹芯板隔墙抹灰湿作业过多，故施工周期较长。

答案：A

24-3-60 (2004) 下列轻质隔墙中哪一种自重最大？
A 125mm厚轻钢龙骨每侧双层12mm厚纸面石膏板隔墙
B 120mm厚玻璃纤维增强水泥轻质多孔条板隔墙
C 100mm厚工业废渣混凝土空心条板隔墙
D 100mm厚钢丝网架水泥聚苯乙烯夹芯板隔墙

解析：由《建筑结构荷载规范》GB 50009—2012附录A表A中可以得出：A项为0.27kN/m²，B项为0.34kN/m²；C项为0.45kN/m²；D项为0.95kN/m²。很明显D项100mm厚钢丝网架水泥聚苯乙烯夹芯板隔墙自重最大。

答案：D

24-3-61 (2004) 一般地区，当屋面允许采用无组织排水时，散水宽度应比屋面挑檐宽出( )。
A 100~200mm　　　　　　　B 200~300mm
C 300~400mm　　　　　　　D 400~500mm

解析：《地面规范》第6.0.20条规定：建筑物四周应设置散水、排水明沟或散水带明沟。散水的设置应符合下列要求：散水的宽度，宜为600~1000mm；当采用无组织排水时，散水的宽度可按檐口线放出200~300mm。

答案：B

24-3-62 (2004) 对钢筋混凝土结构中的砌体填充墙，下述抗震措施中何者不正确？

A 砌体的砂浆强度等级不应低于 M5，墙顶应与框架梁密切结合

B 填充墙应沿框架柱全高每隔 500mm 设 2φ6 拉筋，拉筋伸入墙内的长度不小于 500mm

C 墙长大于 5m 时，墙顶与梁宜有拉结，墙长超过层高 2 倍时，设构造柱

D 墙高超过 4m 时，墙体半高宜设置与柱连接通长的钢筋混凝土水平系梁

解析：《抗震规范》第 13.3.4 条规定，钢筋混凝土结构中的砌体填充墙，尚应符合下列要求：……2 砌体的砂浆强度等级不应低于 M5……墙顶应与框架梁密切结合（A 项）。3 填充墙应沿框架柱全高每隔 500~600mm 设 2φ6 拉筋，拉筋伸入墙内的长度，6、7 度时宜沿墙全长贯通，8、9 度时应全长贯通（B 项错误）。4 墙长大于 5m 时，墙顶与梁宜有拉结；墙长超过 8m 或层高 2 倍时，宜设置钢筋混凝土构造柱（C 项）；墙高超过 4m 时，墙体半高宜设置与柱连接且沿墙全长贯通的钢筋混凝土水平系梁（D 项）。

答案：B

24-3-63 (2004) 下列石膏板轻质隔墙固定方法中，哪一条是错误的？

A 石膏板与轻钢龙骨用自攻螺丝固定

B 石膏板与石膏龙骨用粘结剂粘结

C 石膏板接缝处，贴 50mm 宽玻璃纤带，表面腻子刮平

D 石膏板轻质隔墙阳角处，贴 80mm 宽玻璃纤带，表面腻子刮平

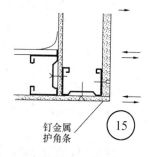

题 24-3-63 解图

解析：《建筑设计资料集 8》第 47 页"石膏板隔墙"图示及"注"指出：①石膏板规格：3000×900（800、1200）×12（9）。②石膏板与轻钢龙骨用自攻螺钉固定，石膏板与石膏板用粘结剂粘结。③拌面刮腻子后做喷涂、刷浆或贴塑料壁纸。节点详图（15）表明：石膏板轻质隔墙阳角处应钉金属护角条（如解图所示）。所以 D 项错误。

答案：D

24-3-64 (2003) 在我国北方，外墙采用保温复合墙时，其构造做法，下列哪一条是错误的？

A 优先选用外保温：即将保温材料布置在外墙的外侧，而将密度大、蓄热系数也大的材料布置在外墙内侧为好

B 必须选用内保温时，应在外墙与楼板、外墙与承重墙交接处采取防热桥保温措施

C 宜设空气间层，其厚度一般以 40~50mm 为宜

D 为提高空气间层保温能力，壁上贴涂铝箔时，铝箔应设在间层的外侧

解析：设置空气间层的保温墙使用铝箔时，铝箔应设在空气间层的内侧。另

现行《民用建筑热工设计规范》GB 50176—2016 第 5.1.5 条规定,提高墙体热阻值可采取下列措施:1 采用轻质高效保温材料与砖、混凝土、钢筋混凝土、砌块等主墙体材料组成复合保温墙体构造;2 采用低导热系数的新型墙体材料;3 采用带有封闭空气间层的复合墙体构造设计。

5.1.6 条规定,外墙宜采用热惰性大的材料和构造,提高墙体热稳定性可采取下列措施:1 采用内侧为重质材料的复合保温墙体;2 采用蓄热性能好的墙体材料或相变材料复合在墙体内侧。

答案:D

24-3-65 (2003) 在我国南方,围护结构的隔热构造设计,下列哪一条措施是错误的?
A 外表面采用浅色饰面
B 设置通风间层
C 当采用复合墙时,密度大,其蓄热系数也大的,宜设在高温一侧
D 设置带铝箔的封闭空气间层,单面设铝箔时,宜设于温度较高的一侧
(注:本题 2006 年也考过)

解析:现行《民用建筑热工设计规范》GB 50176—2016 第 6.1.3 条规定,外墙隔热可采用下列措施:1 宜采用浅色外饰面(A 项)。2 可采用通风墙、干挂通风幕墙等(B 项)。3 设置封闭空气间层时,可在空气间层平行墙面的两个表面涂刷热反射涂料、贴热反射膜或铝箔。当采用单面热反射隔热措施时,热反射隔热层应设置在空气温度较高一侧(D 项)。4 采用复合墙体构造时,墙体外侧宜采用轻质材料,内侧宜采用重质材料(C 项错误)。5 可采用墙面垂直绿化及淋水被动蒸发墙面等。6 宜提高围护结构的热惰性指标 D 值。7 西向墙体可采用高蓄热材料与低热传导材料组合的复合墙体构造。

答案:C

24-3-66 (2003) 隔墙的隔声性能,与墙体材料的密实性、构造连接的严密性及墙体的吸声性能有关,将下列墙体的隔声性能优劣按其计权隔声量排序,试问哪组是错误的?
Ⅰ.125mm 加气混凝土砌块墙,双面抹灰各 20mm 厚;Ⅱ.120mm 承重实心黏土砖,双面抹灰各 20mm 厚;Ⅲ.轻钢龙骨,75mm 厚空气层,双面各 12mm 厚纸面石膏板;Ⅳ.轻钢龙骨,75mm 厚空气层,双面各双层 12mm 厚纸面石膏板

A Ⅰ>Ⅲ B Ⅱ>Ⅳ
C Ⅱ>Ⅰ D Ⅳ>Ⅲ

解析:双面抹灰 150mm 加气混凝土砌块墙,其隔声量约为 46dB;双面抹灰 120mm 承重实心黏土砖,其隔声量约为 47dB;轻钢龙骨双面各 12mm 厚纸面石膏板,其隔声量约为 37dB;轻钢龙骨双面各双层 12mm 厚纸面石膏板,其隔声量约为 49dB。参见《建筑声学设计原理》(吴硕贤主编,2000 年 12 月出版)第 220 页。

答案:B

24-3-67 (2003) 泰柏板即钢丝网泡沫塑料水泥砂浆复合墙板,下列有关其性能规格

的要点，哪一条为正确的?

A 可用于楼板、屋面板及承重内隔墙
B 规格尺寸一般为 2440mm×1220mm×61mm
C 作为构架采用 14 号镀锌钢丝焊接网笼
D 搬运方便但剪裁拼接较困难

(注：本题 2007 年也考过)

解析：泰柏板由焊接钢丝笼和聚苯乙烯泡沫塑料芯组成，规格为 2440mm×1220mm×75mm，适用于墙身、地板及屋顶（不能用于楼板）。这种板质量轻，不易碎裂，易于剪裁和拼接，便于运往工地组装。

答案：C

24-3-68 下述各项关于圈梁的作用，哪几项是正确的？

Ⅰ．加强房屋整体性；Ⅱ．提高墙体承载力；Ⅲ．减少由于地基不均匀沉降引起的墙体开裂；Ⅳ．增加墙体稳定性

A Ⅰ、Ⅱ、Ⅲ   B Ⅰ、Ⅱ、Ⅳ
C Ⅱ、Ⅲ、Ⅳ   D Ⅰ、Ⅲ、Ⅳ

解析：根据有关规范和教材分析而得。

答案：D

24-3-69 6、7、8、9 度抗震设防烈度时，各种层数砌体结构房屋必须设置构造柱的部位是下列各处中的哪几处？

Ⅰ．外墙四角；Ⅱ．较大洞口两侧；Ⅲ．隔断墙和外纵墙交接处；Ⅳ．大房间内外墙交接处

A Ⅰ   B Ⅰ、Ⅲ
C Ⅰ、Ⅱ、Ⅳ   D Ⅰ、Ⅱ、Ⅲ

解析：《抗震规范》第 7.3.1 条表 7.3.1 规定了多层砖砌体房屋构造柱设置要求，如题 24-3-69 解表所示。

题 24-3-69 解表

房屋层数				设 置 部 位	
6度	7度	8度	9度		
四、五	三、四	二、三		楼、电梯间四角，楼梯斜梯段上下端对应的墙体处；	隔 12m 或单元横墙与外纵墙交接处；楼梯间对应的另一侧内横墙与外纵墙交接处
六	五	四	二	外墙四角和对应转角；错层部位横墙与外纵墙交接处；大房间内外墙交接处；	隔开间横墙（轴线）与外纵墙交接处；山墙与内纵墙交接处
七	≥六	≥五	≥三	较大洞口两侧	内墙（轴线）与外墙交接处；内墙的局部较小墙垛处；内纵墙与横墙（轴线）交接处

注：较大洞口，内墙指不小于 2.1m 的洞口；外墙在内外墙交接处已设置构造柱时应允许适当放宽，但洞侧墙体应加强。

答案：C

24-3-70 北方寒冷地区采暖房间外墙为有保温层的复合墙体，如设隔汽层，隔汽层应设于下述什么部位？

Ⅰ．保温层的外侧；Ⅱ．保温层的内侧；Ⅲ．保温层的两侧；Ⅳ．围护结构的内表面

A　Ⅰ、Ⅱ　　　　　　　　　　　　B　Ⅱ
C　Ⅱ、Ⅳ　　　　　　　　　　　　D　Ⅲ、Ⅳ

解析：隔汽层的作用是为了防止保温层受潮而失效，因而应放在保温层的内侧。

答案：B

24-3-71 抗震设防烈度为8度的多层砖墙承重建筑，下列防潮层做法中应选哪一种？

A　在室内地面下一皮砖处铺油毡一层、玛琋脂粘结
B　在室内地面下一皮砖处做一毡二油、热沥青粘结
C　在室内地面下一皮砖处做20mm厚1∶2水泥砂浆，加5％防水剂
D　在室内地面下一皮砖外做二层乳化沥青粘贴一层玻璃丝布

解析：在抗震设防地区为防止墙体在水平力作用下产生位移，不能采用卷材防潮层做法，而应选用防水砂浆或细石混凝土防潮层的做法。

答案：C

24-3-72《严寒和寒冷地区居住建筑节能设计标准》JGJ 26—2010中对寒冷地区住宅建筑的节约设计技术措施作出明确规定，下列设计措施的表述，哪一条不符合该标准的规定？

A　在住宅楼梯间设置外门
B　采用气密性好的门窗，如加密闭条的钢窗、推拉塑钢窗等
C　在钢阳台门的钢板部分粘贴20mm泡沫塑料
D　北向、东西向、南向外墙的窗、墙面积比控制在25％、35％、40％

解析：《严寒和寒冷地区居住建筑节能设计标准》JGJ 26—2018第4.1.4条指出：寒冷地区北向、东西向、南向窗墙面积比应分别不应大于30％、35％、50％。

答案：D

24-3-73 下列有关室内隔声标准中，哪一条不合规定？

A　有安静度要求的室内做吊顶时，应先将隔墙超过吊顶砌至楼板底
B　建筑物各类主要用房的隔墙和楼板的空气声计权隔声量不应小于30dB
C　楼板的计权规范化撞击声压级不应大于75dB
D　居住建筑卧室的允许噪声级应为：白天45dB，黑夜37dB

解析：查找《隔声规范》，住宅、学校、医院等的最低空气声计权隔声量要求分别为≥45dB、≥45dB、≥40dB。

答案：B

24-3-74 下列有关轻钢龙骨和纸面石膏板的做法，哪条不正确？

A　吊顶轻钢龙骨一般600mm间距，南方潮湿地区可加密至300mm

B 吊顶龙骨构造有双层、单层两种，单层构造属于轻型吊顶

C 纸面石膏板接缝有无缝、压缝、明缝三种构造处理，无缝处理是采用石膏腻子和接缝带抹平

D 常用纸面石膏板有 9.5mm 和 12mm 两种厚度，9.5mm 主要用于墙身，12mm 主要用于吊顶

解析：由相关标准图得知，9.5mm 主要用于吊顶，12mm 主要用于隔墙。

答案：D

24-3-75 下列有关预制水磨石厕所隔断的尺度中，何者不合适？

A 隔间门向外开时为不小于 900mm×1200mm，向内开时为不小于 900mm×1400mm

B 隔断高一般为 1.50～1.80m

C 水磨石预制隔断的厚度一般为 50mm

D 门宽一般为 600mm

解析：由相关标准图中得知，水磨石预制隔断厚度一般为 30mm。

答案：C

24-3-76 钢筋混凝土过梁两端各伸入砖砌墙体的长度应不小于(　　)mm。

　　A 60　　　　B 120　　　　C 180　　　　D 240

解析：《抗震规范》第 7.3.10 条中指出：门窗洞处不应采用砖过梁；过梁支承长度，6～8 度设防时不应小于 240mm。

答案：D

24-3-77 抗震设防地区的砖砌体建筑，下列措施中哪一项是不正确的？

A 不应采用无筋砖过梁作为门窗过梁

B 基础墙的水平防潮层可用油毡，并在上下抹 15mm 厚 1：2 水泥砂浆

C 地面以下的砌体不宜采用空心砖

D 不可采用空斗砖墙

解析：抗震设防地区不得采用油毡等防水卷材做防潮层，因为油毡等卷材与砂浆不能粘结在一起。

答案：B

24-3-78 下列因素中哪一项不是建筑物散水宽度的确定因素？

A 土壤性质、气候条件

B 建筑物的高度

C 屋面排水形式

D 建筑物的基础超出墙外皮的宽度

解析：旧版《建筑地面设计规范》GB 50037—1996 第 6.0.24.1 条规定：散水的宽度，应根据土壤性质、气候条件、建筑物的高度和屋面排水形式确定，宜为 600～1000mm；当采用无组织排水时，散水的宽度可按檐口线放出 200～300mm。

应注意，现行《地面规范》删除了关于确定散水宽度的各项因素的内容，其他内容一致。如第 6.0.20 条规定：建筑物四周应设置散水、排水明

沟或散水带明沟。散水的设置应符合下列要求：散水的宽度，宜为600～1000mm；当采用无组织排水时，散水的宽度可按檐口线放出200～300mm。

答案：D

24-3-79 关于建筑物散水的设置要求，下列哪一项是正确的？

A 有组织排水时，散水宽度宜为1500mm左右

B 散水的坡度可为3‰～5‰

C 当采用混凝土散水时，可不设置伸缩缝

D 散水与外墙之间的缝宽可为10～15mm，应用沥青类物质填缝

解析：《地面规范》第6.0.20条规定：建筑物四周应设置散水、排水明沟或散水带明沟。散水的设置应符合下列要求：1 散水的宽度，宜为600～1000mm（A项错误）；当采用无组织排水时，散水的宽度可按檐口线放出200～300mm；2 散水的坡度宜为3‰～5‰（B项）。当散水采用混凝土时，宜按20～30m间距设置伸缝（C项错误）。散水与外墙交接处宜设缝，缝宽为20～30mm（D项错误），缝内应填柔性密封材料。

答案：B

24-3-80 抗震设防地区半砖填充墙，下列哪一项技术措施是错误的？

A 填充墙砌至结构板底或梁底

B 当房间有吊顶时，填充墙砌至吊顶上300mm

C 砖的强度等级不宜低于MU2.5，砂浆强度等级不应低于M5

D 填充墙高度超过4m，长度超过5m，应采取加强稳定性措施

解析：《非结构构件抗震设计规范》JGJ 339—2015第4.2.3条规定，钢筋混凝土结构中的填充墙，应符合下列规定：2 砌体填充墙宜与主体结构采用柔性连接，当采用刚性连接时应符合下列规定：

2）砌体的砂浆强度等级不应低于M5，实心块体的强度等级不宜低于MU2.5，空心块体的强度等级不宜低于MU3.5（C项），墙顶应与框架梁紧密结合（A项正确，B项错误）。

4）墙长大于5m时，墙顶与梁宜有拉结（D项）……墙高超过4m时，墙体半高宜设置与柱连接且沿墙全长贯通的钢筋混凝土水平系梁（D项）。

另第4.2.1条第1款也规定：非承重墙体宜优先采用轻质材料；采用砌体墙时，应采取措施减少对主体结构的不利影响，并应设置拉结筋、水平系梁、圈梁、构造柱等与主体结构可靠连接。

答案：B

24-3-81 当圈梁被窗洞切断时，应搭接补强，可在洞口上部设置一道不小于圈梁断面的过梁，称为附加圈梁。如图所示，其与圈梁的搭接长度 l 应不小于( )H。

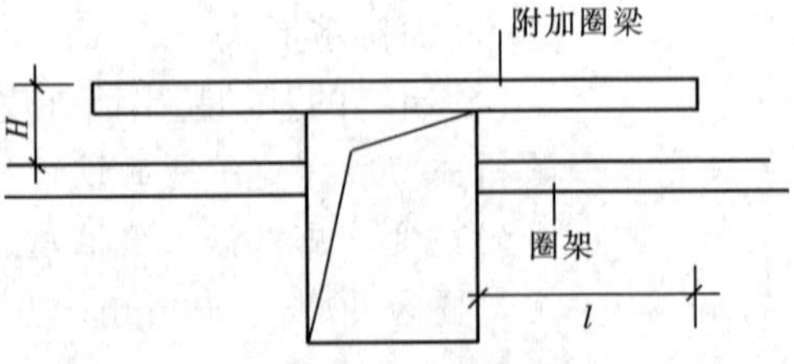

A 1　　　B 1.2　　　C 1.5　　　D 2.0

题24-3-81图

解析：《全国民用建筑工程设计技术措施—结构（砌体结构）2009年》第5.2.2条第1款规定：圈梁宜连续地设置在同一水平面上，并形成封闭状。当圈梁被门窗洞口截断时，应在洞口上部增设相同截面的附加圈梁。附加圈梁与圈梁的搭接长度不应小于其中到中垂直间距的2倍，且不得小于1m（见解图1），当其垂直间距小于500mm时，圈梁也可沿洞口两侧垂直拐弯与过梁连成框架，并增设连接构造钢筋（见解图2）。

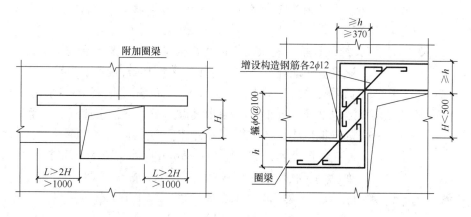

题24-3-81解图1　附加圈梁　　　题24-3-81解图2　圈梁拐弯处构造

答案：D

24-3-82 为了防止土中水分从基础墙上升，使墙身受潮而腐蚀，因此须设墙身防潮层。防潮层一般设在室内地坪以下(　　)mm处。

A　10　　　　B　50　　　　C　60　　　　D　>60

解析：60mm处也是地面垫层的中下部，防潮效果最好。

答案：C

24-3-83 各类隔墙的安装应满足有关建筑技术要求，但是下列哪一条不属于满足范围？

A　稳定、抗震　B　保温　　　C　防空气渗透　D　防火、防潮

解析：隔墙无保温要求。

答案：B

24-3-84 多层建筑采用烧结多孔砖承重墙体时，有些部位必须改用烧结实心砖砌体，以下表述哪一条是不恰当的？

A　地下水位以下砌体不得采用多孔砖

B　防潮层以下不宜采用多孔砖

C　底层窗台以下砌体不得采用多孔砖

D　冰冻线以上，室外地面以下不得采用多孔砖

解析：底层窗台至墙身防潮层范围内可以采用烧结多孔砖。

答案：C

24-3-85 抗震设防烈度为8度的6层砖墙承重住宅建筑，有关设置钢筋混凝土构造柱的措施，下述各条中哪一条是不恰当的？

A 在外墙四角及宽度大于或等于2.1m的内墙洞口应设置构造柱
B 在内墙与外墙交接处及楼梯间横墙与外墙交接处应设置构造柱
C 构造柱的最小截面为240mm×180mm,构造柱与砖墙连接处砌成马牙槎并沿墙高每隔500mm设2ϕ6的钢筋拉结,每边伸入墙内1m
D 构造柱应单独设置柱基础

解析:《抗震规范》第7.3.1条表7.3.1及7.3.2条规定:构造柱可不单独设置基础,但应伸入室外地面下500mm,或与埋深小于500mm的基础圈梁相连。

答案:D

24-3-86 有关加气混凝土砌块墙体构造的叙述,下列哪一条是错误的?

A 建筑室外地坪以下的墙体不得采用加气混凝土砌体
B 长期浸水或经常干湿交替部位(如浴、厕等)不得采用加气混凝土砌体
C 墙表面经常处于80℃以上高温环境不得采用加气混凝土砌体
D 加气混凝土砌体的饰面应在抹灰前24h先浇水两遍,抹灰前1h再浇水一遍,随刷水泥浆一道。抹6mm厚水泥石灰砂浆打底。饰面的中层及面层可与其他墙体抹灰相同

解析:依据《蒸压加气混凝土标准》第4.1.1条,下列情况下不得采用蒸压加气混凝土制品:1 建筑物防潮层以下的外墙(A项正确);2 长期处于浸水或化学侵蚀的外墙(B项正确);3 表面温度经常处于80℃以上的部位(C项正确)。第8.4.1条,抹灰施工应符合下列规定:1 墙体抹灰宜在砌筑完成60d后进行,且应在砌体工程质量检验合格后方可施工;2 墙体抹灰前,应先将基层表面清扫干净;3 不同材质的基体交接处,应在抹灰前铺设加强网,加强网与各基体的搭接宽度不应小于100mm;门窗洞口、阳角处应做加强护角;4 墙体抹灰宜采用机械喷涂方式;5 当抹灰砂浆的抹灰厚度大于10mm时,应分层抹灰,并应在第一层初凝时将抹灰面上每隔2000mm左右划出分隔缝,缝深应至基层墙体;6 每层砂浆应分别压实、抹平,抹平应在砂浆初凝前完成;每层抹灰砂浆在常温条件下应间隔10~16h,表面应搓光处理,严禁用铁抹子压光;7 抹灰砂浆层凝结后应及时保湿养护,养护时间不得少于7d。综上所述,D项错误。

答案:D

24-3-87 抗震设防为6度的5层砖墙承重办公楼,底层层高3.6m,开间3.6m,在两道承重横墙之间后砌半砖厚非承重砖墙,墙上开设宽1.0m、高2.7m的门,下列构造措施中,哪一条不恰当?

A 隔墙每隔500mm配2ϕ6钢筋与承重横墙拉结,每边伸入承重墙500mm
B 隔墙下地面混凝土垫层沿隔墙方向局部加大为150mm厚、300mm宽
C 门洞选用1500mm长钢筋混凝土预制过梁
D 隔墙顶部与楼板之间的缝隙用木楔塞紧,砂浆填缝

解析:《抗震规范》第13.3.3条第1款规定:(多层砌体结构中)后砌的非承重隔墙应沿墙高每隔500~600mm配置2ϕ6拉结钢筋与承重墙或柱拉结,每边伸入墙内不应少于500mm(A项)。

第7.3.10条规定：门窗洞处不应采用砖过梁；过梁支承长度，6~8度时不应小于240mm（C项），9度时不应小于360mm。隔墙顶部与楼板应采用砖斜砌，并用砂浆填缝，所以D项错误。

答案：D

24-3-88 下列厕所、淋浴隔间的尺寸，哪一种是不恰当的？

A 外开门厕所隔间平面尺寸为宽900mm，深1200mm

B 内开门厕所隔间平面尺寸为宽900mm，深1300mm

C 外开门淋浴隔间平面尺寸为宽1000mm，深1200mm

D 淋浴隔间隔板高1800mm

解析：查找《建筑构造通用图集 卫生间、洗池》88J8，内开门厕所隔间尺寸应为900mm×1400mm。

答案：B

24-3-89 下列卫生设备间距尺寸，哪一种是不恰当的？

A 并列小便斗中心间距为550mm

B 并列洗脸盆水嘴中心间距为700mm

C 浴盆长边与对面墙面净距为650mm

D 洗脸盆水嘴中心与侧墙净距为550mm

解析：查《建筑构造通用图集 卫生间、洗池》88J8，小便斗中心间距应为650mm。

答案：A

24-3-90 加气混凝土砌块墙在用于以下哪个部位时不受限制？

A 山墙　　　　　　　　　B 内隔墙（含卫生间隔墙）

C 女儿墙压顶、窗台处　　D 外墙勒脚

解析：依据《蒸压加气混凝土标准》第4.1.1条，下列情况下不得采用蒸压加气混凝土制品：1 建筑物防潮层以下的外墙（D项不可用）；第5.5.3条，砌体女儿墙墙顶部应设高度不小于200mm、配置2根直径5mm纵向钢筋的压顶梁，且压顶梁与构造柱整体现浇混凝土强度等级不应低于C20（C项不可用）。第8.5.2条，当蒸压加气混凝土制品用于卫生间、淋浴间墙体时，整片墙体应做防水处理（B项可用）。第4.2.3条，蒸压加气混凝土制品外墙（A项可用）和屋面的传热阻R_0、传热系数K值和热惰性指标D值，应按现行国家标准《民用建筑热工设计规范》GB 50176的规定计算。

根据以上这些规定可知：女儿墙压顶（应用现浇钢筋混凝土而不是砌体）和勒脚的防潮层以下部分外墙都不得采用加气混凝土砌块墙，而外墙（山墙）和内隔墙（含卫生间隔墙）都可以采用，所以应选A、B。

答案：A、B

24-3-91 替代烧结实心砖的KP1型烧结多孔砖，其长×宽×厚的尺寸及孔隙率是多少？

A 240mm×115mm×90mm，孔隙率为40%

B 240mm×240mm×120mm，孔隙率为40%

C 240mm×115mm×90mm，孔隙率为25％

D 240mm×115mm×53mm，孔隙率为0

解析：查《建筑材料术语标准》JGJ/T 191—2009 第6.1.4条：多孔砖（是指）孔洞率不小于25％，孔的尺寸小而数量多的砖。

答案：C

24-3-92 下述承重砌体对最小截面尺寸的限制，哪一条表述是不恰当的？

A 承重独立砖柱，截面尺寸不应小于240mm×240mm

B 240mm厚承重砖墙上设6m跨度大梁时，应在支承处加壁柱

C 毛料石柱截面尺寸不应小于400mm×400mm

D 毛石墙厚度，不宜小于350mm

解析：《砌体规范》第6.2.5条规定：承重的独立砖柱截面尺寸不应小于240mm×370mm。毛石墙的厚度不宜小于350mm，毛料石柱较小边长不宜小于400mm（注：当有振动荷载时，墙、柱不宜采用毛石砌体）。

第6.2.8条规定：当梁跨度大于或等于下列数值时，其支承处宜加设壁柱，或采取其他加强措施：1 对240mm厚的砖墙为6m；对180mm厚的砖墙为4.8m；2 对砌块、料石墙为4.8m。

答案：A

24-3-93 7度抗震设防多层砌体房屋的以下局部尺寸，哪一处不符合《建筑抗震设计规范》要求？

A 承重窗间墙宽100cm

B 承重外墙尽端至门窗洞边最小距离100cm

C 非承重外墙尽端至门窗洞边最小距离100cm

D 无锚固女儿墙高60cm

解析：《抗震规范》第7.1.6条表7.1.6中规定，无锚固女儿墙的最大高度，6、7、8度抗震设防时均应为50cm。

答案：D

24-3-94 承重混凝土小型空心砌块墙体的下述砌筑构造，哪一条是正确的？

A 小型砌块上下皮搭砌长度为砌块高度的1/4，为100mm

B 小型砌块上下皮搭砌长度为砌块高度的1/3，为150mm

C 小型砌块上下皮搭砌长度为90mm

D 小型砌块上下皮搭砌长度为200mm

解析：《小型空心砌块规程》第8.4.7条规定：小砌块砌筑形式应每皮顺砌。当墙、柱（独立柱、壁柱）内设置芯柱时，小砌块必须对孔、错缝、搭砌，上下两皮小砌块搭砌长度应为195mm；当墙体设构造柱或使用多排孔小砌块及插填聚苯板或其他绝热保温材料的小砌块砌筑墙体时，应错缝搭砌，搭砌长度不应小于90mm。否则，应在此部位的水平灰缝中设φ4点焊钢筋网片。

答案：C

24-3-95 混凝土外墙内保温构造节点，图中所示对各部分材料的标注，哪一组是正确的？

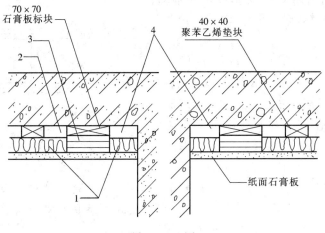

题 24-3-95 图

    A 1-聚苯乙烯塑料；2-空气层；3-石膏板垂直龙骨；4-空气层
    B 1-聚苯乙烯塑料；2-空气层；3-聚苯乙烯塑料；4-聚苯乙烯塑料
    C 1-聚苯乙烯塑料；2-空气层；3-聚苯乙烯塑料；4-空气层
    D 1-聚苯乙烯塑料；2-空气层；3-石膏板垂直龙骨；4-聚苯乙烯塑料

解析： 由于1是聚苯乙烯塑料，从图例上判断，3不是聚苯乙烯塑料，可排除B、C选项。从保温性能来分析，4处选择空气层更有利于保温。

答案： A

24-3-96 下列有关KP1型烧结多孔砖墙的基本尺寸的说法，哪一项是错误的？

    A 12墙厚115mm   B 24墙厚240mm
    C 37墙厚365mm   D 两砖墙厚495mm

解析： KP1型烧结多孔砖的尺寸是240mm×115mm×90mm。墙厚以砖长为单位，两砖墙厚应为490mm（240mm+10mm+240mm）。

答案： D

24-3-97 下列有关地震烈度及震级的说法，哪一项是不正确的？

    A 震级是用来表示地震强度大小的等级
    B 烈度是根据地面受震动的各种综合因素考察确定的
    C 一次地震只有一个震级
    D 一次地震只有一个烈度

解析： 一次地震只有一个震级，而随距离震中的远近，烈度则不相同。

答案： D

24-3-98 在墙体设计中，其自身重量由楼板来承担的墙称为（　　）。

    A 横墙   B 隔墙
    C 窗间墙   D 承重墙

解析： 隔墙的重量由楼板来承担。

答案： B

24-3-99 如图所示轻钢龙骨石膏板隔墙，其空气声隔声值约为( )dB。

A 35　　　　　B 40
C 45　　　　　D 50

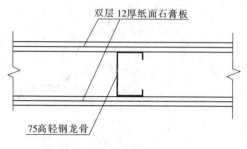

题 24-3-99 图

解析：查阅标准图集《建筑隔声与吸声构造》08J 931 第 15 页 "隔墙 15" 可知题图所示隔墙的计权隔声量 R_w 为 48dB，"R_w+C" 为 44dB。《隔声规范》第 4.2.1 条、5.2.1 条、6.2.1 条、7.2.1 条等都规定了隔墙或楼板的空气声隔声标准衡量的是 "计权隔声量+粉红噪声频谱修正量" 即 "R_w+C" 值。因此题图所示隔墙的空气声隔声值为 44dB，应选数值与 44 最接近的 C 选项。

答案：C

24-3-100 北方寒冷地区的钢筋混凝土过梁，其断面为 L 形的用意是( )。

A 增加建筑美观　　　　B 增加过梁承载力
C 减少热桥　　　　　　D 减少混凝土用量

解析：过梁一般为钢筋混凝土材料，其导热系数很大，在北方寒冷地区是外墙上冬季室内热量大量散失的热桥部位。因此，如解图所示，过梁采用 L 形断面而不是常规的矩形断面，可以减少外露面积即减小热桥作用，有利于冬季保温节能。

答案：C

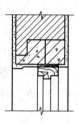

题 24-3-100 解图

24-3-101 以下有关建筑防爆墙的做法，哪一条是错误的?

A 烧结普通砖、混凝土、钢板等材料做成的墙
B 防爆墙可用做承重墙
C 防爆墙不宜穿墙留洞
D 防爆墙上开设门洞时应设置能自行关闭的防火门

解析：《防火规范》条文说明第 3.3.5 指出：防爆墙为在墙体任意一侧受到爆炸冲击波作用并达到设计压力时，能够保持设计所要求的防护性能的实体墙体。防爆墙的通常做法有：钢筋混凝土墙、砖墙配筋和夹砂钢木板。

《纺织工程设计防火规范》GB 50565—2010 第 6.6.1 条第 1 款规定：防爆墙应设置在需要防护爆炸的非爆炸区域的一侧，其耐火极限不应低于 3.00h……防爆墙应为自承重墙。

《印染工厂设计规范》GB 50426—2016 第 5.4.5 条第 4 款规定：防爆墙上不宜开设门、窗，确需开设时，应采用防爆门、窗。当需设置内门时，则应采用门斗并应在不同方位布置甲级防火门。综上，防爆墙不能用作承重墙，B 项是错误的。

答案：B

24-3-102 关于纸面石膏板隔墙的石膏板铺设方向,下列哪一种说法是错误的?

    A 一般隔墙的石膏板宜竖向铺设

    B 曲墙面的石膏板宜横向铺设

    C 隔墙石膏板竖向铺设的防火性能比横向铺设好

    D 横向铺设有利隔声

解析:《住宅装修施工规范》第 9.3.5 条规定:纸面石膏板的安装应符合以下规定:1 石膏板宜竖向铺设,长边接缝应安装在竖龙骨上。没有"横向铺设有利于隔声"这样的说法。

(注:已废止的《建筑装饰工程施工及验收规范》JGJ 73—91 第 6.4.1 条规定:石膏板安装应符合下列规定:石膏板宜竖向铺设,长边(即包封边)接缝宜落在竖龙骨上。但隔断为防火墙时,石膏板应竖向铺设;曲面墙所用石膏板宜横向铺设;替代 JGJ 73—91 的现行《装修验收标准》中不再有这些内容)

答案:D

24-3-103 下列有关轻钢龙骨纸面石膏板隔墙的叙述中,何者不正确?

    A 主龙骨断面 50m×50m×0.63m,间距 450mm,12mm 厚双面纸面石膏板隔墙的限高可达 3m

    B 主龙骨断面 75m×50m×0.63m,间距 450mm,12mm 厚双面纸面石膏板隔墙的限高可达 3.8m

    C 主龙骨断面 100m×50m×0.63m,间距 450mm,12mm 厚双面纸面石膏板隔墙的限高可达 6.6m

    D 卫生间隔墙(防潮石膏板),龙骨间距应加密至 300mm

解析:查有关标准图,其高度应为 4.5m。

答案:C

24-3-104 采用轻钢龙骨石膏板制作半径为 **1000mm** 的曲面隔墙,下述构造方法哪一种是正确的?

    A 先将沿地龙骨、沿顶龙骨切割成 V 形缺口后弯曲成要求的弧度,竖向龙骨按 150mm 左右间距安装。石膏板在曲面一端固定后,轻轻弯曲安装完成曲面

    B 龙骨构造同 A,但石膏板切割成 300mm 宽竖条安装成曲面

    C 沿地龙骨、沿顶龙骨采用加热搣弯成要求弧度,其他构造同 A

    D 龙骨构造同 C,但石膏板切割成 300mm 宽竖条安装成曲面

解析:查有关施工手册可知。

答案:A

24-3-105 轻钢龙骨纸面石膏板隔墙,当其表面为一般装修时,其水平变形标准应≤( )。

    A $H_0/60$ B $H_0/120$

    C $H_0/240$ D $H_0/360$

解析:《建筑构造通用图集 (六)墙身—轻钢龙骨石膏板》88J2 中规定:轻钢龙骨纸面石膏板隔墙的水平变形值为 $H_0/120$。

答案：B

24-3-106 有关轻钢龙骨石膏板隔墙的构造，下述各条中哪一条是错误的？

A 轻钢龙骨石膏板隔墙的龙骨，是由沿地龙骨、沿顶龙骨、加强龙骨、横撑龙骨及配件所组成

B 沿地、沿顶龙骨可以用射钉或膨胀螺栓固定于地面和顶面

C 纸面石膏板采用射钉固定于龙骨上。射钉间距不大于200mm

D 厨房、卫生间等有防水要求的房间隔墙，应采用防水型石膏板

解析：石膏板应用自攻螺钉而不是射钉固定于轻钢龙骨上，见《住宅装修施工规范》第9.3.5条的规定，纸面石膏板的安装应符合以下规定：3 轻钢龙骨应用自攻螺钉固定，木龙骨应用木螺钉固定。沿石膏板周边钉间距不得大于200mm，板中钉间距不得大于300mm，螺钉与板边距离应为10～15mm。

答案：C

（四）楼板、楼地面、路面、阳台和雨篷构造

24-4-1 (2010) 图为嵌草砖路面构造，以下有关该构造的叙述哪项错误？

A 此路适用于车行道　　　　B 嵌草砖下为30厚砂垫层

C 混凝土立缘石标号为C30　　D 嵌草砖可采用透气透水环保砖

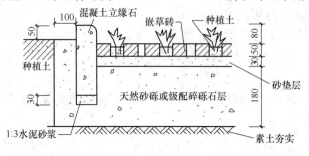

题 24-4-1 图

解析：参考标准图集《工程做法》05J909第SW31页"路6"（如解图所示）的附注，可知嵌草砖路面适用于绿化停车场，因此A项"此路适用于车行道"是错误的。

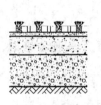

1. 80厚嵌草砖，孔内填黄土拌草子种子
2. 30厚1:1黄土粗砂层
3. 100厚1:6水泥豆石（无砂）大孔混凝土
4. 300厚天然级配碎砾石
5. 素土夯实

题 24-4-1 解图

答案：A

24-4-2（2010）关于不同功能用房楼地面类型的选择，下列哪项是错误的？

A 洁净车间采用现浇水磨石地面
B 机加工车间采用地砖地面
C 宾馆客房采用铺设地毯地面
D 办公场所采用PVC贴面板地面

解析：《地面规范》第3.3.1条规定，有清洁和弹性要求的地面，应符合下列要求：有清洁使用要求时，宜选用经处理后不起尘的水泥类面层、水磨石面层（A项）或板块材面层……第3.2.3条规定：室内环境具有安静要求的地面，其面层宜采用地毯（C项）、塑料或橡胶等柔性材料。第3.2.1条规定：公共建筑中，经常有大量人员走动或残疾人、老年人、儿童活动及轮椅、小型推车行驶的地面，其地面面层应采用防滑、耐磨、不易起尘的块材面层（D项）或水泥类整体面层。第3.5.4条规定：堆放金属块材、铸造砂箱等粗重物料及有坚硬重物经常冲击的地面，宜采用矿渣、碎石等地面。所以机加工车间采用地砖地面是不妥的，B项错误。

答案：B

24-4-3（2010）下列多层建筑阳台临空栏杆的图示中，其栏杆高度哪项错误？

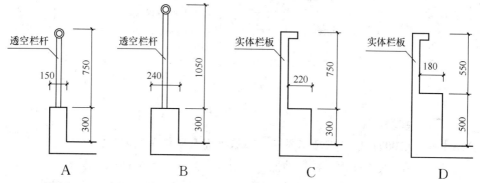

解析：《民建统一标准》第6.7.3条规定，阳台、外廊、室内回廊、内天井、上人屋面及室外楼梯等临空处应设置防护栏杆，并应符合下列规定：

2 当临空高度在24m以下时，栏杆高度不应低于1.05m，当临空高度在24m及24m以上时，栏杆高度不应低于1.10m；

3 栏杆高度应从所在楼地面或屋面至栏杆扶手顶面垂直高度计算，如底面有宽度大于或等于0.22m，且高度低于或等于0.45m的可踏部位时，应从可踏部位顶面起算。

A项、D项的做法没有可踏面，栏杆高度应从阳台地面算起并不应低于1.05m，正确。而B项、C项的做法底部有可踏面，栏杆高度应从可踏面算起并不应低于1.05m，B项正确；C项栏杆高度只有0.75m，错误。

答案：C

24-4-4（2009）常用的车行道路面构造，其起尘最小、消声性最好的是下列哪一种？

A 现浇混凝土路面　　　　　B 沥青混凝土路面
C 沥青表面处理路面　　　　D 沥青贯入式路面

(注：本题2004、2005、2007、2012年也考过)

解析：《建筑设计资料集8》第117页"常用路面的主要性能"中指出：沥青混凝土路面起尘性极小并且噪声小；所以我国城乡常用的路面做法中，起尘最小、消声性最好的是沥青混凝土路面。

答案： B

24-4-5 (2009) 构造图所示为以下哪种场地？

A 羽毛球场地
B 高尔夫球场地
C 网球场地
D 公园草坪

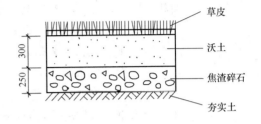

题 24-4-5 图

解析： 参考标准图集《工程做法》05J 909 第 SW27 页"场12—2"（如题24-4-5解图所示）的附注，可知题图所示为天然草坪运动场地，适用于足球、高尔夫球等运动。

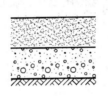

1. 天然草坪
2. 100~300厚种植土
3. 250厚炉渣碎石
4. 素土夯实

题 24-4-5 解图

答案： B

24-4-6 (2009) 以下哪项不属于"建筑地面"所包含的内容？

A 底层地面、楼层地面
B 室外散水、明沟
C 踏步、台阶、坡道
D 屋顶晒台地面、管沟

(注：此题2008年考过)

解析：《地面规范》第1.0.2条规定：本规范适用于建筑中的底层地面和楼层地面以及散水、明沟、踏步、台阶和坡道等的设计。据此可知D项"屋顶晒台地面、管沟"不属于"建筑地面"所包含的内容。

答案： D

24-4-7 (2009) 对建筑地面的灰土、砂石、三合土三种垫层相似点的说法，错误的是（　　）。

A 均为承受并传递地面荷载到基土上的构造层
B 其最小厚度都为100mm
C 垫层压实均需保持一定湿度
D 均可在0℃以下的环境中施工

解析：《建筑地面工程施工质量验收规范》GB 50209—2010 第3.0.11条规定，建筑地面工程施工时，各层环境温度的控制应符合材料或产品的技术要求，并应符合下列规定：1 采用掺有水泥、石灰的拌和料铺设以及用石油沥青胶结料铺贴时，不应低于5℃；3 采用砂、石材料铺设时，不应低于0℃。

答案：D

24-4-8 (2008) 某会展中心急于投入使用，在尚未埋设地下管线的通行路段宜采用(　)。
A 现浇混凝土路面　　　　　　B 沥青混凝土路面
C 混凝土预制块铺砌路面　　　D 泥结碎石路面

解析：混凝土预制块铺砌路面拆装较为方便。

答案：C

24-4-9 (2008) 根据车况选择路面面层构造及宜用厚度，下列哪项不对？
A 电瓶车：50厚沥青混凝土路面
B 小轿车：100厚现浇混凝土路面
C 卡车：180厚现浇混凝土路面
D 大客车：220厚现浇混凝土路面

解析：参考华北标BJ系列图集08 BJ1-1《工程做法》第A4页路12、路13，该路面为混凝土整体路面，适用于小区内车行道、停车场、回车场，其面层为120（180、220）厚C25混凝土。该页附注4指出，路面荷载按：行车荷载≤5t选用120厚面层，行车荷载5～8t选用180厚面层，行车荷载8～13t选用220厚面层。小汽车应按≤5t选用120厚面层。另原华北标88J系列图集88 J1-X1第5页指出，车行荷载按：小卧车5t，可选用120厚混凝土路面，解放牌8t，可选用180厚混凝土路面，大客车13t，可选用220厚混凝土路面。

答案：B

24-4-10 (2008) 地面应铺设在基土上，以下哪种填土经分层、夯实、压密后可成为基土？
A 有机物含量控制在8%～10%的土　　B 经技术处理的湿陷性黄土
C 淤泥、耕植土　　　　　　　　　　D 冻土、腐殖土
（注：本题2005、2007年也考过）

解析：《地面规范》第5.0.4条规定：地面垫层下的填土应选用砂土、粉土、黏性土及其他有效填料，不得使用过湿土、淤泥、腐殖土、冻土、膨胀土及有机物含量大于8%的土。

答案：B

24-4-11 (2008) 有关灰土垫层的构造要点，下列哪条有误？
A 灰土拌合料熟化石灰与黏土宜为3：7的重量比
B 灰土垫层厚度至少100mm
C 黏土不得含有机质
D 灰土需保持一定湿度

解析：《地面规范》第4.2.6条规定：灰土垫层应采用熟化石灰与黏土或粉质黏土、粉土的拌和料铺设，其配合比宜为3：7或2：8，厚度不应小于100mm。另：其材料配比应为体积比，而不是重量比。

答案：A

24-4-12 (2008) 以下哪种材料做法不适合用于艺术展馆的室外地面面层？

　　A 天然大理石板材，15厚水泥砂浆结合层

　　B 花岗岩板材，25厚水泥砂浆结合层

　　C 陶瓷地砖，5厚沥青胶结料铺设

　　D 料石或块石，铺设于夯实后60厚的砂垫层上

解析：分析可得，天然大理石化学性质比较不稳定，不耐风化和酸环境腐蚀，因此一般不适用于室外装饰。

答案：A

24-4-13 (2007) 常用路面中噪声小且起尘少的是哪一类？

　　A 现浇混凝土路面　　　　B 沥青混凝土路面

　　C 预制混凝土路面　　　　D 整齐块石路面

（注：此题2005年、2004年均考过）

解析：《建筑设计资料集8》第117页"常用路面的主要性能"中指出：沥青混凝土路面起尘性极小并且噪声小。

答案：B

24-4-14 (2007) 图示为常用人行道的路面结构形式，其①缝隙和②垫层的构造做法，以下哪个正确？

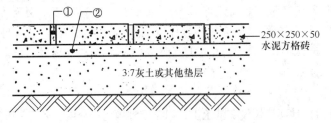

题24-4-14图

　　A ①粗砂填塞缝隙；②粗砂结合层25mm厚

　　B ①M5水泥砂浆灌缝；②M5混合砂浆25mm厚

　　C ①M5水泥砂浆灌缝；②中砂垫层25mm厚

　　D ①细砂填塞缝隙；②M5混合砂浆25mm厚

解析：参考标准图集《工程做法》05J909第SW29页"路3-1"，如图所示：①为石灰粗砂灌缝，撒水封缝；②为30mm厚1：3干硬性水泥砂浆或中砂。

答案：A

24-4-15 (2007) 有关预制混凝土块路面构造的要点，下列哪条不对？

　　A 可用砂铺设

　　B 缝隙宽度不应大于6mm

　　C 用干砂灌缝，洒水使砂沉实

　　D 找平时，在底部不得支垫碎砖、木片，但可用砂浆填塞

解析：参考原华北标88J系列图集88 J1-X1《工程做法》（2000版），预制混凝土块路面用于人行道时，水泥砂浆结合层可酌情改用粗砂；板块缝隙不宜大于6mm；可采用砂或砂浆灌缝。另国标图集《工程做法》05J909中预

制混凝土块路面的做法见题 24-4-15 解图的提示。

| 路3-1 | 280~290 | 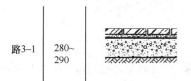 | 1. 50~60厚混凝土路面砖，缝宽5~10，石灰粗砂灌缝，撒水封缝
2. 30厚1:3干硬性水泥砂浆或中砂
3. 200厚3:7灰土或级配砂石分两步夯实
4. 素土夯实 | 1. 本做法适用于人行道。
2. 混凝土砖规格由设计人定。 |

题 24-4-15 解图

答案：D

24-4-16 (2007) 城市住宅的楼面构造中"填充层"厚度主要取决于（　　）。
　　A　材料选择因素　　　　　　B　敷设管线及隔声要求
　　C　楼板找平所需　　　　　　D　厨、卫防水找坡

解析：国标图集《工程做法》05J909 第76页"楼地面分项说明"第1.3条指出：楼面的填充层主要作为敷设管线用，也兼有隔声保温之用。

答案：B

24-4-17 (2007) 现浇水磨石地面构造上嵌条分块的最主要的作用是（　　）。
　　A　控制面层厚度　　　　　　B　便于施工、维修
　　C　以防面层开裂　　　　　　D　分块图案美观

解析：现浇水磨石地面构造上用嵌条分块最主要的作用是防止面层开裂，兼有方便施工和维修以及利于美观的作用。

答案：C

24-4-18 (2007) 地面混凝土垫层兼面层的强度不应低于（　　）。
　　A　C10　　　　B　C15　　　　C　C20　　　　D　C25
（注：此题2004年考过）

解析：《地面规范》第4.2.5条规定：混凝土垫层的强度等级不应低于C15，当垫层兼面层时，强度等级不应低于C20。第A.0.1条表A.0.1也如此规定。

答案：C

24-4-19 (2006) 场地内消防车道的最小转弯半径是多少？
　　A　9m　　　　B　12m　　　　C　15m　　　　D　18m

解析：《民建设计技术措施》第一部分第4.2.1条指出：消防车道宽度不应小于4m；转弯半径轻型消防车不应小于9～10m，重型消防车不应小于12m；穿过建筑物门洞时其净高不应小于4m；供消防车停留操作的场地坡度不宜大于3%。

答案：A

24-4-20 (2006) 关于地面垫层最小厚度的规定，以下哪一项是不正确的？
　　A　砂垫层的最小厚度为60mm
　　B　三合土、3：7灰土垫层的最小厚度为100mm
　　C　混凝土垫层的强度等级为C10时，最小厚度为100mm
　　D　炉渣垫层的最小厚度为80mm

解析：根据《地面规范》第4.2.7、4.2.6、4.2.8及4.2.9条知A、B、D正确，又第4.2.2和4.2.5条规定：混凝土垫层的最小厚度为80mm，强度等级为C15。

答案：C

24-4-21 (2006) 住宅强化复合地板属无粘结铺设，关于该地板的工程做法，下列哪条是错误的？

A 基层上应满铺软泡沫塑料防潮层
B 板与板之间采用企口缝用胶粘合
C 房间长度或宽度超过12m时，应在适当位置设置伸缩缝
D 安装第一排板时，凹槽面靠墙，并与墙之间留8～10mm的缝隙

解析：《住宅装修施工规范》第14.3.3条规定，强化复合地板铺装应符合下列规定：1 防潮垫层应满铺平整，接缝处不得叠压；2 安装第一排时应凹槽面靠墙，地板与墙之间应留有8～10mm的缝隙；3 房间长度或宽度超过8m时（C项错误），应在适当位置设置伸缩缝。

答案：C

24-4-22 (2005) 下列车行道路面类型中，哪一种等级最低（垫层构造相同）？

A 沥青贯入式　　　　　B 沥青表面处理
C 预制混凝土方砖　　　D 沥青混凝土

解析：《建筑设计资料集8》第117页表1"常用车行道路面结构形式"中指出：预制混凝土方砖、沥青混凝土为高级路面，沥青贯入式、沥青表面处理为次高级路面。另该页表2"常用路面的主要性能"中指出：沥青贯入式路面起尘性小，少量噪声；而沥青表面处理路面起尘性小，有噪声。因此判断沥青表面处理路面比沥青贯入式性能差，在4个选项中等级最低。

答案：B

24-4-23 (2005) 道路边缘铺设的路边石有立式和卧式两种，混凝土预制的立式路边石一般高出道面多少？

A 100mm　　B 120mm　　C 150mm　　D 200mm

解析：《城市道路工程设计规范》CJJ 37—2012第5.5.2条规定：立缘石宜设置在中间分隔带、两侧分隔带及路侧带两侧；当设置在中间分隔带及两侧分隔带时，外露高度宜为15～20cm；当设置在路侧带两侧时，外露高度宜为10～15cm。另查华北标准图集《工程做法》08 BJ 1-1可知，立式路边石（道牙）一般高出道面150mm。

答案：C

24-4-24 (2005) 地面垫层下的填土不得使用下列哪一种土？

A 砂土　　　B 粉土　　　C 黏性土　　　D 杂填土

解析：《地面规范》第5.0.4条规定：地面垫层以下的填土应选用砂土、粉土、黏性土及其他有效填料，不得使用过湿土、淤泥、腐殖土、冻土、膨胀土以及有机物含量大于8%的杂填土。

答案：D

24-4-25 (2005) 下列哪一种楼地面，不宜设计为幼儿园的活动室、卧室的楼地面？

A 陶瓷地砖　　　B 木地板　　　C 橡胶　　　D 菱苦土

解析：《地面规范》第3.2.4条规定：供儿童活动的场所地面，其面层宜采用木地板、强化复合木地板、塑胶地板等暖性材料。《托儿所、幼儿园建筑设计规范》JGJ 39—2016第4.3.7条指出：活动室、寝室、多功能活动室等幼儿使用的房间应做暖性、有弹性地面。

答案：A

24-4-26 (2004) 公共建筑中，经常有大量人员走动的楼地面应着重从哪种性能选择面层材料？

A 光滑、耐磨、防水　　　　　　B 耐磨、防滑、易清洁
C 耐冲击、防滑、弹性　　　　　D 易清洁、暖性、弹性

解析：《地面规范》第3.2.1条规定：公共建筑中，经常有大量人员走动的楼地面应选用防滑、耐磨、不易起尘的块材面层或水泥类整体面层（如无釉地砖、大理石、花岗石、水泥花砖、现浇水磨石等）。

答案：B

24-4-27 (2004) 一般民用建筑中地面混凝土垫层的最小厚度可采用（　　）。

A 50mm　　　B 60mm　　　C 70mm　　　D 80mm

解析：《地面规范》第4.2.2条规定：建筑地面混凝土垫层的最小厚度应是80mm。

答案：D

24-4-28 (2003) 关于采暖居住建筑的热工设计，下列哪条符合采暖住宅建筑节能设计有关标准规定？

A 外廊式住宅的外廊可不设外窗
B 除共用楼梯间的集合式住宅外，住宅的楼梯间在底层出入口处均应设外门
C 消防车道穿过住宅建筑的下部时，消防车道上面的住宅地板应采用耐火极限不低于1.5小时的非燃烧体，可不再采取保温措施
D 住宅下部为不采暖的商场时，其地板也应采取保温措施

解析：《民用建筑热工设计规范》GB 50176—2016第4.2.5条规定：严寒地区和寒冷地区的建筑不应设开敞式楼梯间（B项错误）和开敞式外廊（A项错误），夏热冬冷A区不宜设开敞式楼梯间和开敞式外廊。第4.2.7条规定外墙、屋面、直接接触室外空气的楼板、分隔采暖房间与非采暖房间的内围护结构等非透光围护结构应按本规范第5.1节和第5.2节的要求进行保温设计（C项错误，D项正确）。

答案：D

24-4-29 (2003) 某小型汽车库地面采用120mm厚混凝土垫层兼面层，关于其最小强度等级，下列哪项是正确的？

A 不低于C10　　　　　　B 不低于C15
C 不低于C20　　　　　　D 不低于C25

（注：本题 2004 年也考过）

解析：《地面规范》第 4.2.5 条规定：混凝土垫层的强度等级不应低于 C15，当垫层兼面层时，强度等级不应低于 C20。

答案：C

24-4-30 (2003) 石灰土垫层广泛适用于地下水位较低地区道路，下列哪种路面不宜用石灰土垫层？

Ⅰ．混凝土整体路面；Ⅱ．沥青碎石路面；Ⅲ．冲粒式沥青混凝土路面；

Ⅳ．混凝土预制块路面；Ⅴ．花岗石路面；Ⅵ．嵌草水泥砖路面

A　Ⅳ、Ⅵ　　　　　　　　　　B　Ⅳ、Ⅴ
C　Ⅱ、Ⅲ　　　　　　　　　　D　Ⅰ、Ⅴ

解析：《建筑地面工程施工及验收规范》GB 50209—2010 第 4.3.3 条规定：灰土垫层应铺设在不受地下水浸泡的基土上，施工后应有防止水浸泡的措施。路面Ⅳ和Ⅵ均为可透水面层，故不宜选用灰土垫层。

答案：A

24-4-31 (2003) 下面是钢筋混凝土楼板上，一般防水要求的卫生间楼面的工程做法，由上向下表述，分列如下，其中错误的工程做法是：

Ⅰ．20mm 厚 1∶2.5 水泥砂浆压实赶光，素水泥浆一道（内掺建筑胶）；

Ⅱ．最薄处 30mm 厚 C15 细石混凝土，从入口处以 1% 坡度坡向地漏；

Ⅲ．3mm 厚高聚物改性沥青涂膜防水层；

Ⅳ．素水泥浆一道，20mm 厚 1∶3 水泥砂浆找平层

A　Ⅰ、Ⅲ　　　　　　　　　　B　Ⅰ、Ⅳ
C　Ⅱ、Ⅲ　　　　　　　　　　D　Ⅱ、Ⅳ

解析：Ⅱ．这一层的细石混凝土层应是刚性防水层，而不是找坡层；Ⅳ．找平层下应设找坡层。参见国标图集《工程做法》05J 909 第 80 页 "楼2A" 的做法，如题 24-4-31 解图所示。

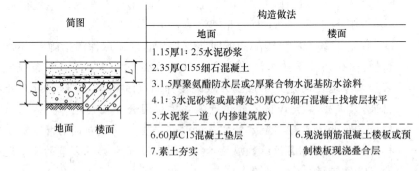

题 24-4-31 解图

答案：D

24-4-32 以下有关楼地面构造的表述，哪一条是不正确的？

A　一般民用建筑底层地面采用混凝土垫层时，混凝土厚度应不小于 90mm

B　地面垫层如位于季节性水位毛细管作用上升极限高度以内时，垫层上应

做防潮层

C 地面如经常有强烈磨损时，其面层可选用细石混凝土及铁屑水泥

D 如室内气温经常处于0℃以下，混凝土垫层应留设变形缝，其间距应不大于12m

解析：《地面规范》第4.2.2条指出：混凝土垫层的厚度不得小于80mm。

答案：A

24-4-33 下列有关室内地面垫层的构造做法，哪条不合要求？

A 灰土垫层应铺设在不受地下水浸湿的基土中，其厚度一般不小于100mm

B 炉渣垫层粒径不小于40mm，必须在使用前一天浇水闷透

C 碎（卵）石垫层厚度一般不宜小于100mm，粒径不大于垫层厚度的2/3

D 混凝土垫层厚度不小于80mm，强度等级不低于C10

解析：《建筑地面工程施工质量验收规范》GB 50209—2010 第4.7.2条规定：炉渣或水泥炉渣垫层的炉渣，使用前应浇水闷透；水泥石灰炉渣垫层的炉渣，使用前应用石灰浆或用熟化石灰浇水拌和闷透；闷透时间均不得少于5d。所以B项错误。

答案：B

24-4-34 下列有关厂区路面的构造厚度和强度等级的要求中哪条有误？

A 现浇混凝土路面厚度不应小于120mm，强度等级不应小于C20

B 预制混凝土块路面厚度不应小于100mm，强度等级不应小于C25

C 沥青混凝土路面，单层厚度不小于40mm，双层厚度不小于60mm

D 路边石强度等级不应小于C20

解析：查找标准图集《工程做法》88J1-X1等相关资料，混凝土强度等级应为C25。

答案：A

24-4-35 当建筑底层地面基土经常受水浸湿时，下列地面垫层何者是不适宜的？

A 砂石垫层　　　　　　　　B 碎石垫层

C 灰土垫层　　　　　　　　D 炉渣垫层

解析：灰土不耐水，不耐潮，故不得选用。

答案：C

24-4-36 下列整体式水磨石楼地面面层的做法中，哪一条正确？

A 水泥与石粒之比一般为1∶1.5～1∶2.5

B 石子粒径一般为4～12mm

C 水磨石面层厚度一般为10～15mm

D 美术水磨石水泥中掺入矿物颜料的量不宜大于水泥重量的20%

解析：《建筑地面工程施工质量验收规范》GB 50209—2010 第5.4.9条规定：水磨石面层拌和料的体积比应符合设计要求，且水泥与石粒的比例应为1∶1.5～1∶2.5（A项正确）。第5.4.8条规定：水磨石面层的石粒……其粒径除特殊要求外应为6～16mm（B项错误）。第5.4.1条规定：水磨石……面层厚度除有特殊要求外，宜为12～18mm（C项错误），且宜按石粒

粒径确定。第5.4.2条规定：……同一彩色面层应使用同厂、同批的颜料；其掺入量宜为水泥重量的3%～6%（D项错误）或由试验确定。

答案：A

24-4-37 临空高度为20m的阳台、外廊栏板最小高度，下述哪一种尺寸是正确的？

  A 最小高度为90cm   B 最小高度为100cm
  C 最小高度为105cm   D 最小高度为125cm

解析：《民建统一标准》第6.7.3条规定，阳台、外廊、室内回廊、内天井、上人屋面及室外楼梯等临空处应设置防护栏杆，并应符合下列规定：2 当临空高度在24m以下时，栏杆高度不应低于1.05m，当临空高度在24m及24m以上（包括中高层住宅）时，栏杆高度不应低于1.10m；

  3 栏杆高度应从所在楼地面或屋面至栏杆扶手顶面垂直高度计算，当底面有宽度大于或等于0.22m，且高度低于或等于0.45m的可踏部位，应从可踏部位顶面起算。

答案：C

24-4-38 图书馆底层书库不宜采用下列哪一种地面面层？

  A 水磨石   B 木地板
  C 塑料地板   D 磨光花岗石板

解析：《地面规范》第3.2.9条规定：存放书刊、文件或档案等纸质库房地面，珍藏各种文物或艺术品和装有贵重物品的库房地面，宜采用木地板、塑胶地板、水磨石、防滑地砖等不起尘、易清洗的面层；底层地面应采取防潮和防结露措施；有贵重物品的库房，当采用水磨石、防滑地砖面层时，宜在适当范围内增铺柔性面层。

答案：D

24-4-39 下列地面面层中哪一种不适合用做较高级餐厅楼地面面层？

  A 水磨石   B 陶瓷锦砖（马赛克）
  C 防滑地板   D 水泥砂浆

解析：《地面规范》第3.2.7条规定：要求不起尘、易清洗和抗油腻沾污的餐厅、酒吧、咖啡厅等地面，其面层宜采用水磨石、防滑地砖、陶瓷锦砖、木地板或耐沾污地毯。D项水泥砂浆面层易起尘，所以不适用。

答案：D

24-4-40 幼儿园的活动室、卧室的楼地面应着重从下列哪一项性能选用面层材料？

  A 光滑、耐冲击   B 暖性、弹性
  C 耐磨、防滑   D 耐水、易清洁

解析：《地面规范》第3.2.4条规定：供儿童及老年人公共活动的场所地面，其面层宜采用木地板、强化复合木地板、塑胶地板等暖性材料（B项）。

答案：B

24-4-41 关于建筑地面排水，下列哪一项要求是错误的？

  A 排水坡面较长时，宜设排水沟

B 比较光滑的块材面层,地面排泄坡面坡度可采用0.5%~1.5%
C 比较粗糙的块材面层,地面排泄坡面坡度可采用1%~2%
D 排水沟的纵向坡度不宜小于1%

解析:《地面规范》第6.0.9条规定:当需要排除水或其他液体时,地面应设朝向排水沟或地漏的排泄坡面;排泄坡面较长时,宜设排水沟(A项)……第6.0.12条规定,地面排泄坡面的坡度,应符合下列要求:1 整体面层或表面比较光滑的块材面层,宜为0.5%~1.5%(B项);2 表面比较粗糙的块材面层,宜为1%~2%(C项)。第6.0.13条规定:排水沟的纵向坡度不宜小于0.5%(D项错误),排水沟宜设盖板。

答案:D

24-4-42 下列防水材料,哪一种较适合用做管道较多的卫生间、厨房的楼面防水层?
A 三毡四油石油沥青纸胎油毡
B 橡胶改性沥青油毡
C 聚氯乙烯防水卷材
D 聚氨酯防水涂料

解析:管道较多的卫生间、厨房,楼面防水层最好选择涂料,便于施工。

答案:D

24-4-43 混凝土路面车行道的横坡宜为( )。
A 3%~5%　　　　　　　　B 1%~1.5%
C 2%~2.5%　　　　　　　D 3%

解析:《建筑设计资料集8》第117页"常用道路横断面简图""注"中指出,路面横坡:车行道混凝土路面为2%,沥青路面为2%~3%,泥结碎石及三合土路面为3%,人行道路面为2%~3%。

答案:C

24-4-44 住宅区内有可能通过小汽车的车行道,采用C25混凝土路面,最小厚度是( )mm。
A 80　　　　　　　　　　B 100
C 120　　　　　　　　　D 180

解析:参考华北标BJ系列图集08 BJ1-1《工程做法》第A4页路12、路13,该路面为混凝土整体路面,适用于小区内车行道、停车场、回车场,其面层为120(180、220)厚C25混凝土。该页附注4指出,路面荷载按:行车荷载≤5t选用120厚面层,行车荷载5~8t选用180厚面层,行车荷载8~13t选用220厚面层。小汽车应按≤5t选用120厚面层。

答案:C

24-4-45 居住区内停车场地的预制混凝土方砖路面,以下构造层次哪一条是错误的?
A 495mm×495mm×60mm预制C25混凝土方砖,干石灰粗砂扫缝,洒水封缝
B 30mm厚1:6干硬性水泥砂浆
C 300mm厚3:7灰土
D 路基碾压,压实系数不小于0.93

解析:参考华北标BJ系列图集08 BJ1-1《工程做法》第A5页"路15""混

凝土路面砖（居住区内停车场地）"，其做法如下：1) 80厚混凝土路面砖，缝宽5，干石灰粗砂扫缝后洒水封缝；2) 30厚1:6干硬性水泥砂浆；3) 300厚3:7灰土；4) 路基碾压，压实系数≥0.93。据此可知A项错误，用于居住区内停车场地的混凝土砖厚度应为80mm；而厚度为60mm的可用于居住区内人行道、甬路和活动场地，见该图集第A5页"路16"。

答案：A

24-4-46 医院X射线(管电压为150kV)治疗室防护设计中,下列楼板构造何者不正确？

A 现浇钢筋混凝土楼板厚度不小于150mm
B 一般预制多孔空心楼板上铺设30mm重晶石混凝土
C 一般楼板上铺设2.5mm钢板
D 现浇钢筋混凝土楼板厚度不小于230mm

解析：查防辐射的有关规定，或《建筑设计资料集7》第20页，其中提到管电压为150kV时，楼板厚度应不小于230mm。

答案：A

24-4-47 阳台两侧扶手的端部必须与外墙受力构件用铁件牢固连接,其作用是下列哪一项？

A 结构受力作用，防止阳台板下垂
B 稳定作用，防止阳台栏板倾斜
C 防止阳台扶手与外墙面之间脱离
D 抗震加固措施

解析：连接是为了加强扶手和建筑物的联系，防止阳台扶手与外墙脱离。

答案：C

24-4-48 砌体结构多层房屋，采用预应力钢筋混凝土多孔板作楼板，在内墙角有一根设备立管穿过楼板，要求预留100mm×100mm孔洞，在图示4个楼板构造方案中哪个是最合理的？

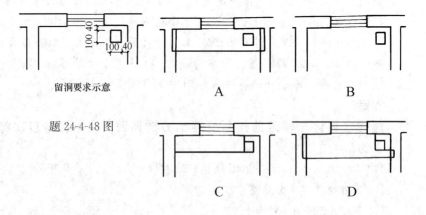

题 24-4-48 图

A 靠墙做180mm宽现浇板带
B 直接在预应力钢筋混凝土楼板上打洞

C 从外墙挑出 140mm 长的 2 皮砖填充 140mm 宽空隙

D 在预应力钢筋混凝土预制板一角按留洞尺寸做出缺口

解析： B、D 选项的做法均对楼板的整体性有不利影响，而 C 选项的做法施工复杂，最合理的应是 A 选项靠墙做现浇板带的做法。

答案： A

24-4-49 下列关于现浇钢筋混凝土楼板的最小厚度，哪一条不正确？

A 单向屋面板 60mm　　　　　B 民用建筑楼板 60mm

C 双向板 70mm　　　　　　　D 工业建筑楼板 70mm

解析： 《混凝土结构设计规范》GB 50010—2010（2015 年版）第 9.1.2 条规定，双向板最小厚度应为 80mm。

答案： C

24-4-50 如图所示，下述关于弹簧木楼面的构造层次中，哪一道工序不正确？

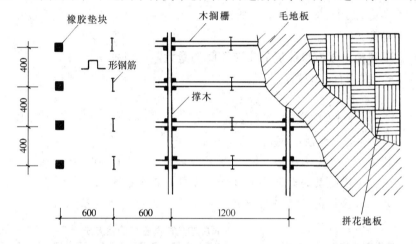

题 24-4-50 图

A 在现浇楼板时预埋 φ6mm 的 ⊓ 形钢筋（中距 400mm×1200mm），楼板找平并准确粘结 25mm×100mm×100mm 橡胶垫块

B 将 50mm×70mm 木搁栅用镀锌钢丝固定于 ⊓ 形钢筋上，并加 50mm×50mm 撑木，所有木料及木板均经防腐处理

C 在木搁栅上 45°斜钉一层毛底板，再钉硬木拼花地板

D 压钉木踢脚板（上留通风洞），再对全部露明木料刨光打磨并油漆

解析： 参考国标图集《工程做法》05J 909 "木质地面"中第 117 页的"架空双层硬木地板面层"的做法和第 180 页"木踢脚"的做法，可知斜铺毛底板之上应铺防潮卷材一层，然后才铺设硬木拼花地板，所以 C 项错误。

答案： C

24-4-51 关于条木地板，下列技术措施哪一项是错误的？

A 侧面带有企口的木板宽度不应大于 120mm，厚度应符合设计要求

B 面层下毛地板、木搁栅、垫木等要作防腐处理

C 木板面层与墙面紧贴，并用木踢脚板封盖

D 木搁栅与墙之间宜留出 30mm 的缝隙

解析：《住宅装修施工规范》第 14.3.2 条第 8 款指出：毛地板及地板与墙之间应留有 8~10mm 的缝隙。

答案：C

24-4-52 下列有关使用水泥砂浆结合层铺设陶瓷地砖的构造要求，其中哪一条不恰当？

A 水泥砂浆结合层应采用干硬性水泥砂浆

B 水泥砂浆结合层的体积比应为 1：2

C 水泥砂浆结合层的厚度应为 20~25mm

D 地砖的缝隙宽度，采用密缝时不大于 1mm，采用勾缝时为 5~10mm

解析：《地面规范》附录 A 第 A.0.2 条表 A.0.2 中指出：陶瓷地砖（防滑地砖、釉面地砖）的结合层可用 1：2 水泥砂浆或 1：3 干硬性水泥砂浆，其厚度为 10~30mm（C 项错误）。

答案：C

24-4-53 下列楼地面板块面层间安装缝隙的最大限度何种不正确？

A 大理石、磨光花岗石不应大于 1.5mm

B 水泥花砖不应大于 2mm

C 预制水磨石不应大于 2mm

D 拼花木地板不应大于 0.3mm

解析：《建筑地面工程施工质量验收规范》GB 50209—2010 第 6.1.8 条规定：板块面层的允许偏差和检验方法应符合表 6.1.8 的规定。查阅该表可知大理石、花岗石的安装缝隙不应大于 1.0mm（A 项错误）。

板、块面层的允许偏差和检验方法 题 24-4-53 解表

项次	项目	允许偏差（mm）									检验方法
		陶瓷锦砖面层、高级水磨石板、陶瓷地砖面层	缸砖面层	水泥花砖面层	水磨石板块面层	大理石面层、花岗石面层、人造石面层、金属板面层	塑料板面层	水泥混凝土板块面层	碎拼大理石、碎拼花岗石面层	活动地板面层	条石面层	块石面层	
5	板块间隙宽度	2.0	2.0	2.0	2.0	1.0	—	6.0	—	0.3	5.0	用钢尺检查

答案：A

（五）楼梯、电梯、台阶和坡道构造

24-5-1（2011）图为某 6 层住宅顶层楼梯靠梯井一侧的水平栏杆扶手，扶手长度为

1.5m，以下哪一个构造示意有误？

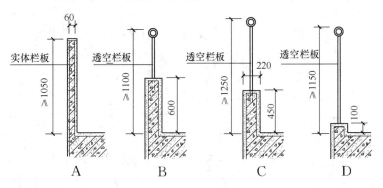

解析：《民建统一标准》第6.7.3条规定：阳台、外廊、室内回廊、内天井、上人屋面及室外楼梯等临空处应设置防护栏杆，并应符合下列规定：

2 当临空高度在24m以下时，栏杆高度不应低于1.05m，当临空高度在24m及24m以上时，栏杆高度不应低于1.10m。

3 栏杆高度应从楼地面或屋面至栏杆扶手顶面垂直高度计算，当底面有宽度大于或等于0.22m，且高度低于或等于0.45m的可踏部位，应从可踏部位顶面起算。

4 公共场所栏杆离地面0.1m高度范围内不宜留空。

C选项在0.45m高度处有宽度0.22m的可踏部位，所以应从可踏部位顶面计算，栏杆高度＝1250mm－450mm＝850mm，不能满足1.05m的要求，所以C项错误。

答案：C

24-5-2 (2011) 某科研楼内有专用疏散楼梯，其踏步的最小宽度和最大高度应分别为（　　）。

A　280mm、160mm　　　　　B　260mm、175mm
C　250mm、180mm　　　　　D　220mm、200mm

解析：《民建统一标准》第6.8.10条规定：其他建筑楼梯，其踏步的最小宽度应该是260mm、最大高度应该是175mm。

答案：B

24-5-3 (2010) 公共建筑楼梯梯段宽度达到何值时，必须在梯段两侧均设扶手？

A　1200mm　　　　　　　　B　1400mm
C　1600mm　　　　　　　　D　2100mm

解析：《民建统一标准》第6.8.3条规定：梯段净宽除应符合防火规范及国家现行相关专用建筑设计标准的规定外，供日常主要交通用的楼梯的梯段净宽应根据建筑物使用特征，按每股人流宽度为0.55m＋(0～0.15)m的人流股数确定，并不应少于两股人流。(0～0.15)m为人流在行进中人体的摆幅，公共建筑人流众多的场所应取上限值。

第6.8.7条规定：楼梯应至少于一侧设扶手，梯段净宽达三股人流时应两侧设扶手，达四股人流时宜加设中间扶手。因此公共建筑楼梯的梯段净宽达到三股人流即 2100mm 时，应在两侧设置扶手。

答案：D

24-5-4 (2009) 关于目前我国自动扶梯倾斜角的说法，不正确的是(　　)。

A　有 27.3°、30°、35°三种倾斜角度的自动扶梯
B　条件允许时，宜优先用 30°者
C　商场营业厅应选用≤30°者
D　提升高度≥7.2m 时，不应采用 35°者

解析：《民建统一标准》第 6.9.2 条规定：7 自动扶梯的倾斜角不宜超过 30°，额定速度不宜大于 0.75m/s；当提升高度不超过 6m，倾斜角小于等于 35°时，额定速度不宜大于 0.5m/s；8 倾斜式自动人行道的倾斜角不应超过 12°。

答案：D

24-5-5 (2009) 电梯井道内不得有下列哪类开口？

A　层门开口、检修人孔　　　　B　观察窗、扬声器孔
C　通风孔、排烟口　　　　　　D　安全门、检修门

解析：《民建设计技术措施》第二部分第 9.6.4 条指出：电梯井道除层门开口、通风孔、排烟口、安装门、检修门和检修人孔外，不得有其他与电梯无关的开口。第 9.6.6 条指出：当相邻两层门地坎间距离超过 11m 时，其间应设安全门，其高度不得小于 1.8m，宽度不得小于 0.35m。

答案：B

24-5-6 (2009) 电梯的土建层门洞口尺寸的宽度、高度分别是层门净尺寸各加多少？

A　宽度加 100mm，高度加 50～70mm
B　宽度加 100mm，高度加 70～100mm
C　宽度加 200mm，高度加 70～100mm
D　宽度加 200mm，高度加 100～200mm

解析：《民建设计技术措施》第二部分第 9.6.18 条指出：（电梯）层门尺寸指门套装修后的净尺寸，土建层门的洞口尺寸应大于层门尺寸，留出装修的余量，一般宽度为层门两边各加 100mm，高度为层门加 70～100mm。只有 C 项符合要求。

答案：C

24-5-7 (2008) 少儿可到达的楼梯的构造要点，下列哪条不妥？

A　室内楼梯栏杆自踏步前缘量起高度≥0.9m
B　靠梯井一侧水平栏杆长度大于 0.5m，则栏杆扶手高度至少 1.05m
C　楼梯栏杆垂直杆件间净距不应大于 0.11m
D　为少儿审美需求，其杆件间可置花饰、横格等构件

解析：《民建统一标准》第 6.8.8 条规定：室内楼梯扶手高度自踏步前缘线量起不宜小于 0.9m（A 项）。楼梯水平栏杆或栏板长度大于 0.5m 时，其高度不应小于 1.05m（B 项）。第 6.8.9 条规定：托儿所、幼儿园、中小学校及其他少年儿童专用活动场所，当楼梯井净宽大于 0.2m 时，必须采取防止

少年儿童坠落的措施。第6.7.4条规定：住宅、托儿所、幼儿园、中小学及其他少年儿童专用活动场所的栏杆必须采取防止攀爬的构造。当采用垂直杆件做栏杆时，其杆件净间距不应大于0.11m。（C项）。D项做法易造成少年儿童踩踏杆件间的花饰、横格攀登楼梯井栏杆而不安全，所以不妥。

答案：D

24-5-8（2008）某星级宾馆有速度≥2m/s的载人电梯，则应在电梯井道顶部设置不小于600mm×600mm的孔是下列何种？

A 检修孔　　　　　　　　　B 带百叶进排气孔
C 紧急逃生孔　　　　　　　D 艺术装饰孔

解析：查阅国标图集《电梯自动扶梯自动人行道》13J 404第32页"井道剖面图"及"注"第3条可知，电梯井道顶部设置的是通风孔（如解图所示），其面积不小于井道横截面积1‰。

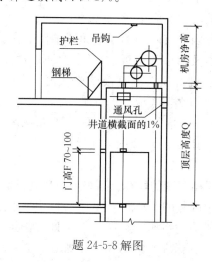

题24-5-8解图

答案：B

24-5-9（2007）以下电梯机房的设计要点中哪条有误？

A 电梯机房门宽为1.2m
B 电梯机房地面应平整、坚固、防滑且不允许有高差
C 墙顶等围护结构应作保温隔热
D 机房室内应有良好防尘、防潮措施

解析：《民建统一标准》第6.9.1条第10款规定：10 电梯机房应有隔热、通风、防尘等措施，宜有自然采光，不得将机房顶板作水箱底板及在机房内直接穿越水管或蒸汽管。《民建设计技术措施》第二部分第9.6.11条指出：通向机房的通道、楼梯和门的宽度不应小于1200mm，门的高度不应小于2000mm。第9.6.12条指出：机房地面应平整、坚固、防滑和不起尘。机房地面允许有不同高度（B项错误），当高差大于0.5m时，应设防护栏杆和钢梯。另查电梯样本及分析工程实例，由于设备需要，电梯机房地面允许存在高差。

答案：B

24-5-10 （2006）关于自动扶梯的规定，下列哪项是错误的？
A 自动扶梯的倾斜角应不大于30°
B 扶手带外边至任何障碍物不应小于0.50m
C 相邻平行交叉设置时两梯之间扶手带中心线的水平距离不宜小于0.80m
D 自动扶梯的梯级、垂直净高不应小于2.30m

解析：《民建统一标准》6.9.2条第5款规定：当相邻平行交叉设置时两梯（道）之间扶手带中心线的水平距离不应小于0.5m。

答案：C

24-5-11 （2006）关于电梯的表述，下列哪项是错误的？
A 电梯井道壁当采用砌体墙时厚度不应小于240mm，采用钢筋混凝土墙时厚度不应小于200mm
B 电梯机房的门宽不应小于1200mm
C 在电梯机房内当有两个不同平面的工作平台且高差大于0.5m时，应设楼梯或台阶及不小于0.9m高的安全防护栏杆
D 不宜在电梯机房顶板上直接设置水箱，当电梯机房顶板为防水混凝土时，可以兼作水箱底板

解析：《民建统一标准》第6.9.1条第10款规定，不得将机房顶板作水箱底板及在机房内直接穿越水管或蒸汽管。

答案：D

24-5-12 （2005）关于楼梯宽度的解释，下列哪一项是正确的？
A 墙面至扶手内侧的距离   B 墙面至扶手外侧的距离
C 墙面至梯段边的距离   D 墙面至扶手中心线的距离

解析：《民建统一标准》第6.8.2条规定：当一侧有扶手时，梯段净宽应为墙体装饰面至扶手中心线的水平距离，当双侧有扶手时，梯段净宽应为两侧扶手中心线之间的水平距离。当有凸出物时，梯段净宽应从凸出物表面算起。

答案：D

24-5-13 （2005）住宅共用楼梯井净宽大于多少时，必须采取防止儿童攀滑的措施？
A 0.06m   B 0.11m
C 0.20m   D 0.25m

解析：《住宅设计规范》GB 50096—2011第6.3.5条指出：楼梯井净宽大于0.11m时，必须采取防止儿童攀滑的措施。

答案：B

24-5-14 （2004）关于住宅公共楼梯设计，下列哪一条是错误的？
A 6层以上的住宅楼梯段净宽不应小于1.1m
B 楼梯踏步宽度不应小于0.26m
C 楼梯井净宽大于0.2m时，必须采取防止儿童攀滑的措施

D 楼梯栏杆垂直杆件间净空应不大于0.11m

解析：从《住宅设计规范》GB 50096—2011 第6.3.1条知，A项室外楼梯的梯段宽度不应小于1.10m是正确的；从第6.3.2条知B项住宅踏步宽度0.26m是正确的；D项垂直栏杆净距不得大于0.11m是正确的；从第6.3.5条知C项住宅共用楼梯梯井净宽大于0.20m时，必须采取防止儿童攀滑的措施是错误的（应为0.11m）。

答案：C

24-5-15 （2004）住宅公共楼梯的平台净宽应不小于( )。

A 1.1m　　　　　　　　B 1.2m
C 1.0m　　　　　　　　D 1.3m

解析：《住宅设计规范》GB50096—2011第6.3.3条规定：楼梯平台净宽不应小于楼梯梯段净宽，且不得小于1.20m。楼梯平台的结构下缘至人行通道的垂直高度不应低于2.00m。入口处地坪与室外地面应有高差，并不应小于0.10m。另《民建统一标准》第6.8.4条也规定：当梯段改变方向时，扶手转向端处的平台最小宽度不应小于梯段净宽，并不得小于1.2m，当有搬运大型物件需要时，应适量加宽。

答案：B

24-5-16 （2003）下图为某住宅共用楼梯的栏杆构造设计，试问图中仅哪项尺寸符合规范规定？

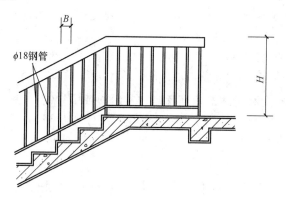

题 24-5-16 图

A H=1000mm　　　　　B H=1050mm
C H=950mm　　　　　 D B=140mm

解析：《住宅设计规范》GB 50096—2011 第6.3.2条规定：楼梯踏步宽度不应小于0.26m，踏步高度不应大于0.175m。扶手高度不应小于0.90m。楼梯水平段栏杆长度大于0.50m时，其扶手高度不应小于1.05m。楼梯栏杆垂直杆件间净空不应大于0.11m。

答案：B

24-5-17 （2003）多层建筑室外疏散楼梯的构造做法，下列组合中，哪组是完全正确的？

Ⅰ. 每层出口处平台应采用钢筋混凝土构件，耐火极限不低于1h；
Ⅱ. 每层出口处平台和楼梯段均可采用钢构件，耐火极限不低于0.25h；
Ⅲ. 楼梯段的耐火极限应不低于0.25h；
Ⅳ. 楼梯段应采用钢筋混凝土构件，耐火极限不低于0.5h

A Ⅳ、Ⅰ　　　　B Ⅰ、Ⅲ　　　　C Ⅲ、Ⅱ　　　　D Ⅳ、Ⅲ

解析：《防火规范》GB 50016—2014 第6.4.5条第3款规定：（室外疏散楼梯）梯段和平台均应采用不燃材料制作；平台的耐火极限不应低于1.00h，梯段的耐火极限不应低于0.25h。

答案：B

24-5-18 在有关楼梯扶手的规定中，下列叙述何者不正确？

A 室内楼梯扶手高度自踏步面中心量至扶手顶面不宜小于0.9m
B 室内楼梯扶手平台处长度超过500mm时，其高度不应小于1.05m
C 梯段净宽达三股人流时，应两侧设扶手
D 梯段净宽达四股人流时，应加设中间扶手

解析：《民建统一标准》第6.8.8条规定：室内楼梯扶手高度自踏步前缘线量起不宜小于0.9m。

答案：A

24-5-19 有儿童经常使用的楼梯，梯井净宽度大于(　　)m时，必须采取安全措施。

A 0.18　　　　B 0.20　　　　C 0.22　　　　D 0.24

解析：《民建统一标准》第6.8.9条规定：托儿所、幼儿园、中小学校及其他少年儿童专用活动场所，当楼梯井净宽大于0.20m时，必须采取防止少年儿童坠落的措施。

答案：B

24-5-20 楼梯从安全和舒适的角度考虑，常用的坡度为(　　)。

A 10°~20°　　　B 20°~25°　　　C 26°~35°　　　D 35°~45°

解析：舒适坡度为1/2，角度为26°34′。

答案：C

24-5-21 室内楼梯梯级的最小宽度×最大高度（280mm×165mm）是指下列哪类建筑？

A 住宅建筑　　　　　　　　B 幼儿园建筑
C 电影院、体育馆建筑　　　D 专用服务楼梯、住宅户内楼梯

解析：《民建统一标准》第6.8.10条规定：280mm×165mm的楼梯踏步适用于人员密集且竖向交通繁忙的建筑和大、中学校楼梯。

答案：C

24-5-22 自动扶梯应优先采用的角度是(　　)。

A 27.3°　　　　B 30°　　　　C 32.3°　　　　D 35°

解析：《民建统一标准》第6.9.2条规定：自动扶梯的倾斜角不宜超过30°。

答案：B

24-5-23 坡道既要便于车辆使用，又要便于行人通行，下述有关坡道坡度的叙述何

者有误?

A 室内坡道不宜大于1:8
B 室外坡道不宜大于1:10
C 供轮椅使用的坡道不应大于1:8
D 坡道的坡度范围应为1:5～1:10

解析:《民建统一标准》第6.7.2条规定，坡道设置应符合下列规定：1 室内坡道坡度不宜大于1:8，室外坡道坡度不宜大于1:10；2 当室内坡道水平投影长度超过15.0m时，宜设休息平台，平台宽度应根据使用功能或设备尺寸所需缓冲空间而定；5 供轮椅使用的坡道应符合现行国家标准《无障碍设计规范》GB 50763的有关规定；《无障碍规范》第3.4.4条表3.4.4中规定轮椅坡道的坡度范围为1:20～1:8。规范中都没有坡度范围应为1:5～1:10的规定，所以D项有误。

答案：D

24-5-24 楼梯的宽度根据通行人流股数来定，并不应少于两股人流。一般每股人流的宽度为( )m。

A 0.5+(0～0.10)　　　　　　B 0.55+(0～0.10)
C 0.5+(0～0.15)　　　　　　D 0.55+(0～0.15)

解析:《民建统一标准》第6.8.3条规定：梯段净宽除应符合防火规范及国家现行相关专用建筑设计标准的规定外，供日常主要交通用的楼梯的梯段净宽应根据建筑物使用特征，按每股人流为0.55m+(0～0.15)m的人流股数确定，并不应少于两股人流。(0～0.15)m为人流在行进中人体的摆幅，公共建筑人流众多的场所应取上限值。

答案：D

24-5-25 自动扶梯穿越楼层时要求楼板留洞局部加宽，保持最小距离（如图），其作用是( )。

A 施工安装和扶梯外装修的最小尺寸
B 维修所需的最小尺寸
C 行人上下视野所需的尺度
D 为防止行人上下时卡住手臂或提包的最小安全距离

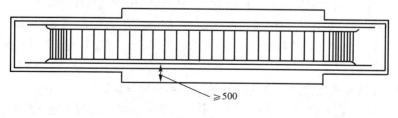

题24-5-25图

解析:《民建统一标准》第6.9.2条第5款规定：扶手带中心线与平行墙面或楼板开口边缘间的距离、相邻平行交叉设置时两梯（道）之间扶手带中心线的水平距离不应小于0.50m，否则应采取措施防止障碍物引起人员伤害。

因此保持不小于 0.50m 距离的作用主要是为了安全。

答案：D

24-5-26 关于楼梯、坡道的坡度范围，下列哪一项是错误的？

A 楼梯的坡度 20°～45°

B 坡道的坡度 0°～20°

C 爬梯的坡度 45°～90°

D 新建建筑无障碍坡道的坡度高长比为 1/10

解析：《无障碍规范》第 3.4.4 条规定：轮椅坡道的最大高度和水平长度应符合表 3.4.4 的规定，如解表所示。

题 24-5-26 解表

坡度	1∶20	1∶16	1∶12	1∶10	1∶8
最大高度（m）	1.20	0.90	0.75	0.60	0.30
水平长度（m）	24.00	14.40	9.00	6.00	2.40

注：其他坡度可用插入法进行计算。

答案：D

24-5-27 以下有关楼梯设计的表述，哪一条不恰当？

A 楼梯段改变方向时，平台扶手处的宽度不应小于梯段净宽并不小于 1.20m

B 每个梯段的踏步不应超过 20 级，亦不应少于 3 级

C 楼梯平台上部及下部过道处的净高不应小于 2m，梯段净高不应小于 2.2m

D 儿童经常使用的楼梯，梯井净宽不应大于 200mm，栏杆垂直杆件的净距不应大于 110mm

解析：《民建统一标准》第 6.8.5 条规定：每个梯段的踏步级数不应少于 3 级，且不应超过 18 级。

答案：B

24-5-28 下列有关楼梯踏步的最小宽度和最大高度，哪一组是错误的？

A 住宅共用楼梯踏步最小宽度 250mm，最大高度 190mm

B 住宅户内楼梯踏步最小宽度 220mm，最大高度 200mm

C 幼儿园楼梯踏步最小宽度 260mm，最大高度 150mm

D 商场公用楼梯踏步最小宽度 280mm，最大高度 160mm

解析：《民建统一标准》第 6.8.10 条和《住宅设计规范》第 6.3.2 条均规定：住宅公共楼梯踏步的最小宽度为 260mm，最大高度为 175mm。

答案：A

24-5-29 下列有关北方地区台阶的论述中，哪一项有误？

A 室内外台阶踏步宽度不宜小于 0.30m，踏步高度不宜大于 0.15m

B 室内台阶踏步数不应少于 2 级

C 台阶总高度超过 0.70m 并侧面临空时，应有护栏设施

D 室外台阶不考虑防冻胀问题

解析：《民建统一标准》第 6.7.1 条规定，台阶设置应符合下列规定：1 公

共建筑室内外台阶踏步宽度不宜小于0.30m，踏步高度不宜大于0.15m（A项），且不宜小于0.10m；2踏步应采取防滑措施；3室内台阶踏步数不宜少于2级（B项），当高差不足2级时，宜按坡道设置；4台阶总高度超过0.70m时，应在临空面采取防护设施（C项）。北方地区室外台阶必须考虑防冻胀问题，一般均采用加大灰土厚度的做法，所以D项有误。

答案：D

24-5-30 下列各项中哪一项不属于电梯的设备组成部分？

    A　轿厢　　　　　　　　　　B　对重
    C　起重设备　　　　　　　　D　井道

解析：井道是土建组成部分，不是设备组成。

答案：D

24-5-31 下述有关楼梯、走廊、阳台设计的表述，哪一条是不恰当的？

    A　住宅楼梯栏杆的扶手高度应不小于0.9m，当楼梯水平段长度大于0.5m时，其水平扶手高度应不小于1.15m
    B　临空高度在24m以下时，栏杆高度不应低于1.05m
    C　高层住宅栏杆高度不应低于1.10m
    D　幼儿园阳台采用栏杆时，其栏杆净距为0.11m

解析：《民建统一标准》第6.8.8条规定：室内楼梯扶手高度自踏步前缘线量起不宜小于0.90m。楼梯水平栏杆或栏板长度大于0.50m时，其高度不应小于1.05m。

答案：A

（六）屋 顶 的 构 造

24-6-1 （2011）建筑物高低屋面之间高差大于多少米时，应做检修用铁爬梯？

    A　2.00m　　　　　　　　　　B　1.60m
    C　1.20m　　　　　　　　　　D　0.80m

解析：《建筑设计资料集8》第59页第四条中指出：高低屋面的高差≥2m时应设检修爬梯。

答案：A

24-6-2 （2011）图示的倒置式保温层屋面构造，以下做法哪一条正确？

    A　保护层用绿豆砂均匀厚铺
    B　保温层用加气混凝土块
    C　防水层可用改性沥青卷材
    D　结合层用高标号素水泥浆两道

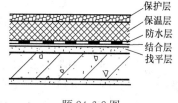

题24-6-2图

解析：根据《倒置式屋面规程》第5.2.3条、5.2.6条、4.1.1条、4.3.2条和5.2.2条规定：C项，防水层选用高聚物改性沥青防水卷材是正确的。A项，保护层可选用卵石、混凝土板块、地砖、瓦材、水泥砂浆、细石混凝土、金属板材、人造草皮、种植植物等材料，不可选用绿豆砂；B项，保温材料可以选用挤塑聚苯乙烯泡沫塑料板、硬泡聚氨酯板、硬泡聚氨酯防水保温复合板、喷涂硬泡聚氨酯及泡沫玻璃塑料板等，不可选用加气混凝土块；D项，倒置式屋面的防水层下应设找平层，不必设置结合层。

答案：C

24-6-3 （2011）上人平屋面保护层下的隔离层不应采用哪一种材料？

A 铺纸筋灰　　　　　　　　　B 高强度水泥砂浆
C 低强度水泥砂浆　　　　　　D 薄砂层上干铺油毡

解析：根据《屋面规范》第4.7.8条的规定，隔离层可采用干铺塑料膜、土工布或卷材，也可采用铺抹低强度等级的砂浆。纸筋灰属石灰砂浆，强度等级低，而采用高强度水泥砂浆是不正确的。

答案：B

24-6-4 （2011）屋面天沟、檐沟排水可流经（　　）。

A 伸缩缝　　　　　　　　　　B 施工缝
C 沉降缝　　　　　　　　　　D 抗震缝

解析：《屋面规范》第4.2.11条规定：天沟、檐沟纵向坡度不应小于1%，沟底水落差不得超过200mm；天沟、檐沟排水不得流经变形缝和防火墙。施工缝不属于变形缝，故可以流经施工缝。

答案：B

24-6-5 （2010）金属板材屋面檐口挑出墙面的长度不应小于（　　）。

A 120mm　　　　　　　　　　B 150mm
C 180mm　　　　　　　　　　D 200mm

解析：《屋面规范》中第4.9.15条第1款规定：金属板檐口挑出墙面的长度不应小于200mm。

答案：D

24-6-6 （2010）关于屋面的排水坡度，下列哪项是错误的？

A 平屋面采用材料找坡宜为2%
B 平屋面采用结构找坡宜为3%
C 种植屋面坡度不宜大于4%
D 架空屋面坡度不宜大于5%

解析：《屋面规范》第4.3.1条规定：混凝土结构层宜采用结构找坡，坡度不应小于3%；当采用材料找坡时，宜采用质量轻、吸水率低和有一定强度的材料，坡度宜为2%。

第4.4.8条第7款规定：种植隔热层的屋面坡度大于20%时，其排水层、种植土应采取防滑措施。

第4.4.9条第2款规定：（架空隔热层）当采用混凝土板架空隔热层时，屋面坡度不宜大于5%。

另《种植屋面工程技术规程》JGJ 155—2013第3.2.7条规定：当屋面

坡度大于20%时，绝热层、防水层、排（蓄）水层、种植土层等均应采取防滑措施。

第5.2.2条规定：种植平屋面的排水坡度不宜小于2%。

第5.3.4条规定：屋面坡度大于50%时，不宜做种植屋面。

综上，只有C项"种植屋面坡度不宜大于4%"是错误的。

答案：C

24-6-7 (2010) 当屋面基层的变形较大，屋面防水层采用合成高分子卷材时，宜选用下列哪一类卷材？

A 纤维增强类　　　　　　　B 非硫化橡胶类
C 树脂类　　　　　　　　　D 硫化橡胶类

（注：本题2004年、2005年也考过）

解析：屋面基层的变形较大时，应选用扯断伸长率较大的合成高分子卷材。查阅《屋面规范》附录B第B.1.2条表B.1.2"合成高分子防水卷材主要性能指标"，可知硫化橡胶类的扯断伸长率最大，如解表所示。

题24-6-7解表

项目	硫化橡胶类	非硫化橡胶类	树脂类	树脂类（复合片）
断裂拉伸强度（MPa）	≥6	≥3	≥10	≥60 N/10mm
扯断伸长率（%）	≥400	≥200	≥200	≥400

答案：D

24-6-8 (2010) 下图为屋面垂直出入口防水做法的构造简图，图中的标注哪项是错误的？

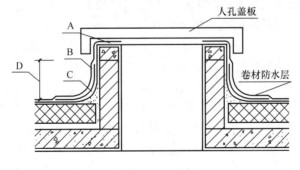

题24-6-8图

A 防水收头压在人孔盖板下　　　B 泛水卷材面粘贴铝箔保护
C 设附加层　　　　　　　　　　D 泛水高度≥250mm

解析：《屋面规范》第4.11.21条规定：屋面垂直出入口泛水处应增设附加层，附加层在平面和立面的宽度均不应小于250mm；防水层收头应在混凝土压顶圈下。因为防水层收头应在混凝土压顶圈下，而不是压在人孔盖板下，所以A项错误。

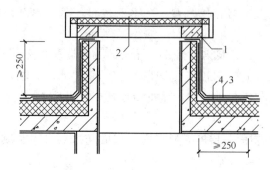

题 24-6-8 解图 垂直出入口
1—混凝土压顶圈；2—卜人孔盖；3—防水层；4—附加层

答案：A

24-6-9 （2010）关于屋面保温层的构造措施，下列哪项是错误的？

A 保温层设置在防水层上部时，保温层的上面应做保护层

B 保温层设置在防水层下部时，保温层的上面应做找平层

C 保温层设置在坡度较大的屋面时应采取防滑构造措施

D 吸湿性保温材料不宜用于封闭式保温层，但经处理后可用于倒置式屋面的保温层

解析：《屋面规范》第 4.4.6 条第 2 款规定：（倒置式屋面）保温层应采用吸水率低，且长期浸水不变质的保温材料。由此可知吸湿性保温材料不能用于倒置式屋面，所以 D 项错误。

答案：D

24-6-10 （2009）有关屋面排水的说法，下列哪条有误？

A 宜采用有组织排水

B 不超过三层（≤10m 高）的房屋可采用无组织排水

C 无组织排水的挑檐宽度不宜小于 600mm

D 无组织排水的散水宽度应为其挑檐宽度再加 200mm

解析：《屋面规范》第 4.2.3 条规定：低层建筑及檐高小于 10m 的屋面，可采用无组织排水。《地面规范》第 6.0.20 条第 1 款规定：散水的宽度，宜为 600~1000mm；当采用无组织排水时，散水的宽度可按檐口线放出 200~300mm（D 项错误）。《民建设计技术措施》第二部分第 7.3.1 条指出：屋面排水可分为有组织排水和无组织排水，一般宜采用有组织排水，三层及三层以下，或檐高不大于 10m 的中、小型建筑物的屋面以及干热、少雨地区的屋面可采用无组织排水；无组织排水的挑檐尺寸不宜小于 600mm，其散水宽度宜宽出挑檐 300mm 左右（D 项错误），且不宜作暗散水。

答案：D

24-6-11 （2009）有关倒置式保温屋面的构造要点，下列哪条有误？

A 保温层应采用吸水率小、不腐烂的憎水材料

B 保温层在防水层上面对其屏蔽防护

C 保温层上方的保护层应尽量轻，避免压坏保温层

D 保温层和保护层之间应干铺一层无纺聚酯纤维布做隔离层

解析：《屋面规范》第 4.4.6 条第 5 款规定，（倒置式屋面）保温层上面宜采用块体材料或细石混凝土保护层，而不是越轻越好。所以 C 项错误。

答案：C

24-6-12（2009）有关架空隔热屋面的构造规定，以下哪条正确？

A 架空高度越高隔热效果越好
B 屋面宽度大于 6m 时宜设通风屋脊
C 架空板边端距山墙或女儿墙不得小于 250mm
D 架空混凝土板强度至少要 C15，且板内配置钢筋

解析：《屋面规范》第 4.4.9 条规定，架空隔热层的设计应符合下列规定：

3 架空隔热制品及其支座的质量应符合国家现行有关材料标准的规定（D 项错误）；

4 架空隔热层的高度宜为 180～300mm（A 项错误），架空板与女儿墙的距离不应小于 250mm（C 项正确）；

5 当屋面宽度大于 10m 时，架空隔热层中部应设置通风屋脊（B 项错误）。

答案：C

24-6-13（2009）有关平屋面作找坡层的构造要点，不正确的是（　　）。

A 宜用结构找坡
B 尽量用轻质材料找坡
C 可用现制保温层找坡
D 屋面跨度≥12m 时必须结构找坡

解析：《屋面规范》第 4.3.1 条规定：混凝土结构层宜采用结构找坡，坡度不应小于 3%；当采用材料找坡时，宜采用质量轻、吸水率低和有一定强度的材料，坡度宜为 2%。旧版《屋面工程技术规范》GB 50345—2004 第 4.2.2 条规定：单坡跨度大于 9m 的屋面宜作结构找坡，坡度不应小于 3%（注：现行 2012 版规范删去了此条内容）。所以 D 项不正确。

答案：D

24-6-14（2009）下列四种不同构造的屋面隔热效果最好的是（　　）。

A 种植屋面（土深 300mm）　　B 蓄水屋面（水深 150mm）
C 双层屋面板通风屋面　　　　D 架空板通风屋面

解析：查阅有关研究文献可知种植屋面隔热效果最好。

答案：A

24-6-15（2008）卷材、涂膜防水层的基层应设找平层，下列构造要点哪条不正确？

A 找平层应设 6m 见方分格缝
B 水泥砂浆找平层宜掺抗裂纤维
C 细石混凝土找平层≥40mm 厚，强度等级 C15
D 水泥砂浆找平层一般厚度为 20mm

解析：《屋面规范》第 4.3.2 条规定，细石混凝土找平层应为 30～35mm 厚，强度等级应为 C20。

答案：C

24-6-16 （2008）屋面防水层的隔离层一般不采取以下哪种做法？
A 抹1∶3水泥砂浆　　　　　B 采用干铺塑料膜
C 铺土工布或卷材　　　　　D 铺抹麻刀灰

解析：《屋面规范》第4.7.8条规定：块体材料、水泥砂浆、细石混凝土保护层与卷材、涂膜防水层之间，应设置隔离层；隔离层材料的适用范围和技术要求宜符合表4.7.8（如解表所示）的规定。A项1∶3水泥砂浆不属于低强度等级砂浆，所以不能采用。

隔离层材料的适用范围和技术要求　　题24-6-16解表

隔离层材料	适用范围	技术要求
塑料膜	块体材料、水泥砂浆保护层	0.4mm厚聚乙烯膜或3mm厚发泡聚乙烯膜
土工布	块体材料、水泥砂浆保护层	300g/m² 聚酯无纺布
卷材	块体材料、水泥砂浆保护层	石油沥青卷材一层
低强度等级砂浆	细石混凝土保护层	10mm厚黏土砂浆，石灰膏∶砂∶黏土＝1∶2.4∶3.6
		10mm厚石灰砂浆，石灰膏∶砂＝1∶4
		5mm厚掺有纤维的石灰砂浆

答案：A

24-6-17 （2008）关于隔离层的设置位置，以下哪条不对？
A 卷材上设置块体材料时设置
B 涂膜防水层上设置水泥砂浆时设置
C 卷材、涂膜防水层上设置细石混凝土时设置
D 卷材上设置涂膜时设置

（注：本题有改动）

解析：根据《屋面规范》第4.7.8条的有关规定（见题24-6-3解析），卷材上设置涂膜时不必设置隔离层。

答案：D

24-6-18 （2008）屋面采用涂膜防水层构造时，设计应注明（　　）。
A 涂膜层厚度　　　　　　　B 涂刷的遍数
C 每平方米涂料重量　　　　D 涂膜配制组分

解析：《屋面规范》第4.5.6条规定了每道涂膜防水层的最小厚度，因此设计应注明涂膜层的厚度。

答案：A

24-6-19 （2008）以下哪种情况不宜采用蓄水屋面？
A 炎热地区
B 非地震地区
C 不产生较大振动的建筑物上

D 防水等级为Ⅰ、Ⅱ级的屋面

解析：《屋面规范》第4.4.10条第1款规定：蓄水隔热层不宜在寒冷地区、地震设防地区和振动较大的建筑物上采用。

答案：D

24-6-20 (2008) 图示平瓦屋面檐口中瓦头挑出封檐的长度 a 宜为( )。

　　A　20～30mm　　　　　　B　35～45mm
　　C　50～70mm　　　　　　D　80～100mm

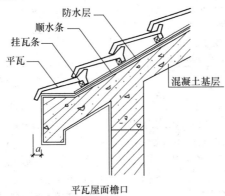

题 24-6-20 图

解析：《屋面规范》第4.8.12条第6款规定：瓦头挑出封檐的长度 a 宜为 50～70mm。

答案：C

24-6-21 (2007) 屋面排水水方式的要点，下列哪条有误？

　　A　檐高＜10m的房屋一般可用无组织排水
　　B　积灰聚尘的屋面应采用无组织排水
　　C　无组织排水的屋面挑檐宽度不小于散水宽
　　D　大门雨棚不应做无组织排水

解析：《地面规范》第6.0.20条第1款规定：无组织排水的散水宽度应大于屋面挑檐宽度200～300mm。

答案：C

24-6-22 (2007) 下列哪种保温屋面不是图示卷材防水的构造做法？

　　A　敞露式保温屋面
　　B　倒置式保温屋面
　　C　正置式保温屋面
　　D　外置式保温屋面

解析：分析其构造层次，上述做法保温层在上，防水层在下，应属于倒置式保温屋面（敞露

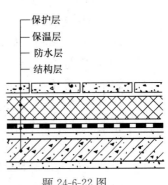

题 24-6-22 图

式保温屋面、外置式保温屋面不是规范规定的正式叫法），而非正置式保温屋面。

答案：C

24-6-23 （2006）图中所示钢筋混凝土屋顶基层上无保温的防水做法中，哪一种做法没有错误？

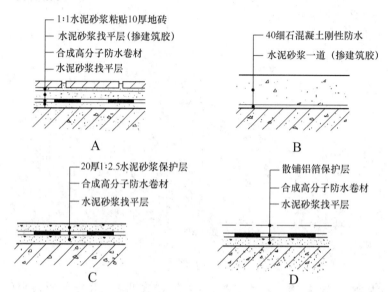

解析：B项，属于刚性防水屋面，水泥砂浆属于隔离层，是正确做法。A项，属于上人屋面，应采用1:3水泥砂浆粘结地砖且防水层上应设隔离层；C项合成高分子防水卷材上部可以采用水泥砂浆保护层，但应设置隔离层；D项合成高分子防水卷材上部可以采用铝箔保护层，由于铝箔厚度只有0.05mm，无法在现场（散铺）施工（注：2012年版现行规范已取消了刚性防水的做法）。

答案：B

24-6-24 （2006）下列哪一种保温材料不适于用作倒置式屋面保温层？

A 现喷硬质聚氨酯泡沫塑料

B 发泡（模压）聚苯乙烯泡沫塑料板

C 泡沫玻璃块

D 膨胀（挤压）聚苯乙烯泡沫塑料板

（注：本题2008年也考过）

解析：《倒置式屋面规程》第4.3.2条规定：倒置式屋面的保温材料可选用挤塑聚苯乙烯泡沫塑料板、硬泡聚氨酯板、硬泡聚氨酯防水保温复合板、喷涂硬泡聚氨酯及泡沫玻璃保温板等；模塑聚苯乙烯泡沫塑料板的吸水率应符合设计要求。规范列举的保温材料不包括发泡（模压）聚苯乙烯泡沫塑料板这种材料，该材料不适用于倒置式屋面。

答案：B

24-6-25 （2006）屋面天沟和檐沟中水落口至分水线的最大距离是多少？

A 10m B 12m
C 15m D 20m

解析：《屋面规范》第4.2.11条规定：……钢筋混凝土檐沟、天沟……沟内纵向坡度不应小于1‰，沟底水落差不得超过200mm。据此规定可计算出钢筋混凝土檐沟、天沟水落口至分水线的最大距离＝0.2m/0.01＝20m。

答案：D

24-6-26 (2006) 根据《屋面工程技术规范》有关屋面泛水防水构造的条文，下列哪条不符合规范要求？

A 铺贴泛水处的卷材应采用满贴，泛水高≥250mm
B 泛水遇砖墙时，卷材收头可压入砖墙凹槽内固定密封
C 泛水遇混凝土墙时，卷材收头可采用金属压条钉压，密封胶密封
D 泛水宜采取隔热防晒措施，可直接用水泥砂浆抹灰保护

解析：《屋面规范》第4.11.14条规定，女儿墙的防水构造应符合下列规定：

2 女儿墙泛水处的防水层下应增设附加层，附加层在平面和立面的宽度均不应小于250mm。

3 低女儿墙泛水处的防水层可直接铺贴或涂刷至压顶下，卷材收头应用金属压条钉压固定，并应用密封材料封严；涂膜收头应用防水涂料多遍涂刷。

5 女儿墙泛水处的防水层表面，宜采用涂刷浅色涂料或浇筑细石混凝土保护（D项错误）。

另《辽宁省建筑安装工程施工技术操作规程》DB21/900.8—2005第8.0.8条规定，女儿墙泛水的防水构造应符合下列要求：

8.0.8.1 铺贴泛水处的卷材应采取满粘法；

8.0.8.2 砖墙上的卷材收头可直接铺压在女儿墙压顶下，压顶应做防水处理；也可压入砖墙凹槽内固定密封，凹槽距屋面找平层不应小于250mm，凹槽上部的墙体应做防水处理；

8.0.8.3 混凝土墙上的卷材收头应采用金属压条钉压，并用密封材料封严……

8.0.8.5 泛水宜采取隔热防晒措施，可在泛水卷材面砌砖后抹水泥砂浆或浇细石混凝土保护；亦可采用涂刷浅色涂料或粘贴铝箔保护层（D项错误）。

答案：D

24-6-27 (2006) 某高层住宅直通屋面疏散楼梯间的屋面出口处内外结构板面无高差，屋面保温做法为正置式，出口处屋面构造总厚度为**250mm**，要求出口处屋面泛水构造符合规范规定，试问出口内外踏步数至少应为多少？

A 室内2步，室外1步 B 室内3步，室外1步
C 室内2步，室外2步 D 室内4步，室外2步

解析：《屋面规范》第4.11.22条规定：屋面水平出入口泛水处应增设附加层和护墙，附加层在平面上的宽度不应小于250mm；防水层收头应压在混凝土踏步下（题24-6-27解图）。

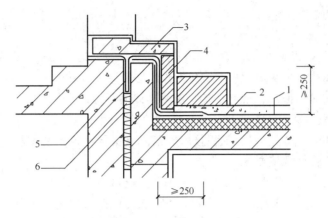

题 24-6-27 解图 水平出入口
1—防水层；2—附加层；3—踏步；4—护墙；5—防水卷材封盖；6—不燃保温材料

根据此条规范的要求可作如下计算：

1) 室内地面与出入口处地面（混凝土踏步板上表面）的最小高差 $H_内$ 为：$H_内$ = 屋面构造厚度（250mm）+泛水高度（250mm）+混凝土踏步板厚度（60mm）=560mm。

2) 室外屋面与出入口处地面（混凝土踏步板上表面）的最小高差 $H_外$ 为：$H_外$ = 泛水高度（250mm）+混凝土踏步板厚度（60mm）=310mm。

上述计算结果表明出入口处和室内的最小高差为560mm，和室外屋面的最小高差为310mm。

查阅《民建统一标准》第6.8.10条表6.8.10可知一般建筑楼梯的踏步最大高度为175mm，故室内至少需要4步，室外至少需要2步。

答案：D

24-6-28 (2005) 当屋面防水等级Ⅰ级，采用二道设防，对卷材厚度的选用，下列论述何者是不正确的？

A 合成高分子防水卷材厚度不应小于1.2mm
B 高聚物改性沥青防水卷材厚度不应小于3mm
C 自粘聚酯胎改性沥青防水卷材厚度不应小于2mm
D 自粘橡胶沥青防水卷材厚度不应小于1.2mm

解析：《屋面规范》第4.5.5条规定：自粘橡胶沥青防水卷材厚度不应小于1.5mm。

答案：D

24-6-29 (2005) 平面尺寸为 **90m×90m** 的金属网架屋面，采用压型金属板保温屋面、双坡排水，选用压型金属板的合理长度宜为下列何值？

A 9m B 15m
C 22.5m D 45m

解析：考虑屋面坡度、屋檐处挑出长度和运输的可能，应选择9m的金属板进行拼接。《建筑设计资料集8》第88页中指出：大于9m的板上、下表面钢板会由于温差造成不等值膨胀而翘曲变形，影响使用和外观。

答案：A

24-6-30 (2005) 大跨度金属压型板屋面的最小排水坡度可为下列何值？

A 1%   B 3%
C 5%   D 8%

解析：《屋面规范》第 4.9.7 条规定：压型金属板采用咬口锁边连接时，屋面的排水坡度不宜小于 5%；压型金属板采用紧固件连接时，屋面的排水坡度不宜小于 10%。

另查阅《民建统一标准》第 6.14.2 条表 6.14.2 可知压型金属板屋面的排水坡度应不小于 5%。所以大跨度金属压型板屋面的最小排水坡度为 5%。

答案：C

24-6-31 (2005) 倒置式屋面保温层上的保护层构造（自上而下），下列哪一种不宜采用？

A 卵石、聚酯无纺布隔离层
B 铺地砖、水泥砂浆结合层
C 整浇配筋细石混凝土
D 现浇细石素混凝土（设分格缝）

解析：《倒置式屋面规程》第 5.2.6 条中规定的保护层材料有：卵石、混凝土板块、地砖、瓦材、水泥砂浆、细石混凝土、金属板材、人造草皮、种植植物等，没有整浇配筋细石混凝土的做法。

答案：C

24-6-32 (2004) 选用屋面防水等级为 I 级的卷材时，合成高分子卷材和高聚物改性沥青卷材的厚度分别不应小于多少？

A 1.5mm，4mm   B 1.5mm，3mm
C 1.2mm，4mm   D 1.2mm，3mm

解析：《屋面规范》第 4.5.5 条规定屋面防水等级为 I 级时合成高分子卷材和高聚物改性沥青卷材的每道最小厚度分别为 1.2mm 和 3.0mm。高聚物改性沥青卷材厚度与是否自粘及胎的种类有关。

答案：D

24-6-33 (2004) 倒置式屋面设计时应注意的事项，下列条款中哪一条是不正确的？

A 倒置式屋面的保温隔热层必须采用吸水率低、抗冻融并具有一定抗压强度的绝热材料
B 倒置式屋面的保温隔热层上部必须设置保护层（埋压层）
C 倒置式屋面的防水层如为卷材时可采用松铺工艺
D 倒置式屋面不适用于室内空气湿度常年大于 80% 的建筑

解析：分析并结合《倒置式屋面规程》的相关规定，倒置式屋面可以用于室内空气湿度常年大于 80% 的建筑，且不必设置隔汽层。

答案：D

24-6-34 (2004) 屋面柔性防水层应设保护层，对保护层的规定中，下列哪一条是不

恰当的？

A 浅色涂料保护层应与柔性防水层粘结牢固，厚薄均匀，不得漏涂
B 水泥砂浆保护层的表面应抹平压光，表面分格缝面积宜为 3.0m²
C 块体材料保护层应设分格缝，分格面积不宜大于 100m²，缝宽不宜小于 20mm
D 细石混凝土保护应设分格缝，分格面积不大于 36m²

解析：《屋面规范》第 4.7.5 条规定：采用淡色涂料做保护层时，应与防水层粘结牢固，厚薄应均匀，不得漏涂。第 4.7.3 条规定：采用水泥砂浆做保护层时，表面应抹平压光，并应设表面分格缝，分格面积宜为 1m²（B 项错误）。第 4.7.2 条规定：采用块体材料做保护层时，宜设分格缝，其纵横间距不宜大于 10m，分格缝宽度宜为 20mm，并应用密封材料嵌填。第 4.7.4 条规定：采用细石混凝土做保护层时，表面应抹平压光，并应设分格缝，其纵横间距不应大于 6m，分格缝宽度宜为 10～20mm，并应用密封材料嵌填。

答案：B

24-6-35 (2004) 在夏热冬冷地区的公建玻璃屋顶设计中，其玻璃的选型以何者为最佳？

A 热反射镀膜夹层玻璃
B 低辐射镀膜夹层玻璃
C 外层为热反射镀膜钢化玻璃，内层为透明夹层玻璃的中空玻璃
D 外层为透明夹层玻璃，内层为钢化玻璃的中空玻璃

解析：《建筑玻璃规程》第 8.2.2 条规定：屋面玻璃或雨篷玻璃必须使用夹层玻璃或夹层中空玻璃，其胶片厚度不应小于 0.76mm。夏热冬冷地区应以隔热为主，考虑到安全性和绝热性的要求 C 项为最佳；外层为热反射镀膜钢化玻璃有利于夏季隔热，内层为夹层玻璃保证了安全性，整体是中空玻璃有利于冬季保温。

答案：C

24-6-36 (2004) 当设计采光玻璃屋顶采用钢化夹层玻璃时，其夹层胶片的厚度应不小于（　　）。

A 0.38mm　　　　　　　　B 0.76mm
C 1.14mm　　　　　　　　D 1.52mm

解析：《建筑玻璃规程》第 8.2.2 条指出：屋面玻璃或雨篷玻璃必须使用夹层玻璃或夹层中空玻璃，其胶片厚度不应小于 0.76mm。

答案：B

24-6-37 (2003) 平屋面排水，每根水落管的允许屋面最大汇水面积的表述，哪个是正确的？

A 宜≤200m²　　　　　　　B 宜≤250m²
C 宜≤300m²　　　　　　　D 宜≤350m²

解析：现行 2012 版《屋面规范》第 4.2.6 条规定：采用重力式排水时，屋

面每个汇水面积内，雨水排水立管不宜少于2根；水落口和水落管的位置，应根据建筑物的造型要求和屋面汇水情况等因素确定。

《上海市屋面工程施工规程》DG/TJ 08-22—2013第8.0.5条第5款规定：水落口内径不应小于75mm，一根水落管的屋面最大汇水面积宜小于200m²。

答案：A

24-6-38 （2003）关于平屋面的工程做法，下列哪项是正确的？

A 在两层三元乙丙丁基橡胶防水层表面抹20mm厚1：3水泥砂浆保护层
B 倒置屋面在防水层上铺100mm厚聚苯泡沫保温板，上铺60mm厚粒径15～20mm卵石，其间干铺一层无纺聚酯纤维布
C 在聚氯乙烯防水涂料上铺撒绿豆砂
D 在聚氨酯防水涂料防水层表面铺40mm厚细石混凝土防水层

解析：《屋面规范》第4.7.8条规定：块体材料、水泥砂浆、细石混凝土保护层与卷材、涂膜防水层之间，应设置隔离层。

答案：B

24-6-39 （2003）关于屋面隔汽层的设置，下列说法错误的是？

A 若采用吸湿性保温材料做保温层，可做隔汽层
B 倒置式屋面可不做隔汽层
C 可采用防水砂浆做隔汽层
D 隔汽层应沿周边墙面向上连续铺设

（注：本题2005、2010年也考过）

解析：《屋面规范》第4.4.4条规定：当严寒及寒冷地区屋面结构冷凝界面内侧实际具有的蒸汽渗透阻小于所需值，或其他地区室内湿气有可能透过屋面结构层进入保温层时，应设置隔汽层。隔汽层设计应符合下列规定：

1 隔汽层应设置在结构层上、保温层下；
2 隔汽层应选用气密性、水密性好的材料；
3 隔汽层应沿周边墙面向上连续铺设，高出保温层上表面不得小于150mm。

答案：C

24-6-40 （2003）关于架空隔热屋面的设计要求，下列表述中哪条是错误的？

A 不宜设女儿墙
B 屋面采用女儿墙时，架空板与女儿墙的距离不宜小于250mm
C 屋面坡度不宜大于5%
D 不宜在八度地区使用

（注：本题2012年也考过）

解析：《屋面规范》第4.4.9条规定，架空隔热层的设计应符合下列规定：

1 架空隔热层宜在屋顶有良好通风的建筑物上采用，不宜在寒冷地区采用；
2 当采用混凝土板架空隔热层时，屋面坡度不宜大于5%……

4 架空隔热层的高度宜为180～300mm，架空板与女儿墙的距离不应小于250mm……

架空隔热屋面不宜在寒冷地区使用，与抗震要求无关，所以D项错误。

答案：D

24-6-41 (2003) 架空隔热屋面的架空隔热层的高度，根据屋面宽度和坡度大小变化确定，当屋面宽度B大于多少时，应设置通风脊？

A 6m B 10m
C 20m D 25m

解析：《屋面规范》第4.4.9条第5款规定：当屋面宽度大于10m时，架空隔热层中部应设置通风屋脊。

答案：B

24-6-42 特别重要建筑的设计使用年限与屋面防水等级应属于下列中哪一组？

A Ⅱ级、2类 B Ⅱ级、3类
C Ⅰ级、4类 D Ⅱ级、4类

解析：查找《民建统一标准》第3.2.1条，特别重要的建筑的设计使用年限属于4类；查找《屋面规范》第3.0.1条，屋面防水等级属于Ⅰ级。

答案：C

24-6-43 根据屋面排水坡的坡度大小不同可分为平屋顶与坡屋顶两大类，一般公认坡面升高与其投影长度之比 $i<($)时为平屋顶。

A 1∶20 B 1∶12
C 1∶10 D 1∶8

解析：《民建统一标准》第6.14.2条表6.14.2规定：平屋面的排水坡度为 $\geqslant 2\%$，$<5\%(1:20)$。

答案：A

24-6-44 在下列有关卷材平屋面坡度的叙述中，哪条不确切？

A 平屋面的排水坡度，结构找坡不应小于3%，材料找坡宜为2%
B 卷材屋面坡度不宜超过35%，否则应采取防止卷材下滑措施
C 钢筋混凝土天沟、檐沟纵向坡度不应小于1%，天沟、檐沟应增铺附加层
D 水落口周围直径500mm范围内坡度不应小于5%

解析：现行《屋面规范》2012版第4.1.2条第3款规定，在坡度较大的屋面粘贴卷材，宜采用机械固定和对固定点进行密封的方法，取消了卷材屋面坡度不宜超过25%，否则应采取防止下滑措施的规定。

答案：B

24-6-45 下列有关保温隔热屋面的条文中，哪条不合规定？

A 蓄水屋面的坡度不宜大于2%，可以在地震区建筑物上使用
B 种植屋面的坡度不宜大于3%，四周应设置围护墙及泄水管、排水管
C 架空隔热屋面坡度不宜大于5%，不宜在寒冷地区采用
D 倒置式屋面保温层应采用憎水性或吸水率低的保温材料

解析：《屋面规范》第4.4.10条规定，蓄水隔热层的设计应符合下列规定：1 蓄水隔热层不宜在寒冷地区、地震设防地区和振动较大的建筑物上采用……3 蓄水隔热层的排水坡度不宜大于0.5%。

答案：A

24-6-46 有关架空隔热屋面的以下表述中，哪一条是错误的？

A 架空隔热层的高度宜为400～500mm

B 当屋面宽度大于10m时，应设通风屋脊

C 屋面采用女儿墙时，架空板与女儿墙的距离不宜小于250mm

D 夏季主导风向稳定的地区，可采用立砌砖带支承的定向通风层。开口面向主导风向。夏季主导风向不稳定的地区，可采用砖墩支承的不定向通风层

解析：《屋面规范》第4.4.9条规定，架空隔热层的设计应符合下列规定：4 架空隔热层的高度宜为180～300mm，架空板与女儿墙的距离不应小于250mm；5 当屋面宽度大于10m时，架空隔热层中部应设置通风屋脊。

答案：A

24-6-47 下列有关屋面构造的条文中，哪一条是不确切的？

A 隔汽层的目的是防止室内水蒸气渗入防水层影响防水效果

B 隔汽层应用气密性好的单层卷材，但不得空铺

C 水落管内径不应小于100mm，一根水落管的最大汇水面积宜小于200m²

D 找平层宜设分格缝，纵横缝不宜大小6m

解析：隔汽层应为防止水蒸气进入保温层而影响保温效果。

答案：A

24-6-48 建筑物不超过(　　)m，如无楼梯通达屋面，应设室外爬梯。

A 6　　　　B 8　　　　C 10　　　　D 12

解析：《民建统一标准》第6.14.6条第5款规定：屋面应设上人检修口；当屋面无楼梯通达，并低于10m时，可设外墙爬梯，并应有安全防护和防止儿童攀爬的措施。

答案：C

24-6-49 图示架空隔热屋面的通风间层高度 h 宜为(　　)mm。

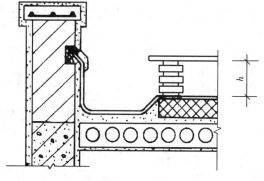

题 24-6-49 图

A 250 　　　　　　　　　　　　B 250～400

C 180～300 　　　　　　　　　D 450

解析：《屋面规范》第4.4.9条规定h值应为180～300mm。

答案：C

24-6-50 保温屋面的保温层和找平层干燥有困难时，宜采用排汽屋面，即设置排汽道与排汽孔。排汽孔以不大于(　　)m² 设置一个为宜。

A 12 　　　　　　　　　　　　B 24

C 36 　　　　　　　　　　　　D 48

解析：《屋面规范》第4.4.5条第3款规定：排汽道纵横间距宜为6m，屋面面积每36m²宜设置一个排汽孔，排汽孔应作防水处理。

答案：C

24-6-51 图示卷材防水屋面结构的连接处，贴在立面上的卷材高度h应不小于(　　)mm。

A 150 　　　　　　　　　　　　B 200

C 220 　　　　　　　　　　　　D 250

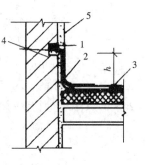

题 24-6-51 图
1—密封材料；2—附加层；
3—防水层；4—水泥钉；
5—防水处理

解析：《屋面规范》第4.11.14条规定，女儿墙的防水构造应符合下列规定：3 低女儿墙泛水处的防水层可直接铺贴或涂刷至压顶下，卷材收头应用金属压条钉压固定，并应用密封材料封严；涂膜收头应用防水涂料多遍涂刷（解图a）；4 高女儿墙泛水处的防水层泛水高度不应小于250mm，防水层收头应符合本条第3款的规定；泛水上部的墙体应作防水处理（解图b）。

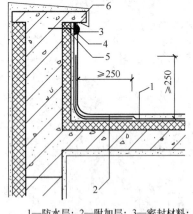

1—防水层；2—附加层；3—密封材料；
4—金属压条；5—水泥钉；6—压顶
(a)

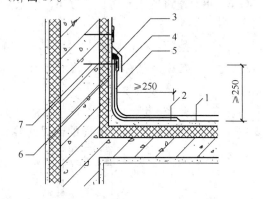

1—防水层；2—附加层；3—密封材料；4—金属压条；
5—保护层；6—金属压条；7—水泥钉
(b)

题 24-6-51 解图
(a) 低女儿墙；(b) 高女儿墙

答案：D

24-6-52 图示为涂膜防水屋面天沟、檐沟构造，图中何处有误？

A 水落口位置
B 空铺附加层的宽度
C 密封材料的位置
D 砖墙上未留凹槽供附加层收头

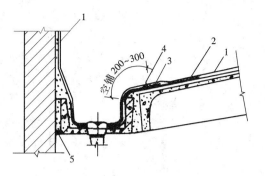

题 24-6-52 图
1—涂膜防水层；2—找平层；3—有胎体增强材料的附加层；4—空铺附加层；5—密封材料

解析：参考《屋面规范》第4.6.2条的规定可知，密封材料的位置应在天沟板的上部，以保证不漏水。

答案：C

24-6-53 室外消防梯的宽度规定不小于( )mm。

A 500
B 600
C 700
D 800

解析：《防火规范》第6.4.9条规定：高度大于10m的三级耐火等级建筑应设置通至屋顶的室外消防梯；室外消防梯不应面对老虎窗，宽度不应小于0.6m，且宜从离地面3.0m高处设置。

答案：B

24-6-54 在下列四种保温隔热层的叙述中，哪一条有错误？

A 架空隔热屋面：用实心砖或混凝土薄型制品覆盖在屋面防水层上架起一定高度，空气层为180～300mm
B 蓄水屋面：在屋面防水层上蓄一定高度的水，水深宜为400～500mm
C 种植屋面：在屋面防水层上覆土或铺设锯木、蛭石等松散材料，并种植植物，起到隔热作用
D 倒置式屋面：将憎水性保温材料设置在防水层上的屋面

解析：《屋面规范》第4.4.10条第6款规定：蓄水池的蓄水深度宜为150～200mm。

答案：B

24-6-55 下列哪一种材料不宜用作高层宾馆的屋面防水材料？

A SBS高聚物改性沥青防水卷材
B 聚氨酯合成高分子涂料
C 细石防水混凝土
D 三毡四油

解析：细石防水混凝土（刚性防水）和三毡四油的防水做法已被现行《屋面规范》淘汰取消，所以应选C和D。另《屋面规范》第3.0.5条表3.0.5规定高层建筑的防水等级应为Ⅰ级，设防要求应为两道防水设防。

答案：C、D

24-6-56 下列哪一种材料可以直接铺置在涂膜屋面防水层上做保护层？

A 水泥砂浆
B 水泥花砖
C 蛭石
D 细石混凝土

解析：《屋面规范》第 4.7.1 条规定：上人屋面保护层可采用块体材料、细石混凝土等材料，不上人屋面保护层可采用浅色涂料、铝箔、矿物粒料、水泥砂浆等材料。第 4.7.8 条规定：块体材料、水泥砂浆、细石混凝土保护层与卷材、涂膜防水层之间，应设置隔离层。

答案：C

24-6-57 倒置式屋面的优点是：倒铺的保温材料能有效保护屋面防水层，但对保温材料提出了吸湿性低、耐气候强的要求，下述几种材料中，何者不能满足此要求？

A 水泥聚苯乙烯泡沫塑料板　　　　B 矿棉板
C 珍珠岩烧结砖　　　　　　　　　D 矿渣散料

解析：矿棉板隔声较好，但保温性能较差。

答案：B

24-6-58 下列有关保温隔热屋面的条文中，哪一条不符合规定？

A 蓄水屋面坡度不宜大于 2%，可以在地震地区建筑物上使用
B 种植屋面坡度不宜大于 3%，四周应设置围护墙和泄水管、排水管
C 架空隔热屋面的坡度不宜大于 5%，不宜在寒冷地区使用
D 倒置式屋面保温层应采用憎水性或吸水率低的保温材料

解析：《屋面规范》第 4.4.10 条规定，蓄水隔热层的设计应符合下列规定：
1 蓄水隔热层不宜在寒冷地区、地震设防地区和振动较大的建筑物上采用；
3 蓄水隔热层的排水坡度不宜大于 0.5%。

答案：A

24-6-59 平屋面天沟纵向坡度的最小限度是（　　）。

A 3‰　　　　B 5‰　　　　C 1%　　　　D 2%

解析：《屋面规范》第 4.2.11 条规定：……钢筋混凝土……沟内纵向坡度不应小于 1%，沟底水落差不得超过 200mm……第 4.2.12 条规定：金属檐沟、天沟的纵向坡度宜为 0.5%。所以天沟纵向坡度的最小限度应是 0.5% 即 5‰，应选 B。

答案：B

24-6-60 关于屋面隔汽层，下面的论点中哪一项有误？

A 严寒及寒冷地区的居住建筑设置
B 严寒及寒冷地区建筑的屋面结构冷凝界面内侧实际具有的蒸汽渗透阻小于所需值时设置
C 其他地区室内湿气有可能透过屋面结构层进入保温层时设置
D 隔汽层只在正置式屋面中采用

解析：《屋面规范》第 4.4.4 条规定：当严寒及寒冷地区屋面结构冷凝界面内侧实际具有的蒸汽渗透阻小于所需值，或其他地区室内湿气有可能透过屋面结构层进入保温层时，应设置隔汽层。可见不是所有的严寒及寒冷地区的居住建筑都应设置，所以 A 项错误。另倒置式屋面无需设置隔汽层，所以 D 项正确。

答案：A

24-6-61 保温屋面隔汽层的作用，下列哪一个说法是正确的？

A 防止顶层顶棚受潮　　　　　B 防止屋盖结构板内结露

C 防止室外空气渗透　　　　　D 防止屋面保温层结露

解析：隔汽层的主要作用是防止水蒸气进入屋面保温层产生结露。

答案：D

24-6-62 平屋面结构找坡的排水坡度宜为(　　)。

A 4%　　　　　　　　　　　　B 3%

C 2%　　　　　　　　　　　　D 1%

解析：《屋面规范》第 4.3.1 条规定，材料找坡宜为 2%，结构找坡不应小于 3%。

答案：B

24-6-63 大跨度结构采用铝合金薄板屋面，其构造设计采用以下技术措施，哪一条设计不合理？

A 铝合金薄板做成大瓦。铺设在木望板上，在木望板上先干铺一层油毡

B 铝合金大瓦双面刷防腐蚀涂料

C 铝合金瓦之间连通导电，并与避雷带连通

D 大瓦之间的"肋接缝"（如题图）先用镀锌钢螺钉将钢板支脚固定于木望板上，铺大瓦后再在肋上架设盖条

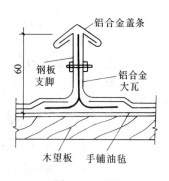

题 24-6-63 图

解析：铝合金瓦应用铝支脚铝螺栓固定，以防止电化学腐蚀。

答案：D

24-6-64 室外消防梯的最下一级均须离地的尺寸为(　　)m。

A 1.5～2　　　　　　　　　　B 3

C 1～1.5　　　　　　　　　　D 2.5～3

解析：《防火规范》第 6.4.9 条指出：室外消防梯的底部宜从离地面 3.00m 高处设置。

答案：B

24-6-65 下列有关两根雨水管最大间距的表述，哪条是正确的？

A 平屋面设挑檐作天沟外排水屋面，雨水管间距应不大于 24m

B 平屋面在女儿墙内做天沟外排水屋面，雨水管间距应不大于 24m

C 内排水明装雨水管，其间距应不大于 24m

D 内排水暗装雨水管，其间距应不大于 24m

解析：查阅《北京建筑设计技术细则》第 7.2.6 条，得知雨水管最大间距 A 项为 24m，其余均为 15m。另《建筑设计资料集 8》第 60 页指出："雨水管最大间距：单层厂房 30m；挑檐平屋面 24m；女儿墙平屋面及内排水暗管排水平屋面 18m；瓦屋面 15m。雨水管直径：工业建筑 100～200mm；民用建筑 75～100mm；常用直径为 100mm"。

答案：A

24-6-66 倒置式平屋面是指下列哪两个构造层次相互倒置？
A 保温层与找坡层
B 保温层与找平层
C 保温层与防水层
D 找坡层与找平层

解析：《倒置式屋面规程》第2.0.1条指出，倒置式屋面是将保温层设置在防水层之上的屋面。

答案：C

（七）门窗选型与构造

24-7-1 （2011）钢制防火窗中的防火玻璃的厚度一般是(　　)。
A 5～7mm
B 8～11mm
C 12～15mm
D 16～30mm

解析：参考标准图集《防火门窗》12J609第77页"注2"：防火玻璃有复合型及铯钾防火玻璃等，其厚度与玻璃品种、构造及耐火极限有关，一般为16～30mm厚。

答案：D

24-7-2 （2011）以下哪一项平开门可以不必外开？
A 所有出入口外门
B 有紧急疏散要求的内门
C 通向外廊、阳台的门
D 老年人建筑的卫生间门、厕位门

解析：依据《防火规范》的有关规定，有疏散要求的门应该向疏散方向开启，所以A项和B项的门均应外开。已废止规范《老年人居住建筑设计规范》GB 50340—2016第6.8.6条规定：卫生间门应能从外部开启，应采用可外开的门或推拉门。只有通向外廊和阳台的门根据情况可以内开或外开。

补充说明：现行《老年人照料设施建筑设计标准》JGJ 450—2018之中没有关于门的开启方向的规定。

答案：C

24-7-3 （2010）有关门窗构造做法，下列叙述何者有误？
A 金属门窗和塑料门窗安装应采用预留洞口的方法施工
B 木门窗与砖石砌体、混凝土或抹灰层接触处，应进行防腐处理并应设置防潮层
C 建筑外门窗的安装必须牢固，在砌体上安装门窗宜用射钉或膨胀螺栓固定
D 木门窗如有允许限值以内的死节及直径较大的虫眼时，应用同一材质的木塞加胶填补

（注：此题2005年也考过）

解析：《装修验收标准》第6.1.11条规定：建筑外门窗安装必须牢固，在砌

体上安装门窗严禁用射钉固定。

答案：C

24-7-4 (2010) 我国南方地区建筑物南向窗口的遮阳宜采用下列哪种形式？

Ⅰ．水平式遮阳；Ⅱ．垂直式遮阳；Ⅲ．活动遮阳；Ⅳ．挡板式遮阳

A Ⅰ、Ⅱ　　　　　　　　　B Ⅰ、Ⅲ
C Ⅱ、Ⅲ　　　　　　　　　D Ⅰ、Ⅳ

解析：《建筑遮阳工程技术规范》JGJ 237—2011 第 4.1.4 条规定：遮阳设计应进行夏季和冬季的阳光阴影分析，以确定遮阳装置的类型。建筑外遮阳的类型可按下列原则选用：1 南向、北向宜采用水平式遮阳或综合式遮阳。《民用建筑热工设计规范》GB 50176—2016 第 6.3.4 条规定：向阳面的窗、玻璃门、玻璃幕墙、采光顶应设置固定遮阳或活动遮阳。

答案：B

24-7-5 (2009) 有关中、小学教室门的构造要求，以下哪条正确？

A 为了安全，门上方不宜设门亮子
B 多雨潮湿地区宜设门槛
C 除心理咨询室外，教学用房的门扇均宜附设观察窗
D 合班大教室的门洞宽度≥1200mm

解析：《中小学校设计规范》GB 50099—2011 第 5.1.11 条教学用房的门应符合下列规定：1 除音乐教室外，各类教室的门均宜设置上亮窗（A 项错误）；2 除心理咨询室外，教学用房的门扇均宜附设观察窗（C 项正确）。

第 8.8.1 条规定：每间教学用房的疏散门均不应少于 2 个，疏散门的宽度应通过计算（D 项错误）；同时，每樘疏散门的通行净宽度不应小于 0.90m；当教室处于袋形走道尽端时，若教室内任一处距教室门不超过 15.00m，且门的通行净宽度不小于 1.50m 时，可设 1 个门。没有"多雨潮湿地区宜设门槛"的规定，所以 B 项也错误。

答案：C

24-7-6 (2009) 防火窗应采用（　　　）。

A 钢化玻璃、塑钢窗框　　　　B 夹丝玻璃、铝合金窗框
C 镶嵌铅丝玻璃、钢窗框　　　D 夹层玻璃、木板包铁皮窗框

解析：《防火规范》条文说明附录附表 1 规定如此。

答案：C

24-7-7 (2009) 图示为某办公楼外窗立面示意图，由图推理以下哪条有误？

A 此楼不超过 24m 高
B 此窗玻璃厚度为 5mm
C 此窗不位于走道上
D 它不是空腹、实腹钢窗，也不是木窗

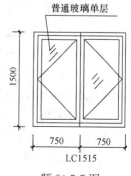

题 24-7-7 图

解析：《建筑玻璃规程》第 7.1.1 条规定：……有框平板玻璃、真空玻璃和夹丝玻璃的最大许用面

积应符合表 7.1.1-2 的规定（如解表所示）。据此可知 5mm 玻璃的最大许用面积为 $0.5m^2$，而本题窗扇的玻璃面积已超出，所以 B 项错误。

题 24-7-7 解表

玻璃种类	公称厚度（mm）	最大许用面积（m^2）
平板玻璃 超白浮法玻璃 真空玻璃	3	0.1
	4	0.3
	5	0.5
	6	0.9
	8	1.8
	10	2.7
	12	4.5

答案：B

24-7-8 (2008) 下列关于塑钢窗的描述，哪条有误？
A 以聚氯乙烯等树脂为主料，轻质碳酸钙为填料
B 型材内腔衬加钢或铝以增强抗弯曲能力
C 其隔热性、密封性、耐蚀性均好于铝窗
D 上色漆、刷涂料可提高其耐久性

解析：塑钢窗的表面颜色是料型的固有颜色，没有上色漆、刷涂料提高其耐久性的要求。

答案：D

24-7-9 (2008) 铝合金门窗固定后，其与门窗洞四周的缝隙应用软质保温材料嵌塞并分层填实，外表面留槽用密封膏密封，其构造作用，下列描述哪条不对？
A 防止门、窗框四周形成冷热交换区产生结露
B 有助于防寒、防风、隔声、保温
C 避免框料直接与水泥砂浆等接触，消除碱腐蚀
D 有助于提高抗震性能

解析：铝合金门窗固定后的堵缝是防止锈蚀、防寒保温、避免结露等需求，与提高抗震性能无关。

答案：D

24-7-10 (2007) 以下门窗的开启方向哪个正确？
A 高层建筑外开窗
B 门跨越变形缝开启
C 宿舍楼进厅外开门
D 外走廊的内侧墙上外开窗

解析：A 项，高层建筑考虑风力对窗的影响，一般不选用外开平开窗；B 项，平开门不应跨越变形缝开启；D 项，外走廊的内侧墙上由于高度问题（底部应保证 2.0m）不宜选用外开平开窗；只有 C 项宿舍楼门厅的门应采用外开平开门或弹簧门。

答案：C

24-7-11 （2007）关于防火窗的基本构造特征，以下哪条正确？

A 铝合金窗框，钢化玻璃

B 塑钢窗，夹丝玻璃

C 钢窗框，复合夹层玻璃

D 铝衬塑料窗，电热玻璃

解析：《防火规范》条文说明附录附表1中规定：防火窗的基本构造应选用钢窗框或木窗框，复合夹层玻璃（夹丝玻璃）。

答案：C

24-7-12 （2007）窗台高度低于规定要求的"低窗台"，其安全防护构造措施以下哪条有误？

A 公建窗台高度＜0.8m，住宅窗台高度＜0.9m时，应设防护栏杆

B 相当于护栏高度的固定窗扇，应有安全横档窗框并用夹层玻璃

C 室内外高差≤0.6m的首层低窗台可不加护栏等

D 楼上低窗台高度＜0.5m，防护高度距楼地面≥0.9m

解析：《民建统一标准》第6.11.6条规定：3 公共建筑临空外窗的窗台距楼

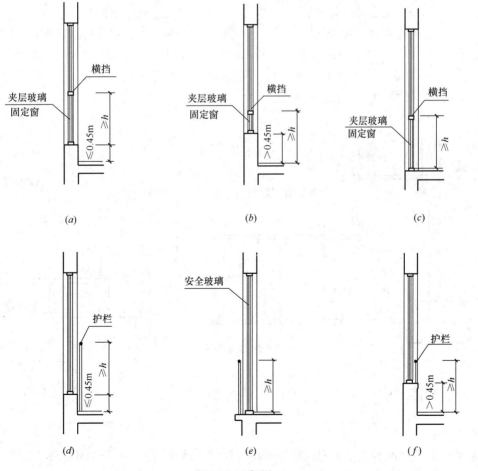

题 24-7-12 解图

地面净高不得低于 0.8m，否则应设置防护设施，防护设施的高度由地面起算不应低于 0.8m；4 居住建筑临空外窗的窗台距楼地面净高不得低于 0.9m，否则应设置防护设施，防护设施的高度由地面起算不应低于 0.9m。

《民建设计技术措施》第二部分第 10.5.1 条指出：临空的窗台高度 h 应不低于 0.8m（住宅为 0.9m）。第 10.5.2 条指出：低于规定窗台高度 h 的窗台叫低窗台，应采取防护措施（如：采用护栏或在窗下部设置相当于栏杆高度的防护固定窗，且在防护高度设置横档窗框），其防护高度 h 应满足本节第 10.5.1 条的规定，见图 10.5.2 所示（不包括设有宽窗台的凸窗等）。1 当窗台高度低于或等于 0.45m 时，护栏或固定窗扇的高度从窗台算起。2 当窗台高度高于 0.45m 时，护栏或固定窗扇的高度自地面算起；但护栏下部 0.45m 高度范围内不得设置水平栏杆或任何其他可踏部位。如有可踏部位则其高度应从可踏面算起（注：窗台可踏面指高度小于或等于 0.45m，同时宽度大于或等于 0.22m 的凸出部位）。3 当室内外高差小于或等于 0.60m 时，首层的低窗台可不加防护措施。

答案：D

24-7-13（2007）以下保温门构造图中有误，主要问题是（　　）。
A 保温材料欠妥　　　　　　　B 钢板厚度不够
C 木材品种未注明　　　　　　D 门框、扇间缝隙缺密封条构造

解析：保温门的门框、门扇之间应设置密封条来加强密闭和保温，参见国标图集《特种门窗》04J610-1 第 B4 页木质平开保温门的做法（如解图所示）。

答案：D

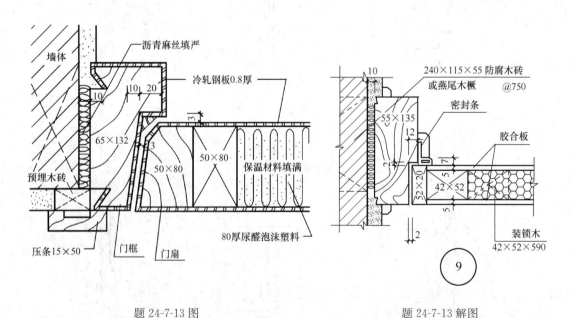

题 24-7-13 图　　　　　　　　题 24-7-13 解图

24-7-14（2006）关于多层经济适用房（住宅）的外窗设计，下列哪条不合理？
A 平开窗的开启扇，其净宽不宜大于 0.6m，净高不宜大于 1.4m

B 推拉窗的开启扇，其净宽不宜大于0.9m，净高不宜大于1.5m
C 窗的单块玻璃面积不宜大于1.8m²
D 为了安装窗护栅，底层外窗不宜采用向外平开窗

解析：《民建设计技术措施》第二部分第10.4.7条指出：平开窗的开启扇，其净宽不宜大于0.6m，净高不宜大于1.4m。推拉窗的开启扇，其净宽不宜大于0.9m，净高不宜大于1.5m。第10.6.2条指出，门窗工程有下列情况之一时，必须使用安全玻璃：1 面积大于1.5m²的窗玻璃或玻璃底边离最终装修面小于500mm的落地窗。另《塑料门窗工程技术规程》JGJ 103—2008第3.1.2条规定，门窗工程有下列情况之一时，必须使用安全玻璃：1 面积大于1.5m²的窗玻璃。由以上资料可知，窗的单块（普通）玻璃面积不宜大于1.5m²，所以C项错误。

答案：C

24-7-15 (2006) 各类门窗的有关规定，下列哪一项有误？

A 铝合金门窗框与墙体间缝隙应采用水泥砂浆填塞饱满留出10mm打胶
B 塑料门窗与墙体固定点间距不应大于600mm
C 塑料门窗框与墙体间缝隙应采用闭孔弹性材料填嵌
D 在砌体上安装门窗时，严禁用射钉固定

解析：《住宅装修施工规范》第10.3.2条第3款规定：3（铝合金门窗的）门窗框与墙体间缝隙不得用水泥砂浆填塞，应采用弹性材料填嵌饱满，表面应用密封胶密封。《铝合金门窗工程技术规范》JGJ 214—2010第7.3.2条第6款规定：铝合金门窗框与洞口缝隙，应采用保温、防潮且无腐蚀性的软质材料填塞密实；亦可使用防水砂浆填塞，但不宜使用海砂成分的砂浆。

答案：A

24-7-16 (2006) 下面四个木门框的断面图中，哪个适用于常用弹簧门的中竖框？

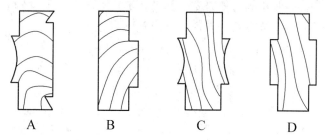

解析：弹簧门中竖框的横断面应左右对称，与门扇接缝处的裁口应为圆弧形以利于门扇内外旋转开启。参见《建筑设计资料集9》第9页"弹簧门"。

答案：C

24-7-17 (2006) 有关门窗玻璃安装的表述，下列哪项是正确的？

A 磨砂玻璃的磨砂面应朝向室外
B 压花玻璃的花纹宜朝向室内
C 单面镀膜玻璃的镀膜层应朝向室内
D 中空玻璃的热反射镀膜玻璃应在最内层，镀膜层应朝向室外

解析：《装修验收标准》第6.6.1条规定：玻璃的层数、品种、规格、尺寸、色彩、图案和涂膜朝向应符合设计要求。该条的条文说明指出：修订条文，除设计上有特殊要求，为保护镀膜玻璃上的镀膜层及发挥镀膜层的作用，特对镀膜玻璃的安装位置及朝向作出要求：单面镀膜玻璃的镀膜层应朝向室内（C项正确）。双层玻璃的单面镀膜玻璃应在最外层，镀膜层应朝向室内（D项错误）。磨砂玻璃朝向室内是为了防止磨砂层被污染并易于清洁（A项错误）。其他资料表明压花玻璃作为浴厕门窗玻璃时应将其花纹面朝外，以防表面浸水而透视（B项错误）。

答案：C

24-7-18 (2006) 木门窗五金配件的安装，下列哪项是错误的？

A 合页距门窗扇上下端宜取立梃高度的1/10，并应避开上下冒头
B 五金配件安装采用木螺钉拧入，不得锤击钉入
C 门锁宜安装在冒头与立梃的结合处
D 窗拉手距地面高度宜为1.5~1.6m，门拉手距地面高度宜为0.9~1.05m

解析：《住宅装修施工规范》第10.3.1条第4款规定，木门窗五金配件的安装应符合下列规定：1) 合页距门窗扇上下端宜取立梃高度的1/10，并应避开上、下冒头；2) 五金配件安装应用木螺钉固定，硬木应钻2/3深度的孔，孔径应略小于木螺钉直径；3) 门锁不宜安装在冒头与立梃的结合处（C项错误）；4) 窗拉手距地面宜为1.5~1.6m，门拉手距地面宜为0.9~1.05m。

答案：C

24-7-19 (2005) 有关常用窗的开启，下列叙述何者不妥？

A 中、小学等需儿童擦窗的外窗应采用内开下悬式或距地一定高度的内开窗
B 卫生间窗宜用上悬或下悬
C 平开窗的开启窗，其净宽不宜大于0.8m，净高不宜大于1.4m
D 推拉窗的开启窗，其净宽不宜大于0.9m，净高不宜大于1.5m

解析：《民建设计技术措施》第二部分第10.4.3条指出：中、小学校等需儿童擦窗的外窗应采用内平开下悬式或内平开窗。第10.4.7条指出：平开窗的开启扇，其净宽不宜大于0.6m，净高不宜大于1.4m（C项错误）；推拉窗的开启扇，其净宽不宜大于0.9m，净高不宜大于1.5m。

答案：C

24-7-20 (2005) 宾馆客房内卫生间的门扇与地面间应留缝，下列何值为宜？

A 3~5mm B 5~8mm C 8~15mm D 20~40mm

解析：《装修验收标准》第6.2.12条规定：平开木门窗安装的留缝限值、允许偏差和检验方法应符合表6.2.12的规定。查阅表6.2.12第11项"无下框时门扇与地面间留缝"可知：卫生间门留缝限值是4~8mm。故本题选B。

答案：B

24-7-21 (2004) 下列木门设计中，何者不妥？

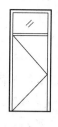 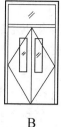  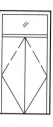

  A   B   C   D

解析： D选项为双扇双向开启弹簧门，因为这种门来回双向开启，应采用安全玻璃门扇或在门扇可视高度部分安装透明玻璃小窗，否则容易碰撞伤人。

答案： D

24-7-22 （2004）铝合金窗××平开系列是以下面哪个部位尺寸决定的？

  A　框料壁厚   B　框料宽度

  C　框料厚度   D　框料截面模量

解析： 如铝合金窗88系列中的88指框料厚度（也可称为截面高度）是88mm。

答案： C

24-7-23 （2004）下列哪一种窗扇的抗风能力最差？

  A　铝合金推拉窗   B　铝合金外开平开窗

  C　塑钢推拉窗   D　塑钢外开平开窗

解析： 由于铝合金窗是空心料型，壁厚较薄、稳定性差，采用外开平开方式很难抵挡风力的影响，抗风能力最差。

答案： B

24-7-24 （2004）单框双玻金属窗的传热系数[W/(m²·K)]接近于下列何值？

  A　6.4 B　4.7 C　4.0 D　2.7

解析： 查阅《民用建筑热工设计规范》GB 50176—2016 附录C"热工设计计算公式"C.5.3条表C.5.3-1"典型玻璃配合不同窗框的整窗传热系数"，可知"不隔热金属型材普通中空玻璃窗"的整窗传热系数为4.0W/(m²·K)，所以题中单框双玻金属窗的传热系数应接近于4.0。

答案： C

24-7-25 （2003）在下列哪种墙上安装建筑外门窗可以使用射钉？

  A　加气混凝土砌块   B　钢筋混凝土墙

  C　实心黏土砖墙   D　多孔黏土砖墙

（注：本题2004、2007年也考过）

解析：《装修验收标准》第6.1.11条规定：建筑外门窗安装必须牢固，在砌体上安装门窗严禁采用射钉固定。

答案： B

24-7-26 （2003）关于建筑门窗安装的规定，下列哪条是错误的？

  A　单块玻璃大于1.5m²时，应采用安全玻璃

  B　门窗玻璃不应直接接触型材

  C　单面镀膜层应朝向室内，磨砂玻璃的磨砂面应朝向室外

D 中空玻璃的单面镀膜玻璃应在最外层,镀膜层应朝向室内

(注:本题2004、2006、2010年也考过)

解析:《塑料门窗工程技术规程》JGJ 103—2008 第3.1.2条和《铝合金门窗工程技术规范》JGJ 214—2010 第4.12.2条都规定:面积大于$1.5m^2$的窗玻璃必须使用安全玻璃(A项)。《装修验收标准》第6.6.7条规定:玻璃表面应洁净,不得有腻子、密封胶和涂料等污渍;中空玻璃内外表面均应洁净,玻璃中空层内不得有灰尘和水蒸气;门窗玻璃不应直接接触型材(B项)。第6.6.1条规定:玻璃的层数、品种、规格、尺寸、色彩、图案和涂膜朝向应符合设计要求。该条的条文说明指出,修订条文,除设计上有特殊要求,为保护镀膜玻璃上的镀膜层及发挥镀膜层的作用,特对镀膜玻璃的安装位置及朝向作出要求:单面镀膜玻璃的镀膜层应朝向室内;双层玻璃的单面镀膜玻璃应在最外层,镀膜层应朝向室内(D项);磨砂玻璃朝向室内是为了防止磨砂层被污染并易于清洁(C项错误)。

答案:C

24-7-27 (2003) 一般常用木门的框料尺寸,下列哪组尺寸安全、合理?

Ⅰ.夹板门框料 55mm×90mm;
Ⅱ.夹板门框料 40mm×65mm;
Ⅲ.弹簧镶玻璃门框料 75mm×125mm;
Ⅳ.弹簧镶玻璃门框料 90mm×180mm

A Ⅱ、Ⅲ B Ⅳ、Ⅰ C Ⅱ、Ⅳ D Ⅰ、Ⅲ

解析:木门的框料不宜过大。参见《建筑设计资料集9》第4页。

答案:A

24-7-28 (2003) 能自动启闭、控制人流、保持室温的大型金属旋转门,其规格性能的要点,下列哪条是正确的?

A 一般顺时针旋转　　　　　　B 钢结构转门要用5mm厚玻璃
C 转门净高2.1m　　　　　　　D 目前有铝质、钢质两种型材结构

解析:金属转门分为铝质、钢质两类型材结构;铝结构采用厚5~6mm玻璃,钢结构采用厚6mm玻璃;门扇一般逆时针旋转。

答案:D

24-7-29 (2003) 洞口高度和宽度≤2700mm 的一般木门,在两侧墙上的固定点共有几个?

A 4个　　　　B 6个　　　　C 8个　　　　D 10个

解析:《住宅装修施工规范》第10.3.1条规定,木门窗的安装应符合下列规定:2 门窗框安装前应校正方正,加钉必要拉条避免变形;安装门窗框时,每边固定点不得少于两处,其间距不得大于1.2m。

答案:C

24-7-30 (2003) 下列窗户中,哪一种窗户的传热系数最大?

A 单层木窗　　　　　　　　　B 单框双玻塑钢窗
C 单层铝合金窗　　　　　　　D 单层彩板钢窗

解析：分析得出，窗的传热系数比较而言：单玻窗大于双玻窗，金属窗大于木窗和塑料窗，而金属窗中铝合金窗又大于钢窗。（注：也可参考《民用建筑热工设计规范》GB 50176—2016 附录 C.5 "门窗、幕墙传热系数"中表"C.5.3-1 典型玻璃配合不同窗框的整窗传热系数"）

答案：C

24-7-31 (2003) 塑料窗与墙体的连接采用固定片，试问固定件的中距 l、与窗角（或中距）的距离 α，下列哪组答案正确？

A $l \leqslant 1200\text{mm}$，$\alpha = 200 \sim 250\text{mm}$
B $l \leqslant 1000\text{mm}$，$\alpha = 200 \sim 250\text{mm}$
C $l \leqslant 900\text{mm}$，$\alpha = 150 \sim 200\text{mm}$
D $l \leqslant 600\text{mm}$，$\alpha = 150 \sim 200\text{mm}$

解析：《装修验收标准》第 6.4.2 条规定：塑料门窗框、附框和扇的安装应牢固；固定片或膨胀螺栓的数量与位置应正确，连接方式应符合设计要求；固定点应距窗角、中横框、中竖框 150～200mm，固定点间距不应大于 600mm。

答案：D

24-7-32 (2003) 防火门、防火卷帘门等特殊用途的门，最常用的可靠材料为下列哪一类？

A 高强铝合金材　　　　　　B 特殊处理木质
C 钢质板材类　　　　　　　D 新型塑钢料

解析：《防火门》GB 12955—2008 第 4.1 条规定：防火门按材质分类为"钢质、木质、钢木质和其他材质（无机不燃材料）"四类。查阅《防火卷帘》GB 14102—2005 可知防火卷帘使用的材料有"钢质材料"和"无机纤维材料"。由上述规范得知 A 项、D 项不适用于防火门和防火卷帘，B 项不适用于防火卷帘，C 项适用，所以应选 C。

答案：C

24-7-33 钢窗按窗料断面规格分为以下几个系列，何者正确？

A 25mm　　B 32mm　　C 40mm　　D 50mm

解析：50mm 料型过大，但 25mm、32mm 料型过小，现均已被淘汰。

答案：C

24-7-34 隔声窗玻璃之间的空气层以（　　）mm 为宜。

A 20～30　　B 30～50　　C 80～100　　D 200

解析：据标准图及相关资料，隔声窗玻璃之间的空气层宜为 80～100mm。

答案：C

24-7-35 在商店橱窗的设计中，下列要点何者有误？

A 橱窗一般采用 6mm 以上玻璃
B 橱窗窗台宜 600mm 高
C 为防尘土，橱窗一般不用自然通风
D 为防结露，寒冷地区橱窗应采暖

解析：《商店建筑设计规范》JGJ 48—2014 第 4.1.4 条第 3 款指出：采暖地区的封闭橱窗可不采暖，其内壁应采取保温构造，外表面应采取防雾构造。

答案：D

24-7-36 铝合金门窗外框与墙体的连接应为弹性连接，下列做法何者是正确的?
A　将门窗框卡入洞口，用木楔垫平，软质保温材料填实缝隙
B　将地脚用螺栓与外框连接，再将地脚用膨胀螺栓与墙体连接，用软质保温材料填实缝隙
C　将外框装上铁脚，焊接在预埋件上，用软质保温材料填实缝隙
D　用螺钉将外框与预埋木砖连接，用软质保温材料填实缝隙

解析：铝合金门窗外框与墙体的连接用木楔（A 项）或木砖（D 项）连接是错误的，木砖连接只适用于木门窗。B 项错在地脚与外框的连接方式上，不应用螺栓连接。《铝合金门窗工程技术规范》JGJ 214—20104 第 7.3.2 条第 4 款规定：固定片与铝合金门窗框连接宜采用卡槽连接方式；与无槽口铝门窗框连接时，可采用自攻螺钉或抽芯铆钉，钉头处应密封。

答案：C

24-7-37 铝合金门窗与墙体的连接应为弹性连接，在下述理由中哪些是正确的?
Ⅰ. 建筑物在一般振动、沉降变形时不致损坏门窗；Ⅱ. 建筑物受热胀冷缩变形时，不致损坏门窗；Ⅲ. 让门窗框不直接与混凝土、水泥砂浆接触，以免碱腐蚀；Ⅳ. 便于施工与维修
A　Ⅰ、Ⅱ、Ⅲ　　　B　Ⅱ、Ⅲ　　　C　Ⅱ、Ⅳ　　　D　Ⅰ

解析：题目中Ⅰ、Ⅱ、Ⅲ理由充分，论述正确。

答案：A

24-7-38 以下关于木质防火门的有关做法，哪一条是错误的?
A　公共建筑一般选用耐火极限为 0.9h 的防火门
B　防火门两面都有可能被烧时，门扇两面应各设泄气孔一个，位置错开
C　防火门单面包钢板时，钢板应面向室外
D　防火门包钢板最薄用 26 号镀锌钢板，并可用 0.5mm 厚普通钢板代替

解析：查施工手册和厂家样本，26 号镀锌钢板的厚度约为 1mm，故不可用 0.5mm 的普通钢板代替。

答案：D

24-7-39 门窗洞口与门窗实际尺寸之间的预留缝隙大小，下述各项中哪个不是决定因素?
A　门窗本身幅面大小
B　外墙抹灰或贴面材料种类
C　有无假框
D　门窗种类：木门窗、钢门窗或铝合金门窗

解析：门窗种类不同、外墙饰面不同、有无假框均能导致缝隙大小的不同，只有门窗幅面大小与预留缝隙大小无关。

答案：A

24-7-40 门设置贴脸板的主要作用是下列哪一项？

A 在墙体转角起护角作用

B 掩盖门框和墙面抹灰之间的裂缝

C 作为加固件，加强门框与墙体之间的连接

D 隔声

解析：贴脸板的主要作用是盖缝。

答案：B

24-7-41 门顶弹簧为噪声较小的单向开启闭门器，但它不适合安装在下列哪一种门上？

A 高级办公楼的办公室门　　B 公共建筑的厕所、盥洗室门

C 幼儿园活动室门　　D 公共建筑疏散防火门

解析：门顶弹簧开启时需要较大的力气，不宜用于幼儿园活动室门等儿童使用的门。

答案：C

24-7-42 关于铝合金门窗的横向和竖向组合，下列措施中哪一项是错误的？

A 应采用套插，搭接形成曲面组合

B 搭接长度宜为10mm

C 搭接处用密封膏密封

D 在保证质量的前提下，可采用平面同平面组合

解析：从有关施工手册中查到，铝合金门窗不可采用平面同平面的组合方式。

答案：D

24-7-43 下列几种玻璃中哪一种玻璃可用于公共建筑的天窗？

A 平板玻璃　　B 夹丝玻璃　　C 夹层玻璃　　D 钢化玻璃

解析：《建筑玻璃规程》第8.2.2条中规定：屋面玻璃或雨篷玻璃必须使用夹层玻璃或夹层中空玻璃，其胶片厚度不应小于0.76mm。

答案：C

24-7-44 图示四种铝合金门窗框与墙体的连接方式中，哪一项是错的？

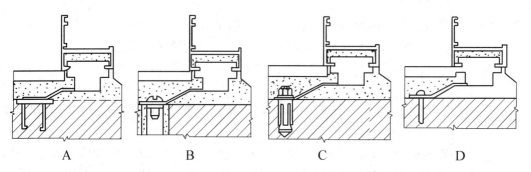

A　　B　　C　　D

解析：《装修验收规范》第5.1.11条规定：建筑外门窗的安装必须牢固，在

砌体上安装门窗严禁用射钉固定。D图的做法是在砖墙上用射钉连接，所以错误。

答案：D

24-7-45 下列木材中，哪一种不宜用于建筑木门窗？

A 红松　　　　B 黄松　　　　C 白松　　　　D 马尾松

解析：由于马尾松有纹理不匀、多松脂、干燥时有翘裂、不耐腐、易受白蚁侵蚀等缺点，故不宜用做门窗材料。

答案：D

24-7-46 铝合金门窗的外框应弹性连接牢固，下列方式中哪一种是错误的？

A 用连接件焊接连接，适用于钢结构

B 用预埋件焊接、射钉连接，适用于钢筋混凝土结构

C 砖墙结构宜用射钉连接

D 用膨胀螺栓连接适用于钢筋混凝土结构和砖石结构

解析：《装修验收标准》第6.1.11条规定：建筑外门窗的安装必须牢固，在砌体上安装门窗严禁采用射钉固定。另《住宅装修施工规范》第10.1.7条规定：建筑外门窗的安装必须牢固，在砖砌体上安装门窗严禁用射钉固定。

答案：C

24-7-47 铝合金门窗外框和墙体的缝隙，一般采用玻璃棉条等材料分层填塞，缝隙外表留5～8mm深的槽口，填嵌密封材料。这样做的主要目的是下列哪一项？

A 防火　　　　B 防虫　　　　C 防扭转　　　　D 防热桥

解析：分析其原因应是防热桥产生。

答案：D

24-7-48 关于普通木门窗的表述，哪一条是不恰当的？

A 平开木窗每扇宽度不应大于600mm，每扇高度不应大于1500mm

B 木窗开启扇采用3mm厚玻璃时，每块玻璃面积不得大于0.1m²

C 夹板门表面平整美观，可在建筑中用于外门及内门

D 内开窗的下冒头应设披水条

解析：夹板门只用于内门，不适合用于外门。

答案：C

24-7-49 下列关于外门的表述，哪一条是错误的？

A 采暖建筑中人流较多的外门应设门斗或用旋转门代替门斗

B 旋转门可以作为消防疏散出入口

C 残疾人通行的外门不得采用力度大的弹簧门

D 双向弹簧门扇下缘300mm范围内应双面装金属踢脚板，门扇应双面安装推手

解析：《防火规范》第6.4.11条第1款规定：民用建筑和厂房的疏散门，应采用向疏散方向开启的平开门，不应采用推拉门、卷帘门、吊门、转门和折叠门。

答案：B

24-7-50 下列有关木门窗的规定中,哪条不合要求?

A 门窗框及厚度大于50mm的门窗扇应采用双榫连接

B 木门窗制品应采用窑干法干燥的木材,含水率不得大于18%

C 木门窗制成后,应立即刷一遍底油,以防受潮变形

D 门窗拉手应位于高度中点以下

解析:其含水率不得大于12%。

答案:B

24-7-51 下列有关钢门窗框固定的方式中,哪条是正确的?

A 门窗框固定在砖墙洞口内,用高强度等级水泥砂浆卡住

B 直接用射钉与砖墙固定

C 墙上预埋铁件与框料焊接

D 墙上预埋铁件与钢门窗框的铁脚焊接

解析:查有关施工手册或标准图。

答案:D

24-7-52 以下关于普通木门窗的表述,哪一条是不恰当的?

A 平开木窗每扇宽度不应大于0.60m,高度不应大于1.20m

B 木窗开启扇采用3mm厚玻璃时,每块玻璃面积不得大于0.80m²

C 内开窗扇的下冒头应设披水条

D 夹板门表面平整美观,可在建筑内门中采用

解析:《建筑玻璃规程》第7.1.1条规定:有框平板玻璃、真空玻璃和夹丝玻璃的最大许用面积应符合表7.1.1-2的规定。查阅该表(见解表)可知3mm厚有框平板玻璃的最大许用面积是0.1m²。

题24-7-52解表

玻璃种类	公称厚度(mm)	最大许用面积(m²)
平板玻璃 超白浮法玻璃 真空玻璃	3	0.1
	4	0.3
	5	0.5
	6	0.9
	8	1.8
	10	2.7
	12	4.5

答案:B

24-7-53 三扇外墙上的木窗采用以下构造,哪一种擦窗有困难?

A 中间扇外开,两边扇外开

B 中间扇立转,两边扇不采取特殊做法

C 中间扇固定,两边扇采用长脚铰链内开

D 中间扇内开,两边扇外开

解析:分析可知,A项做法中和外开中间扇同向开启的边扇的外侧玻璃擦洗不到,比较而言A项的做法擦窗有困难。

答案：A

24-7-54 下列有关各种材料窗上玻璃固定构造的表述，哪一种是错误的？

　　A　木窗用钉子加油灰固定
　　B　钢窗用钢弹簧卡加油灰固定
　　C　铝合金窗用聚氨酯胶条固定
　　D　隐框玻璃幕墙上用硅酮结构密封胶粘结

解析：《铝合金门窗工程技术规范》JGJ 214—2010 第3.3.1条规定，铝合金门窗用密封胶条宜使用硫化橡胶类材料或热塑性弹性体材料固定。

答案：C

24-7-55 关于建筑外门的以下表述中，哪一条是正确的？

　　A　采暖建筑人流较多的外门应设门斗，也可设旋转门代替门斗
　　B　旋转门不仅可以隔绝室内外气流，而且还可以作为消防疏散的出入口
　　C　供残疾人通行的门不得采用旋转门，也不宜采用弹簧门，门扇开启的净宽不得小于0.80m
　　D　双向弹簧门扇下缘0.30m范围内应双面装金属踢脚板，门扇应双面安装推手

解析：A项，旋转门不宜用于人流较多的外门。B项，《防火规范》第6.4.11条第1款规定：民用建筑和厂房的疏散门，应采用向疏散方向开启的平开门，不应采用推拉门、卷帘门、吊门、转门和折叠门。C项，《无障碍规范》第3.5.3条规定，门的无障碍设计应符合下列规定：1 不应采用力度大的弹簧门并不宜采用弹簧门、玻璃门，当采用玻璃门时，应有醒目的提示标志；2 自动门开启后通行净宽度不应小于1.00m；3 平开门、推拉门、折叠门开启后的通行净宽度不应小于800mm，有条件时，不宜小于900mm。但是该规范中并没有规定无障碍门不得采用旋转门。所以只有D项是正确的。

答案：D

24-7-56 以下哪一种不属于钢门窗五金？

　　A　铰链　　　　B　撑头　　　　C　执手　　　　D　插销

解析：钢门窗中无插销。

答案：D

24-7-57 防风雨门窗的接缝不需要达到的要求是（　　）。

　　A　减弱风力
　　B　改变风向
　　C　排除渗水
　　D　利用毛细作用，使浸入的雨水排除流出

解析：防风雨门窗不存在改变风向的功能。

答案：B

24-7-58 窗帘盒的深度一般为（　　）。

　　A　80～100mm　　　　　　　　　　B　100～120mm

C 120～200mm　　　　　　　　D 200～250mm

解析：由《建筑构造通用图集　内装修——综合》88J4-1 可以查得 120～200mm 应用最多。

答案：C

24-7-59 贴脸板的主要作用是(　　)。

A 掩盖门框和墙面抹灰之间的缝隙　　B 加强门框与墙之间的连接

C 防火　　　　　　　　　　　　　　D 防水

解析：贴脸板的作用是盖缝，兼起美观作用。

答案：A

24-7-60 乙级防火门的耐火极限是(　　)h。

A 0.50　　　　B 1.00　　　　C 1.20　　　　D 1.50

解析：《防火门》GB 12955—2008 中第 4.4 条表 1 指出：防火门分为隔热防火门（A 类）、部分隔热防火门（B 类）和非隔热防火门（C 类）。隔热防火门（A 类）的耐火极限有 A3.00、A2.00、A1.50（甲级）、A1.00（乙级）、A0.50（丙级）。

答案：B

24-7-61 交通建筑中，供旅客站着购票用的售票窗台或柜台，其高度何者合乎人体尺度？

A 900mm　　　　　　　　　　　　　B ≤1000mm

C 1100mm 上下　　　　　　　　　　 D ≥1200mm

解析：查有关交通建筑方面的设计规范，例如《铁路旅客车站建筑设计规范》GB 50226—2007，第 5.4.7 条第 2 款规定：2 售票窗台至售票厅地面的高度宜为 1.1m。

答案：C

（八）建筑工业化的有关问题

24-8-1 《建筑模数协调统一标准》规定的基本模数是(　　)mm。

A 300　　　　B 100　　　　C 10　　　　D 5

解析：《建筑模数协调标准》GB/T 50002—2013 第 3.1.1 条规定，基本模数的数值是 100mm。

答案：B

24-8-2 在装配式墙板节点构造（如图）中，垂直空腔的作用主要是下述哪一项？

A 利用空腔保温，避免节点冷桥

B 提供墙板温度变形的余地

C 调整施工装配误差

D 切断毛细管水通路，避免雨水渗入

解析：设置空腔可平衡接缝处内外压力差，破坏毛细渗透现象，减少雨水渗透。依据《预制

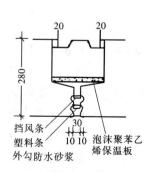

题 24-8-2 图

混凝土外挂墙板应用技术标准》JGJ/T 458—2018 第 5.3.4 条，外挂墙板水平缝和垂直缝防水构造应符合下列规定：1 水平缝和垂直缝均应采用带空腔的防水构造（D 项正确）；2 水平缝宜采用内高外低的企口构造形式；3 受热带风暴和台风袭击地区的外挂墙板垂直缝应采用槽口构造形式；4 其他地区的外挂墙板垂直缝宜采用槽口构造形式，多层建筑外挂墙板的垂直缝也可采用平口构造形式。

答案：D

24-8-3 图中所示的装配式墙板节点构造中，水平空腔的作用主要是（　　）。

A 利用空腔保温，避免节点产生热桥
B 提供墙板温度变形的余地
C 调整施工装配误差
D 切断毛细管水通路，避免雨水渗入

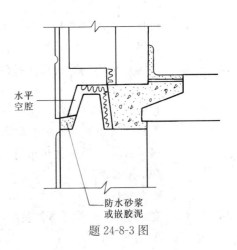

题 24-8-3 图

解析：同题 24-8-2 解析。

答案：D

（九）建筑装饰装修构造

24-9-1 (2011) 下列玻璃隔断墙的构造要求中哪一条正确？
A 安装时，玻璃隔断上框顶面应紧贴结构底板，牢固连接
B 玻璃与金属框格相接处应衬塑料或橡胶垫
C 用磨砂玻璃时，磨砂面应向室外
D 用压花玻璃时，花纹面宜向室内

解析：分析和查阅《装修验收标准》第 6.6.1 条的条文说明和第 8.5.3 条等有关资料得知，玻璃隔断墙的构造要求中，玻璃与金属框格相接处应衬塑料或橡胶垫，所以 B 项正确。A 项，玻璃隔断墙不一定到顶，这时上框无法和顶板连接；C 项，采用磨砂玻璃时，磨砂面应向室内；D 项，采用压花玻璃时，花纹面宜向室外。A、C、D 项错。

答案：B

24-9-2 (2011) 下列关于顶棚的构造要求中哪一项不正确？
A 有洁净要求的空间其顶棚的表面要平整、光滑、不起尘
B 人防地下室的顶棚应直接在板底喷涂料
C 游泳馆的顶棚应设坡度，使顶棚凝结水沿墙面流下
D 厨房、卫生间的顶棚宜采用石灰砂浆做板底抹灰

解析：厨房、卫生间的顶棚不宜采用石灰砂浆做板底抹灰，以避免石灰砂浆面层吸潮脱落伤人。

答案：D

24-9-3 (2011) 某歌厅面积为 160m²，其顶棚为轻钢龙骨构造，面板为纸面石膏板上刷无机装饰涂料，其耐火极限可以作为哪一级材料使用？

A B_3 级
B B_2 级
C B_1 级
D A 级

解析：《内部装修防火规范》5.1.1 条、5.2.1 条和 5.3.1 条及其表 5.1.1、表 5.2.1 和表 5.3.1 均规定："单层、多层""高层"和"地下""歌舞娱乐游艺场所""顶棚""装修材料的燃烧性能等级，不应低于""A 级"。查阅《内部装修防火规范》"条文说明"第 3.0.2 条"表 1 常用建筑内部装修材料燃烧性能等级划分举例"可知：纸面石膏板的燃烧性能等级为 B_1 级。而《内部装修防火规范》第 3.0.4 条规定：安装在金属龙骨上燃烧性能达到 B_1 级的纸面石膏板、矿棉吸声板，可作为 A 级装修材料使用。第 3.0.6 条规定：施涂在 A 级基材上的无机装修涂料，可作为 A 级装修材料使用。因此，本题中的"轻钢龙骨纸面石膏板上刷无机装饰涂料顶棚"的耐火极限可以作为 A 级材料使用。

答案：D

24-9-4 (2011) 封闭的吊顶内不能安装哪一种管道？

A 通风管道
B 电气管道
C 给排水管道
D 可燃气体管道

解析：《建筑室内吊顶工程技术规程》CECS 255：2009 第 4.2.13 条规定：吊顶内严禁敷设可燃气体管道。另《公共建筑吊顶工程技术规程》JGJ 345—2014 第 4.1.10 条规定：吊顶内不得敷设可燃气体管道。

答案：D

24-9-5 (2011) 以下顶棚构造的一般要求中哪一条正确？

A 顶棚装饰面板宜少用石棉制品
B 透明顶棚可用普通玻璃
C 顶棚内的上、下水管应做保温、隔汽处理
D 玻璃顶棚距地高于 5m 时应采用钢化玻璃

解析：《民建设计技术措施》第二部分第 6.4.1 条中指出：17 玻璃吊顶应选用夹层玻璃（安全玻璃）（D 项错误）……任何空间，普通玻璃均不应作为顶棚材料使用（B 项错误）。18 顶棚装修中不应采用石棉制品（如石棉水泥板等）（A 项错误）。

另《建筑玻璃规程》第 7.2.7 条第 2 款规定：当室内饰面玻璃最高点离楼地面高度在 3m 或 3m 以上时，应使用夹层玻璃（D 项错误）。第 8.2.2 条规定：屋面玻璃或雨篷玻璃必须使用夹层玻璃或夹层中空玻璃（B 项错误），其胶片厚度不应小于 0.76mm。C 项，顶棚内的上、下水管做保温、隔汽处理是正确的，可以防止在顶棚内产生凝结水。

答案：C

24-9-6 (2011) 以下吊顶工程的钢筋吊杆构造做法中哪一条有误？

A 吊杆应做防锈处理
B 吊杆距主龙骨端部的长度应≤300mm
C 吊杆长度＞1.5m时应设置反支撑
D 巨大灯具、特重电扇不应安装在吊杆上

解析：有振动荷载的设备、重型灯具、电扇及其他重型设备只能通过特制的吊杆进行安装，特制的吊杆应与结构直接相连。《住宅装修施工规范》第8.1.4条规定：重型灯具、电扇及其他重型设备严禁安装在吊顶龙骨上。另《装修验收标准》第7.1.12条规定：重型设备和有振动荷载的设备严禁安装在吊顶工程的龙骨上。

答案：D

24-9-7 (2011) 屋面顶棚通风隔热层的以下措施中哪一条并不必要？
A 设置足够数量的通风孔
B 顶棚净空高度要足够
C 通风隔热层中加铺一层铝箔纸板
D 不定时在顶棚中喷雾降温

解析：不定时在顶棚中喷雾降温是不必要的。

答案：D

24-9-8 (2011) 以下一般室内抹灰工程的做法中哪一条不符合规定要求？
A 抹灰总厚度≥35mm时要采取加强措施
B 人防地下室顶棚不应抹灰
C 水泥砂浆不得抹在石灰砂浆层上
D 水泥砂浆层上可做罩面石膏灰

解析：《装修验收标准》第4.2.3条规定：抹灰工程应分层进行；当抹灰总厚度大于或等于35mm时，应采取加强措施（A项）。第4.2.7条规定：抹灰层的总厚度应符合设计要求；水泥砂浆不得抹在石灰砂浆层上（C项）；罩面石膏灰不得抹在水泥砂浆层上（D项错误）。《人民防空地下室设计规范》GB 50038—2005第3.9.3条规定：防空地下室的顶板不应抹灰（B项）。

答案：D

24-9-9 (2011) 图为室内墙面抹灰的水泥护角构造，下列说法中哪一条正确？

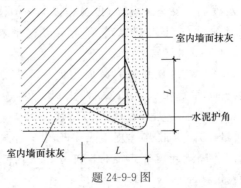

题 24-9-9 图

A 室内墙面、柱面、门洞口的阳角均应做护角

B 采用1∶3水泥砂浆做护角

C 护角高度应与室内净高相同

D 护角每侧宽度 $L \geq 35mm$

解析：《装修验收标准》第4.1.8条规定：室内墙面、柱面和门洞口的阳角做法应符合设计要求；设计无要求时，应采用不低于M20水泥砂浆做护角，其高度不应低于2m，每侧宽度不应小于50mm。另《住宅装修施工规范》第7.1.4条都规定：室内墙面、柱面和门洞口的阳角做法应符合设计要求；设计无要求时，应采用1∶2水泥砂浆做暗护角，其高度不应低于2m，每侧宽度不应小于50mm。

答案：A

24-9-10 (2011) 以下人防地下室的内装修规定中哪一条有误？

A 顶棚不应抹灰

B 墙面宜用纸筋抹灰

C 密闭通道和洗消间的墙面地面等要平整、光洁、易清洗

D 蓄电池室的地面和墙裙应防腐蚀

解析：《人民防空地下室设计规范》GB 50038—2005第3.9.3条规定：防空地下室的顶板不应抹灰……密闭通道、防毒通道、洗消间、简易洗消间、滤毒室、扩散室等战时易染毒的房间、通道，其墙面、顶面、地面均应平整光洁，易于清洗。墙面采用纸筋抹灰不能满足上述要求，所以B项错误。又：蓄电池室的地面和墙裙应做防腐蚀措施是对的。

答案：B

24-9-11 (2010) 轻钢龙骨吊顶中固定板材的次龙骨间距一般不得大于多少？

A 300mm　　　　B 400mm　　　　C 500mm　　　　D 600mm

（注：本题1999年也考过）

解析：《住宅装修施工规范》第8.3.1条第4款规定：次龙骨应紧贴主龙骨安装；固定板材的次龙骨间距不得大于600mm，在潮湿地区和场所，间距宜为300~400mm。

答案：D

24-9-12 (2010) 关于吊顶的设备安装做法，下列哪项是错误的？

A 筒灯可以固定在吊顶上

B 轻型灯具可安装在主龙骨或附加龙骨上

C 电扇宜固定在吊顶的主龙骨上

D 吊顶内的风道、水管应吊挂在结构主体上

解析：《装修验收标准》7.1.12条规定：重型设备和有振动荷载的设备严禁安装在吊顶工程的龙骨上。

答案：C

24-9-13 (2010) 某20层的办公楼，办公室的室内装修用料如下，其中哪项是错误的？

A 楼地面：贴地板砖　　　　　　　B 内墙面：涂刷涂料

C 顶棚：轻钢龙骨纸面石膏板吊顶　　D 踢脚板：木踢脚板

解析：根据《防火规范》第5.1.1条表5.1.1中的规定"建筑高度大于50m的公共建筑属于一类高层建筑"，可知题中20层的办公楼因为其高度超过了50m而属于一类高层建筑。《内部装修防火规范》第5.2.1条表5.2.1中规定，一类高层办公楼的地面和墙面装修材料的燃烧性能等级均不应低于B_1级，而顶棚材料不应低于A级。查阅该规范"条文说明"第3.0.2条"表1 常用建筑内部装修材料燃烧性能等级划分举例"可知：木踢脚板属于B_2级材料，不能用于该20层办公楼的踢脚板。

答案：D

24-9-14 (2010) 下列哪项不是安全玻璃？

A 半钢化玻璃　　　　　　　　B 钢化玻璃
C 半钢化夹层玻璃　　　　　　D 钢化夹层玻璃

解析：《建筑用安全玻璃生产规程》JC/T 2070—2011第4条"分类"规定：安全玻璃产品分为钢化玻璃、夹层玻璃、防火玻璃。防火玻璃分为单片防火玻璃和隔热型复合防火玻璃。半钢化玻璃不属于安全玻璃。

答案：A

24-9-15 (2010) 下列门窗玻璃的安装要求中，哪项是错误的？

A 单块玻璃大于$1.5m^2$时应使用安全玻璃
B 玻璃不应直接接触金属型材
C 磨砂玻璃的磨砂面应朝向室内
D 中空玻璃的单面镀膜玻璃应在内层，镀膜层应朝向室外

解析：《塑料门窗工程技术规程》JGJ 103—2008第3.1.2条和《铝合金门窗工程技术规范》JGJ 214—2010第4.12.2条中都规定：面积大于$1.5m^2$的窗玻璃必须使用安全玻璃（A项）。《装修验收标准》第6.6.7条规定：玻璃表面应洁净，不得有腻子、密封胶和涂料等污渍；中空玻璃内外表面均应洁净，玻璃中空层内不得有灰尘和水蒸气；门窗玻璃不应直接接触型材（B项）。第6.6.1条规定：玻璃的层数、品种、规格、尺寸、色彩、图案和涂膜朝向应符合设计要求。该条的条文说明指出，修订条文，除设计上有特殊要求，为保护镀膜玻璃上的镀膜层及发挥镀膜层的作用，特对镀膜玻璃的安装位置及朝向作出要求：单面镀膜玻璃的镀膜层应朝向室内；双层玻璃的单面镀膜玻璃应在最外层，镀膜层应朝向室内（D项错误）；磨砂玻璃朝室内是为了防止磨砂层被污染并易于清洁（C项）。

答案：D

24-9-16 (2010) 墙面抹灰层的总厚度一般不宜超过多少？

A 35mm　　B 30mm　　C 25mm　　D 20mm

解析：《装修验收标准》第4.2.3条规定：抹灰工程应分层进行；当抹灰总厚度大于或等于35mm时，应采取加强措施。

答案：A

24-9-17 (2010) 安装在轻钢龙骨上的纸面石膏板，可作为燃烧性能为哪一级的装饰

材料使用？

A A级　　　　B B₁级　　　　C B₂级　　　　D B₃级

解析：《内部装修防火规范》第3.0.4条规定：安装在金属龙骨上燃烧性能达到B₁级的纸面石膏板、矿棉吸声板，可作为A级装修材料使用。

答案：A

24-9-18 (2010) 有排水要求的部位，其抹灰工程滴水线（槽）的构造做法，下列哪项是错误的？

A 滴水线（槽）应整齐顺直　　　　B 滴水线应内高而外低
C 滴水槽的宽度不应小于6mm　　　D 滴水槽的深度不应小于10mm

（注：本题2003年也考过）

解析：《装修验收标准》第4.2.9条规定：有排水要求的部位应做滴水线（槽）；滴水线（槽）应整齐顺直，滴水线应内高外低，滴水槽的宽度和深度应满足设计要求，且均不应小于10mm（C项错误）。

答案：C

24-9-19 (2010) 关于涂饰工程的基层处理，下列哪项不符合要求？

A 新建筑物的混凝土或抹灰基层在涂饰涂料前应涂刷抗碱封闭底漆
B 混凝土或抹灰基层涂刷溶剂型涂料时，含水率不得大于10%
C 基层腻子应平整、坚实、牢固，无粉化、起皮和裂缝
D 厨房、卫生间墙面必须使用耐水腻子

解析：《住宅装修施工规范》第13.1.4条规定：混凝土或抹灰基层涂刷溶剂性涂料时，含水率不应大于8%。

答案：B

24-9-20 (2009) 下列玻璃顶棚构造的说法，哪条正确？

A 其顶棚面层的玻璃应选用钢化玻璃
B 顶棚离地高于5m时不应采用夹层玻璃
C 顶棚距地小于3m时，可用厚度≥5mm的压花玻璃
D 玻璃顶棚若兼有人工采光要求时，应采用冷光源

解析：《建筑室内吊顶工程技术规程》CECS 255：2009第4.2.15条规定，玻璃吊顶设计应符合下列规定：3 吊顶用的玻璃应选用安全玻璃（C项错误），并应符合现行行业标准《建筑玻璃应用技术规程》JGJ 113的相关规定。5 当玻璃吊顶距离地面大于3m时，必须使用夹层玻璃（B项错误）；用于吊顶的夹层玻璃，厚度不应小于6.76mm，PVB胶片厚度不应小于0.76mm。7 玻璃吊顶应考虑灯光系统的维护和玻璃的清洁；宜采用冷光源（D项错误），并应考虑散热和通风，光源与玻璃之间应留有一定的间距。钢化玻璃属于安全玻璃，所以只有A项是正确的。

答案：A

24-9-21 (2009) 某餐饮店的厨房顶棚构造可用下列哪一种？

A 纸面石膏板(安装在钢龙骨上)吊顶
B 矿棉装饰吸声板顶棚

C 岩棉装饰板顶棚

D 铝箔、玻璃钢复合板吊顶

解析：《内部装修防火规范》第4.0.11条（强制性条文）规定：建筑物内的厨房，其顶棚、墙面、地面均应采用A级装修材料。第3.0.4条规定：安装在金属龙骨上燃烧性能达到B_1级的纸面石膏板、矿棉吸声板，可作为A级装修材料使用。所以A项满足要求可以选用。查阅《内部装修防火规范》"条文说明"第3.0.2条"表1常用建筑内部装修材料燃烧性能等级划分举例"可知：矿棉装饰吸声板、岩棉装饰板、铝箔玻璃钢复合板均属于B_1级材料，不得选用。

答案：A

24-9-22 (2009) 关于U形50系列轻钢龙骨上人吊顶的构造要点与性能，以下哪条错误？

A 用薄壁镀锌钢带压制成主龙骨高50mm

B 结构底板用$\phi 8 \sim \phi 10$钢筋作吊杆，吊住主龙骨

C 吊点距离为900～1200mm

D 主龙骨可承担1000N的检修荷载

解析：《建筑室内吊顶工程技术规程》CECS 255：2009第4.2.2条规定：上人吊顶，吊杆应采用不小于$\phi 8$带丝扣钢筋（B项正确）；主龙骨应选用DU50×15×1.2（A项正确）或60×B×1.2（B=24～30）的龙骨，吊杆的间距不应大于1200mm（C项正确），主龙骨的间距不应大于1200mm。查找标准图，50系列U形轻钢龙骨吊顶属于不经常上人的吊顶，主龙骨只能承担800N的检修荷载。所以D项错误。

答案：D

24-9-23 (2009) 有关普通住宅室内墙、柱、门洞口的阳角构造要求，以下哪条有误？

A 要做1:2水泥砂浆护角 B 护角高度同层高

C 护角厚度同室内抹灰厚度 D 护角每侧宽度≥50mm

（注：此题2005年、2004年均考过）

解析：《住宅装修施工规范》第7.1.4条规定：室内墙面、柱面和门洞口的阳角做法应符合设计要求；设计无要求时，应采用1:2水泥砂浆做暗护角，其高度不应低于2m，每侧宽度不应小于50mm。

答案：B

24-9-24 (2009) 水泥砂浆不得涂抹在(   )。

A 加气混凝土表面 B 硅酸盐砌块墙面

C 石灰砂浆层上 D 混凝土大板底

解析：《装修验收标准》第4.2.7条规定：抹灰层的总厚度应符合设计要求，水泥砂浆不得抹在石灰砂浆层上，罩面石膏灰不得抹在水泥砂浆层上。

答案：C

24-9-25 (2009) 木结构与砖石、混凝土结构等相接面处抹灰的构造要求，以下哪条不正确？

A 应铺钉金属网

B 金属网要绷紧牢固

C 基体表面应干净湿润

D 金属网与各基体搭接宽度不小于50mm

解析：《装修验收标准》第4.2.3条规定：不同材料基体交接处表面的抹灰，应采取防止开裂的加强措施，当采用加强网时，加强网与各基体的搭接宽度不应小于100mm（D项错误）。

答案：D

24-9-26 (2009) 顶棚裱糊聚氯乙烯塑料壁纸（PVC）时，不正确的做法是（　　）。

A 先用1:1的建筑胶粘剂涂刷基层

B 壁纸用水湿润数分钟

C 裱糊顶棚时仅在其基层表面涂刷胶粘剂

D 裱好后赶压气泡、擦净

解析：《住宅装修施工规范》第12.3.5条第4款规定：聚氯乙烯塑料壁纸裱糊前应先将壁纸用水润湿数分钟，墙面裱糊时应在基层表面涂刷胶粘剂，顶棚裱糊时，基层和壁纸背面均应涂刷胶粘剂（C项错误）。

答案：C

24-9-27 (2009) 有关室内墙面干挂石材的构造做法，以下哪条正确？

A 每块石板独立吊挂互不传力

B 干作业，但局部难挂处可用1:1水泥砂浆灌筑

C 吊挂件可用铜、铝合金等金属制品

D 干挂吊装工序一般技工即可操作完成

解析：每块石板的荷载均有金属件独立吊挂互不传力是对的。干挂石材属于干作业，不能与湿挂法混用；吊挂件不能采用铜、铝合金等金属制品，必须采用型钢；干挂吊装工序应由专业技工操作。

答案：A

24-9-28 (2009) 下列有关顶棚构造的说法，哪条有误？

A 封闭吊顶内不得敷设可燃气体管道

B 顶棚面装修不应采用石棉水泥板、普通玻璃

C 人防工程顶棚严禁抹灰

D 浴堂、泳池顶棚面不应设坡

解析：《建筑室内吊顶工程技术规程》CECS255：2009第4.2.13条规定：吊顶内严禁敷设可燃气体管道（A项）。第4.2.15条第3款规定：吊顶用的玻璃应选用安全玻璃……（B项）。

《民建设计技术措施》第二部分第6.4.1条中指出：11……大、中型公用浴室、游泳馆的顶棚饰面应采用防水、防潮材料，应有凝结水的排放措施，如设较大的坡度，使顶棚凝结水能顺坡沿墙而流下（D项错误）。17玻璃吊顶应选用夹层玻璃（安全玻璃）……任何空间，普通玻璃均不应作为顶棚材料使用（B项）。18顶棚装修中不应采用石棉制品（如石棉水泥板等）

(B项)。《人民防空地下室设计规范》GB 50038—2005 第 3.9.3 条规定：防空地下室的顶板不应抹灰（C项）。

答案：D

24-9-29 (2008) 观众厅顶棚设计检修用马道的构造要点，以下哪条正确？
A 顶棚马道净空不低于 1.6m
B 马道应设栏杆，其高度≥0.9m
C 天棚内马道可不设照明
D 允许马道栏杆悬挂轻型器物

解析：《建筑室内吊顶工程技术规程》CECS 255：2009 第 4.2.5 条规定：当需要设置永久性马道时，马道应单独吊挂在建筑承重结构上，宽度不宜小于 500mm，上空高度应满足维修人员通过的要求（A项错误），两边应设防护栏杆，栏杆高度不应小于 900mm（B项正确），栏杆上不得悬挂任何设施或器具（D项错误），马道上应设置照明（C项错误），并设置便于人员进出的检修口。

答案：B

24-9-30 (2008) 从消防考虑，以下吊顶设计构造的表述哪条不对？
A 可燃气体管道不得设在封闭吊顶内
B 顶棚不宜设置散发大量热能的灯具
C 灯饰材料不应低于吊顶燃烧等级
D 顶棚灯具的高温部位应采取隔热、散热等防火保护措施

解析：《建筑室内吊顶工程技术规程》CECS 255：2009 第 4.2.13 条规定：吊顶内严禁敷设可燃气体管道。《内部装修防火规范》第 4.0.16 条规定：照明灯具及电气设备、线路的高温部位，当靠近非 A 级装修材料或构件时，应采取隔热、散热等防火保护措施，与窗帘、帷幕、幕布、软包等装修材料的距离不应小于 500mm；灯饰应采用不低于 B_1 级的材料。

答案：C

24-9-31 (2008) 纸面石膏板吊顶的次龙骨间距一般不大于 600mm，但在下列哪种状况时应改其间距为 300mm 左右？
A 地震设防区域
B 南方潮湿地区
C 上人检修吊顶
D 顶棚管道密布

解析：《住宅装修施工规范》第 8.3.1 条第 4 款规定：次龙骨应紧贴主龙骨安装；固定板材的次龙骨间距不得大于 600mm，在潮湿地区和场所，间距宜为 300~400mm。

答案：B

24-9-32 (2008) 以下人防工程顶棚做法哪个不对？
A 1:2 水泥砂浆抹灰压光
B 钢筋混凝土结构板底刮腻子
C 清水板底喷涂料
D 结构板底刷素水泥浆

解析：《人防地下室规范》第 3.9.3 条规定，防空地下室的顶板不应抹灰。

答案：A

24-9-33 (2008) 某小歌厅营业面积 101m²，其顶棚装修可用以下哪种材料？
A 纸面石膏板（安装于钢龙骨上）
B 矿棉装饰吸声板

C 水泥刨花板　　　　　　　　D 铝塑板

解析：《内部装修防火规范》5.1.1条、5.2.1条和5.3.1条及其表5.1.1、表5.2.1和表5.3.1中均规定："单层、多层"、"高层"和"地下""歌舞娱乐游艺场所""顶棚""装修材料的燃烧性能等级，不应低于""A级"。查阅《内部装修防火规范》"条文说明"第3.0.2条"表1 常用建筑内部装修材料燃烧性能等级划分举例"可知：纸面石膏板、矿棉装饰吸声板、水泥刨花板和铝塑板的燃烧性能等级均为B_1级。而《内部装修防火规范》第3.0.4条规定：安装在金属龙骨上燃烧性能达到B_1级的纸面石膏板、矿棉吸声板，可作为A级装修材料使用。因此只有A项符合要求。

答案：A

24-9-34 (2008) 水磨石、水刷石、干粘石均属于(　　)。

A 高级抹灰　　　　　　　　B 装饰抹灰
C 中级抹灰　　　　　　　　D 普通抹灰

解析：现行《装修验收标准》第4.4.5条规定了"水刷石、斩假石、干粘石、假面砖"等"装饰抹灰工程"的表面质量要求，由此可知水刷石、斩假石、干粘石、假面砖等均属于装饰抹灰。另已废止的《建筑装饰装修工程质量验收规范》GB 50210—2001第4.3节"装饰抹灰工程"第4.3.1条规定：本节适用于水刷石、斩假石、干粘石、假面砖等装饰抹灰工程的质量验收。

答案：B

24-9-35 (2008) 外墙安装天然石材的常用方法，不正确的是(　　)。

A 拴挂法（铜丝绑扎、水泥砂浆灌缝）
B 干挂法（钢龙骨固定、金属挂卡件）
C 高强水泥砂浆固定法
D 树脂胶粘结法

解析：查相关施工手册，外墙安装天然石材时不得采用高强水泥砂浆固定法。

答案：C

24-9-36 (2008) 在加气混凝土墙上铺贴装饰面砖时，其基层构造做法不正确的是(　　)。

A 适当喷湿墙面
B TG胶质水泥砂浆底面刮糙至6mm厚
C 刷素水泥浆一道
D 石灰砂浆结合层9~12mm厚

解析：查建筑构造标准图，应采用6~10mm厚1：2水泥砂浆进行铺贴。

答案：D

24-9-37 (2007) 采用嵌顶式灯具的顶棚，下列设计应注意的要点哪条有误？

A 尽量不选置散发大量热能的灯具
B 灯具高温部位应采取隔热散热等防火措施
C 灯饰所用材料不应低于吊顶燃烧等级
D 顶棚内若空间大、设施又多，宜设排风设施解析：《内部装修防火规范》第4.0.16条规定：照明灯具及电气设备、线路的高温部位，当靠近非A级装修材料或构件时，应采取隔热、散热等防火保护措施，与窗帘、帷幕、幕布、软包等装修材料的距离不应小于500mm；灯饰应采用不低于B_1级的材料。《建筑室内吊顶工程技术规程》CECS 255：2009第4.2.12条规定：空间较大、设备设施较多的吊顶，宜设排风设施。
答案：C

24-9-38 (2007) 游泳馆、公共浴室的顶棚面应设较大坡度，其主要原因是（   ）。
 A 顶棚内各种管道本身放坡所需　　B 使顶棚面凝结水顺坡沿墙面流下
 C 使潮气集中在上部高处有利排气　D 使大空间与结构起拱一致
解析：《建筑室内吊顶工程技术规程》CECS 255：2009第4.2.11条规定：潮湿房间，吊顶上的饰面板应采用防水、防潮的材料；排风机排出的潮湿气体严禁排入吊顶内；公用浴室、游泳馆的吊顶应有凝结水的排放措施。
答案：B

24-9-39 (2007) 下列吊顶面板中不宜用于潮湿房间的是（   ）。
 A 水泥纤维压力板　　　　　　　　B 无纸面石膏板
 C 铝合金装饰板　　　　　　　　　D 聚氯乙烯塑料天花板
（注：此题2004年考过）
解析：无纸面石膏板容易吸潮、脱落。
答案：B

24-9-40 (2007) 下列哪一种吊顶不能用于高层一类建筑内？
 A 轻钢龙骨纸面石膏板吊顶　　　　B 轻钢龙骨矿棉装饰吸声板吊顶
 C 轻钢龙骨铝合金条板吊顶　　　　D 轻钢龙骨水泥纤维压力板吊顶
解析：《内部装修防火规范》第5.2.1条表5.2.1中规定："高层民用建筑""顶棚""装修材料的燃烧性能等级"均"不应低于""A级"。第3.0.4条规定：安装在金属龙骨上燃烧性能达到B_1级的纸面石膏板、矿棉吸声板，可作为A级装修材料使用。查阅该规范"条文说明"第3.0.2条"表1 常用建筑内部装修材料燃烧性能等级划分举例"，可知C项、D项材料的燃烧性能等级也为一级，所以4个选项没有不能用的。
答案：无

24-9-41 (2007) 扫毛灰墙面是有仿石效果的装饰性抹灰墙面，以下叙述中哪条不对？
 A 面层用白水泥、石膏、砂子按1∶1∶6配成混合砂浆
 B 抹后用扫帚扫出犹如天然石材的剁斧纹理
 C 扫毛抹灰厚度20mm左右
 D 要仿石材分块，分格木条嵌缝约15mm宽，6mm深
解析：查施工手册和相关标准图，混合砂浆一般采用普通水泥和石灰膏、砂子配制，而不用白水泥和石膏。
答案：A

24-9-42 (2007) 天然石材用"拴挂法"安装并在板材与墙体间用砂浆灌缝的构造中，以下哪条有误？

A 一般用 1：2.5 水泥砂浆灌缝

B 砂浆层厚 30mm 左右

C 每次灌浆高度不宜超过一块石材高，并≤600mm

D 待下层砂浆初凝后，再灌注上层

解析："拴挂法"又称为"湿挂法"，《住宅装修施工规范》第 12.3.2 条第 3 款规定：当采用湿作业法施工时……灌注砂浆宜用 1：2.5 水泥砂浆，灌注时应分层进行，每层灌注高度宜为 150～200mm，且不超过板高的 1/3，插捣应密实。待其初凝后方可灌注上层水泥砂浆。

答案：C

24-9-43 (2006) 室内隔断起着分隔室内空间的作用，下列哪种玻璃不得用于室内玻璃隔断？

A 普通浮法玻璃　　B 夹层玻璃　　C 钢化玻璃　　D 防火玻璃

解析：《建筑玻璃规程》第 7.2.2 条规定：室内隔断应使用安全玻璃……第 7.2.3 条规定，人群集中的公共场所和运动场所中装配的室内隔断玻璃应符合下列规定：1 有框玻璃应使用符合本规程表 7.1.1-1 的规定，且公称厚度不小于 5mm 的钢化玻璃或公称厚度不小于 6.38mm 的夹层玻璃。2 无框玻璃应使用符合本规程表 7.1.1-1 的规定，且公称厚度不小于 10mm 的钢化玻璃。《建筑用安全玻璃生产规程》JC/T 2070—2011 第 4 条规定：安全玻璃产品分为钢化玻璃、夹层玻璃、防火玻璃。防火玻璃分为单片防火玻璃和隔热型复合防火玻璃。普通浮法玻璃不是安全玻璃，因而不得用于室内玻璃隔断。

答案：A

24-9-44 (2006) 吊顶设计中，下列哪项做法要求是错误的？

A 电扇不得与吊顶龙骨联结，应另设吊钩

B 重型灯具应吊在主龙骨或附加龙骨上

C 烟感器、温感器可以固定在饰面材料上

D 上人吊顶的吊杆可采用 $\phi 8 \sim \phi 10$ 钢筋

解析：《装修验收标准》第 7.1.12 条规定：重型设备和有振动荷载的设备严禁安装在吊顶工程的龙骨上。

答案：B

24-9-45 (2006) 轻钢龙骨吊顶的吊杆距主龙骨端部距离不得超过下列何值？

A 300mm　　B 400mm　　C 500mm　　D 600mm

解析：《装修验收标准》第 7.1.11 条规定：吊杆距主龙骨端部距离不得大于 300mm；当吊杆长度大于 1500mm 时，应设置反支撑；当吊杆与设备相遇时，应调整并增设吊杆或采用型钢支架。

答案：A

24-9-46 (2006) 住宅纸面石膏板轻钢龙骨吊顶安装时，下列哪项是不正确的？

A 主龙骨吊点间距应小于 1.2m

B 按房间短向跨度的 1‰～3‰ 起拱

C 次龙骨间距不得大于900mm

D 潮湿地区和场所的次龙骨间距宜为300～400mm

解析：《住宅装修施工规范》第8.3.1条规定，龙骨的安装应符合下列要求：2 主龙骨吊点间距、起拱高度应符合设计要求；当设计无要求时，吊点间距应小于1.2m，应按房间短向跨度的1‰～3‰起拱；主龙骨安装后应及时校正其位置标高。4 次龙骨应紧贴主龙骨安装；固定板材的次龙骨间距不得大于600mm（C项错误），在潮湿地区和场所，间距宜为300～400mm。

答案：C

24-9-47 (2006) 某商场建筑设计任务书中要求设无框玻璃外门。应采用下列哪种玻璃？

A 厚度不小于12mm的钢化玻璃

B 厚度不小于6mm的单片防火玻璃

C 单片厚度不小于6mm的中空玻璃

D 厚度不小于12mm的普通退火玻璃

解析：《建筑玻璃规程》第7.2.1条第2款规定：无框玻璃（外门）应使用公称厚度不小于12mm的钢化玻璃。

答案：A

24-9-48 (2006) 当室内采光屋面玻璃顶距地面高度超过5m时，应使用下列哪种玻璃？

A 普通退火玻璃　　B 钢化玻璃　　C 夹丝玻璃　　D 夹层玻璃

解析：《建筑玻璃规程》第8.2.2条规定：屋面玻璃或雨篷玻璃必须使用夹层玻璃或夹层中空玻璃，其胶片厚度不应小于0.76mm。

答案：D

24-9-49 (2006) 建筑高度超过50m的普通旅馆，采用下列哪一种吊顶是错误的？

A 轻钢龙骨纸面石膏板

B 轻钢龙骨GRC板

C 内外表面及相应龙骨均涂覆一级饰面型防火涂料的胶合板

D 轻钢龙骨硅酸钙板

解析：《防火规范》第5.1.1条规定：超过50m高的旅馆属于一类高层建筑。《内部装修防火规范》第5.2.1条"表5.2.1 高层民用建筑内部各部位装修材料的燃烧性能等级"规定："一类建筑""宾馆、饭店的客房及公共活动用房等""顶棚""装修材料的燃烧性能等级"不应低于"A级"。查阅《内部装修防火规范》"条文说明"第3.0.2条"表1 常用建筑内部装修材料燃烧性能等级划分举例"可知：纸面石膏板的燃烧性能等级为B_1级，GRC板（玻璃纤维增强水泥板）为A级，胶合板为B_2级，硅酸钙板为A级，轻钢龙骨为A级。因此B选项和D选项为A级，满足要求。由于《内部装修防火规范》第3.0.4条规定：安装在金属龙骨上燃烧性能达到B_1级的纸面石膏板、矿棉吸声板，可作为A级装修材料使用。因此A项也为A级，满足要求；只有C项不满足要求。

答案：C

24-9-50 (2005) 下列哪一种材料不能作为吊顶罩面板？

  A 纸面石膏板 B 水泥石棉板 C 铝合金条板 D 矿棉吸声板

解析：《民建设计技术措施》第二部分第 6.4.1 条中指出：18 顶棚装修中不应采用石棉制品（如石棉水泥板等）。

答案：B

24-9-51 (2005) 当轻钢龙骨吊顶的吊杆长度大于 1.5m 时，应当采取下列哪项加强措施？

  A 增加龙骨的吊点   B 加粗吊杆

  C 设置反支撑   D 加大龙骨

解析：《装修验收标准》第 7.1.11 条规定：吊杆距主龙骨端部距离不得大于 300mm；当吊杆长度大于 1500mm 时，应设置反支撑；当吊杆与设备相遇时，应调整并增设吊杆或采用型钢支架。

答案：C

24-9-52 (2005) 封闭的吊顶内不能安装哪一种管道？

  A 通风管道 B 电气管道 C 给排水管道 D 可燃气管道

解析：《建筑室内吊顶工程技术规程》CECS 255：2009 第 4.2.13 条规定：吊顶内严禁敷设可燃气体管道。

答案：D

24-9-53 (2005) 涂饰工程基层处理的下列规定中，哪一条是错误的？

  A 新建筑物的混凝土或抹灰基层在涂饰涂料前，应涂刷抗碱封闭底漆

  B 混凝土或抹灰基层涂刷溶剂型涂料时，含水率不得大于 12%

  C 基层腻子应平整、坚实、无粉化和裂缝

  D 厨房、卫生间墙面必须使用耐水腻子

解析：《建筑涂饰工程施工及验收规程》JGJ/T 29—2015 第 4.0.1 条第 4 款规定，基层应干燥：涂刷溶剂型涂料时，基层含水率不得大于 8%；涂刷水性涂料时，基层含水率不得大于 10%。

答案：B

24-9-54 (2005) 外墙饰面砖工程中采用的陶瓷砖，在Ⅱ类气候区吸水率不应大于多少？

  A 1%   B 2%   C 3%   D 6%

解析：《外墙饰面砖工程施工及验收规程》JGJ 126—2015 第 3.1.4 条中规定，Ⅱ类气候区吸水率不应大于 6%。

答案：D

24-9-55 (2005) 对于壁纸、壁布施工的下列规定中，哪一条是错误的？

  A 环境温度应≥5℃

  B 房间湿度＞85% 不得施工

  C 混凝土及抹灰基层的含水率应≤15%

  D 木基层的含水率应≤12%

解析：《装修验收标准》第13.1.4条规定：裱糊工程应对基层封闭底漆、腻子、封闭底胶及软包内衬材料进行隐蔽工程验收。裱糊前，基层处理应达到下列规定：3 混凝土或抹灰基层含水率不得大于8%（C项错误）；木材基层的含水率不得大于12%。

答案：C

24-9-56 （2005）在100mm厚的水泥钢丝网聚苯夹芯板隔墙的抹灰基层上，涂刷普通合成树脂乳液涂料（乳胶漆），其墙面的燃烧性能等级属于下列哪一级？

A B_3级　　　B B_2级　　　C B_1级　　　D A级

解析：《内部装修防火规范》第3.0.6条规定：施涂于A级基材上的无机装修涂料，可作为A级装修材料使用；施涂于A级基材上，湿涂覆比小于1.5kg/m²，且涂层干膜厚度不大于1.0mm的有机装修涂料，可作为B_1级装修材料使用。抹灰基层为A级，涂乳胶漆（有机涂料）后可作为B_1级装修材料使用。

答案：C

24-9-57 （2004）下列关于吊顶龙骨安装的说明中，哪一条是错误的？

A 吊杆距龙骨端距离不得大于300mm
B 龙骨接头应错开布置，不得在同一直线上，相邻接头距离不应小于300mm
C 龙骨起拱高度应不小于房间短向跨度的1/200
D 吊扇、风扇和风口可与上人吊顶的吊杆及龙骨连接

解析：《住宅装修施工规范》第8.3.1条规定，龙骨的安装应符合下列要求：2 主龙骨吊点间距、起拱高度应符合设计要求；当设计无要求时，吊点间距应小于1.2m，应按房间短向跨度的1‰~3‰起拱（C项错误）；主龙骨安装后应及时校正其位置标高。3 吊杆应通直，距主龙骨端部距离不得超过300mm。第8.1.4条规定：重型灯具、电扇及其他重型设备严禁安装在吊顶龙骨上（D项错误）。

答案：C、D

24-9-58 （2004）有关装饰装修裱糊工程的质量要求，下列表述何者不对？

A 壁纸、墙布表面应平整，不得有裂缝及斑污，斜视时应无胶痕
B 壁纸、墙布与各种装饰线、设备线盒应交接严密
C 壁纸、墙布边缘应平直整齐，不得有纸毛、飞刺
D 壁纸、墙布阴角处搭接应背光，阳角处应无接缝

解析：《装修验收标准》第13.2.5条规定：裱糊后的壁纸、墙布表面应平整，不得有波纹起伏、气泡、裂缝、皱折；表面色泽应一致，不得有斑污，斜视时应无胶痕（A项）。第13.2.7条规定：壁纸、墙布与装饰线、踢脚板、门窗框的交接处应吻合、严密、顺直；与墙面上电气槽、盒的交接处套割应吻合，不得有缝隙（B项）。第13.2.8条规定：壁纸、墙布边缘应平直整齐，不得有纸毛、飞刺（C项）。第13.2.9条规定：壁纸、墙布阴角处应顺光搭接，阳角处应无接缝（D项错误）。

答案：D

24-9-59 (2004) 有关外墙饰面砖工程的技术要求表述中，下面哪一组正确？

Ⅰ．外墙饰面砖粘贴应设置伸缩缝；

Ⅱ．面砖接缝的宽度不应小于3mm，不得采用密缝，缝深不宜大于3mm，也可采用平缝；

Ⅲ．墙面阴阳角处宜采用异型角砖，阳角处也可采用边缘加工成45°的面砖对接

A Ⅰ、Ⅱ　　　B Ⅱ、Ⅲ　　　C Ⅰ、Ⅲ　　　D Ⅰ、Ⅱ、Ⅲ

解析：《外墙饰面砖工程施工及验收规程》JGJ 126—2015 第4.0.3条指出：外墙饰面砖粘贴应设置伸缩缝；伸缩缝间距不宜大于6m，缝宽宜为20mm。第4.0.6条指出：饰面砖接缝的宽度不应小于5mm，缝深不宜大于3mm，也可为平缝。第4.0.7条指出：墙面阴阳角处宜采用异型角砖。

答案：C

24-9-60 (2003) 关于吊顶工程，下列哪条表述不完全符合规范规定？

A 重型灯具、重型设备严禁安装在吊顶工程的龙骨

B 电扇、轻型灯具应吊在主龙骨或附加龙骨上

C 安装双层石膏板时，面层板与基层板的接缝应错开，并不得在同一龙骨上接缝

D 当顶棚的饰面板为玻璃时，应使用安全玻璃，或采取可靠的安全措施

（注：本题2004、2006、2010年也考过）

解析：《住宅装修施工规范》第8.1.4条规定：重型灯具、电扇及其他重型设备严禁安装在吊顶龙骨上。另《装修验收标准》第7.1.12条规定：重型设备和有振动荷载的设备严禁安装在吊顶工程的龙骨上。

答案：B

24-9-61 (2003) 对一类建筑吊顶用的吊杆、龙骨的要求，下列哪条表述得不完全正确？

A 木龙骨应进行防腐处理

B 金属预埋件、吊杆、龙骨应进行表面防锈、防腐处理

C 吊杆距龙骨端部距离不得大于300mm

D 吊顶长度大于1.5m时，应设置反支撑

解析：《内部装修防火规范》第5.2.1条表5.2.1中规定："高层民用建筑"（包括一类建筑）"顶棚""装修材料的燃烧性能等级"均"不应低于""A级"。查阅该规范"条文说明"第3.0.2条"表1 常用建筑内部装修材料燃烧性能等级划分举例"可知木龙骨属于B_2级，因此不能用于一类（高层）建筑的吊顶。

答案：A

24-9-62 (2003) 关于轻钢龙骨纸面石膏板吊顶设计，下列哪些规定是错误的？

A 纸面石膏板的长边应垂直于纵向次龙骨安装

B 板材的接缝必须布置在宽度不小于40mm的龙骨上

C 固定纸面石膏板的龙骨间距一般≤600mm

D 横撑龙骨间距一般≤1500mm

解析：《建筑室内吊顶工程技术规程》CECS 255：2009 第5.2.5条规定，龙骨及挂件、接长件的安装应符合下列要求：4……次龙骨的安装方向应与石膏板长向相垂直（A项）。5次龙骨间距应准确、均衡，按石膏板模数确定，保证石膏板两端固定于次龙骨上。石膏板长边接缝处应增加横撑龙骨，横撑龙骨用水平件连接，并与通长次龙骨固定。当采用3000mm×1200mm石膏板时，次龙骨间距宜为300mm、375mm、500mm或600mm、750mm、1000mm；当采用2700mm×1200mm石膏板时，次龙骨间距宜为300mm、450mm、900mm；当采用2400mm×1200mm石膏板时，次龙骨间距宜为300mm、400mm、600mm、800mm（C项错误）。横撑龙骨间距宜为300mm、400mm或600mm（D项错误）。潮湿环境次龙骨间距宜为300mm、450mm。安装次龙骨及横撑龙骨时应避开设备开洞、检查孔的位置。

答案：C、D

24-9-63 (2003) 关于抹灰工程的表述，下列哪条是错误的？

A 一般抹灰工程分普通抹灰和高级抹灰，当设计无要求时，按普通抹灰验收

B 抹灰层总厚度应符合设计要求

C 水泥砂浆不得抹在石灰砂浆层上

D 罩面石膏灰可以抹在水泥砂浆层上

（注：本题2006年、2011年也考过）

解析：《装修验收标准》第4.2.7条规定：抹灰层的总厚度应符合设计要求，水泥砂浆不得抹在石灰砂浆层上，罩面石膏灰不得抹在水泥砂浆层上（D项错误）。

答案：D

24-9-64 (2003) 为避免抹灰层脱落，下列哪条措施是错误的？

A 抹灰前基层表面应清除干净，洒水润湿

B 当抹灰总厚度大于或等于35mm时，应采取加强措施

C 当在不同材料基体交接处表面上抹灰时，可采用聚合物水泥砂浆

D 当在聚苯乙烯泡沫板上抹灰时，可先在基面上采用表面处理剂胶浆粘贴加强网

解析：《装修验收标准》第4.2.2条规定：抹灰前基层表面的尘土、污垢、油渍等应清除干净，并应洒水润湿（A项）。第4.2.3条规定：抹灰工程应分层进行；当抹灰总厚度大于或等于35mm时，应采取加强措施（B项）；不同材料基体交接处表面的抹灰，应采取防止开裂的加强措施，当采用加强网时，加强网与各基体的搭接宽度不应小于100mm（C项错误）。

答案：C

24-9-65 (2003) 为了防止外墙饰面砖脱落，下列材料和设计规定表述中哪条是错误的？

A 在Ⅱ气候区陶瓷面砖的吸水率不应大于10%，Ⅲ、Ⅳ、Ⅴ气候区不宜大于10%

B 外墙饰面砖粘贴应采用水泥基粘结材料

C 水泥基粘结材料应采用普通硅酸盐水泥或硅酸盐水泥

D 面砖接缝的宽度不应小于5mm，缝深不宜大于3mm，也可采用平缝

（注：本题2005年也考过）

解析：《外墙饰面砖工程施工及验收规范》JGJ 126—2015第3.1.3条规定，外墙饰面砖工程中采用的陶瓷砖，根据本规程附录A和附录B不同气候区划分，应符合下列相应规定：1 在Ⅰ、Ⅵ、Ⅶ区吸水率不应大于3%，Ⅱ区吸水率不应大于6%，Ⅲ、Ⅳ、Ⅴ区和冰冻期一个月以上的地区吸水率不宜大于6%（A项错误）。

答案：A

24-9-66 (2003) 下列钢筋混凝土外墙贴陶瓷面砖的工程做法，从外到里表述，其中哪一条做法是正确的？

A 1∶1水泥砂浆勾缝

B 8mm厚1∶0.2∶2.5水泥石灰膏砂浆（内掺建筑胶）贴10厚陶瓷面砖

C 在底灰上刷一道素水泥浆（内掺建筑胶），抹8mm厚1∶0.5∶3水泥石灰膏砂浆，刨平扫毛

D 在墙面上刷一道混凝土界面处理剂，随刷随抹8mm厚1∶3水泥砂浆，打底扫毛

解析：陶瓷面砖的粘贴一般不使用水泥石灰膏砂浆，而使用6mm厚1∶2.5水泥砂浆（掺建筑胶）或8mm厚1∶2建筑胶水泥砂浆（或专用胶）粘贴。参见国标图集《工程做法》05J909，第62~63（WQ14~15）页。

答案：A

24-9-67 (2003) 下列普通纸面石膏板隔墙上乳胶漆墙面的工程做法，从外向内表述，其中哪条做法是错误的？

A 喷合成树脂乳液涂料饰面

B 封底漆一道

C 满刮2mm厚耐水腻子分遍找平

D 刷界面剂一道

解析：D项错误，应是"贴玻璃纤维网格布一道"，刷界面剂的做法一般适用于混凝土墙体。

答案：D

24-9-68 (2003) 下列玻璃品种中，哪一种可以用作玻璃板隔墙使用？

A 夹层玻璃   B 吸热玻璃

C 浮法玻璃   D 中空玻璃

（注：本题2006年、2008年也考过）

解析：《建筑玻璃规程》第7.2.2条规定：室内隔断应使用安全玻璃，且最大使用面积应符合本规程表7.1.1-1的规定。《建筑用安全玻璃生产规程》JC/T 2070—2011第4条"分类"规定：安全玻璃产品分为钢化玻璃、夹层玻璃、防火玻璃，防火玻璃分为单片防火玻璃和隔热型复合防火玻璃。

答案：A

24-9-69 （2003）下列顶棚中，哪一组的两种顶棚均可作为配电室、人防地下室顶棚？
Ⅰ．板底抹灰喷乳胶漆顶棚；Ⅱ．板底抹灰顶棚；
Ⅲ．板底喷涂顶棚；Ⅳ．轻钢龙骨水泥加压板
A Ⅰ、Ⅱ　　　B Ⅱ、Ⅲ　　　C Ⅲ、Ⅳ　　　D Ⅰ、Ⅳ
（注：本题2007年也考过）
解析：《人民防空地下室设计规范》GB 50038—2005 第3.9.3条规定：防空地下室的顶板不应抹灰。
答案：C

24-9-70 （2003）潮湿房间现浇钢筋混凝土板底水泥砂浆顶棚的工程做法，从外向里依次表述，其中哪条是错误的？
A 喷涂料面层
B 3厚1∶0.5∶2.5水泥石灰膏砂浆找平
C 5厚1∶3水泥砂浆打底扫毛或划出纹道
D 板底用水加1%火碱清洗油渍，并用素水泥一道甩毛（内掺建筑胶）
（注：本题2006年也考过）
解析：潮湿房间的顶棚，应采用水泥砂浆抹灰，以增强耐水性能。
答案：B

24-9-71 （2003）下列现浇钢筋混凝土板底乳胶漆顶棚的工程做法，从外向里依次表述，其中哪条做法是错误的？
A 喷合成树脂乳液涂料面层二道，封底漆一道
B 3厚1∶2.5水泥砂浆找平
C 5厚1∶0.2∶3水泥石灰膏砂浆打底扫毛或划出纹道
D 板底用水加1%火碱清洗油渍，并用素水泥一道甩毛（内掺建筑胶）
解析：底层和找平层所用砂浆不一致，普通顶棚宜采用水泥石灰膏砂浆。
答案：B

24-9-72 建筑吊顶的吊杆距主龙骨端部距离不得超过（　　）mm。
A 300　　　B 400　　　C 500　　　D 600
解析：《装修验收标准》第7.1.11条指出：吊杆距主龙骨端部距离不得大于300mm；当吊杆长度大于1500mm时，应设置反支撑；当吊杆与设备相遇时，应调整并增设吊杆或采用型钢支架。
答案：A

24-9-73 关于抹灰工程，下列哪一项要求是错误的？
A 凡外墙窗台、窗楣、雨篷、阳台、压顶和突出腰线等，上面均应做流水坡度，下面均应做滴水线或滴水槽
B 室内墙面、柱面和门洞口的阳角，宜用1∶2水泥砂浆做护角，高度不应低于2m
C 木结构与砖石结构、混凝土结构等相接处基体表面的抹灰，应先铺钉金属网，并绷紧牢固。金属网与各基体搭接宽度不应小于100mm

D 防空地下室顶棚应在板底抹1：2.5水泥砂浆，15mm厚

解析：《人防地下室规范》第3.9.3条规定：防空地下室的顶板不应抹灰；平时设置吊顶时，应采用轻质、坚固的龙骨，吊顶饰面材料应方便拆卸。

答案：D

24-9-74 下列四个部位，哪个部位选用的建筑用料是正确的？

A 外墙面砖接缝用水泥浆或水泥砂浆勾缝

B 室内卫生间墙裙釉面砖接缝用石膏灰嵌缝

C 餐厅彩色水磨石地面的颜料掺入量宜为水泥重量的3%～6%，颜料宜采用酸性颜料

D 勒脚采用干粘石

解析：查有关施工手册，为防止雨水渗入墙体，外墙面砖接缝必须采用水泥浆或水泥砂浆勾缝。此外，水磨石地面采用碱性颜料，干粘石不能用于勒脚。

已废止的《建筑装饰工程施工及验收规范》JGJ 73—91第7.4.10条规定：釉面砖和外墙面砖的接缝，应符合下列规定：一、室外接缝应用水泥浆或水泥砂浆勾缝；二、室内接缝宜用与釉面砖相同颜色的石膏灰或水泥浆嵌缝（注：潮湿的房间不得用石膏灰嵌缝）。替代JGJ 73—91的现行《建筑装饰装修工程质量验收规范》GB 50210—2001中不再有这些内容了。

答案：A

24-9-75 下列防水涂料中哪一种不能用于清水池内壁做防水层？

A 硅橡胶防水涂料　　　　　　B 焦油聚氨酯防水涂料

C CB型丙烯酸酯弹性防水涂料　D 水乳型SBS改性沥青防水涂料

解析：焦油聚氨酯防水涂料有严重污染，属于被淘汰的材料。

答案：B

24-9-76 有关轻钢龙骨石膏板吊顶的构造，哪一条不正确？

A 轻钢龙骨按断面类型分U形及T形两类

B 板材安装方式分活动式及固定式两类

C 重型大龙骨能承受120kg集中荷载，中型大龙骨能承受80kg集中荷载，轻型大龙骨不能承受上人检修荷载，在重型、中型大龙骨上均能安装永久性检修马道

D 大龙骨通过垂直吊挂件与吊杆连接，重型、中型大龙骨应采用$\phi 8$钢筋吊杆，轻型大龙骨可采用$\phi 6$钢筋吊杆

解析：《建筑室内吊顶工程技术规程》CECS 255：2009第4.2.5条规定：当需要设置永久性马道时，马道应单独吊挂在建筑承重结构上……查《建筑构造通用图集 内装修—吊顶》88J4-X1（1999年版）大龙骨只能承受80kg的集中荷载，不可以安装永久性检修马道。

答案：C

24-9-77 有关U形轻钢龙骨吊顶的构造，下列各条中哪一条是不恰当的？

A 大龙骨间距一般不宜大于1200mm，吊杆间距一般不宜大于1200mm

B 中小龙骨的间距应考虑吊顶板材的规格及构造方式，一般为400～600mm

C 大、中、小龙骨之间的连接可采用点焊连接

D 大面积的吊顶除按常规布置吊点及龙骨外，需每隔12m在大龙骨上部焊接横卧大龙骨一道

解析：大、中、小龙骨之间的连接应根据不同的龙骨形式选用专用挂件连接，如《建筑室内吊顶工程技术规程》CECS 255：2009 第5.2.5条规定，龙骨及挂件、接长件的安装应符合下列要求：1 将主龙骨与吊件固定……3 对大面积的吊顶，宜每隔12m在主龙骨上部垂直方向焊接一道横卧主龙骨，焊接点处应涂刷防锈漆。4 次龙骨应紧贴主龙骨。垂直方向安装时，应采用专用挂件连接（C项错误），每个连接点的挂件应双向互扣成对或相邻的挂件应采用相向安装。

答案：C

24-9-78 关于轻钢龙骨吊顶的板材安装构造，以下哪一条不恰当？

A U形轻钢龙骨吊顶安装纸面石膏板，可以采用镀锌自攻螺钉固定于龙骨上，其钉距应不大于200mm

B T形龙骨上安装矿棉板可以另加铝合金压条用镀锌自攻螺钉固定于龙骨上，其钉距应不大于200mm

C 金属条板的安装可卡在留有暗装卡口的金属龙骨上

D 双层板的安装可用自攻螺钉将石膏板基层固定于龙骨上，再用专用胶粘剂将矿棉吸声板粘结于基层板上

解析：矿棉板应直接搁置在T形龙骨的两翼缘上以及L形边龙骨的单翼缘上。

答案：B

24-9-79 下列四组抹灰中哪条适用于硅酸盐砌块、加气混凝土块表面？

A 水泥砂浆或水泥混合砂浆

B 水泥砂浆或聚合物水泥砂浆

C 水泥混合砂浆或聚合物水泥砂浆

D 麻刀石灰砂浆或纸筋石灰砂浆

解析：《抹灰砂浆技术规程》JGJ/T 220—2010 第3.0.8条规定：抹灰砂浆的品种宜根据使用部位或基体种类按表3.0.8选用（如解表所示）。

答案：C

抹灰砂浆的品种选用　　　　题24-9-79解表

使用部位或基体种类	抹灰砂浆品种
内墙	水泥抹灰砂浆、水泥石灰抹灰砂浆、水泥粉煤灰抹灰砂浆、掺塑化剂水泥抹灰砂浆、聚合物水泥抹灰砂浆、石膏抹灰砂浆
外墙、门窗洞口外侧壁	水泥抹灰砂浆、水泥粉煤灰抹灰砂浆
温（湿）度较高的车间和房屋、地下室、屋檐、勒脚等	水泥抹灰砂浆、水泥粉煤灰抹灰砂浆

续表

使用部位或基体种类	抹灰砂浆品种
混凝土板和墙	水泥抹灰砂浆、水泥石灰抹灰砂浆、聚合物水泥抹灰砂浆、石膏抹灰砂浆
混凝土顶棚、条板	聚合物水泥抹灰砂浆、石膏抹灰砂浆
加气混凝土砌块（板）	水泥石灰抹灰砂浆、水泥粉煤灰抹灰砂浆、掺塑化剂水泥抹灰砂浆、聚合物水泥抹灰砂浆、石膏抹灰砂浆

24-9-80 在一般抹灰中，下列各部位的规定控制总厚度值哪条不对？
A 现浇混凝土板顶棚抹灰厚度 5mm
B 预制混凝土板顶棚抹灰厚度 10mm
C 内墙普通抹灰厚度 20mm
D 外墙抹灰平均厚度 25mm

解析：《抹灰砂浆技术规程》JGJ/T 220—2010 第 3.0.14 条规定，抹灰层的平均厚度宜符合下列规定：1 内墙：普通抹灰的平均厚度不宜大于 20mm（C 项），高级抹灰的平均厚度不宜大于 25mm。2 外墙：墙面抹灰的平均厚度不宜大于 20mm（D 项错误），勒脚抹灰的平均厚度不宜大于 25mm。3 顶棚：现浇混凝土抹灰的平均厚度不宜大于 5mm（A 项），条板、预制混凝土抹灰的平均厚度不宜大于 10mm（B 项）。4 蒸压加气混凝土砌块基层抹灰平均厚度宜控制在 15mm 以内，当采用聚合物水泥砂浆抹灰时，平均厚度宜控制在 5mm 以内，采用石膏砂浆抹灰时，平均厚度宜控制在 10mm 以内。

答案：D

24-9-81 抹灰用水泥砂浆中掺入高分子聚合物的作用是（　　）。
A 提高砂浆强度　　　　　　B 改善砂浆的和易性
C 增加砂浆的粘结强度　　　D 增加砂浆的保水性能

解析：在水泥砂浆中掺入高分子聚合物的作用是增加砂浆的粘结强度。

答案：C

24-9-82 在墙面镶贴釉面砖的水泥砂浆中掺加一定量的建筑胶，可改善砂浆的和易性和保水性，并有一定的缓凝作用，从而有利于提高施工质量，但掺量过多，则会造成砂浆强度下降，并增加成本。其适宜的掺量为水泥重量的（　　）。
A 1‰～1.5‰　　B 2‰～3‰　　C 3.5‰～4‰　　D 5‰

解析：查相关施工手册，镶贴釉面砖的聚合物水泥砂浆，其建筑胶的掺量应为 2‰～3‰。

答案：B

24-9-83 下列对常用吊顶装修材料燃烧性能等级的描述，哪一项是正确的？
A 水泥刨花板为 A 级
B 岩棉装饰板为 A 级
C 玻璃板为 B_1 级
D 矿棉装饰吸声板、难燃胶合板为 B_1 级解析：查阅《内部装修防火规范》"条文说明"第3.0.2条"表1 常用建筑内部装修材料燃烧性能等级划分举例"可知："水泥刨花板""岩棉装饰板"的燃烧性能等级应为B_1级，"玻璃板"应为A级，只有D选项"矿棉装饰吸声板""难燃胶合板"为B_1级是正确的。

答案：D

24-9-84 下列关于对涂料工程基层含水率的要求，哪一条不符合规范要求？
A 混凝土表面施涂溶剂型涂料时，基层含水率不得大于8%
B 抹灰面施除溶剂涂料时，基层含水率不得大于8%
C 木料制品表面涂刷涂料时，含水率不得大于12%
D 抹灰面施涂水性和乳酸涂料时，基层含水率不得大于12%

解析：《装修验收标准》第12.1.5条规定，涂饰工程的基层处理应符合下列规定：3 混凝土或抹灰基层在用溶剂型腻子找平或直接涂刷溶剂型涂料时，含水率不得大于8%（A项、B项）；在用乳液型腻子找平或直接涂刷乳液型涂料时，含水率不得大于10%（D项错误），木材基层的含水率不得大于12%（C项）。

答案：D

24-9-85 下列关于在木制品表面涂刷涂料遍数的要求，哪项有误？
A 高级溶剂性混色涂料刷三遍涂料
B 中级溶剂性混色涂料刷两遍涂料
C 高级清漆刷五遍清漆
D 中级清漆刷三遍清漆

解析：查阅有关施工手册可知：木制品表面涂刷中、高级溶剂型混色涂料均应刮一遍腻子，刷三遍涂料。另《住宅装修施工规范》第13.3.3条规定，木质基层涂刷清漆：木质基层上的节疤、松脂部位应用虫胶漆封闭，钉眼处应用油性腻子嵌补；在刮腻子、上色前，应涂刷一遍封闭底漆，然后反复对局部进行拼色和修色，每修完一次，刷一遍中层漆，干后打磨，直至色调谐调统一，再做饰面漆。第13.3.4条规定，木质基层涂刷调和漆：先满刷清油一遍，待其干后用油腻子将钉孔、裂缝、残缺处嵌刮平整，干后打磨光滑，再刷中层和面层油漆。

答案：B

24-9-86 下列关于建筑内部装修材料燃烧性能等级的要求，哪一项可以采用A级顶棚和B_1级墙面？
A 设有中央空调系统高层饭店的客房
B 建筑物内上下层相连通的中庭、自动扶梯的连通部位
C 商场的地下营业厅
D 消防水泵房、空调机房、排烟机房、配电室

解析：《内部装修防火规范》第5.2.1条及其表5.2.1中规定："高层"（包括一类和二类）"宾馆、饭店的客房及公共活动用房等"的"顶棚""装修材料的燃烧性能等级，不应低于""A级"；"墙面""装修材料的燃烧性能等

级，不应低于""B_1级"。

第4.0.6条规定：建筑物内设有上下层相连通的中庭、走马廊、开敞楼梯、自动扶梯时，其连通部位的顶棚、墙面应采用A级装修材料（B项不可），其他部位应采用不低于B_1级的装修材料。

第5.3.1条及其表5.3.1中规定："地下""观众厅、会议厅、多功能厅、等候厅等，商店的营业厅"的"顶棚"和"墙面""装修材料的燃烧性能等级"，均"不应低于""A级"（C项不可）。

第4.0.9条规定：消防水泵房、机械加压送风排烟机房、固定灭火系统钢瓶间、配电室、变压器室、发电机房、储油间、通风和空调机房等，其内部所有装修均应采用A级装修材料（D项不可）。

综上可知只有A项可用。

答案：A

24-9-87 下列有关轻钢龙骨吊顶构造的叙述中，哪条与规定不符？
A 轻钢大龙骨可点焊，中、小龙骨不可焊接
B 大龙骨吊杆轻型用$\phi 8$，重型用$\phi 12$
C 一般轻型灯具可直接吊挂在附加大中龙骨上
D 重型吊顶大龙骨能承受检修用80kg集中荷载

解析：重型大龙骨用$\phi 10$，可查找《建筑构造通用图集　内装修——吊顶》88J4-X1。

答案：B

24-9-88 关于花岗石、大理石饰面构造的表述，下述哪一条是不恰当的？
A 大理石、磨光花岗石板一般为20mm厚，在板上下侧面各钻2个象鼻形孔。用铜丝或不锈钢丝绑牢于基层上供固定板材用的钢筋网上（钢筋网用锚固件与基层连接）灌注1：2.5水泥砂浆
B 边长小于400mm的大理石、磨光花岗石板也可采用粘贴法安装。在基层上粉刷12mm厚1：3水泥砂浆打底划毛。再在已湿润的石板背面抹2～3mm厚的水泥浆粘贴
C 厚度为100～120mm的花岗岩料石饰面也可采用与A相同的构造安装
D 大理石在室外受风雨、日晒及工业废气侵蚀，易失去表面光泽，不宜在外墙面使用

解析：查找施工手册，采用钢筋网拴接的湿挂法安装只适用于20mm厚的石材，不适用于20mm以上的厚型石材。

答案：C

（十）高层建筑和幕墙构造

24-10-1 （2011）玻璃幕墙用铝合金型材应进行的表面处理工艺中不包括下列哪一种做法？
A 阳极氧化　　　　　　　　B 热浸镀锌

C 电泳涂漆   D 氟碳漆喷涂

解析：《玻璃幕墙规范》第3.1.2条规定：铝合金材料应进行表面阳极氧化、电泳涂漆、粉末喷漆或氟碳漆喷涂处理，没有热浸镀锌的做法。热浸镀锌只用于钢材表面的保护。

答案：B

24-10-2 (2011) 幕墙的外围护材料采用石材与铝合金单板时，下列数据哪一项正确？

A 石材最大单块面积应≤1.8m²
B 石材常用厚度应为18mm
C 铝合金单板最大单块面积宜≤1.8m²
D 铝合金单板最小厚度为1.8mm

解析：查阅《金属石材幕墙规范》第4.1.3条规定，石材单块最大面积不宜大于1.5m²（A项）；第5.5.1条规定，用于石材幕墙的石板厚度不应小于25mm（B项）；第3.3.10条规定，铝合金单板最小厚度为2.5mm（D项）；对铝合金单板的最大单块面积没有具体要求（C项）。

答案：C

24-10-3 (2011) 采用玻璃肋支承的点支承玻璃幕墙，其玻璃肋应采用( )。

A 钢化玻璃   B 安全玻璃
C 有机玻璃   D 钢化夹层玻璃

解析：《玻璃幕墙规范》第4.4.3条规定：采用玻璃肋支承的点支承玻璃幕墙，其玻璃肋应采用钢化夹层玻璃。

答案：D

24-10-4 (2011) 幕墙用铝合金材料与以下哪一种材料接触时，可以不设置绝缘垫片或隔离材料？

A 玻璃   B 水泥砂浆
C 混凝土构件   D 铝合金以外的金属

解析：《玻璃幕墙规范》第4.3.8条规定：除不锈钢外，玻璃幕墙中不同金属材料接触处，应合理设置绝缘垫片或采取其他防腐蚀措施。此外铝合金材料也不得与混凝土、水泥砂浆直接接触，以免产生碱腐蚀。

答案：A

24-10-5 (2010) 玻璃幕墙开启部分的开启角度应不大于( )。

A 10°   B 15°   C 20°   D 30°

（注：本题2004年以前考过）

解析：《玻璃幕墙规范》第4.1.5条规定：幕墙开启窗的设置，应满足使用功能和立面效果要求，并应启闭方便，避免设置在梁、柱、隔墙等位置；开启扇的开启角度不宜大于30°，开启距离不宜大于300mm。

答案：D

24-10-6 (2010) 玻璃幕墙采用中空玻璃，其气体层的最小厚度为( )。

A 6mm   B 9mm   C 12mm   D 15mm

（注：此题2009年、2006年均考过。）

解析：《玻璃幕墙规范》第3.4.3条规定，玻璃幕墙采用中空玻璃时，除应符合现行国家标准《中空玻璃》GB/T 11944的有关规定外，尚应符合下列规定：1 中空玻璃气体层厚度不应小于9mm。

答案：B

24-10-7 (2010) 在海边及严重酸雨地区，当采用铝合金幕墙选用的铝合金板材表面进行氟碳树脂处理时，要求其涂层厚度应大于(　　)。

A　15μm　　　　B　25μm　　　　C　30μm　　　　D　40μm

（注：此题2005年、2004年及2004年以前均考过）

解析：《金属石材幕墙规程》第3.3.9条规定：根据防腐、装饰及建筑物的耐久年限的要求，对铝合金板材（单层铝板、铝塑复合板、蜂窝铝板）表面进行氟碳树脂处理时，应符合下列规定：1 氟碳树脂含量不应低于75％；海边及严重酸雨地区，可采用三道或四道氟碳树脂涂层，其厚度应大于40μm；其他地区可采用两道氟碳树脂涂层，其厚度应大于25μm。

答案：D

24-10-8 (2010) 采用玻璃肋支承的点支承玻璃幕墙，其玻璃肋应该用(　　)。

A　钢化夹层玻璃　　B　钢化玻璃　　C　安全玻璃　　D　有机玻璃

（注：此题2011年、2009年、2008年、2007年均考过）

解析：《玻璃幕墙规范》第4.4.3条规定：采用玻璃肋支承的点支承玻璃幕墙，其玻璃肋应采用钢化夹层玻璃。

答案：A

24-10-9 (2010) 一地处夏热冬冷地区宾馆西南向客房拟采用玻璃及铝板混合幕墙，从节能考虑应优先选择下列何种幕墙？

A　热反射中空玻璃幕墙　　　　B　低辐射中空玻璃幕墙
C　开敞式外通风幕墙　　　　　D　封闭式内通风幕墙

（注：本题2005年考过）

解析：低辐射中空玻璃即Low-E中空玻璃，既能保温又能隔热，能够满足冬季保温和夏季隔热的要求，适用于夏热冬冷地区。

答案：B

24-10-10 (2010) 幕墙用中空玻璃的空气层具保温、隔热、减噪等作用，下列有关空气层的构造做法说明，哪项错误？

A　空气层宽度常在9～15mm之间
B　空气层要干燥干净
C　空气层内若充以惰性气体效果更好
D　空气层应下堵上通，保持空气对流

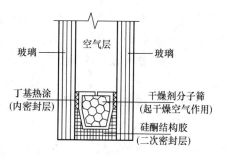

题24-10-10图

解析：《玻璃幕墙规范》第3.4.3条规定，玻璃幕墙采用中空玻璃时，除应符合现行国家标准《中空玻璃》GB/T 11944的有关规定外，尚应符合下列规定：1 中空玻璃气体层厚度不应小于9mm。《中空玻璃》GB/T 11944—2012 第3.1条指出：中空玻璃是指两片或多片玻璃以有效支撑均匀隔开并周边粘接密封，使玻璃层间形成有干燥气体空间的玻璃制品。由此可知中空玻璃的空气层为封闭空气层，分为普通中空玻璃（中空腔内为空气）和充气中空玻璃（中空腔内充入氩气、氪气等气体），所以D项错误。

答案：D

24-10-11 （2010）有关玻璃幕墙的设计要求，下列哪项是错误的？

A 幕墙的开启面积宜小于等于15%幕墙面积
B 幕墙的开启部分宜为中悬式结构
C 幕墙开启部分的密封材料宜采用氯丁橡胶或硅橡胶制品
D 幕墙的不同材料接触处，应设置绝缘垫片或采取其他防腐措施

解析：《玻璃幕墙规范》条文说明第4.1.5条指出：JGJ 102—96（旧版规范号）中，曾规定开启面积不宜大于幕墙面积的15%（A项按旧版规范正确），即是这方面的考虑。但是，有些建筑，比如学校、会堂等，既要求采用幕墙装饰，又要求具有良好的通风条件，其开启面积可能超过幕墙面积的15%。因此，本次修订对开启面积不再做定量规定（注意：现行规范已无A项内容）。实际幕墙工程中，开启窗的设置数量，应兼顾建筑使用功能、美观和节能环保的要求。第4.3.3条规定：玻璃幕墙的非承重胶缝应采用硅酮建筑密封胶，开启扇的周边缝隙宜采用氯丁橡胶、三元乙丙橡胶或硅橡胶密封条制品密封（C项）。第4.3.8条规定：除不锈钢外，玻璃幕墙中不同金属材料接触处，应合理设置绝缘垫片或采取其他防腐蚀措施（D项）。幕墙的开启部分应为上悬式结构，B项是错误的。

答案：B

24-10-12 （2010）用于石材幕墙的光面石材，最小板厚和单块板材最大面积分别是（　　）。

A 20mm，1.2m²　　　　　　　　B 25mm，1.5m²
C 20mm，1.6m²　　　　　　　　D 25mm，1.8m²

解析：《金属石材幕墙规范》第5.5.1条规定：用于石材幕墙的石板，厚度不应小于25mm。第4.1.3条规定：石材幕墙中的单块石材板面面积不宜大于1.5m²。

答案：B

24-10-13 （2010）幕墙的金属材料与其他金属或水泥砂浆混凝土接触处，应设置绝缘垫片或作涂料处理，其作用是（　　）。

A 连接稳妥　　B 幕墙美观　　C 安装位移　　D 防止腐蚀

解析：《玻璃幕墙规范》第4.3.8条指出：设置绝缘垫片的作用是防止金属材料腐蚀。

答案：D

24-10-14 （2009）单层铝板幕墙经下列哪一种方法进行表面处理后，表面均匀度、质感及耐久性均较好？

A 阳极氧化 B 氟碳漆喷涂
C 粉末喷涂 D 电泳涂漆复合膜

解析：参考《金属石材幕墙规范》第3.3.9条的规定，经氟碳树脂喷涂处理后，单层铝板表面均匀度、质感及耐久性均较好。

答案：B

24-10-15 (2009) 全玻幕墙依靠胶缝传力，其胶缝厚度不应小于6mm并应选用（　）。

A 硅酮结构密封胶 B 硅酮建筑密封胶
C 弹性强力密封胶 D 丁基热熔密封胶

解析：《玻璃幕墙规范》第7.4.1条规定：采用胶缝传力的全玻幕墙，其胶缝必须采用硅酮结构密封胶。

答案：A

24-10-16 (2009) 幕墙的保温材料通常与金属板、石板结合在一起但却与主体结构外表面有50mm以上的距离，其主要作用是（　）。

A 保温 B 隔热 C 隔声 D 通气

解析：《金属石材幕墙规范》第4.3.4条规定：幕墙的保温材料可与金属板、石板结合在一起，但应与主体结构外表面有50mm以上的空气层。分析可得此空气层的主要作用是通气。

答案：D

24-10-17 (2009) 无窗槛墙的玻璃幕墙，应在每层楼板外沿设置耐火极限不低于多少小时，高度不低于多少米的不燃烧实体裙墙或防火玻璃裙墙？

A 耐火极限不低于0.9h，裙墙不低于0.9m
B 耐火极限不低于1.0h，裙墙不低于0.8m
C 耐火极限不低于1.2h，裙墙不低于0.6m
D 耐火极限不低于1.5h，裙墙不低于1.0m

解析：《玻璃幕墙规范》第4.4.10条规定：无窗槛墙的玻璃幕墙，应在每层楼板外沿设置耐火极限不低于1.0h、高度不低于0.8m的不燃烧实体裙墙或防火玻璃裙墙。

答案：B

24-10-18 (2009) 铝塑复合板幕墙即两层铝合金板中夹有低密度聚乙烯芯板，其性能中不包括以下哪项？

A 板材强度高 B 便于截剪摺边
C 耐久性差 D 表面不易变形

解析：参考《全国民用建筑工程设计技术措施：建筑产品选用技术（建筑、装修）（2009年）》等产品资料可知：幕墙用铝塑复合板造价经济，重量轻，表面平整度好，切裁、折弯等加工成形工艺性非常好，尤其适合现场加工制作，能较好地适应建筑物复杂多变的形状；但铝塑复合板耐久性（使用年限）低于幕墙用铝单板，而且铝塑板表面易发生起鼓、扭曲等变形。

答案：D

24-10-19 (2008) 用于玻璃幕墙的铝合金材料的表面处理方法，下列哪条有误？

A 热浸镀锌　　　B 阳极氧化　　　C 粉末喷涂　　　D 氟碳喷涂

解析：《玻璃幕墙规范》第3.2.2条规定：铝合金型材采用阳极氧化、电泳涂漆、粉末喷涂、氟碳漆喷涂进行表面处理时，应符合现行国家标准《铝合金建筑型材》GB/T 5237规定的质量要求，表面处理层的厚度应满足表3.2.2的要求。由此可知铝合金材料的表面处理无热浸镀锌的做法。

答案：A

24-10-20 (2008) 为防腐蚀，幕墙用铝合金材料与其他材料接触处一般应设置绝缘垫片或隔离材料，但与以下哪种材料接触时可以不设置？

A 水泥砂浆　　　　　　　　　B 玻璃、胶条
C 混凝土构件　　　　　　　　D 铝合金以外的金属

解析：《玻璃幕墙规范》第4.3.8条规定：除不锈钢外，玻璃幕墙中不同金属材料接触处，应合理设置绝缘垫片或采取其他防腐蚀措施。此外铝合金材料也不得与混凝土、水泥砂浆直接接触，以免产生碱腐蚀。

答案：B

24-10-21 (2008) 关于全玻幕墙的构造要点，下列哪条有错？

A 其板面不得与其他刚性材料直接接触
B 板面与装修面或结构面之间的空隙不小于8mm
C 面板玻璃厚度不小于10mm，玻璃肋截面厚度不小于12mm
D 采用胶缝传力的全玻幕墙必须用弹性密封胶嵌缝

解析：《玻璃幕墙规范》第7.4.1条规定：采用胶缝传力的全玻幕墙，其胶缝必须采用硅酮结构密封胶。

答案：D

24-10-22 (2008) 有关金属幕墙的规定中，下列哪条不正确？

A 幕墙的钢框架结构应设温度变形缝
B 单元幕墙应设计有泄水孔
C 幕墙层间防火带必须采用厚度≥1mm的耐热钢板或铝板
D 幕墙结构应自上而下安装防雷装置，并与主结构防雷装置连接

解析：《金属石材幕墙规范》第4.4.1条第2款规定：幕墙的防火层必须采用经防腐处理且厚度不小于1.5mm的耐热钢板，不得采用铝板。

答案：C

24-10-23 (2008) 铝塑复合板幕墙指的是在两层铝合金板中夹有低密度聚乙烯芯板的板材，有关其性能的叙述，下列哪条不对？

A 板材强度高　　　　　　　　B 便于截剪摺边
C 耐久性差　　　　　　　　　D 表面不易变形

解析：分析并查相关资料所得，铝塑复合板的耐久性是该项材料的一项基本指标，由于其耐久性很强，才被广大建筑设计人员作为幕墙材料使用。

答案：C

24-10-24 (2007) 以下哪一项幕墙类型不是按幕面材料进行分类的？

A 玻璃幕墙　　　B 金属幕墙　　　C 石材幕墙　　　D 墙板式幕墙

解析：墙板式幕墙不属于按幕面材料分类的构造做法。

答案：D

24-10-25 (2007) 铝塑复合板幕墙即两层铝合金板中夹有低密度聚乙烯芯板，有关其性能的叙述，下列哪条不对？

A 材料强度高　　　　　　　　B 便于截剪摺边
C 价格比单板低　　　　　　　D 耐久不易变形

解析：见题 24-10-18 的解析。

答案：D

24-10-26 题图为幕墙中空玻璃的构造，将其与 240mm 砖墙有关性能相比，以下哪条正确？（单位：mm）

A 绝热性好，隔声性好
B 绝热性差，隔声性好
C 绝热性好，隔声性差
D 绝热性差，隔声性差

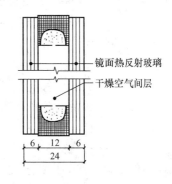

题 24-10-26 图

解析：查阅《民用建筑热工设计规范》GB 50176—2016 附录 B 表 B.1 可知：砖墙的导热系数为 0.81（重砂浆砌筑时）和 0.76（轻砂浆砌筑时），查阅附录 C.5 表 C.5.3-2 可知，图示幕墙中空玻璃的传热系数为 $2.8W/(m^2·K)$。估算 240mm 厚砖墙的传热系数 $=0.81(0.76)/0.24=3.375(3.167)W/(m^2·K)$，大于图示幕墙中空玻璃。另查阅有关资料可知该中空玻璃空气声计权隔声量约为 45dB，而 240mm 砖墙隔声量约为 48～53dB。所以该幕墙中空玻璃比 240mm 砖墙绝热性好，但隔声性差。

答案：C

24-10-27 (2007) 为防腐蚀，幕墙金属材料与其他材料接触处一般应设置绝缘垫片或隔离材料，但与以下哪种材料接触时可以不设置？

A 水泥砂浆　　　　　　　　　B 玻璃、胶条
C 混凝土构件　　　　　　　　D 铝合金以外的金属

解析：《玻璃幕墙规范》第 4.3.8 条规定：除不锈钢外，玻璃幕墙中不同金属材料接触处，应合理设置绝缘垫片或采取其他防腐蚀措施。《工业建筑防腐蚀设计规范》GB 50046—2008 第 7.4.5 条规定：铝和铝合金与水泥类材料或钢材接触时，应采取隔离措施。

答案：B

24-10-28 (2007) 为便于玻璃幕墙的维护与清洁，高度超过多少米宜设置清洗设备？

A 10m　　　B 20m　　　C 30m　　　D 40m

解析：《玻璃幕墙规范》第 4.1.6 条规定：玻璃幕墙应便于维护和清洁，高度超过 40m 的幕墙工程宜设置清洗设备。

答案：D

24-10-29 (2006) 金属幕墙在楼层之间应设一道防火隔层，下列选出的经防腐处理的防火隔层材料中，哪一项是正确的？

A 厚度不小于3mm的铝板
B 厚度不小于3mm的铝塑复合板
C 厚度不小于5mm的蜂窝铝板
D 厚度不小于1.5mm的耐热钢板

解析：《金属石材幕墙规范》第4.4.1条第2款规定：幕墙的防火层必须采用经防腐处理且厚度不小于1.5mm的耐热钢板，不得采用铝板。

答案：D

24-10-30 (2006) 关于玻璃幕墙构造要求的表述，下列哪一项是错误的？

A 幕墙玻璃之间拼接胶缝宽度不宜小于5mm
B 幕墙玻璃表面周边与建筑内外装饰物之间的缝隙，不宜小于5mm
C 全玻璃墙的板面与装饰面，或结构面之间的空隙，不应小于8mm
D 构件式幕墙的立柱与横梁连接处可设置柔性垫片或预留1~2mm的间隙

解析：《玻璃幕墙规范》第8.1.3条规定：玻璃之间的空隙宽度不应小于10mm，且应采用硅酮建筑密封胶嵌缝。

答案：A

24-10-31 (2006) 关于玻璃幕墙开启门窗的安装，下列哪条是正确的？

A 窗、门框固定螺丝的间距应≤500mm
B 窗、门框固定螺丝与端部距离应≤300mm
C 开启窗的开启角度宜≤30°
D 开启窗开启距离宜≤750mm

（注：本题2006年、2010年、2013年均考过）

解析：《玻璃幕墙规范》第4.1.5条规定：幕墙开启窗的设置，应满足使用功能和立面效果要求，并应启闭方便，避免设置在梁、柱、隔墙等位置；开启扇的开启角度不宜大于30°（C项正确），开启距离不宜大于300mm（D项错误）。《住宅装修施工规范》第10.3.3条规定，塑料门窗的安装应符合下列规定：2 门窗框、副框和扇的安装必须牢固；固定片或膨胀螺栓的数量与位置应正确，连接方式应符合设计要求，固定点应距窗角、中横框、中竖框150~100mm（A项错误），固定点间距应小于或等于600mm（B项错误）。

答案：C

24-10-32 (2006) 下列玻璃幕墙采用的玻璃品种中哪项有错误？

A 点支承玻璃幕墙面板玻璃应采用钢化玻璃
B 采用玻璃肋支承的点支承玻璃幕墙，其玻璃肋应采用钢化夹层玻璃
C 应采用反射比大于0.30的幕墙玻璃
D 有防火要求的幕墙玻璃，应根据防火等级要求，采用单片防火玻璃

解析：《玻璃幕墙规范》第4.4.2条规定：点支承玻璃幕墙的面板玻璃应采用钢化玻璃。第4.4.3条规定：采用玻璃肋支承的点支承玻璃幕墙，其玻璃肋应采用钢化夹层玻璃。第4.2.9条规定：玻璃幕墙应采用反射比不大于0.30的幕墙玻璃（C项错误），对有采光功能要求的玻璃幕墙，其采光折减系数不宜低于0.20。第3.4.8条规定：有防火要求的幕墙玻璃，应根据防

火等级要求，采用单片防火玻璃或其制品。

答案：C

24-10-33 (2006) 下列玻璃幕墙的密封材料使用及胶缝设计，哪一项是错误的？

A 采用胶缝传力的全玻幕墙，胶缝应采用硅酮建筑密封胶

B 玻璃幕墙的开启扇的周边缝隙宜采用氯丁橡胶、三元乙丙橡胶或硅橡胶材料的密封条

C 幕墙玻璃之间的拼接胶缝宽度应能满足玻璃和胶的变形要求，并不宜小于10mm

D 除全玻幕墙外，不应在现场打注硅酮结构密封胶

解析：《玻璃幕墙规范》第7.4.1条规定：采用胶缝传力的全玻幕墙，其胶缝必须采用硅酮结构密封胶（A项错误）。第4.3.3条规定：玻璃幕墙的非承重胶缝应采用硅酮建筑密封胶；开启扇的周边缝隙宜采用氯丁橡胶、三元乙丙橡胶或硅橡胶密封条制品密封。第4.3.9条规定：幕墙玻璃之间的拼接胶缝宽度应能满足玻璃和胶的变形要求，并不宜小于10mm。第9.1.4条规定：除全玻幕墙外，不应在现场打注硅酮结构密封胶。

答案：A

24-10-34 (2005) 铝合金明框玻璃幕墙铝型材的表面处理有：Ⅰ电泳涂漆、Ⅱ粉末喷涂、Ⅲ阳极氧化、Ⅳ氟碳漆喷涂四种，其耐久程度按由高到低的顺序排列应为下列哪一组？

A Ⅱ、Ⅳ、Ⅰ、Ⅲ
B Ⅱ、Ⅳ、Ⅲ、Ⅰ
C Ⅳ、Ⅱ、Ⅰ、Ⅲ
D Ⅳ、Ⅱ、Ⅲ、Ⅰ

解析：参考《铝合金门窗工程技术规范》JGJ 214—2010 第3.1.3条的规定，铝合金明框玻璃幕墙铝型材的表面处理四种方式的排序为：氟碳漆喷涂、粉末喷涂、电泳涂漆和阳极氧化。排序为Ⅳ、Ⅱ、Ⅰ、Ⅲ。

答案：C

24-10-35 在全玻幕墙设计中，下列规定哪一条是错误的？

A 下端支承全玻幕墙的玻璃厚度为12mm时，最大高度可达5m

B 全玻幕墙的板面不得与其他刚性材料直接接触，板面与刚性材料面之间的空隙不应小于8mm，且应采用密封胶密封

C 全玻幕墙的面板厚度不宜小于10mm

D 全玻幕墙玻璃肋的截面厚度不应小于12mm，截面高度不应小于100mm

解析：据《玻璃幕墙规范》第7.1.1条，下端支承全玻幕墙的玻璃厚度为12mm时，最大高度可达4m。

答案：A

24-10-36 (2005) 点支承玻璃幕墙设计的下列规定中，哪一条是错误的？

A 点支承玻璃幕墙的面板玻璃应采用钢化玻璃

B 采用浮头式连接的幕墙玻璃厚度不应小于6mm

C 采用沉头式连接的幕墙玻璃厚度不应小于8mm

D 面板玻璃之间的空隙宽度不应小于8mm且应采用硅酮结构密封胶嵌缝

解析：《玻璃幕墙规范》第8.1.3条规定：（点支承玻璃幕墙）玻璃之间的空隙宽度不应小于10mm，且应采用硅酮建筑密封胶密封。

答案：D

24-10-37 （2005）铝板幕墙设计中，铝板与保温材料在下列构造中以何者为最佳？

A 保温材料紧贴铝板内侧与主体结构外表面留有50mm空气层

B 保温材料紧贴主体结构外侧与铝板内表面留有50mm空气层

C 保温材料置于主体结构与铝板之间两侧均不留空气层

D 保温材料置于主体结构与铝板之间两侧各留50mm空气层

解析：《金属石材幕墙规范》第4.3.4条规定：幕墙的保温材料可与金属板、石板结合在一起，但应与主体结构外表面有50mm以上的空气层。

答案：A

24-10-38 （2005）钢销式石材幕墙结构设计的下列规定中，哪一条不符合规范要求？

A 不得用于8度抗震设防的建筑

B 幕墙高度不宜大于24m

C 石板面积不宜大于$1.0m^2$

D 钢销连接板的截面尺寸不宜小于40mm×4mm

（注：本题2003年、2004年、2005年、2010年均考过）

解析：《金属石材幕墙规范》第5.5.2条规定：钢销式石材幕墙可在非抗震设计或6度、7度抗震设计幕墙中应用（A项），幕墙高度不宜大于20m（B项错误），石板面积不宜大于$1.0m^2$（C项）；钢销和连接板应采用不锈钢；连接板截面尺寸不宜小于40mm×4mm（D项）；钢销与孔的要求应符合本规范第6.3.2条的规定。

答案：B

24-10-39 （2004）对耐久年限要求高的高层建筑铝合金幕墙应优先选用下列哪一种板材？

A 普通型铝塑复合板　　　　B 防火型铝塑复合板

C 铝合金单板　　　　　　　D 铝合金蜂窝板

解析：铝合金单板强度高（强度高于铝塑复合板和蜂窝铝板，参见《金属石材幕墙规范》第5.3条"幕墙材料力学性能"表5.3.2～表5.3.4），抗风压变形性好，抗温变性好，使用寿命长。

答案：C

24-10-40 （2004）当玻璃幕墙采用热反射镀膜玻璃时允许使用下列哪一组？

Ⅰ.在线热喷涂镀膜玻璃；　　　Ⅱ.化学凝胶镀膜玻璃；

Ⅲ.真空蒸着镀膜玻璃；　　　　Ⅳ.真空磁控阴极溅射镀膜玻璃

A Ⅰ、Ⅱ　　　　　　　　　　B Ⅰ、Ⅲ

C Ⅰ、Ⅳ　　　　　　　　　　D Ⅲ、Ⅳ

解析：《玻璃幕墙规范》第3.4.2条指出：玻璃幕墙采用阳光控制镀膜玻璃时，离线法生产的镀膜玻璃应采用真空磁控溅射法生产工艺；在线法生产的镀膜玻璃应采用热喷涂法生产工艺。

答案：C

24-10-41 (2004) 玻璃幕墙的龙骨立柱与横梁接触处的正确处理方式是下列哪项？
A 焊死　　　　B 铆牢　　　　C 柔性垫片　　　D 自由伸缩

解析：《玻璃幕墙规范》第4.3.7条规定，幕墙的连接部位，应采取措施防止产生摩擦噪声；构件式幕墙的立柱与横梁连接处应避免刚性接触，可设置柔性垫片或预留1～2mm的间隙，间隙内填胶；隐框幕墙采用挂钩式连接固定玻璃组件时，挂钩接触面宜设置柔性垫片。

答案：C

24-10-42 (2004) 在下列四种玻璃幕墙构造中，哪一种不适合于镀膜玻璃？
A 明框结构　　　　　　　　B 隐框结构
C 半隐框结构　　　　　　　D 驳爪点式结构

解析：《玻璃幕墙规范》第4.4.2条和4.4.3条规定：驳爪点式结构（点支承玻璃幕墙）应选用钢化玻璃。前三者均为框式玻璃幕墙，可以选用镀膜玻璃。

答案：D

24-10-43 (2004) 对立柱散装式玻璃幕墙，下列描述哪一条是错误的？
A 竖直玻璃幕墙的立柱是竖向杆件，在重力荷载作用下呈受压状态
B 立柱与结构混凝土主体的连接，应通过预埋件实现，预埋件必须在混凝土浇灌前埋入
C 膨胀螺栓是后置连接件，只在不得已时作为辅助、补救措施并应通过试验决定其承载力
D 幕墙横梁与立柱的连接应采用螺栓，并要适应横梁温度变形的要求

解析：《玻璃幕墙规范》第5.5.3条规定：框支承玻璃幕墙的立柱宜悬挂在主体结构上。因此立柱在重力荷载作用下呈受拉状态，所以A项错误。第5.5.4条规定：玻璃幕墙立柱与主体混凝土结构应通过预埋件连接，预埋件应在主体结构混凝土施工时埋入（B项），预埋件的位置应准确；当没有条件采用预埋件连接时，应采用其他可靠的连接措施，并通过试验确定其承载力（C项）。第5.5.7条规定：玻璃幕墙构架与主体结构采用后加锚栓连接时，应符合下列规定：3 应进行承载力现场试验，必要时应进行极限拉拔试验（C项）。第6.3.11条规定：横梁可通过角码、螺钉或螺栓与立柱连接（D项）。

答案：A

24-10-44 (2004) 在钢销式石材幕墙设计中，下列规定哪一条是错误的？
A 钢销式石材幕墙只能在抗震设防7度以下地区使用
B 钢销式石材幕墙高度不宜大于20m，石板面积不宜大于1.0m²
C 钢销和连接板应采用不锈钢
D 连接板截面尺寸不宜小于40mm×4mm，钢销直径不应小于4mm

（注：本题2003年、2004年、2005年、2010年均考过）

解析：《金属石材幕墙规范》第5.5.2条规定：钢销式石材幕墙可在非抗震

设计或 6 度、7 度抗震设计幕墙中应用（A 项），幕墙高度不宜大于 20m，石板面积不宜大于 1.0m²（B 项）。钢销和连接板应采用不锈钢（C 项）。连接板截面尺寸不宜小于 40mm×4mm（D 项）。钢销与孔的要求应符合本规范第 6.3.2 条的规定。第 6.3.2 条第 2 款规定：石板的钢销孔的深度宜为 22～33mm，孔的直径宜为 7mm 或 8mm，钢销直径宜为 5mm 或 6mm（D 项错误），钢销长度宜为 20～30mm。

答案：D

24-10-45 (2003) 玻璃幕墙立面分格设计，应考虑诸多影响因素，下列哪项不是影响因素？

A 玻璃幕墙的性能　　　　　　B 所使用玻璃的品种
C 所使用玻璃的尺寸　　　　　D 室内空间效果

解析：《玻璃幕墙规范》第 4.1.3 条规定：玻璃幕墙立面的分格宜与室内空间组合相适应，不宜妨碍室内功能和视觉；在确定玻璃板块尺寸时，应有效提高玻璃原片的利用率，同时应适应钢化、镀膜、夹层等生产设备的加工能力。条文说明第 4.1.3 条指出：玻璃幕墙的分格是立面设计的重要内容，设计者除了考虑立面效果外，必须综合考虑室内空间组合、功能和视觉、玻璃尺度、加工条件等多方面的要求。

答案：A

24-10-46 (2003) 玻璃幕墙开启部分的设计要求，哪条是正确的？

A 玻璃幕墙上可以设开启窗扇，开启面积宜不大于 30%
B 开启部分的开启方式宜采用下悬式
C 开启部分的开启方式宜采用中悬式
D 开启部分的开启方式宜采用上悬式

（注：本题 2010 年也考过）

解析：《玻璃幕墙规范》第 4.1.5 条规定：幕墙开启窗的设置，应满足使用功能和立面效果要求，并应启闭方便，避免设置在梁、柱、隔墙等位置；开启扇的开启角度不宜大于 30°，开启距离不宜大于 300mm；玻璃幕墙的开启部分宜采用上悬式。

答案：D

24-10-47 (2003) 下列嵌缝材料中，哪种可以作为玻璃幕墙玻璃的嵌缝材料？

A 耐候丙烯酸密封胶　　　　　B 耐候硅酮密封胶
C 耐候聚氨酯密封胶　　　　　D 耐候聚硫密封胶

解析：《玻璃幕墙规范》第 3.5.4 条规定：玻璃幕墙的耐候密封应采用硅酮建筑密封胶；点支承幕墙和全玻幕墙使用非镀膜玻璃时，其耐候密封可采用酸性硅酮建筑密封胶，其性能应符合国家现行标准《幕墙玻璃接缝用密封胶》JG/T 882 的规定；夹层玻璃板缝间的密封，宜采用中性硅酮建筑密封胶。

答案：B

24-10-48 (2003) 关于金属幕墙防火，下列表述中哪一条是正确的？

A 幕墙应在每层楼板处设防火层，且应形成防火带
B 防火层必须采用经防腐处理且厚度不小于1.5mm的耐热铝板
C 防火层墙内的填充材料可采用阻燃烧材料
D 防火层的密封材料应采用中性硅酮耐候密封胶

解析：《金属石材幕墙规范》第4.4.1条规定，金属与石材幕墙的防火除应符合现行国家标准《建筑设计防火规范》GBJ 16和《高层民用建筑设计防火规范》GB 50045的有关规定外，还应符合下列规定：1 防火层应采取隔离措施，并应根据防火材料的耐火极限，决定防火层的厚度和宽度，且应在楼板处形成防火带；2 幕墙的防火层必须采用经防腐处理且厚度不小于1.5mm的耐热钢板，不得采用铝板；3 防火层的密封材料应采用防火密封胶，防火密封胶应有法定检测机构的防火检验报告。

答案：A

24-10-49 （2003）关于钢销式（干挂石材技术之一）石材幕墙的设计，下列表述中哪条不符合规范的强制性条文？

A 可在8度抗震设防区适用
B 高度不宜大于20m
C 石板面积不宜大于1m²，厚度不应小于25mm
D 钢销与连接板应采用不锈钢

（注：本题2004年、2005年、2010年也考过）

解析：《金属石材幕墙规范》第5.5.1条规定：用于石材幕墙的石板，厚度不应小于25mm。第5.5.2条规定：钢销式石材幕墙可在非抗震设计或6度、7度抗震设计幕墙中应用，幕墙高度不宜大于20m，石板面积不宜大于1.0m²；钢销和连接板应采用不锈钢；连接板截面尺寸不宜小于40mm×4mm；钢销与孔的要求应符合本规范第6.3.2条的规定。

答案：A

24-10-50 关于玻璃幕墙设计，下列各项中哪一项要求是错误的？

A 玻璃幕墙宜采用半钢化玻璃、钢化玻璃或夹层玻璃，有保温要求的玻璃幕墙宜采用中空玻璃
B 竖直玻璃幕墙的立柱应悬挂在主体结构上，并使立柱处于受拉状态
C 当楼面外缘无实体窗下墙时，应设置防撞栏杆
D 玻璃幕墙下可直接设置出入口、通路

解析：《玻璃幕墙规范》第4.4.1条规定：框支承玻璃幕墙，宜采用安全玻璃。第4.4.2条规定：点支承玻璃幕墙的面板玻璃应采用钢化玻璃。第4.4.3条规定：采用玻璃肋支承的点支承玻璃幕墙，其玻璃肋应采用钢化夹层玻璃。《建筑用安全玻璃生产规程》JC/T 2070—2011第4条"分类"规定：安全玻璃产品分为钢化玻璃、夹层玻璃、防火玻璃；防火玻璃分为单片防火玻璃和隔热型复合防火玻璃。根据以上条款可知玻璃幕墙宜采用安全玻璃，而半钢化玻璃不属于安全玻璃，所以A项错误。

答案：A

24-10-51 下列玻璃幕墙的性能要求，哪一组未列入国家行业标准《玻璃幕墙工程技术规范》JGJ 102—2003？
A 平面内变形性能、风压变形性能、耐撞击性能
B 保温性能、隔声性能
C 玻璃反射性能、玻璃透光性能
D 雨水渗漏性能、空气渗透性能

解析：《玻璃幕墙规范》第4.2.2条规定：玻璃幕墙的抗风压、气密、水密、保温、隔声等性能分级，应符合现行国家标准《建筑幕墙物理性能分级》GB/T 15225的规定。没有对玻璃反射性能、玻璃透光性能的要求，所以本题应选C。

答案：C

24-10-52 下列有关玻璃幕墙构造要求的表述，哪一条是不恰当的？
A 当玻璃幕墙在楼面外缘无实体窗下墙时，应设置防护栏杆
B 玻璃幕墙与每层楼板、隔墙处的缝隙应采用不燃材料填充
C 玻璃幕墙的铝合金材料与钢板连接件连接时，应加设一层铝合金垫片
D 隐框玻璃幕墙的玻璃拼缝宽度不宜小于10mm

解析：《玻璃幕墙规范》第4.3.8条规定：除不锈钢外，玻璃幕墙中不同金属材料接触处，应合理设置绝缘垫片或采取其他防腐蚀措施。C项中的铝合金垫片不是绝缘垫片，不能防止铝合金材料和钢板之间的腐蚀作用，所以C项错误。

答案：C

24-10-53 明框玻璃幕墙、半隐框玻璃幕墙、隐框玻璃幕墙不宜采用下述哪种玻璃？
A 中空玻璃　　B 夹层玻璃　　C 单片防水玻璃　D 半钢化玻璃

解析：《玻璃幕墙规范》第4.4.1条规定：框支承玻璃幕墙，宜采用安全玻璃。《建筑用安全玻璃生产规程》JC/T 2070—2011第4条"分类"规定：安全玻璃产品分为钢化玻璃、夹层玻璃、防火玻璃；防火玻璃分为单片防火玻璃和隔热型复合防火玻璃。半钢化玻璃不属于安全玻璃，不宜采用。

答案：D

（十一）变形缝构造

24-11-1 (2011) 伸缩缝可以不必断开建筑物的哪个构造部分？
A 内、外墙体　B 地面、楼面　C 地下基础　D 屋顶、吊顶

解析：伸缩缝主要解决由于温度变化而产生的伸缩变形。建筑物的基础处于常温状态，不受温度变化的影响，因此基础不必断开、留缝。

答案：C

24-11-2 (2011) 关于建筑物沉降缝的叙述，以下哪一条有误？
A 房屋从基础到屋顶的全部构件都应断开
B 一般沉降缝宽度最小值为30mm

C 地基越弱、房屋越高则沉降缝宽度越大
D 沉降缝应满足构件在水平方向上的自由变形

解析：《地基规范》第7.3.2条规定，沉降缝应有足够的宽度：2~3层的建筑物沉降缝的宽度为50~80mm；4~5层的建筑物沉降缝的宽度为80~120mm；5层以上的建筑物沉降缝的宽度不应小于120mm。

答案：B

24-11-3 (2011) 图为一般混凝土道路胀缝处的构造，胀缝中的填缝料应采用(　　)。

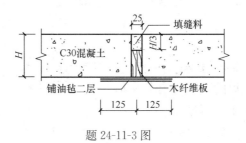

题 24-11-3 图

A 石灰膏泥　　　　　　　B 高强水泥砂浆
C 沥青橡胶　　　　　　　D 填塞木屑木丝

解析：《地面规范》第6.0.5条规定：室外地面的混凝土垫层宜设伸缝，间距宜为30m，缝宽宜为20~30mm，缝内应填耐候弹性密封材料，沿缝两侧的混凝土边缘应局部加强。只有C项沥青橡胶属于耐候弹性密封材料。

答案：C

24-11-4 (2010) 在地震区地下室用于沉降的变形缝宽度，以下列何值为宜？

A 20~30mm　　　　　　　B 40~50mm
C 70mm　　　　　　　　D 等于上部结构防震缝的宽度

(注：本题2005年考过)

解析：《地下防水规范》第5.1.5条规定：变形缝的宽度宜为20~30mm。

答案：A

24-11-5 (2010) 15m高框架结构房屋，必须设防震缝时，其最小宽度应为(　　)cm。

A 10　　　　B 7　　　　C 6　　　　D 5

(注：本题2004年以前考过)

解析：《抗震规范》第6.1.4条规定，钢筋混凝土房屋需要设置防震缝时，应符合下列规定：1 防震缝宽度应分别符合下列要求：1)框架结构（包括设置少量抗震墙的框架结构）房屋的防震缝宽度，当高度不超过15m时不应小于100mm；高度超过15m时，6度、7度、8度和9度分别每增加高度5m、4m、3m和2m，宜加宽20mm。

答案：A

24-11-6 (2009) 地下工程混凝土结构的细部防水构造对变形缝的规定，以下哪条有误？

A 伸缩缝宜少设

B 可因地制宜用诱导缝、加强带、后浇带替代变形缝

C 变形缝处混凝土结构厚度≥300mm

D 沉降缝宽度宜20～30mm，用于伸缩的变形缝宽度宜大于此值

解析：《地下防水规范》第5.1.2条规定：用于伸缩的变形缝宜少设（A项），可根据不同的工程结构类别、工程地质情况采用后浇带、加强带、诱导缝等替代措施（B项）。第5.1.3条规定：变形缝处混凝土结构的厚度不应小于300mm（C项）。第5.1.5条规定：变形缝的宽度宜为20～30mm（D项错误）。

答案：D

24-11-7 （2009） 相关变形缝设置的规定，下列哪条错误？

A 玻璃幕墙的一个单元块不应跨缝

B 变形缝不得穿过设备的底面

C 洁净厂房的变形缝不宜穿越洁净区

D 地面变形缝不应设在排水坡的分水线上

解析：《玻璃幕墙规范》第4.3.13规定：主体建筑在伸缩、沉降等变形缝两侧会发生相对位移，玻璃板块跨越变形缝时容易破坏，所以幕墙的玻璃板块不应跨越主体建筑的变形缝，而应采用与主体建筑的变形缝相适应的构造措施。《洁净厂房设计规范》GB 50073—2013第5.1.3条规定：洁净厂房……厂房变形缝不宜穿越洁净区。《地面规范》第6.0.2条第2款规定：变形缝应设在排水坡的分水线上，不应通过有液体流经或聚集的部位。综上，只有D项错误。

答案：D

24-11-8 （2009） 图示为楼地面变形缝构造，该构造做法主要适用于设置以下哪种缝？

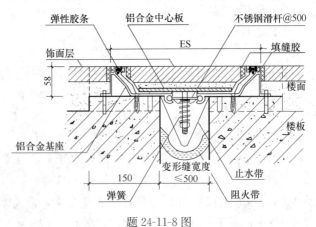

题 24-11-8 图

A 高层建筑抗震缝 B 多层建筑伸缩缝
C 一般建筑变形缝 D 高层与多层之间的沉降缝

（注：此题2008年、2007年、2012年均考过）

解析：这样宽的缝隙只有在抗震缝中才可能出现，其中弹簧应为减震弹簧。
答案：A

24-11-9 (2009) 长度超过( )m的蓄水屋面应做一道横向伸缩缝。

A 30　　　B 40　　　C 50　　　D 60

解析：《屋面规范》第4.4.10条第4款规定：蓄水隔热层应划分为若干蓄水区，每区的边长不宜大于10m，在变形缝的两侧应分成两个互不连通的蓄水区；长度超过40m的蓄水隔热层应分仓设置，分仓隔墙可采用现浇混凝土或砌体。《上海市屋面工程施工规程》DG/TJ 08-22—2013第5.3.5条第2款规定：蓄水隔热层应划分为若干蓄水区，每区的边长不宜大于10m，在变形缝的两侧应划分为两个互不相连通的蓄水区；长度超过40m的蓄水隔热层应做横向伸缩缝一道；蓄水隔热层应设置人行通道。
答案：B

24-11-10 (2008) 下列地下工程混凝土结构变形缝的有关规定中，哪条有误？

A 变形缝处结构厚度不应小于300mm
B 用于沉降的变形缝宽度宜为20～30mm
C 用于伸缩的变形缝宽度宜大于30～50mm
D 用于伸缩的变形缝宜少设

解析：《地下防水规范》第5.1.2条规定：用于伸缩的变形缝宜少设（D项），可根据不同的工程结构类别、工程地质情况采用后浇带、加强带、诱导缝等替代措施。第5.1.3条规定：变形缝处混凝土结构的厚度不应小于300mm（A项）。第5.1.5条规定：变形缝的宽度宜为20～30mm（B项正确，C项错误）。
答案：C

24-11-11 (2008) 一般可不填塞泡沫塑料类的变形缝是( )。

A 平屋面变形缝　　　B 高低屋面抗震缝
C 外墙温度伸缩缝　　D 结构基础沉降缝

解析：填塞泡沫塑料是为了解决缝中保温和减少热桥的，而结构基础沉降缝则不需要。
答案：D

24-11-12 (2008) 用于伸缩的变形缝不可以用下列何种措施替代？

A 诱导缝　　　B 施工缝
C 加强带　　　D 后浇带

解析：《地下防水规范》第5.1.2条规定：用于伸缩的变形缝宜少设，可根据不同的工程结构类别、工程地质情况采用后浇带、加强带、诱导缝等替代措施。施工缝是施工间歇的暂时缝隙，没有缝宽要求，不可以替代伸缩缝。
答案：B

24-11-13 (2007) 地下室防水混凝土后浇带的一般构造，下列哪条不正确？

A 应在其两侧混凝土浇筑完毕6星期后再进行后浇带施工
B 后浇带混凝土应优先选用补偿收缩混凝土

C 后浇带混凝土施工温度应高于两侧混凝土施工温度

D 湿润养护时间不少于 4 星期

(注：本题 2014 年也考过)

解析：《地下防水规范》第 5.2.2 条规定：后浇带应在其两侧混凝土龄期达到 42d 后再施工（A 项）。第 5.2.3 条规定：后浇带应采用补偿收缩混凝土浇筑（B 项），其抗渗和抗压强度等级不应低于两侧混凝土。第 5.2.13 条：湿润养护时不少于 28 天（D 项）。关于后浇带的做法中没有施工温度应低于两侧混凝土施工温度的规定，因此 C 项不正确。

答案：C

24-11-14 (2007) 建筑工程有不少"缝"，以下哪组属于同一性质？

A 沉降缝、分仓缝、水平缝

B 伸缩缝、温度缝、变形缝

C 抗震缝、后浇缝、垂直缝

D 施工缝、分格缝、结合缝

解析：伸缩缝又称为温度缝，是变形缝的一种，B 项属于同一性质。

答案：B

24-11-15 (2006) 基础断开的建筑物变形缝是哪一种？

A 伸缩缝　　　　　　　　B 沉降缝

C 抗震缝　　　　　　　　D 施工缝

解析：建筑物在考虑沉降时基础部位应断开，基础断开的变形缝应该是沉降缝。

答案：B

24-11-16 (2006) 下列哪一种地面变形缝不能作为室内混凝土地面的纵向缩缝或横向缩缝？

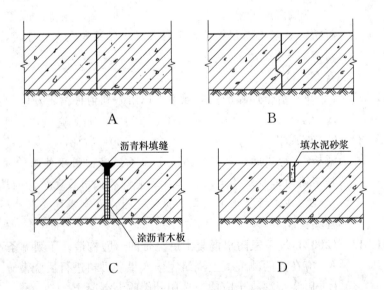

解析：根据《地面规范》第 6.0.3 条的规定判断：A 图为纵向缩缝（平头缝），B 为纵向缩缝（企口缝），D 图为横向缩缝（假缝）。而 C 图是室外地面混凝土垫层的伸缝，不能用于室内地面的纵向缩缝和横向缩缝。

答案：C

24-11-17 （2005）属于建筑物变形缝的是下列哪组？

Ⅰ．防震缝；Ⅱ伸缩缝；Ⅲ．施工缝；Ⅳ．沉降缝

A Ⅰ、Ⅱ、Ⅲ   B Ⅰ、Ⅱ、Ⅳ
C Ⅰ、Ⅲ、Ⅳ   D Ⅱ、Ⅲ、Ⅳ

解析：建筑物的变形缝通常指的是伸缩缝、沉降缝和防震缝三种缝隙的总称，施工缝只是施工间歇留的缝隙，不属于变形缝的范围。因此，B 项正确。

答案：B

24-11-18 （2005）下列四个外墙变形缝构造中，哪个适合于沉降缝？

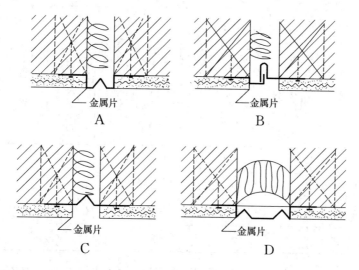

解析：沉降缝的金属片应能保证上下错动等竖向的自由变形，B 图正确。

答案：B

24-11-19 （2005）关于铺设在混凝土垫层上的面层分格缝，下列技术措施中哪一项是错误的？

A 沥青类面层、块材面可不设缝
B 细石混凝土面层的分格缝应与垫层的缩缝对齐
C 设隔离层的面层分格缝，可不与垫层的缩缝对齐
D 水磨石面层的分格缝可不与垫层的缩缝对齐

解析：《地面规范》第 6.0.8 条规定：水磨石、水泥砂浆、聚合物水泥砂浆等面层的分格缝除应与垫层的缩缝对齐外，尚应根据具体设计要求缩小间距。

答案：D

24-11-20 （2004）地下室变形缝处混凝土结构的最小厚度是(   )。

A 200m   B 250mm

C 300mm D 400mm

解析：《地下防水规范》第5.1.3条规定：地下室变形缝处混凝土结构的厚度不应小于300mm。

答案：C

24-11-21 (2004) 地下工程下列部位的防水构造中，哪个部位不能单独使用遇水膨胀止水条作为防水措施？

A 施工缝防水构造　　　　　　B 后浇带防水构造
C 变形缝防水构造　　　　　　D 预埋固定式穿墙管防水构造

解析：《地下防水规范》第3.3.1条表3.3.1-1和表3.3.1-2规定了不同防水等级明挖法和暗挖法地下工程的防水设防要求，如解表1、2所示。

明挖法地下工程防水设防要求　　题24-11-21解表1

工程部位		主体结构					施工缝							后浇带			变形缝（诱导缝）					
防水措施		防水混凝土	防水卷材	防水涂料	膨润土防水材料	塑料防水板	金属防水板	遇水膨胀止水条（胶）	外贴式止水带	中埋式止水带	外抹防水砂浆	外涂防水涂料	水泥基渗透结晶型防水涂料	补偿收缩混凝土	外贴式止水带	预埋注浆管	遇水膨胀止水条（胶）	防水密封材料	中埋式止水带	可卸式止水带	防水密封材料	外贴式止水带	外贴防水卷材	外涂防水涂料
防水等级	一级	应选	应选一至二种					应选二种						应选	应选二种			应选	应选一至二种				
	二级	应选	应选一种					应选一至二种						应选	应选一至二种			应选	应选一至二种				
	三级	应选	宜选一种					宜选一至二种						宜选	宜选一至二种			应选	宜选一至二种				
	四级	宜选	—					宜选一种						宜选	宜选一种			应选	宜选一种				

暗挖法地下工程防水设防要求　　题24-11-21解表2

工程部位		衬砌结构					内衬砌施工缝						内衬砌变形缝（诱导缝）			
防水措施		防水混凝土	塑料防水板	防水砂浆	防水涂料	防水卷材	金属防水层	遇水膨胀止水条（胶）	预埋注浆管	外贴式止水带	中埋式止水带	防水密封材料	水泥基渗透结晶型防水涂料	中埋式止水带	外贴式止水带	可卸式止水带	防水密封材料	遇水膨胀止水条（胶）
防水等级	一级	必选	应选一至二种					应选一至二种						应选	应选一至二种			
	二级	应选	应选一种					应选一种						应选	应选一种			
	三级	宜选	宜选一种					宜选一种						应选	宜选一种			
	四级	宜选						宜选一种						应选	宜选一种			

由上述规定可知：A项，施工缝四级时可单独选用遇水膨胀止水条。B项，后浇带四级时也可单独选用遇水膨胀止水条。C项，变形缝（诱导缝）要求所有防水等级都应选"中埋式止水带"，然后根据防水等级的不同应选或宜选一至两种其他的防水措施，所以C项不能单独选用遇水膨胀止水条。D项，第5.3.3条规定：结构变形或管道伸缩量较小时，穿墙管可采用主管直接埋入混凝土内的固定式防水法，主管应加焊止水环或环绕遇水膨胀止水圈，并应在迎水面预留凹槽，槽内应采用密封材料嵌填密实。所以D项也可单独选用遇水膨胀止水条。

答案：C

24-11-22 (2004) 下列关于混凝土路面伸缩缝构造设计的表述，哪一条是错误的？
A 路面宽度<7m 时不设纵向缩缝
B 胀缝间距在低温及冬季施工时为 20~30m
C 胀缝内木嵌条的高度应为混凝土厚度的 2/3
D 横向缩缝深度宜为混凝土厚度的 1/3

解析：《建筑设计资料集8》第118页"混凝土路面伸缩缝"图示及"注"的内容指出：路面宽度小于7m不设纵缝。胀缝间距在常温或夏季施工时为 24~36m，低温及冬季施工时为 15~18m；胀缝内木嵌条的高度应为混凝土高度的 2/3（上嵌沥青料填缝）。缩缝深度应为混凝土厚度的 1/3。

答案：B

24-11-23 (2003) 地下工程无论何种防水等级，变形缝均应选用哪一种防水措施？
A 外贴式止水带 B 遇水膨胀止水条
C 外涂防水涂料 D 中埋式止水带

解析：《地下防水规范》第3.3.1条指出：明挖法和暗挖法地下工程变形缝（诱导缝）的防水设防，要求所有防水等级都应选"中埋式止水带"的措施，然后根据防水等级的不同应选或宜选一至两种其他的防水措施。

答案：D

24-11-24 (2003) 关于楼地面变形缝的设置，下列哪一条表述是错误的？
A 变形缝应在排水坡的分水线上，不得通过有液体流经或积累的部位
B 建筑的同一防火分区不可以跨越变形缝
C 地下人防工程的同一防护单元不可跨越变形缝
D 设在变形缝附近的防火门，门扇开启后不可跨越变形缝

解析：《地面规范》第6.0.2条第2款规定：变形缝应设在排水坡的分水线上，不应通过有液体流经或聚集的部位。《人民防空地下室设计规范》GB 50038—2005 第4.11.4条第1款规定：在防护单元内不宜设置沉降缝、伸缩缝。《防火规范》第6.5.1条第5款规定：设置在建筑变形缝附近时，防火门应设置在楼层较多的一侧，并应保证防火门开启时门扇不跨越变形缝。没有关于防火分区不可跨越变形缝的规定，因此B项错误。

答案：B

24-11-25 (2003) 大面积底层地面混凝土垫层应分仓施工并留缝。以下有关留缝构造

的表述，哪一条不恰当？
A 混凝土垫层应设收缩缝，分为纵向缩缝及横向缩缝两种
B 纵向缩缝间距 3～6m，缝的构造采用平头缝或企口缝
C 横向缩缝间距 6～12m，采用假缝，留在垫层上部 1/3 厚度处
D 平头缝、企口缝、假缝均宽 5～20mm，缝内均填沥青类材料

解析：《地面规范》第 6.0.3 条规定，底层地面的混凝土垫层，应设置纵向缩缝和横向缩缝（A项），并应符合下列要求：1 纵向缩缝应采用平头缝或企口缝，其间距宜为 3～6m（B项）；2 纵向缩缝采用企口缝时，垫层的厚度不宜小于 150mm，企口拆模时的混凝土抗压强度不宜低于 3MPa；3 横向缩缝宜采用假缝，其间距宜为 6～12m（C项）；高温季节施工的地面假缝间距宜为 6m。假缝的宽度宜为 5～12mm（D项错误）；高度宜为垫层厚度的 1/3（C项）；缝内应填水泥砂浆或膨胀型砂浆。第 6.0.4 条规定：平头缝和企口缝的缝间应紧密相贴（D项错误），不得设置隔离材料。

答案：D

24-11-26 当地下最高水位高于建筑物底板时，地下防水的薄弱环节是（　　）。
A 底板　　　　　　　　　B 变形缝
C 侧板　　　　　　　　　D 阴阳墙角

解析：《地下防水规范》第 3.1.5 地下工程的变形缝（诱导缝）、施工缝、后浇带、穿墙管（盒）、预埋件、预留通道接头、桩头等细部构造，应加强防水措施。

答案：B

24-11-27 地下工程防水变形缝应满足密封防水、适应变形、施工方便、检查容易等要求。其构造和材料应根据工程特点、地基或结构变形情况及水压、水质和防水等级确定，以下构造选型哪一种是恰当的？
A 水压小于 0.03MPa，变形量小于 10mm 的变形缝用弹性密封材料嵌填密实
B 水压小于 0.03MPa，变形量为 20～30mm 的变形缝用粘贴橡胶片构造
C 水压小于 0.03MPa，变形量为 20～30mm 的变形缝用附贴式橡胶止水带
D 水压小于 0.03MPa，变形量为 20～30mm 的变形缝用中埋式橡胶止水带和防水密封材料

解析：《地下防水规范》第 5.1.6 条规定，变形缝宽度一律为 20～30mm。第 3.3.1 条规定，变形缝应选用中埋式止水带加 1～2 种其他的防水措施。

答案：A

24-11-28 下述地下工程防水设计后浇带构造措施中哪一条是不恰当的？
A 后浇带是刚性接缝构造，适用于不允许留柔性变形缝的工程
B 后浇带应由结构设计留出钢筋搭接长度并架设附加钢筋后，用补偿收缩混凝土浇筑，其混凝土强度等级应不低于两侧混凝土
C 后浇带的留缝形式可为阶梯式、平直式或企口式，留缝宽一般为 600～700mm

D 后浇带应在两侧混凝土龄期达到 6 个星期后方能浇筑，并养护不少于 28d

解析：《地下防水规范》第 5.2.2 条、第 5.2.3 条、第 5.2.5 条和第 5.2.4 条，关于后浇带的有关规定中，C 项所列不正确。后浇带两侧可做成平直缝或阶梯缝，缝宽宜为 700~1000mm。

答案：C

24-11-29 如图所示地下防水工程钢筋混凝土底板变形缝埋设埋入式橡胶止水带，在变形缝两侧各 **400mm** 范围内，混凝土底板的最小厚度 h 应为( )mm。

A 200　　　　B 250
C 300　　　　D 350

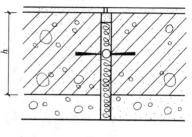

题 24-11-29 图

解析：《地下防水规范》第 5.1.3 条指出：缝宽两侧各 350mm 以内，混凝土底板的最小厚度应为 300mm。

答案：C

24-11-30 防止温度变形引起砌体建筑顶层墙体开裂的措施，下列各项中哪一项是错误的？

A 在预制钢筋混凝土板屋盖上加设 50mm 厚钢筋混凝土现浇层
B 在屋盖上设置保温层或隔热层
C 采用装配式有檩体系钢筋混凝土屋盖
D 设置伸缩缝

解析：《砌体规范》第 6.5.1 条规定：在正常使用条件下，应在墙体中设置伸缩缝（D 项）。伸缩缝应设在因温度和收缩变形引起应力集中、砌体产生裂缝可能性最大处。第 6.5.2 条规定，房屋顶层墙体，宜根据情况采取下列措施：1 屋面应设置保温、隔热层（B 项）；3 采用装配式有檩体系钢筋混凝土屋盖和瓦材屋盖（C 项）。A 项的做法增加了屋盖的整体性，使得其温度应力增加，更容易变形开裂，与防止开裂的要求背道而驰，所以 A 项错误。

答案：A

24-11-31 下列防震缝的最小宽度，哪一条不符合抗震规范要求？

A 8 度设防的多层砖墙承重建筑，防震缝最小宽度应为 70~100mm
B 高度小于 15m 的钢筋混凝土框架结构、框架—剪力墙结构建筑，防震缝最小宽度应为 100mm
C 高度大于 15m 的钢筋混凝土框架结构、框架—剪力墙结构建筑，对比 B 款、C 款的规定，7 度设防，高度每增加 4m，最小缝宽增加 20mm；8 度设防，高度每增加 3m，最小缝宽增加 20mm
D 剪力墙结构建筑，防震缝最小宽度可减少到 B 款、C 款的 50%

解析：《抗震规范》第 6.1.4 条规定：可以减少到 B 款、C 款的 50%，且不应小于 100mm。

答案：D

24-11-32 采用烧结普通砖砌筑黏土瓦或石棉水泥瓦屋顶的房屋，其墙体伸缩缝的最大间距为（　　）m。

A 150　　　　　B 100　　　　　C 75　　　　　D 50

解析：《砌体规范》表 6.5.1 中规定，墙体伸缩缝的最大间距为 100m。

答案：B

24-11-33 混凝土路面横向缩缝的最大间距是（　　）m。

A 10　　　　　B 20　　　　　C 40　　　　　D 6

提示：《建筑构造通用图集　工程做法》08 BJ1-1 规定：混凝土路面横向缩缝的最大间距是 6m。另《建筑设计资料集 8》第 118 页 "混凝土路面伸缩缝"图示指出：混凝土路面横向缩缝的间距是 6～7m。

答案：D

24-11-34 下列有关室内外混凝土垫层设伸缩变形缝的叙述中，哪条不确切？

A 混凝土垫层铺设在基土上，且气温长期处于 0℃以下房间的地面必须设置变形缝

B 室内外混凝土垫层宜设置纵横向缩缝

C 室内混凝土垫层一般应作纵横向伸缩缝

D 纵向缩缝间距一般 3～6m，横向缩缝间距 6～12m，伸缝间距 30m

解析：《地面规范》第 6.0.3 条规定：底层地面的混凝土垫层，应设置纵向缩缝和横向缩缝……1 纵向缩缝应采用平头缝或企口缝，其间距宜为 3～6m……3 横向缩缝宜采用假缝，其间距宜为 6～12m；高温季节施工的地面假缝间距宜为 6m。假缝的宽度宜为 5～12mm；高度宜为垫层厚度的 1/3；缝内应填水泥砂浆或膨胀型砂浆……

第 6.0.5 条规定：室外地面的混凝土垫层宜设伸缝，间距宜为 30m，缝宽宜为 20～30mm，缝内应填耐候弹性密封材料，沿缝两侧的混凝土边缘应局部加强。根据以上规定可知：B 项、D 项正确；而室内混凝土垫层一般可不设置伸缝，所以 C 项不确切。此外规范及其他资料中都没有 A 项的内容，A 项也不确切。

答案：A、C

24-11-35 在 8 度设防区多层钢筋混凝土框架建筑中，建筑物高度在 18m 时，防震缝的缝宽为（　　）mm。

A 50　　　　　B 70　　　　　C 100　　　　　D 120

解析：《抗震规范》第 6.1.4 条第 1 款规定：1) 框架结构（包括设置少量抗震墙的框架结构）房屋的防震缝宽度，当高度不超过 15m 时不应小于 100mm；高度超过 15m 时，6 度、7 度、8 度和 9 度分别每增加高度 5m、4m、3m 和 2m，宜加宽 20mm。题中建筑高度增加 3m，宜加缝宽 20mm，因此 8 度设防地区 18m 高建筑防震缝的缝宽应为 20mm+100mm=120mm。

答案：D

（十二）老年人照料设施建筑和无障碍设计的构造措施

24-12-1 (2011) 供残疾人使用的坡道其侧面若设置两层扶手时，下层扶手的高度应为( )。

A 0.55m　　　B 0.65m　　　C 0.75m　　　D 0.85m

解析：《无障碍规范》第3.8.1条规定：设两层扶手时，下层扶手的高度是0.65～0.70m，上层扶手的高度是0.85～0.90m。

答案：B

24-12-2 (2011) 题图为城市道路无障碍设计的盲道铺砌块，关于它的以下说法哪一条正确？

A 用来铺设"行进盲道"

B 为盲道中用量较少的砌块

C 表面颜色为醒目的红色

D 圆点凸出高度至少10mm

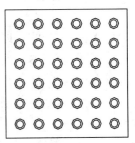

题 24-12-2 图

解析：《无障碍规范》第3.2.1条规定：此盲道砖为"提示盲道"砖，用于起点、终点及转弯处，盲道颜色宜采用中黄色，盲道的纹路应凸出路面4mm高。它是盲道中用量较少的砌块。

答案：B

24-12-3 (2011) 7度抗震设防地区住宅的入户门顶部、卧室床头上方及老年人居室内不宜设置下述哪一种构造？

A 吊顶　　　B 吊柜　　　C 吊灯　　　D 吊杆

解析：已废止规范《老年人建筑设计规范》JGJ 122—1999第4.10.4条规定：老年人居室不宜设吊柜，应设贴壁式贮藏壁橱。

已废止《老年人居住建筑设计规范》GB 50340—2016和现行《老年人照料设施建筑设计标准》JGJ 450—2018之中虽然没有了此项规定，但考虑到保障安全的要求，老年人居室不宜设吊柜仍是正确的。

答案：B

24-12-4 (2010) 下列哪种类型的门不能作为供残疾人使用的门？

A 自动门　　　B 旋转门　　　C 推拉门　　　D 平开门

解析：《无障碍规范》第3.5.3条规定，门的无障碍设计应符合下列规定：1 不应采用力度大的弹簧门并不宜采用弹簧门、玻璃门；当采用玻璃门时，应有醒目的提示标志……3 平开门、推拉门、折叠门开启后的通行净宽度不应小于800mm，有条件时，不宜小于900mm……本题如依据现行规范作答，4个选项的门都可用，没有正确答案。

答案：无

（注：如按旧版规范作答，答案是B；旋转门不得用于无障碍设计的明确要求参见已废止的《方便残疾人使用的城市道路和建筑物设计规范》JGJ 50—

1988 中的规定。）

24-12-5 (2009) 残疾人专用的楼梯构造要求，下列哪条有误？

  A 应采用直跑梯段
  B 应设有休息平台
  C 提示盲道应设于踏步起点处
  D 不应采用无踢面、突缘为直角形的踏步

解析：《无障碍规范》第3.6.1条规定，无障碍楼梯应符合下列规定：1 宜采用直线形楼梯……3 不应采用无踢面和直角形突缘的踏步……7 距踏步起点和终点250~300mm宜设提示盲道（C项错误）。

答案：C

24-12-6 (2007) 以下敬、养老院建筑楼梯的做法中，哪条不对？

  A 平台区内不得设踏步
  B 楼梯梯段净宽≮1200mm
  C 楼梯踏步要平缓，踏步高≤140mm，宽≤300mm
  D 不能用扇弧形楼梯踏步

解析：《老年人照料设施建筑设计标准》JGJ 450—2018 第5.6.6条规定，（强制性条文）老年人使用的楼梯严禁采用弧形楼梯和螺旋楼梯（D项正确）。第5.6.7条规定，老年人使用的楼梯应符合下列规定：1 梯段通行净宽不应小于1.20m（B项正确），各级踏步应均匀一致，楼梯缓步平台内不应设置踏步（A项正确）。2 踏步前缘不应突出，踏面下方不应透空。3 应采用防滑材料饰面，所有踏步上的防滑条、警示条等附着物均不应突出踏面。现行《老年人照料设施建筑设计标准》JGJ 450—2018中并没有关于楼梯踏步尺寸的规定，所以C项错误。

答案：C

24-12-7 (2005) 在无障碍设计的住房中，卫生间门扇开启后最小净宽度应为下列何值？

  A 0.70m   B 0.75m   C 0.80m   D 0.85m

（注：此题2004年以前考过）

解析：《无障碍规范》第3.9.3条第3款规定：当采用平开门，门扇宜向外开启，如向内开启，需在开启后留有直径不小于1.50m的轮椅回转空间，门的通行净宽度不应小于800mm，平开门应设高900mm的横扶把手，在门扇里侧应采用门外可紧急开启的门锁。

答案：C

24-12-8 (2004) 供残疾人轮椅通行的平开木门，其净宽应至少不小于下列何值？

  A 0.8m   B 0.9m   C 1.0m   D 1.1m

解析：《无障碍规范》第3.5.3条规定，门的无障碍设计应符合下列规定：平开门、推拉门、折叠门开启后的通行净宽度不应小于800mm，有条件时，不宜小于900mm。

答案：A

24-12-9 下列有关门的设计规定中，哪条不确切？

A 体育馆内运动员出入的门扇净高不得低于2.2m

B 托幼建筑儿童用门，不得选用弹簧门

C 会场、观众厅的疏散门只准向外开启，开足时净宽不应小于1.4m

D 供残疾人通行的门不得采用旋转门，但可采用弹簧门

解析：《无障碍规范》第3.5.3条第1款规定：不应采用力度大的弹簧门并不宜采用弹簧门、玻璃门；当采用玻璃门时，应有醒目的提示标志。

答案：D

24-12-10 无障碍卫生间厕所小隔间内（门向外开），供停放轮椅的最小尺寸是（　　）。

A 0.80m×0.80m

B 1.20m×0.80m

C 1.20m×1.20m

D 1.20m×1.50m

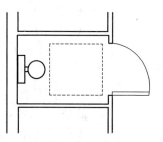

图 24-12-10 图

解析：《无障碍规范》第3.9.2条第2款规定：2 无障碍厕位的门宜向外开启，如向内开启，需在开启后厕位内留有直径不小于1.50m的轮椅回转空间，门的通行净宽不应小于800mm……由此可知门向外开时，供停放轮椅的最小尺寸是0.80m×0.80m。

答案：A

24-12-11 供挂杖者及视力残疾者使用的楼梯应符合有关规定，下述各项中何者有误？

A 梯段净宽不宜小于1.2m

B 不宜采用弧形楼梯

C 梯段两侧应在0.9m高度处设扶手

D 楼梯起点及终点处的扶手，应水平延伸0.5m以上

解析：《无障碍规范》第3.6.1条规定，无障碍楼梯应符合下列规定：1 宜采用直线形楼梯（B项）；4 宜在两侧均做扶手（C项）。第3.8.1条规定：无障碍单层扶手的高度应为850～900mm（C项），无障碍双层扶手的上层扶手高度应为850～900mm，下层扶手高度应为650～700mm。第3.8.2条规定：扶手应保持连贯，靠墙面的扶手的起点和终点处应水平延伸不小于300mm的长度（D项错误）。

答案：D

24-12-12 下列有关无障碍设施的规定中，哪条正确？

A 供残疾人通行的门不宜采用弹簧门

B 门扇开启净宽不得小于0.8m

C 入口处擦鞋垫厚度和卫生间室内外地坪面高差不得大于40mm

D 供残疾人使用的门厅、过厅及走道等地面坡道宽不应小于0.9m

解析：《无障碍规范》第3.5.3条规定，门的无障碍设计应符合下列规定：1 不应采用力度大的弹簧门并不宜采用弹簧门、玻璃门（A项）……2 自动

门开启后通行净宽度不应小于 1.00m（B 项不准确）；3 平开门、推拉门、折叠门开启后的通行净宽度不应小于 800mm，有条件时，不宜小于 900mm。第 3.4.2 条规定：轮椅坡道的净宽度不应小于 1.00m，无障碍出入口的轮椅坡道净宽度不应小于 1.20m（C 项错误）。《建筑专业设计技术措施》（中国建筑工业出版社）指出：入口处擦鞋垫及卫生间室内外地面高差应为 20mm（D 项错误）。

答案：A

24-12-13 如图所示地面块材主要供残疾人何种用途？

A 防滑块材
B 拐弯块材
C 停步块材
D 导向块材

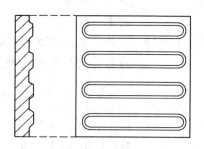

题 24-12-13 图

解析：《无障碍规范》第 3.2.1 条规定，盲道应符合下列规定：1 盲道按其使用功能可分为行进盲道和提示盲道；2 盲道的纹路应凸出路面 4mm 高……题图所示应为行进盲道的条形导向块材。

[注：已废止并被《无障碍规范》替代的原《城市道路和建筑物无障碍设计规范》JGJ 50—2001 第 4.2.1 条第 2 款规定：2 指行残疾者向前行走的盲道应为条形的行进盲道（见解图 1）；在行进盲道的起点、终点及拐弯处应设圆点形的提示盲道（见解图 2）]

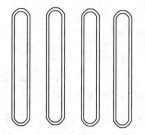

题 24-12-13 解图 1　行进盲道

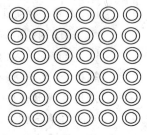

题 24-12-13 解图 2　提示盲道

答案：D

有关规范、标准及参考资料的简称、全称对照表

一、规范、规程

序号	规范、标准名称	编号	简称
1	民用建筑设计统一标准	GB 50352—2019	《民建统一标准》
2	无障碍设计规范	GB 50763—2012	《无障碍规范》
3	建筑设计防火规范	GB 50016—2014（2018年版）	《防火规范》
4	建筑内部装修设计防火规范	GB 50222—2017	《内部装修防火规范》
5	建筑抗震设计规范	GB 50011—2010（2016年版）	《抗震规范》
6	砌体结构设计规范	GB 50003—2011	《砌体规范》
7	民用建筑隔声设计规范	GBJ 50118—2010	《隔声规范》
8	建筑地面设计规范	GB 50037—2013	《地面规范》
9	屋面工程技术规范	GB 50345—2012	《屋面规范》
10	地下工程防水技术规范	GB 50108—2008	《地下防水规范》
11	玻璃幕墙工程技术规范	JGJ 102—2003	《玻璃幕墙规范》
12	金属与石材幕墙工程技术规范	JGJ 133—2001	《金属石材幕墙规范》
13	住宅装饰装修工程施工规范	GB 50327—2001	《住宅装修施工规范》
14	倒置式屋面工程技术规程	JGJ 230—2010	《倒置式屋面规程》
15	建筑装饰装修工程质量验收标准	GB 50210—2018	《装修验收标准》
16	混凝土小型空心砌块建筑技术规程	JGJ/T 14—2011	《小型空心砌块规程》
17	建筑玻璃应用技术规程	JGJ 113—2015	《建筑玻璃规程》
18	蒸压加气混凝土制品应用技术标准	JGJ/T 17—2020	《蒸压加气混凝土标准》
19	外墙外保温工程技术标准	JGJ 144—2019	《外墙外保温标准》
20	建筑轻质条板隔墙技术规程	JGJ/T 157—2014	《轻质条板隔墙规程》

二、参考资料

序号	书名	出版单位及出版时间	简称
1	建筑设计资料集（第2版）第x辑	中国建筑工业出版社，1994	《建筑设计资料集x》
2	北京市建筑设计技术细则（建筑专业）	北京市建筑设计院，2005	《北京建筑设计细则》
3	全国民用建筑工程设计技术措施规划 建筑、景观（2009年版）	住房和城乡建设部工程质量安全监管司 中国建筑标准设计研究院	《民建设计技术措施》

2021 年试题、解析及答案

2021 年试题

1. 下列属于有机材料的是（　　）。
   A 混凝土　　　　　　B 合金钢　　　　　　C 塑料板　　　　　　D 铝塑板
2. 关于孔隙率的说法，正确的是（　　）。
   A 一般孔隙率越大，材料的密度越大　　　　B 一般孔隙率越大，材料的强度越高
   C 一般孔隙率越大，材料的保温性能越差　　D 一般孔隙率越大，材料的吸声能力越高
3. 关于天然花岗石板材的说法，正确的是（　　）。
   A 属于酸性硬石材　　　　　　　　　　　　B 质地坚硬不耐磨
   C 构造致密强度低　　　　　　　　　　　　D 密度大吸水率高
4. 天然大理石板材通用厚度是（　　）。
   A 10mm　　　　　　　B 12mm　　　　　　　C 15mm　　　　　　　D 20mm
5. 关于灰土的说法，正确的是（　　）。
   A 由石灰、黏土、砂或石组成　　　　　　　B 抗压强度与土的塑性指数有关
   C 抗渗性能与土的塑性指数无关　　　　　　D 抗压强度与灰土的含灰率无关
6. 关于水玻璃的说法，正确的是（　　）。
   A 粘结力弱　　　　　　B 耐酸性强　　　　　　C 耐热性差　　　　　　D 耐水性好
7. 硅酸盐水泥化学指标控制不包括（　　）。
   A 三氧化硫　　　　　　B 氯离子　　　　　　C 氧化镁　　　　　　D 水化热
8. 判断混凝土质量最主要的依据是（　　）。
   A 抗剪强度　　　　　　B 抗拉强度　　　　　　C 抗压强度　　　　　　D 疲劳强度
9. 关于加气混凝土的说法，正确的是（　　）。
   A 表观密度越大，孔隙率越大　　　　　　　B 表观密度越小，强度越大
   C 表观密度越小，保温性能越好　　　　　　D 表观密度越大，抗渗性能越差
10. 下列属于硅酸盐系列水泥的通用水泥是（　　）。
    A 普通硅酸盐水泥　　　　　　　　　　　　B 油井水泥
    C 硅酸盐膨胀水泥　　　　　　　　　　　　D 低碱水泥
11. 关于砂中含有机物对混凝土影响的说法，正确的是（　　）。
    A 减缓水泥的凝结　　　　　　　　　　　　B 影响混凝土的抗冻性
    C 造成混凝土开裂　　　　　　　　　　　　D 影响混凝土的抗渗性
12. 关于混凝土拌合用水的说法，错误的是（　　）。
    A 可用符合国家标准的生活用水　　　　　　B 可用海水拌装饰混凝土
    C 可用海水拌素混凝土　　　　　　　　　　D 需控制氯离子含量
13. 配制高强混凝土应选用的水泥是（　　）。
    A 火山灰水泥　　　　　B 硅酸盐水泥　　　　　C 矿渣水泥　　　　　D 粉煤灰水泥
14. 关于胶合板的说法，正确的是（　　）。
    A 易开裂　　　　　　　B 幅面大　　　　　　　C 易翘曲　　　　　　　D 强度低

15. 冷弯型钢不采用( )。
    A 普通碳素结构钢　　　　　　　　B 低合金结构钢
    C 优质碳素结构钢　　　　　　　　D 热轧钢板
16. 关于压型钢板的说法,正确的是( )。
    A 质量重　　　B 可用于楼板　　　C 强度低　　　D 抗震性能差
17. 关于铝合金的说法,正确的是( )。
    A 延性差　　　B 不可做屋面板　　C 强度低　　　D 不能做扶手
18. 关于膨胀蛭石的说法,正确的是( )。
    A 耐冻融性差　B 防火性能好　　　C 吸声性能弱　D 导热系数大
19. 蒸压加气混凝土可用作( )。
    A 屋面板　　　B 建筑基础　　　　C 泳池隔墙　　D 清水外墙
20. 关于外墙岩棉保温材料的说法,正确的是( )。
    A 岩棉板纤维垂直于板面　　　　　B 岩棉板拉伸强度高于岩棉条
    C 岩棉条拉伸强度取决于纤维强度　D 岩棉条纤维平行于条面
21. 民用建筑内墙装修宜采用下列哪种涂料?( )
    A 聚乙烯醇水玻璃内墙涂料　　　　B 聚乙烯醇缩甲醛内墙涂料
    C 环氧树脂涂料　　　　　　　　　D 树脂水性涂料
22. 下列属于结构胶的是( )。
    A 聚乙烯醇　　B 酚醛树脂　　　　C 醋酸乙烯　　D 过氯乙烯
23. 塑料门窗型材原料的主要成分是( )。
    A 聚氯乙烯　　B 聚苯乙烯　　　　C 聚丙烯　　　D 聚乙烯
24. 下列不属于树脂类油漆的是( )。
    A 清漆　　　　B 磁漆　　　　　　C 硝基漆　　　D 调和漆
25. 下列属于安全玻璃的是( )。
    A 半钢化玻璃　B 夹丝玻璃　　　　C 夹层玻璃　　D 中空玻璃
26. 关于建筑幕墙玻璃的选用要求,错误的是( )。
    A 中空玻璃单片玻璃厚度不宜小于5mm　B 夹层玻璃两片厚度差值不宜大于3mm
    C 中空玻璃的气体层厚度不应小于9mm　D 夹层玻璃的胶片厚度不应小于0.76mm
27. 用于外墙装饰的全瓷质面砖,吸水率不应大于( )。
    A 3%　　　　 B 5%　　　　　　　C 8%　　　　　D 10%
28. 织物性锦纶装饰材料的成分是( )。
    A 聚酯纤维　　　　　　　　　　　B 聚酰胺纤维
    C 聚丙烯纤维　　　　　　　　　　D 聚丙烯腈纤维
29. 剧院观众厅帷幕的燃烧性能等级不应低于( )。
    A A_1级　　 B A_2级　　　　 C B_1级　　 D B_2级
30. 地下工程防水混凝土底板迎水面不宜采用下列哪种防水材料?( )
    A 膨润土防水毯　　　　　　　　　B 三元乙丙橡胶防水卷材
    C 水泥基渗透结晶型防水涂料　　　D 自粘聚合物改性沥青防水卷材
31. 幕墙系统采用矿棉外保温材料时,外墙整体防水层宜选用下列哪种材料?( )

A 聚合物防水砂浆 B 聚氨酯防水涂料
C 防水隔气膜 D 防水透气膜

32. 关于薄涂型防火涂料的说法，错误的是( )。
    A 属于膨胀型防火涂料 B 受火时形成泡沫层隔热阻火
    C 涂刷24h风干后才能防火阻燃 D 涂刷遍数与耐燃阻燃性质无关

33. 独立建造的托老所，其外墙外保温应采用下列哪种材料？( )
    A 聚苯板 B 岩棉板 C 酚醛板 D 聚氨酯板

34. 不适用于化工防腐蚀工程的油漆是( )。
    A 环氧漆 B 沥青漆 C 酯胶漆 D 醇酸漆

35. 多孔性吸声材料表观密度的变化对吸声效果的影响，下列说法正确的是( )。
    A 表观密度增加，低频吸声性能提高 B 表观密度增加，高频吸声性能不变
    C 表观密度减少，低频吸声性能提高 D 表观密度减少，高频吸声性能下降

36. 下列防辐射材料中防X射线性能较差的是( )。
    A 抗辐射玻璃 B 抗辐射铅板
    C 防辐射塑料板 D XFF复合铅胶合板

37. 安装在轻钢龙骨上的吊顶板材，不能作为A级装饰材料的是( )。
    A 水泥蛭石板 B B_1级纸面石膏板
    C 纤维石膏板 D B_1级矿棉吸声板

38. 下列属于利废建材的是( )。
    A 脱硫石膏板 B 旧钢结构型材
    C 难以直接回用的玻璃 D 标准尺寸钢结构型材

39. 绿色建筑功能性建筑材料不宜选用的是( )。
    A 减少建筑能耗的建筑材料 B 防潮、防霉变的建筑材料
    C 装饰效果较好的建筑材料 D 改善室内环境的材料

40. 下列不属于可再循环建筑材料的是( )。
    A 钢筋 B 玻璃 C 铝型材 D 混凝土

41. 位于湿陷性黄土地基上的建筑，当屋面为无组织排水时，檐口高度在8m以内，则散水宽度宜为( )。
    A 0.9m B 1.0m C 1.2m D 1.5m

42. 可用于轮椅坡道面层的是( )。
    A 镜面金属板 B 设防滑条的水泥面
    C 设礓磋的混凝土面 D 毛面花岗石

43. 关于地下工程的水泥基渗透结晶防水涂料，正确用法是( )。
    A 用量≥1.0kg/m² B 用量≥1.5kg/m²，且厚度≥1.0mm
    C 厚度≥1.5mm D 用量≥1.0kg/m²，且厚度≥1.5mm

44. 地下工程后浇带应采用何种混凝土浇筑？( )
    A 补偿收缩混凝土 B 预制混凝土
    C 普通混凝土 D 防水混凝土

45. 不符合地下工程防水混凝土种植顶板防水设计要求的是( )。

A 种植顶板的防水等级应为一级 B 种植顶板的厚度≥200mm
C 种植顶板排水应采用结构找坡 D 种植顶板应设耐根穿刺防水层

46. 下列图中防水设防正确的是(　　)。

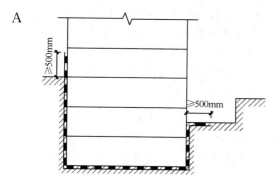

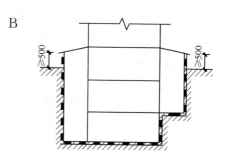

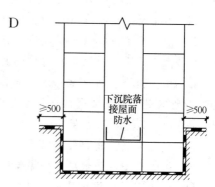

47. 关于地下工程混凝土结构后浇带超前止水构造做法,错误的是(　　)。
    A 后浇带部位的混凝土局部加厚 B 后浇带的宽度宜为700~1000mm
    C 后浇带的抗渗等级不应低于两侧混凝土 D 结构预留缝处应设遇水膨胀止水条
48. 外保温系统拉伸破坏应位于哪个部位?(　　)
    A 粘接层 B 保温层 C 饰面层 D 抹面层
49. 下列蒸压加气混凝土砌块墙体窗洞口构造,正确的是(　　)。
    A 上有过梁,下有窗台板,两侧有预制块
    B 上有过梁,下无窗台板,两侧有预制块
    C 上无过梁,下有窗台板,两侧有预制块
    D 上无过梁,下有窗台板,两侧无预制块
50. 抗震设防烈度6~8度地区的多层砖砌体房屋,门窗洞口处钢筋混凝土过梁的支承长度不应小于(　　)。
    A 120mm B 150mm C 180mm D 240mm
51. 装配式混凝土建筑的层高和门窗洞口高度等宜采用的竖向扩大模数数列是(　　)(M=100,n为自然数)
    A 3nM B 2nM C nM D nM/2
52. 关于建筑外墙外保温防火隔离带的设计要求,下列不符合规范的是(　　)。

A 防火隔离带的宽度不应小于300mm
B 防火隔离带保温材料的燃烧性能等级应为A级
C 防火隔离带的厚度宜与外墙外保温系统的厚度相同
D 防火隔离带保温板使用锚栓辅助连接时与基层墙面可采用点粘

53. 不符合装配式混凝土建筑预制外墙接缝设计要求的是( )。
A 接缝位置宜与建筑立面分格相对应 B 竖向缝宜采用平口构造
C 水平缝宜采用槽口构造 D 接缝宜避免跨越防火分区

54. 下列45m高办公楼的外墙外保温构造正确的是( )。
A B_1级保温，无防火隔离带，首层、二层防护厚度均为5mm
B B_1级保温，有300mm高防火隔离带，首层、二层防护厚度均为5mm
C B_1级保温，无防火隔离带，首层防护厚度15mm，二层防护厚度5mm
D B_1级保温，有300mm高防火隔离带，首层防护厚度15mm，二层防护厚度5mm

55. 下列种植顶板防水构造正确的是( )。
A 由上至下：排（蓄）水层—普通防水层—耐根穿刺防水层—找平层
B 由上至下：排（蓄）水层—普通防水层—找平层
C 由上至下：排（蓄）水层—耐根穿刺防水层—普通防水层—找平层
D 由上至下：排（蓄）水层—普通防水层—找平层—耐根穿刺防水层

56. 下列保温、隔汽屋面构造层次，正确的是( )。
A 由上至下：防水层—隔汽层—保温层—结构层
B 由上至下：隔汽层—保温层—防水层—结构层
C 由上至下：防水层—保温层—隔汽层—结构层
D 由上至下：防水层—保温层—结构层—隔汽层

57. 屋面防水附加层选用高聚物改性沥青防水涂料时，其最小厚度应为多少？( )
A 1.2mm B 1.5mm C 2.0mm D 3.0mm

58. 不符合倒置式屋面设计要求的是( )。
A 倒置式屋面坡度不宜小于3%
B 倒置式屋面可不设置透气孔或排气槽
C 倒置式屋面的保温层厚度按计算厚度的1.2倍取值
D 硬泡聚氨酯防水保温复合板可作为次防水层用于两道防水设防的倒置式屋面

59. 金属板屋面上的固定支座与支承构件，当选用不同材质的金属材料时，两者之间应采用绝缘垫片，其主要作用是( )。
A 防雷电传导 B 防振动变形
C 防电化学腐蚀 D 防止热胀冷缩

60. 关于玻璃采光顶所用夹层玻璃的要求，错误的是( )。
A 夹层玻璃的玻璃原片厚度不宜小于5mm
B 夹层玻璃宜采用干法加工合成
C 夹层玻璃两片玻璃厚度相差不宜大于2mm
D 夹层玻璃的胶片厚度不应小于0.38mm

61. 坡度为10%的金属板屋面，当采用低波压型金属板时，其纵向最小搭接长度应为多

少？（　　）

   A 200mm　　　B 250mm　　　C 300mm　　　D 350mm

62. 抗震设防地区，条板隔墙与结构梁的连接方式应采用(　　)。

   A 砂浆　　　B 钢卡　　　C 木楔　　　D 胶粘

63. 下列双层条板隔墙构造正确的是(　　)。

   A 双层60mm无错缝　　　　　　B 双层90mm无错缝
   C 双层60mm错缝200mm　　　　D 双层90mm错缝100mm

64. 在轻钢龙骨石膏板隔墙构造中，防火性能较优的是(　　)。

   A 双面层石膏板，中间有加一层石膏隔板，开关盒无错开
   B 双面层石膏板，中间有加一层石膏隔板，开关盒有错开
   C 双面层石膏板，中间未加石膏隔板，开关盒有错开
   D 单面层石膏板，中间有加一层石膏隔板，开关盒有错开

65. 使用6mm厚钢化玻璃，其最大使用面积不应超过(　　)。

   A 1.5m^2　　　B 3.0m^2　　　C 4.0m^2　　　D 5.0m^2

66. 90mm轻质条板隔墙接板安装高度不应大于多少？(　　)

   A 3.0m　　　B 3.3m　　　C 3.6m　　　D 3.9m

67. 关于轻质隔墙板的说法，错误的是(　　)。

   A 在轻质隔墙上开槽敷设电气暗线时，隔墙厚度应大于90mm
   B 石膏板隔墙用于潮湿环境时，下端应做混凝土条形墙垫
   C 限高以内安装条板隔墙时，竖向接板不宜超过一次
   D 分户隔墙选用符合隔声性能要求的单层条板时，其厚度不应小于100mm

68. 当吊灯必须切断主龙骨时，应采取的有效加强和补救措施是(　　)。

   A 加密吊杆间距　　　　　B 增加吊灯板厚
   C 减轻设备重量　　　　　D 设置加强龙骨

69. 下列双层石膏板吊灯伸缩缝的构造做法，正确的是(　　)。

   A 龙骨没断，两层石膏板均断开　　　B 龙骨断开，上层石膏板未断开
   C 龙骨断开，下层石膏板未断开　　　D 龙骨断开，两层石膏板均断开

70. 重4kg吊灯应固定在(　　)。

   A 吊顶饰面板上　　　　　B 次龙骨上
   C 主龙骨上　　　　　　　D 建筑承重结构上

71. 不适用于抗震支吊架与混凝土结构板连接方式的是(　　)。

   A 膨胀型锚栓　　　　　　B 自扩底锚栓
   C 模扩底锚栓　　　　　　D 双锁键锚栓

72. 金属面板吊顶，当采用单层龙骨时，龙骨至板端的尺寸最小应为(　　)。

   A 300mm　　　B 250mm　　　C 200mm　　　D 150mm

73. 潮湿地区房间当吊顶采用耐水石膏板时，其次龙骨间距最大宜为(　　)。

   A 300mm　　　B 400mm　　　C 500mm　　　D 600mm

74. 直接铺设楼地面面层，应设分格缝的是(　　)。

   A 花岗岩　　　B 瓷砖　　　C 沥青类　　　D 细石混凝土

75. 工业厂房地面垫层的最小厚度宜为（　　）。
    A 100mm　　　　B 80mm　　　　C 60mm　　　　D 40mm
76. 卫生间防水层在门口处水平向外延伸的最小尺寸是（　　）。
    A 向外延展的长度为 500mm，向两侧延展的宽度为 200mm
    B 向外延展的长度为 400mm，向两侧延展的宽度为 200mm
    C 向外延展的长度为 400mm，向两侧延展的宽度为 100mm
    D 向外延展的长度为 300mm，向两侧延展的宽度为 100mm
77. 关于医院洁净手术部地面的设计要求，错误的是（　　）。
    A 地面整体应平整洁净易清洗　　　　B 地面材料应耐磨防火耐腐蚀
    C 地面颜色应以深底色为宜　　　　　D 地面踢脚做成 $R \geq 40mm$ 阴圆角
78. 关于消防电梯的设计要求，错误的是（　　）。
    A 消防电梯墙体的耐火极限不低于 2h　　　B 消防电梯基坑应设置排水设施
    C 消防电梯前室的门可安装防火卷帘　　　D 消防电梯前室内部装修应采用不燃材料
79. 玻璃幕墙可开启扇最大开启角度宜为（　　）。
    A 20°　　　　B 30°　　　　C 45°　　　　D 60°
80. 采用胶缝传力的全玻璃幕墙应采用下列哪种密封胶？（　　）
    A 硅酮耐候密封胶　　　　　B 硅酮结构密封胶
    C 丁基热熔密封胶　　　　　D 氯丁橡胶密封条
81. 塑料门窗安装固定点的间距最大为（　　）。
    A 600mm　　　　B 700mm　　　　C 800mm　　　　D 900mm
82. 小学二层教室的临空外窗应选择（　　）。
    A 外平开窗　　　　　　　　B 内平开窗
    C 上悬内开窗　　　　　　　D 下悬外开窗
83. 采用 B_1 级外保温材料的二类高层住宅，外墙上门窗的耐火完整性不应低于（　　）。
    A 0.5h　　　　B 0.9h　　　　C 1.0h　　　　D 1.5h
84. 关于避难走道的具体要求，下列哪条不符合规范？（　　）
    A 避难走道的防火隔墙耐火极限不应低于 3h
    B 避难走道楼板耐火极限不应低于 1.5h
    C 避难走道内部装修材料的燃烧性能应为 A 级
    D 防火分区开向避难走道前室的门应为乙级防火门
85. 抹灰工程中不同材料墙体交接处设置的加强网与各墙体的搭接最小宽度是（　　）。
    A 40mm　　　　B 60mm　　　　C 80mm　　　　D 100mm
86. 下列石材幕墙中石材面板的安装方式，错误的是（　　）。
    A 粘接式　　　　B 通槽式　　　　C 短槽式　　　　D 背卡式
87. 关于外幕墙上的石材，说法错误的是（　　）。
    A 石材宜选择火成岩　　　　　　　B 石材吸水率宜小于 0.8%
    C 石材火烧面板的厚度不应小于 25mm　　D 单块石材板面大小不应大于 $1.5m^2$
88. 下列某 5 层建筑物屋面沉降变形缝节点做法正确的是（　　）。
    A 缝宽 60mm 无阻火带　　　　B 缝宽 100mm 无缝内保温

C 缝宽60mm有阻火带与保温　　　　　D 缝宽100mm有阻火带与保温

89. 多层砌体房屋防震缝的设置要求，错误的是(　　)。
    A 房屋高差6m时可不设防震缝
    B 错层且楼板高差较大时宜设置防震缝
    C 防震缝两侧宜在单侧设置墙体
    D 防震缝的缝宽应根据烈度和房屋高度确定

90. 关于地下建筑变形缝的说法，正确的是(　　)。
    A 沉降变形缝最大允许沉降差值应≤50mm
    B 变形缝的宽度宜为40mm
    C 变形缝中埋式止水带应采用金属制作
    D 防空地下室防护单元内不宜设置变形缝

2021年试题解析及答案

1. **解析**：建筑材料按照化学成分分为无机材料（包括金属材料和非金属材料）、有机材料（包括植物材料、沥青材料和高分子材料）和复合材料。金属材料又分为黑色金属，如钢铁，有色金属，如铝及合金、铜及合金等；非金属材料有天然石材、玻璃、陶瓷、水泥、混凝土、黏土、石灰等。复合材料是指由两种或两种以上不同种类材料复合而成，如金属材料与有机材料复合（如铝塑板）、金属材料与非金属材料复合（如钢纤维增强水泥混凝土）、无机材料和有机材料复合（如玻璃纤维增强塑料，即玻璃钢）。混凝土为无机非金属材料，合金钢为无机金属材料，塑料板为有机材料，铝塑板为金属材料与有机材料复合而成。
   答案：C

2. **解析**：孔隙率是指孔隙体积占自然状态体积的百分率。密度是指材料在绝对密实状态下单位体积的质量，不包括材料内部孔隙，所以密度大小与孔隙率无关。孔隙率越大，材料的强度越低，导热性越差，保温性能越高，吸声能力越好。故选项D正确。
   答案：D

3. **解析**：花岗石主要矿物成分是石英、长石等，主要化学成分为二氧化硅和三氧化二铝，所以为酸性岩石。花岗岩构造致密，质地坚硬，强度、密度大，吸水率低，耐磨性好。所以说法A正确。
   答案：A

4. **解析**：《天然大理石建筑板材》GB/T 19766—2016规定，普型板的厚度尺寸主要有10mm、12mm、15mm、18mm、20mm、25mm、30mm、35mm、40mm、50mm，其中10mm和20mm为常用规格。
   答案：A、D

5. **解析**：灰土由黏土、石灰组成，由石灰、黏土、砂或石组成的为三合土。土的塑性指数是指液限与塑限的差值，塑性指数越大，表明土的颗粒越细，比表面积越大，土处在可塑状态的含水量变化范围就越大，也就是说塑性指数能综合地反映土的矿物成分和颗粒大小的影响，土的塑性指数越大，越难压实，所以塑性指数与土的抗压强度和抗渗性能有关。灰土中石灰含量越高，强度越高。所以选项B正确。

答案：B

6. 解析：水玻璃（俗称泡花碱）是一种能溶于水的碱金属硅酸盐。水玻璃粘结力强，强度高，具有良好的耐酸性和耐热性，但是耐水性和耐碱性差。所以选项B正确。

答案：B

7. 解析：硅酸盐水泥化学指标控制包括：不溶物（质量分数）、烧失量（质量分数）、三氧化硫（质量分数）、氧化镁（质量分数）、氯离子（质量分数）。不包括水化热。

答案：D

8. 解析：混凝土按抗压强度标准值划分强度等级。所以判断混凝土质量的主要依据是抗压强度。

答案：C

9. 解析：加气混凝土表观密度越大，其孔隙率越小，密实度越大，强度越高，保温性能越差，抗渗性越好。所以，表观密度越小，孔隙率越大，保温性能越好。选项C正确。

答案：C

10. 解析：通用水泥包括硅酸盐水泥（P·Ⅰ、P·Ⅱ）、普通硅酸盐水泥（P·O）、矿渣硅酸盐水泥（P·S）、火山灰质硅酸盐水泥（P·P）、粉煤灰硅酸盐水泥（P·F）、复合硅酸盐水泥（P·C）。油井水泥为专用水泥，低碱水泥和硅酸盐膨胀水泥为特种水泥。

答案：A

11. 解析：砂中会降低混凝土性质的成分均称为有害杂质。砂中有害杂质包括泥、泥块、云母、轻物质、硫化物与硫酸盐、有机物质及氯化物等。泥、云母、轻物质等能降低骨料与水泥浆的粘结，泥多还增加混凝土的用水量，从而加大混凝土的收缩，降低抗冻性与抗渗性；硫化物与硫酸盐、有机物质等对水泥有侵蚀作用；有机物还会减缓水泥的凝结；氯盐能引起钢筋混凝土中钢筋的锈蚀，破坏钢筋与混凝土的粘结，使混凝土保护层开裂。所以正确选项为A。

答案：A

12. 解析：混凝土拌合用水应符合《混凝土用水标准》JGJ 63—2006 的规定。它包括饮用水、地表水、地下水、经过处理的海水及经过适当处理或处置的工业废水。拌制和养护混凝土用水不得影响混凝土的和易性和凝结，不得有损于混凝土强度发展，不得降低混凝土的耐久性，不得加快钢筋腐蚀及导致预应力钢筋脆断，不得污染混凝土表面。另外，对水的pH值以及不溶物、可溶物、氯化钠、硫化物、硫酸盐等含量均有限制。因为海水会在混凝土表面返碱而污染装饰表面，所以不能用海水拌制装饰混凝土。

答案：B

13. 解析：配制高强混凝土需要选择强度高的水泥，而硅酸盐水泥或普通硅酸盐水泥早期强度及后期强度都高，所以高强混凝土要选用硅酸盐水泥或普通硅酸盐水泥。

答案：B

14. 解析：胶合板是用数张（一般为3~13层，层数为奇数）由原木沿年轮方向旋切的薄片，使其纤维方向相互垂直叠放，经热压而成。胶合板克服了木材各向异性的缺点，材质均匀，强度高，幅面大，平整易于加工，干湿变形小，不易开裂翘曲，板面具有美丽的花纹，装饰性好。所以选项B正确。

答案：B

15. 解析：冷弯型钢采用普通碳素结构钢、优质碳素结构钢、低合金结构钢板或钢带冷弯制成。所以冷弯型钢不采用热轧钢板。

    答案：D

16. 解析：压型钢板质量轻、强度高、抗震性能好，主要用于围护结构、楼板、屋面等。

    答案：B

17. 解析：铝合金延性好，强度低，可用于扶手和屋面板。

    答案：C

18. 解析：膨胀蛭石为天然蛭石在850～1000℃下煅烧而成，体积膨胀可达20～30倍，所以孔隙率大，导热系数小，吸声性能好；膨胀蛭石耐热温度可达1000℃，防火性能好，但是吸水性很大，所以抗冻性差。因此说法A、B都正确。

    答案：A、B

19. 解析：蒸压加气混凝土由钙质原料（如水泥、石灰等）、硅质原料（如石英砂、粉煤灰、矿渣等）和加气剂（铝粉）按照一定比例混合，发泡、蒸养而成。蒸压养护条件下，钙质原料和硅质原料反应生成水化硅酸钙、水化铝酸钙，所以蒸压混凝土主要成分为水化硅酸钙、水化铝酸钙、氢氧化钙等。蒸压加气混凝土质量轻、绝热、隔声、耐火，除作墙体材料外，还可用于屋面保温。但不用于基础、处于浸水、高湿和有化学侵蚀介质的环境，也不能承重及温度＞80℃的建筑部位。所以蒸压混凝土不能用于建筑基础、泳池隔墙。清水外墙指墙面不抹灰，不需要外墙装饰的外墙，包括清水混凝土墙和清水砖墙，蒸压加气混凝土不可用作清水外墙，也不可用作建筑基础、泳池隔墙。可用作屋面保温板。

    答案：A

20. 解析：岩棉板是原始白棉经过布棉机，分布均匀，再经过高温固化设备加温固化，生产成型的，由于岩棉纤维是横向走，所以岩棉板纤维平行于板面，没有竖丝岩棉板。岩棉条是由硬度较好的岩棉板，经过切割设备裁切，形成各种规格的竖丝岩棉条，即岩棉条纤维垂直于条面，因为岩棉条主要就是用竖丝，抗压强度高，抗拉强度低于岩棉板，因为岩棉条的拉伸强度取决于纤维之间的粘结剂，而不是纤维强度。所以说法B正确。

    答案：B

21. 解析：民用建筑室内装饰装修时，不应采用聚乙烯醇水玻璃内墙涂料，聚乙烯醇缩甲醛内墙涂料和树脂以硝化纤维素为主、溶剂以二甲苯为主的水包油型多彩内墙涂料（A、B不对）。环氧树脂涂料（C不对）为地坪漆。水性内墙涂料，是以水溶性合成树脂为主要成膜物质，以水为稀释剂，加入适量的颜料，填料及辅助材料，经研磨而成的涂料。这类涂料的水溶性树脂可直接溶于水中，与水形成单相的溶液，透气性好、无毒、无味、不燃、不污染环境，是一类绿色建材。故选D。

    答案：D

22. 解析：属非结构胶粘剂的有：动（植）物胶等天然胶粘剂，酚醛树脂类、脲醛树脂类、聚酯树脂类、呋喃树脂类、间苯二酚甲醛等热固性胶粘剂，聚酰胺类、聚醋酸乙烯酯类、聚乙烯醇缩醛类、过氯乙烯树脂类等热塑性胶粘剂。属结构胶粘剂的有：环氧树脂类、聚氨酯类、有机硅类、聚酰亚胺类等热固性胶粘剂，聚丙烯酸酯类、聚甲基丙烯酸酯类等热塑性胶粘剂，还有如酚醛—环氧型、酚醛—丁腈橡胶型等改性的多组分胶粘剂。所以严格来讲，四种胶粘剂都不属于结构胶，但是酚醛树脂可以改性为多组分的结构胶，如酚醛—环氧型、酚醛—丁腈橡胶型，所以最终选B。

    答案：B

23. 解析：塑料门窗型材原料的主要成分为聚氯乙烯。

    答案：A

24. 解析：硝基漆的主要成分为硝化棉，即硝酸纤维素，是以精制短棉绒为原料，用硝酸、硫酸的混合酸进行酯化，使纤维素中的—OH基酯化为—ONO_2的产物，所以硝基漆不属于树脂类油漆。

    答案：C

25. 解析：《民建设计技术措施》第二部分指出：安全玻璃是指符合现行国家标准的钢化玻璃、夹层玻璃及由钢化玻璃或夹层玻璃组合加工而成的其他玻璃制品，如安全中空玻璃等。单片半钢化玻璃、单片夹丝玻璃不属于安全玻璃。所以夹层玻璃为安全玻璃。

    答案：C

26. 解析：《建筑玻璃规程》第4.1.12条规定，中空玻璃的气体层厚度不应小于9mm，两侧玻璃厚度不应小于4mm。第9.1.4条规定，夹层玻璃胶片厚度不应小于0.76mm，夹层玻璃两片厚度相差不宜大于3mm。所以中空玻璃单片玻璃厚度不宜小于5mm的说法是错误的。

    答案：A

27. 解析：《外墙饰面砖工程施工及验收规程》JGJ 126—2015第3.1条规定了外墙饰面砖工程中采用陶瓷砖的吸水率：Ⅰ、Ⅵ、Ⅶ区吸水率不应大于3%，Ⅱ吸水率不应大于6%，Ⅲ、Ⅳ、Ⅴ区和冰冻期一个月以上的地区吸水率不宜大于6%。因此，四个选项中A符合规定，即吸水率不应大于3%。

    答案：A

28. 解析：聚丙烯腈纤维为腈纶，聚丙烯纤维为丙纶，聚酯纤维为涤纶，聚酰胺纤维为锦纶。所以织物性锦纶装饰材料的主要成分为聚酰胺纤维。

    答案：B

29. 解析：根据《内部装修防火规范》GB 50222—2017表5.1.1规定，剧院观众厅帷幕的燃烧性能等级不应低于B_1级。

    答案：C

30. 解析：《地下防水规范》GB 50108—2008第4.4.2条规定：无机防水涂料宜用于结构主体的背水面，有机防水涂料宜用于地下工程主体结构的迎水面。第4.3.2条规定：卷材防水层应铺设在混凝土结构的迎水面，所以地下工程防水混凝土底板迎水面可以选用膨润土防水毯、三元乙丙橡胶防水卷材、自粘聚合物改性沥青防水卷材；水泥基渗透结晶型防水涂料为无机防水涂料，所以不宜用于迎水面，宜用于背水面。

答案：C

31. 解析：《建筑外墙防水工程技术规程》JGJ/T 235—2011 第 5.2.2 条规定，墙体有外保温外墙且采用幕墙饰面时，设在找平层上的防水层宜采用聚合物水泥防水砂浆、普通防水砂浆、聚合物水泥防水涂料、聚合物乳液涂料或聚氨酯防水涂料；当外墙保温选用矿物棉保温材料时，防水层宜采用防水透气膜。

答案：D

32. 解析：根据《钢结构防火涂料》GB 14907—2018 第 1.4.1 条，薄涂型防火涂料的涂层厚度大于 3mm 且小于等于 7mm，薄涂型防火涂料属于膨胀型防火涂料，即遇火时膨胀发泡，形成致密均匀的泡沫层隔热防火。涂刷遍数与耐燃阻燃性质无关。这种涂料干燥时间为 12h，即涂刷 12h 后才能防火阻燃。

答案：C

33. 解析：岩棉板为 A 级保温材料，特殊处理后的挤塑聚苯板（XPS）、特殊处理后的聚氨酯板（PU）、酚醛板为 B_1 级保温材料。《防火规范》第 6.7.4 条规定，独立建造的老年人照料设施，外墙体和屋面保温材料应采用燃烧性能为 A 级的保温材料。所以独立建造的托老所，其外墙保温应采用岩棉板。

答案：B

34. 解析：环氧漆以环氧树脂、铁红或锌粉、助剂和溶剂等组成漆料，配以胺固化剂的双组份涂料，防锈防腐功能突出。沥青漆以煤焦油沥青以及煤焦油为主要原料，加入稀释剂、改性剂、催干剂等有机溶剂组成，防腐性能好。酯胶漆是用干性油和甘油松香为粘结剂制成的，用于涂饰家具、门窗，也可作金属表面罩光。醇酸漆主要用于金属、木质、各种车辆机械仪表及水上钢铁构件船舶，所以也具有一定的防腐功能。

答案：C

35. 解析：材料的表观密度增加，表明其孔隙率降低。材料的孔隙率降低时，对低频的吸声效果增加，对高频、中频声的吸声效果下降。所以，表观密度增加，低频吸声效果提高。

答案：A

36. 解析：质量越重的材料其防辐射性能越好。四种材料中，塑料板最轻，所以其防 X 射线性能最差。

答案：C

37. 解析：《内部装修防火规范》GB 50222—2017 第 3.0.4 条规定，安装在金属龙骨上燃烧性能达到 B_1 级的纸面石膏板、矿棉吸声板可作为 A 级装修材料使用。水泥蛭石板为 A 级装修材料，所以安装在轻钢龙骨上的纤维石膏板不能作为 A 级装饰材料。

答案：C

38. 解析：脱硫石膏又称排烟脱硫石膏、硫石膏或 FGD 石膏，是对含硫燃料（煤、油等）燃烧后产生的烟气进行脱硫净化处理得到的工业副产石膏。脱硫石膏板是以脱硫石膏为原料制备的建材，属于利废建材。

答案：A

39. 解析：《绿色建筑评价标准》GB/T 50378—2019 第 7.1.9 条规定，建筑造型要素应简约，且无大量装饰性构件，即绿色建筑应控制装饰性构件的占比。

答案：C

40. 解析：《民用建筑绿色设计规范》JGJ/T 229—2010 第 2.0.12 条规定，可再利用材料是在不改变所回收物质形态的前提下进行材料的直接再利用，或经过再组合、再修复后利用的材料。第 2.0.13 条规定，可再循环材料指对无法进行再利用的材料通过改变物质形态，生成另一种材料，实现多次循环利用的材料。钢材、铝合金型材、玻璃、石膏制品、木材等属于可再循环材料，混凝土不属于可再循环建筑材料。

答案：D

41. 解析：参见《湿陷性黄土地区建筑标准》GB 50025—2018 第 5.3.3 条，建筑物的周围应设置散水，其坡度不得小于 5%；散水外缘应略高于平整后的场地，散水的宽度应符合下列规定：1 当屋面为无组织排水时，檐口高度在 8m 以内宜为 1.50m（D 项正确）；檐口高度超过 8m，每增高 4m 宜增宽 0.25m，但最宽不宜大于 2.50m。

答案：D

42. 解析：参见《无障碍规范》第 3.4.5 条，轮椅坡道的坡面应平整、防滑、无反光。A 项镜面易滑且反光，错误。B 项表面有突出的防滑条，C 项表面呈锯齿状，都不平整，错误。只有毛面花岗石面层平整、防滑且无反光，故应选 D。

答案：D

43. 解析：参见《地下防水规范》第 4.4.6 条，掺外加剂、掺合料的水泥基防水涂料厚度不得小于 3.0mm；水泥基渗透结晶型防水涂料的用量不应小于 $1.5kg/m^2$，且厚度不应小于 1.0mm（B 项正确）；有机防水涂料的厚度不得小于 1.2mm。

答案：B

44. 解析：参见《地下防水规范》第 5.2.3 条，后浇带应采用补偿收缩混凝土浇筑（A 项正确），其抗渗和抗压强度等级不应低于两侧混凝土。

答案：A

45. 解析：参见《地下防水规范》4.8.1，地下工程种植顶板的防水等级应为一级（A 项正确）。4.8.3 地下工程种植顶板结构应符合下列规定：1 种植顶板应为现浇防水混凝土，结构找坡（C 项正确），坡度宜为 1%～2%；2 种植顶板厚度不应小于 250mm（B 项错误），最大裂缝宽度不应大于 0.2mm，并不得贯通。4.8.9 地下工程种植顶板的防排水构造应符合下列要求：1 耐根穿刺防水层应铺设在普通防水层上面（D 项正确）；2 耐根穿刺防水层表面应设置保护层，保护层与防水层之间应设置隔离层。

答案：B

46. 解析：参见《地下防水规范》3.1.3 地下工程的防水设计，应根据地表水、地下水、毛细管水等的作用，以及由于人为因素引起的附近水文地质改变的影响确定；单建式的地下工程，宜采用全封闭、部分封闭的防排水设计；附建式的全地下或半地下工程的防水设防高度，应高出室外地坪高程 500mm 以上。A 项右侧设防位置错误，C 项设防高度不足错误，D 项两侧设防位置错误，只有 B 项正确。

答案：B

47. 解析：参见《地下防水规范》5.2.14 后浇带需超前止水时，后浇带部位的混凝土应局部加厚（A 项正确），并应增设外贴式或中埋式止水带（D 项错误）；5.2.4 后浇带应设在受力和变形较小的部位,其间距和位置应按结构设计要求确定,宽度宜为700~1000mm(B项正确);5.2.3 后浇带应采用补偿收缩混凝土浇筑,其抗渗和抗压强度等级不应低于两侧混凝土(C项正确)。

答案:D

48. 解析:参见《外墙外保温标准》7.2.6 粘贴保温板薄抹灰外保温系统现场检验保温板与基层墙体拉伸粘结强度不应小于0.10MPa,且应为保温板破坏(B项正确)。拉伸粘结强度检查方法应符合本标准附录C第C.3节的规定。7.2.8 EPS板现浇混凝土外保温系统现场检验EPS板与基层墙体的拉伸粘结强度不应小于0.10MPa,且应为EPS板破坏(B项正确)。拉伸粘结强度检查方法应符合本标准附录C第C.3节的规定。

答案:B

49. 解析:参见《蒸压加气混凝土标准》4.3.6 门窗洞口宜采用蒸压加气混凝土配筋过梁(C项、D项错误)。5.5.15 承重墙体门、窗洞口的过梁宜采用蒸压加气混凝土预制过梁,过梁每侧支承长度不应小于240mm。7.0.10 当采用预制窗台板时,预制窗台板不得嵌入墙内(B项错误)。

答案:A

50. 解析:《抗震规范》第7.3.10条规定,门窗洞处不应采用砖过梁;过梁支承长度,6~8度时不应小于240mm(D项正确),9度时不应小于360mm。

答案:D

51. 解析:《装配式混凝土建筑技术标准》GB/T 51231—2016 第4.2.3条规定,装配式混凝土建筑的层高和门窗洞口高度等宜采用竖向扩大模数数列 nM(C项正确)。

答案:C

52. 解析:参见《建筑外墙外保温防火隔离带技术规程》JGJ 289—2012:5.0.2 防火隔离带的宽度不应小于300mm(A项正确)。3.0.6 建筑外墙外保温防火隔离带保温材料的燃烧性能等级应为A级(B项正确)。5.0.3 防火隔离带的厚度宜与外墙外保温系统厚度相同(C项正确)。5.0.4 防火隔离带保温板应与基层墙体全面积粘贴(D项错误)。

答案:D

53. 解析:参见《装配式混凝土建筑技术标准》GB/T 51231—2016 第6.2.5条,预制外墙接缝应符合下列规定:1 接缝位置宜与建筑立面分格相对应(A项正确);2 竖缝宜采用平口或槽口构造(B项正确),水平缝宜采用企口构造(C项错误);3 当板缝空腔需设置导水管排水时,板缝内侧应增设密封构造;4 宜避免接缝跨越防火分区(D项正确);当接缝跨越防火分区时,接缝室内侧应采用耐火材料封堵。

答案:C

54. 解析:参见《防火规范》6.7.7 除本规范第6.7.3条规定的情况外,当建筑的外墙外保温系统按本节规定采用燃烧性能为 B_1、B_2 级的保温材料时,应符合下列规定:1 除采用 B_1 级保温材料且建筑高度不大于24m的公共建筑或采用 B_1 级保温材料且建筑高度不大于27m的住宅建筑外,建筑外墙上门、窗的耐火完整性不应低于0.50h。2 应在保温系统中每层设置水平防火隔离带(A项、C项错误)。防火隔离带应采用燃烧性能为 A 级的材料,防火隔离带的高度不应小于300mm。6.7.8 建筑的外墙外保温系统应采用不燃材料在其表面设置防护层,防护层应将保温材料完全包覆。除本规范第6.7.3条规定的情况外,当按本节规定采用 B_1、B_2 级保温材料时,防护层厚度首层不应小于15mm(B项错误),其他层不应小于5mm。因此只有D项都正确。

答案:D

55. 解析:参见《地下防水规范》第4.8.9条,地下工程种植顶板的防排水构造应符合下列要求:1耐根穿刺防水层应铺设在普通防水层上面(A项、B项、D项错误)。2耐根穿刺防水层表面应设置保护层,保护层与防水层之间应设置隔离层。3排(蓄)水层应根据渗水性、储水量、稳定性、抗生物性和碳酸盐含量等因素进行设计;排(蓄)水层应设置在保护层上面,并应结合排水沟分区设置。4排(蓄)水层上应设置过滤层,过滤层材料的搭接宽度不应小于200mm。因此只有C项正确。

答案:C

56. 解析:参见《屋面规范》第4.4.4条,当严寒及寒冷地区屋面结构冷凝界面内侧实际具有的蒸汽渗透阻小于所需值,或其他地区室内湿气有可能透过屋面结构层进入保温层时,应设置隔汽层;隔汽层设计应符合下列规定:1隔汽层应设置在结构层上、保温层下(A项、D项错误)。依据《倒置式屋面规程》条文说明第5.1.2条,倒置式屋面基本构造是大量实际工程的常规做法,隔离层的设置应根据选择的防水材料和保温层的材料相容性和保护层材料的种类来决定的,倒置式屋面一般不需设隔汽层(B项错误)。

答案:C

57. 解析:高聚物改性沥青防水涂料附加层最小厚度应为2.0mm。参见《屋面规范》第4.5.9条,附加层设计应符合下列规定:1檐沟、天沟与屋面交接处、屋面平面与立面交接处,以及水落口、伸出屋面管道根部等部位,应设置卷材或涂膜附加层;2屋面找平层分格缝等部位,宜设置卷材空铺附加层,其空铺宽度不宜小于100mm;3附加层最小厚度应符合表4.5.9(见解表)的规定。

题57解表

附加层最小厚度(单位:mm)

附加层材料	最小厚度
合成高分子防水卷材	1.2
高聚物改性沥青防水卷材(聚酯胎)	3.0
合成高分子防水涂料、聚合物水泥防水涂料	1.5
高聚物改性沥青防水涂料	2.0

注:涂膜附加层应夹铺胎体增强材料。

答案:C

58. 解析:参见《倒置式屋面规程》5.1.3 倒置式屋面坡度不宜小于3%(A项正确)。5.1.6 倒置式屋面可不设置透气孔或排气槽(B项正确)。5.2.5 倒置式屋面保温层的设计厚度应按计算厚度增加25%取值(C项错误),且最小厚度不得小于25mm。5.1.10 硬泡聚氨酯防水保温复合板可作为次防水层用于两道防水设防屋面(D项正确)。

答案：C

59. 解析：参见《屋面规范》第4.9.17条，固定支座应选用与支承构件相同材质的金属材料，当选用不同材质金属材料并易产生电化学腐蚀时（C项正确），固定支座与支承构件之间应采用绝缘垫片或采取其他防腐蚀措施。

答案：C

60. 解析：参见《屋面规范》第4.10.8条，玻璃采光顶的玻璃应符合下列规定：3 夹层玻璃的玻璃原片厚度不宜小于5mm（A项正确）。第4.10.9条，玻璃采光顶所采用夹层玻璃除应符合现行国家标准《建筑用安全玻璃 第3部分：夹层玻璃》GB 15763.3 的有关规定外，尚应符合下列规定：1 夹层玻璃宜为干法加工合成（B项正确），夹层玻璃的两片玻璃厚度相差不宜大于2mm（C项正确）；2 夹层玻璃的胶片宜采用聚乙烯醇缩丁醛胶片，聚乙烯醇缩丁醛胶片的厚度不应小于0.76mm（D项错误）。

答案：D

61. 解析：低波压型金属板屋面坡度≤10%时，其纵向最小搭接长度应为250mm（B项正确）。参见《屋面规范》第4.9.13条，压型金属板采用紧固件连接的构造应符合下列规定：3 压型金属板的纵向搭接应位于檩条处，搭接端应与檩条有可靠的连接，搭接部位应设置防水密封胶带；压型金属板的纵向最小搭接长度应符合表4.9.13（见解表）的规定。

压型金属板的纵向最小搭接长度（mm） 题61解表

压型金属板		纵向最小搭接长度
高波压型金属板		350
低波压型金属板	屋面坡度≤10%	250
	屋面坡度>10%	200

答案：B

62. 解析：参见《轻质条板隔墙规程》第4.2.8条，在抗震设防地区，条板隔墙与顶板、结构梁、主体墙和柱之间的连接应采用钢卡（B项正确），并应使用胀管螺丝、射钉固定。

答案：B

63. 解析：参见《轻质条板隔墙规程》第4.2.4条，双层条板隔墙的条板厚度不宜小于60mm，两板间距宜为10~50mm，可作为空气层或填入吸声、保温等功能材料。第4.2.5条，对于双层条板隔墙，两侧墙面的竖向接缝错开距离不应小于200mm（A项、B项、D项错误，C项正确），两板间应采取连接、加强固定措施。

答案：C

64. 解析：查阅《防火规范》条文说明附录"附表1 各类非木结构构件的燃烧性能和耐火极限"可知：轻钢龙骨石膏板隔墙耐火极限的大小与具体构造做法有关，在单层中空做法时最小，增加石膏板层数、换用防火或耐火石膏板以及在龙骨中空处填充岩棉等材料可提高其耐火极限。因此B项做法最优。

答案：B

65. 解析：6mm厚钢化玻璃最大许用面积应为3.0m²（B项正确）。参见《建筑玻璃规程》

第7.1.1条,安全玻璃的最大许用面积应符合表7.1.1-1(见解表)的规定;

安全玻璃最大许用面积　　　　　　题65解表

玻璃种类	公称厚度(mm)			最大许用面积(m²)
钢化玻璃	4			2.0
	5			2.0
	6			3.0
	8			4.0
	10			5.0
	12			6.0
夹层玻璃	6.38	6.76	7.52	3.0
	8.38	8.76	9.52	5.0
	10.38	10.76	11.52	7.0
	12.38	12.76	13.52	8.0

答案:B

66. 解析:参见《轻质条板隔墙规程》第4.2.6条,接板安装的单层条板隔墙,条板对接部位应有连接措施,其安装高度应符合下列规定:1.90mm、100mm厚条板隔墙的接板安装高度不应大于3.6m(C项正确)。

答案:C

67. 解析:参见《轻质条板隔墙规程》4.3.5 当在条板隔墙上横向开槽、开洞敷设电气暗线、暗管、开关盒时,隔墙的厚度不宜小于90mm(A项正确),开槽长度不应大于条板宽度的1/2。4.2.11 当防水型石膏条板隔墙及其他有防水、防潮要求的条板隔墙用于潮湿环境时,下端应做C20细石混凝土条形墙垫(B项正确),且墙垫高度不应小于100mm,并应作泛水处理。4.3.1 当单层条板隔墙采取接板安装且在限高以内时,竖向接板不宜超过一次(C项正确),且相邻条板接头位置应至少错开300mm。4.2.3条板隔墙厚度应满足建筑物抗震、防火、隔声、保温等功能要求。单层条板隔墙用做分户墙时,其厚度不应小于120mm;用做户内分室隔墙时,其厚度不宜小于90mm(D项错误)。

答案:D

68. 解析:参见《公共建筑吊顶工程技术规程》JGJ 345—2014 4.2.6 龙骨的排布宜与空调通风系统的风口、灯具、喷淋头、检修孔、监测、升降投影仪等设备设施的排布位置错开,不宜切断主龙骨。5.1.6 吊顶施工中各专业工种应加强配合,做好专业交接,合理安排工序,保护好已完成工序的半成品及成品。不应在面板安装完毕后裁切龙骨。需要切断次龙骨时,须在设备周边用横撑龙骨加强。
参照上述切断次龙骨的加强措施应选D项。

答案:D

69. 解析:参见《公共建筑吊顶工程技术规程》JGJ 345—2014第5.3.5条,板块面层吊顶的伸缩缝应符合下列规定:2 当吊顶为双层龙骨构造时,设置伸缩缝时应完全断开变形缝两侧的吊顶(D项正确)。

另见《民建设计技术措施》第二部分6.4.3顶棚构造4 吊顶变形缝第2)款规定,

变形缝处主次龙骨应断开，吊顶饰面板断开，但可搭接（D项正确）。

答案：D

70. 解析：《公共建筑吊顶工程技术规程》JGJ 345—2014第4.2.8条规定：当采用整体面层及金属板类吊顶时，重量不大于1kg的筒灯、石英射灯、烟感器、扬声器等设施可直接安装在面板上（A项错误）；重量不大于3kg的灯具等设施可安装在U型或C型龙骨上（B项、C项错误），并应有可靠的固定措施。第4.1.8条规定：重型设备和有振动荷载的设备严禁安装在吊顶工程的龙骨上。条文说明4.1.8规定：龙骨的设置主要是为了固定饰面材料，如把电扇和大型吊灯固定在龙骨上，可能会造成吊顶破坏或设备脱落伤人事故。为了保证吊顶工程的使用安全，特制定本条并作为强制性条文。条文里的"重型设备"指重量不小于3kg的灯具。综上，重4kg的重型吊灯只能固定在建筑承重结构上，D项正确。

答案：D

71. 解析：参见《混凝土结构后锚固技术规程》JGJ 145—2013第4.1.1条，锚栓应按照锚栓性能、基材性状、锚固连接的受力性质、被连接结构类型、抗震设防等要求选用。锚栓用于结构构件连接时的适用范围应符合表4.1.1-1（见解表）的规定。

锚栓用于结构构件连接时的适用范围　　　　　　　　　　　　解表4

锚栓类型		锚栓受力状态和设防烈度	受拉、边缘受剪和拉剪复合受力			受压、中心受剪和压剪复合受力
			非抗震	6、7度	8度	≤8度
					0.2g	0.3g	
机械锚栓	膨胀型锚栓	扭矩控制式锚栓	适用	不适用			适用
		位移控制式锚栓	不适用				
	扩底型锚栓		适用	适用		不适用	适用
化学锚栓	特殊倒锥形化学锚栓		适用	适用		不适用	适用
	普通化学锚栓		不适用				适用

8.1.1 后锚固技术适用于设防烈度8度及8度以下地区以钢筋混凝土、预应力混凝土为基材的后锚固连接。在承重结构中采用后锚固技术时宜采用植筋；设防烈度不高于8度（0.2g）的建筑物，可采用后扩底锚栓（包括自扩底锚栓和模扩底锚栓两种，B项、C项正确）和特殊倒锥形化学锚栓。

综上，抗震支吊架与混凝土结构板连接的锚栓主要的受力状态是受拉，膨胀型锚栓只适用于非抗震设防时，抗震设防时不适用。

答案：A

72. 解析：参见《公共建筑吊顶工程技术规程》JGJ 345—2014第5.3.3条，金属面板类及格栅吊顶工程的施工规定第5款，当采用单层龙骨时，龙骨及挂件、接长件的安装应符合下列规定：1）吊顶工程应根据设计图纸，放样确定龙骨位置，龙骨与龙骨间距不宜大于1200mm；龙骨至板端不应大于150mm（D项正确）。

答案：D

73. 解析：参见《公共建筑吊顶工程技术规程》JGJ 345—2014第4.1.11条，在潮湿地区或高湿度区域，宜使用硅酸钙板、纤维增强水泥板、装饰石膏板等面板；当采用纸面石膏板时，可选用单层厚度不小于12mm或双层9.5mm的耐水石膏板，次龙骨间距不宜大于300mm（A项正确）。

答案：A

74. 解析：参见《地面规范》第3.1.8条，直接铺设在混凝土垫层上的面层，除沥青类面层、块材类面层外，应设分格缝。A、B项属于块材类面层，故A、B、C项可不设分格缝，D项应设分格缝。

答案：D

75. 解析：参见《机械工业厂房建筑设计规范》GB 50681—2011第6.2.3条，混凝土垫层的最小厚度应为80mm（B项正确），混凝土材料强度等级不应低于C15；当垫层兼作面层时，混凝土垫层的最小厚度不宜小于100mm，强度等级不应低于C20。

答案：B

76. 解析：参见《住宅室内防水工程技术规范》JGJ 298—2013第5.4.1条，楼、地面的防水层在门口处应水平延展，且向外延展的长度不应小于500mm，向两侧延展的宽度不应小于200mm（A项正确）。

答案：A

77. 解析：参见《医院洁净手术部建筑技术规范》GB 50333—2013第7.3.1条规定：洁净手术部的建筑装饰应遵循不产尘、不易积尘、耐腐蚀、耐碰撞、不开裂、防潮防霉、容易清洁、环保节能和符合防火要求的总原则（A项、B项正确）。7.3.2洁净手术部内地面可选用实用经济的材料，以浅色为宜（C项错误）。第7.3.5条规定：洁净手术部内墙面下部的踢脚不得突出墙面；踢脚与地面交界处的阴角应做成$R \geqslant 30mm$的圆角（D项正确）；其他墙体交界处的阴角宜做成小圆角。

答案：C

78. 解析：参见《防火规范》

7.3.5 除设置在仓库连廊、冷库穿堂或谷物筒仓工作塔内的消防电梯外，消防电梯应设置前室，并应符合下列规定：4 前室或合用前室的门应采用乙级防火门，不应设置卷帘（C项错误）。

7.3.6 消防电梯井、机房与相邻电梯井、机房之间应设置耐火极限不低于2.00h的防火隔墙（A项正确），隔墙上的门应采用甲级防火门。

7.3.7 消防电梯的井底应设置排水设施（B项正确），排水井的容量不应小于$2m^3$，排水泵的排水量不应小于10L/s。消防电梯间前室的门口宜设置挡水设施。

《内部装修防火规范》第4.0.5条规定，疏散楼梯间和前室的顶棚、墙面和地面均应采用A级装修材料（D项正确）。

答案：C

79. 解析：参见《玻璃幕墙规范》第4.1.5条，幕墙开启窗的设置，应满足使用功能和立面效果要求，并应启闭方便，避免设置在梁、柱、隔墙等位置；开启扇的开启角度不宜大于30°（B项正确），开启距离不宜大于300mm。

答案：B

80. 解析：参见《玻璃幕墙规范》第7.4.1条，采用胶缝传力的全玻幕墙，其胶缝必须采用硅酮结构密封胶（B项正确）。

答案：B

81. 解析：参见《塑料门窗工程技术规程》JGJ 103—2008第6.2.7条，门窗在安装时应确保门窗框上下边位置及内外朝向准确，安装应符合下列要求：3 固定片或膨胀螺钉的位置应距门窗端角、中竖梃、中横梃150~200mm，固定片或膨胀螺钉之间的间距应符合设计要求，并不得大于600mm（A项正确）；不得将固定片直接装在中横梃、中竖梃的端头上；平开门安装铰链的相应位置宜安装固定片或采用直接固定法固定。

    答案：A

82. 解析：参见《中小学校设计规范》GB 50099—2011第8.1.8条，教学用房的门窗设置应符合下列规定：4 二层及二层以上的临空外窗的开启扇不得外开（A项、D项错误）。条文说明8.1.8-4规定：学校应训练学生自己擦窗，这是生存的基本技能之一；为保障学生擦窗时的安全，规定为开启扇不应外开；为防止撞头，平开窗开启扇的下缘低于2m时，开启后应平贴在固定扇上或平贴在墙上；装有擦窗安全设施的学校可不受此限制。C项上悬内开窗开启后占用窗边室内空间，B项最合理。

    答案：B

83. 解析：参见《防火规范》第6.7.7条，除本规范第6.7.3条规定的情况外，当建筑的外墙外保温系统按本节规定采用燃烧性能为 B_1、B_2 级的保温材料时，应符合下列规定：1 除采用 B_1 级保温材料且建筑高度不大于24m的公共建筑或采用 B_1 级保温材料且建筑高度不大于27m的住宅建筑外，建筑外墙上门、窗的耐火完整性不应低于0.50h（A项正确）。

    答案：A

84. 解析：参见《防火规范》第6.4.14条，避难走道的设置应符合下列规定：1 避难走道防火隔墙的耐火极限不应低于3.00h（A项正确），楼板的耐火极限不应低于1.50h（B项正确）。4 避难走道内部装修材料的燃烧性能应为A级（C项正确）。5 防火分区至避难走道入口处应设置防烟前室，前室的使用面积不应小于 $6.0m^2$，开向前室的门应采用甲级防火门（D项错误），前室开向避难走道的门应采用乙级防火门。

    答案：D

85. 解析：参见《抹灰砂浆技术规程》JGJ/T 220—2010第3.0.17条，当抹灰层厚度大于35mm时，应采取与基体粘结的加强措施；不同材料的基体交接处应设加强网，加强网与各基体的搭接宽度不应小于100mm（D项正确）。

    答案：D

86. 解析：参见《金属石材幕墙规范》第4.3.5条，上下用钢销支撑的石材幕墙，应在石板的两个侧面或在石板背面的中心区另采取安全措施，并应考虑维修方便。第4.3.6条，上下通槽式或上下短槽式的石材幕墙，均宜有安全措施，并应考虑维修方便。粘接式不能保障安全性，不适用于石材幕墙安装，A项错误。

    答案：A

87. 解析：参见《金属石材幕墙规范》JGJ 133—2001：3.2.1 幕墙石材宜选用火成岩（A项正确），石材吸水率应小于0.8%（B项正确）。4.1.3 幕墙石材中的单块石材板面面积不宜大于 $1.5m^2$（D项正确）。5.5.1 用于石材幕墙的石板，厚度不应小于25mm。3.2.4 为满足等强度计算的要求，火烧石板的厚度应比抛光石板厚3mm。条文说明 3.2.4、3.2.5：石板火烧后，在板材的表面出现了细小的不均匀麻坑，因而影响了厚度，也影响强度，在一般情况下按减薄 3mm 计算强度。因此火烧石板的厚度不应小于 28mm，C 项错误。

答案：C

88. **解析：** 参见《屋面规范》第 4.11.18 条，变形缝防水构造应符合下列规定：2 变形缝内应预填不燃保温材料（B 项错误），上部应采用防水卷材封盖，并放置衬垫材料，再在其上干铺一层卷材。

    参见《建筑地基基础设计规范》GB 50007—2011 第 7.3.2 条，当建筑物设置沉降缝时，应符合下列规定：2 沉降缝应有足够的宽度，沉降缝宽度可按表 7.3.2（见解表）选用（A 项、C 项错误）。

房屋沉降缝的宽度　　　　　　　　　　题 88 解表

房屋层数	沉降缝宽度（mm）
二～三	50～80
四～五	80～120
五层以上	不小于 120

答案：D

89. **解析：** 参见《抗震规范》第 7.1.7 条，多层砌体房屋的建筑布置和结构体系，应符合下列要求：3 房屋有下列情况之一时宜设置防震缝，缝两侧均应设置墙体（C 项错误），缝宽应根据烈度和房屋高度确定（D 项正确），可采用 70～100mm：1) 房屋立面高差在 6m 以上（A 项正确）；2) 房屋有错层，且楼板高差大于层高的 1/4（B 项正确）；3) 各部分结构刚度、质量截然不同。

答案：C

90. **解析：** 参见《地下防水规范》：5.1.4 用于沉降的变形缝最大允许沉降差值不应大于 30mm（A 项错误）。5.1.5 变形缝的宽度宜为 20～30mm（B 项错误）。5.1.7 环境温度高于 50℃处的变形缝，中埋式止水带可采用金属制作（C 项错误）。

    参见《人民防空地下室设计规范》GB 50038—2005 第 4.11.4 条，防空地下室结构变形缝的设置应符合下列规定：1 在防护单元内不宜设置沉降缝、伸缩缝（D 项正确）；2 上部地面建筑需设置伸缩缝、防震缝时，防空地下室可不设置；3 室外出入口与主体结构连接处，宜设置沉降缝；4 钢筋混凝土结构设置伸缩缝最大间距应按国家现行有关标准执行。

答案：D

2019年试题、解析及答案

2019年试题

1. 按基本成分分类，水泥不属于（　　）。
   A 非金属材料　　　　　　　　　B 无机材料
   C 人造材料　　　　　　　　　　D 气硬性胶凝材料
2. 建筑上常用的有机材料不包括（　　）。
   A 木材、竹子　　　　　　　　　B 石棉、蛭石
   C 橡胶、沥青　　　　　　　　　D 树脂、塑料
3. 下列材料不属于"绿色建筑乡土材料"的是（　　）。
   A 黏土空心砖　　　　　　　　　B 石膏蔗渣板
   C 麦秸板　　　　　　　　　　　D 稻壳板
4. 通常用破坏性试验来测试材料的哪项力学性质？（　　）
   A 硬度　　　　　　　　　　　　B 强度
   C 脆性、韧性　　　　　　　　　D 弹性、塑性
5. 下列哪项不是绝热材料？（　　）
   A 松木板　　　　　　　　　　　B 石膏板
   C 泡沫玻璃板　　　　　　　　　D 加气混凝土板
6. 我国水泥产品质量水平划分为三个等级，正确的是（　　）。
   A 甲等、乙等、丙等　　　　　　B 一级品、二级品、三级品
   C 上类、中类、下类　　　　　　D 优等品、一等品、合格品
7. 材料的耐磨性（用磨损率表示）通常与下列哪项无关？（　　）
   A 强度　　　B 硬度　　　C 外部温度　　　D 内部构造
8. 我国水泥产品有效存放期为自水泥出厂之日起，不超过（　　）。
   A 六个月　　B 五个月　　C 四个月　　　　D 三个月
9. 混凝土拌合物的"和易性"不包括（　　）。
   A 流动性　　B 纯净性　　C 保水性　　　　D 黏聚性
10. 下列哪种天然砂料与水泥的粘结力最强？（　　）
    A 山砂　　　B 河砂　　　C 湖砂　　　　　D 海砂
11. 下列哪种是混凝土拌制和养护的最佳水源？（　　）
    A 江湖水源　B 海洋水源　C 饮用水源　　　D 雨雪水源
12. 关于大理石的说法，正确的是（　　）。
    A 并非以云南大理市而命名
    B 由石灰石、白云岩变质而成
    C 我国新疆、西藏、陕、甘、宁均盛产大理石
    D 汉白玉并非大理石中的一种
13. 配制耐磨性好、强度高于C40的高强混凝土时，不得使用（　　）。
    A 硅酸盐水泥　　　　　　　　　B 矿渣水泥

C 火山灰水泥 D 普通水泥
14. 制作泡沫混凝土常用泡沫剂的主要原料是（   ）。
    A 皂粉 B 松香 C 铝粉 D 石膏
15. 蒸压加气混凝土砌块的主要原材料不包括？（   ）
    A 水泥、砂子 B 石灰、矿渣
    C 铝粉、粉煤灰 D 石膏、黏土
16. 下列哪项不是木材在加工使用前必须的处理？（   ）
    A 锯解、切材 B 充分干燥
    C 防腐、防虫 D 阻燃、防火
17. 抗压强度高的铸铁不宜用于（   ）。
    A 管井地沟盖板 B 上下水管道
    C 屋架结构件 D 围墙栅栏杆
18. 制作金属吊顶面板不应采用（   ）。
    A 热镀锌钢板 B 不锈钢板
    C 镀铝锌钢板 D 碳素钢板
19. 一般钢筋混凝土结构中大量使用的钢材是（   ）。
    A 冷拉钢筋 B 热轧钢筋 C 冷拔钢丝 D 碳素钢丝
20. 关于铝粉（俗称银粉）的用途，下列说法错误的是（   ）。
    A 用于调制各种装饰涂料 B 用于调制金属防锈涂料
    C 用作加气混凝土的发气剂 D 用于制作泡沫混凝土发泡剂
21. 岩棉的主要原料为（   ）。
    A 石英岩 B 玄武岩 C 辉绿岩 D 白云岩
22. 关于水玻璃性能的说法，正确的是？（   ）
    A 不存在固态状 B 不能溶解于水
    C 耐热性能较差 D 能加速水泥凝结
23. 铺路常用的"柏油"是（   ）。
    A 天然沥青 B 石油沥青 C 焦油沥青 D 地沥青
24. 下列哪项是塑料的优点？（   ）
    A 耐老化 B 耐火 C 耐酸碱 D 弹性模量小
25. 下列常用作住宅室内墙面涂料的是（   ）。
    A 聚乙烯醇系涂料 B 过氯乙烯涂料
    C 乙丙涂料 D 苯丙涂料
26. 一般塑钢门窗中的塑料是（   ）。
    A 聚丙烯（PP） B 聚乙烯（PE）
    C 聚氯乙烯（PVC） D 聚苯乙烯（PS）
27. 适用于低温（-60℃）或者高温（150℃）的优质嵌缝材料是（   ）。
    A 硅橡胶 B 聚硫橡胶
    C 聚氯乙烯胶泥 D 环氧聚硫橡胶
28. 常用于轻质采光顶的"阳光板（PC板）"是（   ）。

A 环氧玻璃采光板 B 聚苯乙烯透光板
C 聚甲基丙烯酸甲酯有机玻璃 D 聚碳酸酯板

29. 以下不属于"安全玻璃"的是（　　）。
A 镀膜玻璃 B 夹丝玻璃
C 钢化玻璃 D 夹层玻璃

30. 关于玻化砖的说法，错误的是（　　）。
A 抗冻差，不使用在室外 B 色彩典雅，质地坚硬
C 是一种无釉面砖 D 耐腐蚀、抗污性强

31. 北宋开封佑国寺塔的主要立面材料为（　　）。
A 铸铁 B 灰砖 C 青石 D 琉璃

32. 用于重要公共建筑人流密集的出入口的地毯宜用（　　）。
A 涤纶 B 锦纶 C 腈纶 D 丙纶

33. 200mm厚加气混凝土砌块非承重墙，其耐火极限是（　　）。
A 2.5h B 3.5h C 5.75h D 8.00h

34. 关于不锈钢的说法，正确的是（　　）。
A 不属于高合金钢 B 含铁、碳元素
C 不含铬、镍元素 D 表面不可抛光、着色

35. 下列泡沫塑料，最耐低温的是（　　）。
A 聚苯乙烯泡沫塑料 B 硬质聚氯乙烯泡沫塑料
C 硬质聚氨酯泡沫塑料 D 脲醛泡沫塑料

36. 关于吸声材料设置的综合"四防"，正确的是（　　）。
A 防高温、防寒冬、防老化、防受潮 B 防撞坏、防吸湿、防火燃、防腐蚀
C 防超厚、防脱落、防变形、防拆盗 D 防共振、防绝缘、防污染、防虫蛀

37. 关于铅的说法，错误的是（　　）。
A 易于锤击成型 B 抗浓硫酸腐蚀
C 防X、γ射线 D 高熔点材料

38. 下列不被列入"绿色建筑常规材料"的是（　　）。
A 吸音混凝土 B 植被混凝土
C 聚合物混凝土 D 透水性混凝土

39. 泡沫铝作为"绿色建筑特殊功能材料"，下列说法错误的是（　　）。
A 是一种超轻金属材料 B 孔隙率可以高达98%
C 能用于电磁屏蔽工程 D 发明创制至今已经一个多世纪

40. 关于绿色环保纳米涂料性能的说法，错误的是（　　）。
A 耐沾污、耐洗刷、抗老化性好 B 有效抑制细菌、霉菌的生长
C 抗紫外线、净化空气、驱除异味 D 不耐低温、冬季施工多不便

41. 下列冰冻地区潮湿路段道路构造做法，错误的是（　　）。
A 混凝土面层、灰土垫层
B 无砂大孔混凝土面层、天然级配砂石垫层
C 细粒式沥青混凝土面层、粗粒式沥青混凝土、碎砾石垫层

D 透水沥青混凝土面层、普通透水混凝土砾石垫层

42. 关于水泥混凝土路面的说法,错误的是(　　)。
　　A 表面抗滑、耐磨、平整
　　B 应设置纵、横向接缝
　　C 路基湿度状况不佳时,应设透水层
　　D 面层宜选用普通水泥混凝土

43. 砌块路面不适用于哪种路面?(　　)
　　A 城市广场　　　B 停车场　　　C 支路　　　D 次干路

44. 抗渗等级为P6的防水混凝土,工程埋置深度 H 是(　　)。
　　A $H<10m$
　　B $10m \leqslant H<20m$
　　C $20m \leqslant H<30m$
　　D $H \geqslant 30m$

45. 确定防水卷材品种规格和层数的因素,不含下列哪项?(　　)
　　A 地下工程的防水等级
　　B 地下水位高低与水压力
　　C 地下工程的施工工艺
　　D 地下工程的埋置深度

46. 关于地下室背水面采用有机防水涂料的说法,错误的是(　　)。
　　A 可选用反应型涂料
　　B 不可选用水乳型涂料
　　C 与基层有较好粘结性
　　D 应有较高的抗渗性

47. 地下工程防水混凝土结构施工时,如固定模板用的螺栓必须穿过混凝土结构,应采用(　　)。
　　A 钢质止水环
　　B 橡胶止水带
　　C 硅酮密封胶
　　D 遇水膨胀条

48. 关于地下室卷材防水层设置的说法,错误的是(　　)。
　　A 宜用于经常处于地下水环境的工程
　　B 应铺设在混凝土结构的迎水面
　　C 不宜铺设在受振动作用的地下工程
　　D 宜铺设在受侵蚀性介质作用的工程

49. 下列窗井设计图示,正确的是(　　)。

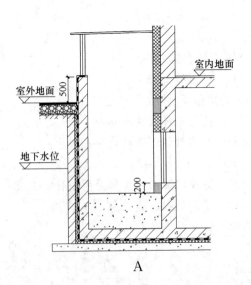

A

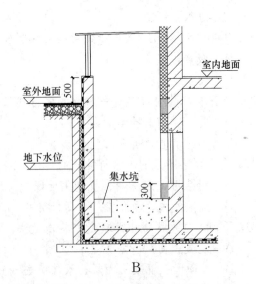

B

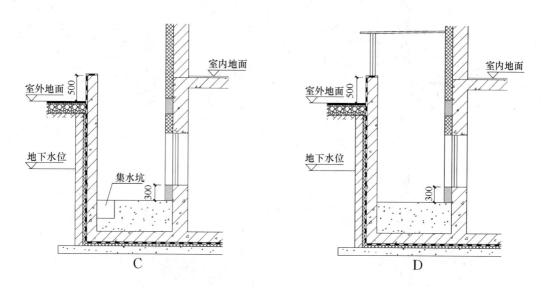

50. 下列窗口部位外保温墙身大样，错误的是（   ）。

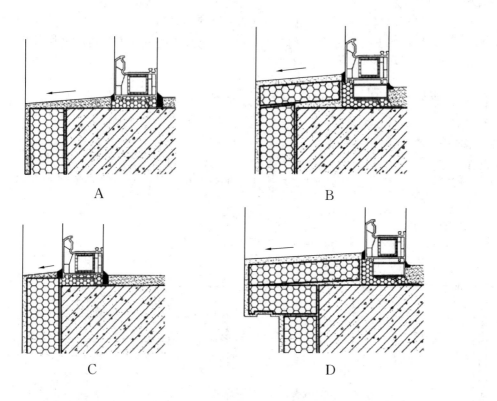

51. 下列寒冷地区散水做法，错误的是（   ）。

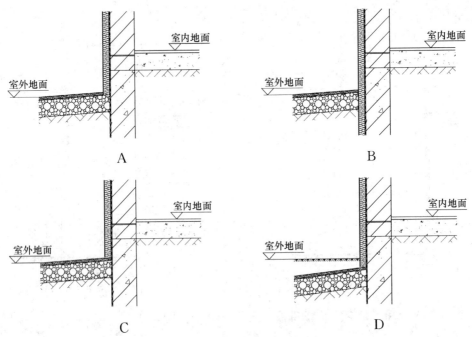

52. 中小学教室侧窗窗间墙宽度不应大于1.20m，主要原因是（　　）。
    A 墙体构造要求　　B 立面设计考虑　　C 防止形成暗角　　D 建筑模数因素
53. 下列加气混凝土砌块女儿墙构造，错误的是（　　）。

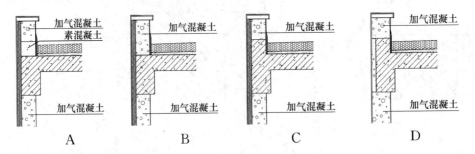

54. 外墙窗台、挑板构件的上部向外找坡的坡度不应小于（　　）。
    A 1%　　　　　　　B 2%　　　　　　　C 3%　　　　　　　D 5%
55. 关于保温防火隔离带，下列图示错误的是（　　）。

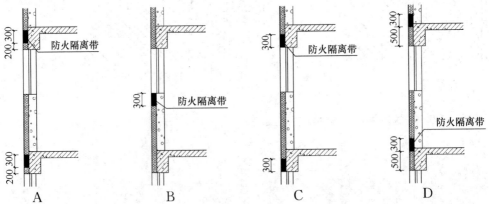

56. 花园式种植屋面耐根穿刺防水层上保护层的做法，宜选用下列哪种？（   ）
    A 20mm 厚 1:3 水泥砂浆
    B 40mm 厚细石混凝土
    C 0.4mm 厚聚乙烯丙纶复合防水卷材
    D 0.4mm 厚高密度聚乙烯土工膜

57. 屋面采光顶玻璃面板面积不宜大于（   ）。
    A 1.5m²   B 2.0m²   C 2.5m²   D 3.0m²

58. 建筑物屋顶结构为钢筋混凝土板时，其屋面保温材料的燃烧性能等级不应低于（   ）。
    A A_1 级   B A_2 级   C B_1 级   D B_2 级

59. 关于压型金属屋面正弦波纹板的连接要求，错误的是（   ）。
    A 横向搭接不应小于一个波
    B 纵向搭接不应小于 100mm
    C 压型板伸入檐沟内的长度不应小于 150mm
    D 挑出墙面的长度不应小于 200mm

60. 列防水等级为一级的压型金属板屋面构造示意图中，防水垫层应选用哪种材料？（   ）

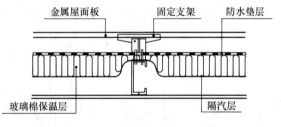

题 60 图

    A 土工布   B 高分子防水卷材
    C 高聚物防水卷材   D 防水透汽膜

61. 关于结构找坡屋面构造示意图的相关说法，错误的是（   ）。
    A 低女儿墙泛水处的防水层可直接铺贴至压顶下
    B 压顶排水坡度不应小于 5%
    C 结构找坡的坡度不应小于 2%
    D 附加防水层在立面和平面的宽度均不应小于 250mm

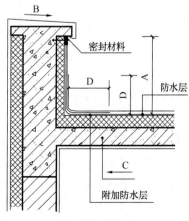

题 61 图

62. 从生态、环保的发展趋势看，哪种屋面隔热方式最优？（   ）
    A 架空屋面   B 蓄水屋面
    C 种植屋面   D 块瓦屋面

63. 关于钢筋混凝土屋面檐沟、天沟的设计要求，错误的是（   ）。

A 沟的净宽度不应小于300mm

B 沟内分水线处最小深度不应小于100mm

C 沟内纵向坡度不应小于0.5%

D 沟底水落差不得超过200mm

64. 种植屋面中防止种植土流失，且便于水渗透的构造层次称为（　　）。
    A 排水层　　　B 蓄水层　　　C 隔离层　　　D 过滤层

65. 轻质条板隔墙下端与楼地面结合处留缝超过40mm时，宜选择下列哪种处理措施？（　　）
    A 填入1∶3水泥砂浆　　　　　　B 填入干硬性细石混凝土
    C 注填发泡聚氨酯　　　　　　　D 采用成品踢脚板盖缝

66. 钢结构采用外包金属网砂浆做防火保护时，下列说法错误的是（　　）。
    A 砂浆的强度等级不宜低于M5　　B 砂浆的厚度不宜大于25mm
    C 金属丝网的网格不宜大于20mm　D 金属丝网的丝径不宜小于0.6mm

67. 下列哪种材料不能用于挡烟垂壁？（　　）
    A 轻钢龙骨纸面石膏板　　　　　B 金属复合板
    C 穿孔金属板　　　　　　　　　D 夹层玻璃板

68. 图示轻钢龙骨纸面石膏板隔墙龙骨布置示意图中，标示的L最大尺寸应为（　　）。

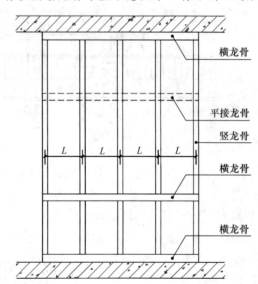

    A 300mm　　　B 400mm　　　C 600mm　　　D 900m

69. 关于住宅空气声隔声性能，要求最高的是（　　）。
    A 户内卧室墙　　　　　　　　　B 卧室外墙
    C 户（套）门　　　　　　　　　D 户内厨房分室墙

70. 关于轻集料混凝土空心砌块墙设计要点的说法，错误的是（　　）。
    A 主要用于建筑物的框架填充外墙和内隔墙
    B 用于内隔墙时强度等级不应小于MU3.5
    C 抹面材料应采用水泥砂浆

D 砌块墙体上不应直接挂贴石材、金属幕墙

71. 下列哪种材料构造适合于低频噪声的吸声降噪？（　　）
    A 20～50mm 厚的成品吸声板
    B 穿孔板共振吸声结构
    C 50～80mm 厚吸声玻璃棉加防护面层
    D 多孔吸声材料后留 50～100mm 厚的空腔

72. 下列吊顶吊杆及其锚固节点示意图，可作为上人吊顶的是（　　）。

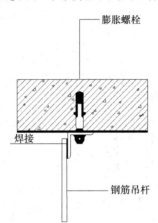

    A M8 膨胀螺栓，φ8 钢筋吊杆   B M6 膨胀螺栓，φ6 钢筋吊杆
    C M6 膨胀螺栓，φ8 钢筋吊杆   D M8 膨胀螺栓，φ6 钢筋吊杆

73. 轻钢龙骨纸面石膏板吊顶系统不包含（　　）。
    A 龙骨　　　　B 配件　　　　C 饰面板　　　　D 风管

74. 轻钢龙骨吊顶，当吊杆长度大于 1500mm 时应（　　）。
    A 增加主龙骨高度　　　　　　　B 增加次龙骨宽度
    C 设置反支撑　　　　　　　　　D 增加吊杆直径

75. 关于吊顶上或吊顶内设备及管道的安装做法，错误的是（　　）。
    A 筒灯可固定在吊顶面层上
    B 轻型灯具可安装在吊顶龙骨上
    C 电扇可固定在吊顶的主龙骨上
    D 通风管道应吊挂在建筑的主体结构上

76. 下列多层建筑的吊顶装修，可采用难燃性材料的场所是（　　）。
    A 养老院　　　　　　　　　　　B 400m² 电影院观众厅
    C 住宅　　　　　　　　　　　　D 幼儿园

77. 有防火要求的吊顶所用耐火石膏板的厚度应大于（　　）。
    A 6mm　　　　B 9mm　　　　C 10mm　　　　D 12mm

78. 下列石材楼面装修构造示意图（题78图），其结合层的做法应是（　　）。
    A 40mm 厚 C20 细石混凝土　　　B 10mm 厚 1：3 水泥砂浆
    C 20mm 厚 1：1 水泥砂浆　　　　D 30mm 厚 1：3 干硬性水泥砂浆

79. 题79图为地面混凝土垫层纵向企口缩缝示意图，垫层厚度 h 不宜小于（　　）。

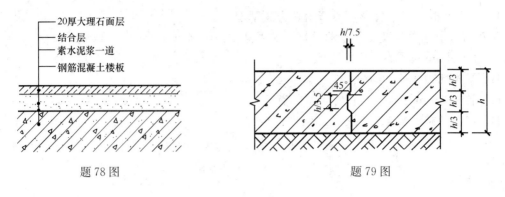

题 78 图　　　　　　　　　　　　题 79 图

  A　80mm　　　B　100mm　　　C　120mm　　　D　150mm

80. 题 80 图为多层公共建筑室外阳台栏杆示意图，h_1、h_2 分别为何值时正确？（　　）

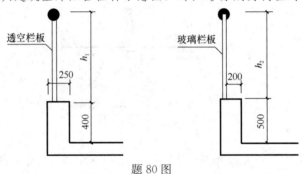

题 80 图

  A　$h_1 \geqslant 650mm$，$h_2 \geqslant 550mm$　　　　B　$h_1 \geqslant 1050mm$，$h_2 \geqslant 450mm$
  C　$h_1 \geqslant 1050mm$，$h_2 \geqslant 550mm$　　　　D　$h_1 \geqslant 650mm$，$h_2 \geqslant 1050mm$

81. 关于自动扶梯、自动人行道的说法，错误的是（　　）。
  A　自动扶梯扶手带外侧距任何障碍物的距离不小于 300mm
  B　栏板应平整、光滑且无突出物
  C　自动扶梯倾斜角不应超过 30°
  D　倾斜式自动人行道倾斜角不应超过 12°

82. 下列隐框玻璃与铝框的构造示意图中，1、2 处材料正确的是（　　）。

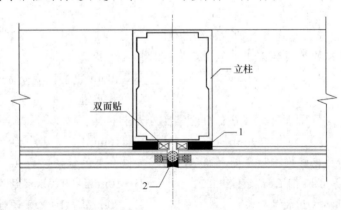

  A　都是硅酮密封胶

B 1是硅酮结构密封胶，2是耐候密封胶
C 都是耐候密封胶
D 1是耐候密封胶，2是硅硅酮结构密封胶

83. 关于开放式外通风幕墙的内、外层玻璃构造，做法正确的是（　　）。
   A 外层为单层玻璃与非断热型材组成，内层为中空玻璃与断热型材组成
   B 外层为中空玻璃与断热型材组成，内层为单层玻璃与非断热型材组成
   C 内、外都是单层玻璃与非断热型材组成
   D 内、外都是中空玻璃与断热型材组成

84. 列石材幕墙的装饰层与外保温系统、基层墙体之间的防火构造示意图，错误的是（　　）。

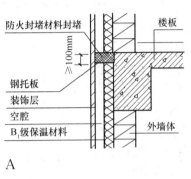

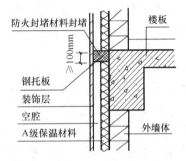

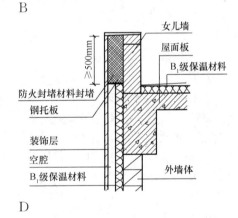

85. 按幕墙形式分类，以下哪个不属于框支承玻璃幕墙？（　　）
   A 明框玻璃幕墙　　　　　　　　B 隐框玻璃幕墙
   C 半隐框玻璃幕墙　　　　　　　D 单元式玻璃幕墙

86. 幕墙主要连接部位在连接处设置柔性垫片，其主要目的是（　　）。
   A 防止结构变形　　　　　　　　B 防止温度变形
   C 避免形成热桥　　　　　　　　D 避免摩擦噪声

87. 关于光伏结构以下哪个说法错误？（　　）
   A 光伏面板一定要用超白玻璃　　B 光伏面板的透光率大于或等于90%
   C 面板厚度不宜大于6mm　　　　D 背板可以采用半钢化玻璃

88. 以下哪种开窗方式，最不利于排烟的是（　　）。
   A 上悬窗　　　B 下悬窗　　　C 平开窗　　　D 推拉窗

89. 以下哪种门在安装门锁处还需要另外加锁木?(   )
    A 镶板木门   B 夹板木门   C 铝合金门   D 彩钢板门

90. 关于钢质防火门,以下说法错误的是(   )。
    A 门框、门扇面板及其加固件采用冷轧薄钢板
    B 门扇、门框填充无毒无害防火隔热材料
    C 安装在防火门上的合页用双向弹簧
    D 门锁的耐火时间和防火门的相同

91. 对门控五金件系统配置的测试要求中,开启次数最低的是(   )。
    A 门锁   B 闭门器
    C 地弹簧   D 紧急开门(逃生)装置

92. 以超薄石材为装饰面层,与相应基材复合而成的复合板中,下列哪种最具备"轻质高强"特性?(   )
    A 石材保温复合一体板   B 石材—陶瓷复合板
    C 石材—玻璃复合板   D 石材—铝蜂窝复合板

93. 下列对金属板幕墙的金属面板表面的处理方法,其处理层厚度最大的是(   )。
    A 静电粉末喷涂   B 氟碳喷涂
    C 氧化着色   D 搪瓷涂层

94. 为显示大理石优美的纹理,一般采用的表面加工处理方法是(   )。
    A 抛光、哑光   B 烧毛、喷砂
    C 剁斧、锤凿   D 自然劈开显示本色

95. 石材板采用湿作业法安装时,其背面应做什么处理?(   )
    A 防腐处理   B 防碱处理   C 防潮处理   D 防酸处理

96. 下列干挂石材幕墙的安装方法中,安装牢固、抗震性好、便于维修更换的是(   )。
    A 销钉式   B T形缝挂式   C L形缝挂式   D 背栓式

97. 石材幕墙单块石材最大面积不宜大于(   )。
    A 1.0m²   B 1.5m²   C 2.0m²   D 2.5m²

98. 楼面与顶棚的变形缝构造中,不含下列哪项?(   )
    A 盖板   B 止水带   C 保温材料   D 阻火带

99. 下列哪个为嵌平防震缝?(   )

A

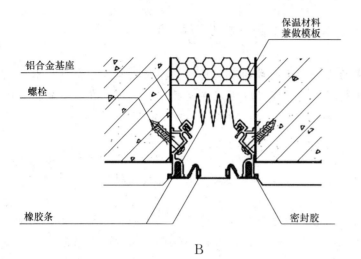

B

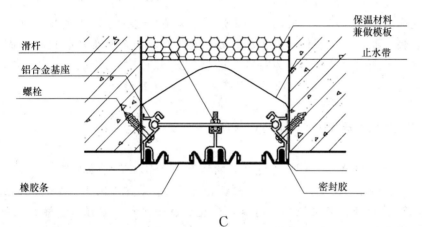

C

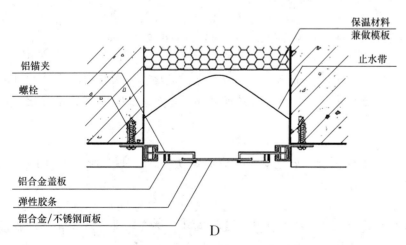

D

100. 地下工程混凝土结构宜少设伸缩变形缝，根据不同的工程类别、地质情况而采用的替代措施中，不包括下列哪项？（   ）

A 诱导缝　　　　B 施工缝　　　　C 后浇带　　　　D 加强带

2019 年试题解析及答案

1. **解析**：水泥是由适当组成的生料煅烧而成的人造材料。按照化学成分分类，水泥属于无机非金属材料中的胶凝材料；而且水泥既可以在空气中，也可以在水中硬化，为水硬性胶凝材料。
   答案：D

2. **解析**：有机材料包括天然植物（如木材、竹材等），沥青材料（石油沥青、煤沥青等），有机高分子材料（如树脂、橡胶等）；石棉和蛭石为无机非金属材料。
   答案：B

3. **解析**：麦秸是一种农作物加工后的剩余物，以其为原料制成的麦秸板，具有轻质、坚固耐用、防蛀、抗水、无毒等特点，是可代替木材和轻质墙板的新型绿色建材。石膏蔗渣板以纯天然石膏和甘蔗渣为主要原料，可广泛应用于室内隔墙、隔断、轻型复合墙体、吊顶、绝缘防静电地板、防火墙、隔声墙等。具有施工方便、可调节室内环境舒适度的特点。稻壳也是一种农作物加工后的废弃物，以其为原料生产的稻壳板是一种新型建筑材料。黏土空心砖以黏土为原料，属于乡土材料，但由于制作黏土砖侵占耕地，浪费土地资源，且不利于节能减排，故不属于绿色建筑材料。
   答案：A

4. **解析**：强度是指材料抵抗荷载作用的能力，通过破坏性试验测得。
   答案：B

5. **解析**：导热系数小于 $0.23W/(m \cdot K)$ 的材料为绝热材料。无机绝热材料有矿渣棉及制品、玻璃棉及制品、膨胀珍珠岩及制品、膨胀蛭石及制品、泡沫混凝土、加气混凝土、泡沫玻璃、微孔硅酸钙等；有机绝热材料有泡沫塑料、松木板、木丝板、蜂窝板等。石膏板常用于室内装饰，不是绝热材料。
   答案：B

6. **解析**：我国的水泥质量等级划分为优等品、一等品和合格品三个等级。
   答案：D

7. **解析**：材料的耐磨性是指材料表面抵抗磨损的能力，用磨损率表示；耐磨性与材料的强度、硬度和内部构造有关。一般材料的强度越高，硬度越大，内部构造越致密，材料的耐磨性越好。
   答案：C

8. **解析**：水泥的存放期不宜过长，以免受潮，降低强度等级。储存期自出厂日期算起，通用硅酸盐水泥为三个月。
   答案：D

9. **解析**：混凝土拌合物的和易性又称工作性，是指混凝土拌合物易于施工操作，获得成型密实混凝土的性能。包括流动性、黏聚性和保水性三个方面。
   答案：B

10. **解析**：砂子表面粗糙，与水泥浆体粘结力强。光滑表面的砂子与水泥浆体粘结力小。在选项所给的四种天然砂中，河砂、湖砂和海砂受水的冲刷，表面光滑；而山砂表面粗糙，与水泥浆体粘结力最强。

答案：A

11. **解析**：拌合和养护混凝土用水中不得含有影响水泥正常凝结和硬化的有害物质。污水、pH值小于4、硫酸盐含量（按SO_4^{2-}计）超过1‰、含有油脂或糖的水不能拌制混凝土。在钢筋混凝土和预应力混凝土结构中，不得用海水拌制混凝土。适合饮用的水，可以用于拌制和养护混凝土。

    答案：C

12. **解析**：大理石是由石灰岩和白云岩变质而成；其主要造岩矿物为方解石，化学成分为碳酸钙，易被酸腐蚀，故不宜用于室外饰面材料。但是，其中的汉白玉为白色大理石，具有良好的耐风化性能，可以用于室外。我国的云南的大理盛产大理石，故大理石以云南大理命名。此外，我国的大理石产地还有，山东、四川、安徽、江苏、浙江、北京、辽宁、广东、福建、湖北等地。

    答案：B

13. **解析**：因为火山灰和粉煤灰活性较低，所以火山灰水泥和粉煤灰水泥不得用于配制耐磨性好、强度高于C40的混凝土。

    答案：C

14. **解析**：松香是指以松树松脂为原料，通过不同的加工方式得到的非挥发性天然树脂。松香是重要的化工原料，广泛应用于肥皂、造纸、油漆、橡胶等行业。松香在机械搅拌作用下产生大量稳定的气泡，所以制作泡沫混凝土常用的泡沫剂为松香。

    答案：B

15. **解析**：蒸压加气混凝土砌块是以钙质材料（石灰、水泥）、硅质材料（石英砂、粉煤灰、矿渣等）和发气剂（或称加气剂）铝粉制成。所以生产原料中不包括石膏和黏土。

    答案：D

16. **解析**：木材使用前需要的处理有：干燥（目的是防止木材腐蚀、虫蛀、翘曲与开裂，保持其尺寸及形状的稳定性，便于作进一步的防腐与防火处理）；防腐（木材的腐朽主要由木腐菌引起的，木腐菌在木材中生存与繁殖，必须具备水分、空气和温度三个条件；此外，木材还会受到白蚁、天牛等昆虫的蛀蚀）；防火（木材是易燃物质，使用前需做好阻燃、防火处理）。

    答案：A

17. **解析**：含碳量大于2‰的铁碳合金为生铁，常用的是灰口生铁，其中碳全部或大部分呈石墨的形式存在，断口为灰色，故称为灰铸铁或简称为铸铁。铸铁性脆，无塑性，抗压强度高，抗拉强度和抗弯强度低；在建筑中不宜用作结构材料，尤其是屋架结构件。在建筑中使用铸铁制作上下水管道及其连接件，也用于排水沟、地沟、窨井盖板等。在建筑设备中常用铸铁制作暖气片及各种零部件。此外，铸铁也是一种常见的建筑装修材料，用于制作门、栏杆、栅栏及某些建筑小品。

    答案：C

18. **解析**：制作金属吊顶板采用的钢材需要有良好的耐腐蚀性。热镀锌钢板表面有热浸镀或电镀锌层，具有良好的耐腐蚀性。不锈钢板含有12%以上铬合金，耐腐蚀性好。镀锌铝钢板表面有铝锌合金覆盖，锌铝合金钢板具有良好的耐腐蚀、耐热性，热反射率很高，也可用作隔热材料。碳素钢板耐腐蚀差，所以不宜于制作金属吊顶板。

答案：D

19. 解析：一般钢筋混凝土结构中大量使用的钢材是热轧钢筋。

    答案：B

20. 解析：铝粉（俗称银粉），主要用于调制各种装饰材料和金属防锈涂料。铝粉也可用作加气混凝土的发气剂（或称加气剂）。泡沫混凝土的发泡剂为松香。

    答案：D

21. 解析：岩棉是以玄武岩为主要原料，在1450℃以上的高温下熔化，高速离心制成的无机纤维。

    答案：B

22. 解析：水玻璃是一种能溶于水中的碱金属硅酸盐，常用的有硅酸钠水玻璃和硅酸钾水玻璃。水玻璃的主要原料为石英砂、纯碱或含硫酸钠的原料。原料磨细，按一定比例配比，在玻璃熔炉内加热至1300~1400℃，熔融而生成的硅酸钠，冷却后即成固态水玻璃。固态水玻璃在0.3~0.8MPa的蒸压锅内加热，溶解为无色、青绿色至棕色的黏稠液体，即成液态水玻璃。水玻璃具有良好的粘结性、耐热性、耐酸性。水玻璃可用于配制建筑涂料及防水剂（与水泥调和，用于堵漏等；但不宜配制水泥防水砂浆或防水混凝土，用作屋面或地面的防水层，因其凝结过速）。

    答案：D

23. 解析：柏油为煤焦油（即焦油沥青），曾经用作铺设道路路面。但因为煤焦油对人的健康有危害，许多国家已经禁止在道路工程中使用煤焦油。但因为约定俗成的关系，目前人们依然习惯把石油沥青路面称作柏油路。

    答案：C

24. 解析：建筑塑料的优点是：密度小、比强度大（玻璃钢的比强度超过钢材）、耐化学腐蚀、隔声、绝缘、绝热、抗震、装饰性好等；同时，建筑塑料的缺点是：耐老化性差、耐热性差、不耐火、易燃、弹性模量小、刚度差等。

    答案：C

25. 解析：聚乙烯醇系涂料主要有聚乙烯醇水玻璃涂料（106涂料），是以聚乙烯醇和水玻璃作为成膜物质，加入填料和助剂而成。但是《民用建筑工程室内环境污染控制标准》GB 50325—2020规定，民用建筑工程室内装修时，不应采用聚乙烯醇水玻璃内墙涂料、聚乙烯醇缩甲醛内墙涂料和树脂以硝化纤维素为主、溶剂以二甲苯为主的水包油型多彩内墙涂料。过氯乙烯涂料常用作地面涂层，苯丙乳液涂料无毒、不燃、有一定的透气性，常用作住宅内墙涂料。

    答案：D

26. 解析：以聚氯乙烯（PVC）树脂为原料，加入适量添加剂，按适当配比混合，经挤出机制成各种型材，型材经过加工组装成塑钢门窗。聚氯乙烯是应用最广泛的一种塑料，被广泛应用于塑钢门窗、塑料地板、吊顶板等。

    答案：C

27. 解析：嵌缝材料是嵌堵结构或构件接缝的材料，必须具有良好的柔韧性、弹性，嵌缝后接缝严密、不漏水。硅橡胶耐低温性能良好，一般在—55℃下仍能工作，引入苯基后，可达—73℃；硅橡胶的耐热性能也很突出，在180℃下可长期工作，稍高于200℃也能承受数周或更长时间仍有弹性，瞬时可耐300℃以上的高温。

聚硫橡胶具有优异的耐油和耐溶剂性，收缩较小，适用于细小的嵌缝。环氧聚硫橡胶具有粘结性好、强度高等特点，适用于变形小，密封要求高的工程。聚氯乙烯胶泥具有良好的粘结性、尺寸稳定性、耐腐蚀性，低温柔韧性好，可在较低温度下施工和应用。总之，既适合低温（—60℃）环境，又适合高温（150℃）环境的优质嵌缝材料是硅橡胶。

答案：A

28. 解析：聚碳酸酯（PC）阳光板是以高性能聚碳酸酯加工而成，具有透明度高、轻质、抗冲击、隔声、隔热、难燃、抗老化等特点，但不耐酸、不耐碱，是一种新型节能环保型塑料板材。环氧树脂代号为EP，聚苯乙烯代号为PS，聚甲基丙烯酸甲酯（即有机玻璃）代号为PMMA。

答案：D

29. 解析：安全玻璃是指玻璃破坏时尽管破碎，但不掉落；或者破碎后掉下，但碎块无尖角，所以均不致伤人。安全玻璃主要有钢化玻璃、夹丝玻璃和夹层玻璃。镀膜玻璃不属于安全玻璃，属于隔热玻璃。

答案：A

30. 解析：玻化砖是瓷质抛光砖的俗称，是以通体砖为坯体，表面经过研磨抛光而成的一种光亮的砖，色彩典雅，属于通体砖的一种，是一种无釉面砖。玻化砖吸水率很低，质地坚硬，耐腐蚀、抗污性强，抗冻性好。

答案：A

31. 解析：北宋开封佑国寺塔因为塔身以褐色的琉璃瓦镶嵌而成，酷似铁色，故俗称铁塔。

答案：D

32. 解析：聚丙烯纤维（丙纶）质量轻，耐磨性、耐酸碱性好，回弹性、抗静电性较差，耐燃性较好。聚丙烯腈纤维（腈纶）柔软保暖，弹性好，耐晒性好，耐磨性较差，抗静电性优于丙纶。聚酯纤维（涤纶）耐热、耐晒、耐磨性较好，即兼具丙纶和腈纶的优点，但价格高于这两种纤维。聚酰胺纤维（尼龙或锦纶）坚固柔韧，耐磨性最好。重要公共建筑人流密集的出入口处的地毯应该选择耐磨性好的地毯，所以应该选择锦纶地毯。

答案：B

33. 解析：依据《防火规范》中对各类非木结构构件燃烧性能和耐火极限的规定，200mm厚加气混凝土砌块非承重墙的耐火极限为8.00h。

答案：D

34. 解析：合金元素含量大于10%为高合金钢。不锈钢为含铬12%以上的合金钢，还可以加入镍、钛等合金元素，所以不锈钢属于高合金钢。合金钢具有良好的耐腐蚀性和抛光性。以不锈钢为基板，可用化学氧化法制成彩色不锈钢。

答案：B

35. 解析：聚苯乙烯泡沫塑料可以耐—200℃的低温。

答案：A

36. 解析：吸声材料为多孔材料，气孔为开口孔，且互相连通。吸声材料强度较低且容易吸湿，所以安装时应注意，防止碰坏，且应考虑胀缩影响；此外，还要防火、防腐和防蛀。所以，吸声材料设置的综合"四防"应为防撞坏、防吸湿、防火燃、防腐蚀。

答案：B

37. 解析：铅是一种柔软的低熔点（327℃）金属，抗拉强度低，延展加工性能好。由于熔点低，所以便于熔铸，易于锤击成型，故常用于钢铁管道接口处的嵌缝密封材料。铅板和铅管是工业上常用的耐腐蚀材料，能经受浓度为80%的热硫酸和浓度为92%的冷硫酸的侵蚀。铅板是射线的屏蔽材料，能防止X射线和γ射线的穿透。

答案：D

38. 解析：吸音混凝土具有连续、多孔的内部结构，可与普通混凝土组成复合结构；吸音混凝土是为了减少交通噪声而开发的，可以改变室内的声环境。植被混凝土是由高强度粘结剂把较大粒径的骨料粘结而成，利用骨料间的空隙贮存能使植物生长的基质，通过播种或其他手段使得多种植物在基质中生长，完成生态环境的植被恢复。透水性混凝土也称无砂大孔混凝土，大的孔径有利于雨水渗透，适用于城市公园、居民小区、工业园区、学校、停车场等的地面和路面。聚合物混凝土是指由有机聚合物、无机胶凝材料胶结而成的混凝土，具有抗拉强度高、抗冲击韧性、抗渗性、耐磨性均较好等特点；但是耐热性、耐火性、耐候性较差，主要用于铺设无缝地面，也用于修补混凝土路面和机场跑道面层等。综上所述，聚合物混凝土不属于绿色建材。

答案：C

39. 解析：泡沫铝是在纯铝或铝合金中加入添加剂后，经过发泡而成一种新型绿色建筑材料，兼具金属铝和气泡的特征。孔隙率高达98%，轻量质，密度为金属铝的0.1~0.4倍；耐高温、防火性能强、吸收冲击能力强、抗腐蚀、隔声降噪、电磁屏蔽性好、耐候性强，易加工和安装，可进行表面涂装。

答案：D

40. 解析：绿色环保纳米抗菌涂料是采用稀土激活无机抗菌剂与纳米材料技术相结合的方式生产的涂料，具有许多独特的性能。涂层耐擦洗、耐老化和耐沾污性好；能有效抑制细菌、霉菌的生长，吸收空气中的有机物及异味；可净化空气中的CO_2、NO_2、SO_2、NH_3、VOC及吸烟产生的其他有害气体；抗紫外线辐射，能增加空气中的负离子浓度，改善空气质量，改善睡眠，促进人体新陈代谢；且涂料的耐低温性好。

答案：D

41. 解析：参见《城镇道路路面设计规范》CJJ 169—2012第4.2.1条，在下述情况下，应在基层下设置垫层：1 季节性冰冻地区的中湿或潮湿路段；2 地下水位高、排水不良，路基处于潮湿或过湿状态；3 水文地质条件不良的土质路堑，路床土处于潮湿或过湿状态。第4.2.2条，垫层宜采用砂、砂砾等颗粒材料（B、C和D项正确），小于0.075mm的颗粒含量不宜大于5%。另见《城市道路路基设计规范》CJJ 194—2013第7.7.4条，路基土冻深范围内各层土质填料应根据路基高度、干湿类型、冻土区划、容许总冻胀值及路面结构类型等因素选取，宜采用干燥的砂砾、碎石、砂性土或矿渣、炉渣、粉煤灰等抗冻性良好的材料（B项、C项和D项正确）。

答案：A

42. 解析：参见《城市道路工程设计规范》CJJ 37—2012（2016年版）第12.3.4条，水泥混凝土路面设计应符合下列规定：3 水泥混凝土面层应满足强度和耐久性的要求，表面应抗滑、耐磨、平整（A项正确），面层宜选用设接缝的普通水泥混凝土（D项正确）；4 当水泥混凝土路面总厚度小于最小防冻厚度，或路基湿度状况不佳时，需设置垫层（C项错误）；5 水泥混凝土路面应设置纵、横向接缝（B项正确）。

答案：C

43. 解析：砌块路面适用于支路、城市广场、停车场。参见《城市道路工程设计规范》CJJ 37—2012（2016年版）第12.3.2条，路面面层类型的选用应符合题24-2解表的规定。

路面面层类型及适用范围　　　　　　　　　　　　　　　题43解表

面层类型	适用范围
沥青混凝土	快速路、主干路、次干路、支路、城市广场、停车场
水泥混凝土	快速路、主干路、次干路、支路、城市广场、停车场
贯入式沥青碎石、上拌下贯式沥青碎石、沥青表面处治和稀浆封层	支路、停车场
砌块路面	支路、城市广场、停车场

答案：D

44. 解析：参见《地下防水规范》第4.1.4条，防水混凝土的设计抗渗等级，应符合表4.1.4（见题44解表）的规定。

防水混凝土设计抗渗等级　　　　　　　　　　　　　　　题44解表

工程埋置深度 H（m）	设计抗渗等级
$H < 10$	P6
$10 \leqslant H < 20$	P8
$20 \leqslant H < 30$	P10
$H \geqslant 30$	P12

答案：A

45. 解析：参见《地下防水规范》第4.3.4条，防水卷材的品种规格和层数，应根据地下工程防水等级（A项正确）、地下水位高低及水压力作用状况（B项正确）、结构构造形式和施工工艺等（C项正确）因素确定。

答案：D

46. 解析：参见《地下防水规范》第4.4.1条，涂料防水层应包括无机防水涂料和有机防水涂料；无机防水涂料可选用掺外加剂、掺合料的水泥基防水涂料、水泥基渗透结晶型防水涂料；有机防水涂料可选用反应型、水乳型、聚合物水泥等涂料（A项正确、B项错误）。

第4.4.2条，无机防水涂料宜用于结构主体的背水面，有机防水涂料宜用于地下工程主体结构的迎水面，用于背水面的有机防水涂料应具有较高的抗渗性（D项正确），且与基层有较好的粘结性（C项正确）。

答案：B

47. **解析**：参见《地下防水规范》第4.1.28条，防水混凝土结构内部设置的各种钢筋或绑扎铁丝，不得接触模板；用于固定模板的螺栓必须穿过混凝土结构时，可采用工具式螺栓或螺栓加堵头，螺栓上应加焊方形止水环（A项正确）；拆模后应将留下的凹槽用密封材料封堵密实，并应用聚合物水泥砂浆抹平（题47解图）。

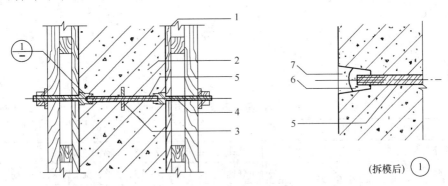

题47解图　固定模板用螺栓的防水构造

1—模板；2—结构混凝土；3—止水环；4—工具式螺栓；5—固定模板用螺栓；6—密封材料；7—聚合物水泥砂浆

答案：A

48. **解析**：参见《地下防水规范》第4.3.1条，卷材防水层宜用于经常处在地下水环境（A项正确），且受侵蚀性介质作用（D项正确）或受振动作用的地下工程（C项错误）。第4.3.2条，卷材防水层应铺设在混凝土结构的迎水面（B项正确）。

答案：C

49. **解析**：参见《地下防水规范》5.7.3 窗井或窗井的一部分在最高地下水位以下时，窗井应与主体结构连成整体，其防水层也应连成整体，并应在窗井内设置集水井（题49解图）。5.7.4 无论地下水位高低，窗台下部的墙体和底板应做防水层。5.7.5 窗井内的底板，应低于窗下缘300mm；窗井墙高出地面不得小于500mm；窗井外地面应

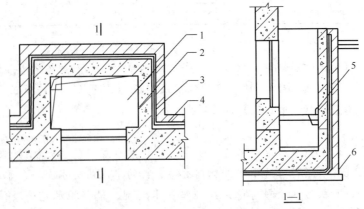

题49解图　窗井防水构造

1—窗井；2—防水层；3—主体结构；4—防水层保护层；5—集水井；6—垫层

做散水，散水与墙面间应采用密封材料嵌填。A项窗井内的底板低于窗下缘200mm，不足300mm的要求，错误；C项没有设置挡雨顶板，错误；D项没有设置集水井，错误；只有B项满足各项要求，正确。

答案：B

50. **解析：** 外墙外保温建筑中，外墙门窗洞口周边墙体的外侧各表面（包括窗下口上表面）都应设置保温层；各选项中只有A项的窗洞口下沿没有设置保温层，错误。参见《严寒和寒冷地区居住建筑节能设计标准》JGJ 26—2018第4.2.9条，外窗（门）洞口的侧墙面应做保温处理，并应保证窗（门）洞口室内部分的侧墙面的内表面温度不低于室内空气设计温、湿度条件下的露点温度，减小附加热损失。另见《保温装饰板外墙外保温工作技术导则》RISN-TG 028—2017第6.5.3条，外置门窗洞口部位构造做法见图6.5.3（题50解图1）。第6.5.4条，中置门窗洞口部位构造作法见图6.5.4（题50解图2）。

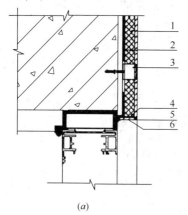 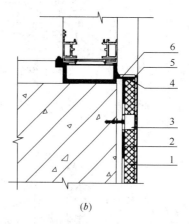

(*a*) (*b*)

题50解图1 外置门窗洞口部位构造做法
(*a*) 外置门窗洞口上沿；(*b*) 外置门窗洞口下沿
1—墙面保温装饰板；2—胶粘剂；3—锚固件；4—胶粘剂；5—密封胶；6—装饰面板

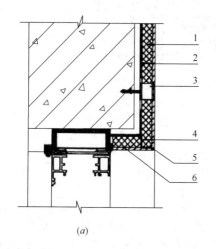 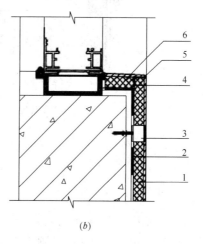

(*a*) (*b*)

题50解图2 中置门窗洞口部位构造做法
(*a*) 中置门窗洞口上沿；(*b*) 中置门窗洞口下沿
1—墙面保温装饰板；2—胶粘剂；3—锚固件；4—胶粘剂；5—密封胶；6—侧面保温装饰板

答案：A

51. 解析：寒冷地区外墙应设置保温层，散水或明沟处的外墙也应设置保温层；A项、C项和D项散水处的外墙没有设置保温层，错误。参见国标图集《室外工程》12J 003（题51解图）。

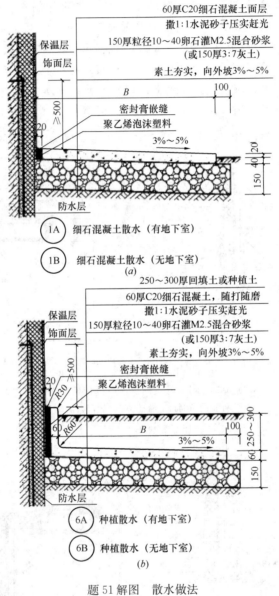

题51解图　散水做法
(a) 细石混凝土散水；(b) 种植散水

答案：B

52. 解析：参见《中小学校设计规范》GB 50099—2011 第5.1.8条，各教室前端侧窗窗端墙的长度不应小于1.00m，窗间墙宽度不应大于1.20m。条文说明第5.1.8条，前端侧窗窗端墙长度达到1.00m时可避免黑板眩光，过宽的窗间墙会形成从相邻窗进入的光线都无法照射的暗角，暗角处的课桌面亮度过低，学生视读困难（C项正确）。

答案：C

53. **解析**：加气混凝土（泡沫混凝土）女儿墙底部一般应做 200mm 高混凝土墙坎。只有 B 项做法没有设置混凝土墙坎，错误。参见国标图集《蒸压加气混凝土砌块、板材构造》13J104（题53解图）。

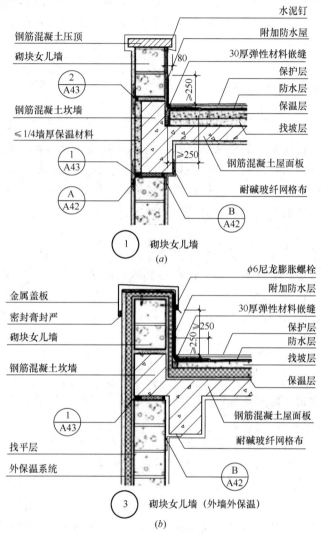

题53解图 砌块女儿墙构造
(a) 砌块女儿墙构造一；(b) 砌块女儿墙构造二

答案：B

54. **解析**：参见《建筑外墙防水工程技术规程》JGJ/T 235—2011 第5.3.1条，门窗框与墙体间的缝隙宜采用聚合物水泥防水砂浆或发泡聚氨酯填充；外墙防水层应延伸至门窗框，防水层与门窗框间应预留凹槽，并应嵌填密封材料；门窗上楣的外口应做滴水线；外窗台应设置不小于5%的外排水坡度（D项正确）。

答案：D

55. 解析：参见《建筑外墙外保温防火隔离带技术规程》JGJ 289—2012 第5.0.8条，防火隔离带应设置在门窗洞口上部，且防火隔离带下边缘距洞口上沿不应超过500mm（A项、C项、D项正确）。B项中防火隔离带设置在了窗洞口下部，错误。

答案：B

56. 解析：参见《种植屋面工程技术规程》JGJ 155—2013 第5.1.12.2款：耐根穿刺防水层上应设置保护层，花园式种植屋面宜采用厚度不小于40mm的细石混凝土作保护层。

答案：B

57. 解析：参见《建筑玻璃采光顶技术要求》JG/T 231—2018 第5.3条，玻璃采光顶用玻璃面板的面积应不大于2.5m²，长边边长宜不大于2m。

答案：C

58. 解析：依据《防火规范》条文说明"附录 各类建筑构件的燃烧性能和耐火极限""附表1 各类非木结构构件的燃烧性能和耐火极限"可知：除圆孔空心板和预应力槽形屋面板之外，钢筋混凝土楼板、梁板和屋面板的耐火极限不小于1.2h；故屋面外保温材料的燃烧性能不应低于B_2级，因此选D。

答案：D

59. 解析：参见《采光顶与金属屋面技术规程》JGJ 255—2012 第7.4.7条，梯形板、正弦波纹板连接应符合下列要求：1 横向搭接不应小于一个波（A项正确），纵向搭接不应小于200mm（B项错误）；2 挑出墙面的长度不应小于200mm（D项正确）；3 压型板伸入檐沟内的长度不应小于150mm（C项正确）；4 压型板与泛水的搭接宽度不应小于200mm。

答案：B

60. 解析：参见《屋面规范》第4.9.5条，金属板屋面在保温层的下面宜设置隔汽层，在保温层的上面宜设置防水透汽膜。

答案：D

61. 解析：参见《屋面规范》第4.3.1条，混凝土结构层宜采用结构找坡，坡度不应小于3%（C项错误）；当采用材料找坡时，宜采用质量轻、吸水率低和有一定强度的材料，坡度宜为2%。

第4.11.14条，女儿墙的防水构造应符合下列规定：1 女儿墙压顶可采用混凝土或金属制品；压顶向内排水，坡度不应小于5%（B项正确），压顶内侧下端应作滴水处理；2 女儿墙泛水处的防水层下应增设附加层，附加层在平面和立面的宽度均不应小于250mm（D项正确）；3 低女儿墙泛水处的防水层可直接铺贴或涂刷至压顶下（A项正确），卷材收头应用金属压条钉压固定，并应用密封材料封严；涂膜收头应用防水涂料多遍涂刷。

答案：C

62. 解析：参见《屋面规范》条文说明第4.4.7条，屋面隔热是指在炎热地区防止夏季室外热量通过屋面传入室内的措施。在我国南方一些省份，夏季时间较长、气温较高，随着人们生活的不断改善，对住房的隔热要求也逐渐提高，采取了种植、架空、蓄水等屋面隔热措施。屋面隔热层设计应根据地域、气候、屋面形式、建筑环境、使用功能等条件，经技术经济比较确定。这是因为同样类型的建筑在不同地区所采用的隔热方式也有很大区别，不能随意套用标准图或其他做法。从发展趋势看，由于绿色环保及美化环境的要求，采用种植屋面隔热方式将胜于架空隔热和蓄水隔热。

答案：C

63. 解析：参见《屋面规范》第4.2.11条，檐沟、天沟的过水断面，应根据屋面汇水面积的雨水流量经计算确定。钢筋混凝土檐沟、天沟净宽不应小于300mm（A项正确），分水线处最小深度不应小于100mm（B项正确）；沟内纵向坡度不应小于1%（C项错误），沟底水落差不得超过200mm（D项正确）；檐沟、天沟排水不得流经变形缝和防火墙。

答案：C

64. 解析：参见《种植屋面工程技术规程》JGJ 155—2013第2.0.8条，过滤层是防止种植土流失，且便于水渗透的构造层（D项正确）。第2.0.7条，排（蓄）水层是能排出种植土中多余水分（或具有一定蓄水功能）的构造层。

另据《屋面规范》第2.0.5条，隔离层是消除相邻两种材料之间粘结力、机械咬合力、化学反应等不利影响的构造层。

答案：D

65. 解析：参见《轻质条板隔墙规程》第4.3.4条，条板隔墙下端与楼地面结合处宜预留安装空隙，且预留空隙在40mm及以下的宜填入1：3水泥砂浆，40mm以上的宜填入干硬性细石混凝土（B项正确），撤除木楔后的遗留空隙应采用相同强度等级的砂浆或细石混凝土填塞、捣实。

答案：B

66. 解析：参见《建筑钢结构防火技术规范》GB 51249—2017第4.1.6条，钢结构采用外包混凝土、金属网抹砂浆或砌筑砌体保护时，应符合下列规定：1 当采用外包混凝土时，混凝土的强度等级不宜低于C20。2 当采用外包金属网抹砂浆时，砂浆的强度等级不宜低于M5（A项正确）；金属丝网的网格不宜大于20mm（C项正确），丝径不宜小于0.6mm（D项正确）；砂浆最小厚度不宜小于25mm（B项错误）。3 当采用砌筑砌体时，砌块的强度等级不宜低于MU10。

答案：B

67. 解析：参见《挡烟垂壁》XF 533—2012第5.1.1.2款：挡烟垂壁的挡烟部件表面不应有裂纹、压坑、缺角、孔洞（C项错误）及明显的凹凸、毛刺等缺陷。第5.1.2.1款：挡烟垂壁应采用不燃材料制作。

查阅《内部装修防火规范》条文说明第3.0.2条"表1 常用建筑内部装修材料燃烧性能等级划分举例"，可知B、C、D项材料的燃烧性能等级均为A级（不燃），另该规范第3.0.4条规定：安装在金属龙骨上燃烧性能达到B_1级的纸面石膏板、矿棉吸声板，可作为A级装修材料使用，因此A项也为A级材料。四个选项都满足不燃材料的要求，但C项穿孔金属板不满足挡烟要求。

答案：C

68. 解析：由以下资料可知轻钢龙骨石膏板隔墙竖龙骨（立柱）的最大间距应为600mm，C项正确。

参见《轻钢龙骨式复合墙体》JG/T 544—2018 附录B（资料性附录）构造要求，B.1 轻钢龙骨式复合墙体组成：轻钢龙骨式复合墙体作为承重墙时应由立柱、顶导梁、水平拉带和刚性撑杆、墙体结构面板等部件组成（图A.1），作为非承重墙可不设置水平拉条和刚性撑杆，墙体立柱的间距模数宜为400mm、600mm。

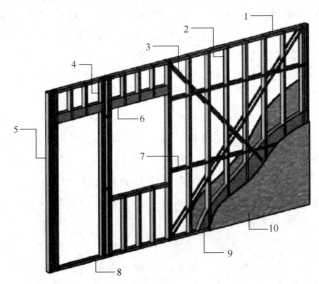

题68解图　轻钢龙骨式复合墙体构造示意图
1—顶部导梁；2—立柱；3—交叉拉带；4—洞口组合立柱；5—墙端组合立柱；
6—过梁；7—水平拉带；8—底部导梁；9—保温隔热层；10—覆面板

参见国标图集《轻钢龙骨石膏板隔墙、吊顶》07CJ 03—1 隔墙施工说明 1 轻钢龙骨石膏板隔墙1.2 龙骨的安装第1.2.10条，竖龙骨的间距宜与石膏板的宽度相匹配，一般根据需要选用600、400、300；卫生间和潮湿环境的隔墙龙骨间距宜选用300，石膏板宜横向铺设。

答案：C

69. 解析：各选项的空气声隔声要求分别是不小于：35、45、25、30（dB），B项最高。参见《隔声规范》第4.2.6条，外墙、户（套）门和户内分室墙的空气声隔声性能，应符合题69解表的规定。

外墙、户（套）门和户内分室墙的空气声隔声标准　　题69解表

构件名称	空气声隔声单值评价量+频谱修正量（dB）	
外墙	计权隔声量+交通噪声频谱修正量 R_w+C_{tr}	≥45
户（套）门	计权隔声量+粉红噪声频谱修正量 R_w+C	≥25
户内卧室墙	计权隔声量+粉红噪声频谱修正量 R_w+C	≥35
户内其他分室墙	计权隔声量+粉红噪声频谱修正量 R_w+C	≥30

答案：B

70. 解析：参见《民建设计技术措施》第二部分第 4.1.7 条，轻集料混凝土空心砌块墙的设计要点：

　　1　主要用于建筑物的框架填充外墙和内隔墙（A 项正确）。

　　2　用于外墙或较潮湿房间隔墙时，强度等级不应小于 MU5.0；用于一般内墙时，强度等级不应小于 MU3.5（B 项正确）。

　　3　抹面材料应与砌块基材特性相适应，以减少抹面层龟裂的可能。宜根据砌块强度等级选用与之相对应的专用抹面砂浆或聚丙烯纤维抗裂砂浆，忌用水泥砂浆抹面（C 项错误）。

　　4　砌块墙体上不应直接挂贴石材、金属幕墙（D 项正确）。

　　答案：C

71. 解析：参见《民建设计技术措施》第二部分第 4.5.7 条，空调机房、通风机房、柴油发电机房、泵房及制冷机房应采取吸声降噪措施：

　　1　中高频噪声的吸收降噪设计一般采用 20～50mm 厚的成品吸声板；

　　2　吸声要求较高的部位可采用 50～80mm 厚的吸声玻璃棉等多孔吸声材料并加适当的防护面层；

　　3　宽频带噪声的吸声设计可在多孔材料后留 50～100mm 厚的空腔或 80～150mm 厚的吸声层；

　　4　低频噪声的吸声降噪设计可采用穿孔板共振吸声结构，其板厚通常为 2～5mm、孔径为 3～6mm、穿孔率宜小于 5%。

　　题目的 4 个选项中，只有 B 项是针对低频噪声的吸声降噪措施，故应选 B。

　　答案：B

72. 解析：参见《公共建筑吊顶工程技术规程》JGJ 345—2014 第 4.2.1 条，吊杆、龙骨的尺寸与间距应符合下列规定：2 上人吊顶的吊杆应采用不小于直径 8mm 钢筋（B 项、D 项错误）或 M8 全牙吊杆。

　　参见《建筑室内吊顶工程技术规程》CECS 255：2009 第 2.2.3 条，按承受荷载能力，吊顶可分为：1 上人吊顶；2 不上人吊顶。该条的条文说明指出：本条按承受荷载能力分类，上人吊顶是指主龙骨能承受不小于 800N 荷载，次龙骨能承受不小于 300N 荷载的可上人检修的吊顶系统，一般采用双层龙骨构造。

　　参见《膨胀螺栓》JB/ZQ 4763—2006 第 2 条，相关技术参数见表 2（题 72 解表）。

相关技术参数表　　　　　　　　　　　　　　　　题 72 解表

螺栓直径，mm	M8	M10	M12	M16	M20	M24
固定膨胀螺栓的基础	混凝土					
每个膨胀螺栓基础区所允许的最大拉（压）力，kN	1.5	2.5	3.5	6	9	13
每个膨胀螺栓基础区实测允许的最大拉（压）力，kN	3.6	5.7	7.3	11.4	16.2	22.1
两个膨胀螺栓的中心距，mm	160	200	240	320	400	520
螺栓中心到边缘的距离，mm	120	150	180	240	300	390
螺栓预紧力矩，N·m	25	45	60	125	240	300

据表可知每个 M8 膨胀螺栓基础区所允许的最大拉（压）力为 1.5kN，满足上人吊顶不小于 800N 荷载的要求。因此 A 项正确。

答案：A

73. 解析：参见《公共建筑吊顶工程技术规程》JGJ 345—2014 第 2.0.1 条，吊顶系统是由承力构件、龙骨骨架、面板及配件等组成的系统。其中不包括风管，故应选 D。

答案：D

74. 解析：参见《装修验收标准》第 7.1.11 条，吊杆距主龙骨端部距离不得大于 300mm；当吊杆长度大于 1500mm 时，应设置反支撑（C 项正确）；当吊杆与设备相遇时，应调整并增设吊杆或采用型钢支架。

答案：C

75. 解析：参见《公共建筑吊顶工程技术规程》JGJ 345—2014 第 4.1.8 条（强条），重型设备和有振动荷载的设备严禁安装在吊顶工程的龙骨上（C 项错误）。第 4.2.4 条，当吊杆与管道等设备相遇、吊顶造型复杂或内部空间较高时，应调整、增设吊杆或增加钢结构转换层。吊杆不得直接吊挂在设备或设备的支架上（D 项正确）。第 4.2.8 条，当采用整体面层及金属板类吊顶时，重量不大于 1kg 的筒灯、石英射灯、烟感器、扬声器等设施可直接安装在面板上（A 项正确）；重量不大于 3kg 的灯具等设施可安装在 U 形或 C 形龙骨上，并应有可靠的固定措施（B 项正确）。

答案：C

76. 解析：参见《内部装修防火规范》第 3.0.2 条，装修材料按其燃烧性能应划分为四级，并应符合表 24-9-1 的规定。第 5.1.1 条（强条），单层、多层民用建筑内部各部位装修材料的燃烧性能等级，不应低于表 24-9-2 的规定。

在单层、多层民用建筑中，吊顶可采用不低于 B_1 级（难燃性）装修材料的建筑类型有宾馆、饭店的客房及公共活动用房等［设置送回风道（管）的集中空气调节系统的除外］、营业面积≤100m² 的餐饮场所、办公场所［设置送回风道（管）的集中空气调节系统的除外］，以及住宅；所以 C 项正确。

答案：C

77. 解析：参见《公共建筑吊顶工程技术规程》JGJ 345—2014 第 4.1.3.2 款：吊顶的防火设计应符合现行国家标准《建筑设计防火规范》GB 50016 及《建筑内部装修设计防火规范》GB 50222 的规定。有防火要求的石膏板厚度应大于 12mm，并应使用耐火石膏板（D 项正确）。

答案：D

78. 解析：参见《地面规范》附录 A 第 A.0.2 条，结合层材料及厚度，应符合题 78 解表的规定。

结合层材料及厚度（节选） 题 78 解表

面层材料	结合层材料	厚度（mm）
大理石、花岗石板	1:2 水泥砂浆 或 1:3 干硬性水泥砂浆	20~30

答案：D

79. 解析：参见《地面规范》第6.0.3条，底层地面的混凝土垫层，应设置纵向缩缝和横向缩缝，并应符合下列要求：1 纵向缩缝应采用平头缝或企口缝，其间距宜为3～6m；2 纵向缩缝采用企口缝时，垫层的厚度不宜小于150mm（D项正确），企口拆模时的混凝土抗压强度不宜低于3MPa。

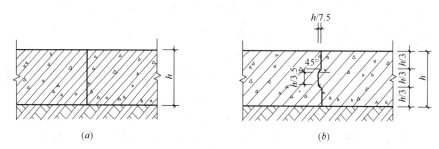

题79解图　混凝土垫层缩缝
(a) 平头缝；(b) 企口缝
h—混凝土垫层厚度

答案：D

80. 解析：参见《民建统一标准》第6.7.3条，阳台、外廊、室内回廊、内天井、上人屋面及室外楼梯等临空处应设置防护栏杆，并应符合下列规定：

2　当临空高度在24.0m以下时，栏杆高度不应低于1.05m；当临空高度在24.0m及以上时，栏杆高度不应低于1.1m。上人屋面和交通、商业、旅馆、医院、学校等建筑临开敞中庭的栏杆高度不应小于1.2m。

3　栏杆高度应从所在楼地面或屋面至栏杆扶手顶面垂直高度计算，当底面有宽度大于或等于0.22m，且高度低于或等于0.45m的可踏部位时，应从可踏部位顶面起算。

答案：C

81. 解析：参见《民建统一标准》第6.9.2条，自动扶梯、自动人行道应符合下列规定：

4　栏板应平整、光滑和无突出物（B项正确）；扶手带顶面距自动扶梯前缘、自动人行道踏板面或胶带面的垂直高度不应小于0.9m。

5　扶手带中心线与平行墙面或楼板开口边缘间的距离：当相邻平行交叉设置时，两梯（道）之间扶手带中心线的水平距离不应小于0.5m（A项错误），否则应采取措施防止障碍物引起人员伤害。

7　自动扶梯的倾斜角不宜超过30°（C项正确），额定速度不大于0.75m/s。

8　倾斜式自动人行道的倾斜角不应超过12°（D项正确），额定速度不应大于0.75m/s。

答案：A

82. 解析：示意图中1处的材料用于隐框幕墙的玻璃板块与铝框之间，应采用硅酮结构密封胶；2处的材料用于相邻玻璃板块之间缝隙的密封，应采用硅酮建筑密封胶（耐候胶）。参见《玻璃幕墙规范》第2.1.5条，框支承玻璃幕墙（frame supported glass curtain wall）为玻璃面板周边由金属框架支承的玻璃幕墙，按幕墙形式，可分为：2) 隐框玻璃幕墙（hidden frame supported glass curtain wall）为金属框架的构件完全不显露

293

于面板外表面的框支承玻璃幕墙。第 2.1.11 条，硅酮结构密封胶（structural silicone sealant）：幕墙中用于板材与金属构架、板材与板材、板材与玻璃肋之间的结构用硅酮粘接材料，简称硅酮结构胶。第 2.1.12 条，硅酮建筑密封胶（weather proofing silicone sealant）：幕墙嵌缝用的硅酮密封材料，又称耐候胶。

答案：B

83. 解析：参见国标图集《双层幕墙》07J 103-8 "5 双层幕墙分类及特征"：作为一种新型的建筑幕墙系统，双层幕墙与其他传统幕墙体系相比，最大的特点在于其独特的双层幕墙结构，具有环境舒适、通风换气的功能，保温隔热和隔声效果非常明显。

"5.3 开放式"：外层幕墙仅具有装饰功能，通常采用单片幕墙玻璃（B、D 项错误）且与室外永久连通，不封闭。开放式双层幕墙的特点：1）其主要功能是建筑立面的装饰性，建筑立面的防火、保温和隔声等性能都由内层围护结构完成（B、C 项错误），往往用于旧建筑的改造；2）有遮阳作用，其效果依设计选材而定；3）改善通风效果，恶劣天气不影响开窗换气。所以选项 A 正确。

答案：A

84. 解析：A、C、D 项做法中保温材料为 B_1 级，按照《防火规范》第 6.7.7.2 款的规定，应在保温系统中每层设置高度不应小于 300mm 的水平防火隔离带，故 A 项错误，C、D 项正确。B 项做法的保温材料为 A 级，只需要按该规范第 6.7.9 条设置防火封堵材料封堵即可；故 B 项正确。

答案：A

85. 解析：参见《玻璃幕墙规范》第 2.1.5 条，框支承玻璃幕墙按幕墙形式可分为明框、隐框和半隐框玻璃幕墙，按幕墙安装施工方法可分为单元式和构件式玻璃幕墙。因单元式玻璃幕墙是按安装施工方法分类，故应选 D。

答案：D

86. 解析：参见《玻璃幕墙规范》第 4.3.7 条，幕墙的连接部位，应采取措施防止产生摩擦噪声（D 项正确）。构件式幕墙的立柱与横梁连接处应避免刚性接触，可设置柔性垫片或预留 1~2mm 的间隙，间隙内填胶；隐框幕墙采用挂钩式连接固定玻璃组件时，挂钩接触面宜设置柔性垫片。

条文说明第 4.3.7 条，为了适应热胀冷缩和防止产生噪声，构件式玻璃幕墙的立柱与横梁连接处应避免刚性接触；隐框幕墙采用挂钩式连接固定玻璃组件时，在挂钩接触面宜设置柔性垫片，以避免刚性接触产生噪声，并可利用垫片起弹性缓冲作用。

答案：D

87. 解析：参见《建筑玻璃规程》第 4.1.13 条，光伏构件所选用的玻璃应符合下列规定：
    1 面板玻璃应选用超白玻璃，超白玻璃的透光率不宜小于 90%（A、B 项正确）；
    2 背板玻璃应选用均质钢化玻璃（D 项错误）；
    3 面板玻璃应计算确定其厚度，宜在 3~6mm 选取（C 项正确）。

答案：D

88. 解析：参见《民建设计措施》第二部分第 10.4.9 条，开启窗作为排烟窗，设计时应注意下列问题：1 设置高度不应低于储烟仓的下沿或室内净高的 1/2，并应沿火灾气流的方向开启，上悬窗不宜作为排烟使用（A 项正确）；2 宜分散布置；3 自动排烟窗附近应同时设置便于操作的手动开启装置。

答案：A

89. 解析：参见国标图集《木门窗》16J 601 第 5.2 条，夹板门在安装门锁处，需在门扇局部附加实木框料（B 项正确），并应避开边梃与中梃结合处安装。

答案：B

90. 解析：参见《防火门》GB 12955—2008 第 5.2.1.1 条，防火门的门扇内若填充材料，应填充对人体无毒无害的防火隔热材料（B 项正确）。第 5.2.4.1 条第 a) 款，防火门框、门扇面板应采用性能不低于冷轧薄钢板的钢质材料，冷轧薄钢板应符合 GB/T 708 的规定（A 项正确）。第 5.3.1.1 条，防火门安装的门锁应是防火锁。附录 A 第 A.1.2.1 条，防火锁的耐火时间应不小于其安装使用的防火门的耐火时间（D 项正确）。

答案：C

91. 解析：主要的门控五金包括地弹簧、闭门器、门锁组件、紧急开门（逃生）装置等，分为美标门控五金件、欧标门控五金件和中国标准门控五金件三大类。由于检测方法不同，美标、欧标、国标之间，门控五金件的开启次数不能直接对比。美标、欧标高档和中档门控五金件中，紧急开门（逃生）装置的开启次数测试较其他配件少，因此应选 D。

答案：D

92. 解析：参见《全国民用建筑工程设计技术措施 建筑产品选用技术（建筑·装修）》（2009 年版）第 3.2.4 条第 4 款，石材—铝蜂窝复合板：

1) 以超薄石材为面材，铝板或不锈钢板中间夹铝蜂窝板为基材，复合成的装饰板；特点是质量轻，并有弯曲弹性变形（D 项正确），适合于高层建筑和对重量有要求的装饰工程。

答案：D

93. 解析：参见《建筑幕墙》GB/T 21086—2007 第 5.3.2.1 款，铝合金型材和板材的表面处理层的厚度应满足题 93 表 1 的要求（注意表格中厚度的单位，1mm=1000μm，搪瓷瓷层厚度 0.12~0.45mm，相当于 120~450μm），由下表可知搪瓷瓷层厚度最大。

铝合金型材表面处理要求 题93表1

表面处理方法		膜层级别 （涂层种类）	厚度 t（μm）		检测方法
			平均膜厚	局部膜厚	
阳极氧化		AA15	$t \geq 15$	$t \geq 12$	测厚仪
电泳涂漆	阳极氧化膜	B	$t \geq 10$	$t \geq 8$	测厚仪
	漆膜	B	—	$t \geq 7$	测厚仪
	复合膜	B	—	$t \geq 16$	测厚仪
粉末喷涂		—	—	$40 \leq t \leq 120$	测厚仪
氟碳喷涂	二涂		$t \geq 30$	$t \geq 25$	测厚仪
	三涂		$t \geq 40$	$t \geq 35$	测厚仪

第 8.2.1.7 款，搪瓷涂层钢板的内外表层应上底釉，外表面搪瓷瓷层厚度要求如题 93 表 2。

搪瓷涂层钢板外表搪瓷瓷层厚度　　　　　　题93表2

瓷层		瓷层厚度最大值（mm）	检测方法
底釉		0.08～0.15	测厚仪
底釉＋层面釉	干法涂搪	0.12～0.30（总厚度）	测厚仪
	湿法涂搪	0.30～0.45（总厚度）	测厚仪

答案： D

94. **解析：** 选项A抛光和哑光工艺均显示出了石材的全部颜色和纹理特征。而B、C、D项则使大理石表面不平滑且无光泽，故不能显示其优美的纹理。

    答案： A

95. **解析：** 参见《装修验收标准》第9.2.7条，采用湿作业法施工的石板安装工程，石板应进行防碱封闭处理。石板与基体之间的灌注材料应饱满、密实。

    答案： B

96. **解析：** 干挂石材幕墙基本构造分为缝挂式和背挂式两大类。缝挂式插板有T形、L形、SE组合型等，但相邻板材共用一个挂件（T形），可拆装性较差，石材破坏率高；以往常用的销钉式因石材局部受压大、易损坏；SE组合型是较好的缝挂方式。背挂式是采用Y形、R形挂件在石材背面固定，板与板之间没有联系，排除了热胀冷缩的相互影响，安装牢固、抗震性能好、更适合于异形石材板块；背栓连接与背挂有相同的优点；因此D项正确。

    参见《建筑幕墙》GB/T 21086—2007第7.6条，可维护性要求：石材幕墙的面板宜采用便于各板块独立安装和拆卸的支承固定系统，不宜采用T形挂装系统（B项、C项错误）。

    另《金属石材幕墙规范》第4.3.5条，上下用钢销支撑的石材幕墙，应在石板的两个侧面或在石板背面的中心区另采取安全措施，并应考虑维修方便（A项错误）。第4.3.6条，上下通槽式或上下短槽式的石材幕墙，均宜有安全措施，并应考虑维修方便。

    答案： D

97. **解析：** 参见《金属石材幕墙规范》第4.1.3条，石材幕墙中的单块石材板面面积不宜大于1.5m²。

    答案： B

98. **解析：** 参见国标图集《变形缝建筑构造》14J 936第4.2条，建筑变形缝装置的种类和构造特征见题98解表。查表可知，楼面与内墙、顶棚的变形缝装置不包含保温层；故应选C。

建筑变形缝装置的种类和构造特征　　　　　　题98解表

使用部位	构造特征						
	金属盖板型	金属卡锁型	橡胶嵌平型	防震型	承重型	阻火带	止水带	保温层
楼面	√	√	单列双列	√	√	—	√	
内墙、顶棚	√	√	—			√	—	—

使用部位	构造特征							
	金属盖板型	金属卡锁型	橡胶嵌平型	防震型	承重型	阻火带	止水带	保温层
外墙	✓	✓	橡胶	✓	—	—	✓	✓
屋面	✓	—	—	✓	—	—	✓	✓

答案：C

99. **解析：** 各选项图示分别为：C系列外墙盖板型变形缝、C系列外墙嵌平型变形缝、C系列外墙嵌平防震型变形缝、C系列外墙卡锁型变形缝，参见国标图集《变形缝建筑构造》14J 936（题99解图）。

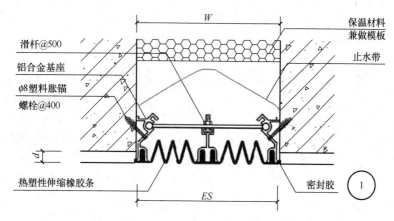

题99解图　C系列外墙嵌平防震型变形缝

答案：C

100. **解析：** 参见《地下防水规范》第5.1.2条，用于伸缩的变形缝宜少设，可根据不同的工程结构类别、工程地质情况采用后浇带、加强带、诱导缝等替代措施（A、C、D项正确）。

答案：B

2018年试题、解析及答案

2018年试题

1. 建筑材料按照基本成分分类，正确的是( )。
   A 有机材料、无机材料
   B 天然材料、人工材料
   C 胶凝材料、气凝材料、水凝材料
   D 金属材料、非金属材料、复合材料
2. 下列属于有机材料的是( )。
   A 水玻璃　　　B 涂料　　　C 石膏　　　D 陶瓷
3. 材料密度的俗称是( )。
   A 自重　　　B 密实度　　　C 比重　　　D 容重
4. 软化系数用来表示材料的哪种特性？( )
   A 吸水性　　　B 吸湿性　　　C 耐水性　　　D 抗渗性
5. 下列材料导热率最大的是( )。
   A 水　　　B 松木　　　C 花岗岩　　　D 普通混凝土
6. 下列不属于脆性材料的是( )。
   A 灰铸铁　　　B 汉白玉　　　C 建筑钢材　　　D 混凝土
7. 下列材料孔隙率最高的是( )。
   A 木材　　　B 花岗岩　　　C 泡沫塑料　　　D 轻质混凝土
8. 材料耐磨性与哪个性质无关？( )
   A 表面硬度　　　B 抗压强度　　　C 外部质感　　　D 内部构造
9. 装修材料的放射性等级中，哪一类可用在教室？( )
   A A类　　　B B类　　　C C类　　　D B、C类
10. 下列哪座建筑并非天然石材所建？( )
    A 中国赵州桥　　　　　　　B 印度泰姬陵
    C 科威特大塔　　　　　　　D 埃及太阳神庙
11. 下列可用于纪念性建筑，并满足耐酸要求的砂岩是( )。
    A 硅质砂岩　　　B 钙质砂岩　　　C 铁质砂岩　　　D 镁质砂岩
12. 低塑性混凝土的坍落度为( )。
    A 接近0　　　B 10～40mm　　　C 40～80mm　　　D 大于150mm
13. 厚大体积混凝土不得使用( )。
    A 普通水泥　　　B 矿渣水泥　　　C 硅酸盐水泥　　　D 粉煤灰水泥
14. 下列木材抗弯强度最大的是( )。
    A 北京刺槐　　　B 东北白桦　　　C 湖南杉树　　　D 华山松
15. 以下哪项是现存的传统木构建筑？( )
    A 陕西黄帝陵祭祀大殿　　　B 江西南昌滕王阁
    C 山西应县释迦塔　　　　　D 湖北武昌黄鹤楼

16. 关于不锈钢下列说法错误的是(　　)。
    A 不属于高合金钢　　　　　　　　B 含铁、碳、铬、镍
    C 含硅、锰、钛、钒　　　　　　　D 不可着色、抛光

17. 下列哪种金属的粉末可以用作调制金属防锈涂料？(　　)
    A 铜　　　　B 镁　　　　C 铁　　　　D 铝

18. 钢材的热脆性由哪种元素引起(　　)。
    A 硅　　　　B 锰　　　　C 镍　　　　D 硫

19. 用于调制装饰涂料以代替"贴金"的金属粉末是(　　)。
    A 铝粉　　　B 镁粉　　　C 铁粉　　　D 黄铜粉

20. 建筑石膏与石灰相比，下列哪项是不正确的？(　　)
    A 石膏密度大于石灰密度　　　　　B 建筑石膏颜色白
    C 石膏的防潮耐水性差　　　　　　D 石膏的价格更高

21. 弹性地板不适用于(　　)。
    A 医院手术室　　B 图书馆阅览室　　C 影剧院门厅　　D 超市售货区

22. 冷底子油是以下何种材料？(　　)
    A 沥青涂料　　B 沥青胶　　C 防水涂料　　D 嵌缝材料

23. "浮法玻璃"的中文名字来源于一种玻璃成型技术，其发明国家是(　　)。
    A 中国　　　B 法国　　　C 英国　　　D 美国

24. 地面垫层用的"四合土"其原材料是(　　)。
    A 炉渣、砂子、卵石、石灰　　　　B 碎砖、石灰、中沙、稀土
    C 砂石、水泥、碎砖、石灰膏　　　D 粗砂、碎石、黏土、炉渣

25. 当代三大合成高分子材料中并不含(　　)。
    A 合成橡胶　　B 合成涂料　　C 合成纤维　　D 各种塑料

26. 下列常用地坪涂料面漆，固化温度最低的是(　　)。
    A 环氧树脂类　B 聚氨酯类　　C 丙烯酸树脂类　D 乙烯基酯类

27. 下列关于硅橡胶嵌缝材料说法错误的是(　　)。
    A 低温柔韧性好（-60℃）　　　　B 耐热性不高（小于等于60℃）
    C 价格比较贵　　　　　　　　　　D 耐腐蚀、耐久

28. 现在使用的塑料地板绝大部分为(　　)。
    A 聚乙烯地板　　　　　　　　　　B 聚丙乙烯地板
    C 聚氯乙烯地板　　　　　　　　　D 聚乙烯-醋酸乙烯地板

29. 下列有预应力的玻璃是(　　)。
    A 物理钢化玻璃　　　　　　　　　B 化学钢化玻璃
    C 减薄夹层玻璃　　　　　　　　　D 电热夹层玻璃

30. 点支承地板玻璃应采用(　　)。
    A 夹层玻璃　　　　　　　　　　　B 夹丝玻璃
    C 夹层夹丝玻璃　　　　　　　　　D 钢化夹层玻璃

31. 幼儿园所选窗帘的耐火等级应为(　　)。
    A A级　　　B B_1级　　　C B_2级　　　D B_3级

32. 以下材料中，常温下导热系数最低的是（   ）。
    A 玻璃棉板   B 软木板
    C 加气混凝土板   D 挤塑聚苯乙烯泡沫塑料板

33. 石膏空心条板的燃烧性能为（   ）。
    A 不燃   B 难燃   C 可燃   D 易燃

34. 配电室的顶棚可以采用以下哪种材料？（   ）
    A 水泥蛭石板   B 岩棉装饰板
    C 纸面石膏板   D 水泥刨花板

35. 以下哪种材料无需测定其放射性核素限量？（   ）
    A 汉白玉   B 混凝土   C 陶瓷   D 铅板

36. 以下材料中吸声效果最好的是（   ）。
    A 50mm 厚玻璃棉   B 50mm 厚脲醛泡沫塑料
    C 44mm 厚泡沫玻璃   D 30mm 厚毛毯

37. 以下材料可以称为"绿色建材"的是（   ）。
    A 清水混凝土   B 现场拌制砂浆
    C Q345 钢材   D 聚乙烯醇水玻璃

38. 在生产过程中，二氧化碳排放量最多的材料是（   ）。
    A 铝   B 钢   C 水泥   D 石灰

39. 生产单位重量下列材料，消耗能源最高的是？（   ）
    A 水泥   B 实心黏土砖   C 铝材   D 钢材

40. 不能称为"绿色建筑"的做法是（   ）。
    A 选用铝合金型材   B 更多使用木制品
    C 采用清水混凝土预制构件   D 利用当地窑烧黏土砖

41. 哪种材料不适于作为室外地面混凝土垫层的填缝材料？（   ）
    A 沥青麻丝   B 沥青砂浆
    C 橡胶沥青嵌缝油膏   D 木制嵌条

42. 题 42 图所示透水沥青路面的排水方式为（   ）。

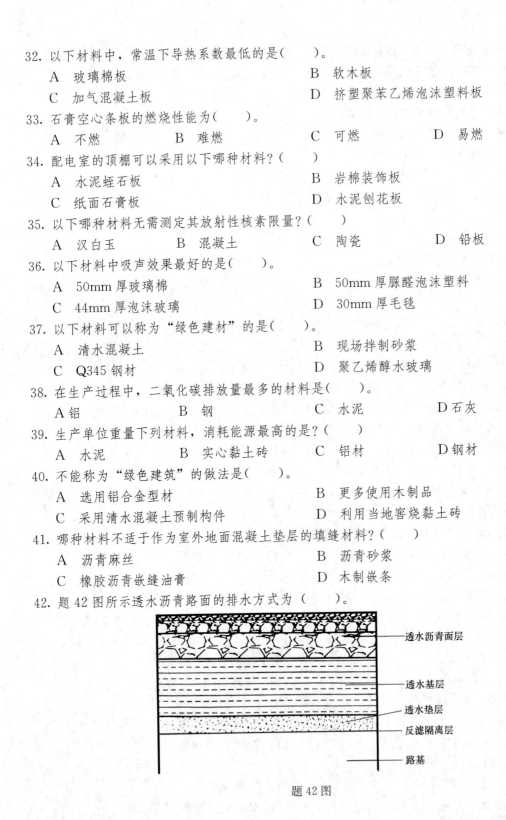

题 42 图

A 路表水进入表层面后排入邻近排水设施
B 路表水由面层进入基层后排入邻近排水设施

C 路表水由面层进入垫层后排入邻近排水设施
D 路表水进入路面后渗入路基

43. 居住区内纵坡为8%的机动车道路，长度不得超多少米？（　　）
   A 200m　　　　　B 400m　　　　　C 600m　　　　　D 800m

44. 车行透水路面基层所选材料，以下选项错误的是（　　）。
   A 级配碎石　　　　　　　　B 透水混凝土
   C 灰土垫层　　　　　　　　D 骨架空隙型水泥稳定碎石

45. 地下室水泥砂浆防水层的以下说法，错误的是（　　）。
   A 属于刚性防水，宜采用多层抹压法施工
   B 可用于地下室结构主体的迎水面或背水面
   C 适用于受持续振动的地下室
   D 适用于面积较小且防水要求不高的工程

46. 地下室窗井的防水做法，错误的是（　　）。
   A 窗井底部高度高于最高地下水位时，宜与主体结构断开
   B 窗井底部高度低于最高地下水位时，应与主体结构连成整体
   C 窗井墙高出室外地面不得小于300mm
   D 窗井内的底板应比窗下缘低300mm

47. 地下工程种植顶板的防排水构造，错误的是（　　）。
   A 耐根穿刺防水层上方应设置细石混凝土保护层
   B 耐根穿刺防水层与普通防水层之间应设置隔离层
   C 保护层与防水层之间应设置隔离层
   D 过滤层材料的搭接宽度不小于200mm

48. 图示地下室构造尺寸中，错误的是（　　）。

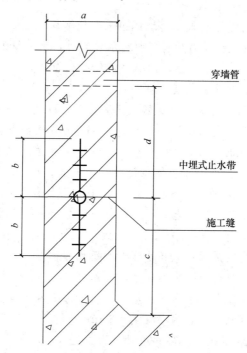

A $a \geqslant 250mm$　　　　　　　　　B $b \geqslant 200mm$
C $c \geqslant 300mm$　　　　　　　　　D $d \geqslant 250mm$

49. 装配式建筑预制混凝土外墙板的构造要求，以下说法错误的是（　　）。
   A 水平接缝用高低缝
   B 水平接缝用企口缝
   C 竖缝采用平口、槽口构造
   D 最外层钢筋的混凝土保护层厚度不应小于20mm

50. 关于砌体结构砌筑砂浆强度等级的说法，错误的是（　　）。
   A 与墙体的高厚比有关　　　　　　B 与建筑的高度、层数有关
   C 与建筑的部位有关　　　　　　　D 与砌块强度无关

51. 用于非承重墙体的加气混凝土砌块，下列说法错误的是（　　）。
   A 用于外墙时，厚度不应小于250mm
   B 应采用专用砂浆砌筑
   C 强度低于A3.5时，应在墙底部做导墙
   D 用作外墙时，应做饰面防护层

52. 抗震设防地区建筑墙身防潮层应采用（　　）。
   A 水泥砂浆　　　B 防水砂浆　　　C 防水涂料　　　D 防水卷材

53. 多层砌体结构女儿墙抗震设防做法，错误的是（　　）。
   A 女儿墙厚度大于200mm
   B 女儿墙高度大于0.5m时，设构造柱
   C 女儿墙高度大于1.5m时，构造柱间距应增大
   D 压顶厚度不小于60mm

54. 关于外墙保温的做法，错误的是（　　）。
   A 卫生间贴面砖的保温板与基层墙体应采用胶粘剂
   B 保温层尺寸稳定性差或面层材料收缩值较大时，宜采用耐水腻子
   C 无机保温板面层增强材料宜用耐碱玻璃纤维网布
   D 厨房保温面板上采用耐水腻子

55. 建筑物采用外墙保温系统需要设置防火隔离带时，以下说法错误的是（　　）。
   A 应每层设置水平防火隔离带　　　B 应在表面设置防护层
   C 高度不小于300mm　　　　　　　D 可采用与保温系统相同的保温材料

56. 块瓦屋面保温层上铺细石混凝土做持钉层时，防水垫层设置不正确的是（　　）。
   A 防水垫层应铺在顺水条下面　　　B 防水垫层应铺设在屋面板上
   C 防水垫层应铺设在保护层上　　　D 防水垫层应铺设在保温层下

57. 屋面排水口的设置，不正确的是（　　）。
   A 每个汇水面积内的屋面一般不少于2个落水口
   B 每个汇水面积内的天沟一般不少于2个落水口
   C 小于一个落水口最大汇水面积的屋面可只设一个落水口
   D 外檐天沟两个落水口的距离不宜大于24m

58. 屋面工程中，细石混凝土保护层和卷材、涂膜防水层之间应设（　　）。

A 结合层　　　　　B 隔离层　　　　　C 隔汽层　　　　　D 隔热层

59. 花园式种植屋面防水层的保护层宜采用（　　）。
   A 水泥砂浆　　　　　　　　　B 细石混凝土
   C 土工布　　　　　　　　　　D 聚乙烯丙纶防水卷材

60. 檐沟、天沟分水线处最小深度为（　　）。
   A 250mm　　　B 200mm　　　C 150mm　　　D 100mm

61. 关于屋面坡度设计，下列说法错误的是（　　）。
   A 倒置式屋面坡度宜为3%
   B 紧固件连接压型金属板屋面排水坡度不宜小于5%
   C 沥青瓦屋面坡度不应小于20%
   D 烧结瓦屋面坡度不应小于30%

62. 某倒置式屋面保温层厚度按热工计算需要60mm，那么设计厚度应为（　　）。
   A 60mm　　　B 65mm　　　C 70mm　　　D 75mm

63. 关于复合防水层设计，下列说法错误的是（　　）。
   A 防水涂料应与防水卷材相容
   B 防水卷材粘贴材料不得使用挥发固化型防水涂料
   C 水泥基防水涂料应待涂膜实干后再采用热熔法铺贴卷材
   D 防水卷材宜设置在涂膜层上面

64. 关于屋面排汽构造，下列说法错误的是（　　）。
   A 倒置式屋面宜设排汽孔　　　B 找平层设置的分格缝兼作排汽道
   C 排汽道应纵横贯通或与排汽孔相通　　D 面积为36m^{2}的屋面宜设置一个排汽孔

65. 关于屋面位移接缝密封材料的防水设计，以下说法正确的是（　　）。
   A 采光顶隐框玻璃和幕墙接缝应采用硅酮耐候密封胶
   B 高聚物改性沥青卷材接头应采用高分子密封材料
   C 接缝处的背衬材料应大于接缝宽度的10%
   D 背衬材料应选择与密封材料不粘结的材料

66. 关于装配式混凝土建筑轻质隔墙系统的设计，以下说法错误的是（　　）。
   A 隔墙系统结合室内管线的敷设进行构造设计
   B 隔墙系统应满足不同功能房间的隔声要求
   C 隔墙端部与结构系统应采用刚性连接
   D 隔墙的墙板接缝处应进行密封处理

67. 加气混凝土条板用于卫生间隔墙时，墙体防水层的高度为（　　）。
   A 由地面通高至天花板　　　　B 高于地面1.8m
   C 高于地面1.5m　　　　　　　D 高于地面300mm

68. 医院病房与其他部分的隔墙，采用不燃烧墙体的耐火极限是（　　）。
   A 0.5h　　　B 1.0h　　　C 1.5h　　　D 2.0h

69. 产生低频噪声的设备机房，其墙体所采用的吸声降噪措施，正确的是（　　）。
   A 20～50mm厚成品吸声板　　　B 50～80mm厚吸声玻璃棉
   C 多孔材料背后加空气层　　　D 2～5mm穿孔薄板共振吸声体

70. 关于轻集料混凝土空心砌体，错误的是（　　）。
    A 潮湿房间的隔墙强度不小于 MU5.0　　B 宜用水泥砂浆抹面
    C 可用聚丙烯纤维抗裂砂浆抹面　　　　D 不可直接挂贴石材

71. 关于轻质条板隔墙的构造设计，下列说法错误的是（　　）。
    A 顶端为自由端的条板隔墙，应做压顶
    B 门窗上部墙体高度大于 900mm 时，应配钢筋过梁
    C 双层条板隔墙两侧条板竖缝错缝不应小于 200mm
    D 抗震设防地区条板隔墙安装长度超 6m 时，应设置构造柱

72. 公共建筑吊顶吊杆长度大于 2500mm 时，应采用哪种加强措施？（　　）
    A 加大吊杆直径　　　　　　　　　　　B 加大龙骨尺寸
    C 做反支撑　　　　　　　　　　　　　D 做钢结构转换层

73. 关于防空地下室顶板的装修做法，错误的是（　　）。
    A 抹灰顶棚　　B 刮腻子顶棚　　C 涂料顶棚　　C 不可直接挂石材

74. 幼儿园建筑中，各部位材料的燃烧性能，错误的是（　　）。
    A 吊顶 A 级　　B 墙面 B_1 级　　C 地面 B_1 级　　D 隔断 B_1 级

75. 关于吊顶设计，下列说法正确的是（　　）。
    A 吊顶采用石棉水泥板　　　　　　　　B 人工采光玻璃吊顶采用冷光源
    C 吊顶采用普通玻璃　　　　　　　　　D 照明灯具安装在 B_2 级材料上

76. 一类高层建筑物的吊顶可以采用哪种材料？（　　）
    A 轻钢铝合金条板　　　　　　　　　　B 纸面石膏板
    C 矿棉吸声板　　　　　　　　　　　　D 装饰石膏板

77. 吊杆的固定方式，错误的是（　　）。
    A 上人吊顶吊杆采用预埋件安装
    B 重型吊顶采用后置连接件
    C 轻型吊顶采用膨胀螺栓
    D 吊杆不得吊装在设备支架上

78. 住宅卫生间楼地面防水层向外延伸的长度为（　　）。
    A 200mm　　　　B 300mm　　　　C 400mm　　　　D 500mm

79. 耐酸瓷砖、耐酸瓷板楼面面层的灰缝采用树脂胶泥时，结合层宜选用（　　）。
    A 干硬性水泥砂浆　　　　　　　　　　B 石灰水泥砂浆
    C 树脂石英粉胶泥　　　　　　　　　　D 聚合物水泥砂浆

80. 以下关于预防夏热冬冷地区结露现象的说法，错误的是（　　）。
    A 底层 500mm 高处做地垄墙架空层　　 B 采用导热系数大的地面材料
    C 地面构造热阻不小于外墙的 1/2　　　 D 架空地面勒脚处采用通风箅子

81. 以下关于消防电梯，说法错误的是（　　）。
    A 电梯层门的耐火极限不小于 1 小时　　B 内部装修采用难燃材料
    C 电梯间前室门前宜设挡水设施　　　　D 控制面板采取防水措施

82. 自动人行道的最大倾斜角为（　　）。
    A 12°　　　　　B 15°　　　　　C 18°　　　　　D 20°

83. 以下关于玻璃幕墙，说法错误的是（   ）。
    A 点支承玻璃肋采用钢化玻璃   B 点支承面板玻璃采用钢化玻璃
    C 框支承玻璃幕墙采用安全玻璃   D 商场玻璃幕墙采用安全玻璃

84. 装配式混凝土结构应采用下列哪种玻璃幕墙？（   ）
    A 构件式玻璃幕墙   B 点支承玻璃幕墙
    C 单元式玻璃幕墙   D 全玻璃幕墙

85. 以下关于全玻璃幕墙，说法错误的是（   ）。
    A 玻璃板面和结构面的空隙应密封   B 面板玻璃厚度不小于10mm
    C 夹层玻璃单片厚度不小于6mm   D 玻璃肋截面不小于12mm

86. 关于幕墙的防渗构造，以下说法错误的是（   ）。
    A 单元式幕墙设泄水孔   B 排水装置设在室外，应设有防风装置
    C 幕墙横梁截面采用等压原理设计   D 石材幕墙的排水管位于室外

87. 石材幕墙不宜采用（   ）。
    A T型挂装系统   B ES型组合挂装
    C 背栓式   D 通槽、短槽式

88. 关于玻璃幕墙密封胶，以下说法错误的是（   ）。
    A 隐框玻璃幕墙中玻璃与铝型材采用中性硅酮胶
    B 镀膜点支承幕墙采用酸性硅酮耐候密封胶
    C 全玻璃幕墙可采用酸性硅酮耐候密封胶
    D 玻璃幕墙的耐候密封采用中性硅酮类耐候密封胶

89. 无保温层的釉面砖外墙，门窗洞口与门窗框间隙为（   ）。
    A 10～15mm   B 15～20mm   C 20～25mm   D 30～35mm

90. 关于门开启方向，以下说法正确的是？（   ）
    A 小学外门采用双向弹簧门   B 幼儿园采用单向弹簧门
    C 锅炉房与生活间之间的门，开向生活间 D 残疾人卫生间采用感应推拉门

91. 关于门的五金件，下列说法错误的是（   ）。
    A 办公楼走道上的防火门只装闭门器
    B 双向弹簧门可采用油压闭门器
    C 控制人员进出的疏散门上安装逃生推杠
    D 单向弹簧门可以采用地弹簧

92. 适用于胶粘法的石材厚度宜为（   ）。
    A 5～8mm   B 9～12mm   C 13～15mm   D 16～20mm

93. 关于室内饰面玻璃，下列说法错误的是（   ）。
    A 室内消防通道墙面不宜采用饰面玻璃
    B 室内饰面玻璃可以采用点式幕墙安装
    C 饰面玻璃距楼地面高度大于3m，应采用钢化玻璃
    D 室内饰面玻璃可采用隐框幕墙安装

94. 食品库房不应采用以下哪种地面？（   ）
    A 沥青砂浆   B 水泥基自流平

C 细石混凝土   D 水磨石

95. 有空气洁净度要求的房间地面，下列说法错误的是？（ ）
    A 不可采用花岗岩   B 可采用 PVC
    C 可用树脂砂浆   D 不可用聚酯涂层

96. 考虑环保要求，内墙涂料应首选以下哪种涂料？（ ）
    A 无机水性涂料   B 树脂水性涂料
    C 抹灰涂料   D 树脂溶剂型涂料

97. 关于外墙内保温材料的防火性能，下列做法错误的是？（ ）
    A 避难走道 A 级   B 商场 A 级
    C 办公 B_1 级   D 住宅 B_2 级

98. 关于金属板屋面变形缝的设计，以下说法错误的是？（ ）
    A 金属板在主体结构的变形缝处宜断开
    B 金属板最大伸缩变形量不应超过 150mm
    C 变形缝上部应加扣带伸缩的金属盖板
    D 变形缝间距不宜大于 30m

99. 那些管线不能穿越抗震缝？（ ）
    A 电线、电缆   B 通风管道
    C 给水管   D 排水管

100. 多层砌体结构设置抗震缝的要求，下列说法错误的是？（ ）
    A 各部分刚度不同时宜设抗震缝
    B 立面高度相差大于 6m 时宜设抗震缝
    C 抗震缝宽度可采用 70~100mm
    D 可只在较低一侧砌墙

2018 年试题解析及答案

1. **解析**：建筑材料按照成分划分为金属材料（包括黑色金属和有色金属）、非金属材料（无机材料和有机材料）和复合材料。也可划分为无机材料（金属材料和非金属材料）、有机材料和复合材料。其中第二种分类方法应用更为普遍。
   答案：D

2. **解析**：水玻璃、石膏和陶瓷属于无机非金属材料。涂料的主要成膜物质为高分子聚合物，属于有机材料。
   答案：B

3. **解析**：密度是指材料在绝对密实状态下单位体积的质量，单位为 g/cm^3。比重也称相对密度，是指物质的密度与在标准大气压、4℃的纯水下的密度的比值，比重是无量纲。因为在标准大气压下，4℃水的密度为 $1g/cm^3$，所以物质的密度与比重数值相同，因此，密度俗称比重。密实度是指材料中固体物质的体积占自然状态总体积的百分率，反映材料的致密程度。容重为表观密度的俗称。
   答案：C

4. **解析**：吸水性的指标为吸水率；吸湿性的指标为含水率；耐水性的指标为软化系数；抗渗性的指标为渗透系数或抗渗等级。

   答案：C

5. **解析**：导热率即导热系数，反映材料传递热量的能力；导热系数越大，材料的传热能力越强，保温性能越差。材料的组成成分对其导热性能的影响为：金属材料的导热性能好于非金属材料，无机材料的导热性能好于有机材料。此外，材料的导热性能与孔隙率有关，孔隙率越小，导热性能越好。三种固体材料中，花岗岩孔隙率最小，密实度最大，导热系数最大；其次是普通混凝土，松木孔隙率最大。

   查表23-3可知，水的导热系数为$0.58W/(m·K)$；松木的导热系数为$0.15W/(m·K)$；花岗岩的导热系数为$2.9W/(m·K)$；普通混凝土的导热系数为$1.8W/(m·K)$。所以，四种物质中，花岗岩的导热率最大。

   答案：C

6. **解析**：材料受外力作用，当外力达到一定数值时，材料发生突然破坏，且破坏时无明显的塑性变形，这种性质称为脆性，具有这种性质的材料称脆性材料。脆性材料的抗压强度比抗拉强度大很多；各种非金属材料，如混凝土、石材等属于脆性材料，铸铁也属于脆性材料；脆性材料适合作承压构件。建筑钢材为韧性材料。

   答案：C

7. **解析**：孔隙率是指材料中孔隙体积占总体积的百分率，反映材料的致密程度，孔隙率越大，材料的表观密度越小，即材料越轻。四种材料中泡沫塑料最轻，孔隙率最大；花岗岩最重，孔隙率最小。四种材料的具体孔隙率值为：木材的孔隙率约为55%～75%，花岗岩孔隙率约为0.6%～1.5%，泡沫混凝土的孔隙率约为95%～99%，轻质混凝土的孔隙率约为60%左右。

   答案：C

8. **解析**：材料的耐磨性是指材料表面抵抗磨损的能力，用磨损率表示。材料的耐磨性与材料的强度、硬度和内部构造有关；一般材料的强度越高，硬度越大；内部构造越致密，材料的耐磨性越好。材料的耐磨性与其表面质感无关。

   答案：C

9. **解析**：《建筑材料放射性核素限量》GB 6566—2010 第3.2条，根据装饰装修材料放射性水平大小，将其划分为A、B、C三类。(1)装饰装修材料中天然放射性核素镭-226、钍-232、钾-40的放射性比活度同时满足$I_{Ra}≤1.0$和$I_r≤1.3$要求的为A类装饰装修材料，A类装饰装修材料的产销和使用范围不受限制；(2)不满足A类装饰装修材料要求但同时满足$I_{Ra}≤1.3$和$I_r≤1.9$要求的为B类装饰装修材料，B类装饰装修材料不可用于Ⅰ类民用建筑的内饰面，但可用于Ⅱ类民用建筑、工业建筑内饰面及其他一切建筑的外饰面；(3)不满足A、B类装饰装修材料要求但满足$I_r≤2.8$要求的为C类装饰装修材料，C类装饰装修材料只可用于建筑物的外饰面及室外其他用途。

   民用建筑分为Ⅰ类民用建筑和Ⅱ类民用建筑。Ⅰ类民用建筑包括住宅、老年公寓、托儿所、医院、学校、办公楼和宾馆等；Ⅱ类民用建筑包括商场、文化娱乐场所、书店、图书馆、展览馆、体育馆和公共交通候车室、餐厅、理发店等。

   教室属于Ⅰ类民用建筑，其室内装修应选择A类装饰装修材料。

答案：A

10. 解析：中国赵州桥、印度泰姬陵和埃及太阳神庙均为采用天然石材建造。科威特大塔1973年动工，1977年2月落成。建造此塔是为向市内高层建筑供水，但独具匠心的设计者却把它设计成了既可贮水又可供人游览的高空大塔。此塔主要采用钢筋混凝土作为结构材料。

    答案：C

11. 解析：天然岩石的化学成分中二氧化硅含量大于63%的为酸性岩石，耐酸性强。在选项的四种砂岩中，硅质砂岩中二氧化硅含量最高，属于酸性岩石，是可用于纪念性建筑并满足耐酸要求的砂岩。

    答案：A

12. 解析：混凝土拌合物的流动性可用坍落度、维勃稠度和扩展度表示。坍落度小于10mm的干硬性混凝土拌合物用维勃稠度表示，坍落度用于检验坍落度不小于10mm的混凝土拌合物，扩展度用于表示泵送高强混凝土和自密实混凝土。《混凝土质量控制标准》GB 50164—2011将混凝土拌合物按照坍落度划分S1～S5五级（见表23-28）。

    《混凝土质量控制标准》GB 50164—92按照坍落度将混凝土拌合物分为低塑性混凝土、塑性混凝土、流动性混凝土和大流动性混凝土，分别对应于S1～S5级。所以低塑性混凝土的坍落度对应于S1，即坍落度为10～40mm。

    答案：B

13. 解析：厚大体积混凝土应选用水泥水化放热量少的水泥，四个选项中的硅酸盐水泥水化放热量最大，所以厚大体积混凝土不得使用硅酸盐水泥。

    答案：C

14. 解析：北京刺槐抗弯强度为127MPa，东北白桦的抗弯强度为90MPa，湖南杉树的抗弯强度为64MPa，华山松的抗弯强度为107MPa。所以四种木材中北京刺槐的抗弯强度最大。

    答案：A

15. 解析：陕西黄帝陵祭祀大殿最近一次整修是1993年开始，第一期工程2001年8月竣工。江西南昌滕王阁为江南三大名楼之一，今日的滕王阁是1989年重建。湖北武汉的黄鹤楼始建于三国时期吴黄武二年（公元223年），现在的黄鹤楼是1985年重建的。山西应县释迦塔，因其所在地而俗称为应县木塔，被认定为辽代始建，应县木塔被认为是世界现存最古老、最高的木塔，被誉为"天下第一塔"。

    答案：C

16. 解析：合金元素含量大于10%为高合金钢。不锈钢为含铬12%以上的合金钢，还可以加入镍、钛等合金元素，所以不锈钢为高合金钢。合金钢具有良好的耐腐蚀性和抛光性。以不锈钢为基板，可用化学氧化法制成彩色不锈钢。

    答案：A、D

17. 解析：铝粉（俗称银粉），主要用于调制各种装饰材料和金属防锈涂料。铝粉也用作加气混凝土的发气剂（或称加气剂）。

    答案：D

18. **解析：** 硫是钢材中的有害元素，硫含量高的钢材在高温下进行压力加工时，容易脆裂，这种现象称为热脆性。

    答案： D

19. **解析：** 黄铜粉俗称金粉，用于调制装饰涂料，代替"贴金"。

    答案： D

20. **解析：** 生石灰的密度约为 $3.2g/cm^3$，石膏的密度为 $2.5\sim2.8\ g/cm^3$；建筑石膏颜色洁白，适用于室内装饰用抹灰、粉刷；建筑石膏制品的化学成分为二水硫酸钙，能溶于水，所以防潮、耐水性差，抗冻性差，只能用于室内干燥环境中；建筑石膏工艺复杂，价格比石灰高。

    答案： A

21. **解析：** 弹性地板不适用于室外环境，也不适合用于经常受到重度荷载或对地面有严重刮擦的区域，如购物中心、大型仓库等公共建筑的入口处和公路、铁路运输车站等。影剧院属于公共建筑，故其门厅不适宜采用弹性地板。

    答案： C

22. **解析：** 冷底子油是将沥青溶解于汽油、轻柴油或煤油中制成的沥青涂料，可在常温下用于防水工程的底层，故称为冷底子油。涂刷在混凝土、砂浆或木材等基层的表面上，能很快渗入基层孔隙中，待溶剂挥发后，便与基层牢固结合。沥青涂料应该属于防水涂料的一种；此外，防水涂料还包括高聚物改性沥青防水涂料和合成高分子防水涂料。

    答案： A

23. **解析：** 浮法玻璃是20世纪50年代由英国皮尔金顿玻璃公司的阿士达·皮尔金顿爵士发明的。该方法是将玻璃熔液流入装有熔融金属锡的容器内，玻璃液浮于锡液表面后自然形成两边平滑的表面。

    答案： C

24. **解析：** 依据《建筑地面工程施工质量验收规范》GB 50209—2010，灰土垫层为熟化石灰：黏性土、粉质黏土、粉土＝3∶7或2∶8；三合土垫层为石灰∶砂∶碎料＝1∶2∶4；四合土由水泥、石灰、砂与碎料组成。

    答案： C

25. **解析：** 当代三大合成高分子材料为合成橡胶、塑料和合成纤维。

    答案： B

26. **解析：** 环氧树脂的固化温度为60～80℃，聚氨酯固化温度为80～90℃，丙烯酸树脂的固化温度为120℃左右，乙烯基酯的固化温度为110℃左右。

    答案： A

27. **解析：** 硅橡胶是指主链由硅和氧原子交替构成，硅原子上通常连有两个有机基团的橡胶。硅橡胶耐低温性能良好，一般在－55℃下仍能工作；引入苯基后，可达－73℃。硅橡胶的耐热性能也很突出，在180℃下可长期工作，稍高于200℃也能承受数周或更长时间仍有弹性，瞬时可耐300℃以上的高温。但是价格较贵，适用于低温或高温下的嵌缝。

    答案： B

28. 解析：聚氯乙烯（PVC）地板是一种非常流行的轻体地面装饰材料，也称为"轻体地板"。聚乙烯主要用于防火材料、给水排水管和绝缘材料；聚丙烯主要用于制作管材、卫生洁具等；聚苯乙烯主要以泡沫塑料的形式作为隔热材料。

    答案：C

29. 解析：钢化玻璃是一种预应力玻璃，为提高玻璃的强度，通常使用化学或物理的方法（物理方法即淬火，目前建筑玻璃的钢化均用此法）在玻璃表面形成压应力，玻璃承受外力时首先抵消表层应力，从而提高了承载能力，改善了玻璃的抗拉强度。钢化玻璃的主要优点有两条：第一是强度较之普通玻璃提高数倍，抗弯强度是普通玻璃的3~5倍，抗冲击强度是普通玻璃5~10倍，提高强度的同时亦提高了安全性；第二个优点是其承载能力增大改善了易碎性质，即使钢化玻璃破坏也呈无锐角的小碎片状，极大地降低了对人体的伤害。钢化玻璃耐急冷急热的性质较之普通玻璃有2~3倍的提高，一般可承受150℃以上的温差变化，对防止热炸裂也有明显的效果。故本题选项A、B均正确。

    答案：A、B

30. 解析：依据《建筑玻璃规程》第9节，地板玻璃设计规定，地板玻璃适宜采用隐框支承或点支承；第9.1.2条提到地板玻璃必须采用夹层玻璃，点支撑地板玻璃必须采用钢化夹层玻璃。

    答案：D

31. 解析：《内部装修防火规范》表5.1.1规定：幼儿园窗帘燃烧性能等级应为B_1级。

    答案：B

32. 解析：挤塑聚苯乙烯泡沫塑料导热系数为0.03~0.04W/(m·K)；玻璃棉板的导热系数为0.035~0.041W/(m·K)；加气混凝土板的导热系数为0.093~0.164W/(m·K)；软木板的导热系数为0.052~0.70 W/(m·K)。所以四种保温材料中，导热系数最小的是挤塑聚苯乙烯泡沫塑料。

    答案：D

33. 解析：石膏板燃烧性能等级为A级，即为不燃材料。

    答案：A

34. 解析：《内部装修防火规范》第4.0.9条规定：消防水泵房、机械加压送风排烟机房、固定灭火系统钢瓶间、配电室、变压器室、发电机房、储油间、通风和空调机房等，其内部所有装修材料均应采用A级装修材料。岩棉装饰板、纸面石膏板和水泥刨花板的燃烧性能等级为B_1级，水泥蛭石板的燃烧性能等级为A级，所以配电室的顶棚可以采用水泥蛭石板。

    答案：A

35. 解析：《建筑材料放射性核素限量》GB 6566—2010适用于对放射性核素限量有要求的无机非金属类建筑材料，该标准为国内陶瓷、石材等建筑材料企业的生产销售提出了明确的规范。铅为没有放射性的金属，所以铅板无需测定其放射性核素。

    答案：D

36. 解析：50mm厚玻璃棉平均吸声系数为0.38，50mm厚脲醛泡沫塑料平均吸声系数为0.58，44mm厚泡沫玻璃平均吸声系数为0.37，30mm厚毛毯平均吸声系数为0.33。

所以，在四种材料中吸声效果最好的是50mm厚脲醛泡沫塑料。

答案：B

37. **解析：** 根据《绿色建筑评价标准》GB/T 50378—2019第7.1.10.2款规定，现浇混凝土应采用预拌混凝土，建筑砂浆应采用预拌砂浆；故选项B"现场拌制砂浆"不符合要求。第7.2.15.2款规定：Q345及以上高强钢用量占钢材总量的比例达到50%，得3分；达到70%，得4分；故选项C"Q345钢材"符合要求。聚乙烯醇水玻璃涂料（俗称106涂料）耐水性差，不耐擦洗，而且聚乙烯醇类及其各种改性的水溶性涂料档次较低，性能较差，又不同程度含有甲醛，属于淘汰产品；故选项D"聚乙烯醇水玻璃"不符合要求。混凝土无法循环利用，故选项A"清水混凝土"不符合要求。

答案：C

38. **解析：**《民用建筑绿色设计规范》JGJ/T 229—2010条文说明第7.3.4条：为降低建筑材料生产过程中对环境的污染，最大限度地减少温室气体排放，保护生态环境，本条鼓励建筑设计阶段选择对环境影响小的建筑体系和建筑材料。由解表可知铝材在生产过程中二氧化碳排放量最多。

单位重量建筑材料生产过程中排放CO_2的指标X_i（t/t） 题38解表

钢材	铝材	水泥	建筑玻璃	建筑卫生陶瓷	实心黏土砖	混凝土砌块	木材
2.0	9.5	0.8	1.4	1.4	0.2	0.12	0.2

答案：A

39. **解析：** 根据《民用建筑绿色设计规范》JGJ/T 229—2010条文说明第7.3.3条，建筑材料从获取原料、加工运输、产品制作、施工安装、维护、拆除、废弃物处理的全寿命周期中会消耗大量能源。在此过程中能耗少的材料更有利于实现建筑的绿色目标。单位重量建筑材料生产过程中消耗能耗的指标X_i（GJ/t）见解表，由解表可知，生产单位重量铝材的能耗最高。

单位重量建筑材料生产过程中消耗的指标X_i（GJ/t） 题39解表

钢材	铝材	水泥	建筑玻璃	建筑卫生陶瓷	实心黏土砖	混凝土砌块	木材
29.0	180.0	5.5	16.0	15.4	2.0	1.2	1.8

答案：C

40. **解析：** 黏土砖取材于耕地，其生产过程破坏土壤，占用耗地。为了保护珍贵的土地资源，保护耕地；切实做好节能减排，保护生存环境，国家有关部门下了建筑行业施工禁止使用普通黏土烧结砖的禁令。所以选项D利用当地窑烧黏土砖不能称为"绿色建筑"。

答案：D

41. **解析：** 参见《地面规范》第6.0.5条，室外地面的混凝土垫层宜设伸缩缝，间距宜为30m，缝宽宜为20～30mm，缝内应填耐候弹性密封材料，沿缝两侧的混凝土边缘应局部加强。D项木质嵌条不具备弹性、密封性和耐候性，故错误。

答案：D

42. **解析：** 参见《透水沥青路面技术规程》CJJ/T 190—2012第4.2.2条，透水沥青路面结构类型可采用下列分类方式：

   3 透水沥青路面Ⅲ型（题42解图）：路表水进入路面后渗入路基。

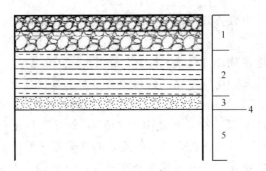

图 42 解图　透水沥青路面Ⅲ型结构示意图
1—透水沥青面层；2—透水基层；3—透水垫层；4—反滤隔离层；5—路基

答案：D

43. **解析：** 参见已废止规范《城市居住区规划设计规范》GB 50180—93（2016年版）第 8.0.3.1 条，居住区内道路纵坡控制指标应符合表 8.0.3（题 43 解表 1）规定。

居住区内道路纵坡控制指标（%）　　　　　　　　　　题 43 解表 1

道路类别	最小纵坡	最大纵坡	多雪严寒地区最大纵坡
机动车道	≥0.2	≤8.0 L≤200m	≤5.0 L≤600m
非机动车道	≥0.2	≤3.0 L≤50m	≤2.0 L≤100m
步行道	≥0.2	≤8.0	≤4.0

注：L 为坡长（m）。

现行规范《城市居住区规划设计标准》GB 50180—2018 中不再有关于坡长的规定，具体内容如下：6.0.4 居住街坊内附属道路的规划设计应满足消防、救护、搬家等车辆的通达要求，并应符合下列规定：3 最小纵坡不应小于 0.3%，最大纵坡应符合表 6.0.4（题 43 解表 2）的规定；机动车与非机动车混行的道路，其纵坡宜按照或分段按照非机动车道要求进行设计。

附属道路最大纵坡控制指标（%）　　　　　　　　　　题 43 解表 2

道路类别及其控制内容	一般地区	积雪或冰冻地区
机动车道	8.0	6.0
非机动车道	3.0	2.0
步行道	8.0	4.0

答案：A

44. **解析：** 参见《透水沥青路面技术规程》CJJ/T 190—2012 第 4.1.2 条，透水基层可选用排水式沥青稳定碎石、级配碎石（A 项正确）、大粒径透水性沥青混合料、骨架空隙型水泥稳定碎石（D 项正确）和透水水泥混凝土（B 项正确）。

答案：C

45. **解析：** 参见《地下防水规范》第 4.2.1 条，防水砂浆应包括聚合物水泥防水砂浆、掺外加剂或掺合料的防水砂浆，宜采用多层抹压法施工（A 项正确）。第 4.2.2 条，水泥砂浆防水层可用于地下工程主体结构的迎水面或背水面（B 项正确），不应用于受持续振动（C项错误）或温度高于80℃的地下工程防水。

答案： C

46. **解析：** 参见《地下防水规范》第5.7.2条，窗井的底部在最高地下水位以上时，窗井的底板和墙应做防水处理，并宜与主体结构断开（A项正确）。第5.7.3条，窗井或窗井的一部分在最高地下水位以下时，窗井应与主体结构连成整体（B项正确），其防水层也应连成整体，并应在窗井内设置集水井。第5.7.5条，窗井内的底板应比窗下缘低300mm（D项正确）；窗井墙高出地面不得小于500mm（C项错误）；窗井外地面应做散水，散水与墙面间应采用密封材料嵌填。

答案： C

47. **解析：** 参见《地下防水规范》第4.8.9条，地下工程种植顶板的防排水构造应符合下列要求：1 耐根穿刺防水层应铺设在普通防水层上面（B项错误）；2 耐根穿刺防水层表面应设置保护层，保护层与防水层之间应设置隔离层（C项正确）；4 排（蓄）水层上应设置过滤层，过滤层材料的搭接宽度不应小于200mm（D项正确）。

另参见《种植屋面工程技术规程》JGJ 155—2013第5.1.12条第3款，耐根穿刺防水层上应设置保护层，保护层应符合下列规定：地下建筑顶板种植应采用厚度不小于70mm的细石混凝土作保护层（A项正确）。

答案： B

48. **解析：** 参见《地下防水规范》：

4.1.7 防水混凝土结构，应符合下列规定：1 结构厚度不应小于250mm（A项正确）；……

4.1.24 防水混凝土应连续浇筑，宜少留施工缝。当留设施工缝时，应符合下列规定：1 墙体水平施工缝不应留在剪力最大处或底板与侧墙的交接处，应留在高出底板表面不小于300mm的墙体上（C项正确）。拱（板）墙结合的水平施工缝，宜留在拱（板）墙接缝线以下150~300mm处。墙体有预留孔洞时，施工缝距孔洞边缘不应小于300mm（D项错误）。……

4.1.25 施工缝防水构造形式宜按图4.1.25-1（题48解图）、4.1.25-2、4.1.25-3、4.1.25-4选用，当采用两种以上构造措施时可进行有效组合。

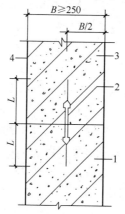

题48解图 施工缝防水构造
钢板止水带 $L \geqslant 150$；橡胶止水带 $L \geqslant 200$；钢边橡胶止水带 $L \geqslant 120$；
1—先浇混凝土；2—中埋止水带；3—后浇混凝土；4—结构迎水面

答案：D

49. 解析：外挂墙板最外层钢筋的混凝土保护层厚度与饰面材料有关，对清水混凝土和露骨料装饰面不应小于20mm，而对石材和面砖饰面则不应小于15mm。参见《装配式混凝土结构技术规程》JGJ 1—2014 第5.3.4条，预制外墙板的接缝及门窗洞口等防水薄弱部位宜采用材料防水和构造防水相结合的做法，并应符合下列规定：1 墙板水平接缝宜采用高低缝（A项正确）或企口缝（B项正确）构造；2 墙板竖缝可采用平口或槽口构造（C项正确）。第10.3.4条，外挂墙板最外层钢筋的混凝土保护层厚度除有专门要求外，应符合下列规定：1 对石材或面砖饰面，不应小于15mm（D项错误）；2 对清水混凝土，不应小于20mm；3 对露骨料装饰面，应从最凹处混凝土表面计起，且不应小于20mm。

答案：D

50. 解析：砌体的强度与块材和砌筑砂浆的强度等级都有关，并随块材或砂浆的强度提高而提高；承重砌体砌筑砂浆的强度等级不应大于块材的强度等级（D项错误）。

参见《砌体规范》第4.3.5条、第6.1.1条和附录B的第B.0.2条可知，砌筑砂浆的强度等级还与墙体的高厚比，建筑的高度、层数，以及建筑的部位有关。

答案：D

51. 解析：参见《民建设计技术措施》第二部分第4.1.6条，蒸压加气混凝土砌块墙的设计要点：

2 蒸压加气混凝土砌块墙主要用于建筑物的框架填充墙和非承重内隔墙，以及多层横墙承重的建筑。用于外墙时，厚度不应小于200mm（A项错误）；用于内隔墙时，厚度不应小于75mm。

4 加气混凝土砌块应采用专用砂浆砌筑（B项正确）。

5 加气混凝土砌块用作外墙时，应做饰面防护层（D项正确）。

7 强度低于A3.5的加气混凝土砌块非承重墙与楼地面交接处应在墙底部做导墙（C项正确）。导墙可采用烧结砖或多孔砖砌筑，高度应不小于200mm。

答案：A

52. 解析：选项A"水泥砂浆"，墙身防潮层需要使用防水砂浆，防水砂浆的种类包括掺和外加剂、掺合料的防水砂浆和聚合物水泥防水砂浆，因此可排除A。选项C"防水涂料"和选项D"防水卷材"，其本质均为柔性防水材料，在抗震设防区不能选择C、D做防潮层。故应选B。

答案：B

53. 解析：参见《民建设计技术措施》第二部分第4.4.1条，多层砌体结构建筑墙体的抗震要求：砌筑女儿墙厚度宜不小于200mm（A项正确）。设防烈度为6度、7度、8度地区无锚固的女儿墙高度不应超过0.5m，超过时应加设构造柱（B项正确）及厚度不小于60mm的钢筋混凝土压顶圈梁（D项正确）。构造柱应伸至女儿墙顶，与现浇混凝土压顶整浇在一起。当女儿墙高度大于等于0.5m或小于等于1.5m时，构造柱间距不应大于3.0m；当女儿墙高度大于1.5m时，构造柱间距应随之减小（C项错误）。

答案：C

54. **解析：** 参见《外墙内保温工程技术规程》JGJ/T 261—2011 第5.1.5条，内保温系统各构造层组成材料的选择，应符合下列规定：

1 保温板及复合板与基层墙体的粘结，可采用胶粘剂或粘结石膏。当用于厨房、卫生间等潮湿环境或饰面层为面砖时，应采用胶粘剂（A项正确）。

3 无机保温板或保温砂浆的抹面层的增强材料宜采用耐碱玻璃纤维网布（C项正确）。有机保温材料的抹面层为抹面胶浆时，其增强材料可选用涂塑中碱玻璃纤维网布；当抹面层为粉刷石膏时，其增强材料可选用中碱玻璃纤维网布。

4 当内保温工程用于厨房、卫生间等潮湿环境采用腻子时，应选用耐水型腻子（D项正确）；在低收缩性面板上刮涂腻子时，可选普通型腻子；保温层尺寸稳定性差或面层材料收缩值大时，宜选用弹性腻子（B项错误），不得选用普通型腻子。

答案： B

55. **解析：** 参见《防火规范》第6.7.7条，除本规范第6.7.3条规定的情况外，当建筑的外墙外保温系统按本节规定采用燃烧性能为 B_1、B_2 级的保温材料时，应符合下列规定：2 应在保温系统中每层设置水平防火隔离带（A项正确），防火隔离带应采用燃烧性能为A级的材料（D项错误），防火隔离带的高度不应小于300mm（C项正确）。第6.7.8条，建筑的外墙外保温系统应采用不燃材料在其表面设置防护层（B项正确），防护层应将保温材料完全包覆。

答案： D

56. **解析：** 参见《坡屋面工程技术规范》GB 50693—2011 第7.2.1条第1款，块瓦屋面应符合下列规定：保温隔热层上铺设细石混凝土保护层做持钉层时，防水垫层应铺设在持钉层上（C项正确），构造层依次为块瓦、挂瓦条、顺水条（A项正确）、防水垫层、持钉层（C项正确）、保温隔热层（D项错误）、屋面板（题56解图）。

答案： D

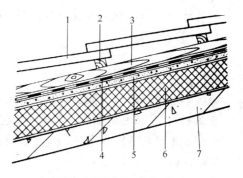

题56解图 块瓦屋面构造
1—瓦材；2—挂瓦条；3—顺水条；4—防水垫层；
5—持钉层；6—保温隔热层；7—屋面板

57. **解析：** 参见《民建设计技术措施》第二部分第7.3.3条，每一汇水面积内的屋面或天沟一般不应少于两个水落口（A、B项正确）；当屋面面积不大且小于当地一个水落口的最大汇水面积，而采用两个水落口确有困难时，也可采用一个水落口加溢流口的方式（C项错误）；溢流口宜靠近水落口，溢流口底的高度一般高出该处屋面完成面150～250mm，并应挑出墙面不少于50mm；溢水口的位置应不致影响其下部的使用，如影响行人等。第7.3.5条，两个水落口的间距，一般不宜大于下列数值：有外檐天沟24m（D项正确）；无外檐天沟、内排水15m。

答案： C

58. **解析：** 参见《屋面规范》第4.7.8条，块体材料、水泥砂浆、细石混凝土保护层与卷材、涂膜防水层之间，应设置隔离层。

答案：B

59. 解析：参见《种植屋面工程技术规程》JGJ 155—2013 第 5.1.12 条第 2 款，耐根穿刺防水层上应设置保护层，保护层应符合下列规定：花园式种植屋面宜采用厚度不小于 40mm 的细石混凝土作保护层。
    答案：B

60. 解析：参见《屋面规范》第 4.2.11 条，檐沟、天沟的过水断面，应根据屋面汇水面积的雨水流量经计算确定。钢筋混凝土檐沟、天沟净宽不应小于 300mm，分水线处最小深度不应小于 100mm（D 项正确）；沟内纵向坡度不应小于 1‰，沟底水落差不得超过 200mm；檐沟、天沟排水不得流经变形缝和防火墙。
    答案：D

61. 解析：参见《屋面规范》第 4.4.6 条第 1 款，倒置式屋面保温层设计应符合下列规定：倒置式屋面的坡度宜为 3%（A 项正确）。第 4.9.7 条，压型金属板采用咬口锁边连接时，屋面的排水坡度不宜小于 5%；压型金属板采用紧固件连接时，屋面的排水坡度不宜小于 10%（B 项错误）。第 4.8.13 条，沥青瓦屋面的坡度不应小于 20%（C 项正确）。第 4.8.9 条，烧结瓦、混凝土瓦屋面的坡度不应小于 30%（D 项正确）。
    答案：B

62. 解析：参见《倒置式屋面规程》第 5.2.5 条，倒置式屋面保温层的设计厚度应按计算厚度增加 25% 取值，且最小厚度不得小于 25mm。因此本题设计厚度应为：60＋(60×0.25)＝75（mm）。
    答案：D

63. 解析：参见《屋面规范》第 4.5.4 条，复合防水层设计应符合下列规定：1 选用的防水卷材与防水涂料应相容（A 项正确）；2 防水涂膜宜设置在防水卷材的下面（D 项正确）；3 挥发固化型防水涂料不得作为防水卷材粘结材料使用（B 项正确）；5 水乳型或水泥基类防水涂料，应待涂膜实干后再采用冷粘铺贴卷材（C 项错误）。
    答案：C

64. 解析：《倒置式屋面规程》第 5.1.6 条，倒置式屋面可不设置透汽孔或排汽槽（A 项错误）。《屋面规范》第 4.4.5 条，屋面排汽构造设计应符合下列规定：1 找平层设置的分格缝可兼作排汽道（B 项正确），排汽道的宽度宜为 40mm；2 排汽道应纵横贯通，并应与大气连通的排汽孔相通（C 项正确），排汽孔可设在檐口下或纵横排汽道的交叉处；3 排汽道纵横间距宜为 6m，屋面面积每 36m² 宜设置一个排汽孔（D 项正确），排汽孔应作防水处理。
    答案：A

65. 解析：参见《屋面规范》第 4.6.1 条，屋面接缝应按密封材料的使用方式，分为位移接缝和非位移接缝。屋面接缝密封防水技术要求应符合题 65 解表的规定（A、B 项错误）。

接缝种类	密封部位	密封材料
位移接缝	混凝土面层分格接缝	改性石油沥青密封材料、合成高分子密封材料
	块体面层分格缝	改性石油沥青密封材料、合成高分子密封材料
	采光顶玻璃接缝	硅酮耐候密封胶
	采光顶周边接缝	合成高分子密封材料
	采光顶隐框玻璃与金属框接缝	硅酮结构密封胶
	采光顶明框单元板块间接缝	硅酮耐候密封胶
非位移接缝	高聚物改性沥青卷材收头	改性石油沥青密封材料
	合成高分子卷材收头及接缝封边	合成高分子密封材料
	混凝土基层固定件周边接缝	改性石油沥青密封材料、合成高分子密封材料
	混凝土构件间接缝	改性石油沥青密封材料、合成高分子密封材料

屋面接缝密封防水技术要求　　题65解表

第4.6.4条，位移接缝密封防水设计应符合下列规定：4 接缝处的密封材料底部应设置背衬材料，背衬材料应大于接缝宽度20%（C项错误），嵌入深度应为密封材料的设计厚度；5 背衬材料应选择与密封材料不粘结或粘结力弱的材料（D项正确），并应能适应基层的伸缩变形，同时应具有施工时不变形、复原率高和耐久性好等性能。

答案：D

66. **解析：** 参见《装配式混凝土建筑技术标准》GB/T 51231—2016 第8.2.4条，轻质隔墙系统设计应符合下列规定：1 宜结合室内管线的敷设进行构造设计（A项正确），避免管线安装和维修更换对墙体造成破坏；2 应满足不同功能房间的隔声要求（B项正确）；第8.3.3条，轻质隔墙系统的墙板接缝处应进行密封处理（D项正确）；隔墙端部与结构系统应有可靠连接（C项错误）。

答案：C

67. **解析：** 参见《轻质条板隔墙规程》第4.2.10条，当条板隔墙用于厨房、卫生间及有防潮、防水要求的环境时，应采取防潮、防水处理构造措施；对于附设水池、水箱、洗手盆等设施的条板隔墙，墙面应作防水处理，且防水高度不宜低于1.8m（B项正确）。

答案：B

68. **解析：** 参见《综合医院建筑设计规范》GB 51039—2014 第5.24.2条第5款，防火分区内的病房、产房、手术部、精密贵重医疗设备用房等，均应采用耐火极限不低于2.00h的不燃烧体与其他部分隔开（D项正确）。

答案：D

69. **解析：** 参见《民建设计技术措施》第二部分第4.5.7条，空调机房、通风机房、柴油发电机房、泵房及制冷机房应采取吸声降噪措施：1 中高频噪声的吸声降噪设计一般采用20~50mm厚的成品吸声板；2 吸声要求较高的部位可采用50~80mm厚的吸声玻璃棉等多孔吸声材料并加适当的防护面层；3 宽频带噪声的吸声设计可在多孔材料后留50~100mm厚的空腔或80~150mm厚的吸声层；4 低频噪声的吸声降噪设计可采用穿孔板共振吸声结构,其板厚通常为2~5mm、孔径为3~6mm、穿孔率宜小于5‰(D项正确)。

答案:D

70. 解析:参见《民建设计技术措施》第二部分第4.1.7条,轻集料混凝土空心砌块墙的设计要点:2 用于外墙或较潮湿房间隔墙时,强度等级不应小于MU5.0(A项正确);用于一般内墙时,强度等级不应小于MU3.5。3 抹面材料应与砌块基材特性相适应,以减少抹面层龟裂的可能。宜根据砌块强度等级选用与之相对应的专用抹面砂浆或聚丙烯纤维抗裂砂浆(C项正确),忌用水泥砂浆抹面(B项错误)。4 砌块墙体上不应直接挂贴石材、金属幕墙(D项正确)。

答案:B

71. 解析:参见《轻质条板隔墙规程》第4.2.15条,顶端为自由端的条板隔墙,应做压顶(A项正确)。第4.2.5条,对于双层条板隔墙,两侧墙面的竖向接缝错开距离不应小于200mm(C项正确),两板间应采取连接、加强固定措施。第4.3.2条,当抗震设防地区的条板隔墙安装长度超过6m时,应设置构造柱(D项正确),并应采取加固措施。第4.3.11条,当门、窗框板上部墙体高度大于600mm(B项错误)或门窗洞口宽度超过1.5m时,应采用配有钢筋的过梁板或采取其他加固措施,过梁板两端搭接处不应小于100mm。

答案:B

72. 解析:参见《公共建筑吊顶工程技术规程》JGJ 345—2014第4.2.3条,当吊杆长度大于1500mm时,应设置反支撑;反支撑间距不宜大于3600mm,距墙不应大于1800mm;反支撑应相邻对向设置;当吊杆长度大于2500mm时,应设置钢结构转换层(D项正确)。

答案:D

73. 解析:参见《人民防空地下室设计规范》GB 50038—2005第3.9.3条,防空地下室的顶板不应抹灰(A项错误);平时设置吊顶时,应采用轻质、坚固的龙骨,吊顶饰面材料应方便拆卸;密闭通道、防毒通道、洗消间、简易洗消间、滤毒室、扩散室等战时易染毒的房间、通道,其墙面、顶面、地面均应平整光洁,易于清洗。

答案:A

74. 解析:参见《内部装修防火规范》第5.1.1条,单层、多层民用建筑内部各部位装修材料的燃烧性能等级,不应低于题74解表的规定。

单层、多层民用建筑内部各部位装修材料的燃烧性能等级(节选)

题74解表

序号	建筑物及场所	建筑规模、性质	装修材料燃烧性能等级						
			顶棚	墙面	地面	隔断	固定家具	装饰织物 窗帘 帷幕	其他装修装饰材料
7	养老院、托儿所、幼儿园的居住及活动场所	—	A	A	B_1	B_1	B_2	B_1 / —	B_2

答案:B

75. 解析：参见《民建设计技术措施》第二部分第6.4.1条，顶棚分类及一般要求：16 吊顶内的配电线路、电气设施的安装应满足建筑电气的相关规范的要求，开关、插座和照明灯具不应直接安装在低于B_1级的材料上（D项错误）。17 玻璃吊顶应选用夹层玻璃（安全玻璃）（C项错误）；玻璃吊顶若兼有人工采光要求时，应采用冷光源（B项正确）；任何空间，普通玻璃均不应作为顶棚材料使用。18 顶棚装修中不应采用石棉制品（如石棉水泥板等）（A项错误）。

    答案：B

76. 解析：各类高层民用建筑顶棚装修材料的燃烧性能等级均不应低于A级，参见《内部装修防火规范》第5.2.1条。另查阅《内部装修防火规范》条文说明第3.0.2条附表1，可知A、B、C、D各选项材料的燃烧性能等级分别为：A、B_1、B_1、B_1（题76解表）。

常用建筑内部装修材料燃烧性能等级划分举例（节选）　　题76解表

材料类别	级别	材料举例
各部位材料	A	花岗石、大理石、水磨石、水泥制品、混凝土制品、石膏板、石灰制品、黏土制品、玻璃、瓷砖、马赛克、钢铁、铝、铜合金、天然石材、金属复合板、纤维石膏板、玻镁板、硅酸钙板等
顶棚材料	B_1	纸面石膏板、纤维石膏板、水泥刨花板、矿棉板、玻璃棉装饰吸声板、珍珠岩装饰吸声板、难燃胶合板、难燃中密度纤维板、岩棉装饰板、难燃木材、铝箔复合材料、难燃酚醛胶合板、铝箔玻璃钢复合材料、复合铝箔玻璃棉板等

    答案：A

77. 解析：参见《民建设计技术措施》第二部分第6.4.1条，顶棚分类及一般要求：6 上人吊顶，重型吊顶或顶棚上、下挂置有周期性振动设施者，应在钢筋混凝土顶板内预留钢筋或预埋件（A项正确、B项错误）与吊杆连接；不上人的轻型吊顶及翻建工程吊顶可采用后置连接件（如射钉、膨胀螺栓）（C项正确）。

    另参见《公共建筑吊顶工程技术规程》JGJ 345—2014第4.2.4条，当吊杆与管道等设备相遇、吊顶造型复杂或内部空间较高时，应调整、增设吊杆或增加钢结构转换层；吊杆不得直接吊挂在设备或设备的支架上（D项正确）。

    答案：B

78. 解析：参见《住宅室内防水工程技术规范》JGJ 298—2013第5.4.1条，楼、地面的防水层在门口处应水平延展，且向外延展的长度不应小于500mm，向两侧延展的宽度不应小于200mm。

    答案：D

79. 解析：参见《地面规范》第3.6.7条第2款，采用块材面层，其结合层和灰缝材料的选择应符合下列要求：当耐酸瓷砖、耐酸瓷板面层的灰缝采用树脂胶泥时，结合层宜采用呋喃胶泥、环氧树脂胶泥、水玻璃砂浆、聚酯砂浆或聚合物水泥砂浆（D项正确）。

    答案：D

80. 解析：参见《民建设计技术措施》第二部分第6.2.15条，楼地面热工设计，1 一般要求，3）夏热冬冷和夏热冬暖地区的建筑，其底层地面为减少梅雨季节的结露，宜

319

采取下列措施：①地面构造层热阻不小于外墙热阻的1/2（C项正确）；②地面面层材料的导热系数要小（B项错误），使其温度易于适应室温变化；③外墙勒脚部位设置可开启的小窗加强通风，降低空气温度；④在底层增设500～600mm高地垄墙架空层（A项正确），架空层彼此连通，并在勒脚处设通风孔及箅子（D项正确），加强通风，降低空气温度；燃气管道不得穿越此空间。

答案：B

81. 解析：参见《防火规范》第6.2.9条，建筑内的电梯井等竖井应符合下列规定：5 电梯层门的耐火极限不应低于1.00h（A项正确），并应符合现行国家标准《电梯层门耐火试验 完整性、隔热性和热通量测定法》GB/T 27903规定的完整性和隔热性要求。第7.3.7条，消防电梯的井底应设置排水设施，排水井的容量不应小于2m³，排水泵的排水量不应小于10L/s；消防电梯间前室的门口宜设置挡水设施（C项正确）。第7.3.8条，消防电梯应符合下列规定：4 电梯的动力与控制电缆、电线、控制面板应采取防水措施（D项正确）；6 电梯轿厢的内部装修应采用不燃材料（B项错误）。

答案：B

82. 解析：参见《民建统一标准》第6.9.2条第8款，自动扶梯、自动人行道应符合下列规定：倾斜式自动人行道的倾斜角不应超过12°（A项正确），额定速度不应大于0.75m/s。

答案：A

83. 解析：参见《玻璃幕墙规范》第4.4.1条，框支承玻璃幕墙，宜采用安全玻璃（C项正确）。第4.4.2条，点支承玻璃幕墙的面板玻璃应采用钢化玻璃（B项正确）。第4.4.3条，采用玻璃肋支承的点支承玻璃幕墙，其玻璃肋应采用钢化夹层玻璃（A项错误）。第4.4.4条，人员流动密度大、青少年或幼儿活动的公共场所以及使用中容易受到撞击的部位，其玻璃幕墙应采用安全玻璃（D项正确）；对使用中容易受到撞击的部位，尚应设置明显的警示标志。

答案：A

84. 解析：参见《装配式混凝土建筑技术标准》GB/T 51231—2016第6.4.1条，装配式混凝土建筑应根据建筑物的使用要求、建筑造型，合理选择幕墙形式，宜采用单元式幕墙系统（C项正确）。

答案：C

85. 解析：参见《玻璃幕墙规范》第7.1.6条，全玻幕墙的板面不得与其他刚性材料直接接触。板面与装修面或结构面之间的空隙不应小于8mm，且应采用密封胶密封（A项正确）。第7.2.1条，面板玻璃的厚度不宜小于10mm（B项正确）；夹层玻璃单片厚度不应小于8mm（C项错误）。第7.3.1条，全玻幕墙玻璃肋的截面厚度不应小于12mm（D项正确），截面高度不应小于100mm。

答案：C

86. 解析：参见《金属石材幕墙规范》JGJ 133—2001第4.3.1条，幕墙的防雨水渗漏设计应符合下列规定：1 幕墙构架的立柱与横梁的截面形式宜按等压原理设计（C项正确）。2 单元幕墙或明框幕墙应有泄水孔（A项正确），有霜冻的地区，应采用室内排水装置；无霜冻地区，排水装置可设在室外，但应有防风装置（B项正确）；石材幕墙的外表面不宜有排水管（D项错误）。

答案：D

87. 解析：参见《建筑幕墙》GB/T 21086—2007第7.6条，可维护性要求：石材幕墙的面板宜采用便于各板块独立安装和拆卸的支承固定系统，不宜采用T型挂装系统（A项正确）。

答案：A

88. 解析：参见《玻璃幕墙规范》第3.1.4条，隐框和半隐框玻璃幕墙，其玻璃与铝型材的粘结必须采用中性硅酮结构密封胶（A项正确）；全玻幕墙和点支承幕墙采用镀膜玻璃时，不应采用酸性硅酮结构密封胶粘结（B项错误）。第3.5.4条，玻璃幕墙的耐候密封应采用硅酮建筑密封胶（D项正确）；点支承幕墙和全玻幕墙使用非镀膜玻璃时，其耐候密封可采用酸性硅酮建筑密封胶（C项正确），其性能应符合国家现行标准《幕墙玻璃接缝用密封胶》JG/T 882的规定。夹层玻璃板缝间的密封，宜采用中性硅酮建筑密封胶。

答案：B

89. 解析：（无保温层的）墙体外饰面贴釉面瓷砖时，洞口与门、窗框伸缩缝间隙应为20～25mm（C项正确）。参见《塑料门窗工程技术规程》JGJ 103—2008 表5.1.5（题89解表）。

洞口与门、窗框伸缩缝间隙（mm）　　　　　　　　　　题89解表

墙体饰面层材料	洞口与门、窗框的伸缩缝间隙
清水墙及附框	10
墙体外饰面抹水泥砂浆或贴陶瓷锦砖	15～20
墙体外饰面贴釉面瓷砖	20～25
墙体外饰面贴大理石或花岗石板	40～50
外保温墙体	保温层厚度+10

答案：C

90. 解析：参见《中小学校设计规范》GB 50099—2011第8.1.8条，教学用房的门窗设置应符合下列规定：1 疏散通道上的门不得使用弹簧门、旋转门、推拉门、大玻璃门等不利于疏散通畅、安全的门（A项错误）。《托儿所、幼儿园建筑设计规范》JGJ 39—2016（2019年版）第4.1.8条，幼儿出入的门应符合下列规定：5 不应设置旋转门、弹簧门、推拉门，不宜设金属门（B项错误）。《锅炉房设计规范》GB 50041—2020第4.3.8条，锅炉间通向室外的门应向室外开启，锅炉房内的辅助间或生活间直通锅炉间的门应向锅炉间内开启（C项错误）。《无障碍规范》第3.5.3条，门的无障碍设计应符合下列规定：1 不应采用力度大的弹簧门并不宜采用弹簧门、玻璃门，当采用玻璃门时，应有醒目的提示标志；2 自动门开启后通行净宽度不应小于1.00m。其他资料显示：在预算允许情况下，无障碍设计中可使用电动推拉门，门自动感应启闭或使用者按动按钮启闭。故D项正确。

答案：D

91. 解析：参见《民建设计技术措施》第10.3.5条，弹簧门有单向、双向开启，宜采用

地弹簧或油压闭门器等五金件，以使关闭平缓（B、D项正确）。第10.7.2条，防火门的开启要求：防火门应为向疏散方向开启的平开门，且具自闭功能，并在关闭后应能从任何一侧手动开启。如单扇门应安装闭门器；双扇或多扇门应安装闭门器、顺序器（A项错误），双扇门之间应有盖缝板。第10.3.14条，用于公共场所需控制人员进入的疏散门（如只能出、不能进），应安装无需使用任何工具即能易于把门打开的逃生装置（如逃生推杠装置、逃生压杆装置）、显著标识及使用提示（C项正确）。

答案：A

92. 解析：参见《民建设计技术措施》第二部分第4.7.4.3条石材的安装方法第3）款：胶粘法即采用胶粘剂将石材粘贴在墙体基层上；这种做法适用于厚度5~8mm的超薄天然石材，石材尺寸不宜大于600mm×800mm。

答案：A

93. 解析：参见《建筑玻璃规程》第7.2.7条，室内饰面用玻璃应符合下列规定：2 当室内饰面玻璃最高点离楼地面高度在3m或3m以上时，应使用夹层玻璃（C项错误）；4 室内消防通道墙面不宜采用饰面玻璃（A项正确）；5 室内饰面玻璃可采用点式幕墙和隐框幕墙安装方式（B、D项正确）。

答案：C

94. 解析：参见《地面规范》第3.8.7条，生产和储存食品、食料或药物的场所，在食品、食料或药物有可能直接与地面接触的地段，地面面层严禁采用有毒的材料（A项"不应采用沥青砂浆"正确）。当此场所生产和储存吸味较强的食物时，地面面层严禁采用散发异味的材料。

答案：A

95. 解析：参见《地面规范》第3.3.2条，有空气洁净度等级要求的建筑地面，其面层应平整、耐磨、不起尘、不易积聚静电，并易除尘、清洗；地面与墙、柱相交处宜做小圆角；底层地面应设防潮层；面层应采用不燃、难燃并宜有弹性与较低的导热系数的材料；面层应避免眩光，面层材料的光反射系数宜为0.15~0.35（A项正确）。另《民建设计技术措施》第二部分第6.2.3条楼地面面层第6款提出，有较高清洁要求的底层地面，宜设置防潮层；楼地面宜采用现制水磨石、涂料或块材面层；有高清洁度及空气洁净要求的房间，其底层地面，应设置防潮层；面层应采用有弹性与较低导热系数、易于除尘、清洗的材料，如树脂胶泥自流平、树脂砂（C项正确）浆、PVC板材（B项正确）及聚脲涂层（D项错误）等。

答案：D

96. 解析：参见《民建设计技术措施》第二部分第6.3.2条内墙面装修构造第4）款涂层，涂料品种繁多，常用的有：①树脂溶剂型涂料，涂层质量高，但由于有机溶剂具有毒性且易挥发，不利于施工，不利于环保，应限制使用（D项错误）；②树脂水性涂料，无毒、挥发物少，涂层耐擦洗，用途很广，是室内外装修涂层的主要材料（B项正确）；③无机水性涂料，包括水泥类，石膏类，水玻璃类涂料，该种涂料价格低，但粘结力、耐久性、装饰性均较差（A项、C项错误）。

答案：B

97. 解析：参见《防火规范》第6.7.2条，建筑外墙采用内保温系统时，保温系统应符合下列规定：1 对于人员密集场所（B项正确），用火、燃油、燃气等具有火灾危险性的场所以及各类建筑内的疏散楼梯间、避难走道（A项正确）、避难间、避难层等场所或部位，应采用燃烧性能为A级的保温材料；2 对于其他场所，应采用低烟、低毒且燃烧性能不低于B_1级的保温材料（C项正确，D项错误）。

答案：D

98. **解析**：参见《屋面规范》第4.9.10条，金属板在主体结构的变形缝处宜断开（A项正确），变形缝上部应加扣带伸缩的金属盖板（C项正确）。第4.9.9条，金属板的伸缩变形除应满足咬口锁边连接或紧固件连接的要求外，还应满足檩条、檐口及天沟等使用要求，且金属板最大伸缩变形量不应超过100mm（B项错误）。第4.9.8条，金属檐沟、天沟的伸缩缝间距不宜大于30m（D项正确）；内檐沟及内天沟应设置溢流口或溢流系统，沟内宜按0.5%找坡。

    答案：B

99. **解析**：排水管道、燃气管道不应穿过抗震缝。给水管道，供暖、空气调节水管道，通风、空气调节风道不应穿过抗震缝，当必须穿越时，应符合相关规定。电气管路不宜穿越抗震缝，当必须穿越时应符合有关规定。参见《建筑机电工程抗震设计规范》GB 50981—2014第4.1.2条，管道的布置与敷设应符合下列规定：4 管道不应穿过抗震缝（D项正确），当给水管道必须穿越抗震缝时宜靠近建筑物的下部穿越，且应在抗震缝两边各装一个柔性管接头或在通过抗震缝处安装门形弯头或设置伸缩节（C项错误）。第5.1.2条，供暖、空气调节水管道的布置与敷设应符合下列规定：1 管道不应穿过抗震缝，当必须穿越时，应在抗震缝两边各装一个柔性管接头或在通过抗震缝处安装门形弯头或设伸缩节。第5.1.3条，通风、空气调节风道的布置与敷设应符合下列规定：1 风道不应穿过抗震缝，当必须穿越时，应在抗震缝两侧各装一个柔性软接头（B项错误），第7.5.4条，电气管路不宜穿越抗震缝，当必须穿越时应符合下列规定（A项错误），第6.2.7条，燃气管道布置应符合下列规定：1 燃气管道不应穿过抗震缝；2 燃气水平干管不宜跨越建筑物的沉降缝。

    答案：D

100. **解析**：参见《抗震规范》第7.1.7条，多层砌体房屋的建筑布置和结构体系应符合的要求有：

    3 房屋有下列情况之一时宜设置防震缝，缝两侧均应设置墙体（D项错误），缝宽应根据烈度和房屋高度确定，可采用70～100mm（C项正确）：1）房屋立面高差在6m以上（B项正确）；2）房屋有错层，且楼板高差大于层高的1/4；3）各部分结构刚度、质量截然不同（A项正确）。

    答案：D

2017年试题、解析、答案及考点

2017年试题

1. 以下建筑材料中，属于复合材料的是(　　)。
   A 水玻璃　　　　B 玻璃钢　　　　C 琉璃瓦　　　　D 夹层玻璃
2. 下列材料中，密度最大的是(　　)。
   A 石灰岩　　　　B 砂　　　　　　C 黏土　　　　　D 水泥
3. 以下哪种砌块材料不能用于地面以下、防潮层以下的墙体？(　　)
   A 普通混凝土小型空心砌块　　　　B 轻骨料混凝土小型空心砌块
   C 粉煤灰混凝土小型空心砌块　　　D 毛石
4. 以下哪种砌块立面规格中没有390mm？(　　)
   A 普通混凝土小型空心砌块　　　　B 轻骨料混凝土小型空心砌块
   C 粉煤灰混凝土小型空心砌块　　　D 蒸压加气混凝土砌块
5. 关于砌筑水泥砂浆的以下说法，错误的是(　　)。
   A 和易性好　　　　　　　　　　　B 强度等级比砌块低
   C 硬化快　　　　　　　　　　　　D 保水性好
6. 以下不属于材料微观结构的是(　　)。
   A 晶体　　　　　B 玻璃体　　　　C 珠光体　　　　D 胶体
7. 在混凝土中，可作为控制砂石级配及计算砂率的依据是(　　)。
   A 密实度　　　　B 孔隙率　　　　C 填充率　　　　D 空隙率
8. 材料以下特性中，与孔隙率、孔隙特征无关的是(　　)。
   A 抗渗性　　　　B 抗冻性　　　　C 耐水性　　　　D 吸水性
9. 关于挤塑聚苯板燃烧性能的下列说方法，错误的是(　　)。
   A 难以点燃　　　B 缓慢燃烧　　　C 离火即灭　　　D 无滴落物
10. 检测室内装饰材料的放射性水平时，不必检测哪种元素的放射性比活度？(　　)
    A 镭　　　　　　B 钍　　　　　　C 钾　　　　　　D 氡
11. 四合土是在三合土中增加了以下哪种材料？(　　)
    A 水泥　　　　　B 石灰　　　　　C 中砂　　　　　D 碎砖
12. 防油渗混凝土面层应采用以下哪种水泥？(　　)
    A 白水泥　　　　　　　　　　　　B 硅酸盐水泥
    C 普通硅酸盐水泥　　　　　　　　D 矿渣水泥
13. 有抗渗等级要求的混凝土工程，宜优先选用下列哪种水泥？(　　)
    A 火山灰水泥　　　　　　　　　　B 粉煤灰水泥
    C 硅酸盐水泥　　　　　　　　　　D 矿渣水泥
14. 制作运输液体的混凝土管道及高压容器，应采用(　　)。

A 普通混凝土

B 合成树脂混凝土

C 聚合物水泥混凝土

D 聚合物浸渍混凝土（抗压强度可达 200MPa）

15. 下列砌块中含有铝粉的是（　　）。

A 轻骨料混凝土小型空心砌块　　　　B 粉煤灰混凝土小型空心砌块

C 装饰混凝土小型空心砌块　　　　　D 蒸压加气混凝土砌块

16. 用防腐剂处理锯材、层压胶合板、胶合板时，应采用（　　）。

A 涂刷法　　　　B 冷热槽法　　　　C 加压处理法　　　　D 喷洒法

17. 关于加工方木时破心下料的制作方法，以下选项不恰当的是（　　）。

A 防裂效果较好　　　　　　　　　　B 制作速度快

C 仅限于桁架反下弦　　　　　　　　D 原木径级大于320mm

18. 铝合金型材表面处理的耐久程度，从低到高依次是哪一组？（　　）

A 阳极氧化、电泳喷涂、粉末喷涂、氟碳漆喷涂

B 电泳喷涂、粉末喷涂、阳极氧化、氟碳漆喷涂

C 阳极氧化、电泳喷涂、氟碳漆喷涂、粉末喷涂

D 粉末喷涂、电泳喷涂、阳极氧化、氟碳漆喷涂

19. 以下钢结构防锈漆中，哪个不属于底漆？（　　）

A 红丹　　　　　　　　　　　　　　B 铅灰油

C 铁红环氧底漆　　　　　　　　　　D 环氧富锌漆

20. 钢材经过以下哪种热处理后，塑性和韧性显著降低？（　　）

A 回火　　　　B 淬火　　　　C 退火　　　　D 正火

21. 关于无粘结预应力钢绞线的以下说法，错误的是（　　）。

A 适用于先张预应力混凝土构件　　　B 适用于大跨度楼盖体系

C 节约钢材和混凝土用量　　　　　　D 由专用设备、工厂化生产

22. 高层建筑幕墙采用铝蜂窝复合板时，不适于以下哪种情况？（　　）

A 幕墙板适合大尺度分格

B 适于用在风压特别高的地区

C 蜂窝板与铝面板层间优先采用硬塑性粘胶系统

D 可由生产厂家按项目要求的规格生产供货

23. 下列材料中吸水率最大的是（　　）。

A 花岗石　　　　B 普通混凝土　　　　C 木材　　　　D 黏土砖

24. 在石灰砂浆中掺入纸筋、砂的作用，以下哪项有误？（　　）

A 减少石灰收缩　　　　　　　　　　B 节省石灰用量

C 有助石灰硬化　　　　　　　　　　D 减少水分蒸发

25. 以下哪项指标并非建筑石膏的技术要求？（　　）

A 均匀度　　　　B 抗折强度　　　　C 抗压强度　　　　D 细度

26. 下列屋面保温材料中，导热系数最小且为A级防火材料的是？（　　）

A 憎水型膨胀珍珠岩板　　　　　　　B 玻璃棉板

C 岩棉、矿渣棉毡　　　　　　　　　　D 加气混凝土板
27. 关于蒸压加气混凝土砌块的使用范围，哪项是错误的？（　　）
　　　A 不得用于承重墙体
　　　B 不得用于地下建筑物
　　　C 不得用于长期浸水部位
　　　D 不得用于表面温度高于80℃的部位
28. 塑料中主要起胶结作用的材料是（　　）。
　　　A 邻苯二甲酸酯　　B 合成树脂　　　C 玻璃纤维　　　D 石墨
29. 弹性外墙涂料多采用以下哪种系列的涂料？（　　）
　　　A 聚氨酯　　　　　B 丙烯酸　　　　C 有机硅　　　　D 聚氯乙烯
30. 用于海边防锈的金属漆应选用是（　　）。
　　　A 红丹　　　　　　　　　　　　　　B 沥青漆
　　　C 锌铬黄　　　　　　　　　　　　　D 环氧富锌漆
31. 以下胶粘剂何者属于非结构胶？（　　）
　　　A 酚醛树脂　　　　　　　　　　　　B 环氧树脂
　　　C 聚醋酸乙烯乳液　　　　　　　　　D 有机硅
32. 以下涂料中，易挥发且对人体有毒害的是（　　）。
　　　A 溶剂型涂料　　　　　　　　　　　B 水性涂料
　　　C 无机类涂料　　　　　　　　　　　D 合成树脂乳液
33. 既耐严寒又耐高温的优质嵌缝材料是（　　）。
　　　A 聚氯乙烯胶泥　　　　　　　　　　B 硅橡胶
　　　C 环氧聚硫橡胶　　　　　　　　　　D 硫化橡胶
34. 用于防火门的玻璃可选用（　　）。
　　　A 钢化玻璃　　　　　　　　　　　　B 夹丝玻璃
　　　C 夹层玻璃　　　　　　　　　　　　D 中空玻璃
35. 以下玻璃中，破裂后裂口呈圆钝形的是（　　）。
　　　A 空心玻璃砖　　　　　　　　　　　B 钢化玻璃
　　　C 泡沫玻璃　　　　　　　　　　　　D 微晶玻璃
36. 1000座以上的电影院，其幕帘的燃烧性能等级至少应为（　　）。
　　　A B_1级　　　　　B B_2级　　　　C B_3级　　　　D A级
37. 面积大于10000m² 的候机楼，其顶棚不可采用以下哪种材料？（　　）
　　　A 吸音耐火石膏板　　　　　　　　　B 吸音铝合金板
　　　C 酚醛塑料板　　　　　　　　　　　D 装饰水泥板
38. 关于多孔吸声材料的以下表述，错误的是（　　）。
　　　A 材料表面的空洞对吸声有利
　　　B 表面喷涂油漆会大大降低吸声效果
　　　C 材料孔隙率高，吸声系数较好
　　　D 材料的低频吸声系数与厚度无关
39. 关于吸热玻璃的说法，错误的是（　　）。

A 能吸收大量的辐射热 B 有良好可见光透过率
C 不能吸收紫外线 D 适用于寒冷地区

40. 以下板材中,常用于医院防 X、γ 射线辐射的是( )。
A 彩钢板 B 铅板
C 铝塑板 D 软木板

41. 下列墙体中,可以作为防火墙的是( )。
A 轻钢龙骨(75mm,内填岩棉)两侧双层12厚防火石膏板
B 120mm 厚 C20 钢筋混凝土大板墙
C 120mm 厚黏土砖承重墙
D 100mm 厚非承重加气混凝土

42. 一类高层建筑中的承重钢柱,不可采用的保护层做法是( )。
A 120mm 厚 C20 混凝土 B 80mm 厚陶粒混凝土
C 120mm 厚黏土砖 D 50mm 厚厚涂型防火涂料

43. 下列橡胶基防水卷材中,耐老化性能最好的是( )。
A 三元乙丙橡胶防水卷材 B 氯丁橡胶防水卷材
C SBS 改性防水卷材 D 丁基橡胶防水卷材

44. 以下哪种材料不能在 0~5℃ 的环境温度下施工?( )
A 溶剂型防水涂料 B 水泥砂浆保护层
C 采用热熔法的卷材防水层 D 干铺保温板

45. 根据《绿色建筑评价标准》,节材与材料资源利用的控制项不包括( )。
A 不得采用国家禁止使用的建筑材料及制品
B 混凝土结构主要受力钢筋采用不低于400MPa的热轧带肋钢筋
C 建筑中无大量装饰构件
D 对地基基础、结构体系、结构构件进行优化设计

46. 医院内直饮水管一般应采用( )。
A 铸铁管 B PVC管 C 镀锌钢管 D 不锈钢管

47. 可快速再生的天然材料是指从栽种到收获周期不到多少年的材料?( )
A 5年 B 8年 C 10年 D 15年

48. 在生产过程中,二氧化碳排放最多的材料是( )。
A 铝 B 钢 C 水泥 D 石灰

49. 玻璃幕墙中,中空玻璃空气层的最小厚度是( )。
A 15mm B 12mm C 9mm D 6mm

50. 严寒地区外窗、阳台门的气密性等级应不小于( )。
A 3级 B 4级 C 5级 D 6级

51. 关于消防车登高场地的说法,错误的是( )。
A 场地长度不应小于15m
B 靠近建筑外墙一侧距离不宜小于5m
C 靠近建筑外墙一侧距离不应大于10m
D 场地坡度不宜大于5%

52. 透水混凝土路面不适用于( )。
    A 公园   B 停车场
    C 城市机动车道   D 人行道

53. 关于水泥基渗透结晶型防水涂料的说法,错误的是( )。
    A 是一种常见的有机防水材料
    B 适用于地下主体结构的迎水面或背水面
    C 常用于地沟、电缆沟的内壁
    D 厚度不宜小于1.0mm

54. 关于地下工程中防水混凝土的说法,错误的是( )。
    A 防水混凝土的抗渗等级不得低于P6
    B 防水混凝土结构厚度不应小于300mm
    C 迎水面钢筋保护层厚度不应小于50mm
    D 防水混凝土使用的水泥宜采用硅酸盐水泥、普通硅酸盐水泥

55. 地下工程中,遇水膨胀止水条不能单独用于以下哪个部位的防水?( )
    A 后浇带   B 施工缝
    C 变形缝   D 穿墙管

56. 建筑物采用外墙外保温系统需要设置防火隔离带时,以下说法错误的是( )。
    A 应每层设置水平防火隔离带
    B 应在表面设置防护层
    C 高度不小于300mm
    D 可采用与保温系统相同的保温材料

57. 抗震设防烈度为8度地区的多层砌体建筑,下述砌体的细部尺寸哪项不正确?( )
    A 承重窗间墙最小距离为1.2m
    B 承重外墙尽端至门窗洞边的最小距离为1.0m
    C 非承重外墙尽端至门窗洞边的最小距离为1.0m
    D 内墙阳角至门窗洞边的最小距离为1.5m

58. 医院实验室的隔墙不应选用( )。
    A 100mm厚水泥纤维加压板墙
    B 75mm厚加气混凝土砌块墙
    C 120mm厚黏土空心砖墙
    D 123mm厚轻钢龙骨双面双层纸面石膏板隔墙

59. 装配式建筑预制混凝土外墙板的构造要求,以下说法错误的是( )。
    A 水平接缝采用高低缝
    B 水平接缝采用企口缝
    C 竖缝采用平口、槽口构造
    D 最外层钢筋的混凝土保护层厚度不应小于20mm

60. 关于建筑外墙内、外保温系统中保温材料防护层的说法,错误的是( )。
    A 防护层应采用不燃材料
    B 外墙内保温系统采用B1级保温材料,防护层厚度不应小于10mm

C 外墙内、外保温系统的各层防护层厚度均不小于 5mm
D 屋面外保温系统采用 B1 级保温材料，防护层厚度不小于 10mm

61. 双层玻璃窗采用不同厚度的玻璃，是为了改善哪种性能？（ ）
    A 防火　　　　　B 隔声　　　　　C 透光　　　D 造价

62. 地下建筑顶板设置种植屋面的说法，错误的是（ ）。
    A 应按永久性绿化设计
    B 顶板应为现浇防水混凝土
    C 防水层上应铺设一道耐根穿刺层
    D 防水层的泛水高度应高出种植土 250mm

63. 压型金属板屋面采用咬口锁边连接时，其排水坡度不宜小于（ ）。
    A 3%　　　　　B 5%　　　　　C 8%　　　　　D 10%

64. 关于玻璃采光顶的玻璃，下列说法错误的是（ ）。
    A 玻璃宜采用夹层玻璃和夹层中空玻璃
    B 中空玻璃的夹层应设置在室内一侧
    C 不宜采用单片低辐射玻璃
    D 中空玻璃气体层的厚度不应小于 9mm

65. 关于金属板屋面铺装相关尺寸的说法，错误的是（ ）。
    A 金属板屋面檐口挑出墙面的长度不应小于 100mm
    B 金属板伸入檐沟、天沟内的长度不应小于 100mm
    C 金属泛水板与突出屋面墙体的搭接高度不应小于 250mm
    D 金属屋脊盖板在两坡面金属板上的搭盖宽度不应小于 250mm

66. 细石混凝土保护层与卷材防水层之间的隔离层，宜采用以下哪种材料？（ ）
    A 土工布　　　　　　　　　　B 塑料膜
    C 低强度等级砂浆　　　　　　D 卷材

67. 轻质隔墙中，竖向龙骨的间距不常采用（ ）。
    A 300mm　　　B 400mm　　　C 600mm　　　D 700mm

68. 关于防火墙设置的下列说法，错误的是（ ）。
    A 直接设置在框架结构上　　　B 承重墙都是防火墙
    C 防火墙上不应设置通风管道　D 防火墙不宜设置在转角处

69. 下列房间之间的空气声隔声标准，不符合规范要求的是（ ）。
    A 中小学教室之间≥45dB　　　B 办公室与其他房间之间≥45dB
    C 宾馆客房之间≥40dB　　　　D 医院病房之间≥40dB

70. 高层住宅中分户墙的耐火极限是（ ）。
    A 1h　　　　　B 1.5h　　　　C 2.0h　　　　D 3.0h

71. 为了改善墙体的隔声性能，下列措施中效果最差的是（ ）。
    A 在设备与墙体间加设隔振构造
    B 采用隔声性能较好的材料
    C 增加抹面砂浆厚度
    D 孔洞周边应采取密封隔声措施

72. 轻钢龙骨吊顶的吊杆距主龙骨端部大于300mm时,应当采取哪项加强措施?(　　)
   A 加大龙骨　　　　　　　　　　B 设反支撑
   C 加粗吊杆　　　　　　　　　　D 增加吊杆

73. 下列哪种吸声构造对吸收低频声波最有利?(　　)

   A 薄板振动吸声结构　　　　　　B 多孔吸声材料

   C 穿孔板吸声结构　　　　　　　D 薄膜吸声结构

74. 轻钢龙骨吊顶中吊杆的连接构造,下列说法错误的是(　　)。
   A 与楼板内预埋钢筋焊接　　　　B 与大型设备支架焊接
   C 采用膨胀螺栓连接　　　　　　D 采用射钉连接

75. 潮湿房间不宜用的吊顶是(　　)。
   A 硅酸钙板　　　　　　　　　　B 耐水石膏板
   C 穿孔石膏板　　　　　　　　　D 纤维增强水泥板

76. 中小学校建筑中,防护栏杆的高度不应低于(　　)。
   A 0.9m　　　　　　　　　　　　B 1.05m
   C 1.1m　　　　　　　　　　　　D 1.2m

77. 以下哪种建筑的防护栏杆最小水平推力应不小于1.5kN/m?
   A 医院　　　　　　　　　　　　B 体育场
   C 幼儿园　　　　　　　　　　　D 中小学校

78. 在楼地面面层下面起连接作用的构造层称为(　　)。
   A 垫层　　　　　　　　　　　　B 结合层
   C 填充层　　　　　　　　　　　D 找平层

79. 关于电梯井道设计的说法,错误的是(　　)。
   A 未设置特殊技术措施的电梯井道可设置在人能达到的空间上部
   B 应根据电梯台数、速度等设置泄气孔
   C 高速直流乘客电梯井道上部应做隔音层
   D 相邻两层门地坎间距离大于11m时,其间应设安全门

80. 下列低温热水地板辐射采暖楼地面构造中,加热水管下可不设绝热层的是(　　)。
   A 分户计量住宅套型上下层之间的楼板
   B 直接与室外空气相邻的楼板
   C 与土壤相邻的地面
   D 住宅公共走道上下层之间的楼板

81. 关于玻璃幕墙在上下两层间的防火构造,下列图中正确的是(　　)。(注:括弧内尺寸为室内设置自动喷水灭火系统时)

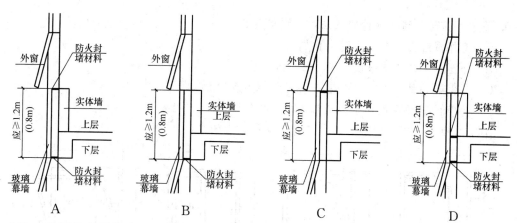

82. 100m以下的高层住宅,当设有火灾自动报警装置和自动灭火系统时,其内部各部位装修材料的燃烧性能等级错误的是( )。
    A 墙面,B_2　　　　　　　　　　B 顶棚,B_1
    C 地面,B_2　　　　　　　　　　D 固定家具,B_3

83. 开放式建筑幕墙对以下哪种性能可不作要求?( )
    A 抗风压　　　B 水密　　　C 隔声　　　D 热工

84. 为避免产生光污染,玻璃幕墙可见光反射比不得大于?( )
    A 0.3　　　　B 0.4　　　　C 0.2　　　　D 0.1

85. 以下幕墙中,不属于框支承构件式玻璃幕墙的是( )。
    A 明框玻璃幕墙　　　　　　　　B 单元式玻璃幕墙
    C 隐框玻璃幕墙　　　　　　　　D 半隐框玻璃幕墙

86. 门窗洞口高度的竖向扩大模数 nM 数列宜采用( )。(注:n 为自然数;M 为基本模数 100mm)
    A 1M　　　　B 2M　　　　C 3M　　　　D 5M

87. 关于门窗框安装的说法,错误的是( )。
    A 有外保温或外饰面材料较厚时,外窗宜采用增加钢附框的安装方式
    B 外门窗框与墙洞之间的缝隙应采用泡沫塑料棒衬缝
    C 外门窗框与墙洞之间不得采用普通水泥砂浆填缝
    D 外门窗框可直接固定在轻质砌块上

88. 门窗在下列哪种情况下可不使用安全玻璃?( )
    A 7层及7层以上的建筑物外开窗
    B 面积小于1.5m²的窗玻璃
    C 公共建筑物的出入口、门厅等部位
    D 倾斜装配窗、天窗

89. 关于防火门设计的说法,错误的是( )。
    A 常闭单扇防火门应安装闭门器
    B 常闭双扇防火门应安装顺序器和闭门器
    C 住宅户门应有自动关闭功能
    D 防火门关闭后应具有防烟性能

90. 关于外窗窗口构造设计的说法，错误的是（　　）。
   A 室外窗台面应与室内窗台面同高
   B 外窗台向外流水坡度不应小于2%
   C 外保温墙体上的窗洞口宜安装室外披水窗台板
   D 外窗的窗楣应做滴水线或滴水槽

91. 下列四种开窗的立面形式，排烟有效面积最大的是（　　）。

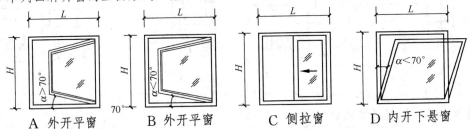

   A 外开平窗　　B 外开平窗　　C 侧拉窗　　D 内开下悬窗

92. 对未设自动灭火系统与火灾自动报警装置系统的建筑，下列建筑内房间地面、墙面、顶棚均需采用燃烧性能为A级装修材料的是（　　）。
   A 图书室　　　　　　　　　B 排烟机房
   C 中央控制室　　　　　　　D 档案室

93. 当室内饰面玻璃最高点离楼地面的最小高度为多少时，应采用夹层玻璃？（　　）
   A ≥3.0m　　B ≥2.5m　　C ≥2.0m　　D ≥1.5m

94. 室内护栏的栏板玻璃固定在结构上且直接承受人体荷载时，栏板玻璃最低侧楼地面的最大高度是（　　）。
   A 5.0m　　B 4.5m　　C 4.0m　　D 3.5m

95. 环氧树脂自流平楼地面做法不适用下列哪类建筑室内空间的使用？（　　）
   A 地下多功能厅　　　　　　B 办公室
   C 医院病房　　　　　　　　D 展厅

96. 主体建筑变形缝处的室内吊顶构造做法，下列说法错误的是（　　）。
   A 吊顶主次龙骨应断开
   B 吊顶饰面应断开
   C 吊顶饰面板不能搭接
   D 变形缝应考虑防火、隔声的要求

97. 太阳辐射强度较大地区的建筑，外墙饰面不宜采用（　　）。
   A 太阳辐射吸收系数低的材料　　B 反射隔热外饰面
   C 深色墙面涂料　　　　　　　　D 绿化装饰墙面

98. 装配式混凝土建筑外墙饰面的做法，不合理的是（　　）。
   A 反打一次成型的外饰面　　　　B 清水混凝土饰面
   C 露骨料混凝土饰面　　　　　　D 必须抹灰后方可刷涂料饰面

99. 下列玻璃幕墙变形缝设计的说法，正确的是（　　）。
   A 幕墙变形缝设计与主体建筑无关
   B 幕墙变形缝构造可采用刚性连接

C 幕墙的单位板块可跨越主体建筑的变形缝

D 幕墙的单位板块不应跨越主体建筑的变形缝

100. 下列关于地面变形缝设置的说法,错误的是( )。

A 变形缝应设在排水坡的分水线上

B 变形缝应做盖缝处理

C 有盖板的变形缝,可通过有液体流经或聚集的部位

D 变形缝应贯通地面的各构造层

2017年试题解析、答案及考点

(说明:《建筑内部装修设计防火规范》GB 50222—2017 已于2018年4月1日执行,原2017年第82和第95题按现行规范已不适用,因此按现行规范修改了题目并作答)

1. **解析**:建筑材料按照化学成分分为无机材料(包括金属材料和非金属材料)、有机材料(包括植物材料、沥青材料和高分子材料)和复合材料。复合材料是指由两种或两种以上不同种类材料复合而成,如金属材料与有机材料复合(如铝塑板)、金属材料与非金属材料复合(如钢纤维增强水泥混凝土)、无机材料和有机材料复合(如玻璃纤维增强塑料,即玻璃钢)。所以水玻璃、琉璃瓦、夹层玻璃属于无机材料,玻璃钢属于复合材料。

答案:B

考点:材料的分类。

2. **解析**:密度是指材料在绝对密实状态下单位体积的质量,不包括材料内部孔隙。水泥的密度为3.1g/cm³,石灰岩、砂、黏土的密度约为2.60~2.70g/cm³。所以水泥的密度最大。

答案:D

考点:材料密度的定义及常用材料的密度。

3. **解析**:普通混凝土小型空心砌块或轻骨料混凝土小型空心砌块是采用水泥、砂、石或轻骨料、水为主要原料制成的;粉煤灰混凝土小型空心砌块以粉煤灰、水泥、集料、水为主要组分(也可以加入外加剂等)制成的,毛石是岩石经爆破后所得形状不规则的石块,形状不规则的称为乱毛石,有两个大致平行面的称为平毛石,常用于砌筑基础、勒脚、堤坝和挡土墙等。比较而言,粉煤灰混凝土小型空心砌块的强度较低,不适用于地面以下、防潮层以下的墙体。

答案:C

考点:常用砖块的性质。

4. **解析**:普通混凝土小型空心砌块、轻骨料混凝土小型空心砌块和粉煤灰混凝土小型空心砌块的主要规格尺寸为390mm×190mm×190mm。蒸压加气混凝土砌块规格有两个系列,长度均为600mm,a系列高度为200mm、250mm、300mm,宽度为75mm、100mm、125mm……(以25递增);b系列高度为240mm、300mm,宽度为60mm、

120mm、180mm、240mm……（以 60 递增），其立面规格中没有 390mm。

答案：D

考点：常用砖块的规格尺寸。

5. 解析：砌筑水泥砂浆主要以水泥作为胶凝材料，具有良好的和易性（也称工作性），保水性好，凝结硬化快，强度较高，砌筑水泥砂浆强度等级通常大于砌块的强度等级。故选项 B 错误。

答案：B

考点：砌筑水泥砂浆的性质。

6. 解析：材料的微观结构是指材料微观质点（如原子、分子等）的结构，通常按照微观质点的排列特征分为晶体、玻璃体和胶体。晶体的基本特征是质点按一定的规则排列，具有一定的几何外形及各向异性。玻璃体的基本特征是质点呈无序排列，表现为各向同性，无固定的熔点。胶体是粒径为 1～100nm 的固体粒子分散在连续介质中形成的分散系，具有巨大的比表面积，吸附性好、粘结力强。铁素体、渗碳体和珠光体是钢材常温下的基本组织形态，所以珠光体不属于材料的微观结构。

答案：C

考点：材料的微观结构。

7. 解析：密实度是指材料中固体体积占自然状态体积的百分率，孔隙率是指孔隙体积占自然状态体积的百分率，所以密实度＋孔隙率＝1。空隙率是指散粒材料堆积后，空隙体积占堆积体积的百分率；填充率是指散粒材料堆积后，颗粒体积占堆积体积的百分率，所以空隙率＋填充率＝1。砂石级配反映砂石颗粒的搭配情况，砂率是指砂质量占砂石总质量的百分比。砂石搭配后，砂会填充石堆积形成的空隙，所以空隙率和填充率都可以反映砂石的搭配情况及砂率的大小。

答案：C、D

考点：密实度、孔隙率、填充率和空隙率的定义；砂率及砂石级配的定义以及与空隙率的关系。

8. 解析：吸水性是指材料在水中吸收水分的性能；抗渗性是指材料抵抗压力水渗透的性能；材料在水饱和状态下，能经受多次冻融循环（冻结和融化）作用而不破坏、强度也不严重降低的性质为抗冻性；材料长期在饱和水作用下不破坏，强度也不显著降低的性质称为耐水性。材料的孔隙率小，材料不易吸水，吸水性差，抗渗性和抗冻性好。材料中孔隙为开口孔时，水分容易进入材料，材料的吸水性好，抗渗性和抗冻性差。若为封闭孔时，水分不易进入材料中，材料的吸水性差，抗渗性和抗冻性良好，所以材料的吸水性、抗渗性和抗冻性与孔隙率和孔隙特征有关。耐水性与孔隙率、孔隙特征无关。

答案：C

考点：材料抗渗性、抗冻性、耐水性和吸水性的定义及影响因素。

9. 解析：挤塑聚苯板是以聚苯乙烯树脂为主要成分，加上催化剂，挤塑压出连续性闭孔的硬质泡沫塑料板（XPS），其内部为独立的密闭式气泡结构，是一种具有高抗压、吸水率低、防潮、不透气、质轻、耐腐蚀、超抗老化、导热系数低等优异性能的保温材料。挤塑聚苯板的燃烧性能为 B_1 级，难以点燃，且燃烧缓慢，具有离火即灭的特性。

答案：D

考点：挤塑聚苯板的燃烧特点。

10. 解析：室内装饰材料放射性水平应符合《建筑材料放射性核素限量》GB/T 6566—2010 中的规定。依据装饰装修材料中天然放射性核素铀—226、钍—232 和钾—40 的放射性比活度大小，将装饰材料划分为 A 类、B 类、C 类和其他类。所以检测室内装饰材料的放射性水平时，要检测镭、钍和钾含量，不必检测氡的放射性比活度。

答案：D

考点：材料的放射性。

11. 解析：灰土是由石灰和黏土组成，在灰土中加入骨料（如砂、石等）即为三合土，在三合土中增加少量水泥制成四合土。故选 A。

答案：A

考点：灰土、三合土、四合土的定义。

12. 解析：防油渗混凝土面层是指具有能阻止油类介质侵蚀和迅速渗透，并具有耐磨性能的高密实性材料构筑成的特种建筑地面面层。因此面层应该具有高的密实度，一般可以在面层砂浆或混凝土中加入三氯化铁混合剂或氢氧化铁胶凝体等外加剂，也可使用强度高、耐磨性好的硅酸盐水泥或普通硅酸盐水泥。

答案：B、C

考点：常用水泥的用途。

13. 解析：因为火山灰水泥保水性好，抗渗性好，所以有抗渗要求的混凝土工程，宜优先选用火山灰水泥。

答案：A

考点：常用水泥的用途。

14. 解析：运输液体的混凝土管道及高压容器内部要承受液体压力，并对其安全性也有较高的要求，即要求混凝土具有高的密实性。合成树脂混凝土是指以有机合成树脂为胶凝材料制作的混凝土，耐腐蚀性好。聚合物水泥混凝土是在水泥混凝土拌合物中再加入高分子聚合物，以聚合物和水泥共同作为胶凝材料制备的混凝土。聚合物浸渍混凝土是将已经硬化的混凝土干燥后浸入有机单体或聚合物中，使液态有机单体或聚合物渗入混凝土的孔隙或裂缝中，并在其中聚合成坚硬的聚合物，使混凝土和聚合物成为整体，这种混凝土致密度高，几乎不渗透，抗压强度高达 200MPa，可以制作运输液体的混凝土管道及高压容器。

答案：D

考点：特种混凝土的性能及用途。

15. 解析：蒸压加气混凝土砌块是由钙质原料（如水泥、石灰等）、硅质原料（如石英砂、粉煤灰、矿渣等）和加气剂（铝粉）按照一定比例混合，发泡、蒸养而成，故蒸压加气混凝土砌块原料中含有铝粉。

答案：D

考点：常用砌块的原料及生产工艺。

16. 解析：涂刷法是指使用刷子将防腐剂涂刷在锯材、层压胶合板、胶合板表面的方法。喷洒法是指使用专用喷雾器将防腐剂喷洒在锯材、层压胶合板、胶合板表面的方法。

这两种方法不能使防腐剂渗透到木材内部，防腐效果差。采取加热—冷却的措施，利用温差造成真空，迫使防腐液体在常压情况下注入木材内部，常用的有热浸法和冷热槽法，前者加热后自然冷却至常温，后者将木材加热后迅速投入另一冷液容器，从而达到降温快的目的，这种方法优点是设备简单，经济有效，缺点是加工时间较长、耗油量大，渗入药量难控制，多余溶剂不能回收。加压处理法是利用动力压差迫使防腐液体向低压区流动的方法，本法不但可控制药量、节省油源、透入度较深、加工迅速、适于集中加工大量的干燥木材，而且也适于处理湿木材，甚至可以进行快速脱水，以提高产品质量。因此用防腐剂处理锯材、层压胶合板、胶合板时，应采用加压处理法。

  答案：C

  考点：木板防腐处理方法及特点。

17. **解析**：破心下料中的"心"是指木材的髓心。把圆木锯切成方木时，破心下料可以减少收缩开裂，但是制作速度慢，而且要求原木径级大于320mm，为减少破心数量，破心下料仅限于桁架下拉弦杆使用。

  答案：B

  考点：木材破心下料的定义及应用。

18. **解析**：阳极氧化是在铝及铝合金表面镀一层致密氧化铝，以防止进一步氧化。电泳喷涂俗称镀漆，电泳涂料所含的树脂带有碱性基团，经酸中和后成盐而溶于水，通直流电后，酸根负离子向阳极移动，树脂离子及其包裹的颜料粒子带正电荷向阴极移动，并沉积在阴极上形成涂层。电泳漆膜丰满、均匀、平整、光滑，漆膜的硬度、附着力、耐腐、冲击性能、渗透性能好，但是电泳喷涂设备复杂，投资高，耗电大。粉末喷涂是用喷粉设备把粉末喷涂到工件的表面，在静电作用下，粉末会均匀地吸附于工件表面，形成粉状的涂层，粉状涂层再经过高温烘烤流平固化，变成效果各异的最终涂层。氟碳漆喷涂以氟树脂为主要成膜物质，由于氟树脂引入的氟元素电负性大，碳氟键能强，具有特别优越耐候性、耐热性、耐低温性、耐化学药品性，而且具有独特的不粘性和低摩擦性。所以铝合金型材表面处理的耐久程度最高的是氟碳漆喷涂，最低的是阳极氧化，四种从低到高依次是阳极氧化、电泳喷涂、粉末喷涂、氟碳漆喷涂。

  答案：A

  考点：铝合金表面处理方法及特点。

19. **解析**：钢结构防锈底漆要求具有较好的附着力和防锈蚀能力，面漆是为了防止底漆老化，所以要求有良好的耐候性、耐湿性和耐热性等，且有良好的外观色彩。红丹是用红丹与干性油混合而成的油漆，该漆附着力好，防锈性能高，耐水性强。铅灰油是由白铅粉和亚麻油混合研磨而成油漆，具有良好的耐候性。铁红环氧底漆是以中分子环氧树脂、铁红、助剂和溶剂等组成漆料，配以胺固化剂的双组份自干涂料，其防锈功能突出，漆膜硬度高、高温、附着力高、机械性能好。环氧富锌漆是以环氧树脂、锌粉为主要原料，增稠剂、填料、助剂、溶剂等组成的特种涂料产品，有阴极保护作用，防锈能力强。所以红丹、环氧富锌漆、铁红环氧底漆都可以用做钢结构防锈漆的底漆，铅灰油为面漆。

答案：B

考点：防锈漆的种类及特点。

20. 解析：将钢材加热到723～910℃或更高温度后，在空气中冷却的热处理方法称为正火。退火是指将钢材加热到一定温度，保持一定时间，然后缓慢冷却的热处理方法。正火和退火的目的是使晶粒细化，去除材料的内应力，改善加工性能，稳定工件的尺寸，防止变形与开裂。两种方法相比，正火的冷却速度稍快，处理后的工件硬度较高，但是正火热处理的生产周期短，故退火与正火同样能达到零件性能要求时，尽可能选用正火。淬火是将钢材加热到某一适当温度并保持一段时间，随即浸入淬冷介质中快速冷却的热处理工艺，淬火可以提高钢材的硬度和耐磨性，但是钢材的塑性和韧性显著降低。回火是将工件淬硬后加热到Ac1以下的某一温度，保温一定时间，然后冷却到室温的热处理工艺，回火后，钢材的硬度和强度下降，塑性和韧性提高，回火温度越高，这些力学性能的变化越大。所以钢材经过淬火处理后塑性和韧性显著降低。

    答案：B

    考点：钢材热处理方法及特点。

21. 解析：无粘结预应力钢绞线是指钢绞线施加预应力后，预应力钢绞线与其在混凝土构件中的预留孔道之间没有粘结力，可以滑动，预应力全部由两端的锚具传递。为保证预应力钢绞线与其在混凝土构件中的预留孔道之间没有粘结力，无粘结预应力钢绞线外包高密度聚乙烯挤塑成型的塑料管，该塑料管与钢筋之间采用防锈、防腐润滑油脂涂层。这种方法适用于后张法预应力混凝土构件的制作，因为不需要对混凝土中预留孔道进行灌浆，可以节约钢材和混凝土，但是需要专用设备和工业化生产，可用于大跨度楼盖体系。无粘结预应力钢绞线不适用于先张法预应力混凝土构件。

    答案：A

    考点：无粘结预应力钢绞线和特点。

22. 解析：铝蜂窝复合板表面采用氟碳处理的铝合金板材，中间是铝蜂窝，通过胶粘剂或胶膜采用专用复合冷压工艺或热压技术制成，蜂窝板具有质量轻、隔热、防火、不易碎、刚性强不变形等优点，适于用在风压特别高的地区；由于蜂窝板质量轻，且复合结构板材的板材强度高，使板材最大宽度可达1500mm，适合大尺度分格，可由生产厂家按项目要求的规格生产供货。故选项C不适合。

    答案：C

    考点：铝蜂窝复合板的特点。

23. 解析：吸水率是指材料吸水饱和时的水量占干燥质量的百分比。花岗石非常致密，其吸水率通常小于0.5%；不同强度的普通混凝土孔隙率有一些差异，但是其吸水率一般小于10%；黏土砖的吸水率约为20%左右；木材的纤维饱和点约为30%，考虑还要吸收自由水分，因此木材的吸水率通常会大于30%，所以四种材料中木材的吸水率最大。

    答案：C

    考点：材料吸水率定义及常用材料的吸水率。

24. 解析：石灰的硬化包括结晶过程和碳化过程。结晶过程是指水分蒸发而氢氧化钙结晶析出的过程，碳化过程是指石灰浆体中的氢氧化钙与空气中的二氧化碳在潮湿条件下反应生产碳酸钙的过程。这两个过程都表现为体积收缩，所以为了控制水分快速蒸发，减少收缩，在石灰砂浆中掺入纸筋、砂等，这样还可以节省石灰用量，但是该作法对石灰的硬化过程没有促进作用，故选项C有误。

答案：C

考点：石灰的硬化特点。

25. 解析：根据《建筑石膏》GB/T 9776—2008，建筑石膏的技术要求包括细度、抗压强度和抗折强度，不包括均匀度。

答案：A

考点：建筑石膏的技术要求。

26. 解析：憎水型膨胀珍珠岩板导热系数为 $0.058\sim0.87W/(m\cdot K)$，玻璃棉板的导热系数为 $0.05W/(m\cdot K)$，岩棉、矿渣棉毡导热系数为 $0.045W/(m\cdot K)$，加气混凝土板的导热系数为 $0.12\sim0.16W/(m\cdot K)$。四种保温材料都属于A级防火材料，所以导热系数最小的A级防火材料为岩棉、矿渣棉毡。

答案：C

考点：绝热材料。

27. 解析：蒸压加气混凝土砌块是由钙质原料（如水泥、石灰等）、硅质原料（如石英砂、粉煤灰、矿渣等）和加气剂（铝粉）按照一定比例混合、发泡、蒸养而成，其主要成分为水化硅酸钙、水化铝酸钙和氢氧化钙等，遇水后氢氧化钙容易溶解，还可能与化学介质反应，在高温下水化硅酸钙分解。所以蒸压加气混凝土砌块不得用于建筑物基础和处于浸水、高湿和有化学侵蚀介质的环境，也不能用于承重制品表面温度>80℃的建筑部位。蒸压加气混凝土砌块可用作承重墙体，非承重墙体和保温隔热材料，蒸压加气混凝土砌块强度等级分为A1.0、A2.0、A2.5、A3.5、A5.0、A7.5、A10七个强度等级，用于承重墙体时，强度等级不应低于A5，所以"不得用于承重墙体"的说法是错误的。

答案：A

考点：加气混凝土砌块的用途。

28. 解析：合成树脂属于有机胶凝材料，所以在塑料中起胶结作用。

答案：B

考点：塑料的组成。

29. 解析：弹性外墙涂料要求涂料具有装饰性能的同时还要具有一定的延伸率，就是弹性，当墙体出现发丝状裂纹时可以遮盖，不显露出来，并且还要具有好的低温柔性。聚氨酯（PU）涂料一般是由异氰酸酯预聚物（叫低分子氨基甲酸酯聚合物）和含羟基树脂两部分组成，涂膜耐磨性和耐化学腐蚀性好、耐油、耐高温、耐低温，主要做木器涂料、防腐涂料、地坪涂料、防水涂料等。丙烯酸弹性外墙乳胶漆采用交联型丙烯酸弹性乳液为基料而制成的弹性涂料，其漆膜具有"即时复原"的弹性和优良的伸长率，可在不同温度范围内将已有和将发生的开裂得到抑制。有机硅一般是指具有—Si—O—Si—主键与有机基侧链的聚硅氧烷。有机硅树脂涂料是以有机硅树脂或改性有机硅树脂为主要成膜物质，是一种元素有机涂料。元素有机涂料是由元素有机聚合物为主要成膜物质的涂料总称，包括有机硅、有机钛、有机氟、有机铝、有机锆涂料等，元素有机涂料是介于有机高分子和无机化合物之间的一种化合物，具有特殊的热稳定性、绝缘性、耐高温、耐候性等特点，总之，有机硅树脂涂料是一种价格较贵的耐热性、耐寒性、耐候性突出的绝缘涂层。聚氯乙烯简称PVC，是由氯乙烯在引发剂作用下聚合而成的热塑性树脂，聚氯乙烯防水涂料是以PVC树脂与煤焦油相互改性、掺加适量增塑剂，稳定剂，填充料等制成，涂层易收缩、龟裂。总之，弹性外墙涂料多采用丙烯酸系列涂料。

答案： B

考点： 外墙涂料的性能。

30. **解析：** 锌铬黄漆是以环氧树脂、锌铬黄等防锈颜料、助剂配成漆基，以混合胺树脂为固化剂的油漆，具有优良的防锈功能。沥青清漆是以煤焦油沥青以及煤焦油为主要原料，加入稀释剂、改性剂、催干剂等有机溶剂组成，广泛用于水下钢结构和水泥构件的防腐防渗漏，地下管道的内外壁防腐。红丹底漆是用红丹与干性油混合而成的油漆，该漆附着力好，防锈性能高，耐水性强。环氧富锌底漆是以环氧树脂、锌粉为主要原料，配以增稠剂、填料、助剂、溶剂等组成的特种涂料产品，可作重防腐涂层的配套底漆，有阴极保护作用，适用于储罐、集装箱、钢结构、钢管、海洋平台、船舶、海港设施以及恶劣防腐蚀环境的底涂层等。所以用于海边防锈的金属漆应选用环氧富锌漆。

答案： D

考点： 防锈漆。

31. **解析：** 结构胶对强度、耐热、耐油和耐水等有较高要求，属于结构胶的有：环氧树脂、聚氨酯、有机硅等热固性胶粘剂，聚丙烯酸酯、聚甲基丙烯酸酯等热塑性胶粘剂，酚醛—环氧型、酚醛—丁腈橡胶型等多组分胶粘剂。非结构胶不承受较大荷载，只起定位作用，常用的有：动植物胶等天然胶粘剂，聚醋酸乙烯、聚乙烯醇缩醛等，即选项C为非结构胶。

答案： C

考点： 常用胶粘剂。

32. **解析：** 溶剂型涂料由合成树脂、有机溶剂、颜料、填料等制成，其中有机溶剂易挥发且对人体有害。水性涂料是以溶于水的合成树脂、水、颜料及填料配制而成。合成树脂乳液是以极微细的合成树脂粒子分散在有乳化剂的水中构成乳液，加入颜料、填料等制成。无机类涂料主要以碱金属硅酸盐、胶态二氧化硅等无机物为主要成膜物质。所以溶剂型涂料易挥发且对人体有害，故选A。

答案： A

考点： 不同类型涂料的组成。

33. **解析：** 聚氯乙烯胶泥是以煤焦油和聚氯乙烯树脂粉为基料，配以增塑剂、稳定剂及填充料在140℃下塑化而成的嵌缝材料，具有良好的粘结性、防水性，耐热度高，低温柔性好。硅橡胶是指主链由硅和氧原子交替构成，硅原子上通常连有两个有机基团的橡胶，硅橡胶耐低温性能良好，一般在−55℃下仍能工作，引入苯基后，可达−73℃；硅橡胶的耐热性也非常突出，在180℃下可长期工作，稍高于200℃也能承受数周或更长时间仍有弹性，瞬时可耐300℃以上的高温。聚硫橡胶是由二卤代烷与碱金属或碱土金属的多硫化物缩聚合成的橡胶。当聚硫橡胶与环氧树脂混合后，末端的硫醇基与环氧树脂发生化学反应，固化后形成环氧聚硫橡胶，其韧性高，可用于耐受大压力的容器密封。硫化橡胶指硫化过的橡胶，硫化后生胶内形成空间立体结构，具有较高的弹性、耐热性、拉伸强度和在有机溶剂中的不溶解性等。所以比较四种嵌缝材料，硅橡胶的耐严寒和耐高温性能最好。

答案：B

考点：常用密封材料。

34. 解析：钢化玻璃是将玻璃原片加热到一定温度后迅速冷却（即物理钢化）或用化学方法进行钢化处理（即化学钢化）制得，钢化玻璃强度比普通平板玻璃大3～5倍，抗冲击性能和抗弯性能好，破碎时碎片呈圆钝形。夹丝玻璃（又称防碎玻璃、钢丝玻璃）是将预先编好的钢丝网压入软化的玻璃中形成，夹丝玻璃即使被打碎，线或网也能支住碎片，很难崩落和破碎，即使火焰穿破的时候，也可遮挡火焰和火粉末的侵入，有防止从开口处扩散延烧的效果，具有防盗、防火功能，由于金属丝网会影响视觉效果，所以主要用于厂房天窗、仓库门窗、地下采光窗及防火门窗等。夹层玻璃是将两片或多片平板玻璃中嵌夹透明塑料薄片，经加热压粘而成的复合玻璃，夹层玻璃透明度好，抗冲击强度高，具有耐热、耐湿、耐火、耐寒等性能，夹层玻璃碎后不散。用于汽车、飞机的挡风玻璃、防弹玻璃和有特殊要求的门窗、防火门等。中空玻璃是将用两层或以上的平板玻璃，四周封严，中间充入干燥气体制得，具有良好的保温、隔热、隔声、防结露性能。用于需要采暖、空调、防止噪声及无直射光的建筑。夹丝玻璃和夹层玻璃都可做防火门玻璃。

答案：B、C

考点：安全玻璃。

35. 解析：空心玻璃砖是由两块压铸成凹凸的玻璃经熔接或胶结而成的，有较高的强度、绝热、隔声、透明度高、耐火等优点，用来砌筑透光的内外墙、分隔墙等。钢化玻璃是将玻璃原片加热到一定温度后迅速冷却（即物理钢化）或用化学方法进行钢化处理（即化学钢化）制得，钢化玻璃强度比普通平板玻璃大3～5倍，抗冲击性能和抗弯性能好，破碎时碎片呈圆钝形。泡沫玻璃是将碎玻璃高温熔化，发泡而成的多孔玻璃制品，具有不透气、不透水、耐热、保温、隔热等特点。微晶玻璃是指在玻璃中加入某些成核物质，通过热处理、光照射、或化学处理等手段，在玻璃内均匀地析出大量的微小晶体，形成致密的微晶相和玻璃相的多相复合体，微晶玻璃机械强度高，绝缘性能优良，介电常数稳定，热膨胀系数可在很大范围调节，耐化学腐蚀，耐磨，热稳定性好，使用温度高。所以，破裂后断口呈圆钝形的是钢化玻璃，故选B。

答案：B

考点：玻璃制品的特点。

36. 解析：查阅《内部装修防火规范》第5.1.1条表5.1.1、表5.2.1条表5.2.1和第5.3.1条表5.3.1可知：单层、多层、高层和地下民用建筑观众厅的装饰织物（包括帷幕）的燃烧性能等级都不应低于B1级。

答案：A

考点：防火规范中观众厅帷幕的燃烧性能等级。

37. **解析**：查阅《内部装修防火规范》第5.1.1条表5.1.1和第5.2.1条表5.2.1可知：单层、多层和高层候机楼的候机大厅、贵宾候机室、售票厅、商店、餐饮场所等，其顶棚装修材料的燃烧性能等级，不应低于A级。查阅该规范"条文说明"第3.0.2条"表1 常用建筑内部装修材料燃烧性能等级划分举例"可知：石膏板、铝合金板、水泥板的燃烧性能等级均为A级，难燃烧酚醛塑料为B1级。因此C项"酚醛塑料板"不可用于候机楼顶棚。

    答案：C

    考点：防火规范中候机楼顶棚装修材料的燃烧性能等级。

38. **解析**：多孔性吸声材料的吸声系数一般从低频到高频逐渐增大，即对高频和中频声音的吸收效果好，增加多孔吸声材料的厚度，可提高低频声音的吸收效果，但对高频声音没有多大效果。多孔吸声材料具有开口孔隙，若材料表面喷涂油漆会封闭表面的开口孔使其变为封闭孔隙，声波因此无法进入而降低吸声效果。多孔吸声材料的孔隙率增大，吸声性能提高。所以"多孔性吸声材料的低频吸声系数与厚度无关"的说法是错误的。

    答案：D

    考点：多孔吸声材料。

39. **解析**：生产吸热玻璃的方法有两种：一是在普通钠钙硅酸盐玻璃的原料中加入一定量的有吸热性能的着色剂，另一种是在平板玻璃表面喷镀一层或多层金属或金属氧化物薄膜而制成。吸热玻璃能吸收大量的红外线辐射而又能保持良好可见光透过率，同时也可以吸收一定量紫外线，适用于需要隔热又需要采光的部位。所以"吸热玻璃不能吸收紫外线"的说法是错误的。

    答案：C

    考点：吸热玻璃。

40. **解析**：材料的质量越大，其防X、γ射线辐射的能力越强。四种材料中铅板最重，可用于医院防X、γ射线辐射。

    答案：B

    考点：防X、γ射线辐射的材料性质。

41. **解析**：《防火规范》第5.1.2条规定：防火墙要求耐火极限为3h的不燃体。轻钢龙骨（75mm，内填岩棉）两侧双层12厚防火石膏板的耐火极限为2h；120mm厚C20钢筋混凝土大板墙的耐火极限为2.5h；120mm厚黏土砖承重墙的耐火极限为2.5h，100mm厚非承重加气混凝土的耐火极性为6h。所以100mm厚非承重加气混凝土墙体可以作为防火墙。

    答案：D

    考点：防火墙。

42. **解析**：《防火规范》第5.1.3条规定：一类高层建筑的耐火等级不应低于一级。有保护层的钢柱，保护层为100mm厚C20混凝土时，耐火极限为2.85h，燃烧性能为不燃体，则可知120mm厚C20混凝土保护层耐火极限超过2.85h；保护层为80mm厚陶粒混凝土时，耐火极限为3h，燃烧性能为不燃体；保护层为120mm厚黏土砖时，耐火极限为2.85h，燃烧性能为不燃体；保护层为50mm厚厚涂型防火涂料时，耐火极限为 3h，燃烧性能为不燃体。比较而言，120mm 厚黏土砖保护层的耐火极限最小，达不到规范要求的耐火等级。

答案：C

考点：一类高层建筑承重钢柱的防火要求。

43. 解析：三元乙丙橡胶是乙烯、丙烯和非共轭二烯烃的三元共聚物，三元乙丙的主要聚合物链是完全饱和的，本质上是无极性的，对极性溶液和化学物具有抗性，这个特性使得三元乙丙橡胶可以抵抗热、光、氧气，尤其是臭氧，即耐老化性能突出。三元乙丙防水卷材是以三元乙丙橡胶为主体制成的无胎卷材，具有良好的耐候性、耐臭氧性、耐酸碱腐蚀性、耐热性和耐寒性，是目前耐老化性最好的一种卷材。氯丁橡胶是由氯丁二烯（即2-氯-1,3-丁二烯）为主要原料进行α-聚合而生产的合成橡胶，氯丁橡胶防水卷材是以氯丁橡胶为主要原料制成的，有良好的物理机械性能、耐油、耐热、耐燃、耐日光、耐臭氧、耐酸碱，缺点是耐寒性和贮存稳定性较差，耐候性和耐臭氧老化仅次于三元乙丙橡胶和丁基橡胶。SBS 改性防水卷材属于弹性体沥青防水卷材，以聚酯纤维无纺布为胎体，以 SBS（即苯乙烯—丁二烯—苯乙烯）橡胶改性沥青为面层，表面带有砂粒或覆盖 PE 膜，具有较好的耐热性、低温柔性、弹性和耐疲劳性。丁基橡胶是由异丁烯和少量异戊二烯合成，丁基橡胶防水卷材是以丁基橡胶为主体制成的，具有抗老化、耐臭氧及气密性好等特点，此外，还具有耐热、耐酸碱等性能。比较四种防水卷材，三元乙丙橡胶防水卷材耐老化性能最好。

答案：A

考点：防水卷材的性质。

44. 解析：溶剂型防水涂料由合成树脂、合成橡胶等为主要成膜物质，有机溶剂作为溶剂，加入颜料、填料等制成，涂刷后，有机溶剂挥发后形成防水涂膜。水泥砂浆保护层是通过水泥水化形成水化产物而硬化的。热熔法铺设防水卷材是采用火焰加热熔化热熔型防水卷材底层的热熔胶进行粘结的施工方法。干铺保温板是指将水泥和砂按照要求比例调和成干硬性砂浆铺设保温板的方法。比较而言，水泥浆体在 0~5℃温度环境下不能正常水化硬化，所以不能用于 0~5℃ 的环境温度下施工。

答案：B

考点：材料的施工温度要求。

45. 解析：根据《绿色建筑评价标准》第 7.1 条规定，节材与材料资源利用的控制项包括：不得采用国家和地方禁止和限制使用的建筑材料及制品；混凝土结构中梁、柱纵向受力普通钢筋应采用不低于 400MPa 级的热轧带肋钢筋；建筑造型要素应简约，且无大量装饰性构件。规定中不包括对地基基础、结构体系、结构构件进行优化设计。

答案：D

考点：绿色建筑评价标准。

46. 解析：铸铁管指用铸铁浇铸成型的管子。PVC 管是用聚氯乙烯热塑性树脂制成的管子。镀锌钢管指表面有热浸镀或电镀锌层的焊接钢管。不锈钢是指合金元素铬大于 12% 的合金钢，具有很好的防锈性能。铸铁管和镀锌钢管作为给水管，其中的铁会生锈，PVC生产过程中需要添加增塑剂，对人体有害，所有不适合用作直饮水管，尤其是医院内直饮水管。所以直饮水管一般应采用不锈钢管。

答案：D

考点：各种管材的性质。

47. 解析：《民用建筑绿色设计规范》JGJ/T 229—2010 条文说明第 7.3.1 条定义可快速再生的天然材料是指从栽种到收获周期不到 10 年的材料。

答案：C

考点：快速再生天然材料。

48. 解析：参见《民用建筑绿色设计规范》JGJ/T 229—2010 条文说明第 7.3.4 条：为降低建筑材料生产过程中对环境的污染，最大限度地减少温室气体排放，保护生态环境，本条鼓励建筑设计阶段选择对环境影响小的建筑体系和建筑材料。

在计算建筑材料生产过程中 CO_2 排放量时也必须考虑建筑材料的可再生性。与资源消耗不同的是，回收的建筑材料循环再生过程同样要排放 CO_2。单位重量建筑材料生产过程中排放 CO_2 的指标 X_i（t/t）见题 48 解表。

单位重量建筑材料生产过程中排放 CO_2 的指标 X_i（t/t）   题 48 解表

钢材	铝材	水泥	建筑玻璃	建筑卫生陶瓷	实心黏土砖	混凝土砌块	木材
2.0	9.5	0.8	1.4	1.4	0.2	0.12	0.2

所以铝材生产过程中二氧化碳排放量最多。

答案：A

考点：材料的二氧化碳释放。

49. 解析：《玻璃幕墙规范》第 3.4.3 条规定，用于玻璃幕墙的中空玻璃空气层最小厚度为 9mm。

答案：C

考点：中空玻璃的空气层厚度。

50. 解析：参见《严寒和寒冷地区居住建筑节能设计标准》JGJ 26—2018 第 4.2.6 条，外窗及敞开式阳台门应具有良好的密闭性能；严寒和寒冷地区外窗及敞开式阳台门的气密性等级不应低于国家标准《建筑外门窗气密、水密、抗风压性能分级及检测方法》GB/T 7106—2008 中规定的 6 级。

答案：D

考点：建筑外门窗的要求。

51. 解析：消防车登高操作场地的坡度不宜大于 3%。参见《防火规范》第 7.2.2 条，消防车登高操作场地应符合下列规定：1 场地与厂房、仓库、民用建筑之间不应设置妨碍消防车操作的树木、架空管线等障碍物和车库出入口。2 场地的长度和宽度分别不应小于 15m 和 10m；对于建筑高度大于 50m 的建筑，场地的长度和宽度分别不应小于 20m 和 10m。3 场地及其下面的建筑结构、管道和暗沟等，应能承受重型消防车的压力。4 场地应与消防车道连通，场地靠建筑外墙一侧的边缘距离建筑外墙不宜小于 5m，且不应大于 10m，场地的坡度不宜大于 3%。

答案：D

考点：消防车登高操作场地的防火设计要求。

52. 解析：透水混凝土路面适用于新建的城镇轻荷载道路、园林中的轻型荷载道路、人行道、非机动车道、景观硬地、停车场、广场等，不适用于城市机动车道。参见《透水水泥混凝土路面技术规程》CJJ/T 135—2009：1.0.2 本规程适用于新建的城镇轻荷载道路、园林中的轻型荷载道路、广场和停车场等透水水泥混凝土路面的设计、施工、验收和维护。本规程不适用于严寒地区、湿陷性黄土地区、盐渍土地区、膨胀土地区的路面。2.1.6 轻型荷载道路（light load road）仅允许轴载 40kN 以下车辆行驶的城镇道路和停车场、小区等道路。4.1.5 透水水泥混凝土路面的结构类型应按表 4.1.5（题52解表）选用。

透水水泥混凝土路面结构　　　　　　题52解表

类别	适用范围	基层与垫层结构
全透水结构	人行道、非机动车道、景观硬地、停车场、广场	多孔隙水泥稳定碎石、级配砂砾、级配碎石及级配砂砾基层
半透水结构	轻型荷载道路	水泥混凝土基层+稳定土基层或石灰、粉煤灰稳定砂砾基层

答案：C

考点：透水混凝土路面的适用范围。

53. 解析：参见《地下防水规范》：4.4.1 涂料防水层应包括无机防水涂料和有机防水涂料。无机防水涂料可选用掺外加剂、掺合料的水泥基防水涂料、水泥基渗透结晶型防水涂料（A项错误）。有机防水涂料可选用反应型、水乳型、聚合物水泥等涂料。4.4.2 无机防水涂料宜用于结构主体的背水面，有机防水涂料宜用于地下工程主体结构的迎水面，用于背水面的有机防水涂料应具有较高的抗渗性，且与基层有较好的粘结性。4.4.6 掺外加剂、掺合料的水泥基防水涂料厚度不得小于 3.0mm；水泥基渗透结晶型防水涂料的用量不应小于 1.5kg/m²，且厚度不应小于 1.0mm（D正确）；有机防水涂料的厚度不得小于 1.2mm。另该规范"条文说明"指出：4.4.1 地下工程应用的防水涂料既有有机类涂料，也有无机类涂料……水泥基渗透结晶型防水涂料是一种以水泥、石英砂等为基材，掺入各种活性化学物质配制的一种新型刚性防水材料。它既可作为防水剂直接加入混凝土中，也可作为防水涂层涂刷在混凝土基面上……

答案：A

考点：水泥基渗透结晶型防水涂料的性质和使用要求。

54. 解析：参见《地下防水规范》第 4.1.7 条，防水混凝土结构，应符合下列规定：1 结构厚度不应小于 250mm（B项错误）；2 裂缝宽度不得大于 0.2mm，并不得贯通；3 钢筋保护层厚度应根据结构的耐久性和工程环境选用，迎水面钢筋保护层厚度不应小于 50mm（C项正确）。第 4.1.8 条，用于防水混凝土的水泥应符合下列规定：1 水泥品种宜采用硅酸盐水泥、普通硅酸盐水泥（D项正确），采用其他品种水泥时应经试验确定……第 4.1.4 条，防水混凝土的设计抗渗等级，应符合表 4.1.4（见题54解表）的规定。

防水混凝土设计抗渗等级 题54解表

工程埋置深度 H（m）	设计抗渗等级
H＜10	P6
10≤H＜20	P8
20≤H＜30	P10
H≥30	P12

注：1 本表适用于Ⅰ、Ⅱ、Ⅲ类围岩（土层及软弱围岩）。
  2 山岭隧道防水混凝土的抗渗等级可按国家现行有关标准执行。

根据解表，地下工程中防水混凝土的抗渗等级不得低于P6（A项正确）。
答案：B
考点：地下工程防水混凝土结构的设计要求。

55. **解析**：根据《地下防水规范》3.3.1条的规定可知：任何防水等级地下工程的"变形缝（诱导缝）"的防水设防都应采用"中埋式止水带"与"1~2种其他防水措施"复合使用，"明挖法地下工程"可采用的其他防水措施包括"外贴式止水带、可卸式止水带、防水密封材料、外贴防水卷材、外涂防水涂料"，"暗挖法地下工程"包括"外贴式止水带、可卸式止水带、防水密封材料、遇水膨胀止水条/胶"（见表3.3.1-1、表3.3.1-2，即题55解表1、2）。该规范"条文说明"中指出：3.3.1……调研过程中，设计、施工单位普遍反映遇水膨胀止水条在新建工程变形缝使用时，防水效果不明显，因此在变形缝防水措施中取消了"遇水膨胀止水条"，保留了原有的其他防水措施……4.1.26-2……在完全包裹约束状态的（施工缝、后浇带、穿墙管等）部位，可使用腻子型的遇水膨胀止水条……另在该规范的图4.1.25-3、图5.2.5-1/-2和图5.3.3-2中可见遇水膨胀止水条（胶）分别用于施工缝、后浇带和固定式穿墙管的构造。

综上：遇水膨胀止水条（胶）可用于后浇带、施工缝和穿墙管这些部位的防水构造，不能用于"明挖法地下工程"的变形缝部位，不能单独用于"暗挖法地下工程"的变形缝部位（须和"中埋式止水带"复合使用）。

明挖法地下工程防水设防要求 题55解表1

工程部位	主体结构					施工缝						后浇带				变形缝（诱导缝）				
防水措施	防水混凝土	防水卷材	防水涂料	塑料防水板	膨润土防水材料	防水砂浆	金属防水板	遇水膨胀止水条（胶）	外贴式止水带	中埋式止水带	外抹防水砂浆	外涂防水涂料	水泥基渗透结晶型防水涂料	预埋注浆管	补偿收缩混凝土	外贴式止水带	预埋注浆管	遇水膨胀止水条（胶）	防水密封材料	中埋式止水带	可卸式止水带	防水密封材料	外贴防水卷材	外涂防水涂料
防水等级 一级	应选	应选一至二种				应选二种							应选		应选二种				应选	应选一至二种				
二级	应选	应选一种				应选一至二种							应选		应选一至二种				应选	应选一至二种				
三级	应选	宜选一种				宜选一至二种							宜选		宜选一至二种				应选	宜选一至二种				
四级	宜选	—				宜选一种							应选		宜选一种				应选	宜选一种				

暗挖法地下工程防水设防要求 题55解表2

工程部位		衬砌结构					内衬砌施工缝					内衬砌变形缝（诱导缝）			
防水措施		防水混凝土	塑料防水板	防水砂浆	防水涂料	防水卷材	金属防水层	外贴式止水带	预埋注浆管	遇水膨胀止水条（胶）	防水密封材料	中埋式止水带	水泥基渗透结晶型防水涂料	中埋式止水带	外贴式止水带	可卸式止水带	防水密封材料	遇水膨胀止水条（胶）
防水等级	一级	必选	应选一至二种					应选一至二种					应选	应选一至二种			
	二级	应选	应选一种					应选一种					应选	应选一种			
	三级	宜选	宜选一种					宜选一种					应选	宜选一种			
	四级	宜选	宜选一种					宜选一种					应选	宜选一种			

答案：C

考点：地下工程中遇水膨胀止水条的适用部位。

56. **解析**：参见《防火规范》第6.7.7条，除本规范第6.7.3条规定的情况外，当建筑的外墙外保温系统按本节规定采用燃烧性能为 B_1、B_2 级的保温材料时，应符合下列规定：2 应在保温系统中每层设置水平防火隔离带（A项正确）；防火隔离带应采用燃烧性能为A级的材料（D项错误），防火隔离带的高度不应小于300mm（C项正确）。另可参见标准图集《建筑设计防火规范图示》(13J 811-1改）第6-31页"6.7.7图示1"和"6.7.7图示2"。

答案：D

考点：防火隔离带的设置要求。

57. **解析**：抗震设防烈度为8度地区的多层砌体建筑，承重外墙尽端至门窗洞边的最小距离应为1.2m（B项错误）。参见《抗震规范》：7.1.6 多层砌体房屋中砌体墙段的局部尺寸限值，宜符合表7.1.6（题57解表）的要求。

房屋的局部尺寸限值（m） 题57解表

部位	6度	7度	**8度**	9度
承重窗间墙最小宽度	1.0	1.0	**1.2**	1.5
承重外墙尽端至门窗洞边的最小距离	1.0	1.0	**1.2**	1.5
非承重外墙尽端至门窗洞边的最小距离	1.0	1.0	**1.0**	1.0
内墙阳角至门窗洞边的最小距离	1.0	1.0	**1.5**	2.0
无锚固女儿墙（非出入口处）的最大高度	0.5	0.5	**0.5**	0.0

注：1 局部尺寸不足时，应采取局部加强措施弥补，且最小宽度不宜小于1/4层高和表列数值的80%；
2 出入口处的女儿墙应有锚固。

答案：B

考点：抗震设防对多层砌体房屋中砌体墙段的局部尺寸限值要求。

58. **解析**：参见《综合医院建筑设计规范》GB 51039—2014 第5.24.2条，防火分区应符合下列要求：5 防火分区内的病房、产房、手术部、精密贵重医疗设备用房等，均应采用耐火极限不低于2.00h的不燃烧体与其他部分隔开。查阅《防火规范》条文说明附录"附表1各类非木结构构件的燃烧性能和耐火极限"可知各选项耐火极限分别为：A2.00h，B2.50h，C8.00h，D1.00～1.50h；只有D项不满足要求。

答案：D

考点：医院实验室隔墙的耐火极限要求及各类非木结构构件的燃烧性能和耐火极限。

59. 解析：参见《装配式混凝土结构技术规程》JGJ 1—2014：5.3.4 预制外墙板的接缝及门窗洞口等防水薄弱部位宜采用材料防水和构造防水相结合的做法，并应符合下列规定：1 墙板水平接缝宜采用高低缝（A项正确）或企口缝（B项正确）构造；2 墙板竖缝可采用平口或槽口构造（C项正确）；3 当板缝空腔需设置导水管排水时，板缝内侧应增设气密条密封构造。10.3.4 外挂墙板最外层钢筋的混凝土保护层厚度除有专门要求外，应符合下列规定：1 对石材或面砖饰面，不应小于15mm（D项错误）；2 对清水混凝土，不应小于20mm；3 对露骨料装饰面，应从最凹处混凝土表面计起，且不应小于20mm。

答案：D

考点：装配式建筑预置混凝土外墙板的构造要求。

60. 解析：参见《防火规范》第6.7.2条（强制性条文），建筑外墙采用内保温系统时，保温系统应符合下列规定：3 保温系统应采用不燃材料做防护层；采用燃烧性能为B_1级的保温材料时，防护层的厚度不应小于10mm（B项正确）。第6.7.8条，建筑的外墙外保温系统应采用不燃材料在其表面设置防护层（A项正确），防护层应将保温材料完全包覆；除本规范第6.7.3条规定的情况外，当按本节规定采用B_1、B_2级保温材料时，防护层厚度首层不应小于15mm（C项错误），其他层不应小于5mm。第6.7.10条，建筑的屋面外保温系统，当屋面板的耐火极限不低于1.00h时，保温材料的燃烧性能不应低于B_2级；当屋面板的耐火极限低于1.00h时，不应低于B_1级；采用B_1、B_2级保温材料的外保温系统应采用不燃材料作防护层，防护层的厚度不应小于10mm（D项正确）；当建筑的屋面和外墙外保温系统均采用B_1、B_2级保温材料时，屋面与外墙之间应采用宽度不小于500mm的不燃材料设置防火隔离带进行分隔。

答案：C

考点：建筑外墙保温材料防护层的防火设计要求。

61. 解析：双层窗选用不同厚度的玻璃，是为了错开吻合效应的频率，与双层墙的隔声原理相同。参见《建筑设计资料集2》第142页和第146页隔声窗17～19的构造。

答案：B

考点：双层玻璃窗的隔声原理。

62. 解析：参见《种植屋面工程技术规程》JGJ 155—2013第5.4.1条，地下建筑顶板的种植设计应符合下列规定：1 顶板应为现浇防水混凝土（B项正确），并应符合现行国家标准《地下工程防水技术规范》GB 50108 的规定；2 顶板种植应按永久性绿化设计（A项正确）；5.1.7（强制性条文）种植屋面防水层应满足一级防水等级设防要求，且必须至少设置一道具有耐根穿刺性能的防水材料（C项正确）。第5.1.8条，种植屋面防水层采用不少于两道防水设防，上道应为耐根穿刺防水材料；两道防水层应相邻铺设且防水层的材料应相容。第5.8.2条，防水层的泛水高度应符合下列规定：1屋面防水层的泛水高度高出种植土不应小于250mm；2地下建筑顶板防水层的泛水高度高出种植土不应小于500mm（D项错误）。

答案：D

考点：地下建筑顶板的种植设计要求。

63. 解析：参见《屋面规范》第4.9.7条，压型金属板采用咬口锁边连接时，屋面的排水坡度不宜小于5%；压型金属板采用紧固件连接时，屋面的排水坡度不宜小于10%。

答案：B

考点：压型金属板屋面的排水坡度。

64. 解析：参见《屋面规范》第4.10.10条，玻璃采光顶所采用夹层中空玻璃除应符合本规范第4.10.9条和现行国家标准《中空玻璃》GB/T 11944的有关规定外，尚应符合下列规定：1中空玻璃气体层的厚度不应小于12mm（D项错误）；2中空玻璃宜采用双道密封结构。隐框或半隐框中空玻璃的二道密封应采用硅酮结构密封胶；3中空玻璃的夹层面应在中空玻璃的下表面（B项正确）。第4.10.8条，玻璃采光顶的玻璃应符合下列规定：1玻璃采光顶应采用安全玻璃，宜采用夹层玻璃或夹层中空玻璃（A、C项正确）；各选项内容另可参见《民建设计技术措施》第二部分第105～106页"表5.2.3 建筑幕墙、采光顶用玻璃选用要点"中"采光顶"部分。

答案：D

考点：玻璃采光顶的玻璃选用要求。

65. 解析：参见《屋面规范》第4.9.15条，金属板屋面铺装的有关尺寸应符合下列规定：1金属板檐口挑出墙面的长度不应小于200mm（A项错误）；2金属板伸入檐沟、天沟内的长度不应小于100mm（B项正确）；3金属泛水板与突出屋面墙体的搭接高度不应小于250mm（C项正确）；4金属泛水板、变形缝盖板与金属板的搭盖宽度不应小于200mm；5金属屋脊盖板在两坡面金属板上的搭盖宽度不应小于250mm（D项正确）。

答案：A

考点：金属板屋面铺装的有关尺寸要求。

66. 解析：细石混凝土保护层与卷材、涂膜防水层之间，应设置隔离层。隔离层宜采用低强度等级砂浆。参见《屋面规范》第4.7.8条块体材料、水泥砂浆、细石混凝土保护层与卷材、涂膜防水层之间，应设置隔离层；隔离层材料的适用范围和技术要求宜符合表4.7.8（题66解表）的规定。

隔离层材料的适用范围和技术要求（节选） 题66解表

隔离层材料	适用范围	技术要求
低强度等级砂浆	细石混凝土保护层	10mm厚黏土砂浆，石灰膏:砂:黏土=1:2.4:3.6
		10mm厚石灰砂浆，石灰膏:砂=1:4
		5mm厚掺有纤维的石灰砂浆

答案：C

考点：屋面隔离层材料的适用范围。

67. **解析**：参见图集《内装修：墙面装修》13J 502-1 第 A11～A14 页；竖向龙骨间距与面材宽度有关，一般为 300mm、400mm 或 600mm（应保证每块面板由 3 根竖向龙骨支撑），最大间距为 600mm；潮湿房间和钢板网抹灰墙，龙骨间距不宜大于 400mm。
    答案：D
    考点：轻质隔墙竖向龙骨的间距。

68. **解析**：防火墙与承重墙并没有对应关系，所以 B 项错误。其他选项参见《防火规范》：6.1.1（强制性条文）防火墙应直接设置在建筑的基础或框架、梁等承重结构上（A 项正确），框架、梁等承重结构的耐火极限不应低于防火墙的耐火极限。6.1.5（强制性条文）防火墙上不应开设门、窗、洞口，确需开设时，应设置不可开启或火灾时能自动关闭的甲级防火门、窗。可燃气体和甲、乙、丙类液体的管道严禁穿过防火墙。防火墙内不应设置排气道（C 项正确）。6.1.4 建筑内的防火墙不宜设置在转角处（D 项正确），确需设置时，内转角两侧墙上的门、窗、洞口之间最近边缘的水平距离不应小于 4.0m；采取设置乙级防火窗等防止火灾水平蔓延的措施时，该距离不限。
    答案：B
    考点：防火墙的设置要求。

69. **解析**：医院病房之间的空气声隔声标准应≥45dB，D 项错误，其他选项正确；参见《隔声规范》第 5.2.2、8.2.2、7.2.2 和 6.2.2 条。
    答案：D
    考点：各类民用建筑房间之间的空气声隔声标准。

70. **解析**：高层住宅中分户墙的耐火极限应不低于 2.00h，参见《防火规范》第 5.1.3 条（强制性条文），民用建筑的耐火等级应根据其建筑高度、使用功能、重要性和火灾扑救难度等确定，并应符合下列规定：1 地下或半地下建筑（室）和一类高层建筑的耐火等级不应低于一级；2 单、多层重要公共建筑和二类高层建筑的耐火等级不应低于二级。第 5.1.2 条，民用建筑的耐火等级可分为一、二、三、四级。除本规范另有规定外，不同耐火等级建筑相应构件的燃烧性能和耐火极限不应低于表 5.1.2（题 70 解表 1）的规定。

    另见《住宅建筑规范》GB 50368—2005：9.2.1 住宅建筑的耐火等级应划分为一、二、三、四级，其构件的燃烧性能和耐火极限不应低于表 9.2.1（题 70 解表 2）的规定。

不同耐火等级建筑相应构件的燃烧性能和耐火极限（h）（节选）　　题 70 解表 1

构件名称		耐火等级			
		一级	二级	三级	四级
墙	楼梯间和前室的墙、电梯井的墙、住宅建筑单元之间的墙和分户墙	不燃性 2.00	不燃性 2.00	不燃性 1.50	难燃性 0.50

住宅建筑墙的燃烧性能和耐火极限（h）（节选）　　题 70 解表 2

构件名称		耐火等级			
		一级	二级	三级	四级
墙	非梯间的墙、电梯井的墙、住宅单元之间的墙、住宅分户墙、承重墙	不燃性 2.00	不燃性 2.00	不燃性 1.50	难燃性 1.00

注：表中的外墙指除外保温层外的主体构件。

答案：C

考点：高层住宅中分户墙的耐火极限要求。

71. 解析：参见《民建设计技术措施》第二部分第99页第4.5.3条，电梯不应与卧室、起居室紧邻布置；受条件限制需要紧邻布置时，必须采取有效的隔声和减振措施，如在电梯井道墙体居室一侧加设隔声墙体。第4.5.4条，住宅水、暖、电、气管线穿过墙体时，孔洞周边应采取密封隔声措施。第4.5.5条，医院体外振波碎石室的围护结构应采用隔声性能较好的墙体材料（如150mm厚钢筋混凝土），或采取隔声和隔振措施。第4.5.6条，大板、大模等结构整体性较强的建筑物，应对附着于墙体的传声源部件采取防止结构声传播的措施：1 当产生振动的设备附着于墙体时，可在设备与墙体间加设隔振材料或构造；2 有可能产生振动的管道，穿墙时应采用隔振构造做法。

答案：C

考点：改善墙体隔声性能措施的效果比较。

72. 解析：参见《装修验收规范》第6.1.11条，吊杆距主龙骨端部距离不得大于300mm，当大于300mm时，应增加吊杆；当吊杆长度大于1.5m时，应设置反支撑；当吊杆与设备相遇时，应调整并增设吊杆。

答案：D

考点：轻钢龙骨吊顶的吊杆设计要求。

73. 解析：薄板共振吸声构造主要吸收低频声，参见《建筑设计资料集2》第135~136页：薄板共振吸声构造当声波入射到薄板（或膜）结构时，薄板在声波交变压力激发下振动，使板发生弯曲变形（其边缘被嵌固），出现板的内摩擦损耗，将机械能变为热能，在共振频率时，消耗声能最大，主要吸收低频声。

答案：A

考点：主要吸收低频声波的吸声构造类型。

74. 解析：参见《民建设计技术措施》第二部分第6.4.3条顶棚构造2悬吊式顶棚：即在结构板下作吊顶，其上部空间可铺设各种管线。吊顶按承重荷载能力分有上人吊顶、不上人吊顶。吊顶系统由承力构件（吊杆）、龙骨骨架、饰面板及配件等组成。1) 吊杆：一般上人吊顶的吊杆用φ8圆钢；不上人吊顶的吊杆用书φ6圆钢（或直径不小于2mm的镀锌低碳退火钢丝），其中距一般为1200mm。吊杆长度宜不大于1500mm，当吊杆长度大于1500mm时，宜设反支撑。反支撑间距不宜大于3600mm，距墙不宜大于1800mm。① 吊杆与结构板的固定方式：上人者为预埋式或与预埋件焊接式（A项正确），不上人者可用射钉或胀锚螺栓固定（C、D项正确）。吊杆不得直接吊挂在设备或设备支架上（B项错误）；② 体育馆、剧院、展厅等大型吊顶由于管线设备多而重，且有检修马道等设施，故吊顶的吊杆及其支承结构需经计算确定。

另见《公共建筑吊顶工程技术规程》JGJ 345—2014：4.2.4 当吊杆与管道等设备相遇、吊顶造型复杂或内部空间较高时，应调整、增设吊杆或增加钢结构转换层。吊杆不得直接吊挂在设备或设备的支架上（B项错误）。

答案：B

考点：轻钢龙骨吊顶中吊杆与结构板的连接构造。

75. 解析：参见《民建设计技术措施》第二部分第 6.4.1 条顶棚分类及一般要求第 4 款，潮湿房间的顶棚，应采用耐水材料……选项 A、B、D 为耐水材料，C 为正确答案。

    答案：C

    考点：潮湿房间吊顶面板材料的选用。

76. 解析：参见《中小学校设计规范》GB 50099—2011 第 8.1.6 条（强制性条文），上人屋面、外廊、楼梯、平台、阳台等临空部位必须设防护栏杆，防护栏杆必须牢固、安全，高度不应低于 1.10m；防护栏杆最薄弱处承受的最小水平推力应不小于 1.5kN/m。

    答案：C

    考点：中小学校建筑临空部位防护栏杆的高度。

77. 解析：参见《中小学校设计规范》GB 50099—2011 第 8.1.6 条（强制性条文），上人屋面、外廊、楼梯、平台、阳台等临空部位必须设防护栏杆，防护栏杆必须牢固、安全，高度不应低于 1.10m；防护栏杆最薄弱处承受的最小水平推力应不小于 1.5kN/m（D 项正确）。有相同规定的还有《宿舍建筑设计规范》JGJ 36—2016 第 4.5.1 条，宿舍楼梯应符合下列规定：4 楼梯防护栏杆最薄弱处承受的最小水平推力不应小于 1.50kN/m。《综合医院建筑设计规范》GB 51039—2014 和《体育建筑设计规范》JGJ 31—2003 都没有关于防护栏杆的最小水平推力方面的规定（A、B 项错误）。《托儿所、幼儿园建筑设计规范》JGJ 39—2016 第 4.1.9 条（强制性条文）则规定：托儿所、幼儿园的外廊、室内回廊、内天井、阳台、上人屋面、平台、看台及室外楼梯等临空处应设置防护栏杆，栏杆应以坚固、耐久的材料制作，防护栏杆水平承载能力应符合《建筑结构荷载规范》GB 50009 的规定……

    答案：D

    考点：中小学校建筑临空部位防护栏杆的最小水平推力要求。

78. 解析：参见《地面规范》第 2.0.3 条，结合层：面层与下面构造层之间的连接层。第 2.0.8 条，垫层：在建筑地基上设置承受并传递上部荷载的构造层。第 2.0.7 条，填充层：建筑地面中设置起隔声、保温、找坡或暗敷管线等作用的构造层。第 2.0.4 条，找平层：在垫层、楼板或填充层上起抹平作用的构造层。

    答案：B

    考点：建筑地面各个基本构造层次的作用。

79. 解析：参见《民建设计技术措施》第二部分第 9.6.3 条，电梯井道不宜设置在能够到达的空间上部，如确有人们能到达的空间存在，底坑地面最小应按支承 5000Pa 荷载设计，或将对重缓冲器安装在一直延伸到坚固地面上的实心柱墩上或由厂家附加对重安全钳；上述做法应得到电梯供货厂的书面文件确认其安全（A 项错误）。第 9.6.5 条，电梯井道泄气孔：1 单台梯井道，中速梯（2.50~5.00m/s）在井道顶端宜按最小井道面积的 1/100 留泄气孔。2 高速梯（≥5.00m/s）应在井道上下端各留不小于 1m² 的泄气孔。3 双台及以上合用井道的泄气孔，低速和中速梯原则上不留，高速梯可比单井道的小或依据电梯生产厂的要求设置。4 井道泄气孔应依据电梯生产厂的要求设置（B 项正确）。第 9.6.7 条，高速直流乘客电梯的井道上部应做隔音层（C 项正确），隔音层应做 800mm×800mm 的进出口。第 9.6.6 条，当相邻两层门地坎间距超过 11m 时，其间应设安全门（D 项正确）……

答案：A

考点：电梯井道的设计要求。

80. 解析：参见《辐射供暖供冷技术规程》JGJ 142—2012 第 3.3.7 条，采用分户热计量或分户独立热源的辐射供暖系统，应考虑间歇运行和户间传热等因素。第 3.2.2 条（强制性条文），直接与室外空气接触的楼板或与不供暖供冷房间相邻的地板作为供暖供冷辐射地面时，必须设置绝热层（A、B 项正确）。第 3.2.3 条，供暖供冷辐射地面构造应符合下列规定：1 当与土壤接触的底层地面作为辐射地面时，应设置绝热层（C 项正确）；设置绝热层时，绝热层与土壤之间应设置防潮层。

答案：D

考点：辐射供暖地面应设置绝热层的条件。

81. 解析：参见《防火规范》：6.2.5（强制性条文）除本规范另有规定外，建筑外墙上、下层开口之间应设置高度不小于 1.2m 的实体墙或挑出宽度不小于 1.0m、长度不小于开口宽度的防火挑檐；当室内设置自动喷水灭火系统时，上、下层开口之间的实体墙高度不应小于 0.8m……6.2.6（强制性条文）建筑幕墙应在每层楼板外沿处采取符合本规范第 6.2.5 条规定的防火措施，幕墙与每层楼板、隔墙处的缝隙应采用防火封堵材料封堵。

本题正确选项 A 图内容可参见标准图集《建筑设计防火规范图示》（13J 811-1 改）第 6-8 页"6.2.5 图示 1"（题 81 解图 1）和第 6-9 页"6.2.6 图示"（题 81 解图 2）。

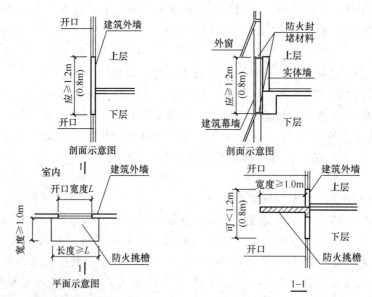

题 81 解图 1

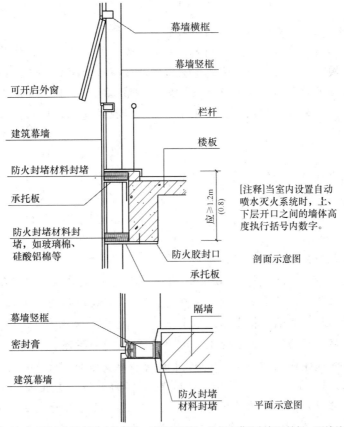

[注释]
1. 实际工程中,存在因受震动和温差影响易脱落、开裂等问题,故规定幕墙与每层楼板、隔墙处的缝隙,要采用具有一定弹性和防火性能的材料填塞密实。这种材料可以是不燃材料,如玻璃棉,硅酸铝棉等,也可以是难燃材料,如采用难燃材料,应保证其在火焰或高温作用下除能发生膨胀变形外,并具有一定的耐火性能。
2. 防火封堵材料应符合国家标准《防火封堵材料》GB 23864 的要求。
3. 当防火封堵采用防火板、岩棉或压缩矿棉并喷涂防火密封漆等防火封堵措施时,其材料性能及构造应满足国家有关建筑防火封堵应用技术规范、幕墙规范中的相关要求。

题 81 解图 2

答案: A
考点: 玻璃幕墙上下两层之间的防火封堵构造。

82. **解析:** 参见《内部装修防火规范》:5.2.1 高层民用建筑内部各部位装修材料的燃烧性能等级,不应低于表 5.2.1 的规定。5.2.3 除本规范第 4 章规定的场所和本规范表 5.2.1 中序号为 10～12 规定的部位外,以及大于 400m² 的观众厅、会议厅和 100m 以上的高层民用建筑外,当设有火灾自动报警装置和自动灭火系统时,除顶棚外(B 项错误),其内部装修材料的燃烧性能等级可在本规范表 5.2.1(见解表)规定的基础上降低一级。

高层民用建筑内部各部位装修材料的燃烧性能等级(节选) 题 82 解表

序号	建筑物及场所	建筑规模、性质	装修材料燃烧性能等级								
			顶棚	墙面	地面	隔断	固定家具	装饰织物			其他装修装饰材料
								窗帘	帷幕	床罩	家具包布	
17	住宅	—	A	B_1	B_1	B_1	B_2	B_1	—	B_1	B_2	B_1

答案：B

考点：高层住宅内部各部位装修材料的燃烧性能等级要求。

83. 解析：参见《建筑幕墙》GB/T 21086—2007 第5.1.2.4条，开放式建筑幕墙的水密性能可不作要求。5.1.3.4 开放式建筑幕墙的气密性能不作要求。第5.1.1.3条，开放式建筑幕墙的抗风压性能应符合设计要求。第5.1.5.3条，开放式建筑幕墙的空气声隔声性能应符合设计要求。第5.1.4.7条，开放式建筑幕墙的热工性能应符合设计要求。

    答案：B

    考点：开放式建筑幕墙的各项性能要求。

84. 解析：参见《玻璃幕墙规范》4.2.9 玻璃幕墙应采用反射比不大于0.30的幕墙玻璃，对有采光功能要求的玻璃幕墙，其采光折减系数不宜低于0.20。

    答案：A

    考点：玻璃幕墙的可见光反射比。

85. 解析：依据《玻璃幕墙规范》第2.1.5条，框支承玻璃幕墙即玻璃面板周边由金属框架支承的玻璃幕墙，按幕墙形式，可分为：1) 明框玻璃幕墙（A正确），金属框架的构件显露于面板外表面的框支承玻璃幕墙；2) 隐框玻璃幕墙（C正确），金属框架的构件完全不显露于面板外表面的框支承玻璃幕墙；3) 半隐框玻璃幕墙（D正确），金属框架的竖向或横向构件显露于面板外表面的框支承玻璃幕墙。按幕墙安装施工方法，可分为：1) 单元式玻璃幕墙（B错误），将面板和金属框架（横梁、立柱）在工厂组装为幕墙单元，以幕墙单元形式在现场完成安装施工的框支承玻璃幕墙；2) 构件式玻璃幕墙，在现场依次安装立柱、横梁和玻璃面板的框支承玻璃幕墙。综上："框支承玻璃幕墙"按"幕墙形式"不同可分为"明框""隐框"和"半隐框"三种类型，按"安装施工方法"不同可分为"单元式"和"构件式"两种类型。

    答案：B

    考点：框支承玻璃幕墙的基本类型。

86. 解析：《建筑模数协调标准》GB/T 50002—2013 第4.3.2条规定，部件优先尺寸的确定应符合下列规定：8 门窗洞口水平、垂直方向定位的优先尺寸系列宜为nM。《建筑门窗洞口尺寸协调要求》GB/T 30591—2014 第4.1条"洞口尺寸系列"规定了常用的标准门窗洞口的标志尺寸系列，其中表1"常用的标准规格门洞口的标志尺寸系列"列举的洞口高度尺寸包括"2100、2400"，表2"常用的标准规格窗洞口的标志尺寸系列"列举的洞口高度尺寸包括"600、900、1200、1500、1800"，都属于"3M"数列。

    另见《民建设计技术措施》第二部分第194页：10.1.4 门窗设计宜采用以3M为基本模数的标准洞口系列。在混凝土砌块建筑中，门窗洞口尺寸可以1M为基本模数，并与砌块组合的尺寸相协调。

    答案：C

    考点：门窗洞口水平、垂直方向定位的优先尺寸系列。

87. 解析：参见《民建设计技术措施》第二部分第195页第10.1.8条，门窗框安装要点：1 轻质砌块墙上的门垛或大洞口的窗垛应采取加强措施，如做钢筋混凝土抱框（D项错误）。2 有外保温或外饰面材料较厚时，外窗宜采用增加钢附框的安装方式。4 外门窗框与墙洞口之间的缝隙，应采用泡沫塑料棒衬缝后，用弹性高效保温材料填充，如现场发泡聚氨酯等，并采用耐厚防水密封胶嵌缝，不得采用普通水泥砂浆填缝。

答案：D

考点：门窗框安装要点。

88. 解析：参见《民建设计技术措施》第二部分第201~202页第10.6.2条，门窗工程有下列情况之一时，必须使用安全玻璃：1 面积大于1.5m²的窗玻璃（B项错误）或玻璃底边离最终装修面小于500mm（注：此数据《塑料门窗工程技术规程》JGJ 103—2008中定为"距离可踏面高度900mm以下的窗玻璃"）的落地窗；2 七层及七层以上建筑物外开窗；3 倾斜装配窗、天窗；4 水族馆和游泳池的观察窗；5 公共建筑物的出入口、门厅等部位。

答案：B

考点：门窗工程必须使用安全玻璃的各种情况。

89. 解析：参见《防火规范》第6.5.1条，防火门的设置应符合下列规定：3 除管井检修门和住宅的户门外（C项错误），防火门应具有自行关闭功能；双扇防火门应具有按顺序自行关闭的功能。6 防火门关闭后应具有防烟性能。另见《民建设计技术措施》第二部分第204页第10.7.2条，防火门的开启要求：1 防火门应为向疏散方向开启的平开门，且具自闭功能，并在关闭后应能从任何一侧手动开启。如单扇门应安装闭门器；双扇或多扇门应安装闭门器、顺序器，双扇门之间应有盖缝板。

答案：C

考点：防火门的设置规定。

90. 解析：参见《民建设计技术措施》第二部分第201页第10.5.5条，外窗的窗楣应做滴水线或滴水槽，室外窗台应低于室内窗台面（A项错误），外窗台向外流水坡度不应小于2%（此数据为《塑料门窗工程技术规程》JGJ 103—2008中的），根据实践经验建议不小于5%；外墙外保温墙体上的窗洞口，宜安装室外披水窗台板。

答案：A

考点：外窗窗口构造设计要求。

91. 解析：参见《建筑防烟排烟系统技术标准》GB 51251—2017第4.3.5条，除本标准另有规定外，自然排烟窗（口）开启的有效面积尚应符合下列规定：1 当采用开窗角大于70°的悬窗时，其面积应按窗的面积计算；当开窗角小于或等于70°时，其面积应按窗最大开启时的水平投影面积计算。2 当采用开窗角大于70°的平开窗时，其面积应按窗的面积计算；当开窗角小于或等于70°时，其面积应按窗最大开启时的竖向投影面积计算。3 当采用推拉窗时，其面积应按开启的最大窗口面积计算。4 当采用百叶窗时，其面积应按窗的有效开口面积计算。5 当平推窗设置在顶部时，其面积可按窗的1/2周长与平推距离乘积计算，且不应大于窗面积。6 当平推窗设置在外墙时，其面积可按窗的1/4周长与平推距离乘积计算，且不应大于窗面积。

根据以上规范条文可分别计算出各选项的排烟有效面积：A项"=L×H"，B项"=(L×sinα)×H= sinα×(L×H)(α<70°)"，C项"=1/2L×H=1/2(L×H)"，D项为"L×(sinα× H)= sinα×(L×H)(α<70°)"，当α<90°时sinα<1，可见A项

最大。

答案：A

考点：不同开启形式窗的自然排烟有效面积的计算规定。

92. **解析**：参见《内部装修防火规范》：4.0.9 消防水泵房、机械加压送风排烟机房、固定灭火系统钢瓶间、配电室、变压器室、发电机房、储油间、通风和空调机房等，其内部所有装修均应采用 A 级装修材料（B 项正确）。4.0.10 消防控制室等重要房间，其顶棚和墙面应采用 A 级装修材料，地面及其他装修应采用不低于 B_1 级的装修材料。

    答案：B

    考点：内部所有装修均应采用 A 级装修材料的房间类型。

93. **解析**：参见《建筑玻璃规程》第 7.2.7 条：室内饰面用玻璃应符合下列规定：2 当室内饰面玻璃最高点离楼地面高度在 3m 或 3m 以上时，应使用夹层玻璃；

    答案：A

    考点：室内饰面玻璃应使用夹层玻璃的最小高度要求。

94. **解析**：参见《建筑玻璃规程》第 7.2.5 条：室内栏板用玻璃应符合下列规定：2 栏板玻璃固定在结构上且直接承受人体荷载的护栏系统，其栏板玻璃应符合下列规定：1) 当栏板玻璃最低点离一侧楼地面高度不大于 5m 时，应使用公称厚度不小于 16.76mm 钢化夹层玻璃。2) 当栏板玻璃最低点离一侧楼地面高度大于 5m 时，不得采用此类护栏系统。

    答案：A

    考点：室内栏板用玻璃的设计要求。

95. **解析**：查阅《内部装修防火规范》的第 5.1.1、5.2.1（强制性条文）和第 5.3.1（强制性条文）条可知：单层、多层民用建筑和高层民用建筑各类建筑物及场所地面的装修材料燃烧性能等级要求不应低于 B_1 和 B_2 级；地下民用建筑地面装修材料的燃烧性能等级，除"观众厅、会议厅、多功能厅、等候厅等，商店的营业厅"、"存放文物、纪念展览物品、重要图书、档案、资料的场所"和"餐饮场所"这三类要求不应低于 A 级外，其他类型均要求不低于 B_1 级。《内装修：楼（地）面装修》（13J502-3）A01 页指出：聚氨酯、环氧树脂自流平楼（地）面材料的燃烧性能等级是 B_1 级，因此不适用于"地下多功能厅"的地面。

    答案：A

    考点：环氧树脂自流平楼（地）面材料的燃烧性能等级以及各类常用民用建筑地面装修材料的燃烧性能等级要求。

96. **解析**：参见《民建设计技术措施》第二部分第 144 页 6.4.3-4 吊顶变形缝：1) 在建筑物变形缝处吊顶也应设缝，其宽度亦应与变形缝一致；2) 变形缝处主次龙骨应断开，吊顶饰面板断开，但可搭接（C 项错误）；3) 变形缝应考虑防火、隔声、保温、防水等要求。

    另见《公共建筑吊顶工程技术规程》JGJ 345—2014 第 5.3.5 条，板块面层吊顶的伸缩缝应符合下列规定：1 当吊顶为单层龙骨构造时，根据伸缩缝与龙骨或条板间关系，应分别断开龙骨或条板；2 当吊顶为双层龙骨构造时，设置伸缩缝时应完全断开变形缝两侧的吊顶。

答案：C

考点：主体建筑变形缝处的吊顶构造要求。

97. 解析：参见《民用建筑热工设计规范》GB 50176—2016 第6.1.3条，外墙隔热可采用下列措施：1宜采用浅色外饰面（C项错误）。2可采用通风墙、干挂通风幕墙等。3设置封闭空气间层时，可在空气间层平行墙面的两个表面涂刷热反射涂料、贴热反射膜或铝箔。当采用单面热反射隔热措施时，热反射隔热层应设置在空气温度较高一侧。4采用复合墙体构造时，墙体外侧宜采用轻质材料，内侧宜采用重质材料。5可采用墙面垂直绿化及淋水被动蒸发墙面等。6宜提高围护结构的热惰性指标 D 值。7西向墙体可采用高蓄热材料与低热传导材料组合的复合墙体构造。

    答案：C

    考点：外墙隔热的各项措施。

98. 解析：D项"必须抹灰后方可刷涂料饰面"的做法不合理，因为抹灰湿作业增加了现场施工的工序、时间和作业量，不符合装配式建筑的要求。参见《装配式混凝土建筑技术标准》GB/T 51231—2016 第4.3.6条，装配式混凝土建筑立面设计应符合下列规定：3预制混凝土外墙的装饰面层宜采用清水混凝土、装饰混凝土、免抹灰涂料（D项错误）和反打面砖等耐久性强的建筑材料。

    答案：D

    考点：装配式混凝土建筑外墙饰面层宜采用的材料类型。

99. 解析：参见《玻璃幕墙规范》：4.3.13玻璃幕墙的单元板块不应跨越主体建筑的变形缝（C项错误），其与主体建筑变形缝相对应的构造缝的设计（A项错误），应能够适应主体建筑变形的要求（B项错误）。

    答案：D

    考点：玻璃幕墙变形缝的设计要求。

100. 解析：参见《地面规范》第6.0.2条，地面变形缝的设置，应符合下列要求：1底层地面的沉降缝和楼层地面的沉降缝、伸缩缝、防震缝的设置，均应与结构相应的缝位置一致，且应贯通地面的各构造层，并做盖缝处理（B、D正确）；2变形缝应设在排水坡的分水线上（A正确），不应通过有液体流经或聚集的部位（C项错误）……

    答案：C

    考点：地面变形缝的设置要求。

2014年试题、解析、答案及考点

2014年试题

1. 五千年前就开始用砖砌筑拱券的地方是( )。
   A 东欧　　　　　　B 南非　　　　　　C 西亚　　　　　　D 北美
2. 下列材料中，不属于有机材料的是( )。
   A 沥青、天然漆　　　　　　　　　　B 石棉、菱苦土
   C 橡胶、玻璃钢　　　　　　　　　　D 塑料、硬杂木
3. 下列材料密度由小到大的正确顺序是( )。
   A 硬杂木、水泥、石灰岩　　　　　　B 水泥、硬杂木、石灰岩
   C 石灰岩、硬杂木、水泥　　　　　　D 硬杂木、石灰岩、水泥
4. 关于大理石的说法中，错误的是( )。
   A 云南大理盛产此石故以其命名　　　B 大理石由石灰岩或白云岩变质而成
   C 耐碱性差，耐磨性好于花岗岩　　　D 耐酸性差，抗风化性能不及花岗岩
5. 关于材料孔隙率的说法，正确的是( )。
   A 孔隙率反映材料的致密程度　　　　B 孔隙率也可以称为空隙率
   C 孔隙率大小与材料强度无关　　　　D 烧结砖的孔隙率比混凝土小
6. 材料在力（荷载）的作用下抵抗破坏的能力称为( )。
   A 密度　　　　　　B 硬度　　　　　　C 强度　　　　　　D 刚度
7. 一般测定混凝土硬度用( )。
   A 刻划法　　　　　B 压入法　　　　　C 钻孔法　　　　　D 射击法
8. 下列材料的绝热性能由好到差的排列，正确的是( )。
   A 木、砖、石、钢、铜　　　　　　　B 砖、石、木、铜、钢
   C 石、木、砖、钢、铜　　　　　　　D 木、石、铜、砖、钢
9. 材料的热导率（导热系数）小于下列哪一数值，可称为绝热材料？( )
   A 230W/(m·K)　　　　　　　　　　B 23W/(m·K)
   C 2.3W/(m·K)　　　　　　　　　　D 0.23W/(m·K)
10. 我国按照不同的安全防护类别，将防盗门产品分( )。
    A 高档型、普通型两种　　　　　　　B 优质品、一等品、合格品三种
    C 甲级、乙级、丙级、丁级四种　　　D A类、B类、C类、D类、E类五种
11. 举世闻名的赵州桥、埃及金字塔、印度泰姬陵主要采用的建材是( )。
    A 砖瓦　　　　　　B 陶瓷　　　　　　C 石材　　　　　　D 钢铁
12. 某工程要求使用快硬混凝土，应优先选用的水泥是( )。
    A 矿渣水泥　　　　B 火山灰水泥　　　C 粉煤灰水泥　　　D 硅酸盐水泥
13. 普通黏土砖的缺点不包括( )。
    A 尺寸较小，不利于机械化施工　　　B 取土毁田，不利于自然生态
    C 烧制耗热，不利于节能环保　　　　D 强度不大，不利于坚固耐久
14. 蒸压灰砂砖适用于( )。

A 长期温度大于200℃的建、构筑物
B 多层混合结构建筑的承重墙体
C 有酸性介质会侵蚀的建筑部位
D 受水冲泡的建筑勒脚、水池、地沟

15. 下列哪种颜色的烧结普通砖的三氧化二铁含量最高？（　　）
　　A 深红　　　　　B 红　　　　　　C 浅红　　　　　　D 黄

16. 曾用于砌筑小型建筑拱形屋盖的烧结空心砖是（　　）。

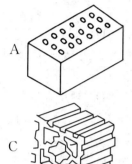
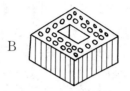

17. 建筑物在长期受热超过50℃时，不应采用（　　）。
　　A 砖结构　　　B 木结构　　　　C 钢结构　　　　　D 混凝土结构

18. 关于木材力学性质的结论，错误的是（　　）。
　　A 顺纹抗压强度较高，为30～70MPa
　　B 顺纹抗拉强度最高，能达到顺纹抗压强度的三倍
　　C 抗弯强度可达顺纹抗压强度的二倍
　　D 顺纹剪切强度相当于顺纹抗压强度

19. 将钢材加热到723～910℃或更高温度后，在空气中冷却的热处理方法称为（　　）。
　　A 正火　　　　B 退火　　　　　C 回火　　　　　　D 淬火

20. 制作金属吊顶面板不应采用（　　）。
　　A 热镀锌钢板　　B 不锈钢板　　C 镀铝锌钢板　　　D 碳素钢板

21. 建筑钢材的机械性能不包括（　　）。
　　A 强度、硬度　　　　　　　　　B 冷弯性能、伸长率
　　C 冲击韧性、耐磨性　　　　　　D 耐燃性、耐蚀性

22. 七层及超过七层的建筑物外墙上不应采用（　　）。
　　A 推拉窗　　　B 上悬窗　　　　C 内平开窗　　　　D 外平开窗

23. 关于建筑用生石灰的说法，错误的是（　　）。
　　A 由石灰岩煅烧而成　　　　　　B 常用立窑烧制，温度达1100度
　　C 呈粉状，体积比原来的石灰岩略大　D 主要成分是氧化钙

24. 北方某社区建设室外网球场，其面层材料不宜选择（　　）。
　　A 聚氨酯类　　　　　　　　　　B 丙烯酸类
　　C 天然草皮类　　　　　　　　　D 水泥沥青类

25. 水玻璃在建筑工程中的应用，错误的是（　　）。

A 配制耐酸混凝土　　　　　　　　　　B 涂在石膏制品表面上使其防水耐久
C 配制耐热砂浆　　　　　　　　　　　D 用作灌浆材料加固地基

26. 蒸压粉煤灰砖（优等品）不得用于（　　）。
    A 建筑物的墙体　　　　　　　　　　　B 受急冷急热的部位
    C 受冻融和干湿交替作用处　　　　　　D 工业建筑的基础

27. 下列无机多孔制品中，抗压强度最大且可钉、可锯、可刨的是（　　）。
    A 泡沫混凝土　　B 加气混凝土　　　C 泡沫玻璃　　　　D 微孔硅酸钙

28. 下列混凝土砖铺设方式，其力学性能最优的是（　　）。
    A 竖条形　　　　B 人字形　　　　　C 正方形　　　　　D 横条形

29. 石油沥青在外力作用时产生变形而不破坏的性能称为塑性，表示沥青塑性的是（　　）。
    A 延度　　　　　B 软度　　　　　　C 韧度　　　　　　D 硬度

30. 关于胶粘剂的说法，错误的是（　　）。
    A 不少动植物胶是传统的胶粘剂　　　　B 目前采用的胶粘剂多为合成树脂
    C 结构胶粘剂多为热塑性树脂　　　　　D 环氧树脂胶粘剂俗称"万能胶"

31. 既耐严寒又耐高温的优质嵌缝材料是（　　）。
    A 聚氯乙烯胶泥　　　　　　　　　　　B 硅橡胶
    C 聚硫橡胶　　　　　　　　　　　　　D 丙烯酸酯密封膏

32. 化纤地毯按其成分应属于（　　）。
    A 树脂制品　　　B 纺织制品　　　　C 家装制品　　　　D 塑料制品

33. 玻璃长期受水作用会水解成碱和硅酸的现象称为（　　）。
    A 玻璃的水化　　B 玻璃的风化　　　C 玻璃的老化　　　D 玻璃的分化

34. 关于玻化砖的说法，错误的是（　　）。
    A 是一种无釉瓷质墙地砖　　　　　　　B 砖面分平面型和浮雕型
    C 硬度较高，吸水率较低　　　　　　　D 抗冻性差，不宜用于室外

35. 下列哪组不是玻璃的主要原料（　　）。
    A 石灰石、长石　　　　　　　　　　　B 白云石、纯碱
    C 菱苦土、石膏　　　　　　　　　　　D 石英砂、芒硝

36. 关于织物复合工艺壁纸的说法，错误的是（　　）。
    A 将丝棉、毛、麻等纤维复合于纸基制成
    B 适用于高级装饰但价格不低
    C 可用于豪华浴室且容易清洗
    D 色彩柔和、透气调湿、无毒无味

37. 下列哪类建筑物内可用金属面聚苯乙烯泡沫夹芯板（B_2级）做隔断（　　）。
    A 建筑面积10000m^2的车站、码头
    B 营业面积160m^2的餐饮建筑内
    C 高级住宅内
    D 省级展览馆

38. 关于吸声材料的说法，错误的是（　　）。

A 以吸声系数表示其吸声效能
B 吸声效能与声波方向有关
C 吸声效能与声波频率有关
D 多孔材料越厚高频吸声效能越好

39. 下列油漆中不属于防锈漆的是( )。
    A 锌铬黄漆   B 醇酸清漆   C 沥青清漆   D 红丹底漆

40. 建筑材料的阻燃性能分为3大类，正确的是( )。
    A 耐燃、阻燃、易燃   B 阻燃、耐燃、可燃
    C 非燃、阻燃、可燃   D 不燃、难燃、可燃

41. 按材料的隔声性能，蒸压加气混凝土砌块墙（100厚，10厚双面抹灰）可用于( )。
    A 二级住宅分户墙   B 普通旅馆客房与走廊之间的隔墙
    C 学校阅览室与教室之间的隔墙   D 一级医院病房隔墙

42. 石材放射性 I_r 大于2.8，不可用于( )。
    A 隔离带界碑   B 峡谷
    C 避风港海堤   D 观景休憩台

43. 普通的8层办公楼所用外墙涂料使用年限要求值为( )。
    A 3~4年   B 5~7年   C 8~15年   D 20~30年

44. 防火玻璃采光顶应当首选( )。
    A 夹层防火玻璃   B 复合型防火玻璃
    C 灌注型防火玻璃   D 薄涂型防火玻璃

45. 绿色建筑的根本物质基础是( )。
    A 绿色环境   B 绿色建材   C 绿色技术   D 绿色生态

46. 关于绿色建材发展方向的说法，错误的是( )。
    A 高能耗生产过程   B 高新科技含量
    C 高附加值产品   D 循环可再生利用

47. 关于泡沫铝的说法，错误的是( )。
    A 其发明研制至今已逾百年
    B 是一种新型可回收再生的多孔轻质材料
    C 孔隙率最大可达98％
    D 具有吸声、耐火、电磁屏蔽、不老化等优点

48. 是一种绿色环保、广泛用于室内装饰，俗称"会呼吸"的墙纸的是( )。
    A 复合纸壁纸   B 纯无纺纸壁纸
    C 布基PVC壁纸   D 无纺丝复合壁纸

49. 关于新型绿色环保纳米抗菌涂料的说法，错误的是( )。
    A 耐沾污、耐老化   B 抑制霉菌生长
    C 抗紫外辐射性能强   D 耐低温性能较差

50. 兼具雨水收集作用的路面铺装首选( )。
    A 采用透水性地面砖   B 采用透水性沥青混凝土

C 烧结透水砖　　　　　　　　D 砂基透水砖

51. 关于透水路面的做法，错误的是（　　）。
    A 采用透水性地面砖
    B 采用透水性混凝土块状面层
    C 采用灰土夯实垫层
    D 采用砂石级配垫层

52. 关于"刮泥槽"的说法，错误的是（　　）。
    A 常用于人流量大的建筑出入口平台
    B 其刮齿法应垂直人流方向
    C 刮齿常用扁钢制作
    D 刮齿间距一般为 30~40mm

53. 对住宅建筑进行绿色建筑评价时，属于"节地与室外环境"指标控制项内容的是哪一项？（　　）
    A 建筑场地选址无含氡土壤的威胁
    B 重复利用尚可使用的旧建筑
    C 合理选用废弃场地进行建设
    D 合理开发利用地下空间

54. 下列哪一种地下室防水做法应设置"抗压层"？（　　）
    A 背水面涂料防水　　　　　　B 迎水面涂料防水
    C 水泥砂浆内防水　　　　　　D 沥青卷材外防水

55. 下列防水卷材单层最小厚度的要求，数值最大的是（　　）。
    A 三元乙丙橡胶卷材
    B 自粘聚合物改性沥青（有胎体）防水卷材
    C 弹性体改性沥青防水卷材
    D 高分子自粘胶膜防水卷材

56. 关于有地下室的建筑四周散水及防水收头处理的说法，正确的是（　　）。
    A 露明散水宽度宜为 600mm，散水坡度宜为 3%
    B 采用混凝土散水时，应沿外墙上翻至高出室外地坪 60mm 处
    C 地下室防水层收头设在室外地坪以上 500mm 处
    D 地下室防水层收头以上再做 300mm 高防水砂浆

57. 地下工程防水混凝土结构施工时，如固定模板用的螺栓必须穿过混凝土结构，应选用哪一种做法？（　　）
    A 钢制止水环　　　　　　　　B 橡胶止水条
    C 硅酮密封胶　　　　　　　　D 遇水膨胀条

58. 下列地下工程变形缝的替代措施不包括（　　）。
    A 诱导缝　　　　　　　　　　B 加强带
    C 后浇带　　　　　　　　　　D 止水带

59. 关于地下工程混凝土结构变形缝的说法，错误的是（　　）。
    A 变形缝处混凝土结构的厚度不应小于 300mm

B 其最大允许沉降差值不应大于30mm
C 用于沉降的变形缝宽度宜为20～30mm
D 用于伸缩的变形缝的宽度宜大于30mm

60. 在外墙夹芯保温技术中，关于小型混凝土空心砌块EPS板夹芯墙体构造，以下说法哪一项是错误的？（　　）
    A 内页、外页墙分别为190mm厚、90mm厚混凝土空心砌块
    B 内页、外页墙在圈梁部位按一定的间距用钢筋混凝土挑梁连接
    C 内页墙与EPS板之间设空气层
    D 可用于寒冷地区和严寒地区

61. 关于集热蓄热墙的说法，错误的是（　　）。
    A 应设置防止夏季室内过热的排气孔
    B 其组成材料应有较小的热容和导热系数
    C 其向阳面外侧应安装玻璃透明材料
    D 宜利用建筑结构构件作为集热蓄热体

62. 对集热蓄热墙系统的效率影响最小的是（　　）。
    A 集热蓄热墙的蓄热能力　　B 是否设置通风口
    C 外墙面的玻璃性能　　　　D 空气层的体积

63. 关于EPS板薄抹灰外墙外保温系统的做法，错误的是（　　）。
    A EPS板宽度不宜大于1200mm，高度不宜大于600mm
    B 粘贴时粘胶剂面不得小于EPS板面积的40%
    C 门窗洞口四角处用EPS板交错拼接
    D 门窗四角和阴阳角应设局部加强网

64. 下列哪一种材料不能用作倒置式屋面的保温层？（　　）
    A 闭孔泡沫玻璃　　　　　　B 水泥珍珠岩板
    C 挤塑聚苯板　　　　　　　D 硬质聚氨酯泡沫板

65. 从生态、环保发展趋势看，哪一种屋面隔热方式最优？（　　）
    A 架空屋面　　　　　　　　B 蓄水屋面
    C 种植屋面　　　　　　　　D 块瓦屋面

66. 下列哪一种屋面的排水坡度最大？（　　）
    A 结构找坡的平屋面　　　　B 种植土屋面
    C 压型钢板　　　　　　　　D 波形瓦

67. 关于屋面保温隔热系统适用范围的说法，错误的是（　　）。
    A 倒置式屋面不适用于既有建筑的节能改造
    B 聚氨酯喷涂屋面适用于坡度较平缓的工程
    C 架空隔热屋面不适用于严寒、寒冷地区
    D 种植屋面适用于夏热冬冷、夏热冬暖地区

68. 屋面防水等级为Ⅱ级的建筑是（　　）。
    A 对防水有特殊建筑要求的建筑　　B 重要建筑
    C 高层建筑　　　　　　　　　　　D 一般建筑

69. 下列非高层建筑内部的不燃烧体隔墙的耐火极限,允许低于2h的是哪一项?( )
    A 使用丙类液体的厂房   B 工厂宿舍的公用厨房
    C 疏散走道两侧的隔墙   D 剧院后台的辅助用房

70. 旅馆建筑有活动隔断的会议室、多用途大厅,其活动隔断的空气声计权隔声量,不应低于下列哪一项数值?( )
    A 35dB   B 30dB   C 25dB   D 20dB

71. 下列不燃烧体隔墙耐火极限最高的是哪一种做法?( )
    A 加气混凝土砌块墙,75mm厚
    B 石膏珍珠岩空心条板,双层中空(60+50+60)mm
    C 轻钢龙骨纸面石膏板,双层中空(2×12、2×12)mm,中空填矿棉
    D 轻钢龙骨防火石膏板(内掺玻璃纤维),双层中空(2×12、2×12)mm,中空填40mm岩棉

72. 某三级耐火等级的疗养院的吊顶,不应使用下列哪一种材料?( )
    A 石棉水泥板   B 纤维石膏板
    C 水泥刨花板   D 水泥蛭石板

73. 关于吊顶的做法,错误的是( )。
    A 不上人的轻型吊顶采用射钉与顶板连接
    B 大型公共浴室顶棚面设计坡度排放凝结水
    C 吊顶内的上、下水管道做保温隔汽处理
    D 室内潮湿气体透过吊顶内空间收集排放

74. 关于玻璃吊顶的做法,错误的是哪一项?( )
    A 点支撑方式的驳接头采用不锈钢   B 玻璃与龙骨之间设置衬垫
    C 采用中空玻璃   D 吊杆采用钢筋或型钢

75. 无障碍设计要求扶手内侧与墙面之间的净距应大于哪个尺寸?( )
    A 30mm   B 40mm   C 50mm   D 60mm

76. 下列哪一项不是室外楼梯作为疏散楼梯必须具备的条件?( )
    A 楼梯的净宽度不应小于0.9m   B 楼梯的倾斜度不大于45°
    C 疏散门应采用甲级防火门   D 疏散门不应正对楼梯段

77. 下列部位应设置甲级防火门的是( )。
    A 防烟楼梯的首层扩大的防烟前室与其他走道和房间之间的门
    B 消防电梯机房与相邻机房之间的门
    C 高层厂房通向封闭楼梯间的门
    D 首层扩大的封闭楼梯间的走道和房间之间的门

78. 下列哪一项做法符合电梯机房的规定?( )
    A 其围护结构应保温隔热   B 将其顶板用作水箱底板
    C 在其内设置雨水管   D 机房贴邻普通病房

79. 下列对老年公寓共用楼梯的要求中,哪一项尺寸是正确的?( )
    A 梯段的有效宽度不应小于1.10m   B 休息平台的进深不应小于1.30m
    C 踏步宽度不应小于0.30m   D 踏步高度不应大于0.16m

80. 图书馆建筑书库内工作人员专用楼梯净宽度最小值及坡度最大值是（ ）。
   A 0.70m，60°   B 0.90m，50°   C 0.80m，45°   D 0.90m，40°
81. 关于隐框玻璃幕墙工程的技术要求，错误的是（ ）。
   A 其玻璃与铝型材的粘结必须使用中性硅酮结构密封胶
   B 非承重胶缝应采用硅酮建筑密封胶
   C 组装配件应在加工厂组装
   D 硅酮结构密封胶可在现场打注
82. 用于点支承玻璃幕墙的玻璃肋，应采用哪一种材料？（ ）
   A 钢化玻璃   B 夹胶玻璃   C 钢化夹层玻璃   D 夹丝玻璃
83. 夏热冬冷地区的玻璃幕墙应优先选用哪一种材料？（ ）
   A 普通双层玻璃   B 单层镀膜玻璃
   C 低辐射中空玻璃（LOW-E）   D 热反射中空玻璃
84. 玻璃遮阳系数是指通过实际玻璃窗的太阳能与通过标准窗玻璃的太阳能之比，这里所指标准窗玻璃厚度应该是？（ ）
   A 3mm   B 4mm   C 5mm   D 6mm
85. 旋转门的允许偏差最小的是哪一项？（ ）
   A 门扇正、侧面垂直度   B 门扇对角线长度差
   C 相邻扇高度差   D 扇与地面间的缝隙
86. 目前广泛采用制造中空玻璃的密封胶是哪一项？（ ）
   A 硅酮密封胶   B 聚氨酯密封胶   C 聚硫密封胶   D 丁基密封胶
87. 以下铰链图应用在什么门上？（ ）

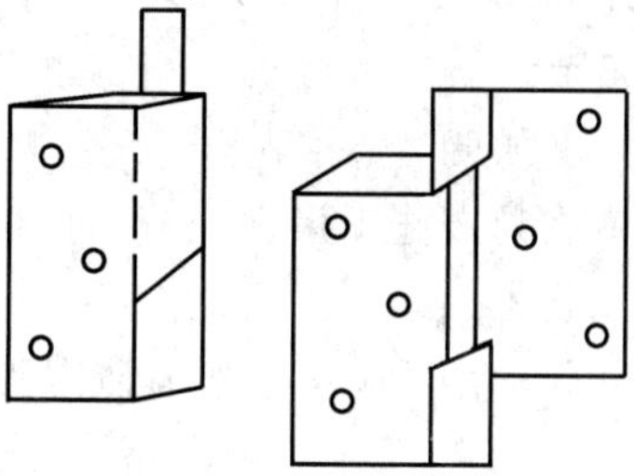

题87图

   A 偏心门   B 弹簧门   C 自关门   D 推拉门
88. 关于防火门窗设置的要求，正确的是哪一项？（ ）
   A 舞台上部的观众厅闷顶之间的隔墙上的门应采用甲级防火门
   B 剧院后台的辅助用房隔墙上的门窗应采用甲级防火门窗
   C 多层建筑内的消防控制室与其他部位的隔墙上的门应采用甲级防火门
   D 高层建筑内自动灭火系统的设备室与其他部位隔墙上的门应采用甲级防火门
89. 下列哪一项性能不属于建筑外墙门窗安装工程质量复验的内容？（ ）
   A 空气渗透性能   B 抗风压性能   C 雨水渗透性能   D 平面变形性能
90. 下列哪一项不是防火玻璃耐火极限的五个等级值之一？（ ）

A 1.50h　　　　B 2.00h　　　　C 2.50h　　　　D 3.00h

91. 按医药工业洁净厂房设计要求，下列对配药室室内构造缝所采用的密闭措施，错误的是哪一项？（　）
    A 密封胶嵌缝　　　　　　　　B 木压条压缝
    C 纤维布贴缝　　　　　　　　D 加穿墙套管并封胶

92. 下列对防空地下室装修设计要求，错误的是哪一项？（　）
    A 消毒室顶棚不应抹灰　　　　B 洗消间顶棚不应抹灰
    C 防毒通道墙面不应抹灰　　　D 扩散室地面应平整光洁

93. 下列矿棉吸声板平面吊顶做法，最具立体感的是哪一项？（　）
    A 复合粘贴　　B 明架　　　　C 暗架　　　　D 跌落

94. 四角支撑式防静电机房活动地板的构造组成不含以下哪一项？（　）
    A 地板　　　　B 可调支架　　C 横梁　　　　D 缓冲垫

95. 玻璃花格在砌筑围墙、漏窗时一般采用什么砂浆？（　）
    A 白灰麻刀　　B 青灰　　　　C 纸筋灰　　　D 水泥砂浆

96. 下列哪一项不属于混凝土后浇缝的形式？（　）
    A 阶梯缝　　　B V形缝　　　 C 平直缝　　　D 企口缝

97. 在建筑变形缝装置里配置止水带，一般采用哪一种做法？（　）
    A 三元乙丙橡胶　B 热塑性橡胶　C EPDM　　　 D PVC（塑料）

98. 关于地面混凝土垫层假缝的说法，错误的是哪一项？（　）
    A 常用于纵向缩缝　　　　　　B 宽度宜为5～20mm
    C 高度宜为垫层厚度的1/3　　 D 缝内应填水泥砂浆

99. 关于后浇带混凝土的说法，错误的是哪一项？（　）
    A 应在两侧混凝土浇筑完毕六周后再浇筑
    B 其强度应高于两侧混凝土强度
    C 其施工温度应低于两侧混凝土施工温度
    D 应优先选用补偿收缩混凝土

100. 下列地下工程防水措施，哪一种可应用于所有防水等级的变形缝？（　）
    A 外墙防水涂料　　　　　　　B 外墙防水卷材
    C 防水密封材料　　　　　　　D 中埋式止水带

2014年试题解析、答案及考点

1. **解析**：拱券之于古代西方建筑的作用就像斗拱之于中国建筑。在古爱琴海文明时期（公元前3000～前1400年）的建筑就有拱券的应用。古爱琴海属于西亚，故选C。
   答案：C
   考点：拱券历史。

2. **解析**：建筑材料按照其化学成分分为有机材料、无机材料和复合材料。其中有机材料又分为植物材料（包括木材、竹材等）、沥青材料和高分子材料（包括树脂、橡胶、粘结剂等）。A中的天然漆属于天然树脂基材料，C中的玻璃钢是玻璃纤维增强树脂材料，D中塑料的主要成分为树脂。而B中的石棉和菱苦土为无机材料，不属于有机材料。

答案：B

考点：材料的分类。

3. **解析**：硬杂木是指密度和硬度都较高的一类木材，常见的有柞木、水曲柳、白蜡木、桦木、榆木等，平均密度约为 0.7g/cm³；石灰岩的密度约为 2.7g/cm³；水泥的密度约为 3.1g/cm³，所以三种材料的密度由小到大的顺序为硬杂木、石灰岩、水泥。

   答案：D

   考点：材料的密度。

4. **解析**：因为我国云南大理盛产此石，故以大理石命名。大理石是以石灰岩或白云岩变质而成的变质岩。因为石灰岩或白云岩的主要成分为碳酸钙，所以有很好的耐碱性，但是耐酸性差，在酸性介质（如硫酸等）作用下会发生化学反应，所以其抵抗大气环境作用的抗风化性能差。花岗岩的主要矿物为石英，其耐磨性和抗风化性能比大理石好。所以，选项C的说法是错误的。

   答案：C

   考点：大理石。

5. **解析**：孔隙率是指材料中孔隙体积占其总体积的百分率；孔隙率越大，说明材料中的孔隙越多，密实程度越低，表观密度越小，强度越低。比较而言，烧结砖表观密度约为1700kg/m³，混凝土的表观密度约为2400kg/m³，所以烧结砖的孔隙率大于混凝土。空隙率是指材料在堆积状态下，材料间空隙占总体积的百分率，即孔隙率不同于空隙率。所以选项A正确。

   答案：A

   考点：孔隙率的定义及对材料强度的影响。

6. **解析**：材料抵抗外力（荷载）作用的能力称为强度。

   答案：C

   考点：强度的定义。

7. **解析**：硬度是指材料抵抗局部塑性变形的能力，或指材料表面上不大的体积内抵抗变形或破裂的能力，即硬度是指材料抵抗硬物压入或划伤的能力。根据不同的实验方法，硬度值的物理意义有所不同。如压入法的硬度值是材料表面抵抗另一物体压入时引起的塑性变形能力；刻划法硬度值表示材料局部抵抗破裂的能力。一般采用压入法测定混凝土的硬度。

   答案：B

   考点：硬度的测定方法。

8. **解析**：材料的组成成分对其绝热性能的影响为：非金属材料好于金属材料，有机材料好于无机材料；此外，材料的绝热性能与孔隙率有关，孔隙率越大，绝热性能越好。木的孔隙率最大，所以木的绝热性能最好；砖的孔隙率大于石，所以砖的绝热性能好于石；金属材料铜和钢的绝热性能最差。选项A排序是正确的。

   答案：A

   考点：常用材料的绝热性能。

9. 解析：导热系数小于 0.23 W/(m·K) 的材料可称为绝热材料。
   答案：D
   考点：绝热材料的定义。

10. 解析：国家标准将防盗门安全防护级别分为甲、乙、丙、丁四个级别，其中甲级防盗效果最好。
    答案：C
    考点：防盗门的防护级别。

11. 解析：举世闻名的赵州桥、埃及金字塔、印度泰姬陵主要使用的建筑材料是石材。
    答案：C
    考点：石材建筑。

12. 解析：配制快硬混凝土需要水泥具有凝结硬化快，早期强度高的特点。与其他三种水泥相比，硅酸盐水泥凝结硬化快，早期强度高。
    答案：D
    考点：通用水泥的用途。

13. 解析：普通黏土砖的强度较高，且具有良好的耐久性。所以黏土砖的缺点不包括选项 D。
    答案：D
    考点：普通黏土砖的特点。

14. 解析：蒸压灰砂砖是以石灰和砂子等加水拌和，经压制成型、蒸压养护而成。因为蒸压灰砂砖的主要组成为水化硅酸钙、氢氧化钙和碳酸钙等，所以不得用于长期经受 200℃ 高温、急冷急热或有酸性介质侵蚀的建筑部位，也不能用于有流水冲刷之处。所以蒸压灰砂砖适用于多层混合结构建筑的承重墙体。
    答案：B
    考点：蒸压灰砂砖的用途。

15. 解析：三氧化二铁为红棕色，烧结砖中三氧化二铁含量越高，其颜色越红；所以深红色烧结砖中三氧化二铁的含量最高。
    答案：A
    考点：三氧化二铁的颜色。

16. 解析：用于砌筑小型建筑拱形屋盖的为烧结砖中的拱壳砖，该砖为异型空心砖。四种烧结空心砖中 D 为拱壳砖。
    答案：D
    考点：烧心空心砖的形状。

17. 解析：木材使用温度长期超过 50℃ 时，强度会因木材缓慢炭化而明显下降，所以在长期受热超过 50℃ 的建筑物中，不应使用木结构。
    答案：B
    考点：木结构的使用温度。

18. 解析：顺纹方向是指木材纤维的生长方向，所以在木材的各种强度中，顺纹抗拉强度最大，是顺纹抗压强度的三倍；其次是抗弯强度，是顺纹抗压强度的二倍；而顺纹剪切强度很低，远小于顺纹抗压强度。

答案：D

考点：木材的力学性质。

19. 解析：将钢材加热到 723～910℃ 或更高温度后，在空气中冷却的热处理方法称为正火。退火是指将钢材加热到一定温度，保持一定时间，然后缓慢冷却的热处理方法。回火是将工件淬硬后加热到 Ac1 以下的某一温度，保温一段时间，然后冷却到室温的热处理工艺。淬火是将钢材加热到某一适当温度并保持一段时间，随即浸入淬冷介质中快速冷却的热处理工艺。

    答案：A

    考点：钢材的热处理。

20. 解析：制作金属吊顶面板的材料要考虑抗腐蚀性。碳素钢板表面没有作防锈处理，其他三种钢板都有较好的抗腐蚀性能；所以不应采用碳素钢板。

    答案：D

    考点：金属吊顶板的抗腐蚀性。

21. 解析：建筑钢材的机械性能有：强度、塑性（伸长率）、冲击韧性、硬度、冷弯性能、耐磨性等。耐燃性和耐蚀性不属于钢材的机械性能。

    答案：D

    考点：钢材的机械性能。

22. 解析：七层及超过七层的建筑物外墙上不应采用外平开窗，可以采用推拉窗、内平开窗或外翻窗。

    答案：D

    考点：外墙上窗户选择要求。

23. 解析：生石灰是由天然石灰岩煅烧而成；可以采用立窑或回转窑煅烧，温度达 1100 度；煅烧后，石灰岩中的碳酸钙分解，形成氧化钙；所以生石灰的主要成分是氧化钙，呈块状。生石灰的体积比原来的石灰岩略小。所以选项 C 错误。

    答案：C

    考点：生石灰的制备。

24. 解析：聚氨酯类涂料可用于室外网球场。丙烯酸作为国际网球联合会指定的网球场面层材料之一（丙烯酸、草场、红土场），相对于草场和红土场，在全球的使用范围上更具有明显优势，当今全球各大比赛均以丙烯酸面层网球场为主。草地网球场是历史最悠久、最传统的一种场地，但是天然草皮受季节影响，不适用于北方室外使用。沥青水泥网球场是以水泥作底，在其上铺沥青，压实后再涂粗糙涂料于表面而成。美国网球公开赛即采用此种球场。所以北方室外网球场面层材料不宜选天然草皮类。

    答案：C

    考点：网球场层面材料。

25. 解析：水玻璃具有良好的耐酸性、耐热性，所以可用于配制耐酸、耐热砂浆和混凝土。水玻璃粘结力强，硬化析出的硅酸凝胶可以堵塞毛细孔而提高抗渗性，故既可作为灌浆材料加固地面，也可涂刷在黏土砖及混凝土制品表面（石膏制品除外，因其反应后产生硫酸钠，在制品表面孔隙中结晶而体积膨胀导致破坏），以提高抗风化能力。所以选项 B 是错误的。

答案：B

考点：水玻璃的用途。

26. 解析：因为蒸压粉煤灰砖的主要组成为水化硅酸钙、氢氧化钙等，所以不得用于长期经受200℃高温、急冷急热或有酸性介质侵蚀的建筑部位，也不能用于有流水冲刷之处。所以选B。

    答案：B

    考点：蒸压粉煤灰硅的用途。

27. 解析：加气混凝土抗压强度最大为3~10MPa，且可钉、可锯、可刨；泡沫混凝土抗压强度为0.8~1.5MPa，泡沫玻璃为1~2MPa，微孔硅酸钙为≥0.5MPa。

    答案：B

    考点：多孔材料的强度。

28. 解析：不同排列方式铺设的混凝土路面砖不仅装饰效果不同，而且其力学性能也有所区别，其中联锁型铺设方式具有更强的抵抗冲击荷载、抗扭剪切的能力。四种铺设方式中，人字形方式为联锁型铺设方式，力学性能最优。

    答案：B

    考点：砖铺设方式对强度的影响。

29. 解析：延度是表示石油沥青塑性的指标。

    答案：A

    考点：沥青的延度。

30. 解析：传统的胶粘剂多为动植物胶，如骨胶、松香等。目前采用的胶粘剂多为合成树脂，如环氧树脂、酚醛树脂、丁苯橡胶等；其中环氧树脂胶粘剂俗称"万能胶"。结构胶对强度、耐热、耐油和耐水等有较高要求，常用的有环氧树脂类、聚氨酯类、有机硅类、聚酰胺类等热固性树脂，聚丙烯酸酯类、聚甲基丙烯酸酯类等热塑性树脂。所以选项C是错误的。

    答案：C

    考点：胶粘剂。

31. 解析：聚氯乙烯胶泥具有良好的粘结性、防水性、耐热、耐寒、耐腐蚀和耐老化性。硅橡胶是指主链由硅和氧原子交替构成，硅原子上通常连有两个有机基团的橡胶；硅橡胶不仅耐低温性能良好，耐热性能也很突出。聚硫橡胶是由二卤代烷与碱金属或碱土金属的多硫化物缩聚而得的合成橡胶，具有优异的耐油和耐溶剂性，但强度不高，耐老化性能不佳。丙烯酸酯密封膏通常为水乳型，有良好的抗紫外线性能和延伸性，耐水性一般。比较而言，硅橡胶的耐寒和耐高温性能最好。

    答案：B

    考点：嵌缝材料的性质。

32. 解析：化纤地毯按其用途，属于家装制品；按其制作方式，属于纺织制品。化纤地毯的主要成分为各种合成树脂，所以按其成分，应属于树脂制品。

    答案：A

    考点：化纤地毯。

33. 解析：玻璃长期受水作用水解成碱和硅酸的现象称为风化；风化使玻璃变得脆弱，透光率降低，产生裂缝和鳞片状剥落的现象。

答案：B

考点：玻璃的风化。

34. 解析：玻化砖是一种无釉瓷质墙地砖；质地坚硬，吸水率较低；抗冻性好，可用于室外。玻化砖的砖面分平面型和浮雕型。所以选项 D 说法是错误的。

答案：D

考点：玻化砖的性质。

35. 解析：玻璃是以石英砂、纯碱、芒硝、长石、石灰石或白云石等为原料，在 1500～1600℃烧融形成的玻璃熔体在金属锡液表面急冷而成。所以菱苦土和石膏不是玻璃的主要原料。

答案：C

考点：玻璃的原料。

36. 解析：织物复合工艺壁纸是将丝绸、毛、麻等纤维复合在纸基上制成，色泽柔和、透气调湿、无毒无味，适用于高级装饰，但价格较贵，且不易清洗，不适用于浴室等潮湿环境中。

答案：C

考点：织物复合壁纸的性质。

37. 解析：建筑面积 10000m^2 的车站、码头隔墙材料的燃烧性能等级要求为 B_2 级，营业面积 160m^2 的餐饮建筑内隔墙材料的燃烧性能等级要求为 B_1 级，高级住宅内隔墙材料的燃烧性能等级要求为 B_1 级，省级展览馆隔墙材料的燃烧性能等级要求为 B_1 级。而金属面聚苯乙烯泡沫夹芯板的燃烧性能为 B_2 级，所以只能用于建筑面积 10000m^2 的车站、码头的隔墙。

答案：A

考点：不同建筑隔墙材料的燃烧等级。

38. 解析：以吸声系数表示吸声材料的效能，吸声系数与声波的频率和入射方向有关，通常以 125、250、500、1000、2000、4000Hz 六个频率的平均吸声系数作为吸声效能的指标，六个频率的平均吸声系数大于 0.2 的材料为吸声材料。吸声材料多为多孔材料，增加厚度，可提高低频的吸声效果，但对高频没有多大影响。所以选项 D 的说法是错误的。

答案：D

考点：吸声材料的定义及多孔吸声材料。

39. 解析：锌铬黄漆是以环氧树脂、锌铬黄等防锈颜料和助剂配成漆基，以混合胺树脂为固化剂的油漆，具有优良的防锈功能。醇酸清漆是由酚醛树脂或改性的酚醛树脂与干性植物油经熬炼后，再加入催干剂和溶剂而成，具有较好的耐久性、耐水性和耐酸性，不是防锈漆。沥青清漆是以煤焦油沥青以及煤焦油为主要原料，加入稀释剂、改性剂、催干剂等有机溶剂组成，广泛用于水下钢结构和水泥构件的防腐、防渗漏，以及地下管道的内外壁防腐。红丹底漆是用红丹与干性油混合而成的油漆，附着力强，防锈性和耐水性好。所以醇酸清漆不是防锈漆。

答案：B

考点：防锈漆的种类。

40. 解析：建筑材料的燃烧性能分为不燃、难燃和可燃3大类。
    答案：D
    考点：材料的燃烧等级分类。

41. 解析：二级住宅分户墙的隔声要求大于等于45dB，学校阅览室与教室之间隔墙的隔声要求大于等于50dB，一级医院病房隔墙的隔声要求大于等于45dB，普通旅馆客房与走廊之间隔墙的隔声要求大于等于30dB。而蒸压加气混凝土砌块墙（100厚，10厚双面抹灰）的隔声能力为41dB，所以可用于普通旅馆客房与走廊之间的隔墙。
    答案：B
    考点：不同建筑隔墙隔声要求。

42. 解析：$I_r<1.3$ 为A类石材，其使用范围不受限制。$I_r<1.9$ 为B类石材，不可用于Ⅰ类民用建筑的内饰面，但可用于Ⅰ类民用建筑的外饰面及其他建筑物的内、外饰面。$I_r<2.8$ 为C类石材，只可用于建筑物的外饰面及室外其他用途。$I_r>2.8$ 的石材为其他类石材，只能用于路基、涵洞、水坝、海堤和深埋地下的管道工程等远离人们生活的场所，所以D类石材不可用于观景休憩台。
    答案：D
    考点：石材放射性分类。

43. 解析：普通的8层办公楼所用外墙涂料使用年限要求值为8~15年。
    答案：C
    考点：建筑外墙涂料的使用年限。

44. 解析：玻璃采光顶应采用安全玻璃，宜采用夹丝玻璃或夹层玻璃。四种防火玻璃中，夹层防火玻璃不仅具有防火性能，还具有安全性能，所以防火玻璃采光顶应当首选夹层防火玻璃。
    答案：A
    考点：防火玻璃。

45. 解析：绿色建材是绿色建筑的根本物质基础。
    答案：B
    考点：绿色建筑。

46. 解析：高能耗生产过程不符合绿色建材的发展方向。
    答案：A
    考点：绿色建材的发展方向。

47. 解析：泡沫铝是在纯铝或铝合金中加入添加剂后，经过发泡工艺制作而成，同时兼有金属和气泡特征。它密度小、高吸收冲击能力强、耐高温、防火性能强、抗腐蚀、隔声降噪、导热率低、电磁屏蔽性高、耐候性强，是一种新型可回收再生的多孔轻质材料，孔隙率最大可达98%。
    答案：A
    考点：泡沫铝的生产及性质。

48. 解析：无纺丝复合壁纸采用天然纤维无纺工艺制成，不发霉发黄，透气性好，是一种绿色环保、广泛用于室内装饰的"会呼吸"的壁纸。

答案：D

考点：新型壁纸。

49. 解析：新型绿色环保纳米抗菌涂料利用纳米级的抗菌剂可以很好地抑制霉菌生长，且具有耐沾污、耐老化、耐低温性能好，抗紫外辐射性能高的特点。

   答案：D

   考点：纳米抗菌涂料的性质。

50. 解析：砂基透水砖是通过"破坏水的表面张力"的透水原理，有效解决传统透水材料通过孔隙透水易被灰尘堵塞及"透水与强度""透水与保水"相矛盾的技术难题，常温下免烧结成型，以沙漠中风积沙为原料生产出的一种新型生态环保材料。所以兼具雨水收集作用的路面铺装首选砂基透水砖。

   答案：D

   考点：透水砖。

51. 解析：透水路面包括"透水水泥混凝土路面""透水沥青路面"和"透水砖路面"，考虑到透水要求及遇水变形的因素，采用灰土夯实垫层是不正确的。

   《透水水泥混凝土路面技术规程》CJJ/T 135—2009 第4.1.5规定：透水水泥混凝土路面的基层与垫层结构应选用：多孔隙水泥稳定碎石、级配砂砾、级配碎石及级配砂砾基层（全透水结构），水泥混凝土基层＋稳定土基层或石灰、粉煤灰稳定砂砾基层（半透水结构）。

   《透水沥青路面技术规程》CJJ/T 190—2012 第4.2.4条规定：Ⅱ型和Ⅲ型透水沥青路面可选用透水基层，Ⅰ型可选用各类基层。

   《透水砖路面技术规程》CJJ/T 188—2012 第5.4.1条规定：基层类型可包括刚性基层、半刚性基层和柔性基层，可根据地区资源差异选择透水粒料基层、透水水泥混凝土基层、水泥稳定碎石基层等类型，并应具有足够的强度、透水性和水稳定性。

   答案：C

   考点：透水路面垫层材料的选用要求。

52. 解析：人流量大的建筑入口台阶，还宜在台阶平台处设置刮泥槽，避免人们把脚上的泥土带到室内。形式就是在台阶平台上留一个方槽，上面盖一个有刮齿的铁箅子，刮齿常用扁钢制作，需注意刮泥槽的刮齿应垂直于人流方向。

   答案：D

   考点：刮泥槽设计要求。

53. 解析：已废止的《绿色建筑评价标准》GB/T 50378—2014 规定：在"节地与室外环境"该类指标的控制项第4.1.2条中指出：场地应无洪涝、滑坡、泥石流等自然灾害的威胁，无危险化学品、易燃易爆危险源的威胁，无电磁辐射、含氡土壤等危害。

   现行《绿色建筑评价标准》GB/T 50378—2019 中已不设"节地与室外环境"这一类指标，在"安全耐久"类指标的控制项中规定：4.1.1 场地应避开滑坡、泥石流等地质危险地段，易发生洪涝地区应有可靠的防洪涝基础设施；场地应无危险化学品、易燃易爆危险源的威胁，应无电磁辐射、含氡土壤的危害。

答案：A

考点：绿色建筑评价标准"节地与室外环境"指标的控制项内容。

54. 解析：《地下防水规范》第4.3.7条规定：（卷材防水层）在阴阳角等特殊部位，应增做卷材加强层，加强层宽度宜为300～500mm。

    答案：D

    考点：地下工程防水"抗压层"设置要求。

55. 解析：《地下防水规范》第4.3.6条规定：三元乙丙橡胶卷材的最小厚度为1.5mm；自粘聚合物改性沥青（有胎体）防水卷材的最小厚度为3mm；弹性体改性沥青防水卷材的最小厚度为4mm；高分子自粘胶膜防水卷材的最小厚度为1.2mm。故C项最厚。

    答案：C

    考点：地下工程各类防水卷材单层设置最小厚度要求。

56. 解析：《地面规范》第6.0.20条指出：露明散水宽度宜为600～1000mm，散水坡度宜为3％～5％。A项不准确。采用混凝土散水时，无散水应沿外墙上翻至高出室外地坪60mm。B项不正确。《地下防水规范》第3.1.3条规定：附建式地下室防水层收头设在室外地坪以上500mm。C项是正确的。地下室防水层收头以上再做300mm高的防水砂浆，规范无此项要求，D项也不正确。

    答案：C

    考点：有地下室的建筑四周散水设置要求以及防水层收头设计要求。

57. 解析：《地下防水规范》第4.1.28条规定：用于固定模板的螺栓必须穿过混凝土结构时，可采用工具式螺栓或螺栓加堵头，螺栓上应加焊（金属）方形止水环。

    答案：A

    考点：地下工程螺栓穿过混凝土结构时的防水构造要求。

58. 解析：《地下防水规范》第5.1.2条规定：用于伸缩的变形缝宜少设，可……采用后浇带、加强带、诱导缝等替代措施。

    答案：D

    考点：地下工程变形缝的替代措施。

59. 解析：《地下防水规范》第5.1.3条规定：变形缝处混凝土结构的厚度不应小于300mm（A项）。第5.1.4条规定：用于沉降的变形缝最大允许沉降差值不应大于30mm（B项）。第5.1.5条规定：变形缝的宽度宜为20～30mm（C项、D项）。D项错误，故选D。

    答案：D

    考点：地下工程混凝土结构变形缝设计要求。

60. 解析：《夹芯保温墙建筑构造》07J 107中第4.1.1条和第4.1.2条规定：190mm厚普通小砌块，主要用于夹芯墙的内叶墙；90mm厚普通小砌块（或装饰砌块），主要用于夹芯墙的外叶墙（A项）。第2.1条规定：本图集适用于全国严寒及寒冷地区（D项）。第5.7.2条规定：夹芯墙保温层采用聚苯保温板时，保温板要紧密衔接，紧贴内叶墙。C项内叶墙与EPS板之间设空气层是错误的。

    答案：C

考点：小型混凝土空心砌块 EPS 板夹芯保温墙体构造要求。

61. **解析**：《被动式太阳能建筑技术规范》JGJ/T 267—2012 中第 5.2.4 条规定：8 应设置防止夏季室内过热的排气口（A 项）；1 集热蓄热墙的组成材料应有较大的热容量和导热系数（B 项错误）；2 集热蓄热墙向阳面外侧应安装玻璃或透明材料（C 项）；7 宜利用建筑结构构件作为集热蓄热体（D 项）。

    答案：B

    考点：集热蓄热墙设计要求。

62. **解析**：《被动式太阳能建筑技术规范》JGJ/T 267—2012 条文说明第 5.2.4 条指出：（集热蓄热墙）系统效率取决于集热蓄热墙的蓄热能力（A 项）、是否设置通风口（B 项）以及外表面的玻璃性能（C 项）。其中未列出 D 项"空气层的体积"，因此"空气层的体积"对集热蓄热墙系统的效率影响最小，应选 D。

    答案：D

    考点：集热蓄热墙系统效率的影响因素。

63. **解析**：《外墙外保温标准》第 6.1.8 条规定：门窗洞口四角处保温板不得拼接，应采用整块保温板切割成形。

    答案：C

    考点：EPS 板薄抹灰外墙外保温系统的设计要求。

64. **解析**：《屋面规范》第 4.4.6 条规定：倒置式屋面的保温层应选用吸水率低且长期浸水不变质的保温材料。水泥珍珠岩板不符合上述要求。另《倒置式屋面规程》第 4.3.2 条规定：倒置式屋面的保温材料可选用挤塑聚苯乙烯泡沫塑料板（C 项）、硬泡聚氨酯板（D 项）、硬泡聚氨酯防水保温复合板、喷涂硬泡聚氨酯及泡沫玻璃保温板（A 项）等。

    答案：B

    考点：倒置式保温屋面保温层材料的选用要求。

65. **解析**：种植屋面既生态又环保。

    答案：C

    考点：生态、环保效果最优的隔热屋面类型。

66. **解析**：《民建统一标准》第 6.14.2 条规定：结构找坡的屋面的排水坡度不应小于 3%；种植屋面的排水坡度是≥2%，<50%；压型金属板屋面的排水坡度是≥5%，波形瓦的排水坡度是≥20%；结论是波形瓦屋面的排水坡度要求最大。

    答案：D

    考点：各种屋面的排水坡度比较。

67. **解析**：《倒置式屋面规程》第 1.0.2 条规定：本规程适用于新建、扩建、改建和节能改造房屋建筑倒置式屋面工程的设计、施工和质量验收。所以 A 项是错误的。各有关规范中都没有关于聚氨酯喷涂屋面适用坡度的规定，这说明它应该可以用于各种坡度的工程，所以 B 项也是错误的。《屋面规范》中第 4.4.9 条规定：1 架空隔热层宜在屋顶有良好通风的建筑物上采用，不宜在寒冷地区采用（C 项）。D 项种植屋面是隔热屋面的一种，可适用于夏热冬冷、夏热冬暖地区。

    答案：A、B

    考点：各种保温隔热屋面的适用范围。

68. **解析:**《屋面规范》第3.0.5条规定:屋面防水等级为Ⅱ级的建筑是一般建筑,只做一道防水设防。

    答案: D

    考点: 屋面防水等级为Ⅱ级的建筑物类型。

69. **解析:** 根据《防火规范》第6.2.3条,A项(使用丙类液体的厂房)、B项(工厂宿舍的公用厨房)、D项(剧院后台的辅助用房)耐火极限均不应低于2.0h。第5.1.2条规定:疏散走道两侧的隔墙的耐火极限为不应低于1.00h(一、二级)、0.50h(三级)、0.25h(四级),故答案是C。

    答案: C

    考点: 非高层建筑内部不燃烧体隔墙的耐火极限允许低于2h的类型。

70. **解析:**《隔声标准》第7.3.3条规定:设有活动隔断的会议室、多用途厅,其活动隔断的空气声隔声性能应符合下式的规定:$R_w+C \geqslant 35$dB (7.3.3);式中:R_w——计权隔声量(dB);C——粉红噪声频谱修正量(dB)。

    答案: A

    考点: 旅馆建筑会议室、多用途大厅活动隔断的空气声计权隔声量数值。

71. **解析:**《防火规范》条文说明附录中规定:(A项)加气混凝土砌块墙,75mm厚的耐火极限为2.50h;(B项)石膏珍珠岩空心条板双层中空(60+50+60)mm的耐火极限是3.75h;(C项)轻钢龙骨纸面石膏板,双层中空(2×12、2×12)mm,中空填矿棉的耐火极限是1.50h;(D项)轻钢龙骨防火石膏板(内掺玻璃纤维),双层中空(2×12、2×12)mm,中空填40mm岩棉的耐火极限是1.00h。故B项最高。

    答案: B

    考点: 各类常用非木结构隔墙的耐火极限数值。

72. **解析:**《民建设计技术措施》第二部分第6.4.1条中指出:18顶棚装修中不应采用石棉制品(如石棉水泥板等)。所以A项是错误的。《防火规范》第5.1.2条规定:三级耐火等级的疗养院的吊顶的燃烧性能和耐火极限应不低于"难燃性"和"0.15h"。本题中四个选项的4种材料的耐火极限均达到了此防火要求。

    答案: A

    考点: 吊顶材料的选用要求。

73. **解析:**《建筑室内吊顶工程技术规程》CECS 255:2009第4.2.11条规定:……排风机排出的潮湿气体严禁排入吊顶内。另《民建设计技术措施》第二部分第6.4.1条中指出:13吊顶内空间较大、设施较多的吊顶,宜设排风设施;排风机排出的潮湿气体严禁排入吊顶内,应将排风管直接和排风竖管相连,使潮湿气体不经过顶棚内部空间。所以D项"室内潮湿气体透过吊顶内空间收集排放"是不正确的,可以通过抽风机、开窗等手段进行排放。

    答案: D

    考点: 吊顶的构造要求。

74. **解析:** 玻璃吊顶的玻璃应采用安全玻璃,可以采用钢化玻璃或夹层玻璃。中空玻璃是在两层普通玻璃中间设有6~9mm空气层的玻璃,这种玻璃不是安全玻璃。

    答案: C

考点：玻璃吊顶的构造要求。

75. 解析：《无障碍规范》第3.8.4条中规定：扶手内侧与墙面的距离不应小于40mm。

    补充说明：本题为改编题，原题干为"楼梯靠墙扶手与墙面之间的净距应大于哪个尺寸"，而一般建筑物的"楼梯靠墙扶手与墙面之间的净距尺寸"在规范中并没有规定，查阅建筑构造通用图集（华北标BJ系列图集）《楼梯、平台栏杆及扶手》(16BJ 7-1)发现这一尺寸有55mm、65mm、85mm等多种。

    答案：B

    考点：无障碍设计所要求的扶手内侧与墙面之间的净距最小尺寸数值。

76. 解析：《防火规范》第6.4.5条规定：4 通向室外楼梯的疏散门宜采用乙级防火门，并应向疏散方向开启。

    答案：C

    考点：室外疏散楼梯的防火设计要求。

77. 解析：《防火规范》第6.4.3条规定：（A项）防烟楼梯的首层扩大的防烟前室与其他走道和房间之间的门应设置乙级防火门；第7.3.6条规定：（B项）消防电梯机房与相邻机房之间的门应设置甲级防火门；第3.7.6条和第6.4.2条规定：（C项）高层厂房通向封闭楼梯间的门和（D项）首层扩大的封闭楼梯间的走道和房间之间的门均应采用乙级防火门，并应向疏散方向开启。

    答案：B

    考点：应设置甲级防火门的各种情况。

78. 解析：《民建统一标准》第6.9.1条规定，电梯设置应符合下列规定：9 电梯井道和机房不宜与有安静要求的用房贴邻布置，否则应采取隔振、隔声措施；10 电梯机房应有隔热、通风、防尘等措施，宜有自然采光，不得将机房顶板作水箱底板及在机房内直接穿越水管或蒸汽管。

    答案：A

    考点：电梯机房的设计要求。

79. 解析：已废止《老年人居住建筑设计标准》GB 50340—2016 第5.3.2条规定：楼梯踏步踏面宽度不应小于0.28m（C项错误），踏步踢面高度不应大于0.16m（D项正确）。该规范中没有关于梯段和平台尺寸的规定，依据其第3.0.1条："老年人居住建筑设计应符合现行国家标准《住宅设计规范》GB 50096 和《无障碍设计规范》GB 50763 的相关规定"，查阅这两个规范，发现《住宅设计规范》GB 50096—2011 第6.3.1条规定：楼梯梯段净宽不应小于1.10m，不超过六层的住宅，一边设有栏杆的梯段净宽不应小于1.00m（A项不准确）。第6.3.3条规定：楼梯平台净宽不应小于楼梯梯段净宽，且不得小于1.20m（B项错误）。

    补充说明：在"住房和城乡建设部关于发布行业标准《老年人照料设施建筑设计标准》的公告"中公布"现批准《老年人照料设施建筑设计标准》为行业标准，编号为JGJ 450—2018，自2018年10月1日起实施。……原国家标准《养老设施建筑设计规范》GB 50867—2013 和《老年人居住建筑设计规范》GB 50340—2016 同时废止"。但是《老年人照料设施建筑设计标准》JGJ 450—2018 第1.0.2条规定："本标准适用于新建、改建和扩建的设计总床位数或老年人总数不少于20床（人）的老年人照料设施建筑设计"。该规范条文说明中也指出:"1.0.2 我国的老年人设施可以按照民用建筑的分类方式划分为养老服务设施（老年人公共建筑）与老年人居住建筑。养老服务设施又可按是否提供照料服务划分为老年人照料设施和老年人活动设施。老年人照料设施可按提供照料服务的时段及类型进一步划分为老年人全日照料设施和老年人日间照料设施。老年人照料设施在老年人设施体系中的定位见图"。因此《老年人照料设施建筑设计标准》JGJ 450—2018 并不适用于"老年人居住建筑设计"，故本题仍依据已废止《老年人居住建筑设计规范》GB 50340—2016 作答。

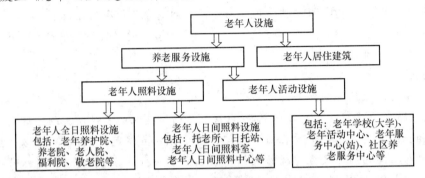

题 79 解图　老年人照料设施的定位

答案：D

考点：老年公寓共用楼梯设计的尺寸要求。

80. **解析**：《图书馆建筑设计规范》JGJ 38—2015 第 4.2.9 条规定：书库内的工作人员专用楼梯的梯段净宽不宜小于 0.80m，坡度不应大于 45°，并应采取防滑措施。

    答案：C

    考点：图书馆建筑专用楼梯设计的尺寸要求。

81. **解析**：《玻璃幕墙规范》第 3.1.4 条规定：（A 项）隐框玻璃幕墙其玻璃与铝型材的粘结必须使用中性硅酮结构密封胶；第 4.3.3 条规定：（B 项）非承重胶缝应采用硅酮建筑密封胶；第 9.1.5 条规定：（C 项）隐框幕墙的装配组件均应在工厂加工组装；第 9.1.3 条规定：（D 项）采用硅酮结构密封胶粘结固定隐框玻璃幕墙构件时，应在洁净、通风的室内进行注胶，不得在施工现场进行。（D 项）错误。

    答案：D

    考点：隐框玻璃幕墙的技术要求。

82. **解析**：《玻璃幕墙规范》第 4.4.3 条规定：点支承玻璃幕墙的玻璃肋应采用钢化夹层玻璃。

    答案：C

    考点：点支承玻璃幕墙玻璃肋材料的选用要求。

83. **解析**：《玻璃幕墙规范》第 4.2.7 条规定：有保温要求的玻璃幕墙应采用中空玻璃。低辐射中空玻璃（LOW-E）具有优异的保温和隔热效果，为夏热冬冷地区的最佳选择。

    答案：C

    考点：夏热冬冷地区玻璃幕墙的玻璃选用要求。

84. 解析：《建筑遮阳工程技术规范》JGJ 237—2011 第2.0.8条术语中对遮阳系数的解释是：在给定条件下，玻璃、外窗或玻璃幕墙的太阳能总透射比，与相同条件下相同面积的标准玻璃（3mm厚透明玻璃）的太阳能总透射比的比值。

    答案：A

    考点：《建筑遮阳工程技术规范》中对遮阳系数的定义。

85. 解析：分析并查找相关资料（以普通木旋转门为例）：（A）门扇正、侧面垂直度是2mm；（B）门扇对角线长度差是3mm；（C）相邻扇高度差是1~2.5mm；（D）扇与地面间的缝隙（外门）是4~7mm。C项数值最小。

    答案：C

    考点：旋转门的安装允许偏差。

86. 解析：《玻璃幕墙规范》第3.4.3条规定：2 中空玻璃应采用双道密封。一道密封应采用丁基热熔密封胶。隐框、半隐框及点支承玻璃幕墙用中空玻璃的二道密封应采用硅酮结构密封胶；明框玻璃幕墙用中空玻璃的二道密封宜采用聚硫类中空玻璃密封胶，也可采用硅酮密封胶。

    答案：D

    考点：制造中空玻璃的密封胶类型。

87. 解析：题图所示是自关门使用的铰链（合页）。

    答案：C

    考点：不同开启形式门的铰链类型。

88. 解析：《防火规范》第6.2.1条规定：（A项）舞台上部的观众厅闷顶之间的隔墙上的门应采用乙级防火门。第6.2.3条规定：（B项）剧院后台的辅助用房隔墙上的门窗应采用乙级防火门窗。第6.2.7条规定：（C、D项）附设在建筑内的消防控制室、灭火设备室……等，应采用耐火极限不低于2.00h的防火隔墙和1.50h的楼板与其他部位分隔……消防控制室和其他设备房开向建筑内的门应采用乙级防火门。所以根据现行规范本题没有正确选项。

    答案：无

    考点：甲级防火门的应用部位。

89. 解析：查找相关资料并分析，建筑外墙门窗安装工程质量复验的内容包括气密性能指标、水密性能指标、抗风压性能指标、保温性能指标、空气声隔声性能指标五大方面，不包含平面变形性能指标。

    答案：D

    考点：建筑外墙门窗安装工程质量复验的性能指标类型。

90. 解析：《建筑用安全玻璃 第一部分：防火玻璃》GB 15763.1—2009 中耐火极限规定的五个等级是3.00h、2.00h、1.50h、1.00h、0.50h。无2.50h的级别。

    答案：C

    考点：防火玻璃五个等级耐火极限的数值。

91. 解析：《医药工业洁净厂房设计规范》GB 50457—2008 中第8.3.8条规定：1 医药洁净室（区）内的门窗、墙壁、顶棚、地（楼）面的构造和施工缝隙，应采取密闭措施。3 医药洁净区域的门、窗不宜采用木质材料。需采用时应经防腐处理，并应有严密的覆面层。4 无菌洁净室（区）的门、窗不应采用木质材料。
根据以上要求，采用木压条压缝措施是错误的。

答案：B

考点：医药工业洁净厂房构造缝的密闭措施。

92. 解析：《人民防空地下室设计规范》GB 50038—2005 第 3.9.3 条规定：防空地下室的顶板不应抹灰（包括洗消间、消毒室），防毒通道、扩散室等的墙面、顶面、地面均应平整光洁、易于清洗。故防毒通道墙面不应抹灰是不对的。

答案：C

考点：人民防空地下室装修设计要求。

93. 解析：矿棉吸声板平面吊顶做法最具立体感的是高低变化较多的跌落。

答案：D

考点：最具立体感的吊顶形式。

94. 解析：《防静电活动地板通用规范》SJ/T 10796—2001 第 4.1.2 条规定：四角支撑式活动地板由地板、可调支撑、缓冲垫（导电胶垫）等组成。其中不包含横梁，所以正确答案是 C。

答案：C

考点：防静电机房活动地板的构造组成。

95. 解析：施工规范规定玻璃花格在砌筑围墙、漏窗时一般应采用水泥砂浆砌筑和勾缝，水泥应采用白色水泥。

答案：D

考点：砌筑玻璃花格应选用的砂浆类型。

96. 解析：《地下防水规范》第 5.2.5 条规定：后浇带两侧可做成平直缝或阶梯缝。V 形缝和企口缝不属于后浇带的做法。

答案：B、D

考点：混凝土后浇带两侧接缝的形式。

97. 解析：《地下防水规范》条文说明第 5.1.8 条指出：止水带一般分为刚性（金属）止水带和柔性（橡胶或塑料）止水带两类。目前，由于生产塑料及橡塑止水带的挤出成型工艺问题，造成外观尺寸误差较大，其物理力学性能不如橡胶止水带；橡胶止水带的材质是以氯丁橡胶、三元乙丙橡胶为主，其质量稳定、适应能力强，国内外采用较普遍。EPDM（Ethylene Propylene Diene Monomer）是三元乙丙橡胶英文名称的缩写，所以答案是 A、C。

答案：A、C

考点：地下工程变形缝止水带的材料。

98. 解析：《地面规范》第 6.0.3 条规定：混凝土地面垫层的假缝多用于横向缩缝，缝宽为 5～12mm（原 1996 年版《建筑地面设计规范》GB 50037—96 中规定缝宽为 5～20mm；2014 年 5 月 1 日开始执行的新版《建筑地面设计规范》GB 50037—2013 改缝宽为 5～12mm），高度宜为垫层厚度的 1/3，缝内应填水泥砂浆或膨胀型砂浆。

答案：A

考点：建筑地面混凝土垫层假缝的构造要求。

99. **解析**：《地下防水规范》关于后浇带的做法中没有施工温度应低于两侧混凝土施工温度的规定（C项不正确）；第5.2.2条规定：后浇带应在其两侧混凝土龄期达到42d后再施工（A项正确）；第5.2.3条规定：后浇带应采用补偿收缩混凝土浇筑（D项正确），其抗渗和抗压强度等级不应低于两侧混凝土（B项不准确）。

    答案：C

    考点：后浇带混凝土的施工要求。

100. **解析**：《地下防水规范》第3.3.1条指出：明挖法和暗挖法地下工程变形缝（诱导缝）的防水设防，要求所有防水等级都应选"中埋式止水带"的措施，然后根据防水等级的不同应选或宜选一至两种其他的防水措施。

    答案：D

    考点：地下工程变形缝所有防水等级都应采用的防水措施。

2013年试题、解析、答案及考点

2013年试题

1. 胶凝材料按胶凝条件可分为气硬性胶凝材料和水硬性胶凝材料,下列材料不属于气硬性胶凝材料的是( )。
   A 水泥 B 水玻璃 C 石灰 D 石膏

2. 建筑材料按其基本成分的分类可分为( )。
   A 天然材料、人造材料、胶囊材料
   B 有机材料、无机材料、合金材料
   C 保温材料、耐火材料、防水材料
   D 金属材料、非金属材料、复合材料

3. 下列材料不属于有机材料的是( )。
   A 木材、竹子 B 树脂、沥青 C 石棉、菱苦土 D 塑料、橡胶

4. 关于"密度"的说法,错误的是( )。
   A 密度是材料主要的物理状态参数之一
   B 密度是材料在自然状态下单位体积的质量
   C 密度也可以称"比重"
   D 密度的单位是 g/cm^3(克/立方厘米)

5. 测定水泥强度时,主要测定的是( )。
   A 水泥凝结硬化后的强度
   B 主要熟料硅酸钙的强度
   C 1:3 水泥砂浆的强度
   D 1:3:6 水泥混凝土的强度

6. 一般情况下,通过破坏性试验来测定材料的何种性能?( )
   A 硬度 B 强度 C 耐候性 D 耐磨性

7. 下列建筑材料导热系数大小的比较,正确的是( )。
   A 普通混凝土比普通黏土砖大 10 倍
   B 钢材比普通黏土砖大 100 倍
   C 钢材比绝热用纤维板大 1000 倍以上
   D 钢材比泡沫塑料大 10000 倍以上

8. 材料的耐磨性与下列何者无关?( )
   A 强度 B 硬度 C 内部构造 D 外部湿度

9. 以下哪种指标表示材料的耐水性?( )
   A 吸水率 B 软化系数 C 渗透系数 D 抗冻系数

10. 下列哪种材料不是绝热材料?( )
    A 松木 B 玻璃棉板 C 石膏板 D 加气混凝土

11. 我国水泥按产品质量分为3个等级,正确的是( )。
    A 甲等、乙等、丙等
    B 一级品、二级品、三级品
    C 上类、中类、下类
    D 优等品、一等品、合格品

12. 关于建筑石材的物理性能及测试要求的下列说法,有误的是( )。

A 密度一般在 2.5～2.7g/cm³

B 孔隙率一般小于 0.5%，吸水率很低

C 抗压强度高，抗拉强度很低

D 测定抗压强度的试件尺寸为 150mm×150mm×150mm

13. 建筑用砂按其形成条件及环境可分为(　　)。
    A 粗砂、中砂、细砂　　　　　　　B 河砂、海砂、山砂
    C 石英砂、普通砂、绿豆砂　　　　D 精致砂、湿制砂、机制砂

14. 汉白玉属于以下哪种石材？
    A 花岗石　　　　B 大理石　　　　C 石灰石　　　　D 硅质砂岩

15. 普通硅酸盐水泥适用于下列哪种混凝土工程？(　　)
    A 水利工程的水下部位　　　　　　B 大体积混凝土工程
    C 早期强度要求较高且受冻的工程　D 受化学侵蚀的工程

16. 根据混凝土拌合物坍落度的不同，可将混凝土分为(　　)。
    A 特重混凝土、重混凝土、混凝土、特轻混凝土
    B 防水混凝土、耐热混凝土、耐酸混凝土、抗冻混凝土
    C 轻骨料混凝土、多孔混凝土、泡沫混凝土、钢纤维混凝土
    D 干硬性混凝土、低塑性混凝土、塑性混凝土、流态混凝土

17. 附图所示砌块材料的名称是(　　)。
    A 烧结页岩砖　　　　　　　　　　B 烧结多孔砖
    C 烧结空心砖　　　　　　　　　　D 烧结花格砖

18. 下列四种砖，颜色呈灰白色的是(　　)。
    A 烧结粉煤灰砖　　　　　　　　　B 烧结煤矸石砖
    C 蒸压灰砂砖　　　　　　　　　　D 烧结页岩砖

19. 《建筑材料放射性核素限量》按放射性水平大小将材料划分为 A、B、C 三类，其中 B 类材料的使用范围是(　　)。
    A 使用范围不受限制
    B 除Ⅰ类民用建筑内饰面，其他均可
    C 用于建筑物外饰面和室外其他部位
    D 只能用于人员很少的海堤、桥墩等处

20. 关于中国清代宫殿建筑铺地所用"二尺金砖"的说法，错误的是(　　)。
    A 尺寸为长 640mm，宽 640mm，厚 96mm
    B 质地极细，强度也高
    C 敲击铿然如有金属声响
    D 因色泽金黄灿亮而得名

21. 对木材物理力学性能影响最大的是(　　)。
    A 表观密度　　　B 湿胀干缩性　　　C 节疤等疵点　　　D 含水率

22. 下列木材中，其顺纹抗压强度、抗拉强度、抗剪强度及抗弯强度四项最大的是(　　)。
    A 华山松　　　　　　　　　　　　B 东北云杉

C 陕西麻栎（黄麻栎） D 福建柏

23. 关于竹材与木材的强度比较，正确的是（ ）。
    A 木材抗压强度大于竹材
    B 竹材抗拉强度小于木材
    C 二者抗弯强度相当
    D 竹材抗压、抗拉、抗弯强度都大于木材

24. 下列属于建筑钢材机械性能的是（ ）。
    A 韧性、脆性、弹性、塑性、刚性
    B 密度、延展度、密实度、比强度
    C 强度、伸长率、冷弯性能、冲击韧性、硬度
    D 耐磨性、耐蚀性、耐水性、耐火性

25. 对提高钢材强度和硬度有不良影响的元素是（ ）。
    A 硅　　　　　B 碳　　　　　C 磷　　　　　D 锰

26. 将钢材加热到723～910℃以上，然后在水中或油中急速冷却，这种处理方式称为（ ）。
    A 淬火　　　　B 回火　　　　C 退火　　　　D 正火

27. 抗压强度较高的铸铁不宜用作（ ）。
    A 井、沟、孔、洞盖板　　　　B 上下水管道及连接件
    C 栅栏杆、暖气片　　　　　　D 结构支承构件

28. 下列哪项不属于铝材的缺点？（ ）
    A 弹性模量小、热胀系数大　　B 不容易焊接、价格较高
    C 在大气中耐候抗蚀能力差　　D 抗拉强度低

29. 与铜有关的下列说法中，错误的是（ ）。
    A 纯铜呈紫红色故称"紫铜"
    B 黄铜是铜与锌的合金
    C 青铜是铜与锡的合金
    D 黄铜粉俗称"银粉"可调制防锈涂料

30. 我国在传统意义上的"三材"是指下列哪三项建筑材料？（ ）
    A 砖瓦、钢铁、木材　　　　　B 钢材、水泥、木材
    C 金属、竹木、塑料　　　　　D 铝材、玻璃、砂石

31. 下列选项不属于石灰用途的是（ ）。
    A 配制砂浆　　　　　　　　　B 作三合土
    C 蒸养粉煤灰砖　　　　　　　D 优质内装修涂料

32. 下列有关普通玻璃棉的说法，正确的是（ ）。
    A 蓬松似絮，纤维长度一般在150mm以上
    B 使用温度可超过300℃
    C 主要作保温、吸声等用途
    D 耐腐蚀性能较好

33. 岩棉的主要原料为（ ）。

A 石英岩　　　　B 玄武岩　　　　　C 辉绿岩　　　　D 白云岩

34. 下列哪项不是蒸压加气混凝土砌块的主要原料？（　　）
    A 水泥、砂子　　B 石灰、矿渣　　　C 铝粉、粉煤灰　　D 石膏、黏土

35. 一般建筑塑料的缺点是（　　）。
    A 容易老化　　　B 绝缘性差　　　　C "比强度"低　　　D 耐蚀性差

36. 人工制作的合成橡胶品种多，但在综合性能方面比得上天然橡胶的（　　）。
    A 尚无一种　　　B 仅有一种　　　　C 至少四种　　　　D 大约十种

37. 关于环氧树脂胶粘剂的说法，正确的是（　　）。
    A 加填料以助硬化　　　　　　　　B 需在高温下硬化
    C 环氧树脂本身不会硬化　　　　　D 能粘结赛璐珞类塑料

38. 下列油漆不属于防锈漆的是（　　）。
    A 沥青油漆　　　　　　　　　　　B 醇酸清漆
    C 锌铬黄漆　　　　　　　　　　　D 红丹底漆

39. 橡胶在哪个温度范围内具有很好的弹性？（　　）
    A －30～＋180℃　　　　　　　　B －50～＋150℃
    C －70～＋140℃　　　　　　　　D －90～＋130℃

40. 关于氟树脂涂料的说法，错误的是（　　）。
    A 耐候性可达20年以上　　　　　　B 可在常温下干燥
    C 生产工艺简单，对设备要求不高　D 色泽以陶瓷颜料为主

41. 普通玻璃的原料不包括（　　）。
    A 明矾石　　　　B 石灰石　　　　　C 石英砂　　　　　D 纯碱

42. 专门用于监狱防爆门窗或特级文物展柜的防砸玻璃是（　　）。
    A A级防砸玻璃　　　　　　　　　　B B级防砸玻璃
    C C级防砸玻璃　　　　　　　　　　D D级防砸玻璃

43. 关于建筑陶瓷劈离砖的说法，错误的是（　　）。
    A 因焙烧双联砖后得两块产品而得名
    B 砂浆附着力强
    C 耐酸碱性能好
    D 耐寒抗冻的性能差

44. 关于经阻燃处理的棉、麻类窗帘及装饰织物的说法，错误的是（　　）。
    A 生产工艺简单　　　　　　　　　B 能耐水洗
    C 强度保持不变　　　　　　　　　D 手感舒适

45. 为确保工程质量，对环境温度高于50℃处的变形缝止水带，需采用整条的是（　　）。
    A 带钢边的橡胶止水带　　　　　　B 2mm厚的不锈钢止水带
    C 遇水膨胀的橡胶止水带　　　　　D 耐老化的接缝用橡胶止水带

46. 要求室内的隐蔽钢结构耐火极限达到2h，应该使用的涂料是（　　）。
    A 溶剂型钢结构防火涂料
    B 水性、薄型钢结构防火涂料
    C 膨胀型、以有机树脂为基料的钢结构防火涂料

D 非膨胀型、以无机绝热材料为主的钢结构防火涂料

47. 关于吸声材料的说法，错误的是（   ）。
    A 吸声能力来自材料的多孔性，薄膜作用和共振作用
    B 吸声系数 $a=0$，表示材料是全反射的
    C 吸收系数 $a=1$，表示材料是全吸收的
    D 吸收系数 a 超过 0.5 的材料可称为吸声材料

48. 针对 X、γ 辐射，下列哪种材料的抗辐射性能最好？（   ）
    A 6mm 厚铅板   B 20mm 厚铅玻璃
    C 50mm 厚铸铁   D 600mm 厚黏土砖砌体

49. 关于泡沫玻璃这种环保建材的说法，错误的是（   ）。
    A 基本原料为碎玻璃
    B 磨细加热发泡在 650～950℃ 时制得
    C 不易加工成任何形状
    D 具有节能、保温、吸声、耐蚀的性能

50. 关于"绿色建材"——竹子的说法，错误的是（   ）。
    A 中国是世界上竹林面积最大的国家
    B 中国是世界上竹林产量最高的国家
    C 中国是世界上竹子栽培最早的国家
    D 中国是世界上竹加工产品原料利用率最高的国家

51. 如图所示运动场地面构造，该场地不适合作为（   ）。
    A 田径跑道   B 篮球场地
    C 排球场   D 羽毛球场地

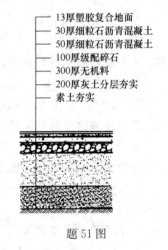

题 51 图

52. 关于消防车道的设计要求，错误的是哪一项？（   ）
    A 消防车道的宽度不应小于 4m
    B 普通消防车道的最小转弯半径不应小于 9m
    C 大型消防车的回车场不应小于 15m×15m
    D 大型消防车使用的消防车道路面荷载为 20kN/m²

53. 图示防水混凝土墙身施工缝的防水构造，下列说法错误的是哪一项？（   ）

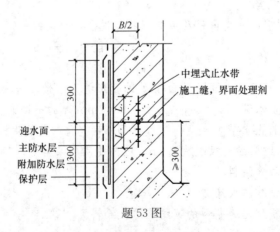

题 53 图

A $B \geq 250$mm

B 采用钢边橡胶止水带 $L \geq 120$mm

C 采用钢板止水带 $L \geq 150$mm

D 采用橡胶止水带 $L \geq 160$mm

54. 地下室结构主体防水混凝土埋置深度为10m,其设计抗渗等级应为哪一个?（　　）

A P6　　　　　B P8　　　　　C P10　　　　　D P12

55. 图示为地下室防水混凝土底板变形缝的防水构造,下列说法错误的是哪一项?（　　）

A 混凝土结构厚度 $b=300$mm　　　　B 图示300mm宽的材料为外贴式止水带

C 变形缝宽度 $L=30$mm　　　　　　　D 变形缝中部黑色块为遇水膨胀止水条

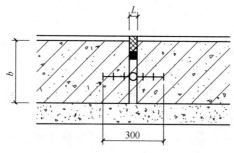

题55图

56. 图为石材幕墙外保温外墙整体防水构造示意,其防水层宜选用哪一项?（　　）

A 普通防水砂浆　　　　　　　　B 聚合物水泥防水砂浆

C 防水透气膜　　　　　　　　　D 聚氨酯防水涂膜

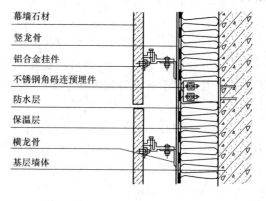

题56图

57. 在6~8度抗震区,门窗洞口处预制钢筋混凝土过梁支承长度不能小于多少?（　　）

A 120mm　　　B 180mm　　　C 200mm　　　D 240mm

58. 下列相同材料而不同的外墙保温做法中,其保温效果较好的是哪一项?（　　）

A 利用墙体内部的空气间层保温

B 将保温材料填砌在夹芯墙中

C 将保温材料粘贴在墙体内侧

D 将保温材料粘贴在墙体外侧

59. 建筑物散水宽度的确定与下列哪些因素无关?（　　）

A 建筑物耐久等级 B 场地的土壤性质
C 当地的气候条件 D 屋面的排水形式

60. 关于砌体结构墙体构造柱的做法,错误的是哪一项?（   ）

    A 最小截面为240mm×180mm

    B 必须单独设置基础

    C 施工时必须先砌筑后浇筑

    D 应沿墙高每隔500mm设2φ6拉结钢筋,每边伸入墙内不小于1000mm

61. 泡沫混凝土外墙保温板是一种防水、保温效果都较好的新型外墙保温材料,当用于空心砖外保温时,下列构造措施错误的是哪一项?（   ）

    A 保温板采用胶粘剂进行粘贴

    B 保温板采用锚栓进行辅助加固

    C 保温板外贴纤维网布以防裂缝

    D 保温板用于高层建筑时应设置托架

62. 当倒置式屋面保温层的厚度按热工计算需60mm,那么设计厚度应为多少?（   ）

    A 60mm   B 65mm   C 70mm   D 75mm

63. 北方地区普通办公楼的不上人平屋面,采用材料找坡和正置式做法时,其构造层次顺序正确的是哪一项?（   ）

    A 保护层—防水层—找平层—保温层—找坡层—结构层

    B 保护层—防水层—隔汽层—找平层—找坡层—结构层

    C 保护层—保温层—防水层—找平层—找坡层—结构层

    D 保护层—防水层—保温层—找平层—找坡层—结构层

64. 关于确定建筑物屋面防水等级的根据,错误的是哪一项?（   ）

    A 建筑平面形状 B 建筑物的类别
    C 建筑重要程度 D 使用功能要求

65. 倒置式屋面在保护层与保温层之间干铺无纺聚酯纤维布的作用是什么?（   ）

    A 防水   B 隔离   C 找平   D 隔汽

66. 严寒地区建筑屋面排水应采用哪种排水方式?（   ）

    A 有组织外排水 B 无组织外排水 C 明天沟排水 D 内排水

67. 平屋面上设置架空隔热层的构造要求,错误的是哪一项?（   ）

    A 架空隔热层的高度宜为180～300mm

    B 架空板与女儿墙的距离不宜小于250mm

    C 架空板下砌筑地垄墙支承

    D 屋面宽度较大时应设通风屋脊

68. 关于卷材防水屋面卷材的铺贴要求,错误的是哪一项?（   ）

    A 屋面坡度<3%时,卷材应平行屋脊铺贴

    B 3%≤屋面坡度≤15%时,卷材铺贴方向不限

    C 屋面坡度>15%时,卷材宜垂直屋脊铺贴

    D 多层卷材铺贴时,上下层卷材不得相互平行铺贴

69. 可作为屋面多道防水中的一道防水设防的是哪一项?

A 屋面整体找坡层　　　　　　　B 细石混凝土层
C 平瓦屋面　　　　　　　　　　D 隔汽层

70. 轻钢龙骨石膏板隔墙竖向龙骨的最大间距是多少？（　　）
　　A 400mm　　　B 500mm　　　C 600mm　　　D 700mm

71. 双层玻璃窗的玻璃常采用不同厚度组合，其主要原因是哪一项？（　　）
　　A 节能要求　　B 隔声要求　　C 透光要求　　D 造价要求

72. 关于轻质条板隔墙的设计要求中，错误的是哪一项？（　　）
　　A 双层轻质条板隔墙可用作分户墙
　　B 90mm 的轻质条板隔墙的楼板安装高度不应大于 3600mm
　　C 120mm 的轻质条板隔墙的楼板安装高度不应大于 4200mm
　　D 轻质条板隔墙安装长度不限且在抗震区可不设构造柱

73. 某 10 层的医院病房楼，其病房内装修构造错误的是哪一项？（　　）
　　A 顶棚采用轻钢龙骨纸面石膏板
　　B 墙面采用多彩涂料
　　C 地面采用塑胶地面
　　D 隔断采用胶合板表面涂刷清漆

74. 下列水泵房隔声降噪的措施中，效果较差的是哪一项？（　　）
　　A 水泵基座下加隔振器　　　　B 水泵进出口配软接管
　　C 管道用弹性支撑承托　　　　D 墙面顶棚贴吸声材料

75. 关于柴油发电机房储油间的设计要求，错误的是哪一项？（　　）
　　A 储油间的总储油量不应超过 8h 的需要量
　　B 储油间与发电机间隔墙的耐火极限不应低于 2h
　　C 储油间的门应采用能自行关闭的甲级防火门
　　D 储油间的地面应低于其他部位或设门槛

76. 下列吊顶轻钢龙骨配件的断面示意图，其中可用于次龙骨和横撑龙骨的是（　　）。

　　　　A　　　　B　　　　C　　　　D

77. 高层建筑中庭的钢屋架为达到防火要求，应选择下列做法中的哪一项？（　　）
　　A 刷 5.5mm 厚"薄涂型"防火涂料保护
　　B 刷 10.0mm 厚"厚涂型"防火涂料保护
　　C 10.0mm 厚钢丝网片抹灰层保护
　　D 包轻钢龙骨纸面石膏板进行保护

78. 吊顶内不应安装那种管道？（　　）
　　A 采暖通风管道　　　　　　　B 强电弱电管线
　　C 给水排水管道　　　　　　　D 可燃气体管道

79. 轻钢龙骨吊顶的吊杆长度大于 1500mm 时，应采取的最佳稳定措施是哪一项？（　　）
　　A 设置反向支撑　　　　　　　B 增加龙骨吊点

C 加粗吊杆　　　　　　　　　　D 加大龙骨

80. 关于轻钢龙骨吊顶吊杆及龙骨排布的构造要求,错误的是哪一项?(　　)
    A 吊顶吊杆的间距一般为1200mm
    B 主龙骨的间距最大值应为1200mm
    C 次龙骨的间距最大值应为600mm
    D 横撑龙骨的间距最大值应为1000mm

81. 关于自动扶梯的设计要求,错误的是哪一项?(　　)
    A 倾斜角最大不应超过35°
    B 扶手带外边至任何障碍物的水平距离不应小于0.50m
    C 出入口畅通区的宽度不应小于2.50m
    D 梯级上空的垂直净高不应小于2.20m

82. 有空气洁净度要求的房间不应采用哪一种地面?(　　)
    A 普通现浇水磨石地面
    B 导静电胶地面
    C 环氧树脂水泥自流平地面
    D 瓷质通体抛光地板砖地面

83. 图示为住宅的公共楼梯平面图,选项中哪个尺寸是错误的?(　　)
    A Ⅰ=280mm　　　B Ⅱ=1100mm
    C Ⅲ=300mm　　　D Ⅳ=1150 mm

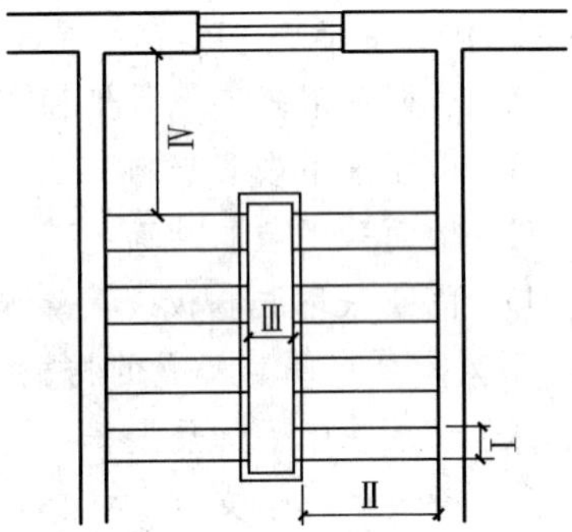

    题83图

84. 隐框或半隐框玻璃幕墙的玻璃与铝合金之间采用哪种胶进行粘结?(　　)
    A 硅酮玻璃密封胶　　　　　　B 硅酮结构密封胶
    C 硅酮玻璃胶　　　　　　　　D 中性硅酮结构密封胶

85. 幕墙系统立柱与横梁的截面形式常按等压原理设计,其主要原因是哪一项?(　　)
    A 防结构变形　　B 防雨水渗漏　　C 防热胀冷缩　　D 防电化腐蚀

86. 下列哪一种接缝及构造方式不能保障玻璃幕墙板之间楼缝处的防水效果?(　　)
    A 胶条内锁　　　B 盖板长接　　　C 衬垫契合　　　D 密封嵌缝

87. 下列幕墙形式不属于外循环双层幕墙的是哪一项?(　　)
    A 开放式　　　　B 箱体式　　　　C 通道式　　　　D 廊道式

88. 4500mm高的全玻璃墙采用下端支承连接,其玻璃厚度至少应为多少?(　　)
    A 10mm　　　　　　　　　　　B 12mm
    C 15mm　　　　　　　　　　　D 19mm

89. 玻璃幕墙开启扇的开启角度不宜大于30。开启距离不宜大于哪一项尺寸?(　　)
    A 200mm　　　　　　　　　　 B 300mm
    C 400mm　　　　　　　　　　 D 500mm

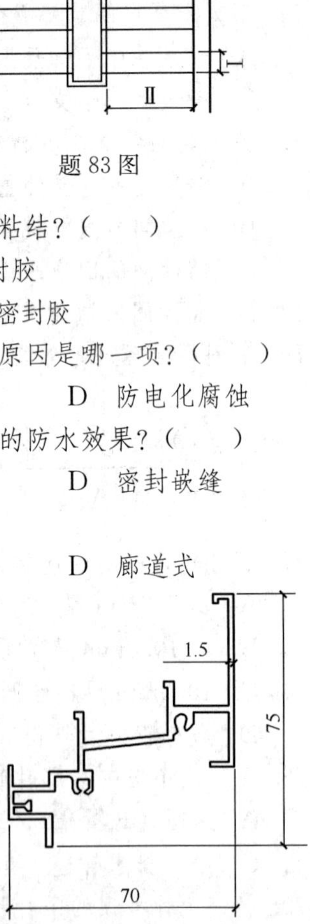

90. 图示为窗用铝合金型材断面示意,下列判断错误的是哪一

题90图

项?（   ）

　　A 70系列的窗框料

　　B 推拉窗的上框料

　　C 推拉窗的下框料

　　D 可安装可拆卸的纱窗扇

91. 电梯的层门尺寸为宽900mm，高2000mm，则设计门洞尺寸应为哪一项？（   ）

　　A 宽950mm，高2070mm

　　B 宽1000mm，高2080mm

　　C 宽1050mm，高2090mm

　　D 宽1100mm，高2100mm

92. 彩钢门窗副框的主要作用是（   ）。

　　A 调整洞口的安装尺寸

　　B 增加门窗的整体刚度

　　C 防止门窗的温度变形

　　D 提高门窗的密封性能

93. 下列哪种类型的窗对排烟最不利？（   ）

　　A 平开窗　　　B 推拉窗　　　C 上悬窗　　　D 中悬窗

94. 关于中小学教学用房墙裙高度的设计要求，错误的是（   ）。

　　A 小学普通教室不应低于1.20m

　　B 中学科学教室不应低于1.40m

　　C 中学风雨操场不应低于2.10m

　　D 小学舞蹈教室不应低于1.60m

95. 石材幕墙不应采用的连接方式是（   ）。

　　A 钢销式连接　　B 云石胶粘接　　C 插销式连接　　D. 背挂式连接

96. 关于钢结构防火涂料的选用，错误的是（   ）。

　　A 室内钢结构工程不应选用水性防火涂料

　　B 室外钢结构工程不宜选用膨胀型防火涂料

　　C 薄涂型防火涂料上要做相容的耐候面漆

　　D 厚涂型防火涂料内一般要设置钢筋网片

97. 墙面抹灰一般分底层、中层和面层抹灰，而中层抹灰的主要作用是什么？（   ）

　　A 美观　　　　B 找平　　　　C 粘结　　　　D 均匀

98. 地下人防工程内墙抹灰不得采用纸筋灰，其主要原因是哪一项？（   ）

　　A 防脱皮　　　B 防燃烧　　　C 防霉变　　　D. 防裂纹

99. 建筑物抗震缝的宽度与下列哪项因素无关？（   ）

　　A 建筑高度　　B 建筑形状　　C 设防烈度　　D 结构类型

100. 关于吊顶变形缝的结构要求，错误的是（   ）。

　　A 在建筑物变形缝处吊顶也应设变形缝

　　B 吊顶变形缝的宽度可根据装修需要变化

　　C 吊顶变形缝处主次龙骨和面板都需断开

D 吊顶变形缝应考虑防火、防水、隔声等要求

2013年试题解析、答案及考点

1. 解析：气硬性胶凝材料有：石灰、石膏、水玻璃，水泥属于水硬性胶凝材料。
   答案：A
   考点：气硬性胶凝材料种类。
2. 解析：建筑材料按照其组成成分分为：金属材料、非金属材料和复合材料。
   答案：D
   考点：材料的分类。
3. 解析：有机材料有木材、树脂、橡胶、沥青等，石棉和菱苦土属于无机材料。
   答案：C
   考点：材料的分类。
4. 解析：密度是指材料在绝对密实状态下单位体积的质量，单位是 g/cm^3，也称为比重，是表示材料的主要物理参数之一。材料在自然状态下单位体积的质量为表观密度，所以选项B的说法是错误的。
   答案：B
   考点：密度的定义。
5. 解析：测定水泥强度时，是测定水泥和标准砂按照1:3制备而成的水泥胶砂试件的强度。
   答案：C
   考点：水泥的胶砂强度。
6. 解析：通过破坏性试验可以测定材料的强度。
   答案：C
   考点：材料强度测定。
7. 解析：普通混凝土的导热系数为 $1.8W/(m·K)$，普通黏土砖导热系数为 $0.55W/(m·K)$，绝热用纤维板导热系数为 $0.05W/(m·K)$，钢材的导热系数大约在 $55W/(m·K)$，泡沫塑料的导热系数约为 $0.03W/(m·K)$，所以普通混凝土为普通黏土砖的3.3倍，钢材为普通黏土砖的100倍，钢材为绝热用纤维板的1100倍，为泡沫塑料的1800多倍。所以选项B、C都正确。
   答案：B、C
   考点：常用材料的导热系数。
8. 解析：材料的耐磨性与材料的强度、硬度和内部结构有关系，一般材料的强度越高，内部构造越致密，硬度越大，其耐磨性越好。与环境湿度无关。
   答案：D
   考点：影响材料耐磨性的因素。
9. 解析：材料的耐水性指标为软化系数。吸水率是材料吸水性指标，渗透系数是材料抗渗性指标，抗冻等级是材料的抗冻性指标。

答案：B

考点：材料的耐水性。

10. 解析：松木（横纹）、玻璃棉板和加气混凝土都是绝热材料，石膏板不属于绝热材料。

    答案：C

    考点：常用绝热材料品种。

11. 解析：我国水泥产品质量划分为优等品、一等品和合格品。

    答案：D

    考点：水泥质量划分依据。

12. 解析：石材密实度高，密度一般在 2.5~2.7g/cm³，孔隙率很小，一般小于 0.5%，吸水率很低，具有较大的抗压强度，但抗拉强度很低，测定石材的强度石采用边长为 70mm 的立方体试件。

    答案：D

    考点：石材的性质。

13. 解析：建筑用砂按照其形成条件和环境分为海砂、山砂和河砂等。

    答案：B

    考点：砂的分类。

14. 解析：汉白玉属于大理石。

    答案：B

    考点：汉白玉。

15. 解析：普通硅酸盐水泥早期强度较高，抗冻性好，水化热较大，抗腐蚀性能较差，适用于早期强度要求高，有抗冻要求的工程，不适用于大体积混凝土、水中工程、有腐蚀介质的工程。

    答案：C

    考点：普通硅酸盐水泥的用途。

16. 解析：根据混凝土拌合物坍落度的不同，可将混凝土分为干硬性混凝土、低塑形混凝土、塑形混凝土和流态混凝土等。根据混凝土的表观密度可将混凝土分为特重混凝土、重混凝土、普通混凝土和轻混凝土等。根据混凝土的性能可将其分为防水混凝土、耐热混凝土、耐酸混凝土、抗冻混凝土等。

    答案：D

    考点：混凝土的分类。

17. 解析：因无附图，此题不做解答。

18. 解析：烧结砖在生产过程中的烧结作用使原料（如粉煤灰、煤矸石、页岩、黏土等）中所含的铁氧化为三氧化二铁，最终使烧结砖呈现不同程度的红色。蒸压砖的主要成分为氢氧化钙，水化硅酸钙，所以为灰白色或灰色。

    答案：C

    考点：砌墙砖的生产方式。

19. 解析：根据《建筑材料放射性核素限量》GB 6566—2010 第 3.2 条规定，按放射性水平可将材料分为 A、B、C 三类，其中 A 类不对人体健康造成危害，使用场合不受限制；B 类不可用于 I 类民用建筑内饰面，可用于其他类建筑内外饰面；C 类只能用于建筑外饰面。比活度超标的其他类只能用于碑石、桥墩等。

答案：B

考点：材料的放射性水平分类。

20. 解析：中国清代宫殿、庙宇正殿建筑铺地"二尺金砖"是以淋浆焙烧而成，质地细、强度好，敲之铿锵有声响，常见尺寸为长640mm，宽640mm，厚96mm。色泽不是金黄色。

答案：D

考点：二尺金砖。

21. 解析：影响木材物理力学性质的因素有含水率、负荷时间、使用温度和节点等缺陷，其中含水率对木材的物理力学性质影响最大。

答案：D

考点：影响木材强度的因素。

22. 解析：华山松、东北云杉和福建柏属于针叶树材。陕西麻栎（黄麻栎）是一种硬质阔叶树材，强度高。

答案：C

考点：针叶树和阔叶树的区别。

23. 解析：竹材的抗拉强度约为木材的2~25倍，抗压强度为木材的1.5~2倍，抗弯强度也大于木材，所以竹材抗压、抗拉、抗弯三种强度都大于木材。竹材的收缩率小于木材，但不同方向有显著不同，一般是弦向大，纵向小，因此失水收缩时竹材变细而不变短。

答案：D

考点：木材和竹材的区别。

24. 解析：建筑钢材的机械性能包括：抗拉性能（有屈服点、抗拉强度、伸长率）、冷弯性能、冲击韧性、硬度和耐疲劳性等。

答案：C

考点：钢材的机械性能。

25. 解析：钢材随着含碳量的增加，强度和硬度提高；硅可以显著提高钢材的强度和硬度；锰可以提高钢材的机械性能；磷会使钢材冷脆性增大，降低钢材的机械性能。

答案：C

考点：化学成分对钢材性能的影响。

26. 解析：将钢材加热到723~910℃以上，然后在水中或油中急速冷却的热处理方法成为淬火。

答案：A

考点：钢材的热处理。

27. 解析：铸铁的抗压强度较高，但是其抗拉强度和抗弯强度很低，所以适用于承压构件，不适用于承受抗弯强度的构件，如井、沟、孔、洞的盖板。

答案：A

考点：铸铁的性质和用途。

28. 解析：铝材材质较软，具有良好的延展性、导电性、导热性，热膨胀系数大，弹性模量小，不容易焊接，在大气中容易氧化。所以抗拉强度低不是铝材的缺点。

答案：D

考点：铝材的特点。

29. 解析：纯铜呈现紫红色，也称为"紫铜"，黄铜是铜和锌合金，青铜是铜和锡的合金。黄铜粉俗称"金粉"。

答案：D

考点：铜的种类。

30. 解析：我国传统意义上的三大材是指：木材、水泥和钢材。

答案：B

考点：传统三大建材。

31. 解析：石灰主要用作配砂浆，制作三合土，制备蒸养粉煤灰砖，碳化石灰板等。石灰不是优质内墙涂料。

答案：D

考点：石灰的用途。

32. 解析：普通玻璃棉是以玻璃为主要原料，熔融后以离心喷出法、火焰喷出法制成的一种人造无机纤维。普通玻璃棉的耐热温度为300℃，耐腐蚀性较差。玻璃棉主要用作保温、吸声。

答案：C

考点：玻璃棉的生产及用途。

33. 解析：岩棉是采用玄武岩为主要原料生产的无机人造纤维。

答案：B

考点：岩棉的原料。

34. 解析：加气凝土砌块是由钙质原料（如水泥、石灰等）、硅质原料（如砂子、粉煤灰、矿渣等）和铝粉在一定的工艺条件下制备而成。石膏和黏土不是蒸压加气混凝土的原料。

答案：D

考点：加气混凝土的原料。

35. 解析：建筑塑料具有密度小、比强度大、耐化学腐蚀、耐磨、隔声、绝缘、绝热、抗震、装饰好等优点；同时建筑塑料耐老化性差、耐热性差、易燃、刚度差。所以选项A说法是塑料的缺点。

答案：A

考点：建筑塑料的特点。

36. 解析：天然橡胶是从橡胶树、橡胶草等植物中提取胶质后加工制成；合成橡胶则由各种单体经聚合反应而得。天然橡胶在常温下具有较高的弹性，稍带塑性，具有非常好的机械强度，耐屈挠性也很好，电绝缘性能良好。不耐老化是天然橡胶的致命弱点，但是，添加了防老剂的天然橡胶，耐老化性能好，天然橡胶有较好的耐碱性能，但不耐浓强酸。天然橡胶耐油性和耐溶剂性很差。合成橡胶一般在性能上不如天然橡胶全面，但它具有高弹性、绝缘性、气密性、耐油、耐高温或低温等性能，相比较而言，合成橡胶的性能虽然略差，但是成本低产能高，所以运用较广。

答案：A

考点：合成橡胶与天然橡胶的区别。

37. 解析：环氧树脂加填料可以改善电绝缘性，化学稳定性等；不同的固化剂所需的固化温度不同，既有常温下的固化剂，也有高温下的固化剂；环氧树脂自身不能硬化，需要加固化剂；环氧树脂胶粘剂可以粘结金属、非金属材料，但是不能粘结赛璐珞类塑料。

    答案：C

    考点：环氧树脂粘结剂的特点。

38. 解析：沥青油漆是以煤焦油沥青以及煤焦油为主要原料，加入稀释剂、改性剂、催干剂等有机溶剂组成，广泛用于水下钢结构和水泥构件的防腐防渗漏，地下管道的内外壁防腐。醇酸清漆是由酚醛树脂或改性的酚醛树脂与干性植物油经熬炼后，再加入催干剂和溶剂而成，具有较好的耐久性、耐水性和耐酸性，不是防锈漆。锌铬黄漆是以环氧树脂、锌铬黄等防锈颜料、助剂配成漆基，以混合胺树脂为固化剂的油漆，具有优良的防锈功能。红丹底漆是用红丹与干性油混合而成的油漆，该漆附着力好，防锈性能高，耐水性强。所以醇酸清漆不属于防锈漆。

    答案：B

    考点：常用防锈漆。

39. 解析：橡胶在-50～150℃温度范围内具有良好的弹性。

    答案：B

    考点：橡胶的使用温度范围。

40. 解析：氟树脂涂料具有一些其他涂料难以比拟的独特性能，例如：极好的耐候性、优良的抗化学腐蚀性、低摩擦性、憎水性、憎油性、不燃性等，但是其生产工艺比较复杂，对设备要求高。所以选项C的说法是错误的。

    答案：C

    考点：氧树脂的特性。

41. 解析：普通玻璃是由石灰市、石英砂、纯碱、长石等为主要原料制备而成。所以普通玻璃的原料不包括明矾石。

    答案：A

    考点：玻璃的原料。

42. 解析：防砸玻璃按抗砸能力由低到高分为A、B、C、D四级，即D级防砸玻璃的等级最高，专门用于监狱防爆门窗或特级文物展柜的防砸玻璃。

    答案：D

    考点：防砸玻璃的等级划分及应用。

43. 解析：建筑陶瓷劈裂砖是因焙烧双联砖后可得两块产品而得名，劈裂砖与砂浆附着力强，耐酸碱性好，耐寒性好。所以选项D的说法是错误的。

    答案：D

    考点：陶瓷劈裂砖的生产及性质。

44. 解析：对棉、麻类窗帘及装饰织物阻燃处理工艺简单，耐水洗，手感舒适，但是织物的断裂强度下降。所以强度保持不变的说法是错误的，故选C。

答案：C

考点：阻燃处理对织物的影响。

45. 解析：对环境温度高于50℃处的变形缝止水带，应该选择耐热性能好的止水带，相比而言，2mm厚的不锈钢止水带最适合。

    答案：B

    考点：变形缝止水带的选择。

46. 解析：要求室内的隐蔽钢结构耐火极限达到2h，应该选择非膨胀型、以无机绝热材料为主的钢结构防火涂料。

    答案：D

    考点：防火涂料的选择。

47. 解析：吸声系数大于0.2的为吸声材料。

    答案：D

    考点：吸声材料的定义。

48. 解析：重质的材料具有抗辐射的性能，20mm厚铅玻璃相当于铅厚5mm，50mm厚铸铁相当于铅厚40mm，600mm厚黏土砖相当于铅厚5mm；四种材料中6mm厚铅板的抗辐射性能最好。

    答案：A

    考点：抗辐射材料的选择。

49. 解析：生产泡沫玻璃所用原料有基础原料和发泡剂，基础原料一般为各种废玻璃。生产时将废玻璃颗粒和发泡剂按照一定比例混合放入专门的模具中，在650~950℃温度下加热发泡制成的。泡沫玻璃具有保温、吸声、节能、耐腐蚀等优点。

    答案：C

    考点：泡沫玻璃的生产及性质。

50. 解析：我国是世界上栽培、利用竹子最早的国家，也是世界上竹子资源最丰富的国家，竹子种类、竹林面积和竹资源蓄积量均居世界之首，素有"竹子王国"之称，中国竹子种类占世界的近60%，占世界竹林面积的27%。中国还是竹林产量最高的国家。

    答案：D

    考点：竹子的概况。

51. 解析：查国家建筑标准设计图集《体育场地与设施》（一）（08J933-1）中X3页的合6地面：塑胶复合地面适用于田径跑道、篮球、排球等室外场地，而不适用于羽毛球场地。

    答案：D

    考点：常用运动场地面构造详图。

52. 解析：《防火规范》第7.1.9条规定：重（大）型消防车的回车场不宜小于18m×18m。

    答案：C

    考点：消防车道的设计要求。

53. 解析：《地下防水规范》第4.1.25条规定：防水混凝土墙身施工缝防水构造采用橡胶

止水带做法时 L 应≥200mm。

答案：D

考点：地下工程防水混凝土墙身施工缝防水构造详图。

54. 解析：《地下防水规范》第4.1.4条规定：地下室结构主体防水混凝土埋置深度为10m时，设计抗渗等级应为P8。

答案：B

考点：地下工程防水混凝土的设计抗渗等级。

55. 解析：《地下防水规范》第5.1.6条规定：变形缝中部300mm宽的材料应为中埋式止水带。

答案：B

考点：地下工程变形缝的防水构造及详图。

56. 解析：参考《民建设计技术措施》第二部分第5.4.2条第2款图5.4.2-2（如题56解图所示）：此处防水层是保温层的保护膜，应选用防水透气膜，既可以防水又具有透气功能，效果是最好的。

答案：C

考点：非透明幕墙外保温外墙整体防水构造层次及详图。

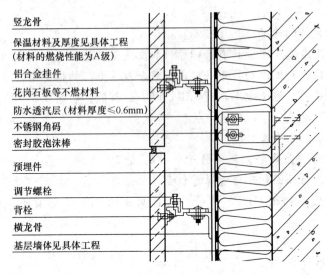

题56解图　非透明封闭式幕墙系统中保温材料与幕墙构造关系示意图二

注：当保温材料的燃烧性能为 A 级不燃材料时的构造。

57. 解析：《抗震规范》第7.3.10条规定：门窗洞处不应采用无筋砖过梁；过梁支承长度6～8度时不应小于240mm，9度时不应小于360mm。

答案：D

考点：门窗过梁的抗震设防构造要求。

58. 解析：分析得知，考虑节能，将保温材料粘贴在墙体外侧是最好的做法，也是推荐的做法。

答案：D

考点：不同外墙保温做法的效果比较。

59. **解析**：分析得知，建筑物散水宽度的确定与建筑物耐久等级无关。另参考旧版《建筑地面设计规范》GB 50037—1996 第 6.0.24.1 条：散水的宽度，应根据土壤性质、气候条件、建筑物的高度和屋面排水形式确定，宜为 600～1000mm。

    答案：A

    考点：确定建筑物散水宽度的影响因素。

60. **解析**：《抗震规范》第 7.3.2 条规定：4 构造柱可不单独设置基础，但应伸入室外地面 500mm，或与埋深小于 500mm 的基础圈梁相连。

    答案：B

    考点：砌体结构构造柱的做法。

61. **解析**：分析得知，泡沫混凝土外墙保温板，用于空心砖外保温时，不宜采用锚栓进行辅助加固。

    答案：B

    考点：泡沫混凝土外墙保温板构造。

62. **解析**：《倒置式屋面规程》第 5.2.5 条规定：倒置式屋面保温层的设计厚度应按计算厚度增加 25% 取值，且最小厚度不得小于 25mm。

    答案：D

    考点：倒置式屋面保温层厚度设计要求。

63. **解析**：分析得知。不上人平屋面，采用材料找坡和正置式做法，其构造层次应为 A 项所述。另参考《屋面规范》第 3.0.2 条中表 3.0.2 "屋面的基本构造层次"。

    答案：A

    考点：平屋面构造层次。

64. **解析**：分析得知，确定建筑物屋面防水等级的根据与建筑物平面形状无关。另《屋面规范》第 3.0.5 条规定：屋面防水工程应根据建筑物的类别、重要程度、使用功能要求确定防水等级，并应按相应等级进行防水设防。

    答案：A

    考点：确定建筑物屋面防水等级的根据。

65. **解析**：《倒置式屋面规程》第 5.2.6 条规定：倒置式屋面保护层与保温层之间的干铺无纺聚酯纤维布是隔离作用。

    答案：B

    考点：倒置式屋面隔离层。

66. **解析**：《屋面规范》第 4.2.9 条规定：严寒地区（建筑屋面排水）应采用内排水，寒冷地区宜采用内排水。

    答案：D

    考点：严寒地区建筑屋面的排水方式。

67. **解析**：分析得知，架空板下的支座不一定是地垄墙的形式，还可以有混凝土支墩、砌块支墩等形式。或根据《屋面规范》第 4.4.9 条的规定用排除法解答：4 架空隔热层的高度宜为 180～300mm（A 项正确），架空板与女儿墙的距离不应小于 250mm（B 项正确）；5 当屋面宽度大于 10m 时，架空隔热层中部应设置通风屋脊（D 项正确）。

    答案：C

考点：架空隔热屋面构造要求。

68. 解析：《屋面规范》第5.4.2条规定：3卷材宜平行屋脊铺贴，上下层卷材不得相互垂直铺贴（D项错误）。A、B、C选项见旧版《屋面工程技术规范》GB 50345—2004第5.1.6条规定：1屋面坡度小于3%时，卷材宜平行屋脊铺贴；2屋面坡度在3%～15%时，卷材可平行或垂直屋脊铺贴；3屋面坡度大于15%或屋面受振动时，沥青防水卷材应垂直屋脊铺贴，高聚物改性沥青防水卷材和合成高分子防水卷材可平行或垂直屋脊铺贴；4上下层卷材不得相互垂直铺贴（D项错误）。

    答案：D

    考点：屋面防水卷材的铺贴要求。

69. 解析：《屋面规范》第4.5.8条规定：不得作为屋面的一道防水设防的包括隔气层、细石混凝土层、混凝土结构层等。

    答案：C

    考点：不得作为屋面的一道防水设防的各种情况。

70. 解析：用于隔墙的纸面石膏板的厚度为12mm，板宽有900mm和1200mm两种，每块板应由三根竖向龙骨支承，故其间距应为450mm和600mm两种。600mm是最大间距。

    答案：C

    考点：轻钢龙骨石膏板隔墙竖向龙骨的最大间距值。

71. 解析：分析得知，双层玻璃窗的玻璃常采用不同的厚度组合，其主要原因是隔声要求。资料表明：玻璃较厚的，隔声性能较好；内外两片玻璃厚度不同的，要比厚度相同的隔声性能好；中间空气层厚的，隔声性能更好。

    答案：B

    考点：双层玻璃窗隔声原理。

72. 解析：《轻质条板隔墙规程》第4.2.11条规定：抗震设防地区的条板隔墙安装长度超过6m时，应设置构造柱。

    答案：D

    考点：轻质条板隔墙的设计要求。

73. 解析：（注：本题依据现行《内部装修防火规范》作答）《防火规范》第5.1.1条指出：10层的医院病房楼属于一类高层民用建筑。《内部装修防火规范》第5.2.1条及其表5.2.1中规定："高层""医院的病房区、诊疗区、手术区""顶棚""墙面""地面""隔断"部位的"装修材料的燃烧性能等级"，分别"不应低于"："A级""A_1级""B级""B_1级"。查阅该规范"条文说明"第3.0.2条"表1常用建筑内部装修材料燃烧性能等级划分举例"可知："纸面石膏板""多彩涂料""塑胶地面"的燃烧性能等级均为"B_1级"，"胶合板"为"B_2级"。另第3.0.4条规定：安装在金属龙骨上燃烧性能达到B_1级的纸面石膏板、矿棉吸声板，可作为A级装修材料使用。综上，B项和D项不满足要求，错误。

    答案：B、D

    考点：高层医院病房内部各部位装修材料的燃烧性能等级要求及常用建筑内部装修材料的燃烧性能等级划分。

74. 解析：分析得知，水泵的噪声是一种机械噪声和流体噪声，主要通过基础传播，软连接和减振是降噪的关键点。

    答案：D

    考点：水泵房隔声降噪措施效果比较。

75. 解析：《防火规范》第5.4.13条指出，布置在民用建筑内的柴油发电机房应符合下列规定：3 应采用耐火极限不低于2.00h的防火隔墙和1.50h的不燃性楼板与其他部位分隔，门应采用甲级防火门（C项正确）。4 机房内设置储油间时，其总储存量不应大于1m³，储油间应采用耐火极限不低于3.00h的防火隔墙与发电机间分隔（B项错误）。

    补充说明：A项依据的是旧版规范《建筑设计防火规范》GB 50016—2006第5.4.3条，柴油发电机房布置在民用建筑内时应符合下列规定：3 机房内应设置储油间，其总储存量不应大于8.0h的需要量（A项正确），且储油间应采用防火墙与发电机间隔开（B项错误）。另旧版《高层民用建筑设计防火规范》GB 50045—1995（2005年版）第4.1.3.3条中也规定：储油间应采用防火墙与发电机隔开。

    答案：B

    考点：柴油发电机房储油间防火设计要求。

76. 解析：查找图集《内装修—室内吊顶》03J502-2得知：A图、B图是主龙骨，C图是次龙骨和横撑龙骨，D图是角龙骨。

    答案：C

    考点：轻钢龙骨吊顶各种龙骨配件的断面形式。

77. 解析：查找现行《防火规范》条文说明附录附表1《各类非木结构构件的燃烧性能和耐火极限》，没有此题四个选项的内容。因此本题仍按旧版规范作答。

    旧版《高层民用建筑设计防火规范》GB 50045—95（2005年版）第5.5.2条规定：高层建筑的中庭屋顶承重构件采用金属结构时，应采取外包敷不燃烧材料、喷涂防火涂料等措施，其耐火极限不应小于1.00h，或设置自动喷水灭火系统。查找该规范附录A"各类建筑构件的燃烧性能和耐火极限"发现没有关于钢屋架耐火极限的内容，参照该附录中钢梁、楼板与屋面板耐火极限的有关内容，得出：A项1h，B项<1h，C项0.5h，D项因未说明厚度和做法无法确定其耐火极限，四个选项中只有A项达到要求，因此选A。

    答案：A

    考点：高层建筑中庭屋顶金属承重构件的耐火极限要求以及常用各类建筑构件的耐火极限。

78. 解析：《建筑室内吊顶工程技术规程》CECS255：2009第4.2.13条规定：吊顶内严禁敷设可燃气体管道。另《公共建筑吊顶工程技术规程》JGJ 345—2014第4.1.10条规定：吊顶内不得敷设可燃气体管道。

    答案：D

    考点：吊顶内严禁敷设可燃气体管道。

79. 解析：《装修验收标准》第7.1.11条规定：吊杆距主龙骨端部距离不得大于300mm。当吊杆长度大于1500mm时，应设置反支撑。当吊杆与设备相遇时，应调整并增设吊杆或采用型钢支架。

答案：A

考点：轻钢龙骨吊顶的吊杆稳定措施。

80. 解析：《公共建筑吊顶工程技术规程》JGJ 345—2014 第 4.2.1 条规定：吊杆的间距不应大于 1200mm（A 项），主龙骨的间距不应大于 1200mm（B 项）。第 5.2.1 条第 5 款规定：5）次龙骨间距应准确、均衡，按石膏板模数确定，应保证石膏板两端固定于次龙骨上……当采用 3000mm×1200mm 纸面石膏板时，次龙骨间距可为 300mm、400mm、500mm 或 600mm（C 项），横撑龙骨间距选用 300mm、400mm 或 600mm（D 项错误）；当采用 2400mm×1200m 纸面石膏板时，次龙骨间距可选用 300mm、400mm、600mm（C 项），横撑龙骨间距可选用 300mm、400mm、600mm（D 项错误）。另《住宅装修施工规范》第 8.3.1 条中也没有横撑龙骨的间距最大值应为 1000mm 的规定，所以应选 D。

答案：D

考点：轻钢龙骨吊顶的吊杆及龙骨的间距数值要求。

81. 解析：《民建统一标准》第 6.9.2 条规定：6 自动扶梯的梯级、自动人行道的踏板或胶带上空，垂直净高不应小于 2.3m。

答案：D

考点：自动扶梯倾斜角、垂直净高等有关尺寸的设计要求。

82. 解析：综合《地面规范》及《洁净厂房设计规范》GB 50073—2013 的相关规定：有空气洁净度要求的房间的地面应平整、耐磨、易清洗、不易积聚静电、避免眩光、不开裂等，上述 4 种做法中，瓷质通体抛光地板砖地面容易产生眩光，不符合要求。

答案：D

考点：有空气洁净度要求的房间地面材料的选用要求。

83. 解析：《民建统一标准》第 6.8.4 条规定：当梯段改变方向时，扶手转向端处的平台最小宽度不应小于梯段宽度，并不得小于 1.2m，当有大型物件需要搬运时，应适量加宽。

答案：D

考点：住宅公共楼梯的平面尺寸设计要求。

84. 解析：《玻璃幕墙规范》第 3.1.4 条规定：隐框或半隐框玻璃幕墙的玻璃与铝合金之间的粘结必须采用中性硅酮结构密封胶。

答案：D

考点：隐框或半隐框玻璃幕墙粘结玻璃面板的密封胶类型。

85. 解析：《金属石材幕墙规范》JGJ 133—2001 第 4.3.1 条中规定：幕墙的防雨水渗漏设计，幕墙构架立柱与横梁的截面形式宜按等压原理设计。

答案：B

考点：幕墙系统防雨水渗漏按等压原理设计。

86. 解析：分析得知，盖板长接是不能保障玻璃幕墙板之间接缝处防水效果的。

答案：B

考点：玻璃幕墙板间接缝防水构造形式。

87. 解析：查找标准图集《双层幕墙》07J 103-8 得知，双层幕墙包括内循环、外循环和开放式三种，而外循环双层幕墙通常可分为 4 种形式：整体式、廊道式、通道式和箱体式。

    答案：A

    考点：外循环双层幕墙的 4 种基本形式。

88. 解析：《玻璃幕墙规范》第 7.1.1 条中指出：4500mm 高的全玻璃墙采用下端支承连接时，玻璃的最小厚度应为 15mm。

    答案：C

    考点：下端支承的全玻幕墙不同玻璃厚度对应的最大高度。

89. 解析：《玻璃幕墙规范》第 4.1.5 条中指出：玻璃幕墙开启扇的开启角度不宜大于 30°，开启距离不宜大于 300mm。

    答案：B

    考点：玻璃幕墙开启扇的开启角度和开启距离。

90. 解析：查找标准图集《铝合金门窗》02J603-1 得知题中所示为第 91 页代号为 L070505 的型材，在第 95 页节点详图 3 所示该型材用于带纱窗推拉窗的下框。也可通过分析得出该型材不可能是上框料。

    答案：B

    考点：窗用铝合金型材的断面形式和尺寸。

91. 解析：《民建设计技术措施》第二部分第 9.6.18 条指出：（电梯）层门尺寸指门套装修后的净尺寸，土建层门的洞口尺寸应大于层门尺寸，留出装修的余量，一般宽度为层门两边各加 100mm，高度为层门加 70～100mm。

    答案：D

    考点：电梯层门门洞尺寸设计要求。

92. 解析：分析得知，有外保温层或外饰面材料较厚时，外窗宜采用增加钢附框的安装方式来调整洞口的安装尺寸。

    答案：A

    考点：门窗附框的主要作用。

93. 解析：分析得知，由于烟气向上流升，对排烟最不利的窗型是上边固定、下边敞开的上悬窗。

    答案：C

    考点：对排烟最不利的窗的开启形式。

94. 解析：《中小学校设计规范》GB 50099－2011 第 5.1.14 条中指出：小学舞蹈教室的墙裙高度不应低于 2.10m。

    答案：D

    考点：中小学校各类教学用房墙裙的高度数值要求。

95. 解析：《金属石材幕墙规范》中石材的连接方式没有采用云石胶粘结的做法。

    答案：B

    考点：石材幕墙不应采用的石板连接方式。

96. 解析：分析得知，薄涂型防火涂料上要做相容的耐候面漆是不必要的。

答案：C

考点：钢结构防火涂料的选用。

97. 解析：分析得知，中层抹灰的主要作用是找平。

    答案：B

    考点：墙面抹灰各层构造的主要作用。

98. 解析：《人民防空地下室设计规范》GB 50038—2005 第 3.9.2 条中指出：室内装修应选用防火、防潮的材料，并满足防腐、抗震、环保及其他特殊功能要求的要求。不得采用纸筋灰装修是为避免墙体霉变。

    答案：C

    考点：人民防空地下室室内装修材料的选用要求及纸筋灰的性能特点。

99. 解析：查阅《抗震规范》第 6.1.4 条规定的内容可知防震缝的宽度与设防烈度、建筑物的结构类型和高度有关，而与建筑形状无关。

    答案：B

    考点：确定建筑物抗震缝宽度的影响因素。

100. 解析：参见《民建设计技术措施》第二部分第 6.4.3 条第 4 款吊顶变形缝：1）在建筑物变形缝处吊顶也应设缝，其宽度亦应与变形缝一致；2）变形缝处主次龙骨应断开，吊顶饰面板断开，但可搭接；3）变形缝应考虑防火、隔声、保温、防水等要求。也可分析得出，吊顶变形缝的宽度应保证基本宽度，不可根据装修需要变化。

     答案：B

     考点：吊顶变形缝的构造要求。

2012年试题、解析、答案及考点

2012年试题

1. 下列属于非金属—有机复合材料的是（　　）。
   A 硅酸盐制品　　B 玻璃钢　　C 沥青制品　　D 合成橡胶
2. 下列不属于韧性材料的是（　　）。
   A 钢材　　B 混凝土　　C 木材　　D 塑料
3. 以下常用编码符号正确的是（　　）。
   A ISO——国际标准，GB——中国企业标准，ASTM——美国材料与试验学会标准
   B GB——中国国家标准，JG——中国地方标准，JJS——日本工业协会标准
   C GB——中国国家标准，JC——中国部（委）标准，QB——中国企业标准
   D ISO——国际标准，GB——中国部（委）标准，JC——中国地方标准
4. 下列建筑材料中导热系数最小的是（　　）。
   A 泡沫石棉　　B 石膏板　　C 粉煤灰陶粒混凝土　　D 平板玻璃
5. 混凝土每罐需加入干砂190kg，若砂子含水率为5％，则每罐需加入湿砂的量是（　　）。
   A 185kg　　B 190kg　　C 195kg　　D 200kg
6. 钢材经过冷加工后，下列哪种性能不会改变？（　　）
   A 屈服极限　　B 强度极限　　C 疲劳极限　　D 延伸率
7. 建筑材料抗渗性能的好坏与下列哪些因素有密切关系？（　　）
   A 体积、比热　　B 形状、容重
   C 含水率、空隙率　　D 孔隙率、孔隙特征
8. 铺设1m² 屋面需用标准平瓦的数量为（　　）。
   A 10张　　B 15张　　C 20张　　D 30张
9. 下列材料中吸水率最大的是（　　）。
   A 花岗石　　B 普通混凝土　　C 木材　　D 黏土砖
10. 尺寸为240mm×115mm×53mm的砌块，其烘干质量为2550g，磨成细粉后，用排水法测得绝对密实体积为940.43cm³，其孔隙率为（　　）。
    A 13.7％　　B 35.30％　　C 64.7％　　D 86.3％
11. 下列常用建材在常温下对硫酸的耐腐蚀能力最差的是（　　）。
    A 混凝土　　B 花岗石　　C 沥青卷材　　D 铸石制品
12. 某工地进行混凝土抗压强度的试块尺寸均为200mm×200mm×200mm，在标准养护条件下28d取得抗压强度值，其强度等级确定方式是（　　）。
    A 必须按标准立方体尺寸150mm×150mm×150mm重做
    B 取所有试块中的最大强度值
    C 可乘以尺寸换算系数0.95
    D 可乘以尺寸换算系数1.05
13. 用高强度等级水泥配制低强度混凝土时，为保证工程的技术经济要求，应采取的措施是（　　）。

A 增大粗骨料粒径 B 减少砂率 C 增加砂率 D 掺入混合材料
14. 哪种水泥最适合制作喷射混凝土？（ ）
   A 粉煤灰水泥 B 矿渣水泥
   C 普通硅酸盐水泥 D 火山灰水泥
15. 配制高强度、超高强度混凝土，须采用以下哪种混凝土掺合料？（ ）
   A 粉煤灰 B 硅灰 C 煤矸石 D 火山渣
16. 划分石材强度等级的依据是（ ）。
   A 抗拉强度 B 莫氏硬度 C 抗剪强度 D 抗压强度
17. 天安门广场人民英雄纪念碑的碑身石料属于（ ）。
   A 火成岩 B 水成岩 C 变质岩 D 混合石材
18. 以下各种矿物中密度最大的是（ ）。
   A 橄榄石 B 石英 C 黑云母 D 方解石
19. 纤维混凝土在混凝土里掺入了各种纤维材料，掺入纤维的目的是为了（ ）。
   A 耐热性能 B 胶凝性能 C 防辐射能力 D 抗拉强度
20. 测定木材强度标准值时，木材的含水率为（ ）。
   A 10% B 12% C 15% D 25%
21. 以下哪项对木材防腐不利？（ ）
   A 置于通风处 B 浸没在水中
   C 表面涂油漆 D 存放于40℃～60℃
22. 下列哪种材料在自然界中蕴藏最为丰富？（ ）
   A 锡 B 铁 C 铜 D 钙
23. 钢材在冷拉中先降低，再经时效处理后又基本恢复的性能是（ ）。
   A 屈服强度 B 塑性 C 韧性 D 弹性模量
24. 下列哪种元素对建筑钢材的性能最为不利？（ ）
   A 碳 B 硅 C 硫 D 氮
25. 建筑工程中最常用的碳素结构钢牌号为（ ）。
   A Q195 B Q215 C Q235 D Q255
26. 钢筋混凝土中的I级钢筋是由以下哪种钢材轧制而成的？（ ）
   A 碳素结构钢 B 低合金钢
   C 中碳低合金钢 D 优质碳素结构钢
27. 不锈钢中主要添加的元素为（ ）。
   A 钛 B 铬 C 镍 D 锰
28. 岩棉是由下列哪种精选的岩石原料经高温熔融后加工制成的？（ ）
   A 白云岩 B 石灰岩 C 玄武岩 D 松脂岩
29. 下列吸声材料的类型及其构造形式中，与矿棉吸声材料配合使用最多的是（ ）。
   A 薄板 B 多孔板 C 穿孔板 D 悬挂空间吸声
30. 安装轻钢龙骨上燃烧性能达到B_1级的纸面石膏板，其燃烧性能可作为（ ）。
   A 不燃 B 难燃 C 可燃 D 易燃
31. 选用建筑工程室内装修时，不应采用的胶粘剂（ ）。

    A 酚醛树脂　　　　　　　　　　B 聚酯树脂
    C 合成橡胶　　　　　　　　　　D 聚乙烯醇缩甲醛
32. 冷底子油是沥青与有机溶剂混合制得的沥青涂料，由石油沥青与汽油配合的冷底子油的合适质量比值是（　　）。
    A 30∶70　　　B 40∶60　　　C 45∶55　　　D 50∶50
33. 下列哪种材料性能是高分子化合物的固有缺点？（　　）
    A 绝缘性能　　B 耐磨性能　　C 耐火性能　　D 耐腐蚀性能
34. 下列哪种常用合成树脂最耐高温？（　　）
    A 聚丙烯　　　B 有机硅树脂　C 聚氨酯树脂　D 聚丙烯
35. 建筑工程中常用的"不干胶""502胶"属于（　　）。
    A 热塑性树脂胶粘剂　　　　　　B 热固性树脂胶粘剂
    C 氯丁橡胶胶粘剂　　　　　　　D 丁腈橡胶胶粘剂
36. 下列橡胶基防水卷材中，耐老化性能最好的是（　　）。
    A 丁基橡胶防水卷材　　　　　　B 氯丁橡胶防水卷材
    C EPT/IIR防水卷材　　　　　　D 三元乙丙橡胶
37. 下列哪种玻璃是由一级普通平板玻璃经风冷淬火法加工处理而成？（　　）
    A 泡沫玻璃　　B 冰花玻璃　　C 钢化玻璃　　D 防辐射玻璃
38. 下列能够防护X射线及γ射线的玻璃是（　　）。
    A 铅玻璃　　　B 钾玻璃　　　C 铝镁玻璃　　D 石英玻璃
39. 下列可作为建筑遮阳措施的玻璃是（　　）。
    Ⅰ．中空玻璃；Ⅱ．夹丝玻璃；Ⅲ．阳光控制膜玻璃；Ⅳ．热辐射玻璃
    A Ⅰ、Ⅱ　　　B Ⅱ、Ⅲ　　　C Ⅱ、Ⅳ　　　D Ⅲ、Ⅳ
40. 按化学成分来分类，下列不属于烧土制品的是（　　）。
    A 玻璃　　　　B 石膏　　　　C 陶瓷　　　　D 瓦
41. 建筑面积大于10000m^2的候机楼中，装饰织物的燃烧性能等级至少应为（　　）。
    A A级　　　　B B_1级　　　C B级　　　　D B_3级
42. 仅就材质比较，以下哪种地毯的成本最低？（　　）
    A 羊毛地毯　　　　　　　　　　B 混纺纤维地毯
    C 丙纶纤维地毯　　　　　　　　D 尼龙纤维地毯
43. 下列合成纤维中，耐火性能最好的是（　　）。
    A 涤纶　　　　B 腈纶　　　　C 锦纶　　　　D 氯纶
44. 下列防水材料中最适用于较低气温环境的是（　　）。
    A 煤沥青纸胎油毡　B 铝箔面油毡　C SBS卷材　　D APP卷材
45. 医院洁净手术室内与室内空气直接接触的外露材料可采用（　　）。
    Ⅰ．木材；　　Ⅱ．玻璃；　　Ⅲ．陶瓷；　　Ⅳ．石膏
    A Ⅰ、Ⅱ　　　B Ⅱ、Ⅲ　　　C Ⅲ、Ⅳ　　　D Ⅰ、Ⅳ
46. 多层公共建筑中，防火墙应采用（　　）。
    A 普通混凝土承重空心砌块（330mm×290mm）墙体
    B 水泥纤维加压板墙体100mm

    C 轻集料（陶粒）混凝土砌块（300mm×340mm）墙体

    D 纤维增强硅酸钙板轻质复合墙体 100mm

47. 下列保温材料中，燃烧性能等级最低的是( )。

    A 矿棉   B 岩棉   C 泡沫玻璃   D 挤塑聚苯乙烯

48. 下列民用建筑工程室内装修中不得作为稀释剂和溶剂的是( )。

    A 苯   B 丙醇   C 丁醇   D 酒精

49. 民用建筑工程室内装修时，不应用做内墙涂料的是( )。

    A 聚乙烯醇水玻璃内墙涂料   B 合成树脂乳液内墙涂料

    C 水溶性内墙涂料   D 仿瓷涂料

50. 竹地板是一种既传统又新潮的"绿色建材"产品，根据《室内装饰装修材料人造板及其制品中甲醛释放限量》GB 18580—2001 的要求，竹地板的甲醛含量限制值为( )。

    A ≤0.12mg/L   B ≤0.50mg/L   C ≤1.50mg/L   D ≤5.00mg/L

51. 为使雨水循环收集至地下而设计的渗水路面，以下措施错误的是( )。

    A 采用渗水砖等路面面层实施渗水路面构造

    B 筑渗水路肩，如干铺碎石、卵石使雨水沿路两侧就地下渗

    C 用混凝土立缘石以阻水防溢集中蓄水

    D 使路面高出绿地 0.05～0.10m，确保雨水顺畅流入绿地

52. 机动车停车场的坡度不应过大，其主要理由是( )。

    A 满足排水要求   B 兼作活动平地

    C 便于卫生清洁   D 避免车辆溜滑

53. 图为一般混凝土路面伸缩缝构造图，图中有误的是( )。

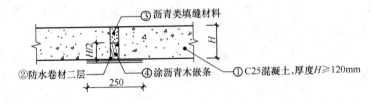

题 53 图

    A ①C25 混凝土，厚度 $H \geq 120$mm   B ②缝底铺防水卷材 2 层

    C ③缝内填沥青类材料   D ④缝内嵌木条（涂沥青）

54. 消防车道路面荷载的设计考虑，以下错误的是( )。

    A 与消防车型号、重量有关

    B 车道下管沟等应能承受消防车辆的压力

    C 高层建筑使用的最大消防车，标准荷载为 20kN/m²

    D 消防车最大载重量需与当地规划部门商定

55. 下列我国城乡常用路面中，防起尘性、消声性均好的是( )。

    A 混凝土路面   B 沥青混凝土路面

    C 级配碎石路面   D 沥青表面处理路面

56. 某地下 12m 处工程的防水混凝土设计要点中，错误的是( )。

    A 结构厚度应计算确定

B 抗渗等级为 P8
C 结构底板的混凝土垫层，其强度等级不小于 C15
D 混凝土垫层的厚度一般不应小于 150mm

57. 下列关于地下室防水混凝土构造抗渗性的规定中，错误的是（   ）。
    A 防水混凝土的抗渗等级不得小于 P6
    B 防水混凝土结构厚度不应小于 250mm
    C 裂缝宽度应不大于 0.2mm，并不得贯通
    D 迎水面钢筋保护层厚度不应小于 25mm

58. 图示为某地下室顶板至地面局部构造的描述，下列要求错误的是（   ）。

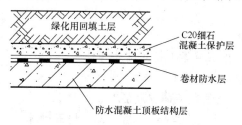

题 58 图

A 覆土应回填种植土
B 防水层与保护层之间应设找平层
C 保护层厚度在人工回填时不应小于 50mm
D 种植小乔木应回填覆土厚度应在 800mm 以上

59. 地下室、半地下室内存有可燃物且平均重量超过 30kg/m² 时，其隔墙与门应采用（   ）。
    A 房间隔墙的耐火极限不低于 3.5h，门采用甲级防火门、内开
    B 房间隔墙的耐火极限不低于 2.0h，门采用甲级防火门、外开
    C 房间隔墙的耐火极限不低于 1.5h，门采用乙级防火门、外开
    D 房间隔墙的耐火极限不低于 1.0h，门采用乙级防火门、内开

60. 地下室卷材防水并做暗散水时，其防水层和混凝土暗散水应沿外墙上翻高出室外地坪 a，外墙防水砂浆高度 b 值应是（   ）。

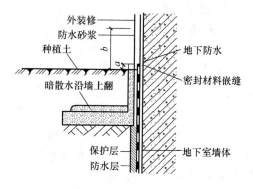

题 60 图

A $a=30\text{mm}$，$b=300\text{mm}$ 　　B $a=40\text{mm}$，$b=400\text{mm}$
C $a=60\text{mm}$，$b=500\text{mm}$ 　　D $a=100\text{mm}$，$b=900\text{mm}$

61. 下列关于砌块女儿墙的规定，错误的是（　　）。
    A 女儿墙厚度至少 120mm
    B 抗震设防地区无锚固女儿墙高度应≤0.5m
    C 女儿墙高度超过 0.5m 时，应加设构造柱与压顶
    D 女儿墙的构造柱间距不应大于 3.0m

62. 砌体墙上的孔洞超过以下哪组尺寸时，需预留且不得随意打凿？（　　）
    A 200mm×200mm   B 150mm×150mm
    C 100mm×100mm   D 60mm×60mm

63. 下列哪种做法对墙体抗震不利？（　　）
    A 整体设地下室
    B 大房间在顶层中部
    C 砌体内的通风道、排烟道等不能紧贴外墙设置
    D 楼梯间尽量设在端部、转角处

64. 下列哪种材料作墙基时必须做墙体防潮层？（　　）
    A 普通混凝土   B 页岩砖   C 块石砌体   D 钢筋混凝土

65. 关于架空隔热屋面的设计要求，下列表述中哪条是错误的？（　　）
    A 不宜设女儿墙
    B 屋面采用女儿墙时，架空板与女儿墙的距离不宜小于 250mm
    C 屋面坡度不宜大于 5%
    D 不宜在 8 度区采用

66. 严寒地区高层住宅首选的屋面排水方式为（　　）。
    A 内排水   B 外排水
    C 内、外排水相结合   D 虹吸式屋面排水系统

67. 当瓦屋面坡度接近 50% 时，其檐口构造不应设置（　　）。
    A 镀锌薄钢板天沟   B 现浇钢筋混凝土檐沟
    C 砌筑女儿墙   D 安全护栏等

68. 下列关于蓄水屋面的规定，错误的是（　　）。
    A 不宜用于寒冷地区、地震地区或振动较大的建筑物上
    B 蓄水屋面坡度应控制在 2%～3%
    C 屋面蓄水池的池身应采用防水混凝土
    D 蓄水深度宜为 150～200mm

69. 任何防水等级的地下室，防水工程主体均应选用下列哪一种防水措施？（　　）
    A 防水卷材   B 防水砂浆   C 防水混凝土   D 防水涂料

70. 对建筑地面的灰土、砂石、三合土三种垫层的相似点的说法，错误的是（　　）。
    A 均为承受并传递地面荷载到基土上的构造层
    B 最小厚度均为 100mm
    C 垫层压实均需保持一定湿度
    D 都可以在 0℃ 以下的环境中施工

71. 某商场的屋顶总面积为 1000m²，综合考虑建筑采光与节能，其采光顶面积不应大

于( )。

　　A 200m²　　　　B 300m²　　　　C 400m²　　　　D 500m²

72. 下列设备机房、泵房等采取的吸声降噪措施,错误的是( )。

　　A 对中高频噪声常用 20～50mm 的成品吸声板
　　B 对低频噪声可采用穿孔板共振吸声构造,其板厚10mm,孔径10mm,穿孔率10%
　　C 对宽频带噪声则在多孔材料后留 50～100mm 厚空腔或 80～150mm 厚吸声层
　　D 吸声要求较高的部位可采用 50～80mm 厚吸声玻璃棉并加设防护面层

73. 以下关于蒸压加气混凝土砌块墙体的设计规定,正确的是( )。

　　A 不得用于表面温度常达60℃的承重墙
　　B 应采用专用砂浆砌筑
　　C 用作外墙时可不做饰面保护层
　　D 用作内墙时厚度应≥60mm

74. 下列有关轻集料混凝土空心砌块墙体的构造要点,正确的是( )。

　　A 主要应用于建筑物的内隔墙和框架填充外墙
　　B 应采用水泥砂浆抹面
　　C 砌块墙体上可直接挂贴石材
　　D 用于内隔墙的砌块强度等级要高于填充外墙的砌块

75. 下列关于顶棚构造的做法,错误的是( )。

　　A 潮湿房间的顶棚应采用耐水材料
　　B 人防工程顶棚应在清水板底喷难燃材料
　　C 在任何空间,普通玻璃不应作为顶棚材料使用
　　D 顶棚装修中,不应采用石棉水泥板面层

76. 在老年住宅内装修吊柜、吊扇、吊灯、吊顶搁板时,构造设计首先要注重( )。

　　A 悦目怡人的艺术性　　　　B 简朴实惠的经济性
　　C 抗震、防火的安全性　　　D 材料构件的耐久性

77. 下列关于建筑照明灯具的制造与设计要点,正确的是( )。

　　A 灯具制造要选用难燃材料并具有良好的通风散热措施
　　B 灯具重量超过10kg时必须吊装于楼板或梁上
　　C 抗震设防烈度8度以上地震区的大型吊灯应有防止脱钩的构造
　　D 大型玻璃罩灯具应有防止罩内应力自爆造成危害的措施

78. 图为地面保温构造做法,除采用挤塑聚苯板(XPS)外,保温层上下应铺设( )。

　　A 0.2mm 塑料膜浮铺防潮层
　　B 10mm 厚 1:2 水泥砂浆找平层
　　C 高标号素水泥浆结合层
　　D 玻璃纤维网格布保护层

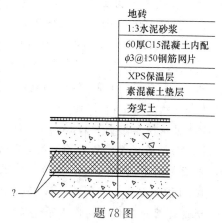

题 78 图

79. 图为楼板下吊顶所设保温层的构造做法,保温

层的选用重点应注意( )。

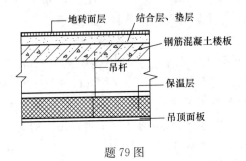

题79图

A 防水问题　　　　　　　　　　B 防火问题
C 防噪问题　　　　　　　　　　D 防腐问题

80. 下列关于电梯井底坑内检修门的设置规定中，正确的是( )。
    A 底坑深度超过1800mm时需设检修门
    B 检修门高度≥1200mm，宽度≥450mm
    C 检修门上应带合页、插销、门把手三种五金件
    D 检修门不得向井道内开启

81. 以下是剪刀楼梯用作高层建筑疏散楼梯的设计要求，错误的是( )。
    A 应按防烟楼梯间设计
    B 梯段之间应设置耐火极限不低于1h的不燃烧体分隔
    C 应分别设置前室并各设加压送风系统
    D 由走道进入前室再进入剪刀楼梯间的门均应设置甲级防火门

82. 一类高层建筑内走道吊顶应采用( )。
    A 铝箔复合材料　　　　　　　　B 矿棉装饰板材
    C 经阻燃处理的木板　　　　　　D 标准硅钙面板

83. 某宾馆内服务楼梯踏步的最小宽度b、最大高度h应为( )。
    A $b=220mm$，$h=200mm$　　　　B $b=250mm$，$h=180mm$
    C $b=250mm$，$h=260mm$　　　　D $b=300mm$，$h=150mm$

84. 电梯门的宽度为1000mm，高度为2000mm，则土建层门洞口的理想尺寸应为( )。
    A 宽度1000mm，高度2000mm　　　B 宽度1050mm，高度2000mm
    C 宽度1100mm，高度2200mm　　　D 宽度1200mm，高度2100mm

85. 有给水设备或有浸水可能的楼地面，其防水层翻起高度的要求，错误的是( )。
    A 一般在墙、柱部位≥0.3m
    B 卫生间墙面≥1.8m
    C 住宅厨房墙面≥1.2m
    D 公用厨房需常清洗场所的墙面不小于1.5m

86. 地面垫层用三合土或3∶7灰土的最小厚度应为( )。
    A 120mm　　　B 100mm　　　C 80mm　　　D 60mm

87. 楼地面填充层构造的作用不包括( )。

A 防滑、防水 B 隔声、保温
C 敷设管线 D 垫坡、隔热

88. 现浇水磨石地面一般不采用下列何种材料作分格条？（ ）
    A 玻璃 B 不锈钢
    C 氧化铝 D 铜

89. 以下哪项是设计木地面时不必采取的措施？（ ）
    A 防滑、抗压 B 防腐、通风
    C 隔声、保温 D 防火、阻燃

90. 下列关于汽车库楼地面构造的要求中，错误的是(　　)。
    A 地面应采用难燃烧体材料 B 采用强度高的地面面层
    C 具有耐磨防滑性能 D 各楼层应设置地漏

91. 下列有关光伏电幕墙的说法，错误的是(　　)。
    A 将光电模板安装在幕墙上，利用太阳能获得电源
    B 一般构造为：上层4mm厚白色玻璃，中层光伏电池阵列，下层4mm厚玻璃
    C 中层与上下两层可用铸膜树脂（EVA）热固
    D 光电模板一般的标准尺寸为300mm×300mm

92. 下列关于采光顶用聚碳酸酯板（阳光板）的叙述，错误的是(　　)。
    A 单层板材厚度3～10mm B 耐候性不小于25年
    C 双层板透光率不小于80% D 耐温限度-40～120℃

93. 面积为12m×12m的计算机房，其内墙上的门窗应为(　　)。
    A 普通塑钢门窗，门向内开 B 甲级防火门窗，门向外开
    C 乙级防火门窗，门向外开 D 丙级防火门窗，门向内开

94. 全玻璃墙中玻璃肋板的材料与截面最小厚度应为(　　)。
    A 钢化玻璃，厚10mm B 夹层玻璃，厚12mm
    C 夹丝玻璃，厚15mm D 中空玻璃，厚24mm

95. 幕墙用铝合金材料与其他材料接触处，一般应设置绝缘垫片或隔离材料，但与以下哪种材料接触时可以不设置？（ ）
    A 水泥砂浆 B 玻璃、胶条
    C 混凝土构件 D 铝合金以外的金属

96. 与铝单板幕墙作比较，关于铝塑复合板幕墙的说法，错误的是(　　)。
    A 价格较低 B 便于现场截剪摺边
    C 耐久性差 D 表面不易变形

97. 采光顶选用中空玻璃的气体层厚度不应小于(　　)。
    A 18mm B 15mm
    C 12mm D 9mm

98. 以下关于石材墙面采用粘贴法的构造做法，错误的是(　　)。
    A 厚度≤10mm的石材应用胶粘剂粘贴
    B 厚度≤20mm的石材应用大力胶粘剂粘贴
    C 粘结的石材每一块面积应≤1m²

D 粘结法适用高度应≤3m

99. 图为楼地面变形缝构造,其性能主要适用于设置以下哪种变形缝?(　　)

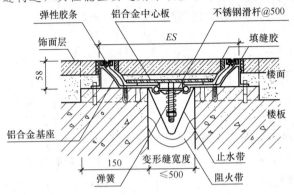

题99图

  A 高层建筑抗震缝   B 多层建筑伸缩缝

  C 一般建筑变形缝   D 高层与多层之间的沉降缝

  (注:此题2007年、2008年均考过)

100. 下列哪一种做法不可作为地下室伸缩变形缝的替代措施?(　　)

  A 施工缝   B 诱导缝   C 后浇带   D 加强带

2012年试题解析、答案及考点

1. **解析**:玻璃钢是玻璃纤维增强的塑料产品,属于非金属—有机复合材料。硅酸盐制品属于非金属材料,沥青制品和合成橡胶属于有机材料。

  答案:B

  考点:材料的分类。

2. **解析**:混凝土为脆性材料。钢材、木材和塑料为韧性材料。

  答案:B

  考点:脆性材料的品种。

3. **解析**:ISO——国际标准,ASTM——美国材料与试验学会标准,GB——中国国家标准,JC——中国部(委)标准,QB——中国企业标准,JJS——日本工业协会标准。

  答案:C

  考点:各种标准代号。

4. **解析**:泡沫石棉的导热系数最小,为 $0.033\sim0.044$ W/(m·K);粉煤灰陶粒混凝土的导热系数为 $0.3\sim0.4$ W/(m·K);其他两种材料不是保温材料。

  答案:A

  考点:常用材料的导热特性。

5. **解析**:含水率为5%的湿砂中含水量为:$190\times5\%=9.5$kg,则湿砂量为 $190+9.5=199.5$kg≈200kg。

  答案:D

考点：材料的含水率。

6. 解析：钢材经过冷加工后，屈服极限提高，强度极限不变，塑形和韧性下降。
   答案：B
   考点：冷加工对钢材性能的影响。

7. 解析：建筑材料抗渗性能的好坏主要取决于材料的孔隙率和孔隙特征。当孔隙率较低时抗渗性提高，当增加封闭孔隙时，抗渗性也提高。
   答案：D
   考点：影响材料抗渗性的因素。

8. 解析：铺设 $1m^2$ 屋面需用标准平瓦的数量为 15 张。
   答案：B
   考点：标准平瓦的尺寸。

9. 解析：四种材料相比，其中木材的孔隙率最大，吸水率也最大。
   答案：C
   考点：常用材料的吸水率。

10. 解析：砖的自然状态下的体积 $V_0 = 24 \times 11.5 \times 5.3 = 1462.8 cm^3$
    又已知砖在密实状态的体积 $V = 940.43 cm^3$
    则孔隙率 $P_0 = \dfrac{V_0 - V}{V_0} \times 100\% = \dfrac{1462.8 - 940.43}{1462.8} = 35.7\%$
    答案：B
    考点：孔隙率的计算。

11. 解析：混凝土是碱性的，所以其耐硫酸腐蚀能力最差。
    答案：A
    考点：材料的硫酸耐腐蚀性。

12. 解析：混凝土抗压强度随着试块尺寸增大，测得的强度值偏小，当试块尺寸为 $200mm \times 200mm \times 200mm$，可以乘以换算系数 1.05 换算为标准尺寸试件的强度。
    答案：D
    考点：混凝土抗压强度的测试试块尺寸要求。

13. 解析：当采用高强度等级水泥配制低强度混凝土时，在水泥用量较少的前提下即可满足混凝土的强度要求，但是由于水泥用量少使得混凝土拌合物工作性不好，可掺入混合材料。
    答案：D
    考点：配制混凝土时水泥的选择。

14. 解析：喷射混凝土要求水泥凝结硬化速度较快，所以普通硅酸盐水泥最适合制作喷射混凝土。
    答案：C
    考点：水泥的用途。

15. 解析：配制高强度、超高强度混凝土需要选择活性大的掺合料。比较而言，硅灰的活性最大。
    答案：B

考点：掺合料的选择。

16. **解析**：砌筑石材按照三个边长为 70mm 的立方体抗压强度的平均值将岩石分为 MU100、MU80、MU60、MU50、MU40、MU30、MU20、MU15 和 MU10 共 9 个强度等级。

    答案：D

    考点：石材强度等级的划分。

17. **解析**：天安门广场人民英雄纪念碑的碑身是由 17000 块花岗岩和汉白玉砌成。花岗岩属于岩浆岩，又称火成岩，而汉白玉属于变质岩，所以人民英雄纪念碑的碑身石料是混合石材。

    答案：D

    考点：人民英雄纪念碑用石材。

18. **解析**：石英的密度约为 $2.6g/cm^3$，黑云母的密度为 $2.7\sim3.3g/cm^3$，方解石的密度为 $2.6\sim2.8g/cm^3$，橄榄石的密度约为 $3.34g/cm^3$。相比而言，橄榄石的密度最大。

    答案：A

    考点：各种岩石的密度。

19. **解析**：在混凝土中掺入纤维材料可以显著提高混凝土的抗拉强度。

    答案：D

    考点：纤维在混凝土中的作用。

20. **解析**：因为木材的强度受其中含水率的影响，为了便于进行强度比较，规定含水率为 12% 时的强度为木材的标准强度。

    答案：B

    考点：木材的标准含水率。

21. **解析**：置于通风处可以保持木材干燥，浸入水中或表面涂油漆可以隔绝空气，这些措施可以有效降低真菌的生长，达到防腐的目的。所以存放于 40～60℃ 对木材防腐不利。

    答案：D

    考点：木材的防腐。

22. **解析**：在自然界中蕴藏最为丰富的金属为铁。

    答案：B

    考点：自然界中材料的蕴藏。

23. **解析**：钢材在冷拉中弹性模量、塑形和韧性降低，再经时效处理后塑形、韧性继续降低，而弹性模量恢复。

    答案：D

    考点：时效对钢材性能的影响。

24. **解析**：硫会引起钢材的热脆性，使机械性能、焊接性能及抗腐蚀性能下降。

    答案：C

    考点：元素对钢材性能的影响。

25. **解析**：建筑工程中最常用的碳素结构钢牌号为：Q235。

    答案：C

考点：常用碳素结构钢。

26. 解析：热轧钢筋的分类方法已改变。牌号由HPB（光圆钢筋）或HRB（带肋钢筋）和屈服强度特征值构成。

    答案：A

    考点：Ⅰ级钢筋的原料。

27. 解析：不锈钢是指合金元素铬含量大于12%的合金钢。

    答案：B

    考点：不锈钢的定义。

28. 解析：岩棉是由玄武岩精选的岩石原料经高温熔融后加工制成的。

    答案：C

    考点：岩棉的原料。

29. 解析：矿棉吸声材料多制作成多孔板形式。

    答案：B

    考点：矿棉吸声板的吸声形式。

30. 解析：安装轻钢龙骨上燃烧性能达到B_1级的纸面石膏板，其燃烧性能可作为不燃材料。

    答案：A

    考点：纸面石膏板的燃烧性能。

31. 解析：《民用建筑工程室内环境污染控制标准》GB 50325—2020 第4.3.5条规定，民用建筑室内装饰装修时，不应采用聚乙烯醇缩甲醛类胶粘剂。

    答案：D

    考点：胶粘剂的使用限制。

32. 解析：由石油沥青与汽油配合的冷底子油的合适质量比值是30∶70。

    答案：A

    考点：冷底子油的配比。

33. 解析：高分子化合物材料比强度高，耐腐蚀，耐磨，绝缘性好，但是其易老化，耐热性差，易燃，刚度差。所以固有的缺点为不耐火。

    答案：C

    考点：高分子化合物的缺点。

34. 解析：有机硅树脂，学名聚硅氧烷树脂。主链由硅氧原子交替组成，硅原子上带有有机基团支链的热固性树脂，具有很好的耐高温性能，其耐热温度<250℃；聚氨酯树脂耐热温度为150℃，聚乙烯为120℃，聚丙烯为100～120℃。所以有机硅树脂最耐高温。

    答案：B

    考点：常用合成树脂的耐高温性。

35. 解析：建筑工程中常用的"不干胶"和"502胶"的主要成分为丙烯酸酯类胶粘剂，而丙烯酸酯是热塑性树脂，所以这两种胶为热塑性树脂胶粘剂。

    答案：A

    考点：不干胶"502"胶的成分。

36. **解析**：三元乙丙橡胶防水卷材是目前耐老化性最好的一种卷材，使用寿命可达50年。与三元乙丙橡胶卷材相比，氯丁橡胶防水卷材除耐低温性稍差外，其他性能基本类似，其使用年限可达20年以上。EPT/IIR防水卷材是以三元乙丙橡胶与丁基橡胶为主要原料制成的弹性防水卷材，配以丁基橡胶的主要目的是为了降低成本但又能保持原来良好的性能。丁基橡胶防水卷材的最大特点是耐低温性特好，特别适用于严寒地区的防水工程及冷库防水工程，但其耐老化性能不如三元乙丙橡胶防水卷材。

    答案：D

    考点：防水卷材的耐老化性。

37. **解析**：由一级普通平板玻璃经风冷淬火法加工处理制成的是钢化玻璃。

    答案：C

    考点：钢化玻璃的加工处理。

38. **解析**：钾玻璃（又称硬玻璃）的硬度、光泽度和其他性能比钠玻璃好，用来制作高级日用器皿和化学仪器。铝镁玻璃的力学、光学性能和化学稳定性强于钠玻璃，用来制作高级建筑玻璃。石英玻璃具有优越的力学、光学和热学性能，化学稳定性好，能透过紫外线，可制作耐高温仪器和杀菌灯等设备。铅玻璃，又称重玻璃或晶质玻璃，由于其质量重，具有防护X射线及γ射线的能力。

    答案：A

    考点：防辐射玻璃。

39. **解析**：中空玻璃具有保温作用，夹丝玻璃属于安全玻璃，阳光控制膜玻璃和热辐射玻璃可以控制太阳光的辐射热，可以作为建筑遮阳措施的玻璃使用。

    答案：D

    考点：遮阳玻璃的品种。

40. **解析**：按化学成分来分类，烧土制品的原料中含有黏土成分。所以石膏不属于烧土制品。

    答案：B

    考点：烧土制品的种类。

41. **解析**：建筑面积大于10000m² 的候机楼中装饰织物的燃烧性能等级至少应为B_1级。

    答案：B

    考点：候机楼用装饰织物的燃烧性能要求。

42. **解析**：仅就材质比较，丙纶纤维地毯的成本最低。

    答案：C

    考点：地毯的成本。

43. **解析**：氯纶是聚氯乙烯纤维在中国的商品名称，是由聚氯乙烯或其共聚物制成的一种合成纤维。具有耐水性、耐化学性、耐腐蚀性及不燃性等优点，尤其是氯纶纤维织物属于不易燃烧织物，具有离火即熄性，是良好的不燃窗帘和地毯的材料。

    答案：D

    考点：合成纤维的耐火性。

44. **解析**：SBS防水卷材是橡胶改性沥青防水卷材，具有较高的耐热性、低温柔性、弹性及耐疲劳性等，是目前性能最佳的油毡之一。适合寒冷地区和结构变形频繁的建筑。

答案：C

考点：防火卷材的适用温度。

45. 解析：医院洁净手术室内与室内空气直接接触的材料要求具有良好的易清洁性。玻璃和陶瓷材料表明光滑，易清洁。

答案：B

考点：装饰材料的易清洁性。

46. 解析：多层公共建筑中，防火墙采用 330mm×290mm 的普通混凝土承重空心砌块墙体。

答案：A

考点：防水墙。

47. 解析：矿棉、岩棉和泡沫玻璃属于无机保温材料，都具有良好的不燃性能。挤塑聚苯乙烯属于有机保温材料，其燃烧性能等级最低。

答案：D

考点：保温材料的燃烧性能等级。

48. 解析：已作废的《民用建筑工程室内环境污染控制规范》GB 50325—2001 规定：民用建筑工程室内装修所用的稀释剂和溶剂，严禁使用苯、工业苯、石油苯、重质苯及混苯。

答案：A

考点：严禁使用的稀释剂、溶剂。

49. 解析：已作废的《民用建筑工程室内环境污染控制规范》GB 50325—2001 规定：民用建筑工程室内装修时，不应采用聚乙烯醇水玻璃内墙涂料、聚乙烯醇缩甲醛内墙涂料，以及树脂以硝化纤维素为主、溶剂以二甲苯为主的水包油（O/W）多彩内墙涂料。

答案：A

考点：不应选用的内墙涂料。

50. 解析：《室内装饰装修人造板及其制品中甲醛释放限量》GB 18580—2001 中规定，饰面人造板（包括浸渍纸层压木质地板、实木复合地板、竹地板、浸渍胶膜纸饰面人造板等）甲醛限量为≤1.50mg/L。

答案：C

考点：甲醛释放限量。

51. 解析：《民建设计技术措施》第一部分第 3.1.4 条第 5 款指出：……合理利用和收集地面雨水……增强雨水下渗……可采用以下措施进行竖向设计：

2）利用绿地，使雨水就地下渗。使路面设计标高高于绿地地面标高 0.05～0.1m，并确保雨水顺畅流入绿地（D 项）。

4）采用渗水路面构造，铺装渗水材料（如渗水砖等）（A 项）或渗水路肩（如干铺的碎石、卵石、渗水砖等）（B 项），使雨水就地下渗。

5）采用道路渗水立缘石，使路面雨水从侧面就地下渗（C 项错误）。

答案：C

考点：合理利用和收集地面雨水增强雨水下渗可采用的竖向设计措施。

52. 解析：机动车停车场的坡度不应过大的原因主要是避免车辆溜滑。
    答案：D
    考点：机动车停车场坡度不应过大的原因。

53. 解析：《地面规范》第6.0.3条和第6.0.5条中指出，混凝土路面伸缩缝中没有填沥青木嵌条的要求。
    答案：D
    考点：混凝土路面伸缩缝构造及详图。

54. 解析：《民建设计技术措施》第一部分第4.2.8条指出：消防车道路面荷载与消防车型号、重量有关（A项），高层建筑使用大型消防车，最大载重量为35.3t（标准荷载20kN/m^2）（C项）。设计考虑的消防车最大载重量需与当地消防部门商定（D项错误）。第4.2.9条指出：消防车道下的管道和暗沟等，应能承受消防车辆的压力（B项）。
    答案：D
    考点：消防车道路面荷载设计影响因素。

55. 解析：《建筑设计资料集8》第117页"常用路面的主要性能"中指出：沥青混凝土路面起尘性极小并且噪声性小；所以我国城乡常用的路面做法中，防起尘性、消声性均好的是沥青混凝土路面。
    答案：B
    考点：常用路面的主要性能比较。

56. 解析：《地下防水规范》第4.1.4条规定：地下12m处工程的防水混凝土的设计抗渗等级应为P8（B项）。第4.1.6条规定：防水混凝土结构底板的混凝土垫层，强度等级不应小于C15（C项），厚度不应小于100mm（D项错误），在软弱土层中不应小于150mm。
    答案：D
    考点：地下工程防水混凝土抗渗等级和结构底板的混凝土垫层设计要求。

57. 解析：《地下防水规范》第4.1.7条规定：迎水面钢筋保护层厚度不应小于50mm。
    答案：D
    考点：地下工程防水混凝土结构的设计要求。

58. 解析：《地下防水规范》第4.8.9条规定：1耐根穿刺防水层应铺设在普通防水层上面；2耐根穿刺防水层表面应设置保护层，保护层与防水层之间应设置隔离层（B项错误）。
    答案：B
    考点：地下工程种植顶板的构造层次及详图。

59. 解析：原《高层民用建筑设计防火规范》GB 50045—95中第5.2.8条中规定：地下室内存有可燃物平均重量超过30kg/m^2的房间隔墙，其耐火极限不应低于2.0h，房间门应采用甲级防火门。又：防火门必须向疏散方向开启（外开）。2014版《防火规范》已无此要求，此题仍按旧规范作答。
    答案：B
    考点：室内存有较多可燃物的地下室、半地下室的隔墙与门的防火设计要求。

60. **解析**：据《民建设计技术措施》第 3.2.14 条，a 值应该是 60mm，b 值应该是 500mm。

   答案：C

   考点：地下室侧墙暗散水构造。

61. **解析**：《小型空心砌块规程》第 7.1.10 条和表 7.1.10 规定：多层小砌块砌体房屋中无锚固女儿墙（非出入口处）的最大高度为 0.5m（B 项）。第 7.3.12 条规定：(有抗震设防要求时) 小砌块砌体女儿墙高度超过 0.5m 时，应在墙中增设锚固于顶层圈梁构造柱或芯柱做法，构造柱间距不大于 3m（D 项），芯柱间距不大于 1.6m；女儿墙顶应设置压顶圈梁，其截面高度不应小于 60mm，纵向钢筋不应少于 2ϕ10（C 项）。综上，B、C、D 都正确。《民建设计技术措施》第二部分第 4.4.1 条"多层砌体结构建筑墙体的抗震要求"第 8 款指出：砌筑女儿墙厚度宜不小于 200mm（A 项错误）。

   补充说明：注意不同规范之间存在互相不一致的问题：如本题中关于砌块女儿墙构造柱的间距，与上述现行《小型空心砌块规程》第 7.3.12 条的规定不同，现行《非结构构件抗震设计规范》JGJ 339—2015 第 4.4.2 条规定：女儿墙的布置和构造，应符合下列规定：2 非出入口无锚固砌体女儿墙的最大高度，6~8 度时不宜超过 0.5m；超过 0.5m 时、人流出入口、通道处或 9 度时，出屋面砌体女儿墙应设置构造柱与主体结构锚固，构造柱间距宜取 2.0~2.5m。5 砌体女儿墙顶部应采用现浇的通长钢筋混凝土压顶。

   另《砌体规范》第 6.5.2 条规定，房屋顶层墙体，宜根据情况采取下列措施：7 女儿墙应设置构造柱，构造柱间距不宜大于 4m，构造柱应伸至女儿墙顶并与现浇钢筋混凝土压顶整浇在一起。

   答案：A

   考点：砌块女儿墙抗震构造。

62. **解析**：《民建设计技术措施》第二部分第 4.1.4 条"砌体结构房屋墙体的一般构造要求"中指出：12 砌体墙上的孔洞超过 200mm×200mm 时要预留，不得随意打凿。孔洞周边应做好防渗漏处理。另《砌体结构工程施工质量验收规范》GB 50203—2011 第 3.0.11 条也规定：设计要求的洞口、沟槽、管道应于砌筑时正确留出或预埋，未经设计同意，不得打凿墙体和在墙体上开凿水平沟槽。宽度超过 300mm 的洞口上部，应设置钢筋混凝土过梁。

   答案：A

   考点：砌体墙上的孔洞超过 200mm×200mm 时要预留。

63. **解析**：《抗震规范》第 7.1.7 条中指出：楼梯间不宜设置在房屋的尽端或转角处，原因是对墙体抗震不利。

   答案：D

   考点：不利于抗震的各种做法。

64. **解析**：综合《民建统一标准》第 6.10.3 条的规定和材料特点，普通混凝土、块石砌体、钢筋混凝土三种材料均具有自身防潮性能，这些墙体均不需要设置墙身防潮层，页岩砖墙体应在指定位置设置墙身防潮层。

答案：B

考点：可不做墙体防潮层的墙基材料类型。

65. 解析：《屋面规范》第4.4.9条中没有架空隔热屋面不宜在8度区使用的规定。

    答案：D

    考点：架空隔热屋面的设计要求。

66. 解析：《屋面规范》第4.2.9条规定：严寒地区的高层住宅屋面排水方式应选用内排水。

    答案：A

    考点：严寒地区建筑屋面的排水方式。

67. 解析：《屋面规范》指出：檐口构造可以采用镀锌薄钢板天沟、现浇钢筋混凝土檐沟，亦可采用砌筑女儿墙的做法。坡度接近50%的坡屋面一般不得上人（检修施工人员例外），设置安全护栏是不正确的。

    答案：D

    考点：坡度接近50%的瓦屋面的檐口构造。

68. 解析：《屋面规范》第4.4.10条指出：蓄水屋面的坡度不宜大于0.5%。

    答案：B

    考点：蓄水隔热屋面的构造要求。

69. 解析：《地下防水规范》第3.1.4条规定，地下工程迎水面主体结构应采用防水混凝土，并应根据防水等级的要求采取其他防水措施。

    答案：C

    考点：任何防水等级的地下工程主体结构均应采用防水混凝土。

70. 解析：《建筑地面工程施工质量验收规范》GB 50209—2010第3.0.11条中指出：掺有石灰的垫层施工温度不应低于5℃。

    答案：D

    考点：建筑地面灰土、砂石、三合土垫层的相似点。

71. 解析：《公共建筑节能设计标准》GB 50189—2015第3.1.1条规定：单栋建筑面积大于300m²的建筑，或单栋建筑面积小于或等于300m²但总建筑面积大于1000m²的建筑群，应为甲类公共建筑。第3.2.7条规定：甲类公共建筑的屋顶透光部分面积不应大于屋顶总面积的20%。本题中该商场屋顶总面积为1000m²，属于甲类公共建筑，因此其采光顶面积不应大于：1000m²×20%＝200m²。

    答案：A

    考点：公共建筑采光顶面积节能限值。

72. 解析：《民建设计技术措施》第二部分第4.5.7条"空调机房、通风机房、柴油发动机房、泵房及制冷机房应采取吸声降噪措施"规定：4 低频噪声的吸声降噪设计可采用穿孔板共振吸声结构。其板厚通常为2～5mm、孔径为3～6mm、穿孔率宜小于5%。

    答案：B

    考点：设备机房、泵房常用吸声降噪措施。

73. 解析：《蒸压加气混凝土标准》第4.1.1条规定，下列情况下不得采用蒸压加气混凝土制品：1 建筑物防潮层以下的外墙；2 长期处于浸水或化学侵蚀的外墙；3 表面温度经常处于 80℃ 以上的部位（A 项错误）。

《民建设计技术措施》第二部分第 4.1.6 条"蒸压加气混凝土砌块墙的设计要点"指出：2 蒸压加气混凝土砌块墙主要用于建筑物的框架填充墙和非承重内隔墙，以及多层横墙承重的建筑；用于外墙时厚度不应小于 200mm，用于内隔墙时厚度不应小于 75mm（D 项错误）。4 加气混凝土砌块应采用专用砂浆砌筑（B 项正确）。5 加气混凝土砌块用作外墙时应做饰面防护层（C 项错误）。

答案：B

考点：蒸压加气混凝土砌块墙的设计要点。

74. 解析：根据《小型空心砌块规程》：A 项，轻集料混凝土空心砌块主要应用于建筑物的内墙和框架填充外墙是正确的。B 项，第 4.1.2 条规定只有在潮湿环境下的才采用水泥砂浆抹面；C 项，由于强度原因砌块墙体上不可以直接挂贴石材；D 项，没有用于内隔墙的砌块强度等级要高于填充外墙砌块强度等级的规定。

答案：A

考点：轻集料混凝土空心砌块墙的设计要点。

75. 解析：《内部装修防火规范》第 5.3.1 条及其表 5.3.1 规定："地下民用建筑"（包括平战结合的地下人防工程）的"顶棚""部位装修材料的燃烧性能等级，不应低于"A 级"。B 项"难燃材料"属于 B_1 级，因此是错误的，应在清水板底喷涂"不燃性"材料才能达到"A 级"的要求。

答案：B

考点：顶棚材料选用要求。

76. 解析：已废止《老年人居住建筑设计规范》GB 50340—2016 规定：1.0.1 为适应我国人口老龄化趋势，实施积极应对人口老龄化战略，改善老年人的居住条件，使新建的老年人居住建筑在符合安全、适用、卫生、经济、环保等要求的同时，满足老年人生理、心理及服务方面的特殊需求，制定本规范。3.0.6 新建老年人居住建筑应采用全装修设计，应通过室内装修完善和加强老年人居住建筑的特殊功能，并应保证老年人使用安全、便利。另现行《老年人照料设施建筑设计标准》JGJ 450—2018 也规定：1.0.1 为适应我国老年人照料设施建设发展的需要，提高老年人照料设施建筑设计质量，符合安全、健康、卫生、适用、经济、环保等基本要求，制定本标准。6.2.4 室内部品与家具布置应安全稳固，适合老年人生理特点和使用需求。

因此安全性是老年人建筑内装修构造设计首先要注重的。

补充说明：现行《老年人照料设施建筑设计标准》JGJ 450—2018 并不适用于"老年人居住建筑设计"，本题仍依据已废止《老年人居住建筑设计规范》GB 50340—2016 作答。

答案：C

考点：老年住宅构造设计首先要注重安全。

77. 解析：《民建设计技术措施》第二部分第 6.5.3 条表明，A 项，照明灯具制造应选用不燃材料并具有良好的通风、散热措施；B 项，采用轻钢龙骨石膏板构造，灯具重量超过 5kg 时必须吊装于楼板上或梁上；C 项，抗震设防烈度 7 度以上地震区的大型灯具应有防止脱钩的构造；只有 D 项大型玻璃罩灯具应有防止罩内应力自爆造成危害的措施是正确的。

答案： D

考点： 照明灯具设计要点。

78. **解析：**《民建设计技术措施》第二部分第 6.2.15 条"楼地面热工设计"第 5 款指出：除采用 XPS 挤塑聚苯板外，地面保温层上下应铺设塑料防潮膜。同时参见该书图 6.2.15-4，如题 78 解图所示。

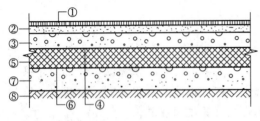

注：① 10mm 厚地砖，水泥浆擦缝；或由具体工程定；
② 20mm 厚 1：3 干硬性水泥砂浆结合层；
③ 40mm 厚 C20 细石混凝土内配 $\phi 3@150$ 钢筋网片（有特殊荷载要求时，应按计算确定）；
④ 0.2mm 厚塑料膜浮铺；
⑤ b 厚保温层；
⑥ 0.2mm 厚塑料膜浮铺；
⑦ 60mm 厚 C15 混凝土垫层；
⑧ 夯实土。

题 78 解图 地面保温构造做法

答案： A

考点： 地面保温构造层次及详图。

79. **解析：** 由于吊顶的防火等级应达到 A 级标准，故防火问题应是重点考虑的问题。

答案： B

考点： 吊顶保温层的选用重点应注意防火问题。

80. **解析：**《民建设计技术措施》第二部第 9.6.21 条指出：（电梯井）底坑深度超过 2500mm 时，应设带锁的检修门（A 项错误），检修门高度大于 1400mm，宽度大于 600mm（B 项错误），检修门不得向井道内开启（D 项正确）。C 项无此要求，也错误。

答案： D

考点： 电梯井底坑内检修门的设置要求。

81. **解析：** 根据《防火规范》第 5.5.10 条和第 5.5.28 条可知 A、B、C 项正确，又剪刀楼梯间属于防烟楼梯间，第 6.4.3 条规定，疏散走道通向防烟楼梯间前室和前室通向楼梯间的门均应为乙级防火门。

答案： D

考点： 剪刀楼梯的设计要求。

82. **解析：**《内部装修防火规范》第 5.2.1 条表 5.2.1 中规定："高层民用建筑"（包括一类建筑）"顶棚""装修材料的燃烧性能等级"均"不应低于""A 级"。查阅该规范"条文说明"第 3.0.2 条"表 1 常用建筑内部装修材料燃烧性能等级划分举例"可知："铝箔复合材料""矿棉板""难燃木材"的燃烧性能等级均为 B_1 级，都不满足要求不应选用；而"硅酸钙板"为 A 级，可以采用。

答案： D

考点： 高层民用建筑顶棚装修材料的燃烧性能等级要求以及常用建筑内部装修材料燃

烧性能等级划分。

83. **解析**：《民建统一标准》第 6.8.10 条中规定：内部服务楼梯踏步的最小宽度 b 为 220mm，最大高度 h 为 200mm。

    答案：A

    考点：内部服务楼梯的踏步尺寸限值。

84. **解析**：《民建设计技术措施》第二部分第 9.6.18 条指出：（电梯）层门尺寸指门套装修后的净尺寸，土建层门的洞口尺寸应大于层门尺寸，留出装修的余量，一般宽度为层门两边各加 100mm，高度为层门加 70～100mm。只有 D 项符合要求。

    答案：D

    考点：电梯土建层门的洞口尺寸设计要求。

85. **解析**：《民建设计技术措施》第二部分第 6.2.10 条指出：有给水设备或有浸水可能的楼地面，应采取防水和排水措施。3 防水层在墙、柱部位翻起高度应不小于 100mm（卫生间墙面防水层高度不宜低于 1.8m；住宅厨房墙面防水层高度不宜低于 1.2m；公用厨房需经常冲洗的场所墙面防水层高度不宜低于 1.5m）。另见《住宅装修施工规范》第 6.3.3 条：防水层应从地面延伸到墙面，高出地面的高度应为 100mm；浴室墙面的防水层不得低于 1800mm。

    补充说明：本题如依据《住宅室内装饰装修设计规范》JGJ 367—2015 来作答，则 B 项、C 项错误。《住宅室内装饰装修设计规范》JGJ 367—2015 第 4.5.8 条规定，厨房装饰装修不应破坏墙面防潮层和地面防水层，并应符合下列规定：2 地面防水层应沿墙基上翻 0.30m。第 4.7.14 条规定，卫生间装饰装修防水应符合下列规定：1 地面防水层应沿墙基上翻 300mm；2 墙面防水层应覆盖由地面向墙基上翻 300mm 的防水层；洗浴区墙面防水层高度不得低于 1.80m，非洗浴区配水点处墙面防水层高度不得低于 1.20m；当采用轻质墙体时，墙面应做通高防水层。

    答案：A

    考点：楼地面防水层翻起高度尺寸。

86. **解析**：《地面规范》第 4.2.6 和 4.2.8 条规定：地面垫层用三合土或 3∶7 灰土时的最小厚度均为 100mm。

    答案：B

    考点：建筑地面各种材料垫层的厚度值要求。

87. **解析**：楼地面填充层应选用轻质材料，其目的主要是解决楼层上下的隔声、敷设管线的要求，也兼有垫坡、保温的作用。

    答案：A

    考点：楼地面填充层的作用。

88. **解析**：C 选项中的氧化铝，又称三氧化二铝，是一种白色无定形粉状物，不可能用作分格条。

    答案：C

    考点：现浇水磨石地面分格条材料的选用。

89. **解析**：《地面规范》第 3.1.6 条规定：木板、竹板地面，应采取防火、防腐、防潮、防蛀等相应措施。而且由于木地面具有良好的隔声、保温特点，设计木地面时不必要考虑 C 项的问题。

答案：C

考点：木地面设计的各项功能要求。

90. 解析：《车库建筑设计规范》JGJ 100—2015 第 4.4.3 条规定：机动车库的楼地面应采用强度高、具有耐磨防滑性能的不燃材料，并应在各楼层设置地漏和排水沟等排水设施。

答案：A

考点：汽车库楼地面构造要求。

91. 解析：根据《民建设计技术措施》第二部分第 5.10.7 条，光电模板一般的标准尺寸为 500mm×500mm～2100mm×3500mm 之间。

答案：D

考点：光电模板功能、组成及尺寸。

92. 解析：根据《民建设计技术措施》第二部分第 5.2.11 条，聚碳酸酯板（阳光板）的耐候性（设计使用年限）应为不小于 15 年。

答案：B

考点：采光顶用聚碳酸酯板各项性能。

93. 解析：《计算机场地安全要求》GB/T 9361—2011 第 6.2 条中指出，电子计算机房位于其他建筑内部时，其隔墙的耐火极限应不低于 2.00h，隔墙上的门应采用甲级防火门，防火门应向外开启。

答案：B

考点：电子计算机房内墙门窗的防火要求。

94. 解析：《玻璃幕墙规范》第 4.4.3 条规定，玻璃肋应采用钢化夹层玻璃。第 7.3.1 条规定，全玻璃墙中玻璃肋的截面厚度不应小于 12mm。

答案：B

考点：全玻璃幕墙中玻璃肋板的材料与截面最小厚度要求。

95. 解析：玻璃、胶条与铝合金接触处，可以不设绝缘垫片或隔离材料。铝合金材料与水泥砂浆、混凝土构件及铝合金以外的金属接触处均应设绝缘垫片或隔离材料。《玻璃幕墙规范》第 4.3.8 条规定：除不锈钢外，玻璃幕墙中不同金属材料接触处，应合理设置绝缘垫片或采取其他防腐蚀措施。

答案：B

考点：与幕墙用铝合金材料接触处不需设置绝缘垫片或隔离材料的材料种类。

96. 解析：参阅相关资料，铝塑复合板具有超剥离强度，材质容易加工，防火性能卓越，耐冲击性强，超高的耐候性，涂层均匀色彩多样，容易保养等特点。耐久性差明显是不正确的。

答案：C

考点：铝塑复合板幕墙的性能特点。

97. 解析：根据《建筑玻璃采光顶》JG/T 231—2007 第 6.2.4 条或《屋面规范》第 4.10.10 条：中空玻璃气体层的厚度不应小于 12mm。

答案：C

考点：采光顶用中空玻璃气体层厚度限值。

98. **解析**：《民建设计技术措施》第二部分第 6.3.2 条"内墙面装修构造"第 4 款指出：石材墙面……其固定方法有粘贴法、湿挂法、干挂法等，见表 6.3.2-1（其中粘贴法如题 98 解表所示）。

题 98 解表

名称	构 造 特 点
粘贴法	1. 10mm 厚的薄型饰面石材板，可用胶粘结剂粘贴； 2. 厚度不超过 20mm 厚的饰面石材用大力胶粘贴； ① 直接粘贴法适用于高度≤3m，且饰面板与墙面净空≤5mm 者； ② 加厚粘贴法适用于高度≤3m，且 5mm<饰面板与墙面净空≤20mm 者； ③ 粘贴锚固法适用于高度≤6m 的内墙； ④ 钢架粘贴法适用于花岗石、大理石、预制水磨石饰面板，直接用大力胶粘贴于钢架之上的墙（柱）

答案：D

考点：石材墙面采用粘贴法时的构造要求。

99. **解析**：图中弹簧应为减震弹簧，缝宽≤500mm 只有防震缝时才有可能出现。

答案：A

考点：楼地面防震缝构造特点及详图。

100. **解析**：《地下防水规范》第 5.1.2 条中规定：用于伸缩的变形缝宜少设，可根据不同的工程结构类别、工程地质情况采用后浇带、加强带、诱导缝等替代措施。施工缝是施工过程中的间歇缝，不属于变形缝的范畴。

答案：A

考点：地下室伸缩缝各项替代措施。